AF756090

EINFÜHRUNG
IN DIE
HIMMELSMECHANIK

VON

FOREST RAY MOULTON, PH.D.
PROFESSOR DER ASTRONOMIE AN DER UNIVERSITÄT CHICAGO
MITGLIED DES CARNEGIE-INSTITUTES VON WASHINGTON

ZWEITE, DURCHGESEHENE AUFLAGE

AUTORISIERTE DEUTSCHE AUSGABE

VON

DR. WALTER FENDER

1927
SPRINGER FACHMEDIEN WIESBADEN GMBH

ISBN 978-3-663-15476-1 ISBN 978-3-663-16048-9 (eBook)
DOI 10.1007/978-3-663-16048-9

Softcover reprint of the hardcover 2nd edition 1927

Vorwort des Übersetzers.

Das Moultonsche Werk bietet eine anerkannt gute Einführung in die Himmelsmechanik, die einem allgemeinen Bedürfnis entspricht. Ausführliche Angaben über Ziel und Inhalt des Buches finden sich in den beiden Vorworten des Verfassers.

Herr Professor Dr. E. Finlay Freundlich hatte die große Liebenswürdigkeit, das ganze Manuskript einer eingehenden Durchsicht zu unterziehen. Ich bin ihm für zahlreiche wertvolle Belehrungen und Ratschläge zu ganz besonderem Dank verpflichtet. An der Durchsicht der Druckbogen beteiligte sich auch Herr Professor Dr. v. Brunn, dem ich ebenfalls bestens danke.

Endlich gilt mein Dank der Verlagsbuchhandlung für sorgfältige Ausstattung des Werkes.

Berlin, im Juni 1927. **Walter Fender.**

Vorwort zur ersten Auflage.

In diesem Buch wird der Versuch gemacht, mehr einen umfassenden Überblick über verschiedene Gebiete der Himmelsmechanik als eine erschöpfende Darstellung einzelner Spezialgebiete zu geben. Hierbei wurde Wert gelegt auf logische Anordnung, auf systematische Steigerung der Schwierigkeiten und angestrebt, den verschiedenen Problemen diejenige Stellung zuzuweisen, die ihre wissenschaftliche und erzieherische Bedeutung beanspruchen. Mit einem Worte, das Buch soll demjenigen, welcher über eine genügende mathematische Ausbildung verfügt, in kurzer Zeit und auf die müheloseste Weise zu einer hinreichend ausgedehnten und richtigen Orientierung über das ganze Gebiet verhelfen, so daß er imstande ist, das Buch mit wirklichem Gewinn zu benutzen oder doch einzelne Teilgebiete, die seiner Wahl überlassen seien, mit bestem Vorteil zu studieren.

Der Zweck des Buches machte eine Einführung in das Dreikörperproblem erforderlich. Dieses gehört nicht nur mit Recht zu den berühmtesten Problemen der Himmelsmechanik, sondern hat auch in neuerer Zeit ein besonderes Interesse durch die Untersuchungen von Hill, Poincaré und Darwin erlangt. Die Theorie der absoluten Störungen steht im Mittelpunkt der mathematischen Astronomie, und ein Werk wie dieses würde einen unverzeihlichen Fehler begehen, wenn es dieser Theorie nicht einen hervorragenden Platz einräumte. Ein Kapitel wurde geometrischen Betrachtungen über Störungen gewidmet. Obwohl diese Methoden für Berechnungen kaum in Betracht kommen, so gestatten sie doch auf einfache Weise einen klaren Einblick in die Natur des Problems und sind von der höchsten Bedeutung für Anfänger. Die Grundprinzipien der analytischen Methoden wurden mit großer Vollständigkeit gegeben, aber viele Einzelheiten bei der Entwicklung der Formeln wurden unterdrückt, damit Umfang und Zweck des Buches im richtigen Einklang stehen. Der Bahntheorie wurde nicht die übertriebene Bedeutung zuerkannt, die man ihr in diesem Lande einräumt, ohne Zweifel auf Grund des Einflusses von Watsons ausgezeichneter Abhandlung über diesen Gegenstand.

Die Darstellung unterliegt dem methodischen Gesichtspunkt, vor allem die Probleme selbst in den Vordergrund zu rücken und von längeren mathematischen Entwicklungen nur einen Abriß zu geben. Der Ausdruck „Ordnung kleiner Größen" wird nur bei Potenzreihen mit expliziten Parametern gebraucht; auf diese Weise erhält das Werk jene Präzision und Einfachheit, welche dem Verfahren der Reihenentwicklung eigen ist. Dies tritt besonders deutlich in dem Kapitel über Störungen hervor. Besondere Sorgfalt wurde darauf verwendet, auf alle Stellen aufmerksam zu machen, wo Annahmen eingeführt oder nicht sicher begründete Methoden benutzt wurden; denn nur dann, wenn man sieht, wo die schwachen Punkte sind, können Verbesserungen vorgenommen werden. Die zahlreichen im Text angeführten Zitate und die Literaturangaben am Schlusse der Kapitel werden, wenn sie auch keineswegs vollständig sind, genügen, um für weitere Studienzwecke als Hinweise zu wichtigen Orientierungsquellen zu dienen.

Das Buch bildet das Ergebnis eines Vorlesungskursus, der von dem Verfasser in den letzten sechs Jahren jedes Jahr an der Universität Chicago abgehalten wurde. Diese Vorlesungen fanden statt im „senior college students" und vor „graduate students", die keinen mit dem Buch gleichwertigen Bildungsgang hinter sich hatten. Sie wurden besucht von Studierenden der Astronomie, aber auch von vielen, die vorzugsweise Mathematik studierten, und endlich von solchen, deren Spezialstudien zwar in ganz anderer Richtung lagen, die aber einen Begriff von den Verfahren zu erlangen wünschten, welche die Astronomen für die Deutung und Voraussage der Himmelserscheinungen anwenden. So haben sie dazu gedient, vielen zu einer Anschauung von den Forschungsmethoden und Ergebnissen der Himmelsmechanik zu verhelfen, und haben manche für Spezialstudien vorbereitet, die sich in die verschiedenen Gebiete moderner Forschung erstrecken. Durch diese Erfahrungen haben wohl Zweck und Inhalt des Werkes, wie seine methodischen Verfahren, weitgehende Rechtfertigung gefunden.

Mr. A. C. Lunn, M. A., hat das ganze Manuskript mit großer Sorgfalt und vollkommener Kenntnis der behandelten Gegenstände gelesen. Seine zahlreichen Verbesserungen und Ratschläge waren, was Korrektheit und methodische Durchführung betrifft, vielfach von großem Nutzen. Professor Ormond Stone hat die Beweise der ersten vier Kapitel und des sechsten nachgeprüft. Bei seiner Erfahrung als Forscher und Lehrer waren seine Ausstellungen und Verbesserungen von unschätzbarem Werte. Mr. W. O. Beal, M. A., hat die Beweise des ganzen Buches mit großer Aufmerksamkeit gelesen, und ihm sind viele Vervollkommnungen zu danken. Der Verfasser spricht diesen Herren seinen aufrichtigen Dank aus für die Bereitwilligkeit und den Erfolg, mit welchem sie dem Werke soviel Zeit gewidmet haben.

F. R. Moulton.

Vorwort zur zweiten Auflage.

Die Notwendigkeit einer neuen Auflage dieses Buches ergab die Gelegenheit zu einer vollständigen Durchsicht. Der allgemeine Plan ist derselbe wie bei der ersten Auflage, weil sich herausgestellt hat, daß es einem wirklichen Bedürfnis nicht nur in diesem Lande entgegenkommt, für dessen Studierende es ursprünglich bestimmt war, sondern auch in Europa. Allen Versuchungen zum Trotz wurde sein allgemeiner Charakter bewahrt, auch sein Umfang ist nicht sehr vergrößert worden. Sehr viele Verbesserungen wurden vorgenommen, zum Teil auf die Vorschläge von zahlreichen Astronomen und Mathematikern hin, und hoffentlich erweist es sich nun würdiger der Gunst, mit welcher es eine so weit verbreitete Aufnahme gefunden hat.

Die wichtigste, einzelne Änderung betrifft die Erörterung der Methoden der Bahnbestimmung. Dieser Gegenstand folgt logisch dem Zweikörperproblem und hat einen weit elementareren Charakter als das Dreikörperproblem und die Störungstheorie. Aus diesen Gründen fand es seinen Platz im VI. Kapitel. Der Inhalt erfuhr ebenfalls eine starke Abänderung. Die Methoden von Laplace und Gauß, auf denen alle anderen Methoden von allgemeiner Anwendbarkeit mehr oder weniger direkt beruhen, wurden beide gegeben. Von den üblichen Darstellungsmethoden wurde abgesehen, weil sie, wenn sie auch für die praktische Anwendung brauchbar sein mögen, sich nicht durch mathematische Klarheit auszeichnen. Überdies besteht kein Mangel an ausgezeichneten Werken, welche Einzelheiten über die besonderen Methoden und Anordnungen für die Berechnungen enthalten. Die anderen Änderungen und Zusätze von Bedeutung finden sich in den Kapiteln über das Zweikörperproblem, über das Dreikörperproblem und in dem über geometrische Störungsbetrachtungen.

Es ist mir eine Freude, meinem Kollegen, Professor W. D. MacMillan und Mr. L. A. Hopkins besondere Anerkennung für ihre Hilfe zu zollen; sie haben die sämtlichen Beweise nicht nur einmal, sondern wiederholt nachgesehen, sie haben wichtige Vorschläge gemacht und viele Mängel beseitigt, die sonst nicht bemerkt worden wären, und sind so in hohem Maße beteiligt an den Vorzügen, welche dem Buche zukommen mögen.

F. R. Moulton.

Inhaltsverzeichnis.

Viertes Kapitel: Das Potential und die Anziehung von Körpern.

Fünftes Kapitel: Das Zweikörperproblem.

Sechstes Kapitel: Bahnbestimmung.

I. Die Methode der Bahnbestimmung von Laplace.

Erstes Kapitel.

Grundsätze und Definitionen.

1. Elemente und Gesetze. Jedes wissenschaftliche Problem bezieht sich auf gewisse Größen, die als *Elemente* bezeichnet werden sollen, und seine Lösung hängt ab von gewissen *Prinzipien* und *Gesetzen*. Die Elemente entstammen dem eigentlichen Wesen der Sache und werden bei der Formulierung der Probleme entweder ausdrücklich angegeben oder stillschweigend vorausgesetzt. Die Prinzipien und Gesetze bilden die Beziehungen, die, wie man weiß oder annimmt, zwischen den verschiedenen Elementen bestehen. Sie ergeben sich induktiv aus der Erfahrung oder als Schlußfolgerungen aus vorläufig angenommenen Prinzipien und Gesetzen, oder beruhen einfach auf Übereinkommen.

Eine besondere, gleich am Anfang erfolgende Darlegung der behandelten Probleme, sowie eine Aufzählung der in sie eingehenden Elemente, ihrer Prinzipien und Gesetze wird dem Verständnis dienlich sein. Wollte man aber ein vollkommenes Verständnis von der Natur dieser Schlußfolgerungen gewinnen, so wäre man zu einer philosophischen Diskussion über die Realität der Elemente und über den Ursprung und Charakter der Prinzipien und Gesetze genötigt. Auf diese Fragen kann hier wegen der Schwierigkeit und Kompliziertheit derartiger philosophischer Überlegungen nicht eingegangen werden. Das soll indessen nicht heißen, daß solche Untersuchungen keinen Wert haben; sie führen stets zu Annahmen von größerer Einfachheit und Sicherheit.

Wir müssen uns darauf beschränken, gewisse Grundelemente und Gesetze als sicher anzunehmen, ohne auf die Fragen nach ihrer Realität oder Geltung besonders einzugehen. Es wird nur unterschieden, ob sie Definitionen darstellen oder aus der Erfahrung hergeleitet sind, und gezeigt, daß sie in weiterem Umfange ihre Bestätigung gefunden haben. Wir nehmen sie also als richtig an und ziehen die Folgerungen, soweit Ziel und Begrenzung des Werkes es gestatten.

2. Die behandelten Probleme. Die Bewegungen eines materiellen Körpers, auf den irgend eine zentrale Kraft einwirkt, werden kurz betrachtet. Aus dieser Betrachtung und aus Beobachtungen, die sich auf die Bewegungen der Planeten und ihrer Satelliten beziehen, wird die Gültigkeit von Newtons Gravitationsgesetz für das Sonnensystem abgeleitet. Mit großer Wahrscheinlichkeit läßt sich aus der Bewegung der Doppelsterne schließen, daß das Gesetz auch für sie gültig ist, und man kann es daher sehr wohl als das universale Gravitationsgesetz bezeichnen. Für diese Schlußweise sprechen auch die Ergebnisse der Spektralanalyse, wonach die uns bekannten chemischen Elemente unseres Sonnensystems sich auch auf den Sternen vorfinden.

Im besonderen werden die Bewegungen von zwei freien, homogenen, kugelförmigen Körpern, die nur ihrer gegenseitigen Anziehung unterworfen sind, bei beliebigen Anfangsbedingungen untersucht, sodann wird der Fall betrachtet, daß die beiden Körper störenden Einflüssen mannigfacher Art unterliegen. Die wesentlichen Störungserscheinungen, welche von der Einwirkung eines dritten Körpers herrühren, werden vom geometrischen und analytischen Gesichtspunkt aus entwickelt. Dabei werden zwei verschiedene Fälle unterschieden. In dem einen Falle wird die Bewegung eines Satelliten um einen Planeten durch die Sonne gestört, in dem anderen die Bewegung eines Planeten um die Sonne durch einen anderen Planeten.

Eine andere Klasse von Problemen bildet die Bestimmung der Bahnen unbekannter Körper auf Grund von Beobachtungen ihrer Richtungen zu verschiedenen Zeiten, welche von einem Körper mit bekannter Bewegung aus gemacht werden, mit anderen Worten, es wird die Theorie der Bahnbestimmung der Kometen und kleinen Planeten aus Beobachtungen ihrer scheinbaren Orte von der Erde aus entwickelt. Dieser unvollständige Abriß über die behandelten Probleme mag für die Aufzählung der in Frage kommenden Elemente genügen.

3. Aufzählung der Grundelemente. Für die in diesem Buche zu behandelnden Probleme brauchen wir die folgenden Elemente: a) die reellen *Zahlen* und gelegentlich der Lösung gewisser Probleme auch die komplexen Zahlen; b) den dreidimensionalen *Raum*, welcher in jeder Richtung dieselben Eigenschaften besitzt; c) die eindimensionale *Zeit*, welche als die unabhängige Variable genommen werden soll; d) die *Masse*, welche die gewöhnlichen Eigenschaften der Trägheit, Undurchdringlichkeit usw. besitzt, die in den Elementen der Physik angenommen werden; e) die *Kraft*, welcher dieselbe Bedeutung zukommen soll wie in der Physik.

Die positiven Zahlen treten auf in der Arithmetik und die positiven, negativen und komplexen Zahlen in der Algebra. Der Raum erscheint als wesentliches Element zuerst in der Geometrie, die Zeit zuerst in der Kinematik. Masse und Kraft erscheinen zuerst in physikalischen Problemen als wesentliche Elemente. Definitionen dieser bekannten Elemente brauchen hier nicht gegeben zu werden.

4. Aufzählung der Prinzipien und Gesetze. Indem man die verschiedenen physikalischen Größen durch Zahlen darstellt, muß man gewisse

Festsetzungen hinsichtlich der Vorzeichen treffen. Die Axiome der gewöhnlichen Geometrie werden als richtig angenommen.

Die Prinzipien, welche in jedem Werk über Theoretische Mechanik zugrunde gelegt werden, sind Newtons drei *Axiome* oder *Bewegungsgesetze*. Die ersten zwei Gesetze waren bereits Gallilei und Huyghens bekannt, obgleich sie beide in vollständiger Fassung erst in den *Principia* von Newton 1686 sich vorfinden.

Es sind die folgenden Gesetze:[1])

Gesetz I. *Jeder Körper beharrt in seinem Zustande der Ruhe oder der gleichförmigen, geradlinigen Bewegung, wenn er nicht durch einwirkende Kräfte gezwungen wird, seinen Zustand zu ändern.*

Gesetz II. *Die Bewegungsänderung ist proportional der einwirkenden Kraft und findet in der Richtung der Geraden statt, in welcher die Kraft einwirkt.*

Gesetz III. *Jeder Wirkung entspricht eine gleiche und entgegengesetzte Gegenwirkung; oder die Wirkungen zweier Körper aufeinander sind stets gleich und von entgegengesetzter Richtung.*

5. Die Bewegungsgesetze. Newton nennt die drei in Rede stehenden Gesetze Axiome und macht nach ihrer Aufstellung einige Bemerkungen über ihre Bedeutung. Spätere Autoren, unter ihnen Thomson und Tait[2]), betrachten sie als Erfahrungsergebnisse, nehmen aber Newtons Formulierung als praktisch endgültig an und machen sie sich in der genauen Form zu eigen, in welcher sie in den „*Principia*" vorliegen. Eine Anzahl kontinentaler Autoren, unter ihnen Dr. Ernest Mach, haben tiefe Überlegungen über die Grundprinzipien der Theoretischen Mechanik angestellt. Sie gelangen zu dem Ergebnis, daß diese Prinzipien nicht nur *Induktionsschlüsse* oder bloße *Verabredungen* darstellen, daß Newtons Darlegungen weitschweifig sind, und wissenschaftlicher Strenge und Einfachheit entbehren. Das besagt indessen nicht, daß Newtons Bewegungsgesetze mit den gewöhnlichen astronomischen Erfahrungen nicht streng übereinstimmen, oder daß sie nicht als Grundlage für eine Himmelsmechanik dienen können. In einigen Gebieten der Physik, besonders in der Lehre von der Elektrizität und dem Licht, finden sich freilich Tatsachen, die sich den Newtonschen Prinzipien nicht gänzlich fügen; das hat kürzlich Einstein und andere zu der Aufstellung des sogenannten *Relativitätsprinzips* geführt. Für die Astronomie ist indessen diese Abänderung der mechanischen Prinzipien von sehr geringer

1) Man kann auch andere Grundgesetze aufstellen, wie das auch tatsächlich geschehen ist; indessen führen sie zu schwierigen mathematischen Ansätzen. Solche sind das d'Alembertsche Prinzip, das Hamiltonsche Prinzip und die Systeme von Kirchhoff, Mach, Hertz, Boltzmann usw.

2) *Natural Philosophy,* vol. I: Art. 243.

Bedeutung, falls man nicht sehr große Zeiträume betrachtet, und kann, ganz abgesehen von ihrer Berechtigung, in einem einführenden Werke ohnehin nicht berücksichtigt werden.

6. Bemerkungen zu dem ersten Bewegungsgesetz. In dem ersten Gesetz liefert der Satz, daß ein Körper, der keinen Kräften unterworfen ist, sich mit *gleichförmiger* Geschwindigkeit bewegt, eine Definition der *Zeit*. Dies nicht zugeben, würde besagen, daß Methoden der Zeitmessung beständen, die das Moment der Bewegung nicht voraussetzen. Es ist aber Tatsache, daß die wirklich für die Zeitmessung verwendeten Methoden diesen Teil des Gesetzes zur grundlegenden Voraussetzung haben. So z. B. wird angenommen, daß die Erdumdrehung gleichförmig verläuft, weil keine Kräfte vorhanden sind, die sie merklich beeinflussen.[1])

Der zweite Teil des Gesetzes, welcher besagt, daß die Bewegung in einer *Geraden* vor sich geht, wenn keine Kräfte auf den Körper wirken, könnte zugleich als Definition der Geraden gelten, wenn sich feststellen ließe, wann ein Körper keinen Kräften unterworfen ist; oder er könnte, zusammen mit dem ersten Teil, dazu benutzt werden, um festzustellen, ob einwirkende Kräfte vorhanden sind oder nicht, wenn es möglich wäre, eine unabhängige Definition der geraden Linie aufzustellen. Die eine wie die andere Möglichkeit führt aber zu erheblichen Schwierigkeiten, falls strenge und folgerichtige Definitionen angestrebt werden.

7. Bemerkungen zu dem zweiten Bewegungsgesetz. In dem zweiten Gesetz kann der Satz, daß die Bewegungsänderung proportional ist der einwirkenden Kraft, als Definition der Beziehung zwischen Kraft und Masse gelten, durch die man die Kraft oder die Masse bestimmen kann, je nachdem die eine oder die andere Größe als bekannt vorausgesetzt wird. Dabei soll unter Bewegungsänderung die Geschwindigkeitsänderung multipliziert mit der Masse des bewegten Körpers verstanden werden. Da man das Produkt aus der Masse eines Körpers in seine Geschwindigkeit als die *Bewegungsgröße* des Körpers bezeichnet, so kann man das zweite Gesetz auch so formulieren: *Die Änderung der Bewegungsgröße ist proportional der einwirkenden Kraft und findet in der Richtung der Geraden statt, in welcher die Kraft einwirkt.* Oder: *Die Beschleunigung, die ein Körper erfährt, ist direkt proportional der einwirkenden Kraft, und umgekehrt proportional seiner Masse und erfolgt in der Richtung der einwirkenden Kraft.*

Es mag auf den ersten Blick scheinen, daß es gar nicht nötig ist, eine Kraft mit Hilfe der von ihr erzeugten Beschleunigung zu bestimmen, und im gewissen Sinne trifft das auch zu. So z. B. kann man die Messung der Kraft, mit welcher die Schwere einen Körper abwärts zieht, durch

1) R. S. Woodward, *Astronomical Journal*, vol. XXI. (1901).

die Ausdehnung einer Feder oder die Messung einer magnetischen Kraft durch die Drehung eines Fadens bewerkstelligen. Indessen muß man in allen derartigen Fällen bedenken, daß die Wirkungsgesetze der Maschine allerdings auf andere Weise bestimmt werden. Wenn das aber auch nicht unmittelbar mit Hilfe von erzeugten Geschwindigkeiten geschieht, so kommt es doch letzten Endes darauf hinaus. Es mag auch an dieser Stelle hervorgehoben werden, daß die Definitionen sämtlicher Krafteinheiten des absoluten Maßsystems, wie z. B. die *Dyne*, ausdrücklich das Moment der erzeugten Geschwindigkeit enthalten.

Aus dem zweiten Gesetz ergibt sich ohne weiteres, daß die Wirkung einer Kraft völlig unabhängig davon ist, ob der Körper in Ruhe oder in irgendeiner Bewegung begriffen ist, und welche anderen Kräfte noch auf ihn einwirken. Ein Körper erfährt schließlich dieselbe Bewegungsänderung, mag er der gleichzeitigen Einwirkung mehrerer Kräfte unterliegen, oder mag eine jede von diesen Kräften während derselben Zeit allein auf ihn einwirken. Das zweite Gesetz liefert daher das folgende Ergebnis: *Wenn irgendeine Anzahl von Kräften gleichzeitig auf einen in Ruhe oder in Bewegung befindlichen Körper einwirken, so ruft jede einzelne Kraft dieselbe vollständige Änderung der Bewegungsgröße hervor, wie unter ihrer alleinigen Wirkung auf den ruhenden Körper.* Es ist augenscheinlich, daß dieses Prinzip zu wesentlichen Vereinfachungen mechanischer Probleme führt, da es erlaubt, die Wirkung einer jeden Kraft besonders zu betrachten.

Aus dem zweiten Bewegungsgesetz folgerte Newton ferner den *Satz vom Kräfteparallelogramm*[1]: Wenn Kräfte durch die Beschleunigungen, die sie hervorrufen, bestimmt werden, so muß sich die Resultante von etwa zwei Kräften durch die Resultante ihrer Beschleunigungen bestimmen lassen. Da nämlich eine Beschleunigung Größe und Richtung aufweist, so kann sie durch eine gerichtete Größe oder einen *Vektor* dargestellt werden. Die Resultante der beiden Kräfte läßt sich folglich darstellen durch die Diagonale eines Parallelogramms, dessen Seiten die beiden Einzelkräfte andeuten.

Eine der häufigsten Anwendungsgebiete des Satzes vom Kräfteparallelogramm bildet gerade die Statik, die selber die Elemente der Bewegung und Zeit nicht voraussetzt. In ihr ist also das Element der Masse gänzlich ausgeschaltet. Man hat daher Newtons Beweis des Satzes vom Kräfteparallelogramm zum Vorwurf gemacht, daß er die Einführung von Grundbegriffen eines Wissensgebietes erfordert, das sehr viel komplizierter ist, als dasjenige, in dem der Satz Anwendung findet. Unter den Beweisen, welche von diesem Vorwurf nicht betroffen werden,

1) *Principia*, Cor. I. zu den Bewegungsgesetzen.

rührt einer von Poisson[1]) her; dieser geht von dem Axiom aus, daß die Resultante von zwei gleichen an einem Punkt angreifenden Kräften dargestellt wird von der Halbierenden ihres Winkels. Sodann wird die Größe der Resultante abgeleitet und durch einfaches Verfahren der allgemeine Satz gewonnen.

8. Bemerkungen zu dem dritten Bewegungsgesetz. Die ersten beiden Bewegungsgesetze genügen, um die Bewegung eines Körpers zu bestimmen, an dem eine Anzahl bekannter Kräfte angreifen; indessen ist ein weiteres Prinzip erforderlich, wenn die Untersuchung die Bewegung eines Systems von zwei oder mehreren Körpern betrifft, zwischen denen Wechselwirkung besteht. Dieses Prinzip findet aber gerade seinen Ausdruck in dem dritten Bewegungsgesetz. Dieses besagt: Wenn ein Körper auf einen anderen einen Druck ausübt, so widersteht dieser der Wirkung des ersten mit derselben Kraft; und ferner, was schon etwas schwerer einzusehen ist, wenn ein Körper auf einen anderen aus der Ferne wirkt, so wirkt dieser auf den ersten mit der gleichen und entgegengesetzt gerichteten Kraft.

Falls es möglich ist, eine beliebig gegebene Kraft auszuüben. ist man, vermöge des zweiten Bewegungsgesetzes, imstande, das Verhältnis der Massen zweier Körper zu bestimmen, denn nach diesem Gesetz verhalten sich ihre Massen umgekehrt wie die Beschleunigungen, welche gleiche Kräfte in ihnen hervorrufen. Wenn man aber die Massen verschiedener Körper kennt, so kann man das dritte Bewegungsgesetz prüfen, indem man die Körper aufeinander wirken läßt und ihre Beschleunigungen bestimmt. Newton selbst machte mehrere Versuche, um das Gesetz zu bestätigen, so z. B. bestimmte er die Beschleunigungen elastischer Körper nach ihrem Zusammenstoß, ferner die Beschleunigungen, die schwimmende Magneten im Wasser erfuhren. Die Haupt schwierigkeit bei derartigen Versuchen bildet die Beseitigung von Kräften, welche dem betrachteten System nicht angehören, und offenbar ist eine solche nicht restlos durchführbar. Newton schloß ferner auf Grund gewisser Überlegungen, daß eine Ablehnung des dritten Bewegungsgesetzes zum Widerspruch mit dem ersten führen würde.[2])

In dem beigefügten Scholium macht Newton einige Bemerkungen, die eine wichtige Seite des dritten Bewegungsgesetzes betreffen. Dieses lag zuerst in einer Fassung vor, welche es im Jahre 1742 d'Alembert ermöglichte, es in die mathematische Symbolik zu fassen, und in welcher es unter seinem Namen bekannt ist.[3]) Diese Fassung ist im wesentlichen folgende: Wenn ein Körper eine Beschleunigung erfährt, so kann man

1) *Traité de Mécanique,* vol. I., p. 45 et seq.

2) *Principia,* Scholium zu den Bewegungsgesetzen.

3) Appells *Mécanique,* vol II., chap. XXIII.

sich auf den Standpunkt stellen, daß er eine Kraft ausübt, welche gleich und entgegengesetzt ist zu der Kraft, welche die Beschleunigung hervorrief. Dabei ist es gleichgültig, ob diese Kraft herrührt von einem anderen Körper, der mit dem ersten dem betrachteten System angehört, oder ob sie ihre Quelle außerhalb des Systems hat. Allgemein sind in einem System, das aus einer beliebigen Anzahl von Körpern besteht, die Resultierenden der sämtlichen eingeprägten Kräfte gleich und entgegengesetzt zu denen der Reaktionskräfte. Mit anderen Worten: Die *eingeprägten* und die *Reaktions*kräfte bilden Systeme, welche im Gleichgewicht sind für jeden einzelnen Körper und für das ganze System. Hierdurch aber wird jedes Problem der Dynamik auf ein statisches zurückgeführt, und seine Beschreibung durch mathematische Symbole vereinfacht. Diese Fassung des dritten Bewegungsgesetzes bildete den Ausgangspunkt für die eleganten und sehr allgemeinen Untersuchungen von Lagrange auf dem Gebiet der Dynamik.[1])

Der Hauptzweck der Grundprinzipien einer Wissenschaft besteht darin, eine Ordnung der verschiedenen Tatsachen nach der Allgemeingültigkeit ihrer Erscheinungsformen zu ermöglichen; ihr Wert bestimmt sich nach der Vollständigkeit dieser Ordnung und nach ihrer Bedeutung für die Forschung. Sie müssen in sich folgerichtig sein, mit allen beobachtbaren Erscheinungen verträglich, zugleich einfach und nicht überflüssig.

Newtons Gesetze ermöglichen eine geradezu hervorragende Ordnung der mechanischen Tatsachen; ihre Bedeutung für die Forschung erhellt aus dem glänzenden Aufschwung der physikalischen Wissenschaften in den letzten zwei Jahrhunderten, zu dem die geringen und unsicheren Fortschritte aller früheren Jahrhunderte in keinem Verhältnis stehen. Sie stimmen untereinander und fast mit sämtlichen bisher gemachten Beobachtungen überein. Sie sind von erstaunlicher Einfachheit, während ihre Folgerichtigkeit von einigen nicht in jeder Beziehung anerkannt wird. Naheliegend ist die Frage, ob sie zumal in ihrer durch das Relativitätsprinzip abgeänderten Fassung ursprüngliche und grundlegende Naturgesetze darstellen. Berücksichtigt man aber die Geschichte von Philosophie und Wissenschaft, so ist es nicht angängig, jeweilige Ergebnisse für letzte und absolute Wahrheiten zu halten. Die Aufstellung anderer Grundprinzipien der Mechanik läßt vielmehr die Möglichkeit offen, daß einmal eine Zeit kommen wird, wo das Newtonsche System bis in die elementaren Lehrbücher hinein durch ein einfacheres ersetzt sein wird, auch wenn es nicht auf einen offenbaren Irrtum führen sollte und durch das Relativitätsprinzip eine Vervollkommnung erfahren hat.

---

1) *Gesammelte Werke,* Bd. XI u. XII.

Definitionen und Hauptgleichungen.

9. Geradlinige Bewegung. Geschwindigkeit. Ein Massenpunkt befindet sich in *geradliniger Bewegung,* wenn er stets auf derselben geraden Linie verbleibt, und wenn seine Entfernung von einem Punkte der Geraden sich mit der Zeit ändert. Er bewegt sich mit *gleichförmiger Geschwindigkeit,* wenn er in gleichen Zeiten stets gleiche Strecken auf der Geraden zurücklegt, wobei die Wahl der Zeitlängen willkürlich ist. Der *Betrag* dieser Geschwindigkeit wird durch eine positive Zahl dargestellt und durch die in der Zeiteinheit zurückgelegte Strecke gemessen. Die *Geschwindigkeit* eines Massenpunktes ist eine Vektorgröße und je nach der Bewegungsrichtung positiv oder negativ. Daher ist bei gleichförmiger Bewegung die Geschwindigkeit gegeben durch die Formel

$$v = \frac{s}{t}, \tag{1}$$

wo s und folglich auch v sowohl positiv wie negativ sein kann. Der Wert von v ist unabhängig von der Wahl der Zeitlänge, falls nur der entsprechende Wert von s genommen wird.

Die Geschwindigkeit ist *veränderlich* oder *ungleichförmig,* wenn der bewegliche Punkt nicht gleiche Strecken in gleichen Zeiten zurücklegt; in diesem Falle muß angegeben werden, was unter momentaner Geschwindigkeit, d. h. unter Geschwindigkeit in einem bestimmten Zeitpunkte, zu verstehen sei. Der bewegliche Massenpunkt möge auf der Geraden die Wegstrecke Δs in der Zeit Δt zurücklegen, das Zeitintervall Δt möge sich der Grenze null in der Weise annähern, daß es stets den Augenblick t enthält, und für jedes Δt sei das entsprechende Δs genommen. Alsdann definiert man seine Geschwindigkeit zur Zeit t durch

$$v = \lim_{\Delta t = 0} \left(\frac{\Delta s}{\Delta t}\right) = \frac{ds}{dt}. \tag{2}$$

Gleichförmige und ungleichförmige Geschwindigkeit werden analytisch definiert, indem man die Entfernung s des beweglichen Punktes, von einem festen Punkte seiner Bahn an gerechnet, als Funktion der Zeit betrachtet:

$$s = \Phi(t);$$

alsdann hat man für die Definition der Geschwindigkeit die Gleichung

$$v = \frac{ds}{dt} = \Phi'(t),$$

wo $\Phi'(t)$ die Ableitung von $\Phi(t)$ nach t ist. Die Geschwindigkeit ist im Falle der geradlinigen Bewegung konstant oder gleichförmig, wenn

$\Phi'(t)$ von t unabhängig ist, oder mit anderen Worten, wenn $\Phi(t)$ eine lineare Funktion von t ist, also $\Phi(t) = at + b$, wo a und b konstant sind. Sie heißt veränderlich, wenn die Funktion $\Phi'(t)$ von t abhängt.

Zur Bestimmung der Bewegungsrichtung müssen wir eine Festsetzung treffen: Auf der Geraden, auf der die Bewegung vor sich geht, nehmen wir einen beliebigen Punkt als Anfangspunkt und rechnen von ihm aus die Entfernungen nach rechts als positiv und nach links als negativ. Nach dieser Festsetzung hat man, wenn der Wert von s, der die Lage des beweglichen Punktes bestimmt, mit der Zeit zunimmt, die Geschwindigkeit positiv zu nehmen, sie ist hingegen negativ, wenn der Wert von s mit zunehmender Zeit abnimmt. Ist alsdann v nach Größe und Vorzeichen gegeben, so ist die Geschwindigkeit selber nach Größe und Richtung bestimmt.

10. Beschleunigung bei geradliniger Bewegung. Die Beschleunigung ist das Maß der Geschwindigkeitsänderung und kann konstant oder veränderlich sein. Da der Fall, wo sie veränderlich ist, den Fall, wo sie konstant ist, einschließt, so genügt es, den ersteren zu betrachten. Die Definition der Beschleunigung zur Zeit t ist ähnlich der für die Geschwindigkeit und ist, wenn die Beschleunigung mit α bezeichnet wird, bei geradliniger Bewegung

(3) $$\alpha = \lim_{\Delta t = 0} \left(\frac{\Delta v}{\Delta t}\right) = \frac{dv}{dt}.$$

Aus (2) und (3) folgt

(4) $$\alpha = \frac{d}{dt}\left(\frac{ds}{dt}\right) = \frac{d^2 s}{dt^2}.$$

Hinsichtlich des Vorzeichens der Beschleunigung treffen wir die Festsetzung: Wenn die Beschleunigung mit zunehmender Zeit zunimmt, soll sie positiv, wenn sie abnimmt, negativ sein.

11. Geschwindigkeit bei krummliniger Bewegung. Die Geschwindigkeit, mit welcher ein Massenpunkt eine beliebige Bahn durchläuft, ist das Maß für die Größe der auf der Bahn zurückgelegten Strecken. Bezeichnet v wieder die Geschwindigkeit und s die Bogenlänge der Bahnkurve, dann ist auch hier

(5) $$v = \frac{ds}{dt}.$$

Wie bisher stellt die Geschwindigkeit eine gerichtete Größe oder einen Vektor dar. Ein Vektor läßt sich nun nach drei beliebigen, nicht in einer Ebene gelegenen Koordinatenachsen auf eine und nur eine Weise in drei Komponenten zerlegen, und umgekehrt liefern drei solche Komponenten eine eindeutige Bestimmung des Vektors. Wenn also die Geschwindigkeit gegeben ist, so sind, falls man das angegebene Koordinatensystem zugrunde legt, ihre drei Komponenten eindeutig bestimmt; und wenn ihre drei Komponenten gegeben sind, so hat man eine eindeutige Bestimmung der Geschwindigkeit. Im allgemeinen benutzt man am einfachsten rechtwinklige Koordinatenachsen für die Zerlegung der Geschwindigkeit in ihre Komponenten. Bezeichnen λ, μ, ν die Winkel zwischen der momentanen Bewegungsrichtung und der x-, y- und z-Achse, so ist

$$\cos\lambda = \frac{dx}{ds}, \qquad \cos\mu = \frac{dy}{ds}, \qquad \cos\nu = \frac{dz}{ds}. \tag{6}$$

Bezeichnen v_x, v_y, v_z die Komponenten der Geschwindigkeit längs der drei Achsen, so ist

$$\left\{\begin{aligned} v_x &= v\cos\lambda = \frac{ds}{dt}\frac{dx}{ds} = \frac{dx}{dt},\\ v_y &= v\cos\mu = \frac{ds}{dt}\frac{dy}{ds} = \frac{dy}{dt},\\ v_z &= v\cos\nu = \frac{ds}{dt}\frac{dz}{ds} = \frac{dz}{dt}. \end{aligned}\right. \tag{7}$$

Aus diesen Gleichungen folgt

$$v = \sqrt{\left(\frac{dx}{dt}\right)^2 + \left(\frac{dy}{dt}\right)^2 + \left(\frac{dz}{dt}\right)^2}. \tag{8}$$

Dabei müssen für jede der drei Koordinatenachsen die positive und negative Richtung festgesetzt werden.

12. Beschleunigung bei krummliniger Bewegung. Wie die Geschwindigkeit, so zerlegt man am einfachsten auch die Beschleunigung in ihre Komponenten längs der Koordinatenachsen. Benutzt man entsprechende Bezeichnungen wie in 11, so ergeben sich die folgenden Gleichungen:

$$\alpha_x = \frac{d^2x}{dt^2}, \qquad \alpha_y = \frac{d^2y}{dt^2}, \qquad \alpha_z = \frac{d^2z}{dt^2}. \tag{9}$$

Der absolute Wert der ganzen Beschleunigung ist

$$\alpha = \sqrt{\left(\frac{d^2x}{dt^2}\right)^2 + \left(\frac{d^2y}{dt^2}\right)^2 + \left(\frac{d^2z}{dt^2}\right)^2}. \tag{10}$$

Dieser ist im allgemeinen nicht gleich der Beschleunigungskomponente längs der Bahn; für diese Komponente hat man nämlich den Wert $\frac{d^2s}{dt^2}$.

Aus Formel (8) $v = \frac{ds}{dt} = \sqrt{\left(\frac{dx}{dt}\right)^2 + \left(\frac{dy}{dt}\right)^2 + \left(\frac{dz}{dt}\right)^2}$

folgt aber durch Differentiation

$$\frac{d^2s}{dt^2} = \frac{\frac{dx}{dt}\frac{d^2x}{dt^2} + \frac{dy}{dt}\frac{d^2y}{dt^2} + \frac{dz}{dt}\frac{d^2z}{dt^2}}{\sqrt{\left(\frac{dx}{dt}\right)^2 + \left(\frac{dy}{dt}\right)^2 + \left(\frac{dz}{dt}\right)^2}} = \frac{dx}{ds}\frac{d^2x}{dt^2} + \frac{dy}{ds}\frac{d^2y}{dt^2} + \frac{dz}{ds}\frac{d^2z}{dt^2}. \tag{11}$$

Wenn man also die Beschleunigungskomponenten kennt, so ist die ganze Beschleunigung durch (10) gegeben, und die Beschleunigung längs der Bahn durch (11). Daß diese beiden Beschleunigungen voneinander verschieden sind, mag auf den ersten Blick befremden. Man versteht aber die Bedeutung dieses Umstandes, wenn man etwa einen Massenpunkt betrachtet, der einen Kreis gleichförmig durchläuft. Die Beschleunigung längs der Bahn ist hier gleich null, weil die Geschwindigkeit in der Bahn als konstant vorausgesetzt ist, aber die Beschleunigung selbst ist von null verschieden, weil die Bahn des Punktes keine Gerade darstellt.

13. Die Komponenten der Geschwindigkeit längs und senkrecht zum Radius Vektor. Die Bahn des Massenpunktes liege in der xy-Ebene, und es seien r und θ seine Polarkoordinaten, so daß also

$$x = r\cos\theta, \qquad y = r\sin\theta. \tag{12}$$

Die Komponenten der Geschwindigkeit lauten dann

$$\begin{cases} \dfrac{dx}{dt} = v_x = -r\sin\theta\,\dfrac{d\theta}{dt} + \cos\theta\,\dfrac{dr}{dt}, \\[2ex] \dfrac{dy}{dt} = v_y = +r\cos\theta\,\dfrac{d\theta}{dt} + \sin\theta\,\dfrac{dr}{dt}. \end{cases} \tag{13}$$

Der bewegliche Massenpunkt möge auf der Bahn die Strecke QP zurücklegen. In dem Augenblick, wo der Massenpunkt in P anlangt, ist seine Bewegungsrichtung die Richtung von P nach V, und seine Geschwindigkeit wird durch den Vektor PV dargestellt. Es seien v_r und v_θ die Komponenten der Geschwindigkeit längs und senkrecht zum Radius Vektor. Dann ist die Resultante der Vektoren v_r und v_θ gleich der Resultante der Vektoren $\frac{dx}{dt}$ und $\frac{dy}{dt}$, nämlich gleich PV. Die Summe der Projektionen von v_r und v_θ auf eine beliebige Gerade ist mithin gleich der Summe der Projektionen von $\frac{dx}{dt}$ und $\frac{dy}{dt}$ auf dieselbe Gerade. Projiziert man daher v_r und v_θ auf die x- und y-Achse, so folgt

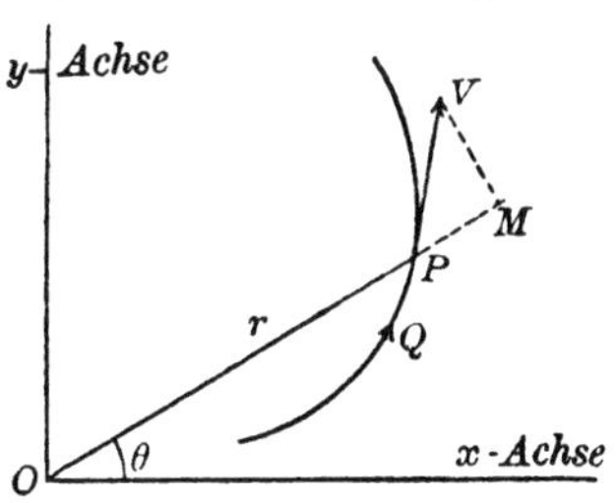

Fig. 1.

$$\begin{cases} \dfrac{dx}{dt} = v_r\cos\theta - v_\theta\sin\theta, \\[2ex] \dfrac{dy}{dt} = v_r\sin\theta + v_\theta\cos\theta. \end{cases} \tag{14}$$

Durch Vergleich der Formeln (13) und (14) findet man für die gesuchten Geschwindigkeitskomponenten

$$(15)\qquad \begin{cases} v_r = \dfrac{dr}{dt}, \\ v_\theta = r\,\dfrac{d\theta}{dt}. \end{cases}$$

Das Quadrat der Geschwindigkeit ist daher

$$v_r^2 + v_\theta^2 = \left(\frac{dr}{dt}\right)^2 + r^2\left(\frac{d\theta}{dt}\right)^2.$$

Die Komponenten v_r und v_θ der Geschwindigkeit lassen sich durch ihre Komponenten parallel zur x- und y-Achse ausdrücken, wenn man die Gleichungen (14) das eine Mal mit $\cos\theta$ und $\sin\theta$, das andere Mal mit $-\sin\theta$ und $\cos\theta$ multipliziert und sodann jedesmal addiert. Dies ergibt

$$(16)\qquad \begin{cases} v_r = +\cos\theta\,\dfrac{dx}{dt} + \sin\theta\,\dfrac{dy}{dt}, \\ v_\theta = -\sin\theta\,\dfrac{dx}{dt} + \cos\theta\,\dfrac{dy}{dt}. \end{cases}$$

14. Die Komponenten der Beschleunigung. Differentiation der Gleichungen (13) nach t ergibt

$$(17)\qquad \begin{cases} \alpha_x = \dfrac{d^2x}{dt^2} = \left[\dfrac{d^2r}{dt^2} - r\left(\dfrac{d\theta}{dt}\right)^2\right]\cos\theta - \left[r\,\dfrac{d^2\theta}{dt^2} + 2\,\dfrac{dr}{dt}\,\dfrac{d\theta}{dt}\right]\sin\theta, \\ \alpha_y = \dfrac{d^2y}{dt^2} = \left[r\,\dfrac{d^2\theta}{dt^2} + 2\,\dfrac{dr}{dt}\,\dfrac{d\theta}{dt}\right]\cos\theta + \left[\dfrac{d^2r}{dt^2} - r\left(\dfrac{d\theta}{dt}\right)^2\right]\sin\theta. \end{cases}$$

Es seien α_r und α_θ die Komponenten der Beschleunigung längs und senkrecht zum Radius Vektor. Wie in § 13 folgt aus Zusammensetzung und Zerlegung des Vektors

$$(18)\qquad \begin{cases} \alpha_x = \alpha_r\cos\theta - \alpha_\theta\sin\theta, \\ \alpha_y = \alpha_r\sin\theta + \alpha_\theta\cos\theta. \end{cases}$$

Vergleich von (17) und (18) liefert

$$(19)\qquad \begin{cases} \alpha_r = \dfrac{d^2r}{dt^2} - r\left(\dfrac{d\theta}{dt}\right)^2, \\ \alpha_\theta = r\,\dfrac{d^2\theta}{dt^2} + 2\,\dfrac{dr}{dt}\,\dfrac{d\theta}{dt} = \dfrac{1}{r}\,\dfrac{d}{dt}\left(r^2\,\dfrac{d\theta}{dt}\right). \end{cases}$$

Die Komponenten der Beschleunigung längs und senkrecht zum Radius Vektor, ausgedrückt durch ihre Komponenten parallel zur x- und y-Achse, findet man aus (18)

$$(20)\qquad \begin{cases} \alpha_r = +\cos\theta\,\dfrac{d^2x}{dt^2} + \sin\theta\,\dfrac{d^2y}{dt^2}, \\ \alpha_\theta = -\sin\theta\,\dfrac{d^2x}{dt^2} + \cos\theta\,\dfrac{d^2y}{dt^2}. \end{cases}$$

Durch ähnliche Verfahren lassen sich die Komponenten der Geschwindigkeit und Beschleunigung parallel zu beliebigen Geraden ermitteln.

15. Anwendung auf die gleichförmige Kreisbewegung eines Massenpunktes. Ein Massenpunkt möge sich gleichförmig auf einem Kreise bewegen, dessen Mittelpunkt mit dem Koordinatenanfang zusammenfällt; man bestimme die Komponenten der Geschwindigkeit und Beschleunigung parallel zur x- und y-Achse, ferner parallel und senkrecht zum Radius Vektor. Bezeichnet R den Radius des Kreises, dann ist

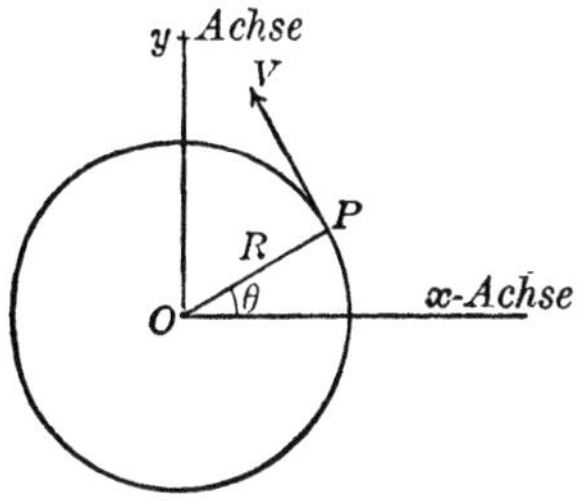

Fig. 2.

$$x = R \cos \theta, \qquad y = R \sin \theta.$$

Wegen der gleichförmigen Bewegung verändert sich der Winkel θ proportional zur Zeit, d. h. $\theta = ct$. Folglich werden die Koordinaten

$$(21) \qquad x = R \cos (ct), \quad y = R \sin (ct).$$

Da $\frac{d\theta}{dt} = c$ und $\frac{dR}{dt} = o$, so erhält man für die Komponenten der Geschwindigkeit parallel zur x- und y-Achse

$$(22) \qquad v_x = -R\, c \sin (ct), \quad v_y = R\, c \cos (ct).$$

Aus (15) ergibt sich

$$(23) \qquad v_r = 0, \qquad v_\theta = R\, c.$$

Für die Komponenten der Beschleunigung parallel zur x- und y-Achse erhält man wegen (17)

$$(24) \qquad \begin{cases} \alpha_x = -R\, c^2 \cos (ct), \\ \alpha_y = -R\, c^2 \sin (ct). \end{cases}$$

Und aus (19) ergibt sich

$$(25) \qquad \alpha_r = -R\, c^2, \quad \alpha_\theta = 0.$$

Man beachte, daß trotz der gleichförmigen Bewegung die Geschwindigkeit in bezug auf die Achsen nicht konstant und die Beschleunigung selbst von Null verschieden ist. Wenn man also annimmt, daß eine äußere Kraft die einzige Ursache der Bewegungsänderung oder der Beschleunigung eines Massenpunktes sein kann, so folgt, daß ein Massenpunkt auch eine gleichförmige Kreisbewegung nur dann ausführen kann, wenn eine Kraft auf ihn einwirkt. Ferner folgt aus (25) und dem zweiten Bewegungsgesetz, daß die Wirkungslinie der Kraft in jedem Augenblick durch den Mittelpunkt des Kreises hindurchgeht.

16. Die Flächengeschwindigkeit. Das Maß für die Größe der Flächen, die der Radius Vektor von einem festen Punkt nach dem beweglichen Massenpunkt überstreicht, ist die Flächengeschwindigkeit in bezug auf den festen Punkt. Der Massenpunkt möge sich in der xy-Ebene bewegen, und es sei ΔA die Fläche des Dreiecks OPQ, welche von dem Radius Vektor in dem Zeitintervall Δt überstrichen wird. Dann ist

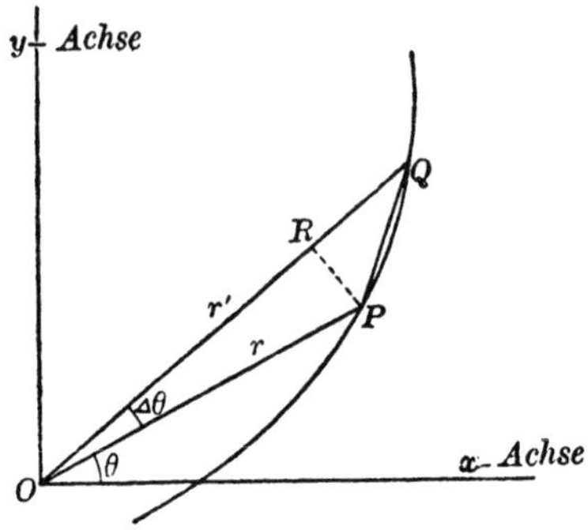

Fig. 3.

$$\Delta A = \frac{r'r}{2} \sin(\Delta\theta);$$

und folglich

$$\frac{\Delta A}{\Delta t} = \frac{r'r}{2} \cdot \frac{\sin(\Delta\theta)}{\Delta\theta} \cdot \frac{\Delta\theta}{\Delta t}. \tag{26}$$

Wenn der Winkel $\Delta\theta$ der Null zustrebt, nähert sich das Verhältnis der Flächen des Dreiecks und des Sektors der Null als Grenze. Ferner ist der Grenzwert von r' gleich r und der Grenzwert von $\frac{\sin(\Delta\theta)}{\Delta\theta}$ gleich eins. Aus Gleichung (26) folgt daher, wenn man zur Grenze $\Delta t = 0$ übergeht

$$\frac{dA}{dt} = \frac{1}{2} r^2 \frac{d\theta}{dt} \tag{27}$$

als Ausdruck für die Flächengeschwindigkeit. Führt man rechtwinklige Koordinaten ein durch die Substitution

$$r = \sqrt{x^2 + y^2}, \qquad \operatorname{tg}\theta = \frac{y}{x},$$

so wird Gleichung (27)

$$\frac{dA}{dt} = \frac{1}{2}\left(x\frac{dy}{dt} - y\frac{dx}{dt}\right). \tag{28}$$

Geht die Bewegung nicht in der xy-Ebene vor sich, so benutzt man die Projektionen der Flächengeschwindigkeit auf die drei Koordinatenebenen. Diese sind

$$\left\{\begin{aligned} \frac{dA_{xy}}{dt} &= \frac{1}{2}\left(x\frac{dy}{dt} - y\frac{dx}{dt}\right), \\ \frac{dA_{yz}}{dt} &= \frac{1}{2}\left(y\frac{dz}{dt} - z\frac{dy}{dt}\right), \\ \frac{dA_{zx}}{at} &= \frac{1}{2}\left(z\frac{dx}{dt} - x\frac{dz}{dt}\right). \end{aligned}\right. \tag{29}$$

Bei gewissen mechanischen Problemen bewegt sich der betrachtete Körper mit konstanter Flächengeschwindigkeit, wenn man den Koordinatenanfang geeignet wählt. In diesem Falle sagt man, daß die Bewegung des Körpers dem Flächensatz gehorcht in bezug auf den Koordinaten anfang. Dann ist aber

$$r^2 \frac{d\theta}{dt} = \text{konstant},$$

und folglich, wenn man Gleichung (19) beachtet,

$$a_\theta = 0;$$

d. h. die Beschleunigung senkrecht zum Radius Vektor ist gleich Null.

17. Anwendung auf die Bewegung in einer Ellipse. Ein Massenpunkt möge sich in einer Ellipse bewegen, deren Halbachsen a und b seien und zwar so, daß seine Bewegung in bezug auf den Mittelpunkt der Ellipse als Koordinatenanfang dem Flächensatz gehorcht. Es sind zu bestimmen die Komponenten der Beschleunigung längs und senkrecht zum Radius Vektor. Die Gleichung der Ellipse lautet in Parameterform

(30) $$x = a \cos \varphi, \quad y = b \sin \varphi,$$

woraus durch Elimination von φ die gewöhnliche Gleichung

$$\frac{x^2}{a^2} + \frac{y^2}{b^2} = 1$$

hervorgeht. Aus (30) folgt

(31) $$\frac{dx}{dt} = -a \sin \varphi \frac{d\varphi}{dt}, \quad \frac{dy}{dt} = b \cos \varphi \frac{d\varphi}{dt}.$$

Setzt man die Werte von (30) und (31) in den Ausdruck für den Flächen satz ein

$$x \frac{dy}{dt} - y \frac{dx}{dt} = c,$$

so findet man

$$\frac{d\varphi}{dt} = \frac{c}{ab} = c_1.$$

Das Integral dieser Gleichung ist

$$\varphi = c_1 t + c_2;$$

und falls $\varphi = 0$ für $t = 0$, so ist $c_2 = 0$ und daher $\varphi = c_1 t$.

Setzt man den schließlichen Ausdruck für φ in (30) ein, so ergibt sich

$$\left\{\begin{aligned} \frac{d^2x}{dt^2} &= -c_1^2 a \cos \varphi = -c_1^2 x, \\ \frac{d^2y}{dt^2} &= -c_1^2 b \sin \varphi = -c_1^2 y. \end{aligned}\right.$$

Wenn man diese Werte für die Ableitungen in (20) einsetzt, so werden die Komponenten der Beschleunigung längs und senkrecht zum Radius Vektor gefunden zu

$$\left\{\begin{aligned} a_r &= -c_1^2 r, \\ a_\theta &= 0. \end{aligned}\right.$$

I. Aufgaben.

1. Ein Massenpunkt bewegt sich gleichförmig längs einer Schraubenlinie auf dem Kreiszylinder mit dem Radius R; man bestimme die Komponenten der Geschwindigkeit und Beschleunigung parallel zu der x-, y- und z-Achse. Die Gleichungen der Schraubenlinie sind

$$x = R\cos\omega,\ y = R\sin\omega,\ z = h\omega.$$

Lösung: $$\begin{cases} v_x = -Rc\sin(ct), & v_y = +Rc\cos(ct), \quad v_z = hc; \\ a_x = -Rc^2\cos(ct), & a_y = -Rc^2\sin(ct), \quad a_z = 0. \end{cases}$$

2. Ein Massenpunkt bewegt sich auf einer Ellipse mit dem Halbparameter $p = \frac{b^2}{a}$ und der numerischen Exzentrizität $\varepsilon = \frac{\sqrt{a^2 - b^2}}{a}$ (a und b Halbachsen der Ellipse), und zwar mit gleichförmiger Winkelgeschwindigkeit in bezug auf den einen der beiden Brennpunkte als Koordinatenanfang (x-Achse gleich große Achse der Ellipse); die Komponenten der Geschwindigkeit und Beschleunigung längs und senkrecht zum Radius Vektor und parallel zur x- und y-Achse sind durch den Radius Vektor und die Zeit auszudrücken.

Lösung: $$\begin{cases} v_r = \frac{ec}{p}\cdot r^2\sin(ct), \quad v_\theta = rc; \\ v_x = +\frac{cr^2}{2p}\sin(ct) + \frac{lc}{2p}r^2\sin(2ct), \\ v_y = cr\cos(ct) + \frac{ec}{p}\cdot r^2\sin^2(ct); \\ a_r = \frac{ec^2}{p}\cdot r^2\cos(ct) + \frac{2e^2c^2}{p^2}r^3\sin^2(ct) - c^2r, \\ a_\theta = \frac{2ec^2}{p}\cdot r^2\sin(ct); \\ a_x = -c^2r\cos(ct) + \frac{ec^2}{p}\cdot r^2 - \frac{3ec^2}{p}\cdot r^2\sin^2(ct) \\ \qquad + \frac{2e^2c^2}{p^2}\cdot r^3\sin^2(ct)\cos(ct), \\ a_y = -c^2r\sin ct + \frac{3ec^2}{2p}\cdot r^2\sin(2ct) + \frac{2e^2c^2}{p^2}\cdot r^3\sin^3(ct). \end{cases}$$

3. Ein Massenpunkt bewegt sich auf einer Ellipse nach dem Flächensatz in bezug auf den einen der Brennpunkte als Koordinatenanfang (x-Achse gleich große Achse der Ellipse); die Komponenten der Geschwindigkeit und Beschleunigung längs und senkrecht zum Radius Vektor und parallel zu den Achsen sind durch die Polarkoordinaten auszudrücken.

Lösung: $$\begin{cases} v_r = \frac{eA}{p}\sin\theta, \quad v_\theta = \frac{A}{r}; \\ v_x = \frac{eA}{2p}\sin 2\theta - \frac{A\sin\theta}{r}, \quad v_y = \frac{eA}{p}\sin^2\theta + \frac{A\cos\theta}{r}; \\ a_r = -\frac{A^2}{p}\cdot\frac{1}{r^2}, \quad a_\theta = 0; \\ a_x = -\frac{A^2}{p}\cdot\frac{\cos\theta}{r^2}, \quad a_y = -\frac{A^2}{p}\cdot\frac{\sin\theta}{r^2}. \end{cases}$$

4. Die Beschleunigungen längs der x- und y-Achse sind die Ableitungen der Geschwindigkeiten nach diesen Achsen; warum sind nun auch nicht die Beschleunigungen längs und senkrecht zum Radius Vektor gegeben durch die Ableitungen der Geschwindigkeiten nach diesen Richtungen? Die Beschleunigung längs einer Achse, welche in der xy-Ebene um den Koordinatenanfang mit der Winkelgeschwindigkeit eins rotiert, soll durch die Beschleunigungen in bezug auf die festen Achsen ausgedrückt werden.

18. Der Massenmittelpunkt von n gleichen Massenpunkten. Der Massenmittelpunkt eines Systems von gleichen Massenpunkten wird definiert als derjenige Punkt, dessen Entfernung von einer beliebigen Ebene gleich ist der mittleren Entfernung der sämtlichen Massenpunkte von jener Ebene. Dies gilt im besonderen in bezug auf jede der drei Koordinatenebenen. Es seien (x_1, y_1, z_1), (x_2, y_2, z_2) usw., die rechtwinkligen Koordinaten der verschiedenen Massenpunkte, und $\bar{x}$, $\bar{y}$, $\bar{z}$ die rechtwinkligen Koordinaten ihres Massenmittelpunktes; dann ist nach Definition

$$(32)\quad \begin{cases} \bar{x} = \dfrac{x_1 + x_2 + \cdots + x_n}{n} = \dfrac{\sum_{i=1}^{n} x_i}{n}, \\[2ex] \bar{y} = \dfrac{y_1 + y_2 + \cdots + y_n}{n} = \dfrac{\sum_{i=1}^{n} y_i}{n}. \\[2ex] \bar{z} = \dfrac{z_1 + z_2 + \cdots + z_n}{n} = \dfrac{\sum_{i=1}^{n} z_i}{n}. \end{cases}$$

Die Masse eines jeden Punktes sei m und die des ganzen Systems sei M, so daß also $M = nm$ ist. Multipliziert man Zähler und Nenner mit m, so werden die Gleichungen (32)

$$(33)\quad \begin{cases} \bar{x} = \dfrac{m \sum_{i=1}^{n} x_i}{nm} = \dfrac{\sum_{i=1}^{n} m x_i}{M}, \\[2ex] \bar{y} = \dfrac{m \sum_{i=1}^{n} y_i}{nm} = \dfrac{\sum_{i=1}^{n} m y_i}{M}, \\[2ex] \bar{z} = \dfrac{m \sum_{i=1}^{n} z_i}{nm} = \dfrac{\sum_{i=1}^{n} m z_i}{M}. \end{cases}$$

Es ist noch zu zeigen, daß die Entfernung des Punktes $(\bar{x}, \bar{y}, \bar{z})$ von einer ganz beliebigen Ebene auch gleich der mittleren Entfernung der Massenteilchen von dieser Ebene ist. Ihre Gleichung sei

$$ax + by + cz + d = 0.$$

Die Entfernung des Punktes $(\bar{x}, \bar{y}, \bar{z})$ von dieser Ebene ist

$$(34) \qquad \bar{d} = \frac{a\bar{x} + b\bar{y} + c\bar{z} + d}{\sqrt{a^2 + b^2 + c^2}}.$$

Ebenso hat man für den Punkt (x_i, y_i, z_i) die Entfernung

$$(35) \qquad d_i = \frac{a x_i + b y_i + c z_i + d}{\sqrt{a^2 + b^2 + c^2}}.$$

Aus den Gleichungen (32), (34) und (35) folgt aber, daß

$$\bar{d} = \frac{a\sum_{i=1}^{n} x_i + b\sum_{i=1}^{n} y_i + c\sum_{i=1}^{n} z_i + nd}{n\sqrt{a^2 + b^2 + c^2}} = \frac{\sum_{i=1}^{n} d_i}{n}$$

Der durch die Gleichungen (32) definierte Punkt $(\bar{x}, \bar{y}, \bar{z})$ genügt also der Definition des Massenmittelpunktes in bezug auf eine ganz beliebige Ebene.

19. Der Massenmittelpunkt von n ungleichen Massenpunkten. Wenn die Massenpunkte von verschiedener Masse sind, hat man zwei Fälle zu unterscheiden: a) die Massen sind kommensurabel, b) die Massen sind inkommensurabel.

a) Man wähle die Einheit m so, daß sich die sämtlichen n Massen als ganzzahlige Vielfache von m ohne Rest ausdrücken lassen. Es sei also die erste Masse gleich $p_1 m$, die zweite gleich $p_2 m$ usw. und $p_1 m = m_1$, $p_2 m = m_2$, $p_3 m = m_3$, usw., wo $p_1, p_2, \ldots, p_n$ ganzzahlig sind. Alsdann kann man das vorliegende System ersetzen durch ein solches von $p_1 + p_2 + \cdots + p_n$ gleichen Massenpunkten von der Masse m, und folglich nach Art. 18 schreiben

$$(36) \qquad \left\{ \begin{aligned} \bar{x} &= \frac{\sum_{i=1}^{n} m p_i x_i}{\sum_{i=1}^{n} m p_i} = \frac{\sum_{i=1}^{n} m_i x_i}{M}, \\ \bar{y} &= \frac{\sum_{i=1}^{n} m p_i y_i}{\sum_{i=1}^{n} m p_i} = \frac{\sum_{i=1}^{n} m_i y_i}{M}, \\ \bar{z} &= \frac{\sum_{i=1}^{n} m p_i z_i}{\sum_{i=1}^{n} m p_i} = \frac{\sum_{i=1}^{n} m_i z_i}{M}. \end{aligned} \right.$$

b) Man wähle die Einheiten ganz beliebig, aber kleiner als jede der n Massen, so daß sich also die n Massen als ganzzahlige Vielfache von

m plus einem positiven Rest ausdrücken lassen. Kann man die Reste vernachlässigen, so liefern die Gleichungen (36) den Massenmittelpunkt auch in diesem Falle. Wählt man eine neue Einheit $\bar{m}$ so, daß $m = p\bar{m}$ und p ganzzahlig ist, so bleiben die Reste entweder die gleichen, oder sie werden kleiner, je nach der Größe der Einheit. $\bar{m}$ kann nun so klein gewählt werden, daß ein jeder Rest kleiner ist als eine beliebig klein festgesetzte positive Zahl. Die Gleichungen (36) behalten ihre Geltung, wenn die m_i die Massen der Körper weniger den Resten bedeuten. Wenn sich aber $\bar{m}$ der Null als Grenze annähert, so gilt dasselbe auch von der Summe der Reste, und folglich haben alsdann die Ausdrücke (36) diejenigen Ausdrücke zu Grenzwerten, in welchen die m_i die Massen der Körper selber bedeuten. Daher bilden die Gleichungen (36) in sämtlichen Fällen einen Ansatz, welcher der Definition des Massenpunktes genügt.

Die Tatsache, daß, wenn die Definition des Massenpunktes für die drei Bezugsebenen erfüllt ist, sie auch für eine ganz beliebige Ebene erfüllt ist, läßt sich auch leicht ohne Benutzung der allgemeinen Formel für den Abstand eines Punktes von einer Ebene beweisen. Man beachte, daß z. B. die yz-Ebene in eine beliebige Lage gebracht werden kann durch eine Verschiebung des Koordinatenanfangs und eine Folge von Drehungen des Koordinatensystems um seine Achsen. Es ist daher zu zeigen, daß die Gleichungen (36) ihre Form nicht ändern: (1) durch eine Verschiebung des Koordinatenanfangs, und (2) durch eine Drehung um eine der Achsen.

(1) Verschiebt man den Koordinatenanfang auf der x-Achse um die Strecke a, so entspricht dies der Transformationsformel $x = x' + a$; die erste der Gleichungen (36) wird daher

$$\bar{x}' + a = \frac{\sum_{i=1}^{n} m_i\,(x_i' + a)}{M} = \frac{\sum_{i=1}^{n} m_i\, x_i'}{M} + \frac{a \sum_{i=1}^{n} m_i}{M};$$

und man erhält
$$\bar{x}' = \frac{\sum_{i=1}^{n} m_i\, x_i'}{M}$$

als Gleichung von derselben Form.

(2) Dreht man das Koordinatensystem um die z-Achse um den Winkel θ, so lauten die Transformationsformeln

$$\begin{cases} x = x' \cos\theta - y' \sin\theta, \\ y = x' \sin\theta + y' \cos\theta. \end{cases}$$

Die ersten beiden Gleichungen (36) gehen folglich durch diese Transformation über in

$$\begin{cases} \bar{x}' \cos\theta - \bar{y}' \sin\theta = \cos\theta \dfrac{\sum\limits_{i=1}^{n} m_i x_i'}{M} - \sin\theta \dfrac{\sum\limits_{i=1}^{n} m_i y_i'}{M}, \\ \bar{x}' \sin\theta + \bar{y}' \cos\theta = \sin\theta \dfrac{\sum\limits_{i=1}^{n} m_i x_i'}{M} + \cos\theta \dfrac{\sum\limits_{i=1}^{n} m_i y_i'}{M}. \end{cases}$$

Durch Auflösung dieser Gleichungen nach $\bar{x}'$ und $\bar{y}'$ ergibt sich aber

$$\bar{x}' = \frac{\sum\limits_{i=1}^{n} m_i x_i'}{M}, \qquad \bar{y}' = \frac{\sum\limits_{i=1}^{n} m_i y_i'}{M}.$$

Der Punkt $(\bar{x}, \bar{y}, \bar{z})$ genügt also in der Tat der Definition des Massenmittelpunktes in bezug auf jede Ebene.

20. Der Schwerpunkt. Die Teile eines Systems von Massenpunkten, die sich sämtlich in der Nähe der Erdoberfläche befinden, sind abwärts gerichteten Kräften unterworfen, welche merklich parallel und proportional sind zu ihren Massen. Das *Gewicht* oder die *Schwere* eines Massenpunktes wird definiert als eine solche Vertikalkraft f, welche gleich ist dem Produkt aus der Masse m des Punktes in seine Beschleunigung g. Unter dem *Schwerpunkt* des Systems versteht man einen Punkt von der folgenden Beschaffenheit: Wenn die

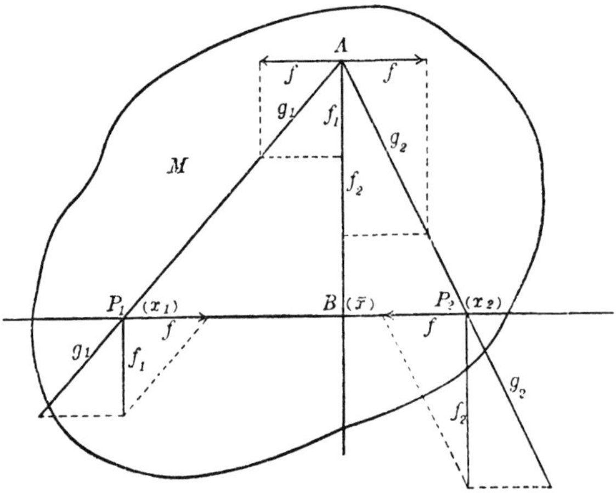

Fig. 4.

sämtlichen Teile des Systems starr miteinander verbunden sind, so daß es also einen starren Körper darstellt, und eine Vertikalkraft, welche gleich ist der Summe der sämtlichen Schwerkräfte, an diesem Punkte angreift, alsdann ist die Wirkung jener Vertikalkraft auf die Bewegung des Systems dieselbe wie diejenige der Gesamtheit der ursprünglichen Kräfte, und zwar bei den sämtlichen Lagen des Systems.

Es soll jetzt gezeigt werden, daß der Schwerpunkt eines starren Körpers mit seinem Massenmittelpunkt zusammenfällt. Wir betrachten zwei Vertikalkräfte f_1 und f_2, welche an dem starren Körper M in den Punkten P_1 und P_2 angreifen. Man zerlege diese beiden Kräfte in die

Komponenten f und g_1, f und g_2, so daß die beiden Komponenten f entgegengesetzt gleich sind und sich daher aufheben. Die Komponenten g_1 und g_2 verschieben wir nach dem Punkt A und zerlegen sie nun ihrerseits wieder so, daß wir parallel zu P_1P_2 zwei entgegengesetzt gleiche Komponenten erhalten; die beiden anderen Komponenten sollen in die Linie AB fallen, welche zu den ursprünglichen Kräften f_1 und f_2 parallel ist; mit diesen sind sie folglich gleich und gleichgerichtet. Mithin stimmt die Resultierende der ursprünglichen Kräfte f_1 und f_2 mit der Kraft $f_1 + f_2$ nach Größe und Richtung überein. Wegen der ähnlichen Dreiecke hat man

$$\frac{f_1}{f} = \frac{AB}{P_1B}, \quad \frac{f_2}{f} = \frac{AB}{P_2B};$$

und folglich durch Division

$$\frac{f_1}{f_2} = \frac{P_2B}{P_1B} = \frac{x_2 - \bar{x}}{\bar{x} - x_1}.$$

Auflösung nach $\bar{x}$ ergibt als Angriffspunkt

$$\bar{x} = \frac{f_1 x_1 + f_2 x_2}{f_1 + f_2}.$$

Vereinigt man die Resultierende der beiden Kräfte f_1 und f_2 mit einer dritten Vertikalkraft f_3 zu einer neuen Resultierenden, so ist diese nach Größe und Richtung gleich $f_1 + f_2 + f_3$, und für ihren Angriffspunkt erhält man auf ähnliche Weise

$$\bar{x} = \frac{f_1 x_1 + f_2 x_2 + f_3 x_3}{f_1 + f_2 + f_3}.$$

Die analogen Gleichungen gelten für parallele Kräfte beliebiger Anzahl und beliebiger Richtung, insbesondere auch für entgegengesetzt gerichtete Parallelkräfte.

Sind daher die n Massenpunkte m_i eines starren Körpers den n Vertikalkräften f_i, welche von der Erdanziehung herrühren, unterworfen, so lauten die Koordinaten des Schwerpunktes in bezug auf den Koordinatenanfang

$$(37) \quad \left\{ \begin{aligned} \bar{x} &= \frac{\sum_{i=1}^{n} f_i x_i}{\sum_{i=1}^{n} f_i} = \frac{\sum_{i=1}^{n} g m_i x_i}{\sum_{i=1}^{n} g m_i} = \frac{\sum_{i=1}^{n} m_i x_i}{M}, \\ \bar{y} &= \frac{\sum_{i=1}^{n} m_i y_i}{M}, \\ \bar{z} &= \frac{\sum_{i=1}^{n} m_i z_i}{M}. \end{aligned} \right.$$

Damit wäre aber gezeigt, daß der Schwerpunkt eines starren Körpers mit seinem Massenmittelpunkt zusammenfällt; dies trifft im allgemeinen nicht zu für ein System, für welches die Beschleunigungen, die die verschiedenen Teile des Systems erfahren, nicht nach Richtung und Größe übereinstimmen. Euler (1707—1783) schlug für den Massenmittelpunkt die Bezeichnung *Trägheitsmittelpunkt* vor.

21. Der Massenmittelpunkt eines Körpers von kontinuierlichem Zusammenhang. Wenn die Massenpunkte eines Systems an Zahl und Dichte ständig zunehmen, so nähert es sich als Grenze einem Körper von kontinuierlichem Zusammenhang. Bei den Körpern, mit denen es die Mechanik für gewöhnlich zu tun hat, sind die Massenpunkte an Zahl und Dichte so groß, daß sie als kontinuierlich zusammenhängende Massen behandelt werden können. Für solche Massen hat man die Grenzwerte der Ausdrücke (37), da für sie m_i der Null zustrebt, aufzustellen. In der Grenze wird m gleich dm und die Summe geht in ein bestimmtes Integral über. Die Gleichungen für den Massenmittelpunkt lauten daher

$$(38)\qquad \begin{cases} \bar{x} = \dfrac{\int x\,dm}{\int dm}, \\[2ex] \bar{y} = \dfrac{\int y\,dm}{\int dm}, \\[2ex] \bar{z} = \dfrac{\int z\,dm}{\int dm}, \end{cases}$$

wo die Integrale über den ganzen Körper zu erstrecken sind.

Für einen homogenen Körper ist die *Dichte* gleich dem Quotienten aus einem beliebigen Teil seiner Masse und dem Volumen dieses Teiles. Für einen unhomogenen Körper ist die *mittlere Dichte* gleich dem Quotienten aus seiner gesamten Masse und seinem gesamten Volumen. Die Dichte in einem beliebigen Punkt ist der Grenzwert der mittleren Dichte eines Volumens, welches gegen null konvergiert und dabei den Punkt ständig enthält. Bezeichnet man die Dichte mit σ, so ist das Massenelement in rechtwinkligen Koordinaten

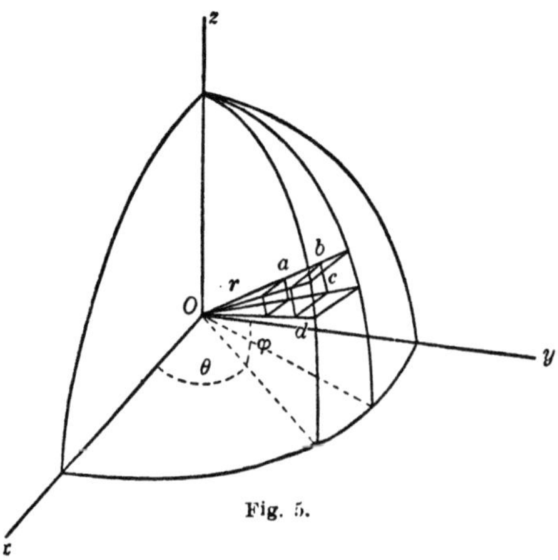

Fig. 5.

$$dm = \sigma\,dx\,dy\,dz.$$

Mit diesem Wert werden die Gleichungen (38)

$$
(39)\qquad \left\{
\begin{aligned}
\bar{x} &= \frac{\iiint \sigma x\, dx\, dy\, dz}{\iiint \sigma\, dx\, dy\, dz},\\
\bar{y} &= \frac{\iiint \sigma y\, dx\, dy\, dz}{\iiint \sigma\, dx\, dy\, dz},\\
\bar{z} &= \frac{\iiint \sigma z\, dx\, dy\, dz}{\iiint \sigma\, dx\, dy\, dz},
\end{aligned}
\right.
$$

wo σ eine Funktion der Koordinaten ist, und die Grenzen der Integrale der Begrenzung des Körpers anzupassen sind.

In gewissen Fällen vereinfachen sich die Integrationen durch Anwendung von Polarkoordinaten. Für das Massenelement ist

$$dm = \sigma \cdot \overline{ab} \cdot \overline{bc} \cdot \overline{cd}.$$

Aus der Figur folgt
$$
\left\{
\begin{aligned}
\overline{ab} &= dr,\\
\overline{bc} &= r d\varphi,\\
\overline{cd} &= r \cos \varphi d\theta.
\end{aligned}
\right.
$$

Daher ist

$$(40)\qquad dm = \sigma r^2 \cos \varphi d\varphi\, d\theta\, dr,$$

und

$$
(41)\qquad \left\{
\begin{aligned}
x &= r \cos \varphi \cos \theta,\\
y &= r \cos \varphi \sin \theta,\\
z &= r \sin \varphi.
\end{aligned}
\right.
$$

Folglich werden die Gleichungen (38)

$$
(42)\qquad \left\{
\begin{aligned}
\bar{x} &= \frac{\iiint \sigma r^3 \cos^2 \varphi \cos \theta\, d\varphi\, d\theta\, dr}{\iiint \sigma r^2 \cos \varphi\, d\varphi\, d\theta\, dr},\\
\bar{y} &= \frac{\iiint \sigma r^3 \cos^2 \varphi \sin \theta\, d\varphi\, d\theta\, dr}{\iiint \sigma r^2 \cos \varphi\, d\varphi\, d\theta\, dr},\\
\bar{z} &= \frac{\iiint \sigma r^3 \sin \varphi \cos \varphi\, d\varphi\, d\theta\, dr}{\iiint \sigma r^3 \cos \varphi\, d\varphi\, d\theta\, dr}.
\end{aligned}
\right.
$$

Die Integrale erstrecken sich wieder über den ganzen Körper; σ ist eine Funktion der Polarkoordinaten. Wenn der Körper in eine Fläche oder Linie ausartet, erfahren die Gleichungen wesentliche Vereinfachungen.

22. Symmetrieebenen und Symmetrieachsen. Wenn ein homogener Körper in bezug auf eine Ebene symmetrisch ist, so fällt der Massenmittelpunkt in diese Ebene hinein, weil alsdann jedem Massenelement auf der einen Seite der Ebene ein Massenelement auf der anderen Seite entspricht, und der ganze Körper sich in solche Paare von entsprechenden Elementen zerlegen läßt. Man nennt diese Ebene *Symmetrieebene.* Besitzt ein homogener Körper zwei Symmetrieebenen, so liegt der Massenmittelpunkt auf ihrer Schnittlinie, die man als *Symmetrieachse* bezeichnet. Besitzt er drei sich in einem Punkte schneidende Symmetrieebenen, so fällt der Massenmittelpunkt mit ihrem Schnittpunkt zusammen. Mit Hilfe von Symmetriebetrachtungen können die Massenmittelpunkte in vielen einfachen Fällen ohne Integrationen bestimmt werden.

23. Anwendung auf einen unhomogenen Würfel. Die Dichte eines unhomogenen Würfels möge mit dem Quadrat der Entfernung von einer der Seitenflächen des Würfels zunehmen. Drei zusammenstoßende Kanten des Würfels mögen mit den Koordinatenachsen, und die Seite von der Dichte Null mit der yz-Ebene zusammenfallen. Dann ist $\sigma = kx^2$, wo also k die Dichte im Abstande eins bedeutet. Setzt man die Kantenlänge des Würfels gleich a, dann nehmen die Gleichungen (39) die Gestalt an

$$\left\{\begin{aligned} \bar{x} &= \frac{k\int\limits_0^a\int\limits_0^a\int\limits_0^a x^3\,dx\,dy\,dz}{k\int\limits_0^a\int\limits_0^a\int\limits_0^a x^2\,dx\,dy\,dz}, \\ \bar{y} &= \frac{k\int\limits_0^a\int\limits_0^a\int\limits_0^a x^2 y\,dx\,dy\,dz}{k\int\limits_0^a\int\limits_0^a\int\limits_0^a x^2\,dx\,dy\,dz}, \\ \bar{z} &= \frac{k\int\limits_0^a\int\limits_0^a\int\limits_0^a x^2 z\,dx\,dy\,dz}{k\int\limits_0^a\int\limits_0^a\int\limits_0^a x^2\,dx\,dy\,dz}. \end{aligned}\right.$$

Führt man die Integrationen aus und setzt die Grenzen ein, so erhält man

$$\bar{x} = \frac{3a}{4}, \quad \bar{y} = \frac{a}{2}, \quad \bar{z} = \frac{a}{2}.$$

Wollte man bei dieser Aufgabe Polarkoordinaten benutzen, dann würden die oberen Grenzen bedeutend komplizierter, und die Integrationen dementsprechend schwieriger sich gestalten.

24. Anwendung auf den Oktanten einer Kugel. Von dem Oktanten einer homogenen Kugel, deren Dichte gleich eins sei, ist der Massenmittelpunkt zu bestimmen. Bei dieser Aufgabe wendet man besser

Polarkoordinaten an, wenngleich es nicht etwa notwendig ist; man hat stets die Wahl zwischen den Gleichungen (39) und (42). Diese wird davon abhängen, welche Form die Integrationsgrenzen in beiden Fällen annehmen, und man wird nach Möglichkeit darauf bedacht sein, konstante Integrationsgrenzen zu erhalten. Fällt der Mittelpunkt der Kugel mit dem Koordinatenanfang zusammen, so werden die Gleichungen (42), falls der Kugelradius gleich a gesetzt wird

$$\left\{\begin{aligned}
\bar{x} &= \frac{\int\limits_0^{\frac{\pi}{2}}\int\limits_0^{\frac{\pi}{2}}\int\limits_0^{a} r^3 \cos^2\varphi \cos\theta \, d\varphi \, d\theta \, dr}{\int\limits_0^{\frac{\pi}{2}}\int\limits_0^{\frac{\pi}{2}}\int\limits_0^{a} r^2 \cos\varphi \, d\varphi \, d\theta \, dr}, \\
\bar{y} &= \frac{\int\limits_0^{\frac{\pi}{2}}\int\limits_0^{\frac{\pi}{2}}\int\limits_0^{a} r^3 \cos^2\varphi \sin\theta \, d\varphi \, d\theta \, dr}{\int\limits_0^{\frac{\pi}{2}}\int\limits_0^{\frac{\pi}{2}}\int\limits_0^{a} r^2 \cos\varphi \, d\varphi \, d\theta \, dr}, \\
\bar{z} &= \frac{\int\limits_0^{\frac{\pi}{2}}\int\limits_0^{\frac{\pi}{2}}\int\limits_0^{a} r^3 \sin\varphi \cos\varphi \, d\varphi \, d\theta \, dr}{\int\limits_0^{\frac{\pi}{2}}\int\limits_0^{\frac{\pi}{2}}\int\limits_0^{a} r^2 \cos\varphi \, d\varphi \, d\theta \, dr}.
\end{aligned}\right.$$

Da die Masse einer homogenen Kugel mit dem Radius a und der Dichte eins den Wert $\frac{4}{3}\pi a^3$ hat, so ist der Nenner eines jeden Ausdrucks gleich $\frac{1}{6}\pi a^3$, wie sich auch sogleich durch Integration ergibt. Integriert man die Zähler nach φ und berücksichtigt die Grenzen, so erhält man

$$\left\{\begin{aligned}
\bar{x} &= \frac{\frac{\pi}{4}\int\limits_0^{\frac{\pi}{2}}\int\limits_0^{a} r^3 \cos\theta \, d\theta \, dr}{\frac{\pi}{6} a^3}, \\
\bar{y} &= \frac{\frac{\pi}{4}\int\limits_0^{\frac{\pi}{2}}\int\limits_0^{a} r^3 \sin\theta \, d\theta \, dr}{\frac{\pi}{6} a^3}, \\
\bar{z} &= \frac{\frac{1}{2}\int\limits_0^{\frac{\pi}{2}}\int\limits_0^{a} r^3 \, d\theta \, dr}{\frac{\pi}{6} a^3}.
\end{aligned}\right.$$

Integriert man nach θ, so ergeben sich die Gleichungen

$$\bar{x} = \frac{\frac{\pi}{4}\int\limits_0^a r^3\,dr}{\frac{\pi}{6}a^3}, \qquad \bar{y} = \frac{\frac{\pi}{4}\int\limits_0^a r^3\,dr}{\frac{\pi}{6}a^3}, \qquad \bar{z} = \frac{\frac{\pi}{4}\int\limits_0^a r^3\,dr}{\frac{\pi}{6}a^3};$$

und schließlich liefert die Integration nach r

$$\bar{x} = \bar{y} = \bar{z} = \tfrac{3}{8}\,a.$$

Der Oktant einer Kugel besitzt drei Symmetrieebenen, die bestimmt sind durch den Kugelmittelpunkt, die Ecken des begrenzenden sphärischen Dreiecks und die Mittelpunkte ihrer Gegenseiten. Da diese drei Ebenen nicht nur einen Punkt, sondern eine Gerade gemeinsam haben, so ergeben sie keine vollständige Bestimmung des Massenmittelpunktes.

Fast sämtliche Körper, mit denen es die Astronomie zu tun hat, sind Kugeln oder Sphäroide mit drei sich nur in einem Punkte und nicht in einer Geraden schneidenden Symmetrieebenen. In der Astronomie sind daher die Anwendungen der obigen Formeln äußerst einfach, und es brauchen keine weiteren Beispiele besprochen zu werden.

II. Aufgaben.

1. Man bestimme den Massenmittelpunkt eines dünnen geraden Drahtes von der Länge R, dessen Dichte σ zunimmt mit der $n$ten Potenz der Entfernung d von dem einen Ende, so daß $\sigma = d^n$ ist.

Lösung: $\bar{d} = \frac{n+1}{n+2}R.$

2. Man bestimme die Koordinaten des Massenmittelpunktes eines dünnen Drahtes von konstanter Dichte, welcher einen Kreisquadranten von dem Radius R bildet.

Lösung: $\bar{x} = \bar{y} = \frac{2R}{\pi}$,

wenn der Mittelpunkt des Kreises mit dem Koordinatenanfang zusammenfällt.

3. Man bestimme die Koordinaten des Massenmittelpunktes einer dünnen Platte von konstanter Dichte, welche die Form des Quadranten einer Ellipse mit den Halbachsen a und b besitzt.

Lösung: $\begin{cases} \bar{x} = \dfrac{4a}{3\pi}, \\ \bar{y} = \dfrac{4b}{3\pi}. \end{cases}$

4. Man bestimme die Koordinaten des Massenmittelpunktes einer dünnen Platte von konstanter Dichte, welche die Form einer vollständigen Schlinge der Lemniskate $r^2 = a^2 \cos 2\,\theta$ hat.

Lösung: $\begin{cases} \bar{x} = \dfrac{\pi a}{2^{\frac{5}{2}}}, \\ \bar{y} = 0. \end{cases}$

5. Man bestimme die Koordinaten des Massenmittelpunktes, den der Oktant eines Ellipsoides von konstanter Dichte besitzt, dessen Halbachsen a, b, c sind.

$$\text{Lösung:}\quad \begin{cases} \bar{x} = \dfrac{3a}{8}, \\ \bar{y} = \dfrac{3b}{8}, \\ \bar{z} = \dfrac{3c}{8}. \end{cases}$$

6. Man bestimme die Koordinaten des Massenmittelpunktes eines Kugeloktanten von dem Radius R, dessen Dichte σ zunimmt mit der $n$ten Potenz der Entfernung d vom Mittelpunkt, so daß $\sigma = d^n$.

$$\text{Lösung:}\quad \bar{x} = \bar{y} = \bar{z} = \frac{n+3}{n+4} \cdot \frac{R}{2}.$$

7. Man bestimme die Koordinaten des Massenmittelpunktes eines Rotationsparaboloides, welches im Abstande h von der Spitze durch eine Ebene senkrecht zur Achse geschnitten wird.

$$\text{Lösung:}\quad \begin{cases} \bar{x} = \dfrac{2}{3} h, \\ \bar{y} = \bar{z} = 0. \end{cases}$$

8. Man bestimme die Koordinaten des Massenmittelpunktes eines geraden Kreiskegels mit der Höhe h und dem Radius R.

9. Man bestimme die Koordinaten des Massenmittelpunktes einer bikonvexen Linse von homogenem Glas, welche die Radien r_1 und $r_2 = 2r_1$ und die zentrale Dicke $\dfrac{r_1 + r_2}{4}$ besitzt.

10. Die Krümmungsradien einer konvex-konkaven Linse seien r_1 und r_2, wo $r_1 < r_2 < 2r_1$. Man bestimme die Dicke und den Durchmesser der Linse so, daß der Massenmittelpunkt auf der konkaven Oberfläche liegt.

Geschichtliche Übersicht vom Altertum bis Newton.

25. Die beiden Einteilungen der Geschichte. Die Geschichte der Himmelsmechanik zerfällt naturgemäß in zwei getrennte Gebiete. Das eine handelt von der Entwicklung der Erkenntnis der rein formalen Verhältnisse des Universums, der natürlichen Zeiteinteilungen, der Formen der Sternbilder, und der Bestimmung der Planetenbahnen und ihrer Perioden. Das andere betrifft die Bestrebungen und ihre Erfolge, gültige Vorstellungen der physikalischen Verhältnisse der Naturerscheinungen zu gewinnen, der fundamentalen Eigenschaften von Kraft, Masse, Raum und Zeit und insbesondere der Beziehungen, die zwischen ihnen bestehen. Diese beiden Entwicklungslinien in der astronomischen Wissenschaft wurden freilich nicht immer streng auseinander gehalten, gerade von denen, welche sie ausgebildet haben; vielmehr wurden sie oft so innig miteinander vermengt, daß die Betrachtungen in der einen Richtung von ungünstigem Einfluß auf die Schlußfolgerungen in der anderen waren. Wenn diese beiden Richtlinien offenbar vom Forscher streng zu unterscheiden sind, so ist es ebenso einleuchtend, daß sie zur ständigen gegenseitigen Bestätigung dienen sollen. In den nächsten beiden Paragraphen soll mit möglichst wenig Worten die Entwicklung dieser beiden Richtungen in der Himmelsmechanik von den Zeiten der frühen griechischen Philosophen bis zu dem Zeitpunkt angegeben werden, wo Newtons überragendes Genie die Analyse der Elemente und ihre Synthese zu einer der erhabensten Schöpfungen des menschlichen Geistes vollführte.

26. Formale Astronomie. Der erste Abschnitt, der die Erscheinungen selber ohne Berücksichtigung ihrer Ursachen behandelt, soll als „Formale Astronomie“ bezeichnet werden. Der Tag, der Monat, das Jahr sind so auffällig natürliche Zeiteinteilungen, daß sie sich den primitivsten Völkern aufdrängen mußten. Aber die Bestimmung der Beziehungen zwischen diesen Perioden erforderte etwas von jenem wissenschaftlichen Geist, der für sorgfältige Beobachtungen Voraussetzung ist; das erste Aufdämmern chaldäischer und ägyptischer Geschichte weiß jedoch anscheinend schon von sehr genauer Kenntnis dieser Beziehungen zu berichten. Die Überlieferungen dieser Völker von ihren früheren Kulturen sind aber so dürftig, daß sich mit Sicherheit wenig von ihren wissenschaftlichen Erkenntnissen in jenen Zeiten sagen läßt. Die authentische Geschichte der Astronomie beginnt in Wirklichkeit erst mit den Griechen, welche, ihre ersten Kenntnisse und Anregungen von den Ägyptern empfangend, sich diesem Gebiet mit jenem Enthusiasmus und Scharfsinn widmeten, welche für das griechische Volk charakteristisch waren.

Thales (640—546 v. Chr.) aus Milet machte eine Studienreise nach Ägypten und gründete nach seiner Rückkehr die Ionische Schule für Astronomie und Philosophie. Einen gewissen Eindruck von den astronomischen Fortschritten der Ägypter gewinnt man daraus, daß Thales die kreisförmige Gestalt der Erde, die Schiefe der Ekliptik, die Ursachen der Finsternisse lehrte, und nach Herodot die Sonnenfinsternis von 585 v. Chr. voraussagte. Nach Laertius bestimmte er als erster die Länge des Jahres. Man wird aber annehmen müssen, daß er vieles den Ägyptern entlehnte; die Grundlage für die Vorausbestimmung von Finsternissen, jene Periode von 6585 Tagen, welche man als Saroszyklos bezeichnet, wurde indessen von den Chaldäern entdeckt. Nach dem Ablauf dieser Periode kehren die Sonnen- und Mondfinsternisse unter fast gleichen Umständen wieder, außer daß eine Verschiebung um 120° westwärts auf der Erde stattgefunden hat.

Anaximander (611—545 v. Chr.), ein Freund und wahrscheinlich ein Schüler von Thales, konstruierte geographische Karten, und steht in dem Rufe, den Gnomon erfunden zu haben.

Pythagoras (etwa 569—470 v. Chr.) machte weite Reisen in Ägypten und Chaldaea und drang in Asien bis zu den Ufern des Ganges vor. Auf seiner Rückkehr begab er sich nach Sizilien und gründete eine Schule für Astronomie und Philosophie. Er lehrte, daß die Erde einen Umlauf vollführt und sich dabei gleichzeitig um sich selber dreht, und daß die Kometen wie die Planeten sich in Bahnen um die Sonne bewegen. Er steht in dem Ruf, als erster behauptet zu haben, daß derselbe Planet Venus als Abend- und Morgenstern zu verschiedenen Zeiten erscheint.

Meton (etwa 465—385 v. Chr.) entdeckte nach den Angaben der hellenischen Gelehrten den Zyklus von 19 Jahren, welcher fast 235 synodische Monate beträgt, und der Metonische Zyklus heißt. Nach dem Ablauf dieser Periode kehren die Mondphasen an denselben Tagen des Jahres wieder, und beinahe zu derselben Tageszeit. Der noch genauere Zyklus des Calippus ist gleich vier Metonischen Zyklen weniger einen Tag.

Aristoteles (384—322 v. Chr.) stellte die Theorie von der Kugelgestalt der Erde auf, und seine Begründung dieser Theorie wird zum großen Teil noch in der Gegenwart gebraucht.

Aristarchos (310—250 v. Chr.) schrieb ein wichtiges Werk, betitelt *Größen und Entfernungen*. In ihm berechnete er aus der Konstellation, wo die Erde mit dem Monde in Quadratur steht, daß der Mond etwa ein Neunzehntel soweit von der Erde entfernt ist als die Sonne. Jener Zeitpunkt wurde bestimmt, indem man beobachtete, wann der Mond im ersten Viertel steht. Die praktische Schwierigkeit, genau zu bestimmen, wann der Mond eine bestimmte Phase besitzt, bildet den einzigen Grund, weshalb mit dieser Methode, wenn sie auch theoretisch einwandfrei ist, keine exakten Resultate erzielt werden können.

Eratosthenes (275—194 v. Chr.) stellte einen Katalog von 475 Sternen größter Helligkeit zusammen und ist berühmt durch seine Bestimmung des Erdumfanges, welche er durch Messung des Breitenunterschiedes und der Entfernung der beiden Orte Syene in Oberägypten und Alexandria bewirkte.

Hipparchus (etwa 190—120 v. Chr.) aus Bithynien, welcher auf der Insel Rhodos und möglicherweise auch in Alexandrien Beobachtungen anstellte, war der größte Astronom des Altertums. Mit dem Eifer und Geschick eines Beobachters vereinigte er die Fähigkeiten des Mathematikers. Im Anschluß an Euklid (etwa 330—275 v. Chr.) in Alexandrien entwickelte er das wichtige Gebiet der sphärischen Trigonometrie. Er bestimmte Erdorte durch ihre Längen- und Breitengrade, und solche der Sterne durch ihre Rektaszensionen und Deklinationen. Das Erscheinen eines neuen Sternes veranlaßte ihn zur Aufstellung eines Kataloges von 1080 Fixsternen. Er maß die Länge des tropischen Jahres, die Länge des Monats mit Hilfe von Finsternissen, die Bewegung der Mondknoten und die ihres Apogäums; er war der Autor der ersten Sterntafeln, entdeckte die Präzession der Äquinoktien, und machte ausgedehnte Planetenbeobachtungen. Von den Werken des Hipparchos haben wir keine direkte Kunde, seine eigenen Schriften gingen verloren bei der Zerstörung der Alexandrinischen Bibliothek durch die Sarazenen unter Omar, im Jahre 640 n. Chr.

Ptolemäus (100—170 n. Chr.) führte das Werk des Hipparchos gewissenhaft fort und hinterließ den *Almagest* als das Dokument seiner Arbeiten. Glücklicherweise ist dieses Buch, welches sehr wertvolles Material enthält, bis auf unsere Zeit vollständig erhalten geblieben. Ptolemäus größte Entdeckung ist die Evektion der Mondbewegung, welche er bewerkstelligte, indem er die Bewegung des Mondes den ganzen Monat hindurch verfolgte, anstatt seine Aufmerksamkeit, wie es die Beobachter vor ihm getan haben, auf gewisse Phasen zu beschränken. Ferner entdeckte er die Refraktion, ist aber vor allem berühmt durch sein geozentrisches Weltsystem und die Aufstellung der epizyklischen Theorie, die die scheinbare Bewegung der Planeten darstellte.

Auf Ptolemäus folgte eine stationäre Periode, in welcher von keinem Volke Wissenschaftspflege getrieben wurde außer von den Arabern, die aber mehr eine nachahmende und erläuternde Betätigung als originale Forschungsarbeit leisteten. Im 9. Jahrhundert lebte der größte arabische Astronom Albategnius (850—929); er führte in der Ebene von Singiar in Mesopotamien genauere Messung eines Meridianbogens aus. Im 10. Jahrhundert stellte Al-Sufi ein Sternverzeichnis auf Grund eigener Beobachtungen zusammen. Ein anderer Katalog wurde unter der Leitung von Ulugh-Beigh (1393—1449) in Samarkand 1433 aufgestellt. Zu dieser Zeit findet die arabische Astronomie ihren eigentlichen Abschluß.

Gegen Ende des 15. Jahrhunderts lebte die Astronomie in Europa in den Arbeiten von Purbach (1423—1461), Waltherus (1430—1504) und Regiomontanus (1436—1476) wieder auf. Eine hervorragende Förderung erfuhr sie durch den berühmten deutschen Astronomen Kopernikus (1473—1543), und wurde bis zur Gegenwart mit wachsendem Eifer fortgeführt. Kopernikus veröffentlichte 1543 sein Meisterwerk *De Revolutionibus Orbium Coelestium*, in welchem er der Welt die heliozentrische Theorie des Sonnensystems bescherte. Das System des Kopernikus wurde von Tycho de Brahe (1546—1601) verworfen, welcher seinerseits eine Theorie aufstellte, weil er keine Parallaxe bei den Fixsternen beobachten konnte. Tycho war von norwegischer Herkunft, übte aber unter dem Patronat des Königs Friedrich einen großen Teil seiner astronomischen Tätigkeit in Dänemark aus. Nach Friedrichs Tode ging er nach Prag, wo er den Rest seines Lebens eine freigiebige Pension von Rudolph II. bezog. Er war ein unermüdlicher und meist unverdrossener Beobachter und lieferte sehr wichtige Beiträge zur Astronomie. In den späteren Jahren war Kepler (1571—1630) sein Schüler und Assistent; die Beobachtungen Tycho Brahes führten Kepler fast 20 Jahre nach dem Tode seines Lehrers zu der Aufstellung seiner drei Gesetze der Planetenbewegung. Aus diesen Gesetzen leitete Newton (1642—1727) das Gravitationsgesetz ab.

Galilei (1564—1642), italienischer Astronom und Zeitgenosse Keplers, doch bedeutender und von größerem Ruf, benutzte als erster das Fernrohr für astronomische Beobachtungen. Er entdeckte vier den Jupiter umkreisende Satelliten, die Ringe des Saturn und die Sonnenflecken. Er war wie Kepler ein begeisterter Anhänger der heliozentrischen Theorie.

27. Dynamische Astronomie. Die dynamische Astronomie untersucht die Zusammenhänge der mechanischen und physikalischen Ursachen mit den Beobachtungstatsachen. Die formale Astronomie ist so alt, daß es nicht möglich ist, auf ihren Ursprung zurückzugehen; die dynamische Astronomie andererseits beginnt erst nach Aristoteles, und wirkliche Fortschritte erfährt sie nur in ganz vereinzelten Zeitabschnitten.

Archimedes (287—212 v. Chr.) hatte die ersten zutreffenden Vorstellungen über mechanische Verhältnisse. Er fand die Hebelgesetze und erkannte die Bedeutung des Schwerpunktes eines Körpers. Seine Lehren erfuhren durch Leonardo da Vinci (1452 bis 1519) in dessen Untersuchungen über statische Momente eine Verbesserung in bezug auf Form und Allgemeinheit. In dem ganzen Gebiet der Statik eines starren Körpers tritt die mathematische Seite völlig in den Vordergrund.

Es ist eine bemerkenswerte Tatsache, daß fast während zweitausend Jahren nach Archimedes kein einziger wesentlicher Fortschritt in der Mechanik erzielt wurde, bis zu der Zeit, wo Stevinus (1548—1620) als erster die Gesetze der schiefen Ebene erforschte, und wo Galilei (1564 bis 1642), zu den ersten wichtigen Ergebnissen in der Kinetik gelangte. So blieben die mechanischen Prinzipien der Bewegungen von Körpern bis zu verhältnismäßig modernen Zeiten unentdeckt. Der Grundirrtum der meisten Forscher bestand in der Annahme, daß eine ständig wirkende Kraft erforderlich sei, um einen Körper in Bewegung zu erhalten. Der Zustand der Ruhe erschien ihnen für einen Körper natürlicher als der Zustand der Bewegung, eine Anschauung, die zum Trägheitsgesetz (Newtons erstes Gesetz) im Widerspruch steht. Dieses Gesetz wurde von

Galilei ganz zufällig bei dem Studium der Bewegungen von Körpern entdeckt, welche von einer schiefen Ebene aus auf eine horizontale Ebene gelangten. Galilei machte zu seinem Grundprinzip, daß die Bewegungsänderung oder Beschleunigung durch Kräfte hervorgerufen wird, welche auf den Körper einwirken. Dies bildet beinahe den ganzen Inhalt der beiden ersten Newtonschen Gesetze. Galilei benutzte seine Prinzipien mit vollkommenem Erfolge zur Entdeckung der Fall- und Wurfgesetze. Der Wert seiner Entdeckungen ist derartig, daß man ihn geradezu als den Begründer der Dynamik betrachtet. Als erster wandte er das Pendel auf die Zeitmessung an.

Huyghens (1629—1695), ein holländischer Mathematiker und Physiker veröffentlichte 1675 sein *Horologium Oscillatorium,* welches enthält die Theorie über die Intensitätsbestimmung der Erdanziehung durch Pendelversuche, die Theorie des Schwingungszentrums, die Evolutentheorie und die Theorie des Zykloidenpendels.

Newton (1642—1727) vervollständigte die Formulierung der mechanischen Grundprinzipien und wandte sie mit unvergleichlichem Erfolge bei der Lösung von mechanischen und astronomischen Problemen an. Seine geometrischen Methoden, mechanische Vorgänge darzustellen, waren so vollkommen, daß sie bis auf den heutigen Tag eine Änderung kaum erlitten haben.

Nach Newtons Zeit wandten sich die Mathematiker bald den allgemeineren und wirkungsvolleren Methoden der Analysis zu. In seinem Werk *Mechanica sive Motus Scientia* (Petersburg 1736) begründete Euler (1707—1783) die Analytische Mechanik; sie erfuhr eine Verbesserung durch Maclaurins (1698—1746) Werk *A Complete System of Fluxions* (Edinburgh 1742) und wurde durch Lagrange (1736—1813) in seiner *Mécanique Analytique* (Paris 1788) zu hoher Vollendung geführt. Die *Mécanique Céleste* von Laplace (1749—1827) brachte die Himmelsmechanik auf dieselbe Höhe.

Literatur.

Grundprinzipien der Mechanik: Dr. E. Dühring, *Prinzipien der Mechanik* (Geschichte und Erläuterung der verschiedenen mechanischen Systeme von Archimedes bis zur Gegenwart); *Vorreden und Einleitungen zu den klassischen Werken der Mechanik,* herausgegeben von der Philos. Ges. der Univers. Wien; Heinrich Hertz, *Die Prinzipien der Mechanik, Ges. Werke,* Bd. III; E. Mach, *The Science of Mechanics;* Boltzmann, *Prinzipe der Mechanik*; P. G. Tait, *Newtons Laws of Motion;* Planck, *Das Prinzip der Erhaltung der Energie;* Lange, *Die geschichtliche Entwicklung des Bewegungsbegriffes.*

Relativitätstheorie: M. Laue, *Das Relativitätsprinzip;* R. D. Carmichael, *The Theory of Relativity.*

Geschwindigkeit und Beschleunigung, ihre Zusammensetzung und Zerlegung: Die ersten Kapitel von Tait und Steele „*Dynamics of a Particle*“, G. Koenigs,

Leçons de Cinématique; Poincaré, *Cinématique et Mécanismes;* und die Werke über Dynamik (Mechanik) von Routh, Love, Budde und Appel.

Geschichte der Himmelsmechanik und Astronomie: Delambre, *Histoire de l'Astronomie Ancienne* (altes Werk); L. Ideler, *Astronomische Beobachtungen der Alten* (altes Werk); Paul Tannery, *Recherches sur l'Histoire de l'Astronomie Ancienne;* Grant, *History of Astronomy;* H. Hankel, *Geschichte der Mathematik im Altertum und Mittelalter;* Whewell, *History of the Inductive Sciences* (2 Bände); H. Süter, *Geschichte der Mathematischen Wissenschaften* (2 Bände); M. Cantor, *Geschichte der Mathematik* (3 Bände); W. W. R. Ball, *A Short History of Mathematics;* Florian Cajori, *A History of Mathematics;* M. Maximilian Marie, *Histoire des Sciences Mathématiques et Physiques* (12 Bände); R. Wolf, *Geschichte der Astronomie;* Arthur Berry, *A History of Astronomy;* Ernest Lebon, *Histoire Abrégée de l'Astronomie.*

Zweites Kapitel.

Geradlinige Bewegung.

28. Die Himmelsmechanik hat es zum großen Teil mit der Lösung von Differentialgleichungen zu tun, welche wegen der Anzahl der abhängigen Variablen meistens recht kompliziert sind. Den gewöhnlichen Fall bilden in ausgedehntem Maße die Differentialgleichungen mit einer unabhängigen und einer abhängigen Variablen; der Übergang von diesen zu Systemen simultaner Differentialgleichungen mit mehreren Variablen, auf welche man durch physikalische und mechanische Probleme geführt wird, ist im allgemeinen mit Schwierigkeiten verbunden. Das vorliegende Kapitel enthält die Aufstellung und Lösung von Problemen, deren Behandlung sich eng anschließt an die in rein mathematischen Lehrbüchern auseinandergesetzten Verfahren. Es leitet daher von den Methoden, welche sich in den Lehrbüchern der Infinitesimalrechnung finden, zu denjenigen über, welche speziell für mechanische und astronomische Probleme charakteristisch sind.

Die Beispiele, die zur Erläuterung dienen sollen, sind zum großen Teil astronomischen Problemen entnommen. Da sie an sich von hinreichendem Interesse sind, so ist ihre Wahl ohne Rücksicht darauf erfolgt, ob sie zur Vorbereitung auf die nachfolgenden schwierigeren Betrachtungen unbedingt notwendig sind. Sie beziehen sich auf die Fallgesetze, die Entweichungsgeschwindigkeit, die parabolische Bewegung, die meteorische und die Kontraktionstheorie der Sonnentemperatur.

Die Fallbewegung.

29. Die Differentialgleichung der Fallbewegung. Ein Punkt von der Masse m möge bei seiner Fallbewegung den Weg s zurücklegen, wobei die Richtung nach oben positiv genommen sei. Nach dem zweiten Bewegungsgesetz ist die Änderung der Bewegungsgröße oder das Produkt aus Masse und Beschleunigung proportional zur Kraft. Ist daher k^2 der Proportionalitätsfaktor, d. h. der numerische Wert, der von der Wahl der Einheiten abhängt, dann lautet, wenn f die Kraft darstellt, die Differentialgleichung der Bewegung

$$(1) \qquad m\frac{d^2s}{dt^2} = -k^2 f.$$

Das ist aber auch die Differentialgleichung der Bewegung für jeden Fall, wo die Resultierende der sämtlichen Kräfte ständig in derselben Senkrechten liegt und ihr auch die Anfangsrichtung der Bewegung angehört. Die Gleichung gewinnt also eine allgemeinere Bedeutung, wenn f nicht nur die Erdanziehung darstellen soll, welche der Massenpunkt erfährt.

Die Kraft f hängt im allgemeinen von verschiedenen Umständen ab, solche sind die Lage von m, die Zeit t und die Geschwindigkeit v. Dies deuten wir an, indem wir Gleichung (1) in der Form schreiben

$$(2) \qquad m\frac{d^2s}{dt^2} = -k^2 f(s, t, v),$$

wo $f(s, t, v)$ also bedeutet, daß die Kraft von den in der Klammer auftretenden Größen abhängt. Die Lösung dieser Gleichung erfordert zwei Integrationen; ihr Charakter ist bestimmt durch die Art, wie f von s, t und v abhängt. Die verschiedenen Fälle müssen daher besonders erörtert werden.

30. Die Kraft ist konstant. Der Fall einer konstanten Kraft ist annähernd verwirklicht, wenn Massenpunkte unter dem Einfluß der Schwere verhältnismäßig kleine Räume nahe der Erdoberfläche durchfallen. Nimmt man die Sekunde als Zeiteinheit und das Zentimeter als Längeneinheit, so ist $k^2 f = mg$, wo g die Schwerebeschleunigung an der Erdoberfläche bedeutet, deren numerischer Wert, welcher sich mit dem Breitengrade ein wenig ändert, etwa 981 beträgt. Gleichung (1) wird alsdann

$$(3) \qquad \frac{d^2s}{dt^2} = -g.$$

Einmalige Integration liefert

$$\frac{ds}{dt} = -gt + c_1,$$

mit c_1 als Integrationskonstante. Für den Zeitpunkt $t = 0$ sei die Geschwindigkeit des Massenpunktes $v = v_0$, dann erhält man aus der letzten Gleichung für $t = 0$

$$v_0 = c_1;$$

und folglich $$\frac{ds}{dt} = -gt + v_0.$$

Das Integral dieser Gleichung ist

$$s = -\frac{gt^2}{2} + v_0 t + c_2.$$

Der Massenpunkt möge in der Entfernung s_0 von der Erdoberfläche seine Fallbewegung zur Zeit $t = 0$ begonnen haben, dann ist

$$s_0 = c_2;$$ und folglich

(4) $$s = -\frac{gt^2}{2} + v_0 t + s_0.$$

Bei gegebenen Anfangsbedingungen bestimmt diese Gleichung die Lage des Massenpunktes in einem beliebigen Zeitpunkt; oder aber, sie bestimmt den Zeitpunkt, in welchem der Körper eine gegebene Lage hat, als quadratische Gleichung in t.

Wenn anstatt $-g$ irgendeine andere positive oder negative Konstante die Beschleunigung darstellen würde, so wäre die Bewegungsgleichung von der Gleichung (4) nur im Koeffizienten von t^2 verschieden.

Man kann aber auch eine wichtige Beziehung zwischen der Geschwindigkeit und der Lage des Massenpunktes zu einer bestimmten Zeit ableiten. Multipliziert man beide Seiten der Gleichung (3) mit $2\frac{ds}{dt}$, so erhält man, da die Ableitung von $\left(\frac{ds}{dt}\right)^2$ gleich $2\left(\frac{ds}{dt}\right)\frac{d^2s}{dt^2}$ ist, als Integral die Gleichung

$$\left(\frac{ds}{dt}\right)^2 = -2gs + c_3.$$

Da aus den Anfangsbedingungen

$$c_3 = v_0^2 + 2gs_0$$ folgt, so ergibt sich

(5) $$\left(\frac{ds}{dt}\right)^2 - \left(\frac{ds}{dt}\right)_0^2 = -2g(s - s_0).$$

31. Die Kraft ist zur Entfernung direkt proportional. Ein anderer einfacher Fall liegt vor, wenn die Kraft zur Entfernung vom Anfangspunkt 0 direkt proportional ist. Sie möge eine Anziehungskraft, d. h. eine Kraft mit der Richtung nach dem Anfangspunkt 0 darstellen. Innerhalb der Elastizitätsgrenze verhält sich nach Versuchen die Spannung eines dehnbaren Fadens annähernd wie eine derartige Kraft. Unter dem Einfluß einer solchen Anziehungskraft nimmt die Geschwindigkeit mit der Zeit ab, wenn sich der Massenpunkt auf der positiven Seite, d. h. rechts von 0 befindet. Dabei kann die Bewegung in der einen wie in der anderen Richtung erfolgen. Mithin hat man für diese Lagen des

Massenpunktes eine negative Beschleunigung. Die Differentialgleichung für positive Werte von s ist folglich

$$m\frac{d^2s}{dt^2} = -k^2 s. \tag{6}$$

Für die Lagen des Massenpunktes auf der negativen Seite des Anfangspunktes hat man für jede der beiden Bewegungsrichtungen eine mit der Zeit zunehmende Geschwindigkeit, die Beschleunigung und folglich auch die rechte Seite von Gleichung (6) muß jetzt also positiv sein. Das ist aber in der Tat der Fall, da s auf der negativen Seite des Anfangspunktes negativ ist. Die Gleichung (6) behält daher ihre Gültigkeit auch für negative Werte von s. Sie ist folglich die allgemeine Bewegungsgleichung eines Massenpunktes, auf den eine zur Entfernung direkt proportionale Anziehung wirkt.

Multipliziert man beide Seiten der Gleichung (6) mit $2\frac{ds}{dt}$ und integriert, so ergibt sich

$$m\left(\frac{ds}{dt}\right)^2 = -k^2s^2 + c_1.$$

Für $s = s_0$ und $\frac{ds}{dt} = 0$, zur Zeit $t = 0$ wird diese Gleichung

$$\left(\frac{ds}{dt}\right)^2 = \frac{k^2}{m}(s_0^2 - s^2),$$

oder nach Trennung der Variablen

$$\frac{ds}{\sqrt{s_0^2 - s^2}} = \pm\frac{k\,dt}{\sqrt{m}}.$$

Das Integral dieser Gleichung ist

$$\arcsin\frac{s}{s_0} = \pm\frac{kt}{\sqrt{m}} + c_2.$$

Da aus den Anfangsbedingungen $c_2 = \frac{\pi}{2}$ folgt, so erhält man hieraus

$$\arcsin\frac{s}{s_0} = \pm\frac{kt}{\sqrt{m}} + \frac{\pi}{2}$$ und mithin

$$s = s_0 \sin\left(\pm\frac{kt}{\sqrt{m}} + \frac{\pi}{2}\right) = s_0\cos\left(\frac{kt}{\sqrt{m}}\right). \tag{7}$$

Diese Gleichung stellt also eine Schwingungsbewegung dar, welche symmetrisch zum Anfangspunkt verläuft und die Periode $\frac{2\pi\sqrt{m}}{k}$ besitzt. Aus diesem Grunde bezeichnet man sie als die Differentialgleichung der harmonischen Bewegung. Da offenbar $\frac{ds}{dt}$ bei sämtlichen Anfangsbedingungen in irgend einem Zeitpunkt während der Bewegung verschwindet, so bildete die Annahme, daß $\frac{ds}{dt}$ für $t = 0$ den Wert Null haben soll, keine Beschränkung der Allgemeinheit.

Auf Gleichungen von der Form der Gleichung (6) führen eine große Anzahl von physikalischen Problemen. Je nach den Anfangsbedingungen bestimmt diese Gleichung die Bewegung des einfachen Pendels, die Schwingungen der Stimmgabel und der meisten musikalischen Instrumente, die Atomschwingungen eines strahlenden Körpers, die kleinen Schwankungen in der Lage der Erdachse usw. Aus diesem Grunde sollte man ihre Lösungsmethoden wie die Bestimmung der Integrationskonstanten vollkommen beherrschen.

III. Aufgaben.

1. Ein Massenpunkt hat eine Anfangsgeschwindigkeit von 20 m/sec und eine Beschleunigung von 20 m/sec². Wie groß ist nach 4 Sekunden seine Geschwindigkeit und der zurückgelegte Weg?

Lösung: $\begin{cases} v = 100 \text{ m/sec} \\ s = 240 \text{ m.} \end{cases}$

2. Ein Massenpunkt mit einer Anfangsgeschwindigkeit von 10 m/sec und mit konstanter Beschleunigung legt 2050 m in 5 Sekunden zurück. Welche Beschleunigung hat er?

Lösung: $a = 160$ m/sec².

3. Ein Massenpunkt bewegt sich mit einer Beschleunigung von 5 m/sec². Welchen Weg muß er zurücklegen, damit seine Geschwindigkeit eine Zunahme von 10 m/sec bis auf 20 m/sec erfährt?

Lösung: 30 m.

4. Ein Massenpunkt mit einer positiven Anfangsgeschwindigkeit von 10 m/sec und mit einer positiven Beschleunigung von 20 m/sec² legt einen Weg von 420 m zurück. Welche Zeit braucht er hierfür?

Lösung: $t = 6$ sec.

5. Man beweise den folgenden Satz: Wenn ein Massenpunkt sich von der Ruhelage aus unter dem Einfluß einer Anziehungskraft (nach dem Anfangspunkt 0 gerichtet) bewegt, welche zur Entfernung von 0 direkt proportional ist, so ist die Zeit, die er braucht, um von einer beliebigen Stelle zu dem Anfangspunkt 0 zu gelangen, unabhängig von seiner Entfernung von 0.

6. Ein Massenpunkt bewege sich unter dem Einfluß einer Anziehungskraft (nach dem Anfangspunkt gerichtet), welche zur Entfernung direkt proportional ist, und seine Beschleunigung sei in 1 m Entfernung gleich 1 m/sec². Wenn der Punkt sich von der Ruhelage aus bewegt, welche Zeit braucht er alsdann, um den Weg von 20 m Entfernung auf 10 m Entfernung zurückzulegen? (Die Entfernungen gelten von dem Anfangspunkte aus.)

Lösung: 1,0472 sec.

7. Ein Massenpunkt bewege sich unter dem Einfluß einer Abstoßungskraft (von dem Anfangspunkte fort gerichtet), welche zur Entfernung s von dem Anfangs-

punkte proportional ist; es ist zu zeigen, daß alsdann für $v = 0$ und $s = s_0$ zur Zeit $t = 0$ die Beziehung besteht

$$\log\left(\frac{s+\sqrt{s^2-s_0^2}}{s^0}\right) = \frac{k}{\sqrt{m}}\,t;$$

woraus, wenn man $\frac{k}{\sqrt{m}} = K$ setzt, folgt

$$s = \frac{s_0}{2}\,(e^{Kt} + e^{-Kt}) = s_0 \cosh Kt.$$

Beachte, daß Gleichung (7) sich in ähnlicher Form schreiben läßt

$$s = \frac{s^0}{2}\,(e^{\sqrt{-1}\,Kt} + e^{-\sqrt{-1}\,Kt}) = s_0 \cos Kt.$$

8. Auf der Sonnenoberfläche ist die Schwerkraft 28mal so groß wie auf der Erdoberfläche. Wenn durch Explosion Sonnenteile 160930 km hoch emporgeschleudert würden, mit welcher Geschwindigkeit müssen sie alsdann die Sonnenoberfläche verlassen?

Lösung: 296.1112 km pro Sekunde.

32. Lösung von linearen Differentialgleichungen mit Hilfe der Exponentialfunktion. Die Differentialgleichung (6) und ebenso die entsprechende für Abstoßungskräfte ist eine lineare, homogene Differentialgleichung mit konstanten Koeffizienten. Man hat allgemein gezeigt, daß eine solche Gleichung sich mit Hilfe von Exponentialausdrücken lösen läßt; oder, in besonderen Fällen, mit Hilfe von Exponentialausdrücken multipliziert mit Potenzen der unabhängigen Variablen t. Diese Methode hat nicht allein den Vorteil der Allgemeinheit, sie ist auch sehr einfach und soll an der Gleichung (6) erläutert werden. Man nehme die beiden Formen

$$(8)\qquad \begin{cases} \dfrac{d^2 s}{dt^2} + k^2 s = 0, \\[2ex] \dfrac{d^2 s}{dt^2} - k^2 s = 0. \end{cases}$$

Nimmt man an, daß $s = e^{\lambda t}$ ist, und führt diesen Wert in die Differentialgleichungen ein, so erhält man

$$\begin{cases} \lambda^2 e^{\lambda t} + k^2 e^{\lambda t} = 0, \\ \lambda^2 e^{\lambda t} - k^2 e^{\lambda t} = 0. \end{cases}$$

Diese Gleichungen müssen aber für sämtliche Werte von t erfüllt sein, wenn $e^{\lambda t}$ eine Lösung darstellen soll; folglich hat man

$$(9)\qquad \begin{cases} \lambda^2 + k^2 = 0, \\ \lambda^2 - k^2 = 0. \end{cases}$$

Sind λ_1 und λ_2 die Wurzeln der ersten Gleichung (9), so bilden $e^{\lambda_1 t}$ und $e^{\lambda_2 t}$ in der Tat die beiden partikulären Lösungen der ersten Gleichung (8).

Die allgemeine Lösung ist die Summe dieser beiden partikulären Lösungen, eine jede noch multipliziert mit einer willkürlichen Konstanten. Ganz ähnliche Resultate liefert die zweite Gleichung (8). Durch Einsetzen der beiden Wurzeln erhält man für die Gleichungen (8) als allgemeine Lösungen

$$(10) \qquad \begin{cases} s = c_1 e^{\sqrt{-1}\,k t} + c_2 e^{-\sqrt{-1}\,k t}, \\ s = c_1' e^{k t} + c_2' e^{-k t}, \end{cases}$$

wo c_1, c_2, c_1' und c_2' die Integrationskonstanten sind.

Es sei $s = s_0$ und $\frac{ds}{dt} = s'_0$ für $t = 0$. Dann folgt

$$s_0 = c_1 + c_2,$$

$$s_0 = c_1' + c_2'.$$

Die Ableitungen von (10) sind

$$\begin{cases} \frac{ds}{dt} = c_1 \sqrt{-1}\, k e^{\sqrt{-1}\,k t} - c_2 \sqrt{-1}\, k e^{-\sqrt{-1}\,k t}, \\ \frac{ds}{dt} = c_1' k e^{k t} - c_2' k e^{-k t}. \end{cases}$$

Aus $\frac{ds}{dt} = s_0'$ für $t = 0$ ergibt sich daher

$$\begin{cases} c_1 \sqrt{-1}\, k - c_2 \sqrt{-1}\, k = s_0', \\ c_1' k - c_2' k = s_0'. \end{cases}$$

Folglich hat man für die Integrationskonstanten die Werte

$$\begin{cases} c_1 = \frac{1}{2}\left(s_0 + \frac{s_0'}{k\sqrt{-1}}\right), \\ c_2 = \frac{1}{2}\left(s_0 - \frac{s_0'}{k\sqrt{-1}}\right), \\ c_1' = \frac{1}{2}\left(s_0 + \frac{s_0'}{k}\right), \\ c_2' = \frac{1}{2}\left(s_0 - \frac{s_0'}{k}\right). \end{cases}$$

Die allgemeinen Lösungen nehmen daher die Gestalt an

$$(11) \qquad \begin{cases} s = \frac{s_0}{2}\left(e^{\sqrt{-1}\,k t} + e^{-\sqrt{-1}\,k t}\right) + \frac{s_0'}{2k\sqrt{-1}}\left(e^{\sqrt{-1}\,k t} - e^{-\sqrt{-1}\,k t}\right), \\ s = \frac{s_0}{2}\left(e^{k t} + e^{-k t}\right) + \frac{s_0'}{2k}\left(e^{k t} - e^{-k t}\right). \end{cases}$$

Diese Ausdrücke lassen sich aber auch schreiben in der Form

$$\begin{cases} s = s_0 \cos\, kt + \frac{s_0'}{k} \sin kt, \\ s = s_0 \cosh kt + \frac{s_0'}{k} \sinh kt. \end{cases}$$

Diese Lösungsmethode zeigt die enge Beziehung zwischen den beiden Fällen der Anziehungs- und Abstoßungskräfte viel deutlicher als die anderen.

33. Die Kraft ist umgekehrt proportional zum Quadrat der Entfernung. Wir betrachten jetzt den Fall, wo die Kraft umgekehrt proportional ist zum Quadrat der Entfernung vom Anfangspunkt 0; sie sei wieder nach diesem hin gerichtet. Für die Lagen auf der positiven Seite vom Anfangspunkt 0 (rechts von 0) nimmt alsdann die Geschwindigkeit mit der Zeit ab und zwar für jede der beiden Bewegungsrichtungen. Man erhält daher auf der rechten Seite von 0 eine negative, und ebenso auf der linken Seite von 0 eine positive Beschleunigung. Da aber k^2 stets positiv ist, so muß folglich die rechte Seite der Bewegungsgleichung in den beiden Fällen mit verschiedenen Vorzeichen versehen werden. Der Einfachheit wegen setzen wir die Masse des beweglichen Punktes gleich eins. Dann lautet die Bewegungsgleichung für die sämtlichen Lagen des Massenpunktes auf der positiven Seite des Anfangspunktes 0

$$\frac{d^2 s}{dt^2} = -\frac{k^2}{s^2}. \tag{12}$$

Multipliziert man die beiden Seiten dieser Gleichung mit $2\frac{ds}{dt}$ und integriert, so erhält man

$$\left(\frac{ds}{dt}\right)^2 = \frac{2k^2}{s} + c_1. \tag{13}$$

Es sei $\frac{ds}{dt} = v_0$ und $s = s_0$ für $t = o$, dann ist

$$c_1 = v_0^2 - \frac{2k^2}{s_0},$$

und folglich geht die Gleichung (13) über in

$$\frac{ds}{dt} = \pm\sqrt{\frac{2k^2}{s} + v_0^2 - \frac{2k^2}{s_0}}.$$

Ist $v_0^2 - \frac{2k^2}{s_0} < 0$ so gibt es eine endliche Entfernung s_1, für welche $\frac{ds}{dt}$ verschwindet. Wenn der Massenpunkt die Stelle s_1 erreicht, so wird er dort umkehren und in die entgegengesetzte Bewegungsrichtung übergehen. Ist $v_0^2 - \frac{2k^2}{s_0} = 0$, so verschwindet $\frac{ds}{dt}$ für $s = \infty$, d. h. wenn sich der Massenpunkt von 0 aus unbegrenzt fortbewegt, so daß seine Entfernung vom Anfangspunkt unendlich groß wird, so nähert sich seine Geschwindigkeit dem Werte null. Ist $v_0^2 - \frac{2\,k^2}{s_0} > 0$, so verschwindet $\frac{ds}{dt}$ niemals, d. h. wenn der Massenpunkt auch unendliche Entfernungen erreicht, so nimmt seine Geschwindigkeit doch nie den Wert null an.

Es sei $v_0^2 - \frac{2\,k^2}{s_0} < 0$ und $\frac{ds}{dt} = 0$ für $s = s_1$, dann folgt aus (13) die Gleichung

$$\frac{ds}{dt} = \pm\sqrt{\frac{2}{s_1}}\,k\,\sqrt{\frac{s_1 - s}{s}}. \tag{14}$$

Das positive Zeichen gilt für die Bewegungsrichtung vom Anfangspunkte, das negative für die entgegengesetzte.

Diese Gleichung läßt sich schreiben in der Form

$$\frac{s\,ds}{\sqrt{s_1 s - s^2}} = \pm\sqrt{\frac{2}{s_1}}\,k\,dt,$$

ihr Integral ist folglich

$$-\sqrt{s_1 s - s^2} + \frac{s_1}{2}\arcsin\left(\frac{2s - s_1}{s_1}\right) = \pm\sqrt{\frac{2}{s_1}}\,kt + c_2.$$

Da $s = s_0$ für $t = 0$, so ergibt sich, daß

$$c_2 = -\sqrt{s_1 s_0 - s_0^2} + \frac{s_1}{2}\arcsin\left(\frac{2s_0 - s_1}{s_1}\right);$$

und mithin

$$\frac{s_1}{2}\left[\arcsin\left(\frac{2s - s_1}{s_1}\right) - \arcsin\left(\frac{2s_0 - s_1}{s_1}\right)\right] + \sqrt{s_1 s_0 - s_0^2} - \sqrt{s_1 s - s^2} = \pm\sqrt{\frac{2}{s_1}}\,kt. \tag{15}$$

Diese Gleichung bestimmt den Zeitpunkt, in welchem sich der Massenpunkt an irgendeiner Stelle rechts von 0 befindet, deren Entfernung s von 0 kleiner als s_1 ist. Für Werte von s größer als s_1 und für alle negativen Werte von s enthält sie imaginäre Ausdrücke. Das besagt, daß die Gleichung für diese Werte von s ihre Bedeutung verliert; in der Tat sollten die Gleichungen (13) und (14) auch nur gelten für das Intervall

$$0 < s \leqq s_1.$$

Den Zeitpunkt T der Ruhelage erhält man, wenn man in Gleichung (15) $s = s_1$ setzt; es ergibt sich der Wert

$$T_1 = -\frac{1}{k}\sqrt{\frac{s_1}{2}}\sqrt{s_1 s_0 - s_0^2} - \frac{1}{k}\left(\frac{s_1}{2}\right)^{\frac{3}{2}}\left[+\frac{\pi}{2} - \arcsin\left(\frac{2s_0 - s_1}{s_1}\right)\right].$$

Die Zeit T_2, die der Massenpunkt braucht, um den Weg von der Stelle $s = s_0$ bis zum Anfangspunkt 0 zurückzulegen, wird erhalten, wenn man in (15) $s = 0$ setzt; diese Zeit ist

$$T_2 = -\frac{1}{k}\sqrt{\frac{s_1}{2}}\sqrt{s_1 s_0 - s_0^2} - \frac{1}{k}\left(\frac{s_1}{2}\right)^{\frac{3}{2}}\left[-\frac{\pi}{2} - \arcsin\left(\frac{2s_0 - s_1}{s_1}\right)\right].$$

Für den Weg von der Ruhelage $s = s_1$ bis zum Anfangspunkt 0 braucht daher der Massenpunkt die Zeit

$$T = T_2 - T_1 = \frac{\pi}{k}\left(\frac{s_1}{2}\right)^{\frac{3}{2}}. \tag{16}$$

34. Die Wurfhöhe. Wenn man die Konstante c_1 aus den Anfangsbedingungen bestimmt, so läßt sich Gleichung (13) auch schreiben

$$\left(\frac{ds}{dt}\right)^2 - v_0^2 = v^2 - v_0^2 = 2k^2\left(\frac{1}{s} - \frac{1}{s_0}\right).$$

Aus dieser Gleichung folgt, daß der absolute Betrag der Geschwindigkeit nur abhängt von der Entfernung des Massenpunktes vom Kraftzentrum (Anfangspunkt 0) und nicht auch von der Bewegungsrichtung. Die größte Entfernung s_1, die der Massenpunkt erreichen kann, oder, wenn man speziell die Fallbewegung betrachtet, die Wurfhöhe, gerechnet von 0 aus, erhält man aus der Gleichung

$$\frac{1}{s_1} = \frac{1}{s_0} - \frac{v_0^2}{2k^2},$$

die sich für $v = 0$ ergibt. Rechnet man hingegen die Wurfhöhe von $s = s_0$ aus, wie es naturgemäß geschieht, wenn man den Wurf eines Körpers von der Erdoberfläche aus betrachtet, deren Entfernung von 0 durch s_0 gegeben ist, so haben wir für diese Wurfhöhe die Formel

$$s_2 = s_1 - s_0 = \frac{v_0^2 s_0^2}{2k^2 - v_0^2 s_0}.$$

35. Die Entweichungsgeschwindigkeit. Wenn der Massenpunkt an der Stelle $s = s_0$ die Geschwindigkeit null besitzt, so hat Gleichung (13) die Gestalt

$$\left(\frac{ds}{dt}\right)^2 = 2k^2\left(\frac{1}{s} - \frac{1}{s_0}\right). \tag{17}$$

Fällt der Massenpunkt aus unendlicher Entfernung, so ist s_0 unendlich groß und die Gleichung reduziert sich auf

$$\left(\frac{ds}{dt}\right)^2 = \frac{2k^2}{s}. \tag{18}$$

Aus den Ergebnissen des § 34 folgt aber, wenn der Massenpunkt von einer Lage s aus in der positiven Richtung (Richtung nach oben) mit der durch Gleichung (18) definierten Geschwindigkeit emporgeworfen wird, daß er bis zur unendlichen Höhe emporsteigt. Das Anziehungsgesetz nach Gleichung (18) ist aber das Newtonsche Gravitationsgesetz; daher kann diese Gleichung benutzt werden für die Berechnung der Geschwindigkeit, welche ein Körper besitzt, wenn er von unendlicher Höhe aus auf der Oberfläche eines Planeten oder Satelliten oder der Sonne selbst auffällt. Wenn umgekehrt der Körper mit dieser Geschwindigkeit von der Oberfläche eines Körpers des Sonnensystems aus emporgeworfen würde, so würde er eine unendliche Höhe erreichen. Dabei ist aber in beiden Fällen Voraussetzung, daß der Körper nur der Anziehung des einen Himmelskörpers unterliegt. In Wirklichkeit würde er der Einwirkung der sämtlichen Himmelskörper des Sonnensystems, vor allem der Sonne selbst, unterworfen sein, und seine Bewegung daher im allgemeinen einen völlig anderen Verlauf nehmen.

36. Anwendung auf das Entweichen von Molekeln aus der Atmosphäre. Nach der kinetischen Gastheorie sind die Volumen- und Druckverhältnisse der gasförmigen Körper bedingt durch die gegenseitigen Zusammenstöße der einzelnen Molekel, welche durchschnittlich sehr große Geschwindigkeiten besitzen. Die Dichte der Erdatmosphäre und die Größe ihres Druckes von 760 mm lassen einen Schluß zu auf die hohe Geschwindigkeit der Luftmolekeln und die große Häufigkeit ihrer Zusammenstöße. In einem bestimmten Gas besitzen unter festgesetzten Bedingungen aber keineswegs alle Moleküle ein und dieselbe Geschwindigkeit; die Anzahl derjenigen, deren Geschwindigkeit von dem mittleren Werte der Quadrate der molekularen Geschwindigkeiten abweicht, nimmt jedoch sehr rasch mit zunehmender Größe der Abweichung ab. Theoretisch finden sich in allen Gasen die sämtlichen Geschwindigkeitswerte von null bis unendlich, die äußersten aber verschwindend selten gegenüber den anderen. Bei konstantem Druck sind die Geschwindigkeiten direkt proportional der Quadratwurzel aus der absoluten Temperatur und umgekehrt proportional der Quadratwurzel aus dem Molekulargewicht.

Da in allen Gasen die sämtlichen Geschwindigkeiten auftreten, so müßte die Lufthülle der Himmelskörper Molekeln enthalten, deren Geschwindigkeit größer ist als die in § 35 definierte *Entweichungsgeschwindigkeit.* Wenn solche Molekel an der oberen Grenze der Atmosphäre eines Himmelskörpers sich von diesen entfernen, so werden sie, ohne noch Zusammenstöße mit anderen Molekeln zu haben, endgültig entweichen.[1]) Da die kinetische Gastheorie durch sehr beweiskräftiges

1) Diese Theorie rührt von Johnstone Stoney her, *Trans. Royal Dublin Soc.*, 1892.

Beobachtungsmaterial gestützt ist, und da im Falle ihrer Gültigkeit einige Moleküle sich sicher mit Geschwindigkeiten bewegen, die die Entweichungsgeschwindigkeit noch übertreffen, so besteht die Wahrscheinlichkeit, daß die Atmosphären der sämtlichen Himmelskörper eine Verödung erfahren; in den meisten Fällen ist dies aber ein äußerst langsamer Vorgang, welcher zudem einen gewissen Ausgleich durch die Ansammlung von meteorischen Massen und atmosphärischen Molekeln anderer Himmelskörper erfährt. In den oberen Schichten der Lufthüllen, von denen allein die Moleküle entweichen können, herrschen niedrige Temperaturen, wenigstens auf planetarischen Körpern ähnlich der Erde, und hohe Geschwindigkeiten sind daher in ihnen selten. Wenn der mittlere Wert der Quadrate der Geschwindigkeiten so groß oder größer wäre als die Entweichungsgeschwindigkeit, so würde die Verödung ein verhältnismäßig schneller Prozeß sein. In diesem Falle würden sich Elemente oder Verbindungen von geringem Molekulargewicht äußerst schnell im Weltall verlieren, und daher kann man immerhin als sicher annehmen, daß es Massenteilchen gibt, die schnell entweichen, während andere freilich in starkem Maße zurückgehalten werden.

Wie die Entweichungsgeschwindigkeit von der Oberfläche einer Kugel, welche eine anziehende Wirkung ausübt, von deren Masse und Radius abhängt, soll jetzt untersucht werden. Die Masse einer Kugel ist direkt proportional dem Produkt aus ihrer Dichte und der dritten Potenz ihres Radius. Die Größe k^2, der Wert der Anziehungskraft in der Entfernung eins, ist seinerseits zur Masse direkt proportional. Folglich ergibt sich aus (18), daß die Entweichungsgeschwindigkeit auf der Oberfläche eines Himmelskörpers direkt proportional zu dem Produkt aus ihrem Radius und der Quadratwurzel aus ihrer Dichte ist. Dichte und Radius eines Körpers des Sonnensystems drückt man für gewöhnlich in Werten der Dichte und des Radius der Erde aus; daher läßt sich die Entweichungsgeschwindigkeit leicht für einen jeden Himmelskörper bestimmen, nachdem man sie für die Erde selber bestimmt hat.

Ist R der Erdradius, und g die Schwerebeschleunigung auf ihrer Oberfläche, so folgt

$$g = \frac{k^2}{R^2}. \tag{19}$$

Wenn man den Wert von k^2 aus dieser Gleichung in (18) einführt, so wird der Ausdruck für das Quadrat der Geschwindigkeit

$$\left(\frac{ds}{dt}\right)^2 = \frac{2gR^2}{s}.$$

Für $s = R$ sei $\frac{ds}{dt} = V$, dann ergibt sich folglich

$$V^2 = 2gR.$$

Nimmt man die Sekunde als Zeiteinheit und das Meter als Längeneinheit, so ist $R = 6371000$ und $g = 9.8094$.[1]) Einsetzung dieser Werte in die letzte Gleichung und Ausführung der Rechnung liefert für V den Wert $V = 11180$ m/sec unter Benutzung der Werte für die Dichte und die Radien der Planeten, die in Moulton, Introduction to Astronomy, Chapter VIII, angegeben sind, erhält man die folgende Tabelle:

Himmelskörper	Entweichungsgeschwindigkeit
Erde	11180 m/sec
Mond	2396
Sonne	618200
Merkur	3196
Venus	10475
Mars	5180
Jupiter	61120
Saturn	37850
Uranus	23160
Neptun	20830

Die Entweichungsgeschwindigkeit nimmt mit zunehmender Entfernung vom Mittelpunkt des Planeten ab, so daß auch die Geschwindigkeit, die ein Molekel besitzen muß, um die Anziehungssphäre des Planeten zu überwinden, entsprechend abnimmt; dabei werden die Geschwindigkeiten gewisser Molekeln durch die Zentrifugalkraft vergrößert, welche von der Rotation des Planeten herrührt.

Es entsteht nun die Frage, ob unter den auf den Oberflächen der verschiedenen aufgezählten Himmelskörper herrschenden Bedingungen die mittleren Molekulargeschwindigkeiten der atmosphärischen Elemente kleiner oder größer als die entsprechende Entweichungsgeschwindigkeit sind.

Man kann experimentell den Druck bestimmen, den ein Gas von gegebener Dichte und Temperatur auf die Flächeneinheit ausübt, und hieraus den mittleren Wert der Geschwindigkeitsquadrate berechnen. In der kinetischen Gastheorie wird gezeigt, daß die Quadratwurzel aus diesem mittleren Wert für die Wasserstoffmolekel bei der Temperatur 0^0 C unter atmosphärischem Druck etwa 1700 m/sec beträgt. Unter denselben Bedingungen ist der Wert für Sauerstoff- und Stickstoffmolekel etwa nur ein Viertel so groß.

Die Oberflächentemperaturen der inneren Planeten sind sicherlich auf den Teilen, welche meistens direkter Sonnenbestrahlung unterliegen, höher als 0^0 C, selbst wenn man die Wärme aus dem Innern der Planeten

1) *Annuaire du Bureau des Long.* g bezieht sich auf den Breitengrad von Paris: $48^{0}50'$

nicht berücksichtigt. Die geologischen Anschauungen über die vulkanischen Vorgänge auf der Erde machen es wahrscheinlich, daß sie in ferner Vergangenheit eine bedeutend höhere Temperatur besaß, und daß die äußeren Planeten noch nicht bis zum festen Aggregatzustande abgekühlt sind. Offenbar waren die schwerst schmelzbaren Substanzen eine Zeit lang im flüssigen Zustande, woraus folgt, daß sie eine Temperatur von 3000—4000° C hatten. Daher wird für sie die Quadratwurzel aus dem mittleren Wert der Geschwindigkeitsquadrate sehr viel größer gewesen sein als der obige Wert für Wasserstoff, und wird diesen größeren Wert wahrscheinlich für einen großen Zeitraum beibehalten haben. Vergleicht man diese Ergebnisse mit der Tabelle der Entweichungsgeschwindigkeiten, so ist ersichtlich, daß der Mond und die inneren Planeten nach dieser Theorie unmöglich freie Wasserstoffmolekel und andere Elemente von kleinem Molekulargewicht, wie Helium, in ihren Lufthüllen zurückhalten konnten; beim Mond, Merkur und Mars muß sogar häufiges Entweichen von schweren Molekeln wie Stickstoff- und Sauerstoffmolekeln stattgefunden haben. Das ist besonders wahrscheinlich, wenn die hoch erhitzten Atmosphären sich weit ausdehnten. Die äußeren Planeten und besonders die Sonne konnten alle bekannten Erdelemente zurückgehalten haben, und man sollte nach dieser Theorie erwarten, daß diese Körper von ausgedehnten Lufthüllen umgeben sind.

Die beobachteten Tatsachen sind folgende: Der Mond hat keine irgendwie nennenswerte Atmosphäre; Merkur hat eine äußerst dünne, wenn sie überhaupt besteht; der Mars hat eine sehr viel dünnere als die Erde; Venus vielleicht eine etwas dichtere als diese; andererseits sind die äußeren Planeten von ausgedehnten Lufthüllen umgeben.

37. Die Kraft ist proportional zur Geschwindigkeit. Wenn sich ein Körper in einem widerstehenden Mittel bewegt, so ist er Kräften unterworfen, welche von seiner Geschwindigkeit abhängen. Versuche haben gezeigt, daß innerhalb der Erdatmosphäre der Widerstand bei einer Geschwindigkeit von weniger als 3 m/sec sich nahezu mit der ersten Potenz der Geschwindigkeit ändert, bei Geschwindigkeiten von 3 bis 300 m/sec nahezu mit der zweiten Potenz der Geschwindigkeit; und bei Geschwindigkeiten von über 400 m/sec nahezu mit der dritten Potenz der Geschwindigkeit.

(a) Als erstes betrachten wir den Fall, daß sich der Widerstand mit der ersten Potenz der Geschwindigkeit ändert; die Bewegung erfolge auf der Erdoberfläche in horizontaler Richtung unter der Einwirkung von Kräften, welche nur von dem widerstehenden Mittel herrühren. Alsdann lautet die Differentialgleichung der Bewegung

$$\frac{d^2 s}{dt^2} + k^2 \frac{ds}{dt} = 0, \tag{20}$$

wo k eine positive Konstante bedeutet, welche von den benutzten Einheiten, von der Natur des Körpers und des widerstehenden Mittels abhängt. Gleichung (20) ist eine lineare Differentialgleichung, auf welche wir die allgemeine Lösungsmethode anwenden können.

Setzt man das partikuläre Integral

$$s = e^{\lambda t}.$$

in (20) ein und dividiert durch $e^{\lambda t}$, dann folgt

$$\lambda^2 + k^2\lambda = 0.$$

Die Wurzeln dieser Gleichung

$$\begin{cases} \lambda_1 = 0, \\ \lambda_2 = -k^2 \end{cases}$$

liefern das allgemeine Integral

$$\text{(21)} \qquad \begin{cases} s = c_1 + c_2 e^{-k^2 t}, \\ \dfrac{ds}{dt} = -c_2 k^2 e^{-k^2 t}. \end{cases}$$

Ist $\dfrac{ds}{dt} = v_0$ und $s = s_0$ für $t = 0$, so lassen sich die Konstanten c_1 und c_2 durch v_0 und s_0 ausdrücken, und man erhält die Lösung

$$\text{(22)} \qquad s = s_0 + \frac{v_0}{k^2} - \frac{v_0}{k^2} e^{-k^2 t}.$$

(b) Der Widerstand ändere sich wieder mit der ersten Potenz der Geschwindigkeit, die Bewegung erfolge jetzt aber in vertikaler Richtung. Bei positiver Bewegungsrichtung (Richtung nach oben) hat man eine positive, infolge des Widerstandes abnehmende Geschwindigkeit und folglich eine negative Beschleunigung. Die Differentialgleichung für die aufwärts gerichtete Bewegung ist daher

$$\text{(23)} \qquad \frac{d^2 s}{dt^2} + k^2 \frac{ds}{dt} = -g.$$

Ist die Bewegung abwärts gerichtet, so vergrößert der Widerstand die negative Geschwindigkeit (die dem absoluten Betrage nach abnimmt) und hat daher in diesem Falle eine positive Beschleunigung zur Folge. Da aber die Geschwindigkeit in den beiden Fällen von entgegengesetztem Vorzeichen ist, so gilt die Gleichung (23) auch für die abwärts gerichtete Bewegung.

Gleichung (23) ist linear, aber nicht homogen, kann jedoch leicht mit Hilfe einer Methode gelöst werden, welche man als *Variation der Parameter* bezeichnet. Diese Methode ist für astronomische Probleme so wichtig, daß sie anläßlich des gegenwärtigen einfachen Problems besonders eingeführt werden soll, was für die Lösung der Gleichung (23) nicht in dieser Vollständigkeit erforderlich wäre. Zu diesem Zweck betrachten wir zunächst die Gleichung

$$\frac{d^2 s}{dt^2} + k^2 \frac{ds}{dt} = 0, \tag{24}$$

welche man aus (23) erhält, indem man einfach das von s unabhängige Glied unterdrückt. Die allgemeine Lösung dieser Gleichung ist die in (21) gegebene. Die Methode der Variation der Parameter oder der Konstanten, besteht in der Bestimmung der Größen c_1 und c_2 als Funktionen von t in der Weise, daß die Differentialgleichung bei Hinzunahme des Gliedes auf der rechten Seite erfüllt ist. Dies bedeutet aber nur eine einzige Bedingung für die beiden Größen c_1 und c_2, eine zweite kann daher noch beliebig gewählt werden.

Betrachtet man die Größen c_1 und c_2 als Funktionen von t, so erhält man aus der ersten Gleichung (21) durch Differentiation

$$\frac{ds}{dt} = k^2 c_2 e^{-k^2 t} + \frac{dc_1}{dt} + e^{-k^2 t} \frac{dc_2}{dt}.$$

Als zweite Bedingung für die Größen c_1 und c_2 wählen wir die Beziehung

$$\frac{dc_1}{dt} + e^{-k^2 t} \frac{dc_2}{dt} = 0, \tag{25}$$

welche den Ausdruck für $\frac{ds}{dt}$ vereinfacht. Dann findet man

$$\frac{d^2 s}{dt^2} = k^4 c_2 e^{-k^2 t} - k^2 e^{-k^2 t} \frac{dc_2}{dt} \tag{26}$$

und Gleichung (23) liefert daher

$$k^2 \frac{dc_1}{dt} = -g. \tag{27}$$

Hieraus und aus (25) folgt

$$\left\{ \begin{aligned} &\frac{dc_1}{dt} = -\frac{g}{k^2}, \qquad \frac{dc_2}{dt} = \frac{g}{k^2} e^{k^2 t} \\ &c_1 = -\frac{g}{k^2} t + c_1', \quad c_2 = \frac{g}{k^4} e^{k^2 t} + c_2', \end{aligned} \right. \tag{28}$$

wo c_1' und c_2' die neuen Integrationskonstanten sind. Setzt man diese Werte von c_1 und c_2 in (21) ein, so erhält man

$$s = c_1' + c_2' e^{-k^2 t} - \frac{g}{k^2} t + \frac{g}{k^4}. \tag{29}$$

Die Konstante $\frac{g}{k^4}$ kann natürlich mit der willkürlichen Konstante c_1' zu einer einzigen zusammengezogen werden.

Der Ausdruck (29) ist das allgemeine Integral von (23), weil er die beiden willkürlichen Konstanten c_1' und c_2' enthält; in Gleichung (23) eingesetzt, erfüllt er diese in t identisch. Man bemerkt, daß der Teil der Lösung, welcher von c_1' und c_2' abhängt, von derselben Form ist wie die Lösung von (20). Offenbar erhält man die allgemeine Lösung nach derselben Methode, wenn die rechte Seite von (23) — an Stelle der Konstanten g — eine bekannte Funktion von t gewesen wäre.

Für die Geschwindigkeit des Massenteilchens findet man aus (29) den Ausdruck

$$\frac{ds}{dt} = -k^2 c_2' e^{-k^2 t} - \frac{g}{k^2}. \tag{30}$$

Setzt man für $t = 0$: $s = s_0$ und $\frac{ds}{dt} = v_0$ und führt diese Werte in die Gleichungen (29) und (30) ein, so ergibt sich

$$\left\{\begin{aligned} s_0 &= c_1' + c_2' + \frac{g}{k^4}, \\ v_0 &= -k^2 c_2' - \frac{g}{k^2}; \end{aligned}\right.$$

und folglich

$$\left\{\begin{aligned} c_1' &= s_0 + \frac{v_0}{k^2}, \\ c_2' &= -\frac{v_0}{k^2} - \frac{g}{k^4}. \end{aligned}\right.$$

Wenn man also die Konstanten aus den Anfangsbedingungen bestimmt, so nehmen die Ausdrücke (29) und (30) die Form an:

$$\left\{\begin{aligned} s &= s_0 + \frac{v_0}{k^2} + \frac{g}{k^4} - \frac{g}{k^2} t - \left(\frac{v_0}{k^2} + \frac{g}{k^4}\right) e^{-k^2 t}, \\ \frac{ds}{dt} &= -\frac{g}{k^2} + \left(v_0 + \frac{g}{k^2}\right) e^{-k^2 t}. \end{aligned}\right. \tag{31}$$

Der Massenpunkt erreicht seine höchste Lage für $\frac{ds}{dt} = 0$. Es sei T die Zeit, die er braucht, um diese Lage zu erreichen, und $S - s_0$ die Höhe dieser Lage; dann findet man aus den Gleichungen (31)

$$\left\{\begin{aligned} e^{k^2 T} &= 1 + \frac{k^2 v_0}{g}, \\ S - s_0 &= \frac{v_0}{k^2} - \frac{g}{k^4} \log\left(1 + \frac{k^2 v_0}{g}\right). \end{aligned}\right.$$

38. Die Kraft ist proportional zu dem Quadrat der Geschwindigkeit. Bei der Geschwindigkeit eines starken Windes oder eines aus beträchtlicher Höhe herabfallenden Körpers oder eines geworfenen Balles ändert sich der Luftwiderstand sehr nahe mit dem Quadrat der Geschwindigkeit. Es soll jetzt die Bewegung eines Körpers untersucht werden, welcher senkrecht emporgeworfen wird und dabei dem Einfluß der Schwerkraft und des Luftwiderstandes unterliegt, welcher mit dem Quadrat der Geschwindigkeit sich ändert. Der Einfachheit halber soll die Beschleunigung, welche von dem Luftwiderstand bei der Geschwindigkeit eins herrührt, gleich k^2g gesetzt werden. Dann lautet die Differentialgleichung der Bewegung für einen Körper von der Masse eins

$$\frac{d^2s}{dt^2} = -g - k^2 g \left(\frac{ds}{dt}\right)^2. \tag{32}$$

Diese Gleichung läßt sich in der Form schreiben

$$\frac{\frac{d}{dt}\left(k\frac{ds}{dt}\right)}{1 + k^2\left(\frac{ds}{dt}\right)^2} = -kg,$$

ihr Integral ist

$$\operatorname{arc\,tg}\left(k\frac{ds}{dt}\right) = -kgt + c_1. \tag{33}$$

Wenn $\frac{ds}{dt} = v_0$ und $s = 0$ für $t = 0$ gesetzt wird, so ist

$$c_1 = \operatorname{arc\,tg}(kv_0).$$

Führt man diesen Wert in (33) ein und nimmt auf beiden Seiten die Tangenten, so ergibt sich

$$\frac{ds}{dt} = \frac{1}{k}\,\frac{v_0k - \operatorname{tg}(kgt)}{1 + v_0k\operatorname{tg}(kgt)}. \tag{34}$$

Diese Gleichung stellt die Geschwindigkeit als Funktion der Zeit dar. Multipliziert man Zähler und Nenner der rechten Seite von (34) mit $\cos(kgt)$, so wird der Zähler die Ableitung des Nenners nach der Zeit. Durch Integration erhält man daher schließlich die Lösung

$$s = \frac{1}{k^2g}\log\left[v_0k\sin(kgt) + \cos(kgt)\right] + c_2. \tag{35}$$

Aus den Anfangsbedingungen ergibt sich $c_2 = 0$. Diese Gleichung stellt den zurückgelegten Weg als Funktion der Zeit dar.

Die Gleichungen können so umgeformt werden, daß die Geschwindigkeit als Funktion des Weges erscheint. Gleichung (32) kann geschrieben werden

$$\frac{\frac{d}{dt}\left\{k^2\left(\frac{ds}{dt}\right)^2\right\}}{1 + k^2\left(\frac{ds}{dt}\right)^2} = -2gk^2\frac{ds}{dt},$$

so daß ihr Integral lautet

$$\log\left\{1 + k^2\left(\frac{ds}{dt}\right)^2\right\} = -2gk^2s + c_1'.$$

Aus den Anfangsbedingungen folgt

$$c_1' = \log(1 + k^2v_0^2).$$

Mithin ist

$$\left(\frac{ds}{dt}\right)^2 = \frac{1}{k^2}(1 + k^2v_0^2)\,e^{-2gk^2s} - \frac{1}{k^2}. \tag{36}$$

Die größte Höhe S, welche der Geschwindigkeit Null entspricht, findet man aus (36) zu

$$S = \frac{1}{2gk^2}\log(1 + k^2v_0^2).$$

Die Zeit T, welche erforderlich ist, damit der Körper die höchste Lage erreicht, ergibt sich, wenn man in (34) $\frac{ds}{dt} = 0$ setzt, zu

$$T = \frac{1}{kg}\operatorname{arc\,tg}(v_0k),$$

Wenn der Körper fällt, so wirkt der Luftwiderstand in der entgegengesetzten Richtung, das Vorzeichen des letzten Gliedes auf der rechten Seite von (32) muß daher umgekehrt werden. Dies läßt sich erreichen, indem man $k\sqrt{-1}$ an Stelle von k schreibt (wenn man diese Änderung durchgängig vornimmt, so gelangt man zu den richtigen Ergebnissen). Um das Auftreten von imaginären Ausdrücken zu vermeiden, tut man besser, die Resultate in der Exponentialform anzugeben, anstatt in der trigonometrischen Form wie in (34) und (35). Für die Anfangsgeschwindigkeit $v_0 = 0$ erhält man so die folgenden (34), (35) und (36) entsprechenden Gleichungen:

$$\left\{\begin{aligned} \frac{ds}{dt} &= -\frac{1}{k}\,\frac{e^{kgt} - e^{-kgt}}{e^{kgt} + e^{-kgt}},\\ e^{-gk^2s} &= \frac{e^{kgt} + e^{-kgt}}{2},\\ \left(\frac{ds}{dt}\right)^2 &= \frac{1}{k^2}\left(1 - e^{2gk^2s}\right). \end{aligned}\right. \tag{37}$$

IV. Aufgaben.

1. Man beweise, daß die Gleichung

$$\frac{d^2s}{dt^2} = -k^2\,\frac{s}{\sqrt{s^6}},$$

wo die positive Quadratwurzel von s zu nehmen ist, für das Problem § 33 gültig ist, wobei sich der Massenpunkt auf der positiven wie auf der negativen Seite von 0 befinden kann. Man integriere diese Gleichung.

2. Man setze in Gleichung (23) $s = s' - \frac{g}{k^2}t$, führe die direkte Integration aus und zeige, daß man so zu demselben Resultat gelangt wie durch Variation der Parameter.

3. Man finde die Gleichungen (37) durch direkte Integration der Differentialgleichungen.

4. Ein Massenteilchen bewegt sich von der Ruhelage aus unter dem Einfluß einer Abstoßungskraft, welche umgekehrt proportional ist zu dem Quadrat der Entfernung vom Anfangspunkt 0; man drücke für einen bestimmten Augenblick Geschwindigkeit und Zeitlänge durch den zurückgelegten Weg aus.

$$\text{Lösung: } v^2 = 2k^2\left(\frac{1}{s_0} - \frac{1}{s}\right), \quad k\sqrt{\frac{2}{s_0}}\,t = \sqrt{s^2 - s_0 s} + \frac{s_0}{2}\log\left(\frac{\sqrt{s^2 - s_0 s} + s - \frac{s_0}{2}}{\frac{s_0}{2}}\right).$$

5. Man bestimme die Grenzgeschwindigkeit in bezug auf die Sonne für ihre Entfernung von der Erde.

Lösung: 42220 m/sec.

6. Ein Massenpunkt bewegt sich unter dem Einfluß einer Anziehungskraft, welche direkt proportional zur Entfernung vom Anfangspunkt 0, und eines Widerstandes, welcher direkt proportional zur Geschwindigkeit ist; man integriere die Differentialgleichung mit Hilfe der allgemeinen Lösungsmethode für lineare Differentialgleichungen.

Lösung: Ist k^2 der Proportionalitätsfaktor für die Geschwindigkeit und l^2 für die Entfernung, so lauten die Lösungen

$$s = c_1 e^{\lambda_1 t} + c_2 e^{\lambda_2 t},$$

wo

$$\begin{cases} \lambda_1 = \dfrac{-k^2 + \sqrt{k^4 - 4l^2}}{2}, \\ \lambda_2 = \dfrac{-k^2 - \sqrt{k^4 - 4l^2}}{2}. \end{cases}$$

Man diskutiere im einzelnen die Lösung und ihre physikalische Bedeutung, wenn (a) $k^4 - 4l^2 < 0$, (b) $k^4 - 4l^2 = 0$, (c) $k^4 - 4l^2 > 0$.

7. Zu den Kräften der Aufgaben 6 möge noch eine Kraft $\mu e^{\nu t}$ hinzukommen; man führe die Lösung aus mit Hilfe der Variation der Parameter und diskutiere die Bewegung des Massenpunktes.

8. Man entwickle die Methode der Parametervariation für eine lineare Differentialgleichung dritter Ordnung.

9. Für $k^2 = 0$ definiert Gleichung (23) die Fallbewegung. Man beweise, daß der Grenzwert der Lösungen (31) und (35), wenn k^2 gegen Null konvergiert,

$$s = s_0 + v_0 t - \tfrac{1}{2} g t^2 \quad \text{ist.}$$

39. Die parabolische Bewegung. Eine Reihe von Problemen erfordern mathematische Lösungsmethoden, welche den bisherigen dieses Kapitels ähnlich sind, obwohl sie sich nicht auf geradlinige Bewegung beziehen. Wegen dieser Ähnlichkeit in der analytischen Behandlung soll hier nur eine kurze Diskussion dieser Probleme gegeben werden.

Ein Körper bewege sich unter dem Einfluß einer konstanten, abwärts gerichteten Vertikalkraft; es soll seine Bahnkurve bestimmt werden, wenn er in beliebiger Weise emporgeworfen wird. Die Bewegung wird in einer Ebene erfolgen; diese Ebene sei die xy-Ebene, und die positive y-Achse sei vertikal nach oben gerichtet. Alsdann lauten die Differentialgleichungen der Bewegung

$$\text{(38)} \qquad \left\{ \begin{aligned} \frac{d^2x}{dt^2} &= 0, \\ \frac{d^2y}{dt^2} &= -g. \end{aligned} \right.$$

Da diese Gleichungen voneinander unabhängig sind, so können sie für sich integriert werden, und liefern

$$\left\{ \begin{aligned} x &= a_1 t + a_2, \\ y &= -\frac{gt^2}{2} + b_1 t + b_2. \end{aligned} \right.$$

Setzt man für den Zeitpunkt $t = 0$, $x = y = 0$, $\frac{dx}{dt} = v_0 \cos \alpha$, $\frac{dy}{dt} = v_0 \sin \alpha$, wo α den Winkel zwischen der Anfangsrichtung und der Horizontalebene (Abgangswinkel) und v_0 die Anfangsgeschwindigkeit bedeuten, dann ergeben sich die Integrationskonstanten zu

$$\begin{aligned} a_1 &= v_0 \cos \alpha, \qquad & a_2 &= 0, \\ b_1 &= v_0 \sin \alpha, \qquad & b_2 &= 0; \end{aligned}$$

und es folgt

$$\text{(39)} \qquad \left\{ \begin{aligned} x &= v_0 \cos \alpha \cdot t, \\ y &= -\frac{gt^2}{2} + v_0 \sin \alpha \cdot t. \end{aligned} \right.$$

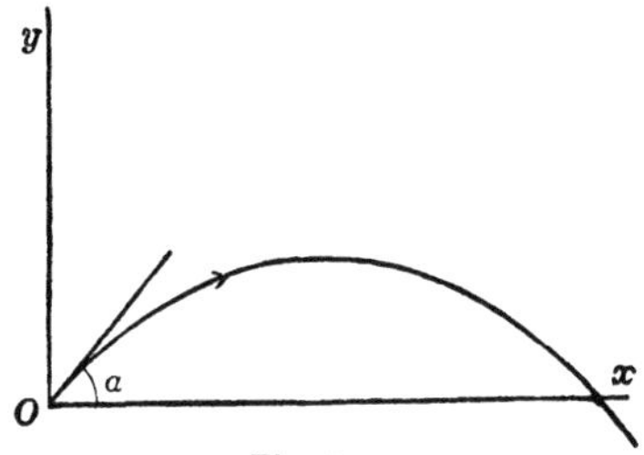

Fig. 6.

Durch Elimination von t aus diesen beiden Gleichungen erhalten wir die Bahnkurve

$$\text{(40)} \qquad y = x \operatorname{tg} \alpha - \frac{g \sec^2 \alpha}{2 v_0^2} x^2.$$

Diese ist also eine nach unten offene Parabel (mit vertikaler Achse). Man kann ihre Gleichung auch schreiben

$$\left(x - \frac{v_0^2}{g} \sin \alpha \cos \alpha\right)^2 = -\frac{2 v_0^2}{g \sec^2 \alpha} \left(y - \frac{v_0^2 \sin^2 \alpha}{2g}\right).$$

Verschiebt man also die Parabel parallel mit sich selbst, bis ihr Scheitel in den Koordinatenanfang hineinfällt, so lautet ihre Gleichung

$$x^2 = -2py$$

mit $2p$ als Parameter. Vergleicht man diese Gleichung mit der für die Bahnkurve des geworfenen Körpers, so findet man für den Scheitel, oder den höchsten Punkt, die Koordinaten

$$\left\{\begin{aligned} \bar{x} &= \frac{v_0^2}{g} \sin\alpha\cos\alpha\,, \\ \bar{y} &= \frac{v_0^2}{2g} \sin^2\alpha\,. \end{aligned}\right.$$

Die Entfernung der Direktrix vom Scheitel ist gleich dem vierten Teil des Parameters. Die Direktrix hat daher die Gleichung

$$y = \bar{y} + \frac{p}{2} = \frac{v_0^2 \sin^2\alpha}{2g} + \frac{v_0^2\cos^2\alpha}{2g} = \frac{v_0^2}{2g}\,.$$

Für die Geschwindigkeit erhält man

$$v^2 = \left(\frac{dx}{dt}\right)^2 + \left(\frac{dy}{dt}\right)^2 = v_0^2 - 2gy\,.$$

Um den Ort zu finden, wo der geworfene Körper die Horizontalebene wieder erreicht, setzt man in (40) $y = 0$ und erhält dann eine in x quadratische Gleichung, deren von null verschiedene Wurzel den gesuchten Ort liefert; sie hat den Wert

$$x = \frac{2v_0^2}{g}\sin\alpha\cos\alpha = \frac{v_0^2}{g}\sin 2\alpha\,.$$

Hieraus folgt, daß man bei gegebener Anfangsgeschwindigkeit die größte Wurfweite für den Abgangswinkel $\alpha = 45^0$ erhält. Aus (39) ergibt sich für die Horizintalgeschwindigkeit $v_0 \cos\alpha$ und folglich für die Flugzeit der Wert $\frac{2v_0}{g}\sin\alpha$. Unter den gegebenen Anfangsbedingungen ist diese also direkt proportional zum Sinus des Abgangswinkels.

Den Abgangswinkel für eine gegebene Wurfweite findet man durch Auflösung der Gleichung

$$x = a = \frac{v_0^2}{g}\sin 2\alpha$$

nach α. Für $a > \frac{v_0^2}{g}$ besteht keine Lösung. Für $a < \frac{v_0^2}{g}$ ergeben sich zwei Lösungen α, die von dem Werte ($a = 45^0$) für die größte Wurfweite um gleiche Beträge abweichen.

Die obige Untersuchung berücksichtigt nicht die Änderung der Schwerkraft mit der Höhe über der Erdoberfläche, die Krümmung der Erdoberfläche und den Luftwiderstand. Für Körper von großem spezifischem Gewicht in der Nähe der Erdoberfläche liefert sie jedoch bei kurzen Wurfweiten Resultate von ziemlicher Genauigkeit. Nimmt man jetzt die Richtung der Schwerbeschleunigung nach dem Erdmittelpunkt hin und setzt die Schwerkraft umgekehrt proportional zum Quadrat der Entfernung vom Erdmittelpunkt, so stellt die Bahnkurve eine Ellipse dar, deren einer Brennpunkt mit dem Erdmittelpunkt zusammenfällt. Das soll im nächsten Kapitel gezeigt werden.

V. Aufgaben.

1. Man beweise den folgenden Satz: Wenn die Beschleunigungen parallel zur x- und y-Achse konstant sind, so ist die Bahnkurve des Körpers unter beliebigen Anfangsbedingungen eine Parabel.

2. Die Richtung der Parabelachse in Aufgabe 1 soll durch die konstanten Komponenten der Beschleunigung ausgedrückt werden.

3. Unter den Annahmen des Paragraphen 39 soll die Wurfweite OS auf einer Geraden durch 0 gefunden werden, welche mit der x-Achse den Winkel β bildet (S zweiter Schnittpunkt der Bahnkurve mit der Geraden).

4. Es ist zu zeigen, daß die Wurfrichtung im Falle der größten Wurfweite auf einer gegebenen Geraden g, welche durch die Anfangslage 0 hindurchgeht, den Winkel zwischen der y-Achse und der gegebenen Geraden halbiert (d. h. diejenige Wurfrichtung, für welche die Strecke OS ein Maximum ist, wo S den anderen Schnittpunkt der Bahnkurve mit der Geraden g bildet).

5. Es ist zu zeigen, daß der Ort der höchsten Punkte der Wurfparabeln, welche den sämtlichen Werten des Abgangswinkels α entsprechen, eine Ellipse ist, für welche die große Achse den Wert $\frac{v_0^2}{g}$, die kleine den Wert $\frac{v_0^2}{2g}$ hat.

6. Es ist zu zeigen, daß an einer Stelle der Wurfparabel der Körper die gleiche Geschwindigkeit (absolut genommen) erlangen würde (wie bei seiner Wurfbewegung), wenn er von der Höhe der Leitlinie herabfiele.

Die Sonnenenergie.

40. Arbeit und Energie. Wenn eine Kraft unter Überwindung eines Widerstandes einen Körper fortbewegt, so sagt man, die Kraft *leistet Arbeit.* Die Größe der Arbeit ist bei geradliniger Bewegung proportional dem Produkt aus der Kraft oder dem überwundenen Widerstande und dem Weg, längs welchem sie wirkte. Im Falle eines frei beweglichen Körpers rührt der Widerstand ausschließlich von der Trägheit des Körpers her; wenn Reibung vorhanden ist, so liefert sie außerdem noch einen Anteil zum Widerstand.

Unter Energie versteht man das Vermögen, Arbeit zu leisten. Wenn eine Arbeit von gegebener Größe an einem frei beweglichen Körper geleistet wird, so erlangt der Körper einen Bewegungszustand, der ihn befähigt, genau denselben Betrag an Arbeit selber zu leisten. Diesen Zustand bezeichnet man als *Bewegungsenergie* oder *kinetische Energie.* Wenn die Bewegung des Körpers durch Reibungskräfte verzögert wird, so wird ein Teil von der an dem Körper geleisteten Arbeit zur Überwindung der Reibungskräfte verbraucht; in diesem Fall kann daher der

Körper selber nur soviel Arbeit leisten, als nötig war, um ihn in seinen Bewegungszustand zu versetzen. Etwa bis zum Jahre 1850 wurde allgemein angenommen, daß die zur Überwindung der Reibung aufgewandte Arbeit zum Teil oder vielleicht ganz verloren wäre. Mit anderen Worten, man war der Ansicht, daß der gesamte, in einem einzelnen System aufgespeicherte Betrag an Energie allmählich in Nichts verschwinden könne. Indessen machte man die Beobachtung, daß Reibung je nach den Umständen Wärme, Schall, Licht, Elektrizität usw. erzeugt, daß diese Äußerungen der Energie von derselben Natur wie die ursprünglich betrachteten sind und sich nur in der Form von ihr unterscheiden. Es wurde dann nachgewiesen, daß in jedem Falle diese anderen Energieformen zusammen von demselben Betrage sind, wie der Verlust an jener. Die glänzenden Versuche von Joule u. a. Mitte des neunzehnten Jahrhunderts haben mit großer Sicherheit bestätigt, daß der Gesamtbetrag an Energie durch Umwandlungen keine Veränderung erfährt und stets von derselben Größe ist. Dieses Prinzip, welches unter dem Namen *Prinzip der Erhaltung der Energie* bekannt ist, gehört, wenn es sich für das gesamte Weltall als gültig erweist, zu den Entdeckungen von größter Allgemeinbedeutung, welche die Naturwissenschaften in den letzten hundert Jahren hervorgebracht haben.[1])

41. Die Größe der Arbeit. Es soll jetzt die Größe der Arbeit bestimmt werden, welche eine nach dem Newtonschen Gesetz wirkende Kraft an einem frei beweglichen Körper leistet, wenn derselbe um eine bestimmte Strecke verschoben wird. Bezeichnet m die Masse des Körpers und k^2 eine von der Masse des anziehenden Körpers und den angewandten Einheiten abhängige Konstante, so ist

$$(41) \qquad m\frac{d^2s}{dt^2} = -\frac{k^2m}{s^2}.$$

Das Glied auf der rechten Seite bedeutet die Größe der Kraft, welche an dem Körper angreift. Nach dem dritten Newtonschen Gesetz ist diese numerisch gleich der Reaktionskraft oder dem Trägheitswiderstande. Die an dem Körper auf dem Wegelement ds geleistete Arbeit ist daher

$$m\frac{d^2s}{dt^2}\,ds = -\frac{k^2m}{s^2}\,ds = d\,W,$$

wobei die Richtungen der Kraft und des Wegelementes zusammenfallen. Um die Arbeit zu finden, welche die Kraft auf dem Wege von $s = s_0$ bis $s = s_1$ (s Weglänge) an dem Körper leistet, integriert man diesen Ausdruck zwischen den Grenzen s_0 und s_1. Dies ergibt

1) Herbert Spencer betrachtet dieses Prinzip als Axiom und setzt seine Ansichten hierüber in seinem *First Principles*, part II., chap. VI auseinander.

$$\frac{m}{2}\left(\frac{ds_1}{dt}\right)^2 - \frac{m}{2}\left(\frac{ds_0}{dt}\right)^2 = k^2 m \left(\frac{1}{s_1} - \frac{1}{s_0}\right)$$

(auch für krummlinige Bewegung, falls an jeder Stelle der Bahnkurve die Richtungen der Kraft und der Tangente zusammenfallen). Setzt man die Anfangsgeschwindigkeit gleich null, so ist die kinetische Energie an der Stelle s_1 gleich der an dem Körper von s_0 bis s_1 geleisteten Arbeit W, für welche man erhält

(42) $$W = \frac{m}{2}\left(\frac{ds_1}{dt}\right)^2 = k^2 m \left(\frac{1}{s_1} - \frac{1}{s_0}\right).$$

Unter dieser Voraussetzung, daß der Massenpunkt am Anfang der Bewegung keine kinetische Energie besitzt, ist also das Vermögen des Punktes, Arbeit zu leisten, an der Stelle s_1 gleich dem Produkt aus der halben Masse und dem Quadrat der Geschwindigkeit. Fällt der Massenpunkt aus unendlicher Höhe herab, so daß also s_0 unendlich groß ist, so ergibt sich für die kinetische Energie der Wert

(43) $$\frac{m}{2}\left(\frac{ds_1}{dt}\right)^2 = \frac{k^2 m}{s_1}.$$

Wird der Fall des Körpers, etwa beim Auftreffen auf dem Boden, plötzlich gehemmt, so verwandelt sich seine kinetische Energie in andere Energieformen, so z. B. in Wärme. Man hat experimentell gefunden, daß ein Körper von 1 kg Gewicht, welcher in der Nähe der Erdoberfläche einen Raum von 425 m[1]), unter dem Einfluß der Erdanziehung herabfällt, beim Auftreffen eine Wärmemenge erzeugt, die hinreicht, um die Temperatur von 1 kg Wasser um einen Grad Celsius zu erhöhen. Diese Wärmemenge bezeichnet man als Kalorie.[2]) Die durch Fall erzeugte Wärmemenge ist also proportional zu dem Produkt aus dem Quadrat der Geschwindigkeit und der Masse des beweglichen Körpers. Bedeutet daher Q die Anzahl der Kalorien, so folgt

(44) $$Q = Cmv^2.$$

Es sei m in Kilogramm und v in Metern pro Sekunde ausgedrückt. Um die Konstante C zu bestimmen, setzen wir Q und m gleich eins; die Geschwindigkeit ist dann diejenige, welche der 425 m herabfallende Körper erlangt. Nach § 30 hat man für die Fallbewegung

$$\begin{cases} s = -\frac{1}{2} g t^2, \\ v = -gt. \end{cases}$$

1) Joule fand 423, 5; Rowland 427, 8. Wegen Versuchsergebnissen und Literaturangaben siehe Preston, *Theory of Heat*, p. 594.

2) Ein Tausendstel von dieser Einheit, welche man verwendet, wenn man anstatt des Kilogramms das Gramm benutzt, wird auch als Kalorie bezeichnet.

Elimination von t aus diesen beiden Gleichungen ergibt

$$v^2 = 2gs.$$

Bei den angewandten Einheiten ist $g = 9{,}8094$, und da $s = 425$ und $v^2 = 8338$ ist, so folgt aus (44) der Wert

$$C = \frac{1}{8338}.$$

Die allgemeine Formel (44) lautet alsdann

$$(45) \qquad Q = \frac{mv^2}{8338},$$

wo Q die Anzahl der Kalorien bezeichnet, wenn Kilogramm, Meter und Sekunde als Einheiten der Masse, Länge und Zeit genommen werden.

42. Die Temperatur von Meteoren. Die Temperaturzunahme eines Körpers ist bei passender Wahl der Einheiten gleich der Zunahme der Kalorien dividiert durch das Produkt aus der Masse und der spezifischen Wärme des Körpers. Wir nehmen den Fall, daß ein Meteor, dessen spezifische Wärme gleich der Einheit ist (in Wirklichkeit ist sie wahrscheinlich sehr viel kleiner als die Einheit) auf der Erde mit einer gegebenen Geschwindigkeit auftrifft; es soll seine Temperaturzunahme berechnet werden, wenn der Meteor die gesamte beim Aufschlagen erzeugte Wärmemenge aufnimmt. Die spezifische Wärmemenge wurde so angenommen, daß für die Masseneinheit die Temperaturzunahme numerisch gleich der Zunahme der Kalorien ist. Meteore erreichen die Erde gewöhnlich mit einer Geschwindigkeit von etwa 40233 m pro Sekunde. Setzt man daher in (45) $v = 40233$ und $m = 1$, so findet man $T = Q = 194134$ als Betrag der bei einem Körper von der Masse eins erzeugten Kalorien, oder für die Anzahl der Grade, um welche die Temperatur des Meteors sich erhöht. In Wirklichkeit würde ein großer Teil der Wärme auf die Atmosphäre übergehen; diese Wärmemenge ist jedoch von so ungeheurer Größe, daß trotzdem nicht zu erwarten steht, daß selbst die größten Meteore sich bis zu ihrer Ankunft auf der Erde halten können.

Nach den Ausführungen des § 36 würde beim Fall aus unendlicher Höhe ein Meteor die Sonnenoberfläche mit einer Geschwindigkeit von ungefähr 618 km/sec erreichen. Die hierbei erzeugte Wärmemenge würde daher $(\frac{618}{40})^2$ oder 239 mal so groß sein als beim Auftreffen des Meteors auf der Erde. Daraus folgt, daß ein Kilogramm beim Herabfallen auf die Sonne 45815624 Wärmeeinheiten erzeugen würde.

43. Die meteorische Theorie der Sonnenenergie. Wenn man bedenkt, was für eine ungeheure Anzahl von Meteoren (nach H. A. Newtons[1])

1) *Mem. Nat. Acad. of Sci.*, vol. I.

Schätzung ungefähr 8000000 täglich) auf die Erde fallen, so liegt es nahe, anzunehmen, daß die Anzahl derjenigen, die die Sonne treffen, so groß ist, daß ihre Temperatur allein dadurch auf derselben Höhe erhalten bleibt. Auf dieser Auffassung hat man in der Tat eine Theorie aufgebaut, um die Quellen der gewaltigen Wärmemengen zu erklären, welche die Sonne durch Ausstrahlung verliert. In qualitativer Hinsicht ist diese Theorie fraglos richtig, es bleibt nur ihre quantitative Seite zu prüfen.

Wir nehmen an, daß die Sonne in jeder Richtung gleiche Wärmemengen ausstrahlt und von einer gleichen Anzahl von Meteoren getroffen wird. Unter dieser Annahme ist für einen jeden Teil der Sonnenoberfläche der durch Ausstrahlung verlorene Betrag an Wärme gleich dem durch das Auftreffen der Meteore gewonnenen. Diejenige Wärmemenge, welche die Erde durch Sonnenausstrahlung empfängt, verhält sich dann zu der gesamten von der Sonne ausgestrahlten Wärmemenge wie derjenige Teil einer Kugeloberfläche, welcher vom Sonnenmittelpunkt aus von dem Tangentenkegel an die Erdkugel projiziert wird, zu der gesamten Oberfläche der Kugel, deren Mittelpunkt mit dem Sonnenmittelpunkt O zusammenfällt und deren Radius gleich der Tangentenlänge von O an die Erdkugel ist (oder näherungsweise gleich der Entfernung der Erde von der Sonne). Diese beiden Flächengrößen verhalten sich wieder wie derjenige Teil der Sonnenoberfläche, welcher von dem projizierenden Kegel ausgeschnitten wird, zu der ganzen Sonnenoberfläche. Nun werden von der Erde genau ebenso viele Meteore abgefangen als von jenem Sonnenoberflächenteil aufgefangen würden. Die Erde nimmt daher einmal Wärme auf durch Zusammenstoß jener Meteore mit ihr selbst und unter den gemachten Annahmen noch außerdem soviel Wärme durch die Ausstrahlung der Sonne, wie durch Zusammenstoß zwischen dieser und der gleichen Anzahl von Meteoren entsteht.

Die Wärmemengen, welcher der Erde aus diesen beiden Quellen zufließen, müssen sich also wie die Quadrate der Geschwindigkeiten verhalten, welche die Meteore beim Auftreffen auf Erde und Sonne besitzen. Dieses Verhältnis hat nach § 42 den Wert $\frac{1}{239}$. Soll daher die meteorische Theorie von der Erhaltung der Sonnenenergie zutreffen, so müßte die Erde durch Zusammenstoß mit Meteoren $\frac{1}{236}$ mal soviel Wärme empfangen wie durch Sonnenausstrahlung. Da dieser Wärmebetrag sicher millionenmal größer ist als jener, welcher der Erde von den Meteoren zugeführt wird, so läßt sich die Theorie, daß der konstante Charakter der Sonnenenergie allein von dem Zusammenstoß mit Meteoren herrührt, nicht aufrechterhalten.

44. Die Kontraktionstheorie von Helmholtz. Die Arbeit ist proportional zu dem Produkt aus der Kraft und dem Weg, auf welchem sie wirkt. Über die Dauer des Bewegungsvorganges wird nichts ausgesagt; es ist daher ohne Einfluß auf den schließlichen Energiebetrag, ob der Körper den ganzen Weg ohne Unterbrechung fallend zurücklegt oder ob die Zurücklegung mit irgendwelchen Unterbrechungen vor sich geht. Wenn also ein Körper sich zusammenzieht, so läßt sich diese Bewegung für Energiebestimmungen als gleichbedeutend mit einer Aufeinanderfolge aller der Bewegungen betrachten, die die einzelnen Teile des Körpers dabei ausführen, und die darin bestehen, daß jedes Teilchen eine sehr kurze geradlinige Strecke zurücklegt, welche sämtlich nach dem Mittelpunkt des Körpers gerichtet sind. Kennt man daher das Verdichtungsgesetz, so kann man die Wärmemengen berechnen, die bei der Zusammenziehung erzeugt werden.

Bei dem Versuch, die Erhaltung der Sonnenenergie zu erklären, benutzte Helmholtz 1854 diesen Gesichtspunkt zu ihrer Bestimmung. Er nahm dabei an, daß die Zusammenziehung der Sonne in der Weise erfolgt, daß ihre Homogenität erhalten bleibt. Wenn auch diese Annahme sicherlich nicht zutreffend ist, so sind die Ergebnisse dennoch von großem Wert und geben einen recht deutlichen Begriff von den ohne Zweifel tatsächlich vorhandenen Wirkungen der Zusammenziehung. Der mathematische Teil der Theorie findet sich im *Philosophical Magazine* 1856, S. 516.

Wir betrachten eine homogene gasförmige Kugel mit dem Radius R_0 und der Dichte σ. Ihre Masse sei M_0. Ferner sei dM ein Massenelement im Innern oder auf der Oberfläche der Kugel. R bezeichne den Abstand des Elementes dM vom Kugelmittelpunkt und M die Masse der Kugel mit dem Radius R. Alsdann besteht für das Massenelement der Ausdruck (§ 21)

$$dM = \sigma R^2 \cos\varphi \, d\varphi \, d\theta \, dR. \tag{46}$$

Das Massenelement unterliegt den Anziehungskräften der ganzen Kugel. Wie in Kapitel IV gezeigt wird, findet eine gegenseitige Aufhebung derjenigen Wirkungen statt, die eine Kugelschale außerhalb des Elementes auf dasselbe ausübt, so daß alle diese Kugelschalen für die Bestimmung der Kräfte, die an dem Element angreifen, außer Betracht bleiben können. Jedes Element der unendlich dünnen Kugelschale, welcher dM angehört, unterliegt der gleichen nach dem Mittelpunkt hin gerichteten Kraft; folglich genügt es, die Wirkung dieser ganzen Kugelschale selber zu betrachten. Wir bezeichnen ihre Masse mit dM_s; sie wird gefunden durch Integration des Ausdrucks (46) nach θ und φ. So ergibt sich für dM_s der Ausdruck

$$dM_s = \sigma R^2 dR \int_0^{2\pi} \left\{ \int_{-\frac{\pi}{2}}^{\frac{\pi}{2}} \cos\varphi \, d\varphi \right\} d\theta = 4\pi\sigma R^2 dR. \tag{47}$$

Die Kraft, welche an dem Element dM_s angreift, ist gleich $-\frac{k^2 M\, dM_s}{R^2}$. Bei der Zusammenziehung der Kugelschale dM_s um die Strecke dR wird daher eine Arbeit geleistet von der Größe

$$d W_s = - dM_s \frac{k^2 M}{R^2} dR\,.$$

Zieht sich die Kugelschale dM_s von dem Radius CR bis zum Radius R zusammen, wo C einen Faktor bedeutet, so ergibt sich die Arbeitsleistung durch Intregration dieses Ausdrucks zwischen den Grenzen CR und R; man findet

$$W_s = - dM_s k^2 M \int\limits_{CR}^{R} \frac{dR}{R^2} = \frac{dM_s k^2 M}{R} \left(\frac{C-1}{C}\right).$$

Nun ist $M = \frac{4}{3}\,\sigma R^3$; führt man daher den Wert von dM_s aus (47) ein und setzt $W_s = dW$, so folgt für die an der Kugelschale geleistete Arbeit

$$dW = \frac{16}{3}\,\pi^2\sigma^2 k^2 \left(\frac{C-1}{C}\right) R^4 dR\,.$$

Das Integral dieses Ausdrucks von 0 bis R_0 liefert den Gesamtbetrag der Arbeitsleistung bei der Zusammenziehung der homogenen Kugel vom Radius CR_0 bis zum Radius R_0. Dieser Gesamtbetrag ist daher

$$W = \frac{16}{3}\,\pi^2\sigma^2 k^2 \left(\frac{C-1}{C}\right) \int\limits_0^{R_0} R^4 dR = \frac{16}{15}\,\pi^2\sigma^2 k^2 \cdot \left(\frac{C-1}{C}\right) R_0^{\,5},$$

oder

$$W = \frac{3}{5}\, k^2 \left(\frac{C-1}{C}\right) \frac{M_0^2}{R_0}. \tag{48}$$

Für $\lim C = \infty$ erhält man hieraus

$$W = \frac{3}{5}\, k^2 \frac{M_0^2}{R_0}. \tag{49}$$

Benutzt man Sekunde, Kilogramm und Meter als Einheiten und berechnet k^2 aus dem Werte von g für die Erde, so ist nach Division von W durch $\frac{8338}{2}$ das Resultat numerisch gleich der Wärmemenge in Kalorien, welche bei Umwandlung der gesamten Arbeitsleistung in diese Energieform sich ergibt. Die Temperaturerhöhung T des Körpers ist gleich diesem Betrage dividiert durch das Produkt der Masse und der spezifischen Wärme η, also

$$T = \frac{Q}{\eta M_0} = \frac{2W}{8338\,\eta M_0}, \tag{50}$$

oder, wenn der Wert für W aus (48) in (50) eingesetzt wird,

$$T = \frac{3k^2}{5\eta} \cdot \frac{C-1}{C} \cdot \frac{M_0}{R_0} \cdot \frac{2}{8338}. \tag{51}$$

Nach Definition ist k^2 die Anziehungskraft der Masseneinheit in der Entfernung eins; ist daher m die Masse der Erde und r ihr Radius, so folgt

$$g = \frac{k^2 m}{r^2}.$$

Löst man nach k^2 auf und setzt in (51) ein, so erhält man für T den Ausdruck

$$T = \frac{3(C-1)}{5\eta C} \cdot \frac{r^2}{R_0} \cdot \frac{M_0}{m} \cdot \frac{2g}{8338}. \tag{52}$$

Geschieht also die Zusammenziehung des Körpers aus unendlichem Umfang, so bewirkt die erzeugte Wärmemenge eine Temperaturerhöhung T, welche in Celsiusgraden den folgenden Wert hat:

$$T = \frac{3}{5} \cdot \frac{1}{\eta} \cdot \frac{r^2}{R_0} \cdot \frac{M_0}{m} \cdot \frac{2g}{8338}. \tag{53}$$

Wir setzen die spezifische Wärme gleich eins, also gleich derjenigen des Wassers.[1]) Der Wert von g ist 9.8094, ferner ist

$$\begin{cases} \dfrac{r^2}{R_0} = 58178, \\ \dfrac{M_0}{m} = 332000. \end{cases}$$

Durch Einführung dieser Werte in (53) und Reduktion findet man

$$T = 27268000^0 \text{ Celsius}.$$

Dieses Resultat besagt also folgendes: *Wenn die Sonne eine Zusammenziehung aus unendlichem Umfang erleidet, wobei ihre homogene Beschaffenheit dauernd erhalten bleibt, so genügt die erzeugte Wärmemenge, um eine Temperaturerhöhung der gleichen Wassermasse von mehr als 27 Millionen Grad Celsius zu bewirken.*

Wenn man annimmt, daß die Zusammenziehung der Sonne nur aus dem Umfange der Bahn des Neptun geschieht, so ergibt Gleichung (52) einen Wert von T, welcher um $\frac{1}{6600}$ kleiner ist. Jedenfalls soll aber nicht gesagt werden, daß ihre Zusammenziehung jemals aus so großen Umfängen in der besonderen angenommenen Weise vor sich ging; die Ergebnisse sind aber trotzdem bedeutsam und werfen sehr viel Licht

1) Keine andere gewöhnliche Erdsubstanz hat eine so hohe spezifische Wärme wie eins, außer Wasserstoffgas, dessen spezifische Wärme gleich 3,409 ist. Die leichteren Gase der Sonnenatmosphäre können auch hohe Werte haben.

auf die Frage nach der Entstehung des Sonnensystems aus einem Nebel von unendlicher Ausdehnung. Wenn die Zusammenziehung der Sonne ihre einzige Energiequelle wäre, würden diese Ausführungen zu bestimmteren Anschauungen über die obere Grenze des Alters der Erde führen. Diese Begrenzung ist aber so klein, daß sie sich nicht mit den Folgerungen verträgt, die sich aus verschiedenen geologischen Gesichtspunkten ergeben; sie widerspricht auch durchaus dem Alter von gewissen Uranium-Erzen, das man aus ihrem Prozentsatz an Bleigehalt berechnet hat. Die neuere Entdeckung von gewaltigen subatomaren Energien, welche bei dem Zerfall von Radium und mehreren anderen Substanzen zutage treten, deutet hin auf das Vorhandensein von bisher nicht berücksichtigten Energiequellen; das läßt die Vermutung aufkommen, daß sich der Wärmevorrat der Sonne teilweise oder sogar zum großen Teil aus diesen Quellen ergänzt. Gegenwärtig lassen sich keine bestimmten Grenzen für das Alter der Sonne ansetzen.

Die Beobachtungen von Abbott haben gezeigt, daß, gleiche Sonnenausstrahlung in jeder Richtung vorausgesetzt, durch die jährliche Strahlungswärme die Temperatur einer Wassermasse, die derjenigen der Sonne gleich ist, um 1.44 Grad Celsius erhöht wurde. Um daher zu finden, wie groß die Zusammenziehung der Sonne bei ihrem jetzigen Umfang sein muß, damit genügend Wärmemengen erzeugt werden, um die gegenwärtige Ausstrahlung 10000 Jahre zu unterhalten, setze man in (52) den Wert 14400 für T ein und löse nach C auf. Durch Ausführung der Rechnung erhält man

$$C = 1.000528.$$

Dies bedeutet also: *Die Sonne würde bei der Verkürzung ihres jetzigen Durchmessers um etwa ein Viertausendstel genügend Wärmemengen erzeugen, um ihre gegenwärtige Ausstrahlung 10000 Jahre zu unterhalten.*

Der mittlere scheinbare Sonnendurchmesser beträgt 1924″, also würde eine Verkürzung ihres Durchmessers von 0.000528 eine scheinbare Änderung von nur 1.″0 bewirken; diese Größe ist aber viel zu klein für die jetzigen Beobachtungsmethoden. Benutzt man die üblichen Längeneinheiten, so findet man, daß eine Verkürzung des Sonnenradius um 36.8 Meter jährlich die gegenwärtige Ausstrahlung decken würde.

VI. Aufgaben.

1. Nach dem neuen Werk von Abbott, Smithsonian Institution, würde eine Fläche von 1 qm bei senkrechtem Auffallen der Sonnenstrahlen in Erdentfernung 19.5 Kalorien in der Minute aufnehmen. Der durchschnittliche Betrag, den 1 qm auf der Erdoberfläche aufnimmt, verhält sich zu dieser Größe wie die Fläche eines Kreises zu der Oberfläche einer Kugel von demselben Radius, oder wie 1 zu 4. Die Erdoberfläche empfängt daher durchschnittlich 5 Kalorien pro qm in einer Minute. Wieviel Kilogramm von meteorischer Masse müßten mit einer Geschwin-

digkeit von 40233 m/sec auf der Erde auftreffen, um $\frac{1}{236}$ von diesem Wärmebetrage zu erzeugen?

Lösung: 0.0000001091 kg.

2. Wieviel Pfund (1 Pfund = 453.6 g) müßten zu diesem Zwecke (siehe Aufgabe 1) täglich jede Quadratmeile (1 Meile = 1.6093 km) im Durchschnitt treffen? Wieviel Tonnen (1 Tonne = 1016.0475 kg) die ganze Erde?

Lösung: 897 Pfund
88360000 Tonnen.

3. Man bestimme die Arbeitsleistung bei der Zusammenziehung einer Kugel, wenn das Verdichtungsgesetz $\sigma = \frac{l}{R^2}$ ist.

Lösung: $W = 16\pi^2 k^2 l^2 \left(\frac{C-1}{C}\right) \cdot R_0 = k^2 \left(\frac{C-1}{C}\right) \cdot \frac{M_0^2}{R_0}$,

oder $\frac{5}{3}$ der geleisteten Arbeit, wenn die Kugel homogen ist.

4. Laplace nahm an, daß der Widerstand einer Flüssigkeit gegen Zusammendrückung direkt proportional zu ihrer Dichtigkeit ist; auf Grund dieser Annahme fand er, daß für das Verdichtungsgesetz eines kugelförmigen Körpers der Ausdruck besteht

$$\sigma = \frac{G \sin\left(\mu \frac{R}{a}\right)}{\frac{R}{a}},$$

wo die Konstanten G und μ von der stofflichen Beschaffenheit des Körpers abhängen, und a der Radius der Kugel ist. Dieses Verdichtungsgesetz ist für die Erde in Übereinstimmung mit einer Anzahl von Erscheinungen, so z. B. der Präzession der Äquinoktien. Man bestimme die Wärmemenge, die durch Zusammenziehung aus unendlichem Umfang bis zum Radius R_0 erzeugt wird, wenn der Körper das Verdichtungsgesetz von Laplace befolgt.

5. Die Erde möge eine Zusammenziehung von der Dichtigkeit 3.5 eines Meteoriten bis zu ihrer gegenwärtigen Dichtigkeit 5.6 erfahren. Man bestimme die Temperaturerhöhung, welche die ganze Erde hierdurch erfährt, wenn die spezifische Wärme gleich 0.2 ist.

Lösung: $T = 6520.5$ Grad Celsius.

6. Man zeige, daß die Arbeitsleistung bei der Zusammenziehung eines homogenen abgeplatteten Sphäroids aus unendlichem Umfang gleich

$$W = \frac{3}{5} k^2 \frac{M}{R_0} \frac{\text{arc} \sin e}{e}$$

ist, wo e die Exzentrizität eines Meridians ist.

Geschichtliche Übersicht und Literatur.

Die Gesetze der Fallbewegung bei konstanter Beschleunigung wurden von Galilei und Stevinus erforscht und für viele Fälle veränderlicher Beschleunigung von Newton. Derartige Probleme sind verhältnismäßig einfach, wenn die analytischen Methoden angewandt werden, welche uns seit Newton dafür zur Verfügung stehen. Die parabolische Bewegung wurde von Galilei und Newton untersucht.

Zu der kinetischen Gastheorie scheint J. Bernoulli Mitte des 18. Jahrhunderts die erste Anregung gegeben zu haben, ihre mathematische Behandlung wurde zuerst von Clausius entwickelt. Maxwell, Boltzmann und O. W. Meyer haben wichtige Beiträge geliefert, und neuerlich Burbury, Jeans und Hilbert. Einige hauptsächliche Werke über die kinetische Gastheorie sind: Risteen, *Molecules and the Molecular Theory* (beschreibendes Werk); L. Boltzmann, *Gastheorie;* H. W. Watson, *Kinetic Theory of Gases;* O. E. Meyer, *Die kinetische Theorie der Gase;* S. H. Burbury, *Kinetic Theory of Gases;* J. H. Jeans, *Kinetic Theory of Gases.*

Die meteorische Theorie der Sonnentemperatur erhielt von R. Mayer die ersten Anregungen. Die Kontraktionstheorie wurde zuerst von Helmholtz in Königsberg am 7. Februar 1854 in einer öffentlichen Vorlesung angekündigt, und später in *Phil. Mag.* 1856 veröffentlicht. Eine wichtige Abhandlung von J. Homer Lane erschien in dem *Am. Journ. of. Sci.* July 1870. Die erzeugte Wärmemenge hängt von dem Dichteverlauf der gasförmigen Kugel ab. Untersuchungen über diesen Gegenstand bilden 16 Abhandlungen von Ritter in *Wiedemanns Annalen,* Bd. V, 1878 bis Bd. XX, 1883; von G. W. Hill, *Annals of Math.*, vol. IV., 1888; und von G. H. Darwin, *Phil. Trans.*, 1888. Das Studium der Originalabhandlungen ist nötig zum Verständnis der Theorie der Sonnentemperatur. Subatomare Energien werden in E. Rutherford, *Radioactive Substances* and *their Radiations* behandelt.

Beweise für das hohe Alter der Erde findet man bei Chamberlin and Salisbury, *Geology,* vol. II. and vol. III., p. 413 u. folg.; wegen einer allgemeinen Erbrterung über das Alter der Erde siehe Arthur Holmes, *The Age of the Earth.*

Drittes Kapitel.

Zentralkräfte.

45. Die Zentralkraft. Dieses Kapitel behandelt die Bewegung eines Massenpunktes, an dem eine Anziehungs- oder Abstoßungskraft angreift, deren Wirkungslinie stets durch ein und denselben festen Punkt hindurchgeht. Dieser feste Punkt wird das Kraftzentrum genannt. Das soll aber nicht heißen, daß die Kraft von diesem Zentrum ausgeht, oder daß es sich nur um eine einzige Kraft handelt, es ist nur gemeint, daß die Resultierende der sämtlichen Kräfte, die an dem Massenpunkt angreifen, stets durch diesen Punkt hindurchgeht. Die Kraft kann nach diesem Punkt hin, sie kann aber auch von ihm fortgerichtet sein, oder aber es kann zeitweise das eine, zeitweise das andere stattfinden. Sie kann auch in irgendeinem Zeitpunkt verschwinden; für den Fall, daß die Kraft an einer Stelle unendlich groß wird, ist eine spezielle Untersuchung, auf welche hier nicht eingegangen werden soll, erforderlich, um die weitere Bewegung zu verfolgen. Da in astronomischen und physikalischen Problemen Anziehungskräfte am häufigsten auftreten, sollen sich die nachfolgenden Entwicklungen auf diese beziehen; den anderen Fall der Abstoßungskräfte erhält man einfach, indem man das Vorzeichen des Intensitätskoeffizienten der Kraft für die Entfernung eins ändert.

Den Koordinatenanfang verlegen wir in das Kraftzentrum; die Strecke vom Koordinatenanfang bis zum beweglichen Punkt heißt Radius-Vektor. Die vom Massenpunkt beschriebene Kurve bezeichnet man als seine *Bahn.* Die in diesem Kapitel behandelten Bahnen sind ebene Kurven. Die Ebenen sind definiert durch die Lage des Kraftzentrums und die anfängliche Bewegungsrichtung. Die xy-Ebene machen wir zur Bahnebene.

46. Der Flächensatz. Die nächste Aufgabe besteht darin, die allgemeinen Eigenschaften einer Bewegung abzuleiten, welche unter dem Einfluß von Zentralkräften vor sich geht. Die erste von diesen Eigenschaften, welcher eine große Bedeutung zukommt, bildet der Flächensatz; er stellt den ersten Satz von Newtons Prinzipien dar und lautet: „*Wenn sich ein Massenpunkt unter dem Einfluß einer Zentralkraft bewegt, so beschreibt der Radius Vektor in gleichen Zeiten gleiche Flächenräume*“. Für diesen Satz liefert Newton* den folgenden Beweis.

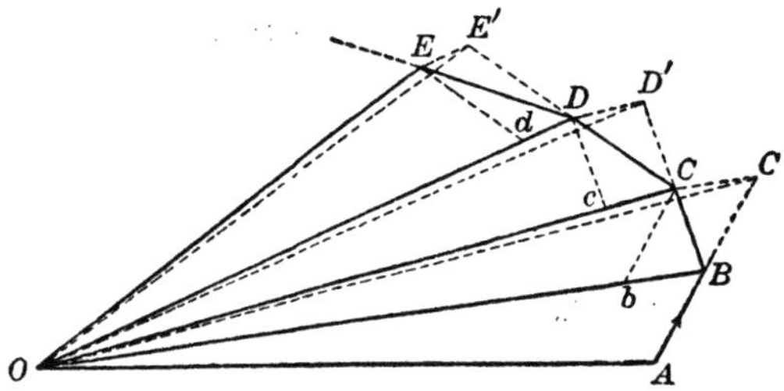

Fig. 7.

Es bezeichne O das Kraftzentrum; der Massenpunkt bewege sich in der ersten Zeiteinheit von A nach B. Wenn keine Kraft auf ihn einwirkt, erreicht er zufolge des ersten Bewegungsgesetzes in der zweiten Zeiteinheit die Stelle C' ($AB = BC'$). In dem Augenblick, wo er die Stelle B passiert, soll aber plötzlich eine nach dem Koordinatenanfang hin gerichtete Kraft auf ihn einwirken. Infolge dieser Kraft würde er in der Zeiteinheit die Strecke Bb durchlaufen, wenn er sich nicht bereits in Bewegung befände. Nach dem zweiten Bewegungsgesetz legt er mithin die Strecke BC, d. h. die Diagonale des Parallelogramms $BbCC'$ in der Zeiteinheit zurück. Ohne Kraftwirkung würde er in der nächsten Zeiteinheit die Strecke CD' durchlaufen ($BC = CD'$). In dem Augenblick, wo er C erreicht, soll aber eine andere plötzliche Kraft auf ihn einwirken, die wieder nach dem Koordinatenanfang hin gerichtet ist. Unter dem Einfluß dieser Kraft würde der Punkt ohne bereits vorhandene Bewegung die Strecke Cc in der Zeiteinheit zurücklegen. Mithin bewegt er sich wie vorhin längs der Diagonale des Parallelogramms und kommt am Ende der Zeiteinheit in D an. Diese Betrachtung läßt sich bis ins Unendliche fortsetzen.

Wegen Gleichheit von Grundlinie und Höhe haben die folgenden Dreiecke gleiche Flächeninhalte:

$$OAB = OBC' = OBC = OCD' = OCD = \text{etc.}$$

Folglich ist $OAB = OBC = OCD = ODE$ usw. Das heißt aber, daß die in den aufeinanderfolgenden Zeiteinheiten überstrichenen Dreiecksflächen gleich sind; und folglich sind die Summen der in bestimmten Zeitabschnitten überstrichenen Dreiecksflächen zu diesen Zeitabschnitten proportional.

Diese Überlegung ist uneingeschränkt richtig, so klein die Zeitabschnitte auch genommen werden. Die Bewegung möge in einem bestimmten endlichen Zeitraum erfolgen. Die einzelnen Abschnitte der Bahn mögen immer kleiner werden, und die Aufeinanderfolge der Kraftwirkungen immer dichter. Das Verhältnis eines Bahnabschnittes zu der zugehörigen Kraft möge stets einen endlichen Wert haben; alsdann wird sich die gebrochene Linie mehr und mehr einer Kurve annähern. Nehmen die Zeitabschnitte schließlich den Grenzwert null an, so geht die Folge der einzelnen diskreten Kräfte in eine stetige Mannigfaltigkeit von Kräften über, d. h. wir erhalten eine stetig veränderliche Zentralkraft; an Stelle der gebrochenen Linie ergibt sich eine Kurve als Grenzgebilde. Während des ganzen Grenzprozesses bleiben die vom Radius Vektor in gewissen endlichen Zeitabschnitten überstrichenen Flächen zu diesen Zeitabschnitten proportional. Daher besteht diese Proportionalität auch in der Grenze selbst, und das Theorem gilt auch für den Fall einer stetig veränderlichen Zentralkraft.

Man bemerkt indessen, daß die Annahme einer stetig veränderlichen Zentralkraft nicht erforderlich ist; die Kraft kann auch unvermittelt die entgegengesetzte Richtung oder auch den Wert null annehmen, ohne daß der Satz seine Gültigkeit verliert; der Fall, wo sie unendlich groß wird, ist jedoch auszuschließen und einer besonderen Untersuchung vorzubehalten.

Die lineare Geschwindigkeit in einem bestimmten Punkte der Bahn ist umgekehrt proportional zu der Senkrechten, die vom Koordinatenanfang auf die Tangente in diesem Punkte gefällt ist; denn die in der Zeiteinheit beschriebene Dreiecksfläche ist gleich dem halben Produkt aus der Geschwindigkeit und jener Senkrechten und hat, wie oben bewiesen, stets denselben Wert.

47. Analytischer Beweis des Flächensatzes. Obwohl der Beweis des § 46 in geometrischer Sprache geführt wurde, so enthält er doch die wesentlichen Elemente des Infinitesimalkalküls. So bedeutete das Verfahren des Grenzüberganges im Grunde nichts anderes als das Problem in Differentialgleichungen ausdrücken, und wenn verlangt wurde, daß die überstrichenen Flächen- und zugehörigen Zeitabschnitte ihre endlichen Größenverhältnisse beibehalten sollten, während die zugrunde gelegten Masseinheiten sich unbegrenzt der Null näherten, so kam das im wesentlichen einem Integrationsverfahren gleich. Die Behandlung aller Probleme, die sich auf Bewegungen und veränderliche Kräfte beziehen, läuft im wesentlichen auf infinitesimale Methoden hinaus, wenn dabei auch die Sprache der Geometrie angewandt wird. Untersuchungen in geometrischer Form mögen auf den ersten Blick leichter erscheinen, sie sind aber durchweg von ganz spezieller Bedeutung und führen oft zu erheblichen fundamentalen Schwierigkeiten. Andererseits läßt sich der Infinitesimalkalkül jenen Problemen vollkommen anpassen, und wenn man ihn einmal beherrscht, so ist seine Anwendung verhältnismäßig einfach und von großer Allgemeinheit. Einige Probleme sollen noch nach beiden Methoden behandelt werden, um ihre wesentliche Übereinstimmung zu zeigen und die Vorteile der analytischen zu veranschaulichen.

Der bewegliche Massenpunkt möge die Beschleunigung f erfahren. Es sei wieder vorausgesetzt, daß die Wirkungslinie der Kraft stets durch einen festen Punkt hindurchgeht, den wir zum Koordinatenanfang nehmen wollen.

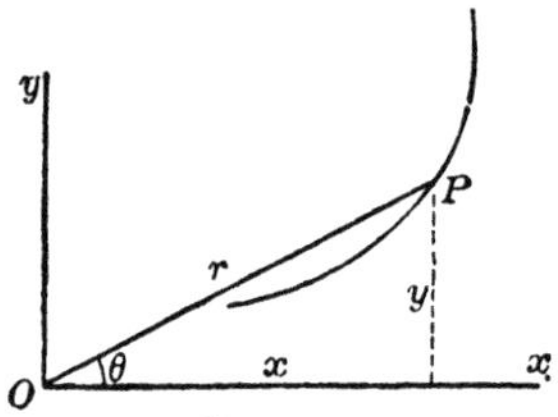

Fig. 8.

Das Kraftzentrum sei mit O bezeichnet, und P sei ein Punkt der Bahnkurve mit dem rechtwinkligen Koordinaten x und y und den Polarkoordinaten r und θ. Dann sind die Komponenten der Beschleunigung nach der x- und y-Achse gleich $f \cos \theta$ und $f \sin \theta$, und die Differentialgleichungen der Bewegung lauten

$$(1)\qquad \begin{cases} \dfrac{d^2 x}{dt^2} = \mp f \cos \theta = \mp f \dfrac{x}{r}, \\ \dfrac{d^2 y}{dt^2} = \mp f \sin \theta = \mp f \dfrac{y}{r}. \end{cases}$$

Das negative Zeichen gilt im Falle einer anziehenden, das positive im Falle einer abstoßenden Kraft.

Multipliziert man die erste Gleichung von (1) mit $-y$, die zweite mit $+x$ und addiert, so ergibt sich

$$x \frac{d^2 y}{dt^2} - y \frac{d^2 x}{dt^2} = 0.$$

Integration dieses Ausdrucks liefert

$$(2)\qquad x \frac{dy}{dt} - y \frac{dx}{dt} = h,$$

wo h die Integrationskonstante bedeutet.

Die Integrale von Differentialgleichungen führen im allgemeinen auch dann zu wichtigen Sätzen, wenn die Lösung nicht vollkommen durchgeführt ist; man wird sie daher zu diskutieren suchen, in welcher Form man sie auch erhält.

Beachtet man § 16, so kann man die Gleichung (2) schreiben

$$x\frac{dy}{dt} - y\frac{dx}{dt} = r^2\frac{d\theta}{dt} = 2\frac{dA}{dt} = h,$$

wo A die vom Radius Vektor überstrichene Fläche bezeichnet. Das Integral dieser Gleichung ist

$$A = \tfrac{1}{2}ht + c,$$

woraus hervorgeht, daß die überstrichene Fläche direkt proportional zur Zeit ist. Das ist aber der Satz, der bewiesen werden sollte.

48. Umkehrung des Flächensatzes. Wir gehen jetzt aus von der Annahme

$$A = c_1 t + c_2.$$

Durch Differentiation nach t findet man

$$\frac{dA}{dt} = c_1.$$

Diese Gleichung lautet in Polarkoordinaten

$$r^2\frac{d\theta}{dt} = 2c_1$$

und in rechtwinkligen Koordinaten

$$x\frac{dy}{dt} - y\frac{dx}{dt} = 2c_1.$$

Differentiiert man diesen Ausdruck nach t, so findet man

$$x\frac{d^2y}{dt^2} - y\frac{d^2y}{dt^2} = 0;$$

oder

$$\frac{d^2x}{dt^2} : \frac{d^2y}{dt^2} = x : y.$$

Das heißt, die Beschleunigungskomponenten sind proportional zu den Koordinaten; *wenn* also *der Flächensatz gilt, so geht die Resultierende der Beschleunigungen durch das Kraftzentrum hindurch.*

Aus $r^2\frac{d\theta}{dt} = 2c_1$ folgt $\frac{d}{dt}\left(r^2\frac{d\theta}{dt}\right) = 0$. Mithin ist nach § 14 (19) die Beschleunigung senkrecht zum Radius Vektor gleich Null; sie liegt also in der Geraden, die durch den Koordinatenanfang hindurchgeht.

49. Winkel- und lineare Geschwindigkeit. Aus dem Ausdruck für den Flächensatz in Polarkoordinaten folgt

$$\frac{d\theta}{dt} = \frac{h}{r^2}; \tag{3}$$

das heißt, die *Winkelgeschwindigkeit ist umgekehrt proportional zum Quadrat des Radius Vektors.*

Die lineare Geschwindigkeit ist

$$\frac{ds}{dt} = \frac{ds}{d\theta}\frac{d\theta}{dt} = \frac{ds}{d\theta}\frac{h}{r^2}.$$

Bezeichnet p die Senkrechte vom Koordinatenanfang auf die Tangente, dann ist nach der Differentialrechnung bekannt, daß

$$\frac{ds}{d\theta} = \frac{r^2}{p}.$$

Der Ausdruck für die lineare Geschwindigkeit wird daher

$$(4) \qquad \frac{ds}{dt} = \frac{h}{p}.$$

Das heißt, *die lineare Geschwindigkeit ist umgekehrt proportional zu der Senkrechten vom Koordinatenanfang auf die Tangente.*

Simultane Differentialgleichungen.

50. Die Ordnung eines Systems von simultanen Differentialgleichungen. Gleichung (2) bildet ein Integral der beiden Differentialgleichungen (1), welches die Bewegung des Massenpunktes erfüllen muß. Wir stellen die Frage, durch wieviel Integrale die vollständige Lösung dargestellt wird.

Die Anzahl der Integrale, welche die vollständige Lösung eines Systems von Differentialgleichungen liefern, nennt man die Ordnung des Systems. So ist z. B. die Gleichung

$$(5) \qquad \frac{d^n x}{dt^n} = c$$

von der $n$ten Ordnung, weil n Integrationen erforderlich sind, um sie auf eine Integralform zu bringen. Ebenso muß die allgemeine Gleichung

$$(6) \qquad f_n \frac{d^n x}{dt^n} + f_{n-1}\frac{d^{n-1} x}{dt^{n-1}} + \cdots + f_1 \frac{dx}{dt} + f_0 = 0,$$

wo $f_n, \ldots, f_0$ Funktionen von x und t sind, $n$mal integriert werden, um x als Funktion von t auszudrücken; sie ist daher ebenfalls von der $n$ten Ordnung.

Eine Gleichung von der $n$ten Ordnung läßt sich auf ein äquivalentes System von n simultanen Gleichungen zurückführen, von welchen jede von der ersten Ordnung ist. Um diesen Satz für die Gleichung (6) zu beweisen, setzen wir

$$x_1 = \frac{dx}{dt}, \qquad x_2 = \frac{dx_1}{dt}, \qquad \ldots, \qquad x_{n-1} = \frac{dx_{n-2}}{dt};$$

woraus folgt

$$(7)\quad \begin{cases} \dfrac{dx}{dt} = x_1, \\ \dfrac{dx_1}{dt} = x_2, \\ \dfrac{dx_2}{dt} = x_3, \\ \cdots \\ \dfrac{dx_{n-1}}{dt} = -\dfrac{f_{n-1}}{f_n} x_{n-1} - \cdots - \dfrac{f_1}{f_n} x_1 - \dfrac{f_0}{f_n}. \end{cases}$$

Diese n simultanen Gleichungen erster Ordnung bilden ein System $n$ter Ordnung. Führt man eine Gleichung, oder ein System von Gleichungen, auf die Form (7) zurück, so bezeichnet man dieses Verfahren als Reduktion auf die *Normalform* und das System selber als *Normalsystem*.

Zwei simultane Gleichungen von den Ordnungen m und n lassen sich auf ein Normalsystem von der Ordnung $m + n$ zurückführen. Wir nehmen die Gleichungen

$$(8)\quad \begin{cases} f_m \dfrac{d^m x}{dt^m} + \cdots + f_1 \dfrac{dx}{dt} + f_0 = 0, \\ \varphi_n \dfrac{d^n y}{dt^n} + \cdots + \varphi_1 \dfrac{dy}{dt} + \varphi_0 = 0, \end{cases}$$

wo die f_i und φ_i Funktionen von x, y und t sind. Durch ein Substitutionsverfahren, analog dem für die Reduktion der Gleichung (6) benutzten, folgt, daß sie äquivalent sind dem Normalsystem

$$(9)\quad \begin{cases} \dfrac{dx}{dt} = x_1, \\ \cdots \\ \dfrac{dx_{m-1}}{dt} = -\dfrac{f_{m-1}}{f_m} x_{m-1} - \cdots - \dfrac{f_1}{f_m} x_1 - \dfrac{f_0}{f_m}, \\ \dfrac{dy}{dt} = y_1, \\ \cdots \\ \dfrac{dy_{n-1}}{dt} = -\dfrac{\varphi_{n-1}}{\varphi_n} y_{n-1} - \cdots - \dfrac{\varphi_1}{\varphi_n} y_1 - \dfrac{\varphi_0}{\varphi_n}, \end{cases}$$

welches in der Tat von der Ordnung $m + n$ ist. Offenbar ist eine ähnliche Reduktion möglich, wenn jede Gleichung (8) Ableitungen der beiden Variablen x und y nach t enthält, wobei sie getrennt oder als Produkte auftreten können.

Umgekehrt *läßt sich ein Normalsystem von der Ordnung n im allgemeinen auf eine einzige Gleichung von der Ordnung n mit einer abhängigen*

Variablen zurückführen. Wir betrachten beispielsweise das System zweiter Ordnung

$$(10)\qquad \begin{cases} \dfrac{dx}{dt} = f(x, y, t), \\ \dfrac{dy}{dt} = \varphi(x, y, t). \end{cases}$$

Von diesen beiden Gleichungen differentiieren wir etwa die erste nach t und erhalten

$$(11)\qquad \frac{d^2x}{dt^2} = \frac{\partial f}{\partial x}\frac{dx}{dt} + \frac{\partial f}{\partial y}\frac{dy}{dt} + \frac{\partial f}{\partial t}.$$

Durch Elimination von y und $\frac{dy}{dt}$ aus den Gleichungen (10) und (11) folgt eine Gleichung von der Form

$$\frac{d^2x}{dt^2} + F\left(x, \frac{dx}{dt}\right) = 0,$$

wo F eine Funktion von x und $\frac{dx}{dt}$ ist. Naturgemäß können die Funktionen f und φ so beschaffen sein, daß die Elimination von y und $\frac{dy}{dt}$ große Schwierigkeiten bereitet.

Wenn das Normalsystem von der dritten Ordnung in den abhängigen Variablen x, y und z wäre, so würde man die erste und zweite Ableitung von der ersten Gleichung und die ersten Ableitungen von der zweiten und dritten Gleichung bilden. Diese vier neuen Gleichungen sind zusammen mit den drei ursprünglichen Gleichungen sieben Gleichungen; aus ihnen können daher die sechs Größen y, z, $\frac{dy}{dt}$, $\frac{dz}{dt}$, $\frac{d^2y}{dt^2}$ und $\frac{d^2z}{dt^2}$ im allgemeinen eliminiert werden; dies liefert eine Gleichung von der dritten Ordnung in x allein. Dieses Verfahren läßt sich auf ein System beliebiger Ordnung ausdehnen.

Die Differentialgleichungen (1) lassen sich durch die Substitution $x' = \frac{dx}{dt}$, $y' = \frac{dy}{dt}$ auf das Normalsystem von der vierten Ordnung

$$(12)\qquad \begin{cases} \dfrac{dx}{dt} = x', \quad \dfrac{dx'}{dt} = \mp f\dfrac{x}{r}, \\ \dfrac{dy}{dt} = y', \quad \dfrac{dy'}{dt} = \mp f\dfrac{y}{r} \end{cases}$$

zurückführen. Daher ist zur vollständigen Lösung des Problems die Bestimmung von vier Integralen erforderlich. Die Geschwindigkeitskomponenten x' und y' spielen in dem Normalsystem (12) eine ähnliche Rolle wie die Koordinaten, der Kürze wegen sollen sie daher in Zukunft häufig selber als Koordinaten angesprochen werden.

51. Reduktion der Ordnung. Wenn man ein Integral eines Systems von Differentialgleichungen bereits kennt, so gibt es zwei Methoden zur Auffindung der vollständigen Lösung. Die übrigen Integrale können aus den ursprünglichen Differentialgleichungen selber ohne Berücksichtigung des bereits gefundenen ermittelt werden, oder man kann mit Hilfe des bekannten Integrals die Ordnung des Systems von Differentialgleichungen um eins reduzieren. Dies soll im allgemeinen Falle nachgewiesen werden. Wir betrachten das folgende System von Differentialgleichungen

$$(13)\qquad \begin{cases} \dfrac{dx_1}{dt} = f_1(x_1, \ldots, x_n, t), \\ \dfrac{dx_2}{dt} = f_2(x_1, \ldots, x_n, t), \\ \cdot\;\cdot\;\cdot\;\cdot\;\cdot\;\cdot\;\cdot\;\cdot\;\cdot \\ \dfrac{dx_n}{dt} = f_n(x_1, \ldots, x_n, t). \end{cases}$$

Es sei das Integral

$$F(x_1, x_2, \ldots, x_n, t) = \text{constant} = c$$

bestimmt worden. Denkt man sich diese Gleichung nach x aufgelöst, so kann man das Resultat schreiben

$$x_n = \psi(x_1, x_2, \ldots, x_{n-1}, c, t).$$

Durch Einsetzung dieses Ausdrucks für x_n in die ersten $n-1$ Gleichungen (13) erhält man

$$(14)\qquad \begin{cases} \dfrac{dx_1}{dt} = \varphi_1(x_1, \ldots, x_{n-1}, c, t), \\ \dfrac{dx_2}{dt} = \varphi_2(x_1, \ldots, x_{n-1}, c, t), \\ \cdot\;\cdot\;\cdot\;\cdot\;\cdot\;\cdot\;\cdot\;\cdot\;\cdot\;\cdot\;\cdot \\ \dfrac{dx_{n-1}}{dt} = \varphi_{n-1}(x_1, \ldots, x_{n-1}, c, t). \end{cases}$$

Das ist ein simultanes System von der Ordnung $n-1$, das von der Variablen x_n unabhängig ist.

Zusammenfassend läßt sich folgendes sagen: Die Ordnung eines simultanen Systems von Differentialgleichungen ist gleich der Summe der Ordnungen der einzelnen Gleichungen. Es sind für Gleichungssysteme verschiedene Darstellungen möglich, z. B. läßt sich ein System $n$ter Ordnung als eine einzige Gleichung von der $n$ten Ordnung oder als ein System von n Gleichungen der ersten Ordnung darstellen; die Integrale lassen sich sämtlich aus dem ursprünglichen System selber herleiten oder dadurch, daß die Ordnung des Systems jedesmal nach Bestimmung eines Integrals reduziert wird. Bei mechanischen und physikalischen

Problemen sind die Anschauungen wichtig für die Auffindung mathematischer Methoden der Behandlung; es ist daher im allgemeinen vorteilhaft, dafür zu sorgen, daß der Zusammenhang zwischen mathematischer Darstellung und geometrischen oder physikalischen Verhältnissen nicht verlorengeht. Aus diesem Grunde ist es im allgemeinen auch besser, keine Reduktion der Ordnung eines Gleichungssystems vorzunehmen.

VII. Aufgaben.

1. Es soll der geometrische Beweis der Umkehrung des Flächensatzes aufgestellt und seine durchgängige Übereinstimmung mit dem analytischen Beweis dargetan werden.
2. Der Satz von der Winkelgeschwindigkeit ist geometrisch zu beweisen.
3. Warum können die Gleichungen (1) nicht einzeln integriert werden?
4. Der Flächensatz soll direkt aus Gleichung (2) ohne Verwendung von Polarkoordinaten abgeleitet werden.
5. Im besonderen ist zu zeigen, daß ein Normalsystem von der vierten Ordnung auf eine einzige Gleichung vierter Ordnung zurückgeführt werden kann, und umgekehrt.
6. Das Gleichungssystem (12) soll mit Hilfe des Flächensatzes auf ein solches von der dritten Ordnung reduziert werden.

52. Das Integral der lebendigen Kraft. Die Beschleunigung sei nach dem Koordinatenanfang hin gerichtet, so daß wir in den Gleichungen (1) das negative Zeichen zu nehmen haben. Multipliziert man die erste der Gleichungen (1) mit $2\frac{dx}{dt}$, die zweite mit $2\frac{dy}{dt}$ und addiert, so ergibt sich

$$2\frac{d^2x}{dt^2}\frac{dx}{dt}+2\frac{d^2y}{dt^2}\frac{dy}{dt}=-\frac{2f}{r}\left(x\frac{dx}{dt}+y\frac{dy}{dt}\right).$$

Aus $r^2=x^2+y^2$ folgt $x\frac{dx}{dt}+y\frac{dy}{dt}=r\frac{dr}{dt}$;

somit erhalten wir $2\frac{d^2x}{dt^2}\frac{dx}{dt}+2\frac{d^2y}{dt^2}\frac{dy}{dt}=-2f\frac{dr}{dt}$.

Es soll f nur von r abhängen, wie bei den meisten astronomischen und physikalischen Problemen. Dann haben wir $f=\varphi(r)$, und

$$2\frac{d^2x}{dt^2}\frac{dx}{dt}+2\frac{d^2y}{dt^2}\frac{dy}{dt}=-2\varphi(r)\frac{dr}{dt}.$$

Diese Gleichung besitzt das Integral

$$\left(\frac{dx}{dt}\right)^2+\left(\frac{dy}{dt}\right)^2=v^2=-2\int\varphi(r)\,dr+c. \tag{15}$$

Wenn man also die Funktion $\varphi(r)$ kennt, läßt sich das Integral der rechten Seite ermitteln. Bezeichnet man das Integral mit $\Phi(r)$, so können wir schreiben

$$v^2=-2\Phi(r)+c. \tag{16}$$

Für den Fall, daß $\Phi(r)$, wie in physikalischen Problemen, eine eindeutige Funktion von r ist, folgt aus (16), wenn die Zentralkraft nur von der Entfernung abhängt, daß die Geschwindigkeit in sämtlichen Punkten, die vom Koordinatenanfang gleich weit entfernt sind, den gleichen absoluten Betrag hat. Ihre Größe in irgendeinem Punkte hängt daher nur von den anfänglichen Beträgen der Entfernung und Geschwindigkeit ab, und nicht von der Gestalt der Bahnkurve. Da die Gravitationskraft umgekehrt proportional dem Quadrat der Entfernung zwischen den anziehenden Körpern ist, so folgt, daß ein Körper, z. B. ein Komet, in einer gegebenen Entfernung von der Sonne dieselbe Geschwindigkeit besitzt, sei es, daß er sich der Sonne nähert oder sich von ihr entfernt.

Einige Fälle, in welchen f eine Funktion der Koordinaten allein ist.

53. Die Kraft ist direkt proportional zur Entfernung. Wenn man von den Gleichungen (1) weitere Integrale erhalten will, muß man f als Funktion der Koordinaten kennen. Die Integration gestaltet sich besonders einfach, wenn die Kraft direkt proportional zur Entfernung ist. Bedeutet k^2 die Beschleunigung in der Entfernung eins, so ist $f = k^2 r$, und man erhält im Falle einer Anziehungskraft aus den Gleichungen (1) die Beziehungen

$$(17)\qquad \left\{\begin{aligned} \frac{d^2x}{dt^2} &= -k^2x,\\ \frac{d^2y}{dt^2} &= -k^2y. \end{aligned}\right.$$

Diese Gleichungen besitzen die wichtige Eigenschaft, voneinander unabhängig zu sein, da die eine nur die Veränderliche x, die andere nur die Veränderliche y enthält. Ferner bemerkt man, daß sie linear sind, und ihre Lösung daher nach den Methoden des § 32 gefunden werden kann. Wenn $x = x_0$, $\frac{dx}{dt} = x_0'$, $y = y_0$, $\frac{dy}{dt} = y'_0$ für den Zeitpunkt $t = 0$ gesetzt wird, so erhält man die folgenden Lösungen in trigonometrischer Form

$$(18)\qquad \left\{\begin{aligned} x &= +\ x_0\cos kt + \frac{x_0'}{k}\sin kt,\\ \frac{dx}{dt} &= -\ kx_0\sin kt + x_0'\cos kt,\\ y &= +\ y_0\cos kt + \frac{y_0'}{k}\sin kt,\\ \frac{dy}{dt} &= -\ ky_0\sin kt + y_0'\cos kt. \end{aligned}\right.$$

Zur Elimination von t aus der ersten und dritten der Gleichungen (18) multipliziere man die beiden Gleichungen mit geeigneten Faktoren und addiere; das liefert

$$(19) \qquad \begin{cases} (x_0 y_0' - y_0 x_0') \sin kt = k\,(x_0\, y - y_0 x), \\ (x_0 y_0' - y_0 x_0') \cos kt = y_0' x - x_0' y. \end{cases}$$

Durch Quadrieren und Addieren dieser Gleichungen erhält man für die Bahnkurve

$$(20) \qquad \begin{aligned} (k^2 y_0^2 + y_0'^2) x^2 + (k^2 x_0^2 + x_0'^2) y^2 - 2(k^2 x_0 y_0 + x_0' y_0') x y \\ = (x_0 y_0' - y_0 x_0')^2. \end{aligned}$$

Diese Gleichung stellt eine Ellipse mit dem Mittelpunkt im Koordinatenanfang dar; für den Fall, daß $x_0 y_0' - y_0 x_0' = 0$ ist, artet die Kurve jedoch in zwei zusammenfallende Gerade aus; alsdann hat man

$$\frac{x_0}{x_0'} = \frac{y_0}{y_0'} = \text{constant} = c;$$

woraus $\qquad x_0 = c\,x_0', \qquad y_0 = c\,y_0'$

folgt. In diesem Fall erhält Gleichung (20) die Gestalt

$$(21) \qquad (k^2 c^2 + 1)\,(y_0' x - x_0' y)^2 = 0,$$

man hat es daher mit einer geradlinigen Schwingungsbewegung zu tun. Jedenfalls aber (nicht nur in diesem Spezialfall) bilden unter beliebigen Anfangsbedingungen die Koordinaten und die Geschwindigkeitskomponenten periodische Größen mit der Periode $\frac{2\pi}{k}$.

54. Die Differentialgleichung der Bahnkurve. Die Gestalt der Bahnkurve ist, ganz abgesehen von der Art, wie sie von dem Massenpunkt durchlaufen wird, von dem größten Interesse. Eine allgemeine Methode zur Bestimmung der Bahnkurve besteht in der Integration der Differentialgleichungen und nachfolgender Elimination der Zeit. Diese Elimination ist häufig ein recht umständliches Verfahren; es liegt daher nahe, zu fragen, ob die Elimination der Zeit nicht bereits vor der Integration ausgeführt werden kann, so daß die Integration unmittelbar zu einer Kurvengleichung führt, welche nur die Koordinaten als Veränderliche enthält. Wir wollen zeigen, daß diese Möglichkeit besteht, wenn die Kraft von der Zeit unabhängig ist.

Die Differentialgleichungen der Bewegung lauten (§ 47)

$$(22) \qquad \begin{cases} \dfrac{d^2 x}{dt^2} = -f\dfrac{x}{r}, \\[2ex] \dfrac{d^2 y}{dt^2} = -f\dfrac{y}{r}. \end{cases}$$

Da die Funktion f die Zeit nicht enthält, geht sie nur in die Ableitungen ein. Ein Differntialquotient zweiter Ordnung läßt sich aber nicht wie ein gewöhnlicher Bruch behandeln; es ist daher erforderlich, die Ordnung der Ableitungen erst zu erniedrigen, ehe man die unmittelbare Elimination von t vornimmt. Zu diesem Zwecke wendet man äußerst bequem Polarkoordinaten an. Die Gleichungen (22) lauten in Polarkoordinaten

$$(23)\qquad \begin{cases} \dfrac{d^2 r}{dt^2} - r\left(\dfrac{d\theta}{dt}\right)^2 = -f, \\ r\dfrac{d^2\theta}{dt^2} + 2\dfrac{dr}{dt}\dfrac{d\theta}{dt} = 0. \end{cases}$$

Die zweite von diesen Gleichungen besitzt das Integral

$$r^2\frac{d\theta}{dt} = h.$$

Setzt man den Wert für $\frac{d\theta}{dt}$ aus diesem Ausdruck in die erste Gleichung (23) ein, so ergibt sich

$$(24)\qquad \frac{d^2 r}{dt^2} = \frac{h^2}{r^3} - f.$$

Es sei $r = \frac{1}{u}$ und folglich

$$\begin{cases} \dfrac{dr}{dt} = -\dfrac{1}{u^2}\dfrac{du}{dt} = -\dfrac{1}{u^2}\dfrac{du}{d\theta}\dfrac{d\theta}{dt} = -h\dfrac{du}{d\theta}, \\ \dfrac{d^2 r}{dt^2} = -h\dfrac{d}{dt}\left(\dfrac{du}{d\theta}\right) = -h\dfrac{d^2u}{d\theta^2}\dfrac{d\theta}{dt} = -h^2u^2\dfrac{d^2u}{d\theta^2}. \end{cases}$$

Wenn dieser Wert der zweiten Ableitung von r gleich dem in Gleichung (24) gefundenen gesetzt wird, so erhalten wir

$$(25)\qquad f = h^2u^2\left(u + \frac{d^2u}{d\theta^2}\right).$$

Diese Differentialgleichung ist von der zweiten Ordnung, zu ihrer Bestimmung wurde jedoch bereits ein Integral benutzt; das Problem selbst, die Bahnkurve zu bestimmen, ist daher von der dritten Ordnung. Das vollständige Problem war indessen von der vierten Ordnung; das vierte Integral stellt die Beziehung zwischen den Koordinaten und der Zeit dar oder bestimmt die Lage des Massenpunktes auf der Kurve zu einem gegebenen Zeitpunkt.

Da das Integral (25) die Größe u und folglich r durch θ ausdrückt, so liefert die Integration der Gleichung

$$r^2\frac{d\theta}{dt} = h$$

die Beziehung zwischen θ und t.

Umgekehrt kann die Gleichung (25) zur Bestimmung der Zentralkraft benutzt werden, wenn die Bahnkurve gegeben ist. Hierzu ist nur nötig, die Kurvengleichung in Polarkoordinaten anzugeben und die rechte Seite von (25) auszuwerten. Dieses Verfahren ist für gewöhnlich einfacher als das umgekehrte der Bestimmung der Bahnkurve, wenn die Kraft gegeben ist.

55. Das Gravitationsgesetz von Newton. Anfangs des 17. Jahrhunderts entdeckte Kepler drei Gesetze der Planetenbewegung, welche er durch eine äußerst mühsame Diskussion einer langen Reihe von Planetenbeobachtungen, besonders des Mars, ableitete. Sie lauten folgendermaßen:

Gesetz I. *Der Radius Vektor von der Sonne nach einem Planeten durchstreicht in gleichen Zeiten gleiche Flächenräume.*

Gesetz II. *Die Planetenbahnen sind Ellipsen, in deren einem Brennpunkt die Sonne steht.*

Gesetz III. *Die Quadrate der Umlaufszeiten zweier Planeten verhalten sich wie die Kuben der großen Achsen der Bahnellipsen.*

Auf Grund dieser Gesetze führte Newton seinen Beweis, daß die Planeten sich unter dem Einfluß von Kräften bewegen, die nach der Sonne hin gerichtet sind, und die sich umgekehrt wie die Quadrate ihrer Entfernungen von der Sonne verhalten. Das Newtonsche Gesetz soll hier analytisch und nicht wie in den *Prinzipien*[1]) geometrisch abgeleitet werden.

Aus der Umkehrung des Flächensatzes und Keplers erstem Gesetz folgt, daß die Planeten Zentralkräften mit der Richtung nach der Sonne unterliegen. Die Bahnkurven ergeben sich aus dem zweiten Gesetz; mit Hilfe von Gleichung (25) kann man daher die Beschleunigung durch die Koordinaten ausdrücken. Bedeutet a die große Halbachse der Ellipse und e ihre Exzentrizität, so lautet ihre Gleichung in Polarkoordinaten, falls der eine Brennpunkt mit dem Koordinatenanfang zusammenfällt,

$$r = \frac{a(1-e^2)}{1+e\cos\theta}.$$

Daher ist

$$u + \frac{d^2u}{d\theta^2} = \frac{1}{a(1-e^2)}.$$

Setzt man diesen Ausdruck in (25) ein, so findet man als Gleichung für die Beschleunigung

$$f = \frac{h^2}{a(1-e^2)} \cdot \frac{1}{r^2} = \frac{k^2}{r^2}.$$

Die Beschleunigung, die ein Planet erfährt, ist daher umgekehrt proportional zu dem Quadrat seiner Entfernung von der Sonne.

Eliminiert man die Entfernung r mit Hilfe der Polargleichung der Ellipse, so nimmt der Ausdruck für f die folgende Gestalt an:

$$f = k_1^2(1+e\cos\theta)^2.$$

1) Book I., Proposition XI.

Dieser Ausdruck hängt also nur ab von der Richtung des angezogenen Körpers und nicht von seiner Entfernung. Für Punkte auf der Ellipse liefern die beiden Ausdrücke für f denselben, für Punkte außerhalb der Ellipse verschiedene Werte. Offenbar kann man je nach der Anwendung der Ellipsengleichung zur Elimination von r eine ganze Anzahl von Kraftgesetzen erhalten, welche sämtlich zu gleichen numerischen Werten von f für Punkte auf der Ellipse führen. Formt man z. B. die Polargleichung der Ellipse in der folgenden Weise um

$$\frac{(1 + e\cos\theta)\,r}{a(1 - e^2)} = 1,$$

so ergibt sich die Kräftefunktion

$$f = \frac{k^2(1 + e\cos\theta)^3\,r}{a(1 - e^2)}.$$

Dieser Wert von f, welcher von der Richtung und Entfernung des angezogenen Körpers abhängt, unterscheidet sich von den beiden obigen Werten von f wieder nur für Punkte außerhalb der Ellipse. Alle diese Kraftgesetze entsprechen der Bewegung eines Planeten, die nach den Keplerschen Gesetzen vor sich geht. Die Keplerschen Gesetze gelten aber für alle acht Planeten und die 26 bekannten Satelliten des Sonnensystems, außerdem für mehr als 700 kleine Planeten, die bisher entdeckt wurden. Naturgemäß wird man nach Möglichkeit versuchen, für alle Körper das gleiche Kraftgesetz aufzustellen. Da nun die Exzentrizitäten und Perihellängen ihrer Bahnen sämtlich verschieden sind, so ist das nur möglich, wenn man das Gesetz in der Form annimmt

$$f = \frac{k^2}{r^2}.$$

Ein weiterer Grund für diese Annahme liegt darin, daß nach allen anderen Gesetzen, die sich herleiten ließen, die Anziehungskraft von der Richtung des angezogenen Körpers abhängt. Eine derartige Abhängigkeit ist aber unwahrscheinlich. Ferner besteht die Tatsache, daß die Kräfte, denen die Kometen bei ihrer Bewegung durch das ganze Planetensystem unterliegen, diesem Gesetz durchweg gehorchen. Endlich variieren nach diesem Gesetz, wie in § 89 gezeigt werden wird, auch die Beschleunigungen, denen die verschiedenen Planeten unterliegen.

Die Keplerschen Gesetze, die Gravitation an der Erdoberfläche und die Mondbewegung um die Erde führten Newton zu der Aufstellung des allgemeinen Gravitationsgesetzes. Dieses lautet: *Im Universum ziehen sich je zwei Massenpunkte mit einer in ihrer Verbindungslinie liegenden Kraft an, welche dem Produkte ihrer Massen direkt, dem Quadrate ihrer Entfernung umgekehrt proportional ist.*

Man bemerkt, daß das Newtonsche Gravitationsgesetz bedeutend inhaltreicher ist als die Keplerschen Gesetze der Planetenbewegung. Es war die Tat eines Genies, daß Newton dieses Gesetz in seiner gewaltigen Allgemeinbedeutung und mit einer Exaktheit erfaßte, vermöge deren es bereits mehr als 200 Jahre unverändert fortbesteht. In seiner Ganzheit betrachtet, bildet es eine der erhabensten Geistesschöpfungen in der Geschichte der physikalischen Wissenschaften.

56. Beispiele zur Bestimmung des Kraftgesetzes. (a) Wenn sich ein Massenpunkt auf einem Kreise durch den Koordinatenanfang bewegt, so erhält man für das Kraftgesetz (nur abhängig von der Entfernung) einen sehr einfachen Ausdruck. Bedeutet a den Radius, so lautet die Polargleichung des Kreises

$$r = 2a\cos\theta, \qquad u = \frac{1}{2a\cos\theta}$$

und folglich

$$\frac{d^2u}{d\theta^2} + u = 8a^2u^3.$$

Durch Einsetzung dieses Ausdrucks in (25) ergibt sich

$$f = \frac{8a^2h^2}{r^5} = \frac{k^2}{r^5}.$$

(b) Die Bahnkurve sei eine Ellipse mit dem Mittelpunkt im Koordinatenanfang. Für diese besteht die Polargleichung

$$r^2 = \frac{b^2}{1-e^2\cos^2\theta}.$$

Hieraus folgt

$$\left\{\begin{aligned} bu &= \sqrt{1-e^2\cos^2\theta},\\ b\frac{d^2u}{d\theta^2} &= \frac{e^2\cos^2\theta - e^2\sin^2\theta}{\sqrt{1-e^2\cos^2\theta}} - \frac{e^4\sin^2\theta\cos^2\theta}{(1-e^2\cos^2\theta)^{\frac{3}{2}}},\\ u+\frac{d^2u}{d\theta^2} &= \frac{1-e^2}{b^4}\cdot\frac{1}{u^3}.\end{aligned}\right.$$

Einsetzung in (25) liefert für f den Ausdruck

$$f = \frac{h^2(1-e^2)}{b^4}\cdot r = k^2 r.$$

Die universale Geltung des Newtonschen Gesetzes.

57. Doppelsternbahnen. Das Newtonsche Gravitationsgesetz faßt auf den Keplerschen Gesetzen und gewissen Annahmen die seine einheitliche Geltung im Sonnensystem betreffen; naturgemäß bietet sich ganz von selbst die Frage dar, ob es wirklich *universale* Geltung besitzt. Bei der großen Entfernung der Fixsterne ist es nicht möglich, sie umkreisende Planeten zu beobachten, wenn sie in der Tat solche Begleiter hätten. Die einzigen Beobachtungen, welche, soweit sie angestellt sind, einiges Licht auf diese Frage werfen, betreffen die Bewegungen von Doppelsternen.

Die Doppelsternastronomie begann etwa 1780 mit der Untersuchung eng zusammenstehender Sterne durch William Herschel, die dieser zur Bestimmung von Fixsternparallaxen vornahm. Schon nach wenigen Jahren entdeckte er zu seiner großen Überraschung, daß in einigen Fällen die beiden Komponenten eines Paares umeinander kreisten, und daß daher zwischen ihnen ein physischer Zusammenhang, nicht nur scheinbare Nähe, am Himmel bestand. Die Entdeckung und Messung dieser Systeme wurde von den Astronomen mit wachsendem Eifer und Interesse betrieben. Burnhams großer Katalog enthält ungefähr 13000 Doppelsterne. Die relativen Bewegungen gehen freilich meistens so langsam vor sich, daß nur wenige bisher einen Umlauf vollendet oder doch so weit ausgeführt haben, daß man die Gestalt der Bahnkurven mit Sicherheit feststellen konnte. Nur von ungefähr 30 Paaren hat man bisher aus Beobachtungsergebnissen unter Berücksichtigung der Fehler schließen können, daß ihre relativen Bewegungen in Ellipsen nach dem Flächensatz vor sich gehen. In keinem Falle liegt aber der eine Stern im Brennpunkt oder im Mittelpunkt der von dem anderen Stern beschriebenen relativen Ellipse; er ist jedoch ständig innerhalb der Ellipse gelegen, wobei sich seine Lage je nach den verschiedenen Systemen erheblich ändert.

Wie aus der Umkehrung des Flächensatzes und aus Beobachtungen hervorgeht, ist die Resultierende der Kräfte, die an dem einen Stern des Paares angreifen, stets nach dem anderen hin gerichtet. Die Änderung der Größe der Kraft hängt von der Lage ab, welche das Kraftzentrum innerhalb der Ellipse einnimmt. Dabei darf nicht übersehen werden, daß nicht die Bahnkurven der Sterne selbst beobachtet werden, sondern vielmehr ihre Projektionen auf die jeweiligen Tangentenebenen an die Himmelssphäre. Infolge dieser Projektionen geht die wahre Ellipse in eine andere scheinbare Ellipse über, deren große Achse von verschiedener

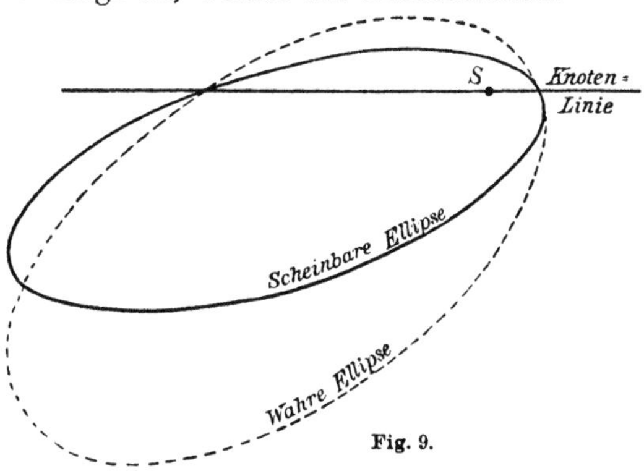

Fig. 9.

Richtung ist, und die in bezug auf den Zentralstern eine andere Lage besitzt; es kann in der Tat der Fall eintreten, daß, wenn der eine Stern sich wirklich im Brennpunkt der wahren Ellipse, die der andere beschreibt, befindet, seine Projektion auf die kleine Achse der scheinbaren Ellipse zu liegen kommt.

Die Astronomen nehmen an, daß die Doppelsternbahnen ebene Kurven sind, und die scheinbare Abweichung der Lage des Zentralsterns vom Brennpunkt der Ellipse des anderen Sternes von der Projektion herrührt; sie berechnen auf Grund dieser Annahmen den Winkel der Knotenlinie und die Neigung. Wenn dies auch zu keinen Widersprüchen geführt hat, so besteht dennoch die Möglichkeit, daß ihre Annahmen nicht zutreffen. Wir untersuchen jetzt die Frage, von welcher Art das Kraftgesetz sein muß, wenn es nicht das Newtonsche Gravitationsgesetz sein sollte.

58. Das Kraftgesetz für Doppelsterne. Wenn die Kraft zur Entfernung direkt proportional wäre, so würde der eine Stern in dem Mittelpunkt der Ellipse des anderen liegen; diese relative Lage würde sich auch nicht durch Projektion ändern; da auch andererseits keine Beobachtungen auf eine solche Beziehung hinweisen, so ist anzunehmen, daß eine dem Abstand direkt proportionale Kraft nicht wirksam sein kann.

Wir gehen jetzt von der Annahme aus, daß die Bahnkurve ein Kegelschnitt von beliebiger Lage in bezug auf den Koordinatenanfang sei. Die allgemeine Kegelschnittsgleichung lautet

$$ax^2 + 2bxy + cy^2 + 2dx + 2fy = g. \tag{26}$$

Geht man zu Polarkoordinaten über und setzt $r = \frac{1}{u}$, so erhält man

$$u = A \sin\theta + B\cos\theta \pm \sqrt{C \sin 2\theta + D\cos 2\theta + H}, \tag{27}$$

wo

$$\begin{cases} A = \frac{f}{g}, \quad B = \frac{d}{g}, \quad C = \frac{fd + bg}{g^2}, \\ D = \frac{d^2 + ag - f^2 - cg}{2g^2}, \quad H = \frac{d^2 + ag + f^2 + cg}{2g^2}. \end{cases}$$

Zweimalige Differentiation von (27) liefert

$$\begin{aligned} \frac{d^2u}{d\theta^2} &= -A\sin\theta - B\cos\theta \\ &\pm \frac{-C^2 - D^2 - (C\sin 2\theta + D\cos 2\theta)^2 - 2H(C\sin 2\theta + D\cos 2\theta)}{(C\sin 2\theta + D\cos 2\theta + H)^{\frac{3}{2}}}. \end{aligned} \tag{28}$$

Durch Einsetzung der Werte (27) und (28) in den Ausdruck (25) ergibt sich

$$f = \pm \frac{h^2}{r^2} \frac{(H^2 - C^2 - D^2)}{(C\sin 2\theta + D\cos 2\theta + H)^{\frac{3}{2}}}. \tag{29}$$

Hieraus folgt wegen (27) der Ausdruck

$$(30)\qquad f = \pm \frac{h^2}{r^2} \frac{(H^2 - C^2 - D^2)}{\left(\frac{1}{r} - A \sin\theta - B \cos\theta\right)^3}.$$

Es bestehen noch unendlich viele andere Kraftgesetze, die sämtlich dieselben Werte von f für Punkte auf der fraglichen Ellipse liefern; man erhält sie durch Multiplikation dieser Ausdrücke mit allen Funktionen von u und θ, welche vermöge Gleichung (27) auf der Ellipse den Wert eins annehmen.

Es erscheint nicht gerechtfertigt, die Anziehung der beiden Sterne aufeinander als abhängig von ihrer gegenseitigen Orientierung im Raume anzunehmen. Gleichung (29) wird aber von θ unabhängig für $C = D = 0$ und Gleichung (23) für $A = B = 0$. Die erste Gleichung liefert für diese Werte

$$f = \pm \frac{\text{konstant}}{r^2},$$

und die zweite

$$f = \pm \text{konstant} \cdot r.$$

Die erste stellt das Newtonsche Gesetz dar, von der zweiten können wir absehen, weil man keinen Fall beobachtet hat, wo der eine Stern in dem Mittelpunkt der Bahn des anderen liegt. Nun läßt sich allerdings θ aus (29) und (30) auch mit Hilfe von (27) eliminieren, ohne $A = B = C = D = 0$ zu setzen. Indessen hat Griffin gezeigt[1]), daß mit Ausnahme des Newtonschen Gesetzes für alle derartigen Gesetze entweder die Kraft verschwindet, wenn die Entfernung der beiden Körper gleich null ist, oder aber für gewisse Werte von r imaginär wird. Vom physikalischen Standpunkte aus sind daher beide Gesetze unwahrscheinlich. Dagegen ist es äußerst wahrscheinlich, daß das Gravitationsgesetz ausnahmslos für sämtliche Sternsysteme gilt; diese Schlußweise findet auch eine Bestätigung in der Tatsache, daß nach der Spektralanalyse die Sterne aus den bekannten Erdelementen bestehen.

59. Geometrische Deutung des zweiten Gesetzes. Dem Ausdruck (30) für die Zentralkraft kann man eine sehr einfache und interessante Form geben. Setzt man $g^3 \cdot h^2 \cdot (H^2 - C^2 - D^2) = N$ und drückt $\frac{1}{r} - A \sin\theta - B \cos\theta$ in rechtwinkligen Koordinaten und den ursprünglichen Konstanten aus, so nimmt der Ausdruck (30) die Gestalt an

$$(31)\qquad f = \frac{\pm N r}{(d x + f y - g)^3}.$$

1) *American Journal of Mathematics*, vol. 31 (1909), pp. 62–85.

Die Gleichung der Polaren des Punktes (x', y') in bezug auf den Kegelschnitt (26) lautet[1])

$$ax_1x' + b(x_1y' + y_1x') + cy_1y' + d(x_1 + x') + f(y_1 + y') - g = 0,$$

wo x_1 und y_1 die laufenden Koordinaten darstellen. Wählt man den Punkt (x', y') als Koordinatenanfang, so geht diese Gleichung über in

$$dx_1 + fy_1 - g = 0, \tag{32}$$

und nimmt also dieselbe Form an wie die Summe im Nenner des Ausdrucks (31). Die Größen x und y in (31) genügen der Kegelschnittsgleichung, während die Größen x_1 und y_1 in (32) der Gleichung der Polaren genügen. Sie sind daher im allgemeinen von den Größen x und y numerisch verschieden. Nun besteht für die Entfernung eines Punktes (x, y) auf dem Kegelschnitt von der Polaren in bezug auf den Koordinatenanfang die Beziehung

$$p = \frac{dx + fy - g}{\sqrt{d^2 + f^2}}.$$

Setzt man

$$N' = \frac{N}{(d^2 + f^2)^{\frac{3}{2}}},$$

so nimmt der Ausdruck (31) die Gestalt an

$$f = \mp \frac{N'r}{p^3}. \tag{33}$$

Das heißt: Wenn sich ein Massenpunkt unter dem Einfluß einer Zentralkraft auf einem Kegelschnitt bewegt, so ist die Kraft direkt proportional zu seiner Entfernung vom Koordinatenanfang (Kraftzentrum) und umgekehrt proportional zu der dritten Potenz seiner Entfernung von der Polaren des Koordinatenanfangs in bezug auf den Kegelschnitt.

60. Beispiele für die Bewegung auf einem Kegelschnitt. (a) Wenn die Bahn einen Kegelschnitt mit dem Mittelpunkt im Koordinatenanfang darstellt, so liegt die Polare des Koordinatenanfangs im Unendlichen, und $\frac{N'}{p^3}$ muß daher als konstant angesehen werden. Alsdann ist also die Kraft zur Entfernung des beweglichen Punktes vom Kraftzentrum direkt proportional, wie bereits im § 56 (b) bewiesen wurde.

(b) Liegt der Koordinatenanfang (Kraftzentrum) in einem Brennpunkt des Kegelschnittes, so fällt seine Polare mit der Leitlinie zusammen, und es ist $p = \frac{r}{e}$, wo e die Exzentrizität bedeutet. Alsdann wird (33)

$$f = \pm \frac{N'e^3}{r^2}.$$

Das ist aber das Newtonsche Gesetz, welches sich in § 55 unter derselben Annahme ergab.

1) Salmon-Fiedler, *Kegelschnitte.*

VIII. Aufgaben.

1. Man bestimme das Integral der lebendigen Kraft, wenn $f = \frac{c}{r^2}$, $f = cr$, $f = \frac{c}{r^n}$.

2. Für den Fall, daß in § 53 die anfängliche Bewegungsrichtung senkrecht zur x-Achse ist, bestimme man die zu (19) und (20) entsprechenden Gleichungen. Ferner soll, wenn man nach $k = 1$, $x_0 = 1$ setzt, die Anfangsgeschwindigkeit für die Exzentrizität $\frac{1}{2}$ der Ellipse bestimmt werden.

Lösung: $\begin{cases} v_0 = \frac{1}{2}\sqrt{3} & \text{oder} \\ v_0 = \frac{2}{3}\sqrt{3}\,. \end{cases}$

3. Man bestimme die Zentralkraft als Funktion der Entfernung, so daß die Bahnkurve (a) die Spirallinie $r = \frac{1}{c\theta}$, (b) die Spirallinie $r = e^{\Theta}$ darstellt.

Lösung: (a) $f = \frac{h^2}{r^3}$, (b) $f = \frac{2h^2}{r^3}$.

4. Man bestimme die Zentralkraft als Funktion der Entfernung, so daß die Bahnkurve die Lemniskate $r^2 = a^2 \cos 2\theta$ darstellt.

Lösung: $f = \frac{3h^2a^4}{r^7}$.

5. Man bestimme die Zentralkraft als Funktion der Entfernung, so daß die Bahnkurve die Kardioide $r = a(1 + \cos\theta)$ darstellt.

Lösung: $f = \frac{3ah^2}{r^4}$.

6. Die Bahnkurve sei eine Ellipse, in deren Innern sich das Kraftzentrum in dem Abstand n von der großen Achse und m von der kleinen Achse befindet. (a) Man zeige, daß zwei von den Kraftgesetzen durch folgende Ausdrücke gegeben werden:

$$\begin{cases} f = \dfrac{h^2}{r^2} \dfrac{(ac)^{\frac{1}{2}}}{[2mn \sin\theta \cos\theta + (a - c - n^2 + m^2)\cos^2\theta + c - m^2]^{\frac{3}{2}}}, \\ f = \dfrac{h^2a^2c^2r}{[ac - am^2 - cn^2 - cny - amx]^3}, \end{cases}$$

wo a und c dieselbe Bedeutung haben wie in (26), und wo die Polarachse zu der großen Achse der Ellipse parallel ist. (b) Man zeige folgendes: Wenn der Koordinatenanfang zwischen dem Kraftzentrum und dem einen Brennpunkt liegt, stellt die Kraft ein Maximum für $\theta = 0$ und ein Minimum für $\theta = \frac{\pi}{2}$ dar; wenn der Koordinatenanfang zwischen dem einen Brennpunkt und dem nächsten Scheitel liegt, ergibt sich das Maximum für $\theta = \frac{\pi}{2}$ und das Minimum für $\theta = 0$; wenn der Koordiantenanfang auf der kleinen Achse ist, ergibt sich das Maximum für $\theta = 0$ und das Minimum für $\theta = \frac{\pi}{2}$.

7. Man suche die geometrische Bedeutung der Gleichung (29).

Anleitung: $C \sin 2\theta + D \cos 2\theta + H = \frac{(dx + fy)^2 + g(ax^2 + cy^2 + 2bxy)}{g^2r^2}$.

Der Zähler dieses Ausdrucks gleich Null gesetzt, liefert die Gleichung der (reellen oder imaginären) Tangenten vom Koordinatenanfang an den Kegelschnitt.

8. Man bestimme die Zentralkraft für den Fall, daß die Bahnkurve eine Ellipse darstellt (a) mit dem Koordinatenanfang in dem einen Ende der großen, (b) der kleinen Achse. Man zeige, daß sich beide Ausdrücke für die Kraft auf $\frac{k^2}{r^5}$ reduzieren, wenn die Ellipse in einen Kreis ausartet.

Lösung:
$$\begin{cases} \text{(a)} \quad f = \dfrac{h^2\sqrt{c}}{a r^2} \cdot \dfrac{1}{\cos^3\theta}, \\ \text{(b)} \quad f = \dfrac{h^2\sqrt{a}}{c r^2} \cdot \dfrac{1}{\sin^3\theta}. \end{cases}$$

Bestimmung der Bahnkurve aus dem Kraftgesetz.

61. Die Kraft ist zur Entfernung direkt proportional. Die Bestimmung der Bahnkurve, wenn das Kraftgesetz gegeben ist, ist im allgemeinen schwieriger als die umgekehrte Aufgabe, da hierzu die Integration der Gleichung (25) erforderlich ist. Die Integrationsmethode hängt von den einzelnen Kraftgesetzen ab und die Gestalt des Integrals von den Anfangsbedingungen. Das Verfahren soll zuerst für den Fall erläutert werden, wo die Kraft zur Entfernung proportional ist, welcher im § 53 bereits nach einer anderen Methode behandelt wurde.

Für $f = k^2 r$ erhält man aus Gleichung (25)

$$\frac{k^2}{u} = h^2 u^2 \left[u + \frac{d^2u}{d\theta^2}\right],$$

oder
$$\frac{d^2u}{d\theta^2} = \frac{k^2}{h^2}\frac{1}{u^3} - u.$$

Das erste Integral dieser Gleichung lautet

$$\left(\frac{du}{d\theta}\right)^2 = -\frac{k^2}{h^2}\frac{1}{u^2} - u^2 + c_1;$$ hieraus folgt

(34)
$$d\theta = \frac{\pm\, u\,du}{\left[\frac{c_1^2}{4} - \frac{k^2}{h^2} - \left(\frac{c_1}{2} - u^2\right)^2\right]^{\frac{1}{2}}}.$$

Wir setzen
$$\frac{c_1}{2} - u^2 = z, \qquad \frac{c_1^2}{4} - \frac{k^2}{h^2} = A^2.$$

Damit $\frac{du}{d\theta}$ reell ist, muß die Konstante A^2 positiv sein, was bei reellen Anfangsbedingungen auch der Fall ist.

Für das obere Zeichen ergibt sich alsdann aus Gleichung (34)

(35)
$$2\,d\theta = \frac{-dz}{\sqrt{A^2 - z^2}}.$$

Wie man leicht erkennt, erhält man dieselbe Gleichung, wenn man die Anfangsbedingungen einsetzt und das untere Zeichen benutzt. Das Integral von (35) lautet

$$\operatorname{arc}\cos\frac{z}{A} = 2(\theta + c_2),$$

oder

$$z = A\cos 2(\theta + c_2).$$

Wählt man wieder r als Veränderliche, so nimmt diese Gleichung die Form an

$$r^2 = \frac{2}{c_1 - 2A\cos 2(\theta + c_2)}. \tag{36}$$

Das ist aber die Polargleichung einer Ellipse mit dem Mittelpunkt im Koordinatenanfang. Auf dieser Kurve bewegt sich also ein Massenpunkt unter dem Einfluß einer Anziehungskraft, welche zur Entfernung direkt proportional ist. Die einzigen Ausnahmen ergeben sich, wenn der Massenpunkt durch den Koordinatenanfang hindurchgeht, und wenn er einen Kreis beschreibt. In dem ersten Falle ist $h = 0$, und Gleichung (25) daher ungültig; in dem zweiten genügt c_1 der Gleichung

$$\left(\frac{du}{d\theta}\right)_0^2 = -\frac{k^2}{h^2}\cdot\frac{1}{u_0^2} - u_0^2 + c_1 = 0,$$

und die Gleichung des Kreises lautet $u = u_0$. In diesem Falle versagt Gleichung (34).

62. Die Kraft ist zu dem Quadrat der Entfernung r umgekehrt proportional. Wir betrachten jetzt den Fall, daß sich ein Massenpunkt unter dem Einfluß einer zentralen Anziehungskraft bewegt, welche dem Quadrat der Entfernung r umgekehrt proportional ist; es soll seine Bahn bei beliebiger Anfangsrichtung bestimmt werden. Gleichung (25) lautet in diesem Falle

$$\frac{d^2u}{d\theta^2} = \frac{k^2}{h^2} - u. \tag{37}$$

Diese Gleichung läßt sich in der Form schreiben

$$\frac{d^2u}{d\theta^2} + u = \frac{k^2}{h^2}.$$

Das ist eine nicht homogene lineare Differentialgleichung, welche, wie in § 37 auseinandergesetzt wurde, nach der Methode der Variation der Konstanten integriert werden kann. Ist die rechte Seite gleich null, so lautet die allgemeine Lösung

$$u = c_1\cos\theta + c_2\sin\theta.$$

Addiert man $\frac{k^2}{h^2}$ zu diesem Wert von u, so ist die Differentialgleichung offenbar identisch befriedigt. Man erhält daher als allgemeine Lösung von (37), die sich auch durch Variation der Konstanten ergeben hätte, den Ausdruck

$$u = \frac{k^2}{h^2} + c_1 \cos\theta + c_2 \sin\theta.$$

Der reziproke Wert dieser Gleichung ist aber

$$r = \frac{1}{\frac{k^2}{h^2} + c_1 \cos\theta + c_2 \sin\theta}.$$

Wir setzen $c_1 = A\cos\theta_0$, $c_2 = A\sin\theta_0$, wo A und θ_0 Konstante bedeuten. Offenbar kann A stets positiv und gleich $\sqrt{c_1^2 + c_2^2}$ genommen werden, ferner kann man ein reelles θ_0 stets so bestimmen, daß diese Gleichungen für beliebige reelle Werte von c_1 und c_2 befriedigt werden. Alsdann erhält man für die Bahnkurve die Gleichung

$$r = \frac{1}{\frac{k^2}{h^2} + A\cos(\theta - \theta_0)}. \tag{38}$$

Das ist die Polargleichung eines Kegelschnittes mit dem Koordinatenanfang in dem einen Brennpunkt.

Aus dieser Untersuchung und § 55 folgt, wenn die Bahn ein Kegelschnitt mit dem Koordinatenanfang in dem einen Brennpunkt ist, und die Kraft nur von der Entfernung abhängt, daß sich der Körper unter dem Einfluß einer Zentralkraft bewegt, welche zum Quadrat der Entfernung umgekehrt proportional ist; und umgekehrt, wenn die Kraft zum Quadrat der Entfernung umgekehrt proportional ist, daß der Körper einen Kegelschnitt mit dem Koordinatenanfang in dem einen Brennpunkt beschreibt.

Bedeutet p den Parameter des Kegelschnittes, und e seine Exzentrizität, so findet man aus dem Vergleich des Ausdrucks (38) mit der gewöhnlichen Polargleichung des Kegelschnittes $r = \frac{p}{1 + e\cos\varphi}$, die Werte

$$\left\{\begin{aligned} p &= \frac{h^2}{k^2}, \\ e &= \frac{h^2}{k^2}A, \end{aligned}\right. \tag{39}$$

ferner ergibt sich, daß θ_0 den Winkel zwischen der Polarachse und der großen Achse bedeutet, welche nach dem näher liegenden Scheitelpunkt hin gerichtet ist. Die Konstanten h^2 und A sind durch die Anfangsbedingungen bestimmt und bestimmen ihrerseits die Größen p und e durch die Beziehungen (39). Der Kegelschnitt ist für $e < 1$ eine Ellipse, für $e = 1$ eine Parabel, für $e > 1$ eine Hyperbel und für $e = 0$ ein Kreis.

63. Die Kraft ist zur fünften Potenz der Entfernung umgekehrt proportional. In dem Falle, wo die Kraft zur fünften Potenz der Entfernung umgekehrt proportional ist, besteht die Beziehung $f = \frac{k^2}{r^5}$, und die Gleichung (25) nimmt die Gestalt an

$$k^2 u^5 = h^2 u^2 \left(u + \frac{d^2 u}{d\theta^2}\right). \tag{40}$$

Löst man nach $\frac{d^2 u}{d\theta^2}$ auf und integriert, so ergibt sich

$$\left(\frac{du}{d\theta}\right)^2 = \frac{1}{2}\frac{k^2}{h^2} u^4 - u^2 + c_1. \tag{41}$$

Hieraus folgt

$$d\theta = \frac{du}{\sqrt{c_1 + \frac{1}{2}\frac{k^2}{h^2} u^4 - u^2}}. \tag{42}$$

Der Ausdruck auf der rechten Seite läßt sich im allgemeinen nicht mit Hilfe von elementaren Funktionen integrieren, sondern führt auf ein elliptisches Integral erster Gattung. Mithin kann man u und folglich r als elliptische Funktionen von θ darstellen; für gewöhnlich nähern sich daher die Bahnen in immer engeren Windungen dem Koordinatenanfang; oder sie verlieren sich im Unendlichen, wobei ihre besondere Gestalt von den Anfangsbedingungen abhängt.

In gewissen besonderen Fällen ist jedoch die Integration durch elementare Funktionen ausführbar.

(a) Setzt man in (41) die linke Seite gleich null, so sind u und mithin r konstant; es ergibt sich als Bahnkurve ein Kreis mit dem Mittelpunkt im Koordinatenanfang. Man erkennt leicht, daß ähnliche Spezialfälle überhaupt bei allen Zentralkräften auftreten.

(b) Ein anderer spezieller Fall liegt vor, wenn die Anfangsbedingungen so beschaffen sind, daß $c_1 \neq 0$ ist, und die rechte Seite der Gleichung (41) ein vollständiges Quadrat darstellt. Dies trifft aber zu für $c_1 = \frac{h^2}{2k^2}$. Dann lautet Gleichung (41)

$$\left(\frac{du}{d\theta}\right)^2 = \left(\frac{1}{\sqrt{2}}\frac{k}{h} u^2 - \frac{1}{\sqrt{2}}\frac{h}{k}\right)^2 = \frac{1}{2}\left(A^2 u^2 - \frac{1}{A^2}\right)^2.$$

Diese Gleichung besitzt das Integral

$$\log \frac{1 + A^2 u}{1 - A^2 u} = \sqrt{2}\,(\pm\,\theta - c_2);$$

hieraus folgt

$$r = -A^2 \frac{\left[1 + e^{\sqrt{2}(\pm\theta - c_2)}\right]}{\left[1 - e^{\sqrt{2}(\pm\theta - c_2)}\right]} = +A^2 \operatorname{ctgh} \frac{\sqrt{2}}{2}(\pm\,\theta - c_2), \tag{43}$$

wo $\operatorname{ctgh} \frac{\sqrt{2}}{2}(\pm\,\theta - c_2)$ eine Hyperbelfunktion darstellt.

(c) Wenn auf Grund der Anfangsbedingungen $c_1 = 0$ ist, so liefert Gleichung (41)

$$\pm d\theta = \frac{du}{u\sqrt{\frac{1}{2}\frac{k^2}{h^2}u^2 - 1}},$$

und nach Integration $\pm\theta = \arccos\left(\frac{\sqrt{2}h}{ku}\right) + c_2$.

Geht man zum Kosinus über und löst nach r auf, so findet man als Polargleichung der Bahn

$$r = \frac{k}{\sqrt{2}h}\cos(c_2 \mp \theta). \tag{44}$$

Diese Gleichung stellt einen Kreis mit dem Koordinatenanfang auf dem Umfang dar.

(d) Wenn keine von diesen Bedingungen erfüllt ist, haben wir auf der rechten Seite von (41) eine biquadratische Funktion; und Gleichung (42) läßt sich daher in der Form schreiben

$$\pm d\theta = \frac{C\,du}{\sqrt{\pm(1 \pm \alpha^2u^2)(1 \pm \beta^2u^2)}}, \tag{45}$$

wo C, α^2 und β^2 Konstante sind, welche in einfacher Weise von den Koeffizienten der Gleichung (41) abhängen. Gleichung (45) führt auf ein elliptisches Integral, welches θ als Funktion von u darstellt. Nimmt man die umgekehrten Funktionen, so ergibt sich r als eine elliptische Funktion von θ. Die Kurven stellen Spiralen dar, von welchen der Kreis durch den Koordinatenanfang und der Kreis um den Koordinatenanfang Grenzfälle sind.

Wenn die Bahnkurve einen Kreis durch den Koordinatenanfang darstellt, ist die Kraft zur fünften Potenz der Entfernung umgekehrt proportional (§ 56), wenn aber umgekehrt die Kraft zur fünften Potenz der Entfernung umgekehrt proportional ist, so erhält man Bahnkurven, von denen der Kreis einen besonderen Grenzfall bildet. Andererseits, wenn die Bahnkurve einen Kegelschnitt mit dem Koordinatenanfang im Mittelpunkt oder in dem einen Brennpunkt darstellt, so ist die Kraft zur Entfernung direkt proportional, oder umgekehrt proportional zum Quadrat der Entfernung; und umgekehrt, wenn die Kraft zur Entfernung direkt proportional ist oder umgekehrt proportional zum Quadrat der Entfernung, so sind die Bahnkurven *stets* Kegelschnitte mit dem Mittelpunkt im Koordinatenanfang, oder in dem einen Brennpunkt (§§ 53, 55, 56 (b)). Zum Nachweis dieser Umkehrungsbeziehungen ist eine vollständige Untersuchung für die sämtlichen Fälle erforderlich.

IX. Aufgaben.

1. Man bestimme die Bewegung eines Massenpunktes mit Hilfe der allgemeinen Lösungsmethode für lineare Gleichungen, wenn die Kraft der dritten Potenz der Entfernung umgekehrt proportional ist. Für die verschiedenen Fälle sind die Kurven zu zeichnen.

2. Es sollen die Größen C, α^2 und β^2 der Gleichung (45) durch die Anfangsbedingungen ausgedrückt werden. Für den Fall, daß die Anfangsrichtung rechtwinklig zum Radius Vektor ist, sollen alle möglichen Fälle untersucht werden, indem man die Integrale auf die Normalform reduziert und r als elliptische Funktionen von θ darstellt. Für jeden Fall sind die Kurven zu zeichnen.

3. Das Kraftgesetz sei durch den Ausdruck (29) gegeben; also

$$f = \frac{M}{r^2 (C \sin 2\theta + D \cos 2\theta + H)^{\frac{3}{2}}} = \frac{M}{r^2 [\varphi(\theta)]^{\frac{3}{2}}}.$$

Man integriere die Differentialgleichung der Bahnkurve (25) nach der Methode der Variation der Konstanten und beweise, daß die allgemeine Lösung von der Form

$$\frac{1}{r} = c_1 \cos\theta + c_2 \sin\theta + \sqrt{\varphi(\theta)},$$

ist, wo c_1 und c_2 Integrationskonstante bedeuten. Man zeige, daß die Kurve ein Kegelschnitt ist.

4. Es soll gezeigt werden, daß für die Kraft $f = \frac{\mu}{r^2} + \frac{\nu}{r^3}$, wenn $\nu < h^2$ ist, die allgemeine Gleichung der Bahnkurve

$$r = \frac{a}{1 - e\cos(k\theta)}$$

lautet, wo a, e und k Konstante sind, welche von den Anfangsbedingungen und den Größen μ und ν abhängen. Man beachte, daß diese Gleichung als Darstellung eines Kegelschnittes gedeutet werden kann, dessen große Achse sich um den einen Brennpunkt mit der mittleren Winkelgeschwindigkeit

$$n = (1 - k)\frac{2\pi}{T},$$

dreht, wo T die Periode der Umdrehung darstellt.

5. Im Falle einer Zentralkraft ist die Bewegung längs des Radius Vektors durch die Gleichung

$$\frac{d^2 r}{dt^2} = -f + \frac{h^2}{r^3}$$

gegeben. Man diskutiere das Integral dieser Gleichung für den Wert

$$f = \frac{k^2}{r^5}.$$

6. Das Kraftgesetz sei durch den Ausdruck (30) dargestellt; also durch

$$f = \frac{N}{r^2\left(\frac{1}{r} - A\sin\theta - B\cos\theta\right)^3}.$$

Man setze diesen Wert in (25) ein und leite die allgemeine Gleichung der Bahnkurve ab.

Anleitung: Für $u = v + A \sin\theta + B\cos\theta$ geht die Gleichung (25) über in

$$\frac{d^2 v}{d\theta^2} + v = \frac{N h^{-2}}{v^3}.$$

Lösung: $\frac{1}{r} = A\sin\theta + B\cos\theta + \sqrt{c_1\cos^2\theta + c_2\sin 2\theta + c_3\sin^2\theta}$,

dies ist die Gleichung eines Kegelschnittes.

7. Für den Fall, daß das Kraftgesetz durch den Ausdruck

$$f = \frac{c_1 + c_2\cos 2\theta}{r^2}$$

dargestellt wird, soll gezeigt werden, daß man bei sämtlichen Anfangsrichtungen für die Bahnkurve eine algebraische Kurve vierten Grades erhält außer für den Wert $c_2 = 0$, für den sie in einen Kegelschnitt ausartet.

Geschichtliche Übersicht und Literatur.

Die Zentralkräfte wurden zuerst von Newton untersucht. In den Abschnitten II und III des ersten Buches der *Prinzipien* gab er eine glänzende geometrische Darstellung und gelangte zu mehreren sehr allgemeinen Sätzen; besonders diese Abschnitte der Prinzipien verdienen ein sorgfältiges Studium.

Die sämtlichen einfacheren Fälle wurden im 18. Jahrhundert mit Hilfe von analytischen Methoden behandelt. Einige ausführliche Beispiele finden sich in Legendres *Traité des Fonctions Elliptiques.* Eine Auseinandersetzung der Prinzipien und eine Reihe von Beispielen enthält jedes neuere Werk über Analytische Mechanik; zu den besten Darstellungen gehören das 5. Kapitel in Tait und Steeles *Dynamics of a Particle,* und das 10. Kapitel, vol. I. von Appels *Mécanique Rationelle.* Staders Abhandlung, *Journal für Mathematik,* Band XLVI erörtert den Gegenstand in großer Ausführlichkeit. Für das besondere Problem, in welchem die Kraft der fünften Potenz der Entfernung umgekehrt proportional ist, wurde eine vollständige und elegante Darstellung von Mac Millan in *The American Journal of Mathematics,* vol. XXX, pp. 282–306 gegeben.

Das Problem, den allgemeinen Ausdruck für die sämtlichen Kräftefunktionen zu finden, welche für Doppelsternsysteme gelten, wurde von Bertrand in vol. LXXXIV der *Comptes Rendus* vorgeschlagen und unmittelbar darauf von Darboux und Halphen gelöst und in demselben Bande veröffentlicht. Die obige Darstellung in diesem Buche ist ähnlich der von Darboux, welche sich auch in einem Anhang am Ende der *Mécanique* von Despeyrous findet. Die Methode von Halphen ist in Tisserands *Mécanique Céleste,* vol. I, p. 36 und in Appels *Mécanique Rationelle* vol. I. p. 372 auseinandergesetzt. Man scheint allgemein übersehen zu haben, daß Newton dasselbe Problem bereits in den *Prinzipien* Buch I, Scholium zu Proposition XVII behandelt hat. Diese Darstellung wurde wiedergegeben und ihre Übereinstimmung mit dem Werk von Darboux und Halphen von Professor Glaisher in den *Monthly Notices* f. R. A. S., vol. XXXIX dargetan.

Bertrand hat bewiesen (*Comptes Rendus,* vol. LXXVII.), daß die einzigen Funktionen für eine Zentralkraft, unter deren Einfluß ein Massenpunkt unter allen möglichen Anfangsbedingungen einen Kegelschnitt beschreibt, durch $f = \pm\frac{k^2}{r^2}$ und $f = \pm k^2 r$ dargestellt sind. Koenigs hat bewiesen (*Bulletin de la Société Mathématique,* vol. XVII.), daß dies auch die einzigen Funktionen für eine Zentralkraft sind, welche nur von der Entfernung abhängen, und unter allen Anfangsbedingungen zu algebraischen Kurven führen. Griffin hat bewiesen (*American Journal of Mathematics,* vol. XXXI.), daß das Newtonsche Gesetz die einzige Funktion darstellt, für welche die Kraft nur von der Entfernung abhängt und im Kraftzentrum nicht verschwindet, und welche in der ganzen Ebene reell ist, indem sie eine elliptische Bahnkurve liefert.

Viertes Kapitel.

Das Potential und die Anziehung von Körpern.

64. Die vorhergehenden Kapitel enthielten Probleme, in denen das Kraftgesetz gegeben war, oder sie behandelten die Bestimmung des Kraftgesetzes bei gegebener Bahnkurve. In den sämtlichen Untersuchungen wurden die Massen als punktförmige und nicht als ausgedehnte Größen betrachtet. Wenn aber Kräfte zwischen je zwei Massenpunkten verschiedener Körper wirken, so kann nicht angenommen werden, daß die Anziehung zwischen den ausgedehnten Körpern selbst nach denselben Gesetzen vor sich geht. Das Problem der Anziehung zwischen ausgedehnten Körpern (verschiedener Gestalt) muß daher einer besonderen Behandlung unterworfen werden.

Aus den Keplerschen Gesetzen und den Sätzen über Zentralkräfte ergibt sich, wenn man die Planeten als unendlich klein im Vergleich zu ihren Entfernungen von der Sonne betrachtet, daß ihre Bewegung unter dem Einfluß von Kräften erfolgt, welche nach der Sonne als dem Kraftzentrum hingerichtet und den Quadraten ihrer Entfernungen von der Sonne umgekehrt proportional sind. Dies läßt aber vermuten, daß man zu um so exakteren Gesetzen für die Bewegung von Körpern endlicher Ausdehnung gelangen muß, wenn man sie als solche betrachtet und dabei von der Annahme ausgeht, daß die Anziehung zwischen ihren Massenpunkten selbst umgekehrt proportional dem Quadrate ihres Abstandes ist. Dies trifft, wie die Untersuchung zeigt, in der Tat zu.

Dieses Kapitel erörtert demgemäß die allgemeinen Methoden zur Bestimmung der Anziehungskräfte, welche ausgedehnte Körper beliebiger Gestalt auf Einheitsmassenpunkte ausüben, die irgendwo innerhalb oder außerhalb des Körpers liegen, wenn die Kräfte zwischen den einzelnen Massenpunkten selber den Quadraten der Entfernungen umgekehrt proportional sind. Die astronomischen Anwendungen beziehen sich auf die Anziehungen von Kugeln und abgeplatteten Sphäroiden, die Änderung der Gravitation an der Oberfläche der Planeten, die Störungen, welche die Bewegungen der Satelliten infolge der Abplattung der Planeten erfahren.

65. Raumwinkel. Wenn eine gerade Linie, dabei ständig durch einen festen Punkt laufend, bewegt wird, bis sie ihre ursprüngliche Lage wieder annimmt, so erzeugt sie eine Kegelfläche von zwei Schalen (Doppelkegel), deren Spitzen in dem festen Punkt liegen. Die Fläche, welche die eine Hälfte des Doppelkegels aus der Einheitskugel mit dem Mittelpunkt in der Spitze ausschneidet, heißt der *Raumwinkel* des Kegels. Dieser Winkel wird auch gemessen durch die Fläche, welche den Ausschnitt des Kegels aus einer beliebigen konzentrischen Kugel bildet, dividiert durch das Quadrat ihres Radius.

Da die Kugeloberfläche gleich dem Produkt von 4π und dem Quadrat ihres Radius ist, so folgt, daß die Summe der sämtlichen Raumwinkel mit gemeinsamem Scheitel den Wert 4π besitzt. Den Wert 2π besitzt daher die Summe der Raumwinkel, welche der einen Hälfte der sämtlichen Doppelkegel angehören, die dieselbe Spitze gemeinsam haben und sich nicht schneiden.

Das Volumen, welches von einer Kegelfläche mit dem unendlich kleinen Raumwinkel ω und zwei Kugelflächen mit den Mittelpunkten in der Kegelspitze begrenzt ist, hat bei unendlich kleinem Abstand der beiden Kugelflächen zum Grenzwert das Produkt aus diesem Abstand, aus dem Raumwinkel und aus dem Quadrat des Abstandes der Kugelflächen von der Kegelspitze (die beiden Abstände können gleich gesetzt werden).

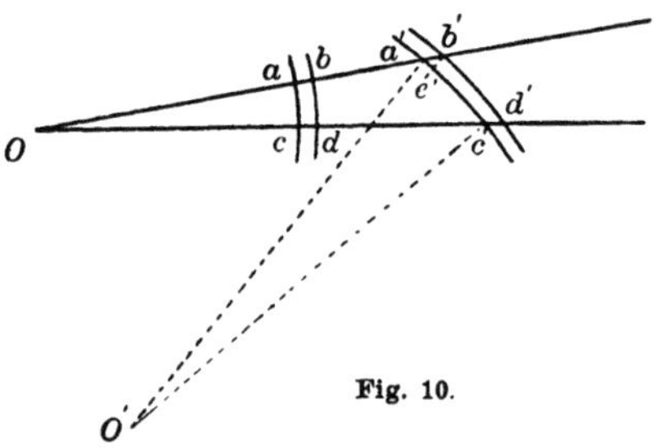

Fig. 10.

Wenn der Mittelpunkt der beiden Kugelflächen nicht auf der Spitze des Kegels liegt, ist dieses Produkt noch zu multiplizieren mit dem reziproken Wert des Kosinus des Winkels zwischen der Kegelachse und dem Kugelradius nach den von dem Kegel ausgeschnittenen Teilen der Kugelflächen (diese Teile können als punktförmig betrachtet werden). Dieser Grenzwert ist folglich auch gleich dem Produkt aus dem Winkel ω, aus dem Quadrat des Abstandes der Kugelflächen von der Kegelspitze und der Länge $a'\,b'$ des Kegelstückes zwischen den beiden Kugelflächen. Das Volumen V des Raumelementes $a\,b\,d\,c$ ist daher (Figur 10) $V = \omega \,.\, (aO)^2 \,.\, ab$ und das Volumen V' des Raumelementes $a'\,b'\,d'\,c'$

$$V' = \frac{\omega\,(a'O)^2 \cdot b'e'}{\cos\,(O\,a'\,O')} = \omega\,(a'O)^2 \cdot a'b'.$$

Je nachdem wird man von dem einen oder dem anderen dieser beiden Ausdrücke Gebrauch machen.

66. Die Anziehung einer dünnen homogenen Kugelschale auf einen Massenpunkt in ihrem Innern. Die Anziehung von Kugeln und anderen einfachen Figuren wurden von Newton in seinen *Prinzipien*, Buch I, Abschnitt 12 behandelt. Der folgende Beweis rührt im wesentlichen von ihm her.

Wir betrachten die unendlich dünne Kugelschale zwischen den beiden Kugelflächen S und S'; es sei P ein Punkt von der Masse eins in ihrem Innern. In diesem Punkte liege die Spitze eines Kegels mit dem unendlich kleinen Raumwinkel ω. Die Kugelschale sei von der Dichte σ. Dann haben ihre Raumelemente in A die Masse $m = \sigma \cdot AB \cdot \omega \cdot (AP)^2$; und in A' die Masse $m' = \sigma \cdot A'B' \cdot \omega \cdot (A'P)^2$. Die Anziehungen der beiden Massen m und m' auf den Punkt P sind daher

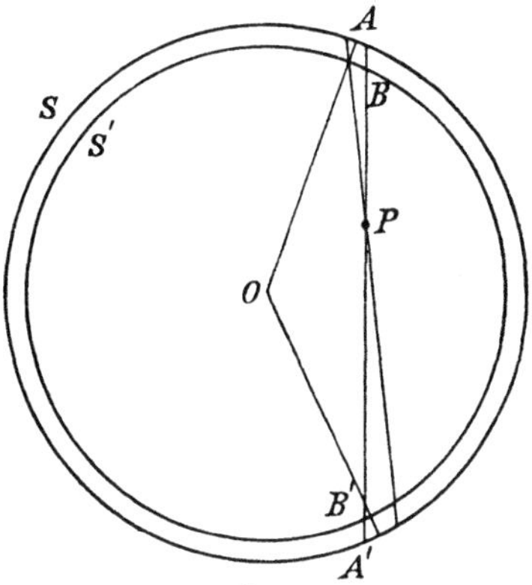

Fig. 11.

$$\alpha = \frac{k^2 m}{(AP)^2}, \qquad \alpha' = \frac{k^2 m'}{(A'P)^2}.$$

Da $A'B' = AB$, so ist $\alpha = k^2 AB\omega\sigma = \alpha'$. Dies gilt für jeden unendlich kleinen Raumwinkel mit dem Scheitel in P; *folglich sind die Anziehungskräfte, die eine unendlich dünne Kugelschale auf einen Punkt im Innern in entgegengesetzter Richtung ausübt, von dem gleichen Betrage.*

Da dieser Satz auf eine beliebige Anzahl von unendlich dünnen Kugelschalen Anwendung findet, so gilt er auch für Kugelschalen von endlicher Dicke.

67. Die Anziehung einer dünnen homogenen Schale eines Ellipsoides auf einen Massenpunkt in ihrem Innern. Der Satz dieses Paragraphen findet sich in den *Prinzipien*, Buch I, Prop. XCI, Cor. 3.

Unter einem Homoeoid wollen wir eine unendlich dünne Schale verstehen, welche von zwei ähnlichen und ähnlich gelegenen Flächen begrenzt ist. Ein elliptisches Homoeoid ist demgemäß begrenzt von zwei unendlich nahen Ellipsoidflächen, die ähnlich und ähnlich gelegen sind.

Wir betrachten die Anziehung des elliptischen Homoeoids mit den Ellipsoidflächen E und E' (siehe Figur 12) auf den inneren Punkt P von der Masse eins. Dieser Punkt P bilde wieder die Spitze eines Kegels mit dem unendlich kleinen Raumwinkel ω. Die Masse der beiden Raumelemente in A und A' sind dann $m = \sigma \cdot AB \cdot \omega \cdot (AP)^2$ und $m' = \sigma \cdot A'B' \cdot \omega \cdot (A'P)^2$. Die Anziehun-

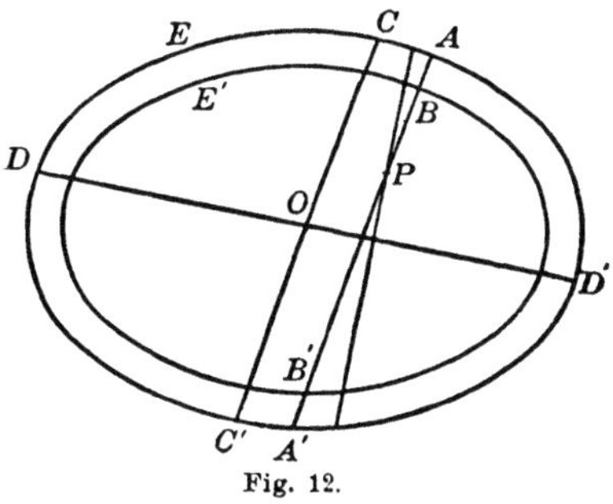

Fig. 12.

gen haben die Werte $\alpha = \frac{k^2 m}{(A P)^2}$ und $\alpha' = \frac{k^2 m'}{(A' P)^2}$. Der Durchmesser CC' parallel zu AA' gehöre der Schnittellipse E an, deren Ebene durch den Kegel ω und den Mittelpunkt des Ellipsoides bestimmt ist. DD' sei der zu CC' konjugierte Durchmesser. Diese beiden Geraden sind aber auch konjugiert für die andere Schnittellipse E'; folglich halbiert DD' jede Sehne parallel zu CC' der einen oder der anderen Ellipse; es ist daher $AB = A'B'$. Die Anziehungen der Elemente in A und A' auf den Punkt P sind somit numerisch gleich. Dies gilt für jeden infinitesimalen Raumwinkel mit dem Scheitel in P; *folglich sind die Anziehungskräfte, die ein unendlich dünnes elliptisches Homoeoid auf einen Punkt im Innern in entgegengesetzter Richtung ausübt, von dem gleichen Betrage.*

Dieser Satz gilt auch für Schalen von endlicher Dicke, da er für eine beliebige Anzahl unendlich dünner Schalen gilt.

68. Die Anziehung einer unendlich dünnen homogenen Kugelschale auf einen äußeren Massenpunkt. Newtons Verfahren. Es seien $A\,H\,K\,B$ und $a\,h\,k\,b$ (siehe Figur 13) zwei gleiche unendlich dünne Kugelschalen

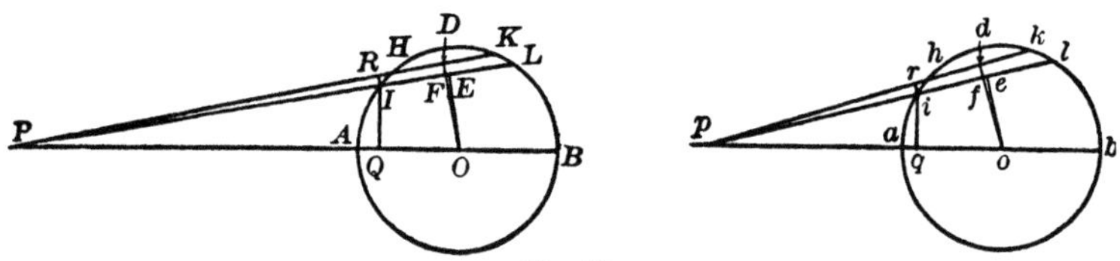

Fig. 13.

mit den Mittelpunkten O und o. Die beiden Punkte P und p von der Masse eins mögen von den Mittelpunkten die ungleichen Entfernungen $P\,O$ und $p\,o$ haben. Von dem Punkte p ziehen wir zwei Sekanten $p\,k$ und $p\,l$, deren Winkel $k\,p\,l$ unendlich klein sei. Von dem Punkte P ziehen wir zwei Sekanten $P\,L$ und $P\,K$, so daß die Bögen $J\,L$ und $H\,K$ gleich den Bögen il und hk sind. Auf der Sekante pl errichten wir die Senkrechte oe, auf der Sekante pk die Senkrechte od, auf der Zentralen pb die Senkrechte iq und auf der Sekante pk noch die Senkrechte ir. Die entsprechenden Linien denke man sich für die andere Figur gezogen.

Die beiden Figuren mögen sich um die Zentrallinien PB und pb drehen. Die durch HI und hi erzeugten Kreisringe seien von den Massen M und m. Dann ist

$$HI \cdot IQ : hi \cdot iq = M : m. \tag{1}$$

Die Anziehungen der Einheitsmassen in I und i sind proportional den umgekehrten Quadraten von PI und pi. Die Komponenten dieser Anziehungen in den Richtungen PO und po sind die Anziehungen multipliziert mit $\frac{PQ}{PI}$ und $\frac{pq}{pi}$. Bezeichnen wir diese Komponenten mit A' und a', so folgt

$$(2) \qquad A' : a' = \frac{1}{(PI)^2} \frac{PQ}{PI} : \frac{1}{(pi)^2} \frac{pq}{pi}.$$

Wir betrachten jetzt die Anziehungen der beiden Ringe auf P und p. Wegen der Symmetrie der Figuren in bezug auf die Geraden PO und po sind ihre Resultierenden nach den Punkten O und o hin gerichtet und haben die M- und $m$fachen Werte der Anziehungen auf die Einheitsmassen. Bezeichnen wir die Anziehungen auf M und m mit A und a, so folgt

$$(3) \qquad A : a = \frac{M}{(PI)^2} \frac{PQ}{PI} : \frac{m}{(pi)^2} \frac{pq}{pi} = \frac{HI \cdot IQ}{(PI)^2} \frac{PF}{PO} : \frac{hi \cdot iq}{(pi)^2} \frac{pf}{po}.$$

Um die Glieder auf der rechten Seite von (3) zu vereinfachen, beachte man die ähnlichen Dreiecke PIR und PFD und die entsprechenden der anderen Figur. Weil die Sekanten IL und HK gleich den Sekanten il und hk sind, so besteht in der Grenze, wenn die Winkel KPL und kpl unendlich klein werden, die Beziehung $DF : df = 1$. Folglich ergeben sich die Proportionen

$$PI : PF = RI : DF,$$

$$pf : pi = DF\ (= df) : ri.$$

Das Produkt dieser Proportionen lautet

$$(4) \qquad PI \cdot pf : PF \cdot pi = RI : ri = HI : hi.$$

Aus den ähnlichen Dreiecken PIQ und POE folgt die Proportion

$$PI : PO = IQ : OE,$$

und ebenso

$$po : pi = OE\ (= oe) : iq.$$

Das Produkt dieser beiden Proportionen lautet

$$(5) \qquad PI \cdot po : PO \cdot pi = IQ : iq.$$

Für das Produkt der Proportionen (4) und (5) selber erhalten wir die Proportion

$$(PI)^2 \cdot pf \cdot po : (pi)^2 \cdot PF \cdot PO = HI \cdot IQ : hi \cdot iq.$$

Gleichung (3) nimmt folglich die Gestalt an

$$(6) \qquad A : a = (po)^2 : (PO)^2.$$

Die Anziehung der Kreisringe HI und hi auf die äußeren Massenpunkte sind daher nach den Mittelpunkten der Kugelschalen gerichtet und umgekehrt proportional den Quadraten ihrer Entfernungen von diesen. Das gleiche gilt für die Ringe KL und kl.

Die Geraden PK und pk mögen sich jetzt von den Zentrallinien PB und pb aus bis zu tangentialen Lagen um P und p drehen, dabei behalten die Ergebnisse für jede einzelne Lage ihre Geltung und somit für ihre Gesamtheit selber. Folglich *sind die Resultiernden der Anziehungskräfte, die unendlich dünne Kugelschalen auf äußere Massenpunkte ausüben, nach ihren Mittelpunkten hin gerichtet, und umgekehrt proportional den Quadraten ihrer Entfernungen von diesen.*

Dieser Satz gilt auch, wenn der Körper eine homogene Vollkugel darstellt oder aus für sich homogenen Schichten zusammengesetzt ist, da er für jede einzelne Schicht besonders gilt.

69. Bemerkungen zu dem Newtonschen Beweis. Wenn der obige Beweis auch in geometrischer Form geführt wurde, so liegen ihm doch die fundamentalen Prinzipien der Infinitesimalrechnung zugrunde. Indem der Winkel kpl den Grenzwert null erreichte, stellte er eine differentielle Größe dar; die Drehung um die Zentrallinie bedeutete eine Integration nach dem einen Polarwinkel; die Drehung der Geraden pk von der Lage der Zentrallinie bis zur tangentiellen Lage mit der Kugelschale bedeutete eine Integration nach dem anderen Polarwinkel; die Summation der unendlich dünnen Kugelschalen zu einer Kugel von endlicher Größe kam auf eine Integration nach dem Radius hinaus.

Da dieses Newtonsche Verfahren nur die Anziehungsverhältnisse von gleichen Kugelschalen in verschiedenen Entfernungen liefert, so sagt es nichts darüber aus, wie die Anziehung von den Massen endlicher Körper abhängt. Dies ist aber beinahe ebenso wichtig wie die Abhängigkeit der Anziehung von der Entfernung.

Um zu bestimmen, wie die Anziehung von der Masse des anziehenden Körpers abhängt, betrachten wir zwei Kugelschalen von gleicher Dichte S_1 und S_2, welche den Kegel C von innen berühren. Wir setzen $PO_1 = a_1$, $PO_2 = a_2$ und bezeichnen mit M_1 und M_2 die Massen von S_1 und S_2. Die beiden Schalen üben auf den Massenpunkt P die gleiche Anziehung aus; denn die Teile der Schalen, welche von einem Raumwinkel begrenzt werden, sind ähnlich, so daß sich die Massen dieser Teile wie die Quadrate ihrer Entfernungen von P und ihre Anziehungen umgekehrt wie diese Quadrate verhalten (woraus die Gleichheit ihrer anziehenden Wirkungen auf den Massenpunkt P folgt). Wir bezeichnen die gemeinsame Anziehung der Schalen mit A und verschieben die Schale S_1 bis zum Zusammenfallen ihres Mittelpunktes O_1 mit dem Mittelpunkt O_2. Bedeutet A' die Anziehung der Schale S_1 in der neuen Lage, so bestehen nach dem Satz des § 68 die Beziehungen

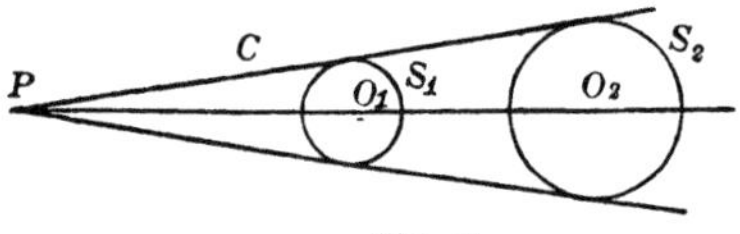

Fig. 14.

$$\frac{A'}{A} = \frac{a_1^2}{a_2^2} = \frac{M_1}{M_2}.$$

Die Anziehungen der beiden Schalen auf einen Massenpunkt von der gleichen Entfernung sind daher ihren Massen direkt proportional. Hieraus und aus dem Satz des letzten Paragraphen erhalten wir den Satz: *Die Anziehungskraft, die eine Kugel aus homogenen konzentrischen Schichten auf einen außerhalb gelegenen Massenpunkt ausübt, ist nach ihrem Mittelpunkt hin gerichtet, ist direkt proportional der Masse der Kugel und umgekehrt proportional dem Quadrat der Entfernung des Punktes von dem Kugelmittelpunkt; oder: Die Anziehungskraft der Kugel auf einen äußeren Punkt ist so beschaffen, als wenn ihre gesamte Masse im Mittelpunkt vereinigt wäre.*

Da die Himmelskörper in konzentrischen Schichten annähernd homogen sind, so kann man sie also für die Erörterung ihrer gegenseitigen Wirkungen als materielle Punkte betrachten, ausgenommen den Fall, wo sie, wie die Planeten und ihre Satelliten, einander verhältnismäßig nahe sind.

70. Die Anziehung einer dünnen homogenen Kugelschale auf einen äußeren Massenpunkt. Das Verfahren von Thomson und Tait. Die Kugelschale mit dem Radius a und der Dicke Δa möge den Mittelpunkt O besitzen; P sei der angezogene Massenpunkt; die Gerade PO möge die Kugeloberfläche in dem Punkt C treffen. Der Punkt A sei so gewählt, daß $PO : OC = OC : OA$, und bilde die Spitze des infinitesimalen Kegels mit dem Raumwinkel ω. Die Dichte der Kugelschale bezeichnen wir mit σ. Alsdann bestehen für die Massenelemente in B und B' die Ausdrücke

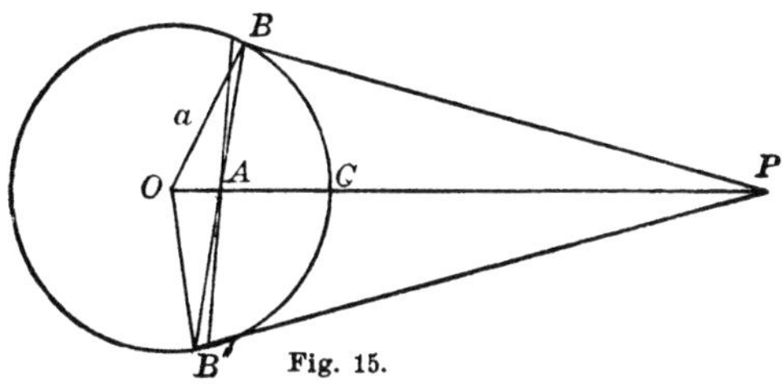

Fig. 15.

$$m = \sigma\,\omega\,(AB)^2 \frac{\Delta a}{\cos(OBA)}, \quad m' = \sigma\,\omega\,(AB)^2 \frac{\Delta a}{\cos(OB'A)}.$$

Die Anziehungen der beiden Massen auf den Punkt P haben die Werte

$$(7)\qquad \begin{cases} \alpha = k^2 \sigma\,\omega \dfrac{(AB)^2}{(BP^2)} \cdot \dfrac{\Delta a}{\cos(OBA)}, \\[2ex] \alpha' = k^2 \sigma\,\omega \dfrac{(AB')^2}{(B'P)^2} \cdot \dfrac{\Delta a}{\cos(OB'A)} \end{cases}$$

Aus der Figur folgt $\quad PO : OB = OB : OA.$

Mithin sind die Dreiecke POB und BOA, welche zwischen proportionalen

Seiten denselben Winkel gemein haben, ähnlich. Daher bestehen die Proportionen

$$\frac{AB}{BP} = \frac{OB}{OP} = \frac{a}{OP}$$

und ebenso

$$\frac{AB'}{B'P} = \frac{a}{OP}.$$

Da die Winkel OBA und $OB'A$ gleich sind, nehmen die Gleichungen (7) die Gestalt an

$$(8)\qquad \begin{cases} \alpha = k^2\sigma\omega \dfrac{a^2}{(OP)^2}\cdot\dfrac{\Delta a}{\cos(OBA)}, \\ \alpha' = k^2\sigma\omega \dfrac{a^2}{(OP)^2}\cdot\dfrac{\Delta a}{\cos(OBA)} = \alpha. \end{cases}$$

Die Winkel BPO und $B'PO$ sind gleich den Winkeln OBA und $OB'A$, folglich sind sie selber einander gleich. Die Resultierende der beiden gleichen Anziehungen α und α' halbiert die Winkel ihrer Wirkungslinien. Sie besitzt also die Richtung nach O und die Größe

$$\Delta R = \alpha\cos(BPO) + \alpha'\cos(B'PO) = 2\,\alpha\cos(OBA).$$

Wegen (8) folgt hieraus $\Delta R = 2k^2\sigma\omega\dfrac{a^2\Delta a}{(OP)^2}.$

Diese Gleichung gilt für jeden Raumwinkel mit dem Scheitel in A und folglich auch für ihre Summe. Die Anziehung der ganzen Kugelschale auf den äußeren Punkt erhält daher durch Summation nach ω den Wert

$$R = 4\pi k^2\sigma\frac{a^2\Delta a}{(OP)^2} = \frac{k^2M}{(OP)^2};$$

sie ist also der Masse der Kugelschale direkt und dem Quadrat der Entfernung des Punktes von ihrem Mittelpunkt umgekehrt proportional.

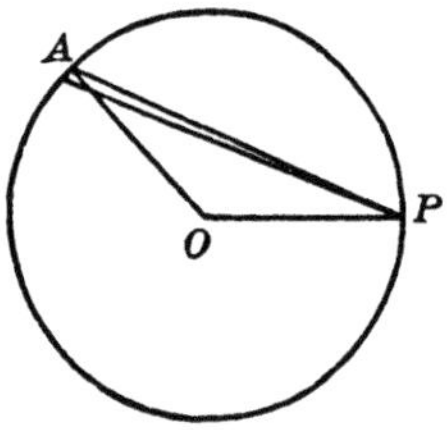

Fig. 16.

71. Die Anziehung einer homogenen Kugelschale auf einen in ihr selbst gelegenen Massenpunkt. In den §§ 66—69 wurden die Anziehungen einer unendlich dünnen homogenen Kugelschale auf einen inneren und äußeren Punkt behandelt. Es bleibt noch der Fall zu erörtern, wo der angezogene Massenpunkt einen Teil der Schale selbst bildet.

Die Kugelschale von der Dicke Δa möge ihren Mittelpunkt in O haben, P bedeute die Lage des angezogenen Punktes. Wir zeichnen einen infinitesimalen Kegel mit der Spitze in P und dem Raumwinkel ω. Die Dichte der Schale sei σ. Alsdann besitzt der von dem Kegel in A ausgeschnittene Teil der Schale die Masse $\sigma\omega(AP)^2\dfrac{\Delta a}{\cos(OAP)}$. Die Anziehung dieses Elementes längs AP ist folglich $\alpha = k^2\sigma\omega\dfrac{(AP)^2}{(AP)^2}\dfrac{\Delta a}{\cos(OAP)}.$

Da die Masse der Kugelschale zur Geraden PO symmetrisch angeordnet ist, so hat ihre resultierende Anziehung die Richtung der Geraden PO. Die Anziehungskomponente des Massenelementes in der Richtung OP hat aber den Wert

$$\varDelta R = \alpha \cos(APO) = \alpha \cos(OAP) = k^2 \sigma \omega \varDelta a.$$

Die ganze Kugelschale besitzt daher die Anziehung

$$R = 2k^2 \sigma \pi \varDelta a = \frac{k^2 M}{2a^2}.$$

Aus dieser Gleichung und den Ergebnissen der §§ 66 und 69 folgt aber: Die Anziehung der Kugelschale auf einen unendlich nahen inneren Punkt ist gleich null, auf einen Punkt in der Schale selbst gleich $\frac{k^2 M}{2a^2}$ und auf einen unendlich nahen äußeren Punkt $\frac{k^2 M}{a^2}$.[1]) Die Unstetigkeit der Anziehung beruht auf dem Umstand, daß die Masse eines endlichen Teiles der Schale als endlich und ihre Dicke als unendlich dünn angenommen ist. Diese Unstetigkeit besteht nicht für die Oberfläche einer Vollkugel, deren unendlich dünne Schalen auch von unendlich kleiner Masse sind.

X. Aufgaben.

1. Zwei ähnliche Körper seien perspektiv ähnlich gelegen. Man zeige, daß sie auf einen Massenpunkt im Zentrum eine Anziehungskraft ausüben, welche zu ihren linearen Dimensionen umgekehrt proportional ist, wenn sie unendlich dünne Stäbe von gleicher Dichte oder wenn sie unendlich dünne Kugelschalen von gleicher Dichte darstellen; daß hingegen ihre Anziehungskraft zu ihren linearen Dimensionen direkt proportional ist, wenn sie Vollkugeln von gleicher Dichte sind. Ferner betrachte man einen Nebelfleck von der scheinbaren Größe der Sonne. Seine Entfernung von der Erde sei millionenmal größer als die der Sonne und seine Dichte betrage den millionten Teil der Dichte der Sonne. Man vergleiche seine Anziehung auf die Erde mit derjenigen der Sonne.

2. Man zeige, daß die Anziehungen von zwei homogenen Kugeln gleicher Dichte für Massenpunkte auf ihren Oberflächen sich zueinander wie ihre Radien verhalten.

3. Man zeige, daß die Anziehung einer homogenen Kugel auf einen Massenpunkt in ihrem Innern der Entfernung des Massenpunktes vom Mittelpunkt direkt proportional ist.

4. Man zeige, daß gleich hohe Ausschnitte eines homogenen Kegels auf einen Massenpunkt in seiner Spitze die gleichen Anziehungskräfte ausüben.

5. Man bestimme denjenigen Verlauf der Dichtigkeit, für welchen die Anziehung einer Kugel auf einen Massenpunkt auf ihrer Oberfläche von der Größe der Kugel unabhängig ist.

6. Man beweise, daß die Anziehung eines gleichförmigen dünnen Stabes, welcher zu einem Kreisbogen umgebogen ist, auf einem Massenpunkt in dem Mittelpunkt

1) Vgl. die Anmerkung über die Anziehung von Kugelschalen bei Lagrange, *Gesammelte Werke*, vol. VII, p. 591.

des Kreises gleich der Anziehung ist, welche die Masse eines ähnlichen Stabes von der Länge der Sehne des Kreisbogens ausüben würde, wenn sie in dem Mittelpunkt des Bogens vereinigt wäre.

7. Man beweise, daß die Anziehung eines dünnen gleichförmigen geraden Stabes auf einen äußeren Massenpunkt nach Größe und Richtung dieselbe ist, wie diejenige eines Kreisbogens von derselben Dichte, für welchen der Mittelpunkt mit dem Massenpunkt zusammenfällt, welcher vom Mittelpunkt aus unter demselben Winkel wie der Stab erscheint und an welchem der Stab Tangente ist.

8. Man zeige, wenn gerade gleichförmige Stäbe ein Vieleck bilden, dessen sämtliche Seiten Tangenten an einem Kreis sind, daß die Stäbe auf einen Massenpunkt in dem Mittelpunkt des Kreises in entgegengesetzten Richtungen Anziehungskräfte von gleichem Betrage ausüben.

9. Man zeige, daß zwei Kugeln, welche aus homogenen konzentrischen Kugelschichten bestehen, aufeinander Anziehungskräfte ausüben, als wenn ihre ganzen Massen in ihren Mittelpunkten vereinigt wären.

72. Die allgemeinen Gleichungen der Anziehungskomponenten und des Potentials für den Fall, daß der angezogene Massenpunkt keinen Bestandteil der anziehenden Masse bildet. Die geometrischen Methoden der letzten Paragraphen sind von beschränkter Bedeutung, da sie nur in den besonderen Fällen brauchbar sind, wo sie angewandt wurden; die analytischen Methoden, zu denen wir jetzt übergehen, sind hingegen durch Gleichförmigkeit und Allgemeinheit charakterisiert und veranschaulichen wieder die Vorteile derartiger Verfahren.

Wir betrachten die Anziehung der endlichen Masse M von der Dichte σ auf den Punkt P von der Masse eins, welcher der Masse M nicht angehört. Das heißt, der Punkt P liegt entweder ganz außerhalb der Masse M oder innerhalb eines Hohlraumes der Masse. Bezeichnen wir die Koordinaten des Punktes P mit x, y, z, die Koordinaten eines Massenelementes dm mit ξ, η, ζ und den Abstand des Punktes P von dem Massenelement dm mit ρ, so haben die Anziehungskomponenten parallel zu den Koordinatenachsen die Werte

$$(9)\quad \left\{\begin{aligned} X &= -k^2\int\limits_{(M)}\frac{dm}{\varrho^2}\cdot\frac{(x-\xi)}{\varrho} = -k^2\int\limits_{(M)}\frac{(x-\xi)}{\varrho^3}\,dm,\\ Y &= -k^2\int\limits_{(M)}\frac{(y-\eta)}{\varrho^3}\,dm,\\ Z &= -k^2\int\limits_{(M)}\frac{(z-\zeta)}{\varrho^3}\,dm,\end{aligned}\right.$$

wo

$$\begin{aligned} dm &= \sigma\, d\xi\, d\eta\, d\zeta,\\ \varrho^2 &= (x-\xi)^2+(y-\eta)^2+(z-\zeta)^2,\\ \sigma &= f(\xi,\eta,\zeta).\end{aligned}$$

das Integralzeichen $\int\limits_{(M)}$ bedeutet, daß das Integral über die ganze Masse M erstreckt werden soll. Ist daher σ eine endliche, stetige Funktion der Koordinaten, was im folgenden stets der Fall sein soll, so stellen X, Y und Z endliche, bestimmte Größen dar. Das Element dm drücken wir durch σ und die gewöhnlichen rechtwinkligen oder Polarkoordinaten aus. Die Komponenten X, Y, Z erhalten wir durch dreifache Integration.

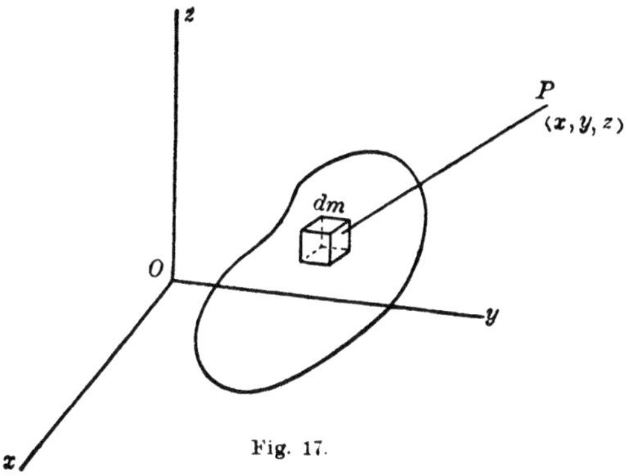

Fig. 17.

Die drei Integrale (9) lassen sich in sehr einfacher Weise auf ein einziges Integral zurückführen. Wir setzen

$$V = \int\limits_{(M)} \frac{dm}{\varrho}. \tag{10}$$

V heißt die *Potentialfunktion*, welche von Green 1828 eingeführt wurde. Sie stellt eine Funktion von x, y und z dar, und man spricht von dem Potential der Masse M in dem Punkt P.

Da der Punkt P der Masse M nicht angehört, so ist die Entfernung p in dem Integrationsbereich von null verschieden. Die Integrationsgrenzen sind von der Lage des Massenpunktes P unabhängig; die Funktion unter dem Integralzeichen kann daher nach den Größen x, y und z differentiiert werden, welche bei der Auswertung des bestimmten Integrals selbst als Konstanten zu behandeln sind. Die partiellen Ableitungen von V nach x, y und z sind

$$\left\{\begin{aligned} \frac{\partial V}{\partial x} &= -\int\limits_{(M)} \frac{(x-\xi)}{\varrho^3}\, dm, \\ \frac{\partial V}{\partial y} &= -\int\limits_{(M)} \frac{(y-\eta)}{\varrho^3}\, dm, \\ \frac{\partial V}{\partial z} &= -\int\limits_{(M)} \frac{(z-\zeta)}{\varrho^3}\, dm. \end{aligned}\right.$$

Durch Vergleich dieser Beziehungen mit (9) findet man

$$\left\{\begin{aligned} X &= k^2 \frac{\partial V}{\partial x}, \\ Y &= k^2 \frac{\partial V}{\partial y}, \\ Z &= k^2 \frac{\partial V}{\partial z}. \end{aligned}\right. \tag{11}$$

In dem Falle, wo der Massenpunkt P *keinen* Teil der Masse M bildet, hängt also das Problem der Bestimmung der Anziehungskomponenten nur von der Auswertung der Funktion V ab.

73. Der angezogene Massenpunkt bildet einen Bestandteil der anziehenden Masse. Es soll jetzt gezeigt werden, daß die Komponenten der Anziehung und das Potential bestimmte endliche Werte besitzen, wenn der angezogene Massenpunkt einen Bestandteil der anziehenden Masse darstellt; und daß die Gleichungen (11) auch in diesem Falle gelten.

Wir zeigen zunächst, daß X, Y, Z und V in diesem Falle endliche bestimmte Werte haben. Das Massenelement dm und seine Lage drücken wir in Polarkoordinaten mit dem Koordinatenanfang in dem Punkt P aus. Die Beziehungen zwischen rechtwinkligen und Polarkoordinaten, wenn der Koordinatenanfang mit dem Punkt P zusammenfällt, lauten

$$\left\{\begin{aligned} \xi - x &= \varrho \cos\varphi \cos\theta, \\ \eta - y &= \varrho \cos\varphi \sin\theta, \\ \zeta - z &= \varrho \sin\varphi, \\ dm &= \sigma\varrho^2 \cos\varphi \, d\varphi \, d\theta \, d\varrho. \end{aligned}\right.$$

Für die Komponenten der Anziehung und des Potentials bestehen daher die Ausdrücke

$$\left\{\begin{aligned} X &= -k^2 \iiint \sigma \cos^2\varphi \cos\theta \, d\varphi \, d\theta \, d\varrho, \\ Y &= -k^2 \iiint \sigma \cos^2\varphi \sin\theta \, d\varphi \, d\theta \, d\varrho, \\ Z &= -k^2 \iiint \sigma \sin\varphi \cos\varphi \, d\varphi \, d\theta \, d\varrho, \\ V &= +\iiint \sigma\varrho \cos\varphi \, d\varphi \, d\theta \, d\varrho, \end{aligned}\right.$$

wo die Integrationen über den ganzen Körper M erstreckt werden sollen. Da die Integranden für alle Punkte in M endlich sind, so haben die Integrale selbst endliche, bestimmte Werte.

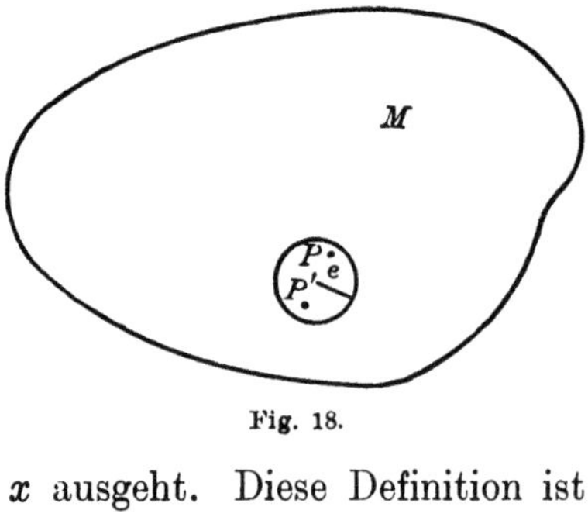

Fig. 18.

Das einfachste Verfahren, um zu beweisen, daß die Gleichungen (*11*) auch gelten, wenn der Punkt P der anziehenden Masse angehört, ergibt sich, wenn man von der Definition der partiellen Ableitung von V nach x ausgeht. Diese Definition ist aber

$$\frac{\partial V}{\partial x} = \lim_{\Delta x = 0} \frac{V' - V}{\Delta x},$$

wo V' das Potential in dem Punkt P' darstellt, dessen Koordinaten $(x + \Delta x, y, z)$ sind. Wir zeichnen eine kleine Kugel mit dem Radius ε, welche die beiden Punkte P und P' einschließt. Die Masse innerhalb der Kugel sei mit M_1, außerhalb der Kugel mit M_2 bezeichnet. Entsprechend bezeichnen wir die Komponenten der Anziehung und das Potential mit den Indizes 1 und 2. Dann haben wir

(12) $$X = X_1 + X_2, \quad \ldots, \quad V = V_1 + V_2,$$

weil diese sämtlichen Größen eindeutig bestimmt sind. Überdies ergeben sich nach § 72 die Ausdrücke

$$X_2 = k^2 \frac{\partial V_2}{\partial x}, \qquad Y_2 = k^2 \frac{\partial V_2}{\partial y}, \qquad Z_2 = k^2 \frac{\partial V_2}{\partial z}.$$

Wir betrachten jetzt die partielle Ableitung von V nach x. Für diese erhält man

(13) $$\frac{\partial V}{\partial x} = \lim_{\Delta x = 0} \frac{V_1' - V_1}{\Delta x} + \lim_{\Delta x = 0} \frac{V_2' - V_2}{\Delta x} = \lim_{\Delta x = 0} \frac{V_1' - V_1}{\Delta x} + \frac{1}{k^2} X_2.$$

Bezeichnen wir die Entfernungen zwischen dm und P mit ϱ und zwischen dm und P' mit ϱ', so haben wir

$$\frac{V_1' - V_1}{\Delta x} = \int\limits_{(M_1)} \left(\frac{1}{\varrho'} - \frac{1}{\varrho}\right) \frac{dm}{\Delta x}.$$

Aus dem Dreieck $P\,dm\,P'$ folgt, daß $|\Delta x| \geqq |\varrho' - \varrho|$, wo die vertikalen Linien andeuten, daß die absoluten Beträge zu nehmen sind. Hieraus folgen die Ungleichungen

$$\left|\left(\frac{1}{\varrho'} - \frac{1}{\varrho}\right) \frac{1}{\Delta x}\right| \leqq \frac{1}{\varrho\varrho'} \leqq \frac{1}{2}\left(\frac{1}{\varrho^2} + \frac{1}{\varrho'^2}\right).$$

und mithin $$\left|\frac{V_1' - V_1}{\Delta x}\right| \leqq \frac{1}{2} \int\limits_{(M_1)} \frac{dm}{\varrho^2} + \frac{1}{2} \int\limits_{(M_1)} \frac{dm}{\varrho'^2}.$$

Drückt man dm in Polarkoordinaten aus, so gehen diese Beziehungen über in

$$\left|\frac{V_1' - V_1}{\Delta x}\right| \leqq \frac{1}{2} \int\limits_{-\frac{\pi}{2}}^{\frac{\pi}{2}} \int\limits_0^{2\pi} \int\limits_0^{\varrho} \sigma \cos\varphi \, d\varphi \, d\theta \, d\varrho + \frac{1}{2} \int\limits_{-\frac{\pi}{2}}^{\frac{\pi}{2}} \int\limits_0^{2\pi} \int\limits_0^{\varrho'} \sigma \cos\varphi' \, d\varphi' \, d\theta' \, d\varrho'.$$

Es sei σ_0 der maximale Wert von σ in dem Kreise ε. Dann liefern die Integrationen nach ϱ und ϱ' die Ungleichung

$$\left|\frac{V_1'-V_1}{\Delta x}\right| \leqq \frac{\sigma_0}{2} \int_{-\frac{\pi}{2}}^{\frac{\pi}{2}} \int_0^{2\pi} \varrho \cos\varphi \, d\varphi \, d\theta + \frac{\sigma_0}{2} \int_{-\frac{\pi}{2}}^{\frac{\pi}{2}} \int_0^{2\pi} \varrho' \cos\varphi' \, d\varphi' \, d\theta'.$$

Da P und P' in der Kugel ε liegen, so können die Entfernungen ϱ und ϱ' nicht größer als $2\,\varepsilon$ sein. Somit ist

$$\left|\frac{V_1'-V_1}{\Delta x}\right| < \sigma_0 \varepsilon \int_{-\frac{\pi}{2}}^{\frac{\pi}{2}} \int_0^{2\pi} \cos\varphi \, d\varphi \, d\theta + \sigma_0 \varepsilon \int_{-\frac{\pi}{2}}^{\frac{\pi}{2}} \int_0^{2\pi} \cos\varphi' \, d\varphi' \, d\theta' = 8\pi\sigma_0\varepsilon,$$

und

$$\lim_{\Delta x = 0} \left|\frac{V_1'-V_1}{\Delta x}\right| < 8\pi\sigma_0\varepsilon.$$

Aus dieser Ungleichung und (13) folgt

$$k^2 \frac{\partial V}{\partial x} - 8k^2\pi\sigma_0\varepsilon < X_2 < k^2 \frac{\partial V}{\partial x} + 8k^2\pi\sigma_0\varepsilon.$$

Wir gehen jetzt zur Grenze $\varepsilon = 0$ über. Benutzt man Polarkoordinaten, so findet man leicht, daß der Grenzwert von X_1 für $\varepsilon = 0$ selber gleich null ist. Folglich ergibt sich aus (12)

$$\lim_{\varepsilon = 0} X_2 = X,$$

und mithin aus den letzten Ungleichungen

$$X = k^2 \frac{\partial V}{\partial x}.$$

Genau ebenso erhält man die (entsprechenden) Beziehungen für die partiellen Ableitungen nach y und z; folglich gelten die Gleichungen (11) ganz unabhängig davon, ob der Punkt P einen Bestandteil der Masse M darstellt oder nicht.

74. Potentialflächen. Die Gleichung $V = c$, wo c konstante Werte annimmt, bestimmt diejenigen Flächen, welche man als *Flächen gleichen Potentials* oder als *Potentialflächen* bezeichnet.

Stellen die Größen δx, δy, δz, irgendeine infinitesimale Verschiebung des Massenpunktes von dem Punkte (x_0, y_0, z_0) aus auf einer Potentialfläche dar, so muß für sie die Gleichung

$$\frac{\partial V}{\partial x}\delta x + \frac{\partial V}{\partial y}\delta y + \frac{\partial V}{\partial z}\delta z = 0$$

bestehen, welche die Bedingung dafür liefert, daß die Punkte (x_0, y_0, z_0) und $(x_0 + \delta x, y_0 + \delta y, z_0 + \delta z)$ beide derselben Potentialfläche angehören. Diese Gleichung nimmt aber, wenn man die Beziehungen (11) berücksichtigt, die Gestalt an

(14) $$X\delta x + Y\delta y + Z\delta z = 0.$$

Die Richtungskosinus der resultierenden Anziehung, welcher ein Massenpunkt unterliegt, sind zu X, Y, Z und die Richtungskosinus der infinitesimalen Verschiebung zu $\delta x, \delta y, \delta z$ proportional. Da die Summe der Produkte dieser Richtungskosinus den Wert null besitzt, so folgt, daß die resultierende Anziehung an jeder Stelle auf den Potentialflächen senkrecht steht. Wenn daher der Massenpunkt sich von der Ruhelage aus bewegt, so ist seine anfängliche Bewegungsrichtung senkrecht zu der Potentialfläche durch seine Anfangslage; sobald der Punkt aber eine nennenswerte Geschwindigkeit erlangt hat, wird er sich im allgemeinen nicht senkrecht zu den Potentialflächen bewegen, weil seine Bewegungsrichtung alsdann nicht allein von der senkrechten Resultierenden abhängt, sondern auch von seiner Geschwindigkeit.

75. Das Potential und die Anziehung einer unendlich dünnen, homogenen kreisförmigen Scheibe auf einen Massenpunkt auf ihrer Achse. Liegt der Koordinatenanfang im Mittelpunkt der Scheibe mit dem Radius R und bezeichnet man die Koordinaten des Punktes P mit x, O, O, dann ist

$$V = \int \frac{dm}{\varrho} = \sigma \int_0^R \int_0^{2\pi} \frac{r\,dr\,d\theta}{\sqrt{x^2 + r^2}}.$$

Durch Integration findet man

(15) $$\begin{cases} V = 2\pi\sigma\left[\sqrt{x^2 + R^2} - \sqrt{x^2}\right], \\ X = k^2 \dfrac{\partial V}{\partial x} = 2\pi k^2 \sigma \left[\dfrac{x}{\sqrt{x^2 + R^2}} - \dfrac{x}{\sqrt{x^2}}\right]. \end{cases}$$

Ist x konstant und wird R unendlich groß, so erhält man für die Anziehung

(16) $$X = \mp 2\pi k^2 \sigma,$$

je nachdem sich der Punkt auf der positiven oder negativen Seite der yz-Ebene befindet. Das rechte Glied dieser Gleichung ist von x unabhängig; eine dünne Kreisscheibe von unendlicher Ausdehnung und horizontaler Lage zieht daher einen über ihr gelegenen Massenpunkt mit einer Kraft an, welche nicht von der Höhe abhängt. Eine beliebige Anzahl von solchen übereinander gelagerten Scheiben würden zusammen in derselben Weise auf den Punkt wirken. Wenn daher die Erde nach

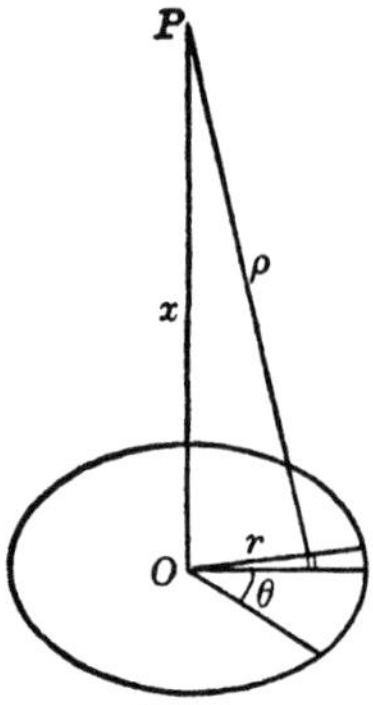

Fig. 19.

der gewöhnlichen Vorstellung des Altertums eine unendlich ausgedehnte ebene Scheibe darstellte, so würden die Körper in sämtlichen Höhen sich mit konstanten Kräften zu ihr hinbewegen, und die Fallgesetze, die sich unter der Annahme konstanter Beschleunigung ergeben, wären alsdann von strenger Geltung.

76. Das Potential und die Anziehung einer unendlich dünnen homogenen Kugelschale auf einen inneren und einen äußeren Massenpunkt. Stellt φ den Winkel zwischen OP und dem Radius, und θ[1]) den Winkel zwischen der Fundamentalebene (Koordinatenebene) und der Ebene OAP dar, dann ist

$$V = \int \frac{dm}{\varrho} = \sigma \int_0^{\pi} \int_0^{2\pi} \frac{R^2 \sin\varphi \, d\varphi \, d\theta}{\varrho} \,. \tag{17}$$

Jede von den drei Variablen φ, θ, ϱ läßt sich durch die beiden anderen ausdrücken. Aus der Figur folgt

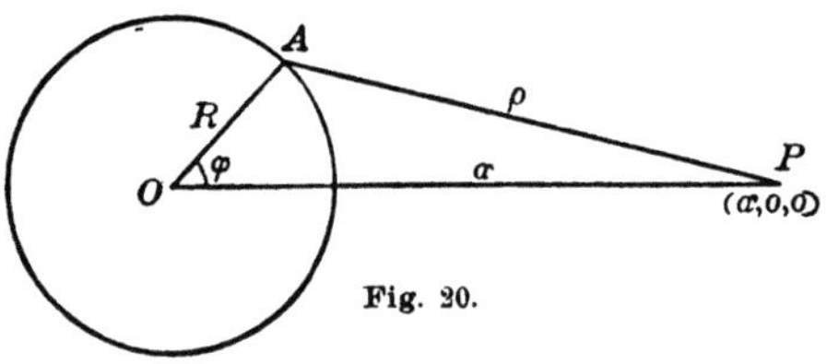

Fig. 20.

$$\varrho^2 = x^2 + R^2 - 2\,xR\cos\varphi;$$

und mithin

$$\varrho\, d\varrho = xR \sin\varphi \, d\varphi. \tag{18}$$

Folglich erhält man aus der Gleichung (17) für einen äußeren Punkt P

$$V_E = \frac{R\sigma}{x} \int_{x-R}^{x+R} \int_0^{2\pi} d\varrho \, d\theta; \tag{19}$$

und für einen inneren Punkt P

$$V_I = \frac{R\sigma}{x} \int_{R-x}^{R+x} \int_0^{2\pi} d\varrho \, d\theta. \tag{20}$$

Die Integrale dieser Gleichungen lauten

$$\left\{ \begin{aligned} V_E &= \frac{4\pi\sigma R^2}{x} = \frac{M}{x}, \\ V_I &= 4\pi\sigma R = \frac{M}{R}. \end{aligned} \right. \tag{21}$$

1) Es wird darauf hingewiesen, daß φ und θ hier nicht die sonst gebrauchten Bezeichnungen für die gewöhnlichen Polarwinkel sind.

Für die x-Komponenten der Anziehung ergeben sich die Werte

$$(22)\qquad \begin{cases} X_E = k^2 \dfrac{\partial V_E}{\partial x} = -\dfrac{k^2 M}{x^2}, \\ X_I = k^2 \dfrac{\partial V_I}{\partial x} = 0, \end{cases}$$

welche mit den Resultaten der §§ 66 und 70 übereinstimmen.

Die Anziehung einer homogenen Vollkugel läßt sich ebenfalls sogleich finden. Betrachtet man die Kugelschale als ein Element der Kugel, so ist ihre Masse durch die Gleichung

$$M = 4\pi\sigma r^2 dr$$

gegeben. Stellt $\overline{X}$ die Anziehung der ganzen Kugel $\overline{M}$ dar, so folgt

$$\overline{X} = -\frac{4k^2\pi\sigma}{x^2}\int_0^a r^2 dr = -\frac{4k^2}{3}\frac{\pi\sigma a^3}{x^2} = -k^2\frac{\overline{M}}{x^2}.$$

Betrachten wir die gegenseitige Anziehung von zwei Kugeln, so erfolgt in Übereinstimmung mit den soeben erhaltenen Resultaten die Wirkung der einen Kugel auf einen Massenpunkt der anderen in der Weise, als wenn ihre ganze Masse in ihrem Mittelpunkt vereinigt wäre. Folglich gestaltet sich die gegenseitige Anziehung der beiden Kugeln selber so, als wenn für eine jede die ganze Masse sich im Mittelpunkt befände.

77. Zweite Methode zur Bestimmung der Anziehung einer homogenen Kugel. Es soll jetzt eine sehr einfache Methode dargestellt werden, um die Anziehung einer homogenen Vollkugel auf einen äußeren Massenpunkt zu finden, wenn sie für innere Punkte bekannt ist. Diese Methode nimmt allerdings in vorliegenden Falle einem trivialen Charakter an und soll auch nur aus dem Grunde eingeführt werden, weil das entsprechende Verfahren in dem sehr viel schwierigeren Falle der Anziehung zwischen Ellipsoiden von dem größten Wert ist und Ivorys berühmte Methode darstellt.

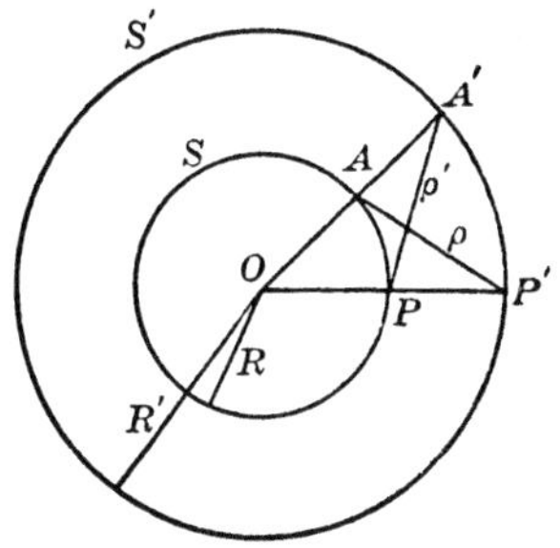

Fig. 21.

Es werde verlangt, die Anziehung der Kugel S auf den äußeren Massenpunkt P' zu bestimmen, unter der Voraussetzung, daß ihre Anziehung auf innere Massenpunkte bekannt ist. Durch den Punkt P' legen wir eine konzentrische Kugel S' von derselben Dichte wie die Kugel S. Eine ein-eindeutige Beziehung zwischen den Punkten auf den Oberflächen der beiden Kugeln wird durch die Beziehungen

$$(23)\qquad x = \frac{R}{R'}x', \quad y = \frac{R}{R'}y', \quad z = \frac{R}{R'}z'$$

hergestellt. Die entsprechenden Punkte liegen also auf Geraden durch den gemeinsamen Mittelpunkt der Kugeln. Die Größen X und X' seien die Anziehungen der Kugeln S' und S auf die entsprechenden Punkte P und P'. Für diese bestehen die Ausdrücke

$$(24)\quad \left\{\begin{aligned} X &= -k^2\int\limits_{(S')}\frac{R-x'}{\varrho'^3}\,dm' = -k^2\sigma\int\!\!\int\!\!\int\frac{R-x'}{\varrho'^3}\,dx'\,dy'\,dz',\\ X' &= -k^2\int\limits_{(S)}\frac{R'-x}{\varrho^3}\,dm = -k^2\sigma\int\!\!\int\!\!\int\frac{R'-x}{\varrho^3}\,dx\,dy\,dz\,. \end{aligned}\right.$$

Nun ergeben sich aus der Bedeutung der Größen ϱ und ϱ' die Gleichungen

$$(25)\quad \left\{\begin{aligned} k^2\sigma\int\!\!\int\!\!\int\frac{R-x'}{\varrho'^3}\,dx'\,dy'\,dz' &= +\,k^2\sigma\int\!\!\int\!\!\int\frac{\partial\left(\frac{1}{\varrho'}\right)}{\partial x'}\,dx'\,dy'\,dz'\\ &= k^2\sigma\int\!\!\int\left(\frac{1}{\varrho'_2}-\frac{1}{\varrho'_1}\right)dy'\,dz',\\ k^2\sigma\int\!\!\int\!\!\int\frac{R'-x}{\varrho^3}\,dx\,dy\,dz &= k^2\sigma\int\!\!\int\left(\frac{1}{\varrho_2}-\frac{1}{\varrho_1}\right)dy\,dz, \end{aligned}\right.$$

wo ϱ_2 und ϱ_1 die extremen Werte von ϱ darstellen, die man durch Integration nach x erhält. Das heißt, die erste Integration führt auf prismatische Elemente parallel zur x-Achse, welche von der Kugel S begrenzt sind. Die Entfernungen des angezogenen Punktes P' von dem Ende eines Elementes bilden die Größe ϱ_1 und ϱ_2. Um die Integration zu Ende zu führen, hat man also noch die Summe von diesen sämtlichen Elementen zu bilden. Entsprechendes gilt für die erste Gleichung (25).

Die Auswertung der Integrale (25) möge in der Weise erfolgen, daß entsprechende Prismenelemente der beiden Kugeln jedesmal gleichzeitig summiert werden. Betrachtet man irgend zwei Paare von entsprechenden Elementen z. B. die in A und A', so ist für diese $\varrho = \varrho'$; diese Relation gilt während der ganzen in der angegebenen Weise durchgeführten Integration. Folglich ergeben sich aus den Gleichungen (24) und (25) die Beziehungen

$$X' = -\,k^2\sigma\int\!\!\int\left(\frac{1}{\varrho_2}-\frac{1}{\varrho_1}\right)dy\,dz = -\,k^2\sigma\int\!\!\int\left(\frac{1}{\varrho_2'}-\frac{1}{\varrho_1'}\right)dy\,dz.$$

Nun folgt aus (23) $\quad dy = \frac{R}{R'}\,dy', \quad dz = \frac{R}{R'}\,dz';$

und somit erhält man

$$X' = -\,k^2\sigma\,\frac{R^2}{R'^2}\int\!\!\int\left(\frac{1}{\varrho_2'}-\frac{1}{\varrho_1'}\right)dy'\,dz' = \frac{R^2}{R'^2}\,X.$$

Sind M und M' die Massen der Kugeln S und S', so ist für die Anziehung der Kugel S' auf den inneren Massenpunkt P

$$X = -\frac{k^2 M}{R^2};$$

somit folgt aus der Gleichung $R'^2 X' = R^2 X$, daß die Anziehung der Kugel S auf den äußeren Punkt P' durch den Ausdruck

$$X' = -\frac{k^2 M}{R'^2}$$

gegeben ist, in Übereinstimmung mit den Ergebnissen der §§ 69 und 70.

XI. Aufgaben.

1. Man zeige durch Übergang zur Grenze, daß das Potential und die Komponenten der Anziehung endliche bestimmte Werte haben, und daß die Gleichungen (11) auch gelten, wenn sich der Massenpunkt auf der Oberfläche des anziehenden Körpers befindet.

2. Man bestimme die Potentialfunktion in einem äußeren Massenpunkt, wenn die Kraft zur $n$ten Potenz der Entfernung umgekehrt proportional ist.

Lösung: $V = \frac{1}{n-1}\int\limits_{(M)} \frac{dm}{\varrho^{n-1}}$.

3. Man bestimme durch Übergang zur Grenze, für welche Werte von n das Potential in der letzten Aufgabe endlich und bestimmt ist, wenn der Massenpunkt einen Bestandteil des anziehenden Körpers bildet.

4. Man beweise, daß die Potentialflächen eines geraden homogenen Stabes verlängerte Sphäroide sind, deren Brennpunkte in den Enden des Stabes liegen.

5. Man bestimme die Komponenten der Anziehung einer gleichförmigen Halbkugel mit dem Radius R auf einen Massenpunkt auf ihrem Rande: (a) in der Richtung nach dem Mittelpunkte ihres Grundkreises; (b) senkrecht zu dieser Richtung in der Ebene des Grundkreises; (c) senkrecht zu diesen beiden Richtungen.

Lösung: (a) $X = \frac{4}{3}\pi\sigma k^2 R$; (b) $Y = 0$; (c) $Z = \frac{4}{3}\sigma k^2 R$.

6. Man bestimme die Abweichung der Erdanziehung von der Lotrichtung, welche durch eine halbkugelförmige Erhebung vom Radius r und der Dichte σ_1 hervorgerufen wird. Es bezeichne R den Radius der Erde, die als kugelförmig angenommen wird, und σ_2 ihre mittlere Dichte.

Lösung: Wenn λ der Winkel der Abweichung ist, so findet man

$$\operatorname{tg}\lambda = \frac{\frac{2}{3}\pi\sigma_1 r}{\frac{4}{3}\pi\sigma_2 R - \frac{4}{3}\sigma_1 r} = \frac{\frac{1}{2}\pi\sigma_1 r}{\pi\sigma_2 R - \sigma_1 r},$$

oder näherungsweise

$$\operatorname{tg}\lambda = \frac{1}{2}\frac{\sigma_1}{\sigma_2}\frac{r}{R}.$$

7. Man zeige, wenn die Anziehung der Entfernung direkt proportional ist, daß ein Körper von beliebiger Gestalt auf einen Massenpunkt so wirkt, als wenn seine ganze Masse im Massenmittelpunkt vereinigt wäre.

78. Das Potential und die Anziehung eines homogenen abgeplatteten Vollsphäroids auf einen fernen Einheitsmassenpunkt. Die Planeten sind sehr nahe abgeplattete Sphäroide und in so hohem Grade homogen, daß die Ergebnisse dieses Paragraphen die wirklichen Verhältnisse für die meisten astronomischen Anwendungen mit hinreichender Genauigkeit wiedergeben.

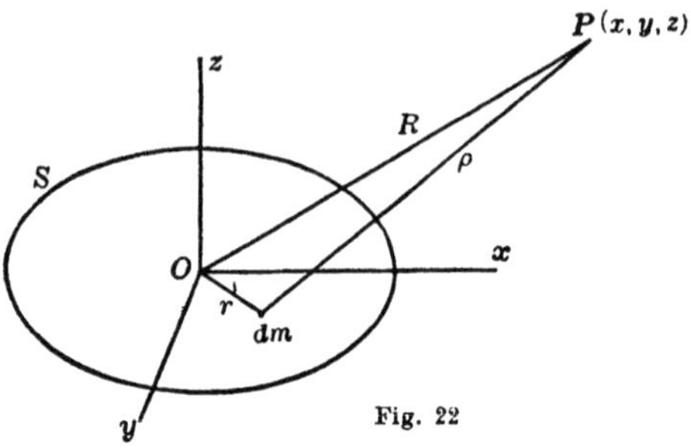

Fig. 22

Der angezogene Massenpunkt sei im Vergleich zu den Ausdehnungen des anziehenden Sphäroids sehr entfernt. Der Koordinatenanfang liege im Mittelpunkt des Sphäroids und die z-Achse falle mit der Umdrehungsachse zusammen. Es sei R die Entfernung zwischen O und P und r die Entfernung zwischen O und dem Massenelement dm. Dann gelten die Beziehungen

$$\text{26)}\quad \left\{ \begin{aligned} V &= \int\limits_{(S)} \frac{dm}{\varrho}, \\ \varrho &= \sqrt{(x-\xi)^2 + (y-\eta)^2 + (z-\zeta)^2}, \\ R &= \sqrt{x^2 + y^2 + z^2}, \\ r &= \sqrt{\xi^2 + \eta^2 + \zeta^2}. \end{aligned} \right.$$

Aus diesen Gleichungen folgt

$$\frac{1}{\varrho} = \frac{1}{\sqrt{R^2 + r^2 - 2(x\xi + y\eta + z\zeta)}} = \frac{1}{R\sqrt{1 + \frac{r^2 - 2(x\xi + y\eta + z\zeta)}{R^2}}}.$$

Die Größen $\frac{\xi}{R}$, $\frac{\eta}{R}$ und $\frac{\zeta}{R}$ seien unendlich klein von der ersten Ordnung; berechnet man den Ausdruck für ϱ^{-1} nach der Binomialformel, so ergibt sich alsdann bis auf Größen dritter Ordnung die Entwicklung

$$\frac{1}{\varrho} = \frac{1}{R}\left\{1 + \frac{x\xi + y\eta + z\zeta}{R^2} - \frac{r^2}{2R^2} \right.$$
$$\left. + \frac{3}{2}\frac{(x^2\xi^2 + y^2\eta^2 + z^2\zeta^2 + 2xy\xi\eta + 2yz\eta\zeta + 2zx\zeta\xi)}{R^4} + \cdots\right\}$$

und man erhält daher für V den Ausdruck

$$(27)\quad\left\{\begin{aligned} V = {} & \frac{1}{R}\int dm + \frac{x}{R^3}\int \xi\, dm + \frac{y}{R^3}\int \eta\, dm + \frac{z}{R^3}\int \zeta\, dm \\ & - \frac{1}{2R^3}\int r^2\, dm + \frac{3}{2}\frac{x^2}{R^5}\int \xi^2\, dm + \frac{3}{2}\frac{y^2}{R^5}\int \eta^2\, dm \\ & + \frac{3}{2}\frac{z^2}{R^5}\int \zeta^2\, dm + \frac{3xy}{R^5}\int \xi\eta\, dm + \frac{3yz}{R^5}\int \eta\zeta\, dm \\ & + \frac{3zx}{R^5}\int \zeta\xi\, dm + \cdots \end{aligned}\right.$$

Ist M die Masse des Sphäroids, so hat man

$$\int dm = M$$

und, da der Koordinatenanfang im Anziehungszentrum liegt, die Werte

$$\int \xi\, dm = 0, \qquad \int \eta\, dm = 0, \qquad \int \zeta\, dm = 0.$$

Bezeichnet σ die Dichte, so ist

$$\left\{\begin{aligned} dm &= \sigma r^2 \cos\varphi\, d\varphi\, d\theta\, dr, \\ \xi &= r\cos\varphi\cos\theta, \\ \eta &= r\cos\varphi\sin\theta, \\ \zeta &= r\sin\varphi. \end{aligned}\right.$$

Der Ausdruck (27) nimmt daher die Form an

$$\begin{aligned} V = {} & \frac{M}{R} - \frac{\sigma}{2R^3}\int\int\int r^4 \cos\varphi\, d\varphi\, d\theta\, dr + \frac{3x^2\sigma}{2R^5}\int\int\int r^4\cos^3\varphi\cos^2\theta\, d\varphi\, d\theta\, dr \\ & + \frac{3}{2}\frac{y^2\sigma}{R^5}\int\int\int r^4\cos^3\varphi\sin^2\theta\, d\varphi\, d\theta\, dr + \frac{3z^2\sigma}{2R^5}\int\int\int r^4\sin^2\varphi\cos\varphi\, d\varphi\, d\theta\, dr \\ & + \frac{3xy\sigma}{R^5}\int\int\int r^4\cos^3\varphi\sin\theta\cos\theta\, d\varphi\, d\theta\, dr \\ & + \frac{3yz\sigma}{R^5}\int\int\int r^4\sin\varphi\cos^2\varphi\sin\theta\, d\varphi\, d\theta\, dr \\ & + \frac{3zx\sigma}{R^5}\int\int\int r^4\sin\varphi\cos^2\varphi\cos\theta\, d\varphi\, d\theta\, dr + \cdots, \end{aligned}$$

dabei ist nach r zwischen den Grenzen O und r, nach φ zwischen den Grenzen $-\frac{\pi}{2}$ und $+\frac{\pi}{2}$ und nach θ zwischen den Grenzen O und 2π zu integrieren. Da r und φ von θ unabhängig sind, kann zuerst nach θ integriert werden und man erhält

$$(28)\quad \left\{\begin{aligned} V &= \frac{M}{R} - \frac{\pi\sigma}{R^3}\int\limits_{-\frac{\pi}{2}}^{\frac{\pi}{2}}\int\limits_{0}^{r} r^4 \cos\varphi\, d\varphi\, dr \\ &+ \frac{3}{2}\,\frac{\pi x^2\sigma}{R^5}\int\limits_{-\frac{\pi}{2}}^{\frac{\pi}{2}}\int\limits_{0}^{r} r^4 \cos^3\varphi\, d\varphi\, dr \\ &+ \frac{3}{2}\,\frac{\pi y^2\sigma}{R^5}\int\limits_{-\frac{\pi}{2}}^{\frac{\pi}{2}}\int\limits_{0}^{r} r^4 \cos^3\varphi\, d\varphi\, dr \\ &+ \frac{3\pi z^2\sigma}{R^5}\int\limits_{-\frac{\pi}{2}}^{\frac{\pi}{2}}\int\limits_{0}^{r} r^4 \sin^2\varphi \cos\varphi\, d\varphi\, dr + \cdots, \end{aligned}\right.$$

wo die drei letzten Integrale verschwinden.

Die nächste Integration muß nach r genommen werden, da diese Veränderliche von φ abhängt. Bezeichnen a und b die große und kleine Achse eines Meridianschnittes und e die Exzentrizität, so ist

$$r^2 = \frac{b^2}{1 - e^2\cos^2\varphi}.$$

Führt man die Integration in (28) nach r aus und entwickelt nach Potenzen von e, so ergibt sich bis auf Größen von der zweiten Ordnung einschließlich

$$\begin{aligned} V &= \frac{M}{R} - \frac{\pi\sigma b^5}{5R^3}\int\limits_{-\frac{\pi}{2}}^{\frac{\pi}{2}}(1 + \tfrac{5}{2}e^2\cos^2\varphi + \cdots)\cos\varphi\, d\varphi \\ &+ \frac{3}{10}\,\frac{\pi\sigma b^5}{R^5}(x^2 + y^2)\int\limits_{-\frac{\pi}{2}}^{\frac{\pi}{2}}(1 + \tfrac{5}{2}e^2\cos^2\varphi + \cdots)\cos^3\varphi\, d\varphi \\ &+ \frac{3}{5}\,\frac{\pi\sigma b^5 z^2}{R^5}\int\limits_{-\frac{\pi}{2}}^{\frac{\pi}{2}}(1 + \tfrac{5}{2}e^2\cos^2\varphi + \cdots)\sin^2\varphi\cos\varphi\, d\varphi \\ &+ \cdots\cdots\cdots \end{aligned}$$

Integriert man noch nach φ und ordnet wieder nach Potenzen von e, so nimmt der Ausdruck V die Gestalt an

$$V = \frac{M}{R} + \frac{2}{15}\frac{\pi\sigma b^5}{R^5}(x^2 + y^2 - 2z^2)e^2 + \cdots$$

Da

$$M = \tfrac{4}{3}\pi\sigma a^2 b,$$
$$b^2 = a^2(1 - e^2)$$

ist, erhalten wir schließlich

$$(29) \qquad V = \frac{M}{R}\left[1 + \frac{b^2}{10}\frac{(x^2 + y^2 - 2z^2)}{R^4}e^2 + \cdots\right].$$

Für die Komponenten der Anziehung ergeben sich aus den Gleichungen (11) und (29) die Ausdrücke

$$(30) \qquad \begin{cases} X = -\dfrac{k^2 M x}{R^3}\left[1 + \dfrac{3}{10}b^2\dfrac{(x^2 + y^2 - 4z^2)}{R^4}e^2 + \cdots\right], \\ Y = -\dfrac{k^2 M y}{R^3}\left[1 + \dfrac{3}{10}b^2\dfrac{(x^2 + y^2 - 4z^2)}{R^4}e^2 + \cdots\right], \\ Z = -\dfrac{k^2 M z}{R^3}\left[1 + \dfrac{3}{10}b^2\dfrac{3(x^2 + y^2) - 2z^2}{R^4}e^2 + \cdots\right]. \end{cases}$$

Wenn das Sphäroid in eine Kugel von der gleichen Masse übergeht, reduzieren sich die Ausdrücke für die Anziehungskomponenten auf die ersten Glieder (der rechten Seiten). Liegt der angezogene Massenpunkt in der Äquatorebene des anziehenden Sphäroids, so ist $z = 0$, liegt er in der Polarachse, so ist $x = y = 0$. Daher ergibt sich aus den Ausdrücken (30), daß *die Anziehung eines abgeplatteten Sphäroids auf einen Massenpunkt in der Äquatorebene (der von dem Mittelpunkt eine gegebene Entfernung hat), größer ist als die einer Kugel von der gleichen Masse; daß sie hingegen kleiner ist als die Anziehung einer Kugel von der gleichen Masse, wenn der Massenpunkt auf der Polarachse liegt.* In dem Maße, als sich der Massenpunkt von dem anziehenden Körper entfernt, nähert sich die Anziehung derjenigen einer Kugel von der gleichen Masse. *Wenn sich daher der Massenpunkt in der Äquatorebene von dem Sphäroid entfernt, so nimmt die Anziehung schneller ab als das Quadrat der Entfernung zunimmt; wenn er sich hingegen in der Äquatorebene dem Sphäroid nähert, so nimmt die Anziehung schneller zu als das Quadrat der Entfernung abnimmt.* Die entgegengesetzten Ergebnisse erhalten wir für die Lage des Massenpunktes in der Polargeraden.

79. Das Potential und die Anziehung eines homogenen Vollellipsoides auf einen Einheitsmassenpunkt in seinem Innern. Die Gleichung eines Ellipsoides sei

$$(31) \qquad \frac{\xi^2}{a^2} + \frac{\eta^2}{b^2} + \frac{\zeta^2}{c^2} - 1 = 0,$$

und es bezeichne (x, y, z) einen Massenpunkt in seinem Innern. Wir wählen diesen Punkt zum Anfangspunkt für die Polarkoordinaten ϱ, θ und φ. Sind die Grundebenen des Polarkoordinatensystems parallel denen des Kartesischen Systems, so bestehen zwischen den rechtwinkligen und Polarkoordinaten die Beziehungen

$$(32)\qquad \begin{cases} \xi = x + \varrho \cos\varphi \cos\theta, \\ \eta = y + \varrho \cos\varphi \sin\theta, \\ \zeta = z + \varrho \sin\varphi. \end{cases}$$

Das Potential des Ellipsoides in dem Einheitsmassenpunkt P ist

$$V = \int\limits_{(M)} \frac{dm}{\varrho} = \sigma \int\limits_{-\frac{\pi}{2}}^{\frac{\pi}{2}} \int\limits_{0}^{2\pi} \int\limits_{0}^{\varrho_1} \varrho \cos\varphi \, d\varphi \, d\theta \, d\varrho .$$

Da die Größe ϱ von den Polarwinkeln abhängt, muß die Integration zunächst nach dieser Variablen genommen werden. Dies liefert

$$(33)\qquad V = \frac{\sigma}{2} \int\limits_{-\frac{\pi}{2}}^{\frac{\pi}{2}} \int\limits_{0}^{2\pi} \varrho_1^2 \cos\varphi \, d\varphi \, d\theta .$$

Um ϱ_1 durch die Polarwinkel auszudrücken, setzen wir die Werte (32) in die Gleichung (31) ein; so findet man

$$(34)\qquad A\varrho_1^2 + 2B\varrho_1 + C = 0,$$

$$(35)\qquad \begin{cases} A = \dfrac{\cos^2\varphi \cos^2\theta}{a^2} + \dfrac{\cos^2\varphi \sin^2\theta}{b^2} + \dfrac{\sin^2\varphi}{c^2}, \\[2ex] B = \dfrac{x \cos\varphi \cos\theta}{a^2} + \dfrac{y \cos\varphi \sin\theta}{b^2} + \dfrac{z \sin\varphi}{c^2}, \\[2ex] C = \dfrac{x^2}{a^2} + \dfrac{y^2}{b^2} + \dfrac{z^2}{c^2} - 1. \end{cases}$$

Aus (34) folgt
$$\varrho_1 = \frac{-B \pm \sqrt{B^2 - AC}}{A}.$$

Damit der Größe ϱ_1 eine reelle Bedeutung zukommt, muß sie positiv sein; A ist wesentlich positiv, und C ist negativ wegen der Lage des Punktes (x, y, z) im Innern des Ellipsoides. Folglich muß die Wurzel das positive

Zeichen erhalten. Setzt man diesen Wert von ϱ_1 in (33) ein, so ergibt sich

$$V = \frac{\sigma}{2}\int_{-\frac{\pi}{2}}^{\frac{\pi}{2}}\int_{0}^{2\pi}\frac{(2B^2 - 2B\sqrt{B^2 - AC} - AC)}{A^2}\cos\varphi\, d\varphi\, d\theta. \tag{36}$$

Wir betrachten das Integral

$$V_1 = \int_{-\frac{\pi}{2}}^{\frac{\pi}{2}}\int_{0}^{2\pi}\frac{B\sqrt{B^2 - AC}}{A^2}\cos\varphi\, d\varphi\, d\theta.$$

Aus dem Ausdruck für B folgt, daß die Differentiale, die den Werten $\theta = \theta_0$, $\varphi = \varphi_0$ und $\theta = \pi + \theta_0$, $\varphi = -\varphi_0$ entsprechen, entgegengesetzt gleich sind. Da die sämtlichen Differentiale, die in das Integral für V_1 eingehen, sich in dieser Weise paarweise zusammenfassen lassen, so ergibt sich $V_1 = 0$, und man erhält aus (36) den Ausdruck

$$\left\{\begin{aligned} V = {} & \frac{\sigma}{2}\int_{-\frac{\pi}{2}}^{\frac{\pi}{2}}\int_{0}^{2\pi}\left\{\frac{\cos^2\varphi\cos^2\theta}{a^2}\left(\frac{2x^2}{a^2} - C\right) + \frac{\cos^2\varphi\sin^2\theta}{b^2}\right. \\ & \left.\times\left(\frac{2y^2}{b^2} - C\right) + \frac{\sin^2\varphi}{c^2}\left(\frac{2z^2}{c^2} - C\right)\right\}\frac{\cos\varphi\, d\varphi\, d\theta}{A^2} \\ & + 2\sigma\int_{-\frac{\pi}{2}}^{\frac{\pi}{2}}\int_{0}^{2\pi}\left\{\frac{xy\cos^2\varphi\sin\theta\cos\theta}{a^2b^2} + \frac{yz\sin\varphi\cos\varphi\sin\theta}{b^2c^2}\right. \\ & \left. + \frac{zx\sin\varphi\cos\varphi\cos\theta}{c^2a^2}\right\}\frac{\cos\varphi\, d\varphi\, d\theta}{A^2}. \end{aligned}\right. \tag{37}$$

Durch geeignete paarweise Zusammenfassung der Elemente erkennt man, daß das zweite Integral den Wert null hat.

Setzt man

$$W = \frac{\sigma}{2}\int_{-\frac{\pi}{2}}^{\frac{\pi}{2}}\int_{0}^{2\pi}\frac{\cos\varphi\, d\varphi\, d\theta}{\frac{\cos^2\varphi\cos^2\theta}{a^2} + \frac{\cos^2\varphi\sin^2\theta}{b^2} + \frac{\sin^2\varphi}{c^2}}, \tag{38}$$

so läßt sich der Ausdruck (37) in der Form schreiben

$$V = -CW + \frac{x^2}{a}\frac{\partial W}{\partial a} + \frac{y^2}{b}\frac{\partial W}{\partial b} + \frac{z^2}{c}\frac{\partial W}{\partial c}. \tag{39}$$

Für ein gegebenes Ellipsoid ist W konstant, für die Potentialflächen bestehen daher die Gleichungen

$$C_1 x^2 + C_2 y^2 + C_3 z^2 = \text{konstant},$$

welche eine Schar von konzentrischen ähnlichen Ellipsoiden darstellen, deren Achsen zu $C_1^{-\frac{1}{2}}$., $C_2^{-\frac{1}{2}}$. und $C_3^{-\frac{1}{2}}$. proportional sind.

Um W auf eine integrable Form zu bringen, setzen wir

$$(40)\qquad \begin{cases} M = \dfrac{\cos^2\varphi}{a^2} + \dfrac{\sin^2\varphi}{c^2}, \\[2mm] N = \dfrac{\cos^2\varphi}{b^2} + \dfrac{\sin^2\varphi}{c^2}, \end{cases}$$

dann geht der Ausdruck (38) über in

$$W = \frac{\sigma}{2}\int\limits_{-\frac{\pi}{2}}^{\frac{\pi}{2}}\int\limits_{0}^{2\pi}\frac{\cos\varphi\, d\varphi\, d\theta}{M\cos^2\theta + N\sin^2\theta}$$

$$= 4\sigma\int\limits_{0}^{\frac{\pi}{2}}\int\limits_{0}^{\frac{\pi}{2}}\frac{\cos\varphi\, d\varphi\, d\theta}{M\cos^2\theta + N\sin^2\theta}.$$

Da M und N von θ unabhängig sind, findet man durch Integration nach dieser Veränderlichen[1])

$$(41)\qquad \begin{aligned} W &= 2\pi\sigma\int\limits_{0}^{\frac{\pi}{2}}\frac{\cos\varphi\, d\varphi}{\sqrt{MN}} \\ &= 2\pi\sigma abc^2\int\limits_{0}^{\frac{\pi}{2}}\frac{\cos\varphi\, d\varphi}{\sqrt{(a^2\sin^2\varphi + c^2\cos^2\varphi)(b^2\sin^2\varphi + c^2\cos^2\varphi)}}. \end{aligned}$$

Um die Symmetrie in den Größen a, b und c, welche für den Ausdruck (38) bestand, wiederherzustellen, führte Jacobi die Transformation

$$\sin\varphi = \frac{c}{\sqrt{c^2 + s}}$$

ein. Mit Hilfe dieser Transformation ergibt sich

$$W = \pi\sigma abc\int\limits_{0}^{\infty}\frac{ds}{\sqrt{(a^2+s)(b^2+s)(c^2+s)}}.$$

1) Für $\operatorname{tg}\theta = x$ nimmt das Integral eine von den gewöhnlichen Formen an.

Bildet man die Ableitungen nach a, b und c und setzt in (39) ein, so folgt

$$(42)\quad V = \pi\sigma abc \int_0^\infty \left(1 - \frac{x^2}{a^2+s} - \frac{y^2}{b^2+s} - \frac{z^2}{c^2+s}\right) \frac{ds}{\sqrt{(a^2+s)(b^2+s)(c^2+s)}}.$$

Für die Komponenten der Anziehung erhält man

$$(43)\quad \begin{cases} X = k^2 \dfrac{\partial V}{\partial x} = -\displaystyle\int_0^\infty \frac{2\pi\sigma abc x k^2 ds}{(a^2+s)\sqrt{(a^2+s)(b^2+s)(c^2+s)}}, \\ Y = k^2 \dfrac{\partial V}{\partial y} = -\displaystyle\int_0^\infty \frac{2\pi\sigma abc y k^2 ds}{(b^2+s)\sqrt{(a^2+s)(b^2+s)(c^2+s)}}, \\ Z = k^2 \dfrac{\partial V}{\partial z} = -\displaystyle\int_0^\infty \frac{2\pi\sigma abc z k^2 ds}{(c^2+s)\sqrt{(a^2+s)(b^2+s)(c^2+s)}}. \end{cases}$$

Die Gleichung (41) ist homogen von der zweiten Ordnung in a, b und c; folglich sind die Ausdrücke $\frac{\partial V}{\partial x}$, $\frac{\partial V}{\partial y}$ und $\frac{\partial V}{\partial z}$, welche sich aus (39) ergeben, homogen von der Ordnung null in derselben Größe. Daraus folgt, wenn man den Größen a, b und c einen Faktor ν hinzufügt, daß die Werte X, Y, Z für die Anziehungskomponenten keine Änderung erfahren; oder, *das elliptische Homoeoid, welches von den Ellipsoidflächen mit den Achsen a, b, c und νa, νb und νc begrenzt ist, übt auf den inneren Massenpunkt P in entgegengesetzten Richtungen Anziehungskräfte von dem gleichen Betrage aus* (vgl. § 67).

Die Anziehungskomponente X ist von y und z unabhängig und erhält x in der ersten Potenz; folglich ist *die x-Komponente der Anziehung der x-Koordinate des Massenpunktes proportional und hat innerhalb des Ellipsoides an jeder Stelle der Ebene $\xi = x$ ein und denselben Wert.* Entsprechende Ergebnisse bestehen für die beiden anderen Koordinaten.

Die Größen a, b und c seien so gewählt, daß $a > b > c$. Dann läßt sich der Ausdruck (41) auf die Normalform eines elliptischen Integrals erster Art bringen. Benutzt man die Substitutionen

$$\sin\varphi = \frac{c}{\sqrt{a^2-c^2}} \frac{u}{\sqrt{1-u^2}},$$

$$\varkappa^2 = \frac{a^2-b^2}{a^2-c^2} < 1,$$

so ergibt sich

$$(44)\qquad W = \frac{2\pi\sigma abc}{\sqrt{a^2 - c^2}} \int\limits_0^{\frac{\sqrt{a^2-c^2}}{a}} \frac{du}{\sqrt{(1-u^2)(1-\varkappa^2 u^2)}}.$$

Dieses Integral läßt sich für kleine Werte von $\varkappa^2$ leicht berechnen, wenn man den Integranden nach Potenzen von $\varkappa^2$ entwickelt und gliedweise integriert.

XII. Aufgaben.

1. Man diskutiere die durch Gleichung (29) gegebenen Potentialflächen.

2. Man bestimme, wie in § 79, anstatt des Potentials die Ausdrücke für die Anziehungskomponenten. Man untersuche, welche Teile der Integrale verschwinden, integriere nach θ und zeige, daß sich die folgenden Resultate ergeben

$$\begin{cases} X = -4\pi\sigma bcxk^2 \displaystyle\int\limits_0^{\frac{\pi}{2}} \frac{\sin^2\varphi\cos\varphi\, d\varphi}{\sqrt{(b^2\sin^2\Phi + a^2\cos^2\varphi)\,(c^2\sin^2\varphi + a^2\cos^2\varphi)}}, \\ Y = -4\pi\sigma cayk^2 \displaystyle\int\limits_0^{\frac{\pi}{2}} \frac{\sin^2\varphi\cos\varphi\, d\varphi}{\sqrt{(c^2\sin^2\varphi + b^2\cos^2\varphi)\,(a^2\sin^2\varphi + b^2\cos^2\varphi)}}, \\ Z = -4\pi\sigma abzk^2 \displaystyle\int\limits_0^{\frac{\pi}{2}} \frac{\sin^2\varphi\cos\varphi\, d\varphi}{\sqrt{(a^2\sin^2\varphi + c^2\cos^2\varphi)\,(b^2\sin^2\varphi + c^2\cos^2\varphi)}}. \end{cases}$$

Anleitung: Man leite die Ausdrücke für Z ab, und da die Wahl der Aufeinanderfolge der Achsen beliebig ist, die Ausdrücke für die anderen Komponenten durch Permutation der Buchstaben a, b, c.

3. Man transformiere die Gleichungen der Aufgabe 2 durch

$$\sin\varphi = \frac{a}{\sqrt{a^2+s}}, \qquad \sin\varphi = \frac{b}{\sqrt{b^2+s}}, \qquad \sin\varphi = \frac{c}{\sqrt{c^2+s}}$$

und zeige, daß sich die Gleichungen (43) ergeben.

4. Man zeige, daß das Potential eines Ellipsoides in einem Massenpunkt, der mit seinem Mittelpunkt zusammenfällt, gleich ist

$$V_0 = \pi\sigma abc \int\limits_0^{\infty} \frac{ds}{\sqrt{(a^2+s)(b^2+s)(c^2+s)}} = W.$$

5. Aus dem Wert für V_0 und den Gleichungen (43) leite man den Wert des Potentials (42) ab.

6. Man bringe die Gleichungen der Aufgabe 2 auf die Form

$$\int \frac{u^2\,du}{\sqrt{(1-u^2)(1-\varkappa^2 u^2)}}.$$

7. Man integriere die Gleichungen (28), ohne den Ausdruck für r^2 nach Potenzen von e^2 zu entwickeln.

80. Die Anziehung eines homogenen Vollellipsoides auf einen äußeren Massenpunkt. Die Methode von Ivory. Im Falle eines äußeren Massenpunktes erhält man derartig komplizierte Integrale, daß man die Anziehungskomponenten nicht durch direkte Integration, außer durch Reihenentwicklung ermittelt hat. Indessen sind die Anziehungskomponenten durch indirektes Verfahren bestimmt worden, indem man sie durch die Anziehungskomponenten eines Ellipsoides für innere Massenpunkte ausdrückte. In diesem Kunstgriff besteht Ivorys Methode.[1])

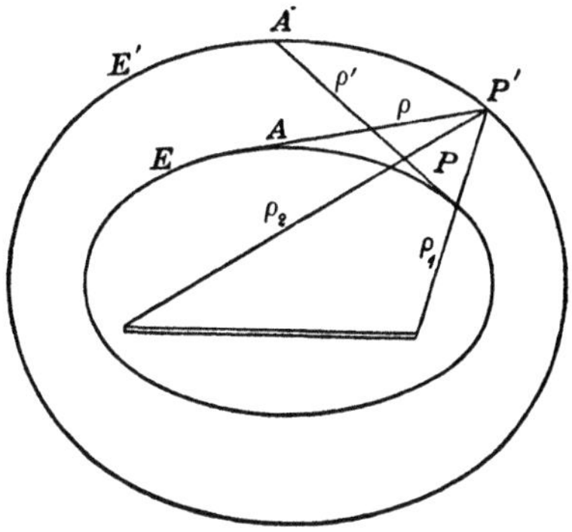

Fig. 23.

Es soll die Anziehung des Ellipsoides E auf den äußeren Massenpunkt P' mit den Koordinaten x', y', z' gefunden werden. Das Ellipsoid E besitze die Halbachsen a, b, c. Wir legen durch den Punkt P' ein konfokales Ellipsoid E' mit den Halbachsen a', b', c' und derselben Dichte wie E, dann bestehen für die Achsen der beiden Ellipsoide die Beziehungen

$$(45)\qquad \begin{cases} a' = \sqrt{a^2+\varkappa}, \\ b' = \sqrt{b^2+\varkappa}, \\ c' = \sqrt{c^2+\varkappa}, \end{cases}$$

wo $\varkappa$ durch die Gleichung

$$(46)\qquad \frac{x'^2}{a^2+\varkappa}+\frac{y'^2}{b^2+\varkappa}+\frac{z'^2}{c^2+\varkappa}-1=0$$

definiert ist. Der einzige hier zuverlässige Wert von $\varkappa$ ist reell und positiv. Gleichung (46) ist in $\varkappa$ vom dritten Grade und hat eine positive und zwei negative Wurzeln; denn der Ausdruck auf der linken Seite, als Funktion von $\varkappa$ betrachtet, ist negativ für $\varkappa = +\infty$; positiv für $\varkappa = 0$ [weil (x', y', z') ein äußerer Punkt des

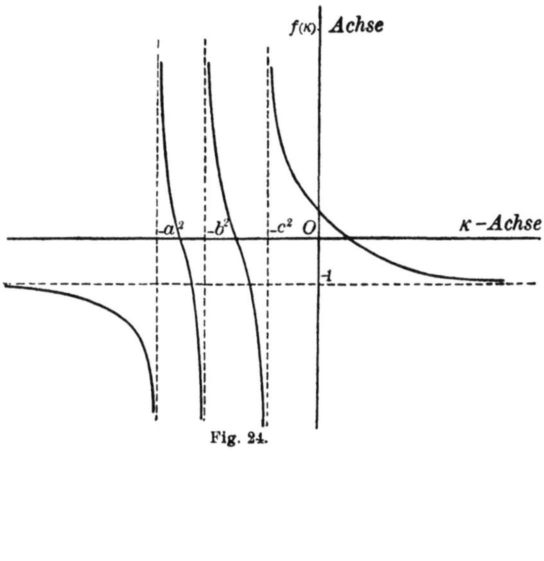

Fig. 24.

1) Philosophical Transactions, 1809.

Ellipsoides E ist]; positiv für $\varkappa = -c^2 + \varepsilon$ (wo ε eine sehr kleine positive Größe darstellt); negativ für $\varkappa = -c^2 - \varepsilon$; positiv für $\varkappa = -b^2 + \varepsilon$; negativ für $\varkappa = -b^2 - \varepsilon$; positiv für $\varkappa = -a^2 + \varepsilon$; negativ für $\varkappa = -a^2 - \varepsilon$ und negativ für $\varkappa = -\infty$. Die graphische Darstellung dieser Funktion liefert Figur 24. Für die positive Wurzel $\varkappa$ sind a', b', c' eindeutig bestimmt.

Eine eineindeutige Beziehung zwischen den Punkten auf den beiden Ellipsoiden wird jetzt durch die Gleichungen (vgl. § 77)

$$\xi' = \frac{a'}{a}\xi, \qquad \eta' = \frac{b'}{b}\eta, \qquad \zeta' = \frac{c'}{c}\zeta \tag{47}$$

hergestellt. Es seien P und P' zwei entsprechende Punkte. Wir zeigen, daß zwischen den Anziehungen des Ellpsoides E auf den Punkt P' und des Ellipsoides E' auf den Punkt P eine sehr einfache Beziehung besteht.

X, Y und Z bezeichnen die Anziehungskomponenten des Ellipsoides E' auf den inneren Massenpunkt $P(x, y, z)$. Sie lassen sich nach den Methoden des § 79 berechnen und können als bekannt vorausgesetzt werden. X', Y' und Z' seien die gesuchten Anziehungskomponenten des Ellipsoides E auf den Punkt P'. Für die Komponenten parallel zur x-Achse bestehen die Ausdrücke

$$\tag{48} \left\{ \begin{aligned} -X &= k^2\sigma \iiint \frac{x-\xi'}{\varrho'^3}\, d\xi'\, d\eta'\, d\zeta' = k^2\sigma \iiint \frac{\partial\left(\frac{1}{\varrho'}\right)}{\partial \xi'}\, d\xi'\, d\eta'\, d\zeta', \\ -X' &= k^2\sigma \iiint \frac{x'-\xi}{\varrho^3}\, d\xi\, d\eta\, d\zeta = k^2\sigma \iiint \frac{\partial\left(\frac{1}{\varrho}\right)}{\partial \xi}\, d\xi\, d\eta\, d\zeta. \end{aligned} \right.$$

Integriert man nach ξ, so ergibt sich

$$\tag{49} \left\{ \begin{aligned} X &= k^2\sigma \iint \left(\frac{1}{\varrho_2'} - \frac{1}{\varrho_1'}\right) d\eta'\, d\zeta', \\ X' &= k^2\sigma \iint \left(\frac{1}{\varrho_2} - \frac{1}{\varrho_1}\right) d\eta\, d\zeta, \end{aligned} \right.$$

wo ϱ_2 und ϱ_1 die Entfernungen zwischen dem Punkt P' und den Enden des prismatischen Elementes darstellen, das durch die Integration nach ξ entstanden ist. Zur vollständigen Lösung integrieren wir noch über die ganze Oberfläche von E. Die erste Gleichung in (49) läßt sich ähnlich behandeln.

Mit Hilfe des folgenden Lemma können wir nun X' in einfacher Weise durch X ausdrücken.

Wenn P und A zwei beliebige Punkte auf dem Ellipsoid E und P' und A' die entsprechenden Punkte auf dem Ellipsoid E' darstellen, dann sind die Entfernungen PA' und $P'A$ gleich.

Ist $PA' = \varrho'$ und $P'A = \varrho$, so ist $\varrho = \varrho'$. Besitzen die Punkte P und A die Koordinaten ξ_1, η_1, ζ_1 und ξ_2, η_2, ζ_2 und die Punkte P' und A' die Koordinaten $\xi_1', \eta_1', \zeta_1'$ und $\xi_2', \eta_2', \zeta_2'$, so gelten die Beziehungen

$$\begin{cases} \varrho'^2 = (\xi_1 - \xi_2')^2 + (\eta_1 - \eta_2')^2 + (\zeta_1 - \zeta_2')^2, \\ \varrho^2 = (\xi_2 - \xi_1')^2 + (\eta_2 - \eta_1')^2 + (\zeta_2 - \zeta_1')^2. \end{cases}$$

Berücksichtigt man die Gleichungen (45) und (47), so ergibt sich

$$\varrho'^2 - \varrho^2 = \varkappa\left(\frac{\xi_2^2}{a^2} + \frac{\eta_2^2}{b^2} + \frac{\zeta_2^2}{c^2}\right) - \varkappa\left(\frac{\xi_1^2}{a^2} + \frac{\eta_1^2}{b^2} + \frac{\zeta_1^2}{c^2}\right).$$

Da die Punkte P und A auf dem Ellipsoide mit den Halbachsen a, b, c liegen, so ist jeder der beiden Klammerausdrücke gleich eins. Folglich ist $\varrho'^2 - \varrho^2 = 0$, oder $\varrho = \varrho'$.

Die Integrationen der Ausdrücke in (49) mögen in der Weise erfolgen, daß die Elemente entsprechender Punkte auf den beiden Ellipsoiden jedesmal gleichzeitig genommen werden. Dann ist während des ganzen Verlaufs der Integrationen $\varrho_1 = \varrho_1'$ und $\varrho_2 = \varrho_2'$. Überdies folgt aus (47), daß $d\eta = \frac{b}{b'}\,d\eta'$ und $d\zeta = \frac{c}{c'}\,d\zeta'$. Somit erhalten wir

$$(50)\quad \begin{cases} X = k^2\sigma \displaystyle\iint\left(\frac{1}{\varrho_2'} - \frac{1}{\varrho_1'}\right) d\eta'\,d\zeta', \\ X' = k^2\sigma \dfrac{bc}{b'c'} \displaystyle\iint\left(\frac{1}{\varrho_2'} - \frac{1}{\varrho_1'}\right) d\eta'\,d\zeta' = \dfrac{bc}{b'c'} X; \end{cases} \quad \text{und ebenso}$$

$$(51)\quad \begin{cases} Y' = \dfrac{ca}{c'a'} Y, \\ Z' = \dfrac{ab}{a'b'} Z. \end{cases}$$

Die Buchstaben a, b, c und s in den Gleichungen (43) sind eigens gewählt, um eine Übereinstimmung mit den Bezeichnungen dieses Paragraphen herzustellen; da nun P und P' entsprechende Punkte darstellen, so haben wir $x = \frac{a}{a'}\,x'$, $y = \frac{b}{b'}\,y'$, $z = \frac{c}{c'}\,z'$. Nimmt man diese Änderungen in den Ausdrücken (43) vor und setzt sie sodann in die Gleichungen (50) und (51) ein, so ergibt sich

$$\begin{cases} X' = -\,2\pi\sigma abck^2x' \displaystyle\int_0^\infty \frac{ds'}{(a'^2 + s')\sqrt{(a'^2 + s')(b'^2 + s')(c'^2 + s')}}, \\ Y' = -\,2\pi\sigma abck^2y' \displaystyle\int_0^\infty \frac{ds'}{(b'^2 + s')\sqrt{(a'^2 + s')(b'^2 + s')(c'^2 + s')}}, \\ Z' = -\,2\pi\sigma abck^2z' \displaystyle\int_0^\infty \frac{ds'}{(c'^2 + s')\sqrt{(a'^2 + s')(b'^2 + s')(c'^2 + s')}}. \end{cases}$$

Hieraus erhält man, da aus den Gleichungen (45) die Beziehungen

$$a'^2 = a^2 + \varkappa, \quad b'^2 = b^2 + \varkappa, \quad c'^2 = c^2 + \varkappa$$

folgen, wenn man $s = s' + \varkappa$ setzt, die Ausdrücke

$$(52) \quad \begin{cases} X' = -\,2\pi\sigma abck^2 x' \displaystyle\int_{\varkappa}^{\infty} \frac{ds}{(a^2+s)\sqrt{(a^2+s)(b^2+s)(c^2+s)}}, \\ Y' = -\,2\pi\sigma abck^2 y' \displaystyle\int_{\varkappa}^{\infty} \frac{ds}{(b^2+s)\sqrt{(a^2+s)(b^2+s)(c^2+s)}}, \\ Z' = -\,2\pi\sigma abck^2 z' \displaystyle\int_{\varkappa}^{\infty} \frac{ds}{(c^2+s)\sqrt{(a^2+s)(b^2+s)(c^2+s)}}. \end{cases}$$

Aus den Gleichungen (50) und (51) folgt, daß die Anziehungskomponenten für innere Punkte in a, b, c homogen vom Grade null sind, und daß sie sich wie die Koordinaten des angezogenen Punktes verhalten. Es bezeichne X, wie oben, die Anziehung des Ellipsoides E' mit den Halbachsen a', b', c' auf den inneren Punkt (x, y, z); ferner bezeichne X'' die Anziehung des Ellipsoides E' auf den inneren Punkt (x'', y'', z''), welcher zu dem Punkt (x, y, z) Beziehungen derselben Form wie (47) besitzen soll. Dann folgt

$$\frac{X''}{X} = \frac{x''}{x}, \quad \frac{Y''}{Y} = \frac{y''}{y}, \quad \frac{Z''}{Z} = \frac{z''}{z}.$$

Der Punkt (x'', y'', z'') nähere sich der Oberfläche von E' als seiner Grenzlage, wobei sein Entsprechen mit dem Punkt (x, y, z) in jedem Augenblick bestehen soll. Dann ist in der Grenze

$$\frac{X''}{X} = \frac{a'}{a}, \quad \frac{Y''}{Y} = \frac{b'}{b}, \quad \frac{Z''}{Z} = \frac{c'}{c}.$$

Nimmt man zu diesen Gleichungen die Gleichungen (50) und (51), so erhält man

$$(53) \qquad \frac{X''}{X'} = \frac{Y''}{Y'} = \frac{Z''}{Z'} = \frac{a'b'c'}{abc} = \frac{M'}{M}.$$

Das heißt: *Die Anziehung eines Vollellipsoides auf einen äußeren Massenpunkt verhält sich zu der Anziehung eines konfokalen Ellipsoides durch den Massenpunkt wie die Masse des ersten Ellipsoides zu der des zweiten.*

Wir betrachten ein anderes Ellipsoid, welches zu dem durch den Massenpunkt gehenden Ellipsoid konfokal und innerhalb dieses Ellipsoides gelegen ist; man findet mit Hilfe derselben Überlegung, daß sich die Anziehungskomponenten dieser beiden Ellipsoide ebenfalls wie ihre Massen verhalten. Sind X''', Y''', Z''' die Anziehungskomponenten des neuen Ellipsoides mit den Halbachsen a''', b''', c''', so ist daher

$$\frac{X''}{X'''} = \frac{Y''}{Y'''} = \frac{Z''}{Z'''} = \frac{a'b'c'}{a'''b'''c'''} = \frac{M'}{M'''}.$$

Diese Proportionen ergeben mit denen in (53) die Proportionen

$$\frac{X'}{X'''} = \frac{Y'}{Y'''} = \frac{Z'}{Z'''} = \frac{M}{M'''}.$$

Wir haben daher den Satz: *Zwei konfokale Ellipsoide üben auf Massenpunkte, welche außerhalb der beiden Ellipsoide liegen, Anziehungskräfte aus, die von derselben Richtung und ihren Massen proportional sind.* Dieser Satz wurde von Maclaurin und Lagrange für Rotationsellipsoide gefunden und von Lagrange auf den allgemeinen Fall von drei ungleichen Achsen ausgedehnt. Äußerst leicht läßt sich der allgemeine Fall indessen nach der Methode von Ivory behandeln; er wird auch häufig als das Theorem von Ivory bezeichnet.

Die Ausdrücke (52) lassen sich auf eine Form bringen, die für die numerische Berechnung geeigneter ist. Wir setzen in dem ersten Ausdruck $\frac{a}{\sqrt{a^2+s}} = u$, in dem zweiten $\frac{b}{\sqrt{b^2+s}} = u$ und in dem dritten $\frac{c}{\sqrt{c^2+s}} = u$. Die Substitutionsergebnisse sind

$$(54)\quad \begin{cases} X' = -4\pi\sigma b c k^2 x' \displaystyle\int_0^{\frac{a}{\sqrt{a^2+\varkappa}}} \frac{u^2\,du}{\sqrt{[a^2-(a^2-b^2)u^2][a^2-(a^2-c^2)u^2]}}, \\ Y' = -4\pi\sigma c a k^2 y' \displaystyle\int_0^{\frac{b}{\sqrt{b^2+\varkappa}}} \frac{u^2\,du}{\sqrt{[b^2-(b^2-c^2)u^2][b^2-(b^2-a^2)u^2]}}, \\ Z' = -4\pi\sigma a b k^2 z' \displaystyle\int_0^{\frac{c}{\sqrt{c^2+\varkappa}}} \frac{u^2\,du}{\sqrt{[c^2-(c^2-a^2)u^2][c^2-(c^2-b^2)u^2]}}. \end{cases}$$

Für den Fall, daß der angezogene Massenpunkt sich im Innern des Ellipsoides befindet, erhält man Integrale derselben Form, abgesehen davon, daß die oberen Grenzen gleich eins sind.

81. Die Anziehung von Sphäroiden. Für äußere Massenpunkte ergeben sich die Anziehungskomponenten aus (54). Wir betrachten den Fall, wo der anziehende Körper ein abgeplattetes Sphäroid darstellt, für welches $a = b > c$; es bezeichne e die Exzentrizität eines Meridianschnittes. Dann ist

$$c^2 = a^2(1 - e^2),$$

und die Gleichungen (54) gehen somit über in

$$(55)\quad \begin{cases} \dfrac{X'}{x'} = \dfrac{Y'}{y'} = -4\pi\sigma k^2\sqrt{1-e^2}\displaystyle\int_0^{\frac{a}{\sqrt{a^2+\varkappa}}} \frac{u^2du}{\sqrt{1-e^2u^2}}, \\[2ex] \dfrac{Z'}{z'} = -4\pi\sigma k^2 \displaystyle\int_0^{\frac{c}{\sqrt{c^2+\varkappa}}} \frac{u^2du}{1-e^2+e^2u^2}. \end{cases}$$

Diese Gleichungen besitzen die Integrale

$$(56)\quad \begin{cases} \dfrac{X'}{x'} = \dfrac{Y'}{y'} = -2\pi\sigma k^2\dfrac{\sqrt{1-e^2}}{e^3}\left[\dfrac{-ae}{\sqrt{a^2+\varkappa}}\cdot\sqrt{1-\dfrac{a^2e^2}{a^2+\varkappa}}\right. \\ \qquad\qquad\qquad\qquad \left. + \arcsin\left(\dfrac{ae}{\sqrt{a^2+\varkappa}}\right)\right], \\[2ex] \dfrac{Z'}{z'} = -4\pi\sigma\dfrac{k^2}{e^3}\left[\dfrac{ce}{\sqrt{c^2+\varkappa}} - \sqrt{1-e^2}\cdot\operatorname{arc\,tg}\left(\dfrac{ce}{\sqrt{(1-e^2)(c^2+\varkappa)}}\right)\right]. \end{cases}$$

Die Anziehungskomponenten für innere Massenpunkte ergeben sich für $\varkappa = 0$ aus den Gleichungen (56).

Wir nehmen jetzt ein verlängertes Sphäroid als anziehenden Körper und setzen $a = b < c$. Dann ist $a^2 = b^2 = c^2(1 - \varepsilon^2)$ und für die Gleichungen (54) erhalten wir daher

$$(57)\quad \begin{cases} \dfrac{X'}{x'} = \dfrac{Y'}{y'} = -4\pi\sigma k^2 \displaystyle\int_0^{\frac{a}{\sqrt{a^2+\varkappa}}} \frac{u^2du}{\sqrt{1-\varepsilon^2+\varepsilon^2u^2}}, \\[2ex] \dfrac{Z'}{z'} = -4\pi\sigma k^2(1-\varepsilon^2) \displaystyle\int_0^{\frac{c}{\sqrt{c^2+\varkappa}}} \frac{u^2du}{1-\varepsilon^2u^2}. \end{cases}$$

Die Integrale dieser Gleichungen sind

$$(58)\quad \begin{cases} \dfrac{X'}{x'} = \dfrac{Y'}{y'} = -\dfrac{2\pi\sigma k^2}{\varepsilon^3}\Bigg[\dfrac{a\varepsilon}{\sqrt{a^2+\varkappa}}\sqrt{1-\varepsilon^2+\dfrac{a^2\varepsilon^2}{a^2+\varkappa}} \\ \qquad -(1-\varepsilon^2)\log\Bigg(\dfrac{a\varepsilon}{\sqrt{(1-\varepsilon^2)(a^2+\varkappa)}} \\ \qquad\qquad +\sqrt{1+\dfrac{a^2\varepsilon^2}{(1-\varepsilon^2)(a^2+\varkappa)}}\Bigg)\Bigg], \\ \dfrac{Z'}{z'} = -2\pi\sigma k^2\dfrac{(1-\varepsilon^2)}{\varepsilon^3}\left(\dfrac{-2c\varepsilon}{\sqrt{c^2+\varkappa}}+\log\dfrac{1+\dfrac{c\varepsilon}{\sqrt{c^2+\varkappa}}}{1-\dfrac{c\varepsilon}{\sqrt{c^2+\varkappa}}}\right). \end{cases}$$

Wenn der Massenpunkt innerhalb des Sphäroids liegt, haben wir für die Anziehungskomponenten dieselben Ausdrücke, außer für $\varkappa = 0$.

82. Der angezogene Massenpunkt liegt auf der Oberfläche des Sphäroids. Die Anziehungskomponenten für einen inneren Massenpunkt, welchen man im Falle eines abgeplatteten Sphäroids aus (56) für $\varkappa = 0$ erhält, sind ohne Indizes:

$$(59)\quad \begin{cases} \dfrac{X}{x} = \dfrac{Y}{y} = -2\pi\sigma k^2\dfrac{\sqrt{1-e^2}}{e^3}\left[-e\sqrt{1-e^2}+\arcsin e\right], \\ \dfrac{Z}{z} = -4\pi\sigma\dfrac{k^2}{e^3}\left[e-\sqrt{1-e^2}\arcsin e\right]. \end{cases}$$

Die Grenzwerte dieser Ausdrücke, die man erhält, wenn der angezogene Massenpunkt sich der Oberfläche des Sphäroids annähert, liefern die Anziehungskomponenten für einen Massenpunkt auf der Oberfläche selbst. Wenn der Massenpunkt durch die Oberfläche hindurch nach außen sich bewegt, erfährt $\varkappa$ in den Gleichungen (56), von dem Werte null ausgehend, eine stetige Zunahme, wobei die Gleichungen (46) in jedem Augenblick erfüllt sind. Folglich sind die Gleichungen (59), die bei dem Übergang des angezogenen Massenpunktes auf die Oberfläche selbst keine Unstetigkeiten erleiden, auch gültig für den Fall, daß x, y, z der Gleichung des Ellipsoides genügen.

Wenn e klein ist, wie in dem Falle der Planeten, kann man die Gleichungen (59) bequem benutzen, falls man sie nach Potenzen von e entwickelt. Setzt man die Reihenentwicklungen

$$\begin{cases} \sqrt{1-e^2} = 1-\dfrac{e^2}{2}-\dfrac{e^4}{8}-\cdots, \\ \arcsin e = e+\dfrac{e^3}{6}+\dfrac{3e^5}{40}+\cdots, \end{cases}$$

in die Gleichungen (59) ein, so erhält man

$$(60)\quad \begin{cases} \dfrac{X}{x} + \dfrac{Y}{y} = -\tfrac{4}{3}\pi\sigma k^2(1 - \tfrac{1}{5}e^2 + \cdots), \\ \dfrac{Z}{z} = -\tfrac{4}{3}\pi\sigma k^2(1 + \tfrac{2}{5}e^2 + \cdots). \end{cases}$$

Die Masse des Sphäroids ist

$$M = \tfrac{4}{3}\pi\sigma a^2 c = \tfrac{4}{3}\pi\sigma a^3\sqrt{1 - e^2}.$$

Der Radius einer Kugel von der gleichen Masse ist durch die Gleichung

$$M = \tfrac{4}{3}\pi\sigma R^3 = \tfrac{4}{3}\pi\sigma a^3\sqrt{1 - e^2}$$

bestimmt, woraus

$$R = a(1 - e^2)^{\frac{1}{6}}$$

folgt. Die Anziehung dieser Kugel auf einen Massenpunkt auf ihrer Oberfläche ist

$$(61)\quad F = -\frac{k^2 M}{R^2} = -\tfrac{4}{3}\pi\sigma k^2 a(1 - e^2)^{\frac{1}{6}}.$$

Wenn der angezogene Massenpunkt auf dem Äquator des Sphäroids liegt, ist $\sqrt{x^2 + y^2} = a$; daher besitzt das Verhältnis der Anziehung des Sphäroids auf einen Massenpunkt auf seinem Äquator zu der Anziehung einer gleichen Kugel auf einen Massenpunkt auf seiner Oberfläche den Wert

$$\frac{\sqrt{X^2 + Y^2}}{F} = \frac{(1 - \frac{1}{5}e^2 \cdots)}{(1 - e^2)^{\frac{1}{6}}} = 1 - \frac{e^2}{30} + \cdots$$

Dieser Wert ist für kleine e kleiner als eins; folglich ist die Anziehung des Sphäroids auf einen Massenpunkt, der seinem Äquator angehört, kleiner als die Anziehung einer Kugel von der gleichen Masse und dem gleichen Volumen auf einen Massenpunkt auf ihrer Oberfläche.

Wenn der angezogene Massenpunkt in dem Pole des Sphäroids liegt, ist $z = c = a\sqrt{1 - e^2}$; daher haben wir in diesem Falle

$$\frac{Z}{F} = \sqrt{1 - e^2}\,\frac{(1 + \frac{2}{5}e^2 \cdots)}{(1 - e^2)^{\frac{1}{6}}} = 1 + \frac{e^2}{15} + \cdots$$

Dieser Wert ist für kleine e größer als eins; folglich ist die Anziehung des Sphäroids auf einen Massenpunkt, der mit seinem Pol zusammenfällt, größer als die Anziehung einer Kugel von der gleichen Masse und dem gleichen Volumen auf einen Massenpunkt auf ihrer Oberfläche.

Somit gibt es eine Stelle zwischen Äquator und Pol, wo die beiden Anziehungen gleich sind. Wir bestimmen den Breitengrad dieser Stelle.

Die Koordinaten des Massenpunktes müssen die Gleichung des Sphäroids erfüllen; daher ist

$$f(x, y, z) = \frac{x^2 + y^2}{a^2} + \frac{z^2}{c^2} - 1 = 0. \tag{62}$$

Die Oberflächennormale in dem Punkt (x, y, z) hat die Richtungskosinus

$$\frac{\frac{\partial f}{\partial x}}{\sqrt{\left(\frac{\partial f}{\partial x}\right)^2 + \left(\frac{\partial f}{\partial y}\right)^2 + \left(\frac{\partial f}{\partial z}\right)^2}}, \quad \frac{\frac{\partial f}{\partial y}}{\sqrt{\left(\frac{\partial f}{\partial x}\right)^2 + \left(\frac{\partial f}{\partial y}\right)^2 + \left(\frac{\partial f}{\partial z}\right)^2}},$$

$$\frac{\frac{\partial f}{\partial z}}{\sqrt{\left(\frac{\partial f}{\partial x}\right)^2 + \left(\frac{\partial f}{\partial y}\right)^2 + \left(\frac{\partial f}{\partial z}\right)^2}}.$$

Der letzte Ausdruck ist der Kosinus des Winkels zwischen der Flächennormalen in dem Punkte (x, y, z) und der z-Achse, und ist folglich der Sinus der geographischen Breite, welche mit φ bezeichnet sei. Somit folgt aus (62) der Ausdruck

$$\begin{aligned} \sin\varphi &= \frac{\frac{\partial f}{\partial z}}{\sqrt{\left(\frac{\partial f}{\partial x}\right)^2 + \left(\frac{\partial f}{\partial y}\right)^2 + \left(\frac{\partial f}{\partial z}\right)^2}} \\ &= \frac{z}{\sqrt{(x^2 + y^2)(1 - e^2)^2 + z^2}}. \end{aligned} \tag{63}$$

Aus (62) und (63) ergibt sich

$$\left\{ \begin{aligned} x^2 + y^2 &= \frac{a^2 \cos^2\varphi}{1 - e^2 \sin^2\varphi} = a^2 \cos^2\varphi \left\{ 1 + e^2 \sin^2\varphi + \cdots \right\}, \\ z^2 &= \frac{a^2 (1 - e^2)^2 \sin^2\varphi}{1 - e^2 \sin^2\varphi} = a^2 \sin^2\varphi \left\{ 1 - e^2 (1 + \cos^2\varphi) + \cdots \right\}. \end{aligned} \right. \tag{64}$$

Stellt G die gesamte Anziehung des Sphäroids dar, dann ergibt sich aus (60) und (64) der Wert

$$\begin{aligned} G &= -\sqrt{X^2 + Y^2 + Z^2} \\ &= -\tfrac{4}{3}\pi\sigma k^2 \sqrt{(1 - \tfrac{1}{5}e^2 \ldots)^2 (x^2 + y^2) + (1 + \tfrac{2}{5}e^2 \ldots)^2 z^2} \\ &= -\tfrac{4}{3}\pi\sigma k^2 a \left\{ 1 - \frac{e^2}{10}(1 + \cos^2\varphi) + \cdots \right\}. \end{aligned}$$

Das Verhältnis dieses Wertes zu dem Wert für die Anziehung einer Kugel von der gleichen Masse und dem gleichen Volumen, der durch (61) gegeben ist, besitzt den Ausdruck

$$\text{(65)} \qquad \frac{G}{F} = \frac{1 - \frac{e^2}{10}(1 + \cos^2\varphi)\ldots}{(1 - e^2)^{\frac{1}{6}}} = 1 - \frac{e^2(1 - 3\sin^2\varphi)}{30}\ldots$$

Dieser Ausdruck nimmt bis auf Glieder von der vierten Ordnung in e den Wert eins an, wenn $3\sin^2\varphi = 1$ ist; hieraus folgt

$$\varphi = 35^0\, 15'\, 52''.$$

Bezeichnet r den Radius des Sphäroids, so ist

$$r^2 = \frac{a^2(1 - e^2)}{1 - e^2\cos^2\psi},$$

wo ψ den Winkel zwischen dem Radius und der Äquatorebene darstellt. Da sich dieser Winkel von dem Winkel φ nur durch Glieder zweiter und höherer Ordnung in e unterscheidet, so erhalten wir mit der angegebenen Annäherung den Wert

$$r^2 = \frac{a^2(1 - e^2)}{1 - e^2\cos^2\Phi} = a^2(1 - e^2)(1 + e^2\cos^2\Phi + \cdots).$$

Für den Wert $\varphi = 35^0\, 15'\, 52''$ ist

$$r^2 = a^2\left(1 - \frac{e^2}{3} + \cdots\right).$$

Für den Radius einer Kugel von dem gleichen Volumen wurde die Gleichung

$$R^2 = a^2(1 - e^2)^{\frac{1}{3}} = a^2\left(1 - \frac{e^2}{3} + \cdots\right)$$

gefunden. Dieser Radius ist ersichtlich gleich dem Radius des Sphäroids bis auf Glieder der zweiten Ordnung einschließlich in der Exzentrizität. Folglich ist im Falle eines abgeplatteten Sphäroids von kleiner Exzentrizität die Anziehungskraft merklich dieselbe auf einen Massenpunkt auf seiner Oberfläche in der Breite $35^0\, 15'\, 52''$ wie die Anziehung einer Kugel von der gleichen Masse und dem gleichen Volumen auf einen Massenpunkt auf ihrer Oberfläche; oder, wegen der Gleichheit von R und r: Ein Sphäroid von kleiner Exzentrizität zieht einen Massenpunkt auf seiner Oberfläche in der Breite $35^0\, 15'\, 52''$ merklich mit einer Kraft an, als wenn ihre gesamte Masse in ihrem Mittelpunkte vereinigt wäre.

XIII. Aufgaben.

1. Man zeige, daß die Methode von Ivory sich auch dann anwenden läßt, wenn die Anziehung einer beliebigen Potenz der Entfernung proportional ist.

2. Man zeige, aus welchem Grunde die Methode von Ivory nicht benutzt werden kann, um das Potential eines Vollellipsoides in einem äußeren Punkte zu finden, wenn es für einen inneren Punkt bekannt ist.

3. Man bestimme das Potential einer dünnen Ellipsoidschale, welche zwischen zwei konfokalen Ellipsoiden enthalten ist, in bezug auf einen inneren Punkt.

Anleitung: Es wurde bewiesen (§ 79), daß die resultierende Anziehung einer solchen Schale auf alle inneren Punkte verschwindet; daher ist das Potential in ihrem Innern konstant, und es genügt folglich seine Bestimmung für den Mittelpunkt. Sind die Halbachsen der beiden Flächen a, b, c und $(1+\mu)a$, $(1+\mu)b$, $(1+\mu)c$, so hat die Entfernung zwischen den beiden Flächen längs des Radius vom Mittelpunkt gemessen, den Wert $\mu\varrho$. Folglich ist

$$V = \sigma\mu \int_{-\frac{\pi}{2}}^{\frac{\pi}{2}} \int_0^{2\pi} \frac{\varrho^3 \cos\varphi \, d\varphi \, d\theta}{\varrho}$$

$$= \sigma\mu \int_{-\frac{\pi}{2}}^{\frac{\pi}{2}} \int_0^{2\pi} \frac{\cos\varphi \, d\varphi \, d\theta}{\frac{\cos^2\varphi \cos^2\theta}{a^2} + \frac{\cos^2\varphi \sin^2\theta}{b^2} + \frac{\sin^2\varphi}{c^2}}$$

$$= 2\pi\sigma\mu abc \int_0^\infty \frac{ds}{\sqrt{(a^2+s)(b^2+s)(c^2+s)}}.$$

4. Man zeige, daß im Falle von zwei dünnen konfokalen Ellipsoidschalen ähnliche Massenelemente in Punkten, welche einander nach den Beziehungen (47) zugeordnet sind, den Produkten aus den drei Achsen der Ellipsoide proportional sind. Sodann zeige man, mit Rücksicht auf Aufgabe 3 und die Methode von Ivory, daß das Potential einer Ellipsoidschale in einem äußeren Massenpunkt gleich ist

$$V' = 2\pi\sigma\mu abc \int_0^\infty \frac{ds'}{\sqrt{(a'^2+s')(b'^2+s')(c'^2+s')}}$$

$$= 2\pi\sigma\mu abc \int_\varkappa^\infty \frac{ds}{\sqrt{(a^2+s)(b^2+s)(c^2+s)}}.$$

5. Man beweise, daß die Potentialflächen eines dünnen homogenen Ellipsoides konfokale Ellipsoide darstellen. Welche Kurven bilden die Kraftlinien, die zu diesen Flächen senkrecht verlaufen?

6. Man diskutiere die Potentialflächen, welche ganz außerhalb von homogenen Vollellipsoiden liegen.

Geschichtliche Übersicht und Literatur.

Die Anziehung zwischen Körpern wurden zuerst von Newton untersucht. Seine Ergebnisse finden sich in den *Prinzipien*, Buch I, Abschnitt XII und XIII, und sind durch synthetische Verfahren abgeleitet ähnlich den in dem ersten Teil dieses Kapitels benutzten. Das Problem der Anziehung zwischen Ellipsoiden war der Gegenstand von vielen Abhandlungen und der Fall, wo sie homogen sind, wurde im 19. Jahrhundert bald vollständig gelöst. Zu den wichtigen Abhandlungen gehören: Stirling, 1735, *Phil. Trans.;* Euler, 1738, *Petersburg;* Lagrange, 1773 und 1775, *Ges. Werke*, vol. III, p. 619; Laplace, 1782, *Méc. Cél.*, vol. II; Ivory, 1809—1828, *Phil. Trans.;* Legendre, 1811, *Mém. de l'Inst. de France*, vol. XI.; Gauss, *Ges. Werke*, Bd. V; Rodriguez, 1816, *Corres. sur l'École Poly.*, vol. III; Poisson, 1829, *Conn. des Temps*; Green, 1835, *Math. Papers*, vol. VIII; Chasles, 1837—1846, *Jour. l'École Poly.* und *Mém. des Savants Étrangers*, vol. IX; Mac Cullagh, 1847, *Dublin Proc.*, vol. III; Lejeune-Dirichlet, *Journal de Liouville*, vol. IV., und *Crelle*, Bd. XXXII.

Die früheren Abhandlungen betrafen zum größten Teil die Anziehung von homogenen Umdrehungsellipsoiden auf Punkte in besonderen Lagen, so z. B. auf der Achse. Lagrange lieferte die allgemeine Lösung für die Anziehungen von allgemeinen homogenen Ellipsoiden auf innere Punkte. Diese wurde von Ivory und Maclaurin (mit den Verallgemeinerungen von Laplace) auf äußere Massenpunkte ausgedehnt. Das Theorem von Ivory wurde in äußerst interessanter Weise von Darboux in Anmerkung XVI zu dem zweiten Bande der *Mécanique* of Despeyrous verallgemeinert. Chasles gab einen synthetischen Beweis von Theoremen, welche die Anziehungen von homogenen Ellipsoiden betrafen, in den *Mémoires des Savants Étrangers*, vol. IX, und Lejeune-Dirichlet behandelte in einer sehr eleganten Erörterung die beiden Fälle des inneren und äußeren Punktes, wobei er einen Diskontinuitätsfaktor benutzte (*Liouville's Journal*, vol. IV).

Laplace bewies, daß das Potential in einem äußeren Punkt die partielle Differentialgleichung

$$\frac{\partial^2 V}{\partial x^2}+\frac{\partial^2 V}{\partial y^2}+\frac{\partial^2 V}{\partial z^2}=0$$

erfüllt und bestimmte V durch die Bedingung, daß die Funktion V dieser Gleichung genügen soll. Dies ist ein Verfahren von großer Allgemeinheit und ist außer in trivialen Fällen verhältnismäßig einfach. Es bildete den Ausgangspunkt der meisten Untersuchungen in der zweiten Hälfte des letzten Jahrhunderts, besonders in dem Falle, wo die anziehenden Körper nicht homogen sind. In der Abhandlung über Elektrizität und Magnetismus 1828 führte Green den Ausdruck *Potentialfunktion* für V ein und leitete für V viele mathematische Eigenschaften ab. Greens Abhandlung blieb fast unbekannt bis etwa 1846, und in der Zwischenzeit wurden viele von seinen Sätzen von Chasles, Gauß, Sturm und Thomson von neuem entdeckt. Einer von den Greenschen Sätzen hat im Falle zweier unabhängiger Variablen in der Funktionstheorie eine äußerst brauchbare Anwendung gefunden.

Poisson zeigte, daß die Potentialfunktion für einen inneren Punkt die folgende partielle Differentialgleichung erfüllt

$$\frac{\partial^2 V}{\partial x^2}+\frac{\partial^2 V}{\partial y^2}+\frac{\partial^2 V}{\partial z^2}=-4\pi\sigma.$$

Von den Werken, welche die Anziehungsverhältnisse und die Potentialfunktion behandeln, erwähnen wir: Thomson und Tait, *Natural Philosophy*, part. II;

Neumann, *Potential*; Poincaré, *Potential*; Routh, *Analytical Statics*, vol. II und Tisserand, *Mécanique Céléste*, vol. II. Die zuletzt erwähnten bringen die astronomischen Anwendungen meist vollständig und sollten für weitere Studienzwecke benutzt werden.

Die Anziehungsverhältnisse der Sphäroide und Ellipsoide waren von fundamentaler Bedeutung für die Untersuchungen möglicher Gleichgewichtsfiguren von rotierenden Flüssigkeiten. Der Grund ist natürlich der, daß in die Gleichgewichtsbedingungen die Anziehungskomponenten eingehen. Maclaurin wies 1742 nach, daß für langsame Rotation ein abgeplattetes Sphäroid, dessen Exzentrizität eine Funktion der Rotationsgeschwindigkeit und der Flüssigkeitsdichte darstellt, eine Gleichgewichtsfigur bildet. In der Tat entstehen immer zwei derartige Figuren; für langsame Rotation ist die eine nahezu kugelförmig und die andere ist sehr stark abgeplattet. Für schnellere Rotation nähern sich die Figuren mehr der gleichen Gestalt; für eine gewisse größere Rotationsgeschwindigkeit werden sie identisch; und für noch schnellere Rotation erhält man überhaupt kein Sphäroid mehr als Gleichgewichtsfigur. Jacobi wies 1834 nach, daß, wenn die Rotationsgeschwindigkeit nicht zu groß ist, sich ein Ellipsoid von drei ungleichen Achsen als Gleichgewichtsfigur ausbildet, welches für eine gewisse Rotationsgeschwindigkeit mit der mehr kugelförmigen des Maclaurinschen Sphäroids zusammenfällt. Wegen dieser Arbeit siehe Tisserands *Mécanique Céléste*, vol. II. In einer sehr wichtigen Abhandlung (*Acta Mathematica*, Band VII) zeigte Poincaré, daß es noch unendlich viele weitere Gleichgewichtsfiguren gibt, welche für gewisse Werte der Rotationsgeschwindigkeit mit dem entsprechenden Jacobischen Ellipsoid zusammenfallen, so wie es seinerseits für eine gewisse Rotationsgeschwindigkeit mit dem Maclaurinschen Sphäroid zusammenfällt. Die von diesen Figuren am wenigsten verlängerte ist an dem einen Ende breiter als an dem anderen und wurde daher *Apioid* genannt, worunter man eine birnenförmige Figur versteht. Spätere Untersuchungen von Sir George Darwin (*Philosophical Transactions*, vol. 198) haben gezeigt, daß es so verlängert ist, daß es eher als gurkenförmige Figur bezeichnet werden sollte.

Fünftes Kapitel.

Das Zweikörperproblem.

83. Die Bewegungsgleichungen. In diesem Kapitel soll die Anziehung zwischen zwei Kugeln behandelt werden, die in konzentrischen Schichten homogen sind. Nach den Ergebnissen des § 69 ist diese Anziehung dem Produkt ihrer Massen direkt und dem Quadrat der Entfernung ihrer Mittelpunkte umgekehrt proportional.

Es bezeichne m_1 und m_2 die Massen der beiden Körper, und es sei $m_1 + m_2 = M$. In bezug auf ein beliebiges rechtwinkliges Koordinatensystem im Raum mögen die beiden Kugeln die Koordinaten (ξ_1, η_1, ζ_1) und (ξ_2, η_2, ζ_2) besitzen. Ihre Entfernung sei r; dann folgen aus den Bewegungsgesetzen und dem Gesetz der Gravitation für ihre Bewegung die Differentialgleichungen

$$(1)\quad \begin{cases} m_1 \dfrac{d^2\xi_1}{dt^2} = -k^2 m_1 m_2 \dfrac{(\xi_1-\xi_2)}{r^3}, \\ m_1 \dfrac{d^2\eta_1}{dt^2} = -k^2 m_1 m_2 \dfrac{(\eta_1-\eta_2)}{r^3}, \\ m_1 \dfrac{d^2\zeta_1}{dt^2} = -k^2 m_1 m_2 \dfrac{(\zeta_1-\zeta_2)}{r^3}, \\ m_2 \dfrac{d^2\xi_2}{dt^2} = -k^2 m_2 m_1 \dfrac{(\xi_2-\xi_1)}{r^3}, \\ m_2 \dfrac{d^2\eta_2}{dt^2} = -k^2 m_2 m_1 \dfrac{(\eta_2-\eta_1)}{r^3}, \\ m_2 \dfrac{d^2\zeta^2}{dt^2} = -k^2 m_2 m_1 \dfrac{(\zeta_2-\zeta_1)}{r^3}. \end{cases}$$

Die Lösung dieser sechs simultanen Gleichungen zweiter Ordnung führt auf zwölf Integrale mit zwölf willkürlichen Konstanten, welche in jedem besonderen Falle durch die drei Koordinaten der Anfangslage und die drei Komponenten der Anfangsgeschwindigkeit eines jeden Körpers bestimmt sind.

84. Die Bewegung des Massenmittelpunktes. Addiert man die erste und vierte, die zweite und fünfte, die dritte und sechste Gleichung des Systems (1), so ergibt sich

$$\begin{cases} m_1 \dfrac{d^2\xi_1}{dt^2} + m_2 \dfrac{d^2\xi_2}{dt^2} = 0, \\ m_1 \dfrac{d^2\eta_1}{dt^2} + m_2 \dfrac{d^2\eta_2}{dt^2} = 0, \\ m_1 \dfrac{d^2\zeta_1}{dt^2} + m_2 \dfrac{d^2\zeta_2}{dt^2} = 0. \end{cases}$$

Diese Gleichungen lassen sich unmittelbar integrieren; man erhält

$$(2)\quad \begin{cases} m_1 \dfrac{d\xi_1}{dt} + m_2 \dfrac{d\xi_2}{dt} = \alpha_1, \\ m_1 \dfrac{d\eta_1}{dt} + m_2 \dfrac{d\eta_2}{dt} = \beta_1, \\ m_1 \dfrac{d\zeta_1}{dt} + m_2 \dfrac{d\zeta_2}{dt} = \gamma_1. \end{cases}$$

Nochmalige Integration liefert

$$(3)\quad \begin{cases} m_1\xi_1 + m_2\xi_2 = \alpha_1 t + \alpha_2, \\ m_1\eta_1 + m_2\eta_2 = \beta_1 t + \beta_2, \\ m_1\zeta_1 + m_2\zeta_2 = \gamma_1 t + \gamma_2. \end{cases}$$

Auf diese Weise haben wir von den zwölf Integralen bereits sechs bestimmt mit den Integrationskonstanten $\alpha_1, \alpha_2, \beta_1, \beta_2, \gamma_1, \gamma_2$.

Der Massenmittelpunkt des Systems möge die Koordinaten $\bar{\xi}, \bar{\eta}, \bar{\zeta}$ besitzen, alsdann folgen aus § 19 und aus den Gleichungen (3) die Beziehungen

$$(4) \quad \begin{cases} M\bar{\xi} = m_1\xi_1 + m_2\xi_2 = \alpha_1 t + \alpha_2, \\ M\bar{\eta} = m_1\eta_1 + m_2\eta_2 = \beta_1 t + \beta_2, \\ M\bar{\zeta} = m_1\zeta_1 + m_2\zeta_2 = \gamma_1 t + \gamma_2. \end{cases}$$

Die Koordinaten sind also lineare Funktionen der Zeit, und folglich bewegt sich der Massenmittelpunkt mit gleichförmiger Geschwindigkeit. Durch Quadrieren und Addieren der Ableitungen erhält man

$$M^2\left\{\left(\frac{d\bar{\xi}}{dt}\right)^2 + \left(\frac{d\bar{\eta}}{dt}\right)^2 + \left(\frac{d\bar{\zeta}}{dt}\right)^2\right\} = \alpha_1^2 + \beta_1^2 + \gamma_1^2;$$

und mithin
$$\bar{V} = \frac{\sqrt{\alpha_1^2 + \beta_1^2 + \gamma_1^2}}{M},$$

wo $\bar{V}$ den absoluten Betrag der Geschwindigkeit des Massenmittelpunktes bezeichnet. Diese ist also, wie bereits gefunden, konstant.

Elimination von t aus den Gleichungen (4) ergibt

$$\frac{M\bar{\xi} - \alpha_2}{\alpha_1} = \frac{M\bar{\eta} - \beta_2}{\beta_1} = \frac{M\bar{\zeta} - \gamma_2}{\gamma_1}.$$

Dies sind aber die Gleichungen einer Geraden im Raume; *der Massenmittelpunkt von zwei Körpern bewegt sich also in gerader Linie mit konstanter Geschwindigkeit.*

85. Die Gleichungen der Relativbewegung. Wir wählen ein neues Achsensystem, welches zu dem ursprünglichen parallel sei; sein Koordinatenanfang liege im Massenmittelpunkt der beiden Körper. In bezug auf dieses System mögen die beiden Körper die Koordinaten x_1, y_1, z_1 und x_2, y_2, z_2 besitzen. Zwischen den alten und neuen Koordinaten bestehen daher die Beziehungen

$$(5) \quad \begin{cases} x_1 = \xi_1 - \bar{\xi}, & x_2 = \xi_2 - \bar{\xi}, \\ y_1 = \eta_1 - \bar{\eta}, & y_2 = \eta_2 - \bar{\eta}, \\ z_1 = \zeta_1 - \bar{\zeta}, & z_2 = \zeta_2 - \bar{\zeta}. \end{cases}$$

Durch Einsetzen in (1) findet man für die Differentialgleichungen der Relativbewegung

$$(6)\quad \begin{cases} m_1 \dfrac{d^2 x_1}{dt^2} = -k^2 m_1 m_2 \dfrac{(x_1 - x_2)}{r^3}, \\ m_1 \dfrac{d^2 y_1}{dt^2} = -k^2 m_1 m_2 \dfrac{(y_1 - y_2)}{r^3}, \\ m_1 \dfrac{d^2 z_1}{dt^2} = -k^2 m_1 m_2 \dfrac{(z_1 - z_2)}{r^3}, \\ m_2 \dfrac{d^2 x_2}{dt^2} = -k^2 m_2 m_1 \dfrac{(x_2 - x_1)}{r^3}, \\ m_2 \dfrac{d^2 y_2}{dt^2} = -k^2 m_2 m_1 \dfrac{(y_2 - y_1)}{r^3}, \\ m_2 \dfrac{d^2 z_2}{dt^2} = -k^2 m_2 m_1 \dfrac{(z_2 - z_1)}{r^3}. \end{cases}$$

Die Gleichungen sind also von derselben Form wie die für die absolute Bewegung.

Die Koordinaten des Massenmittelpunktes folgen aus den Gleichungen (4); wären also $x_1, y_1, \ldots, z_2$ und ferner die Konstanten $\alpha_1, \alpha_2, \beta_1, \beta_2, \gamma_1$ und γ_2 bekannt, so ließen sich die absoluten Lagen im Raume ermitteln. Da es aber keine Methoden gibt, um diese Konstanten zu bestimmen, so kommt nur das Problem der Relativbewegung, wie es sich in den Gleichungen (6) darstellt, für eine Lösung in Frage.

Da der neue Koordinatenanfang mit dem Massenmittelpunkt zusammenfällt, so bestehen für die Koordinaten die Beziehungen

$$(7)\quad \begin{cases} m_1 x_1 + m_2 x_2 = 0, \\ m_1 y_1 + m_2 y_2 = 0, \\ m_1 z_1 + m_2 z_2 = 0. \end{cases}$$

Wenn man also in bezug auf den Massenmittelpunkt der beiden Körper die Koordinaten des einen Körpers kennt, so lassen sich die Koordinaten des anderen Körpers aus den Gleichungen (7) bestimmen.

Mit Hilfe der Gleichungen (7) kann man x_2, y_2 und z_2 aus den ersten drei Gleichungen (6) und x_1, y_1 und z_1 aus den letzten drei eliminieren. Die Elimination liefert

$$(8)\quad \begin{cases} \dfrac{d^2 x_1}{dt^2} = -k^2 M \dfrac{x_1}{r^3}, \\ \dfrac{d^2 y_1}{dt^2} = -k^2 M \dfrac{y_1}{r^3}, \\ \dfrac{d^2 z_1}{dt^2} = -k^2 M \dfrac{z_1}{r^3}, \\ \dfrac{d^2 x_2}{dt^2} = -k^2 M \dfrac{x_2}{r^3}, \\ \dfrac{d^2 y_2}{dt^2} = -k^2 M \dfrac{y_2}{r^3}, \\ \dfrac{d^2 z_2}{dt^2} = -k^2 M \dfrac{z_2}{r^3}. \end{cases}$$

In den ersten drei Gleichungen (8) ist die Größe r, welche auf der rechten Seite auftritt, durch x_1, y_1 und z_1, in den letzten drei durch x_2, y_2 und z_2 auszudrücken. Da aus den Gleichungen (7)

$$\frac{M}{m_2}\sqrt{x_1^2 + y_1^2 + z_1^2} = \frac{M}{m_2} r_1 = \frac{M}{m_1} r_2 = r$$

folgt, so sind die Gleichungen (8) in x_1, y_1, z_1 von denen in x_2, y_2, z_2 unabhängig und umgekehrt. Tatsächlich handelt es sich aber in der Praxis um die Bewegung des einen Körpers in bezug auf den andern. Sind x, y und z die Koordinaten von m_2 in bezug auf m_1, so ist

$$x = x_2 - x_1, \quad y = y_2 - y_1, \quad z = z_2 - z_1.$$

Zieht man daher von den Gleichungen (8) die erste, zweite und dritte von der vierten, fünften und sechsten ab, so erhält man die Beziehungen

$$(9) \qquad \left\{ \begin{aligned} \frac{d^2x}{dt^2} &= -k^2 M \frac{x}{r^3}, \\ \frac{d^2y}{dt^2} &= -k^2 M \frac{y}{r^3}, \\ \frac{d^2z}{dt^2} &= -k^2 M \frac{z}{r^3}, \\ r^2 &= x^2 + y^2 + z^2. \end{aligned} \right.$$

Das Problem ist jetzt also von der sechsten Ordnung, nachdem die Erniedrigung von der zwölften Ordnung mit Hilfe der sechs Integrale (2) und (3) vorgenommen wurde. Die sechs neuen Integrationskonstanten, welche bei der Integration der Gleichungen (9) eingeführt werden müssen, sind durch die drei Koordinaten der Anfangslage und die drei Komponenten der Anfangsgeschwindigkeit von m_1 in bezug auf m_2 bestimmt.

86. Die Flächensätze. Multipliziert man die erste der Gleichungen (9) mit $-y$, die zweite mit $+x$ und addiert, so erhält man

und ebenso

$$\left\{ \begin{aligned} x\frac{d^2y}{dt^2} - y\frac{d^2x}{dt^2} &= 0 \\ y\frac{d^2z}{dt^2} - z\frac{d^2y}{dt^2} &= 0, \\ z\frac{d^2x}{dt^2} - x\frac{d^2z}{dt^2} &= 0. \end{aligned} \right.$$

Diese Gleichungen besitzen die Integrale

$$(10) \qquad \left\{ \begin{aligned} x\frac{dy}{dt} - y\frac{dx}{dt} &= a_1, \\ y\frac{dz}{dt} - z\frac{dy}{dt} &= a_2, \\ z\frac{dx}{dt} - x\frac{dz}{dt} &= a_3. \end{aligned} \right.$$

Wie aus § 16 folgt, sind a_1, a_2, a_3 die Projektionen der doppelten Flächengeschwindigkeit auf die xy-, yz- und xz-Ebene. Durch Multiplikation der Gleichungen (10) mit z, x und y und Addition findet man

$$a_1 z + a_2 x + a_3 y = 0. \tag{11}$$

Dies ist die Gleichung einer Ebene durch den Koordinatenanfang, welche nach ihrer Ableitung stets von den Koordinaten des Körpers m_2 erfüllt ist, folglich *geschieht die Bewegung des einen Körpers in bezug auf den anderen in einer Ebene, welche durch den Mittelpunkt des anderen hindurchgeht.*

Die Konstanten a_1, a_2, a_3 bestimmen die Lage der Bahnebene relativ zum Bezugssystem. In Polarkoordinaten lautet die Gleichung (11)

$$a_1 \sin\varphi + a_2 \cos\varphi \cos\theta + a_3 \cos\varphi \sin\theta = 0. \tag{12}$$

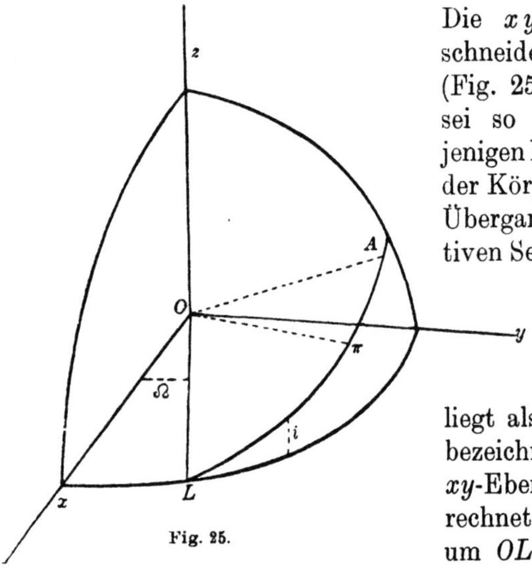

Fig. 25.

Die xy-Ebene und die Bahnebene schneiden sich in einer Geraden L (Fig. 25). Die Halbgerade (Strahl) OL sei so gewählt, daß sie durch denjenigen Punkt hindurchgeht, in welchem der Körper m_2 die xy-Ebene bei seinem Übergang von der negativen zur positiven Seite passiert. Es bezeichne Ω den Winkel zwischen der positiven x-Achse und der Geraden OL, von Ox in der positiven Richtung gerechnet. Dieser Winkel liegt also zwischen 0^0 und 360^0. Ferner bezeichne i den Winkel zwischen der xy-Ebene und der Ebene OLA, gerechnet in der positiven Drehrichtung um OL. Der Winkel i kann irgendeinen Wert zwischen 0^0 und 180^0 annehmen. Je nachdem a_1 positiv oder negativ, ist i kleiner oder größer als 90^0. Alsdann ist für $\varphi = 0$ der Wert von θ entweder Ω oder $\Omega + \pi$; für $\theta = \Omega + \frac{\pi}{2}$ ist der Wert von φ entweder i oder $i - \pi$, je nachdem i kleiner oder größer als 90^0 ist. In diesen Fällen nimmt Gleichung (12) die folgenden Formen an:

$$\left\{\begin{aligned} & a_2 \cos\Omega + a_3 \sin\Omega = 0, \\ & a_1 \sin i - a_2 \cos i \sin\Omega + a_3 \cos i \cos\Omega = 0. \end{aligned}\right. \tag{13}$$

Da die Projektionen der Flächengeschwindigkeit auf die drei Koordinatenebenen konstant sind (nämlich $\frac{1}{2} a_1$, $\frac{1}{2} a_2$, $\frac{1}{2} a_3$), so ist die Flächengeschwindigkeit in der Bahnebene ebenfalls konstant. Bezeichnet man diese Konstante mit $\frac{1}{2}c_1$, so ist

$$c_1 = \sqrt{a_1^2 + a_2^2 + a_3^2}, \tag{14}$$

wo die Wurzel positiv zu nehmen ist. Löst man die Gleichungen (13) und (14) nach a_1, a_2 und a_3 auf, so findet man

$$\begin{cases} a_1 = +\, c_1 \cos i, \\ a_2 = +\, c_1 \sin i \sin \Omega, \\ a_3 = -\, c_1 \sin i \cos \Omega. \end{cases} \tag{15}$$

Die Gleichungen (15) liefern eine eindeutige Bestimmung der Größen i und Ω und damit der Lage der Bahnebene.

87. Das ebene Problem. Da die Bahnkurve einer bekannten Ebene angehört, können die x- und y-Achse in dieser Ebene angenommen werden. Sind x und y, wie oben, die Koordinaten, so lauten die Differentialgleichungen der Bewegung

$$\begin{cases} \frac{d^2x}{dt^2} = -\, k^2M\frac{x}{r^3}, \\ \frac{d^2y}{dt^2} = -\, k^2M\frac{y}{r^3}, \\ r^2 = x^2 + y^2. \end{cases} \tag{16}$$

Das Problem ist jetzt von der vierten, anstatt, wie in (9), von der sechsten Ordnung infolge der Integrale (10). Man bemerkt, da die Lage der Ebene durch die beiden Elemente Ω und i oder durch die Größen a_1, a_2, a_3 bestimmt ist, daß nur zwei von den willkürlichen Konstanten in die Reduktion eingingen. Dieses Problem läßt sich lösen, indem man die Differentialgleichung der Bahnkurve wie in § 54 bestimmt und wie in § 62 integriert, wobei das letzte Integral aus dem Flächensatz gefolgert wird; man tut indessen besser, die Resultate direkt nach der Methode abzuleiten, welche für gewöhnlich in der Himmelsmechanik angewandt wird.

Die Gleichungen (16) liefern

$$x\frac{d^2y}{dt^2} - y\frac{d^2x}{dt^2} = 0.$$

Dieses Integral besitzt die Gleichung

$$x\frac{dy}{dt} - y\frac{dx}{dt} = c_1,$$

welche in Polarkoordinaten

$$r^2 \frac{d\theta}{dt} = c_1 \tag{17}$$

lautet. Ist A die von dem Leitstrahl r überstrichene Fläche, so ist

$$2 \frac{dA}{dt} = r^2 \frac{d\theta}{dt} = c_1; \qquad \text{und somit}$$

$$2A = c_1 t + c_2. \tag{18}$$

Hieraus folgt, daß der Leitstrahl in gleichen Zeiten gleiche Flächen überstreicht.

Multipliziert man die Gleichungen (16) mit $2\frac{dx}{dt}$ und $2\frac{dy}{dt}$ und addiert, so ergibt sich

$$2 \frac{d^2x}{dt^2}\frac{dx}{dt} + 2 \frac{d^2y}{dt^2}\frac{dy}{dt} = -2 \frac{k^2M}{r^3}\left(x\frac{dx}{dt} + y\frac{dy}{dt}\right) = -\frac{2k^2M}{r^2}\frac{dr}{dt}.$$

Das Integral dieser Gleichung ist

$$\left(\frac{dx}{dt}\right)^2 + \left(\frac{dy}{dt}\right)^2 = \frac{2k^2M}{r} + c_3. \tag{19}$$

Diese Gleichung, welche nur das Quadrat der Geschwindigkeit und die Entfernung enthält, ist als das Integral der lebendigen Kraft (§ 52) bekannt. In Polarkoordinaten lautet sie

$$\left(\frac{dr}{dt}\right)^2 + r^2\left(\frac{d\theta}{dt}\right)^2 = \frac{2k^2M}{r} + c_3.$$

Wegen
$$\frac{dr}{dt} = \frac{dr}{d\theta}\frac{d\theta}{dt}$$

erhält man hieraus $\left(\frac{d\theta}{dt}\right)^2 \left\{ \left(\frac{dr}{d\theta}\right)^2 + r^2 \right\} = \frac{2k^2M}{r} + c_3.$

Durch Elimination von $\frac{d\theta}{dt}$ mit Hilfe von (17) liefert diese Gleichung den Ausdruck

$$d\theta = \frac{c_1\,dr}{r\sqrt{-c_1^2 + 2k^2M\cdot r + c_3 r^2}},$$

welcher sich in der Form

$$d\theta = \frac{-d\left(\frac{c_1}{r}\right)}{\sqrt{c_3 + \frac{k^4M^2}{c_1^2} - \left(\frac{k^2M}{c_1} - \frac{c_1}{r}\right)^2}} \tag{20}$$

schreiben läßt.

Definieren wir B^2 und u durch die Ausdrücke

$$\left\{\begin{aligned} & c_3 + \frac{k^4 M^2}{c_1^2} = B^2, \\ & \frac{k^2 M}{c_1} - \frac{c_1}{r} = -u, \end{aligned}\right.$$

wo B^2 für eine reelle Bahnkurve positiv ist, so nimmt die Gleichung (20) die Gestalt

$$d\theta = \frac{-du}{\sqrt{B^2 - u^2}}$$

an. Ihr Integral ist

$$\theta = \arccos \frac{u}{B} + c_4.$$

Geht man von u, B und c_4 zu r und den ursprünglichen Konstanten über, so folgt

$$r = \frac{c_1}{\frac{k^2 M}{c_1} + \sqrt{c_3 + \frac{k^4 M^2}{c_1^2}} \cos(\theta - c_4)}. \tag{21}$$

Dies ist die Polargleichung eines Kegelschnittes mit dem Koordinatenanfang in dem einen Brennpunkt.

88. Die Elemente als Funktionen der Integrationskonstanten. Der Knoten ω und die Neigung i lassen sich mit Hilfe der Gleichungen (15) durch die Integrationskonstanten ausdrücken.

Die allgemeine Gleichung eines Kegelschnittes mit dem Koordinatenanfang in dem rechten Brennpunkt ist

$$r = \frac{p}{1 + e\cos(\theta - \omega)},$$

wo p den Halbparameter und ω den Winkel zwischen der Polarachse und der großen Achse des Kegelschnittes bezeichnet. Durch Vergleich dieser Gleichung mit dem Ausdruck (21) findet man

$$\left\{\begin{aligned} & p = \frac{c_1^2}{k^2 M}, \\ & e^2 = 1 + \frac{c_1^2 c_3}{k^4 M^2}, \\ & \omega = c_4; \\ & c_1 = k\sqrt{M p}, \\ & c_3 = -\frac{k^2(1 - e^2)}{p} M. \end{aligned}\right. \tag{22}$$

Im Falle $e^2 < 1$ ist die Bahnkurve eine Ellipse und $p = a(1 - e^2)$, wo a die große Halbachse darstellt; im Falle $e^2 = 1$ ist die Bahnkurve eine Parabel und $p = 2q$, wo q die Entfernung zwischen dem Koordinatenanfang und dem Scheitel der Parabel darstellt; im Falle $e^2 > 1$ ist die Bahnkurve eine Hyperbel und $p = a\,(e^2 - 1)$.

Bezeichnet A_0 die Fläche, die in der Zeit beschrieben wird, bis der Körper das Perihel[1]) passiert, so ergibt sich der Zeitpunkt für den Durchgang durch das Perihel aus Gleichung (18) zu

$$T = \frac{2A_0 - c_2}{c_1}. \tag{23}$$

Hiermit ist die Bestimmung der Elemente durch die Integrationskonstanten vollendet. Diese sind als Funktionen der Koordinaten der Anfangslage und der Komponenten der Anfangsgeschwindigkeit definiert durch die Gleichungen, in denen sie zuerst auftreten, nämlich (10), (17), (18), (19) und (21).

89. Eigenschaften der Bewegung. Die Bahnkurve sei eine Ellipse. Setzt man die Werte der Integrationskonstanten aus den Gleichungen (22) in die Gleichungen (17) und (19) ein, so werden diese Gleichungen im Fall der Ellipse

$$\left\{\begin{aligned} r^2 \frac{d\theta}{dt} &= k\sqrt{Ma(1-e^2)}, \\ \left(\frac{dx}{dt}\right)^2 + \left(\frac{dy}{dt}\right)^2 &= V^2 = k^2 M\left(\frac{2}{r} - \frac{1}{a}\right), \end{aligned}\right. \tag{24}$$

wo V die Bahngeschwindigkeit in der Entfernung r vom Koordinatenanfang bedeutet.

Falls die Bahnkurve einen Kreis darstellt, ist $r = a$ und

$$V_c^2 = \frac{k^2 M}{r}.$$

Falls die Bahnkurve eine Parabel darstellt, ist $a = \infty$ und

$$V_p^2 = \frac{2k^2 M}{r}.$$

Für eine bestimmte Entfernung vom Koordinatenanfang ist daher das Verhältnis der parabolischen Bahngeschwindigkeit zu der in einer Kreisbahn

$$V_p : V_c = \sqrt{2} : 1. \tag{25}$$

Bei der Bewegung der Kometen um die Sonne kreuzen diese daher die Planetenbahnen mit Geschwindigkeiten, die 1.414 mal größer sind als die der Planeten.

1) Falls m_2 nicht einen anderen Körper als die Sonne darstellt, bezeichnet man den m_2 näher liegenden Scheitel der Bahnkurve als Perihel.

Der Betrag für die Geschwindigkeit, welche ein Körper erlangt, wenn er von der Entfernung s bis zur Entfernung r nach dem Kraftzentrum k^2M hin sich bewegt, folgt aus dem Ausdruck (siehe § 35)

$$V^2 = 2k^2M\left(\frac{1}{r} - \frac{1}{s}\right).$$

Wenn s so bestimmt wird, daß diese Geschwindigkeit gleich der Bahngeschwindigkeit sein soll, so ergibt sich durch Gleichsetzen dieses Ausdrucks für V^2 mit dem der zweiten Gleichung (24), daß $s = 2a$ und

$$V^2 = 2k^2M\left(\frac{1}{r} - \frac{1}{2a}\right). \tag{26}$$

Dies bedeutet: *Die Geschwindigkeit eines Körpers, der sich in einer Ellipse bewegt, ist an jeder Stelle von demselben Betrage wie diejenige Geschwindigkeit, welche der Körper an dieser Stelle erlangen würde, wenn er von dem Umfang eines Kreises aus, dessen Mittelpunkt mit dem Koordinatenanfang zusammenfällt und dessen Radius gleich der großen Achse der Ellipse ist, auf die Ellipse fiele.*

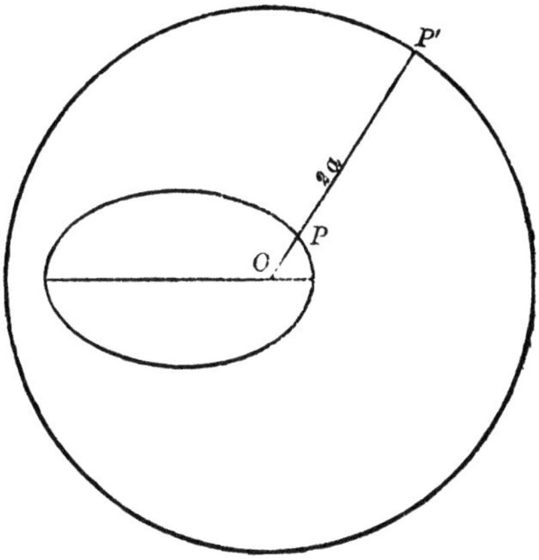

Fig. 26.

So hat die Geschwindigkeit an der Stelle P der Ellipse den gleichen Betrag wie diejenige Geschwindigkeit, welche der Körper bei einem Falle von P' nach P annehmen würde.

Gleichung (26) führt zu interessanten Aufschlüssen über die mögliche Bewegung von m_2, wenn man nur diese Gleichung zugrunde legt und von den besonderen Eigenschaften der Bewegung auf einem Kegelschnitt absieht. Da das linke Glied in (26) positiv (oder null) sein muß, so kann r nur solche Werte annehmen, für welche diese Forderung erfüllt ist. Für jede irgendwie geartete Bewegung muß daher $r \leqq 2a$ sein. Dieses Ergebnis ist freilich trivial in diesem einfachen Falle, wo die sämtlichen Bewegungsumstände vollkommen bekannt sind, hingegen liefert die entsprechende Erörterung für das *Dreikörperproblem* (Kapitel VIII) durchaus bemerkenswerte Aufschlüsse, welche sich auf andere Weise nicht ergeben haben.

Wir betrachten die zweite Gleichung (24) und nehmen an, daß sich der Körper m_1 von einem Punkte aus bewegt, der von dem Körper m_2 die Entfernung r besitzt. Dann folgt sogleich, daß die große Achse des Kegelschnittes von der anfänglichen Entfernung vom Koordinatenanfang und dem Betrage der Anfangsgeschwindigkeit abhängt, hingegen nicht von der anfänglichen Bewegungsrichtung. Im Falle $V^2 < \frac{2k^2M}{r} = U^2$, wo U die Grenzgeschwindigkeit des Körpers m_1 darstellt, ist a positiv und die Bahnkurve eine Ellipse; im Falle $V^2 = U^2$ ist a unendlich und die Bahnkurve eine Parabel; im Falle $V^2 > U^2$ ist a negativ und die Bahnkurve eine Hyperbel.

Den Zeitpunkten t_1 und t_2 mögen die von dem Leitstrahl überstrichenen Flächen A_1 und A_2 entsprechen. Alsdann liefert Gleichung (18)

$$2(A_2 - A_1) = (t_2 - t_1)c_1.$$

Bezeichnet $t_2 - t_1 = P$ die Periode der Umdrehung, so ist $2(A_2 - A_1)$ der doppelte Flächeninhalt der Ellipse, also gleich $2\pi ab$. Setzt man den Wert von c_1 aus (22) ein und löst nach P auf, so erhält die Periode den Ausdruck

$$P = \frac{2\pi a^{\frac{3}{2}}}{k\sqrt{M}}. \tag{27}$$

Aus dieser Gleichung folgt, daß *die Periode von allen Elementen außer von der großen Achse unabhängig ist*; oder wegen (26), daß die Periode nur von der anfänglichen Entfernung vom Koordinatenanfang und der Anfangsgeschwindigkeit abhängt, und nicht von der anfänglichen Bewegungsrichtung. Die große Halbachse soll als *mittlere Entfernung* bezeichnet werden, wobei zu beachten ist, daß sie *nicht* die *durchschnittliche* Entfernung darstellt, wenn man die Zeit als unabhängige Variable benutzt. (Siehe die Aufgaben 4 und 5, S. 147.)

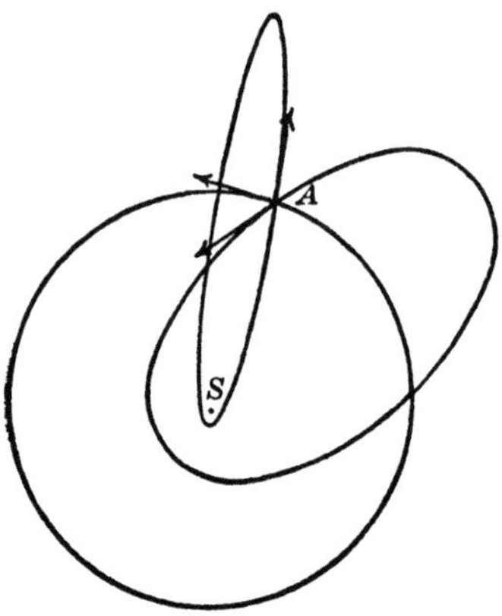

Fig. 27.

Die drei Bahnkurven in Figur 27 stimmen in der Länge der großen Achse überein und sind folglich während derselben Zeitdauer beschrieben. Die Geschwindigkeit in A hat in allen drei Fällen den gleichen Betrag, während die verschiedenen Formen und Lagen der Kurven sich aus den verschiedenen Bewegungsrichtungen in A ergeben.

Betrachtet man zwei Systeme m_1, m_2 und m_2, m_3, so findet man für das Verhältnis ihrer Perioden

$$\frac{P^2_{1,2}}{P^2_{3,2}} = \frac{a^3_{1,2}}{a^3_{3,2}} \cdot \frac{M_{3,2}}{M_{1,2}}.$$

Falls die beiden Systeme aus der Sonne und zwei Planeten bestehen, sind die Größen $M_{1,2}$ und $M_{3,2}$ sehr nahe gleich, weil die Massen der

Planeten im Vergleich zur Masse der Sonne äußerst klein sind. Mit starker Annäherung erhalten wir daher die folgende Beziehung

$$\frac{P^2_{1,2}}{P^2_{3,2}} = \frac{a^3_{1,2}}{a^3_{3,2}};$$

oder, *die Quadrate der Umlaufszeiten der Planeten sind den Kuben ihrer mittleren Entfernungen proportional.* Dies ist das dritte Gesetz von Kepler.

Es ist zu beachten, daß bei der Bestimmung der Verhältnisse für die Perioden die Annahme gemacht wurde, daß die Größe k für die verschiedenen Planeten denselben Wert besitzt, d. h., daß die Beschleunigungen, welche die beiden Planeten infolge der Sonnenanziehung erfahren, in der Entfernung eins von dem gleichen Betrage sind. Andererseits folgt diese Eigenschaft der Größe k aus der letzten Gleichung, welche Kepler direkt durch Beobachtung bestätigte. Das bedeutet, daß die Gravitationskraft zwischen der Sonne und den verschiedenen Planeten ihren (durch ihre Trägheitsverhältnisse bestimmten) Massen proportional ist. Dieses Ergebnis ist für die Gravitationskraft keineswegs selbstverständlich, denn es wäre sehr wohl denkbar, daß sie auch von der chemischen oder physikalischen Beschaffenheit der Körper abhinge, wie das für die chemische Affinität, den Magnetismus und alle anderen bekannten Kräfte auch tatsächlich zutrifft. Es ist vielmehr eine besondere Eigenart der Gravitation, daß sie proportional der trägen Masse ist und von jeder anderen Wirkung unabhängig.

90. Wahl der Einheiten. Bestimmung der Konstanten k. Wenn die Einheiten der Zeit, der Masse und der Entfernung gewählt sind, läßt sich k aus (27) bestimmen. Wenn diese Wahl für die sämtlichen Einheiten offenbar auch willkürlich sein kann, so wird man doch gut tun, diejenigen Einheiten zu wählen, welche in astronomischen Problemen für gewöhnlich benutzt werden. Diese sind für die Zeit der mittlere Sonnentag, für die Masse die Masse der Sonne, für die Entfernung die große Halbachse der Erdbahn. Die durch diese Einheiten bestimmte Größe k bezeichnet man als die Gaußsche Konstante, welche Gauß selbst in dieser Weise in der *Theoria Motus Art. I.* definiert hat.

Es sei m_2 die Masse der Sonne und m_1 die der Erde und des Mondes zusammen; dann ist nach Beobachtungsergebnissen in diesen Einheiten

$$(28) \qquad m_1 = \frac{m_2}{354710} = \frac{1}{354710}, \qquad P = 365.2563835.$$

Setzt man diese Zahlen in (27) ein, so findet man

$$(29)\quad \begin{cases} k = \dfrac{2\pi}{P\sqrt{1+m_1}} = 0.017\,202\,098\,95, \\ \log k = 8.235\,581\,441\,4 - 10. \end{cases}$$

Da m_1 sehr klein, so ist k näherungsweise gleich $\frac{2\pi}{P}$ und daher näherungsweise gleich der mittleren täglichen Erdbewegung oder etwa gleich $\frac{1}{60}$. Die mittlere tägliche Bewegung eines Planeten mit der Masse m_i ist $\frac{2\pi}{P_i}$ und wird gewöhnlich mit n_i bezeichnet. Hierfür ergibt sich aus (27)

$$(30)\qquad n_i = \frac{k\sqrt{1+m_i}}{a_i^{\frac{3}{2}}}.$$

Die Periode der Erdumdrehung um die Sonne und ihre mittlere Entfernung waren zu den Zeiten von Gauß nicht mit vollkommener Genauigkeit bekannt und sind es auch jetzt noch nicht; es ist aber klar, daß der Wert von k mit den verschiedenen Bestimmungen dieser Größen sich ändert. Wenn daher Astronomen an den Definitionen der oben gegebenen Einheiten genau festhalten wollten, so müßten sie die von k abhängigen Tafeln jedesmal von neuem berechnen, sobald eine Verbesserung in den Werten der Konstanten vorgenommen ist. Diese Unbequemlichkeiten lassen sich vermeiden, wenn man denjenigen numerischen Wert von k nimmt, welchen Gauß bestimmte, und die Einheit für die Entfernung so wählt, daß (27) stets erfüllt ist.

Nimmt man als Einheit für die Entfernung die mittlere Entfernung zwischen zwei Körpern, als Masseneinheit die Summe ihrer Massen und wählt die Zeiteinheit so, daß k gleich eins ist, so bezeichnet man das System dieser Einheiten als *kanonisches System.* Da $M = 1$ und $k^2 = 1$ in diesem System ist und aus (30) $n = 1$ folgt, so werden die Gleichungen, wenn man diese Größen benutzt, etwas vereinfacht und sind daher für rein theoretische Untersuchungen von Vorteil.

XIV. Aufgaben.

1. Man stelle die Differentialgleichungen für das Problem der Relativbewegung von zwei Körpern in Polarkoordinaten auf.

Lösung: $\frac{d^2r}{dt^2} = r\left(\frac{d\theta}{dt}\right)^2 - \frac{k^2M}{r^2}, \quad \frac{d}{dt}\left(r^2\frac{d\theta}{dt}\right) = 0.$

2. Man integriere die Gleichungen der Aufgabe 1 und deute die Integrationskonstanten.

3. Die Erde bewegt sich in ihrer Bahn, welche als kreisförmig angenommen werden mag, mit einer Geschwindigkeit von 29.77205 km in der Sekunde. Man nehme an, daß sich die Meteore der Sonne in Parabeln nähern; zwischen welchen

Grenzen werden dann ihre relativen Geschwindigkeiten (in bezug auf die Erde) liegen, wenn sie in die Erdatmosphäre eindringen?

Lösung: 12.327238 bis 71.871338 km in der Sekunde. (Am 14. November erfährt die Erde eine Begegnung, am 27. November eine Einholung durch Meteore. Dabei erlangen die Meteore im ersten Falle eine relative Geschwindigkeit nahe der oberen, im zweiten Falle nahe der unteren Grenze.)

4. Man drücke die durchschnittliche Länge des Leitstrahls einer Ellipse in den Größen a und e aus und nehme dabei die Zeit als unabhängige Variable.

Lösung: Durchschnittswert von $r = \frac{\int r\,dt}{\int dt} = a\left(1 + \frac{e^2}{2}\right)$.

5. Man finde die durchschnittliche Länge des Leitstrahls einer Ellipse und nehme dabei den Winkel als unabhängige Variable.

Lösung: Durchschnittswert von $r = \frac{\int r\,d\theta}{\int d\theta} = \frac{2\pi a\sqrt{1-e^2}}{2\pi} = b$.

6. Man zeige, daß der Wärmebetrag, den die Planeten pro Flächeneinheit von der Sonne empfangen, im Durchschnitt den reziproken Werten der Produkte aus den großen und kleinen Achsen ihrer Bahnen proportional ist. In welcher Weise hängt für eine bestimmte große Achse der gesamte, während einer Umdrehung aufgenommene Betrag an Wärme von der Exzentrizität der Bahn ab?

7. Für den Fall, daß sich Massenpunkte von einer gegebenen Lage aus mit einer gegebenen Geschwindigkeit, aber in verschiedenen Richtungen bewegen, finde man (a) die Perihele, (b) die Aphele, (c) die Mittelpunkte der Ellipsen, (d) die Endpunkte der kleinen Achsen.

8. Für den Fall, daß sich Massenpunkte von einer gegebenen Lage aus in einer gegebenen Richtung, aber mit verschiedenen Geschwindigkeiten bewegen, finde man die Orte derselben Punkte, wie in Aufgabe 7 und drücke die Koordinaten dieser Punkte in den Anfangswerten der Koordinaten und der Geschwindigkeitskomponenten aus.

9. Man betrachte den Fall, daß ein Komet sich in parabolischer Bahn mit dem Perihelabstand q bewege und sich durch Zusammenstoß mit einem Körper von der gleichen Masse vereinigt, welcher sich vor dem Zusammenstoß in Ruhe befand. Man bestimme die Exzentrizität und den Perihelabstand für die Bahnkurve der vereinigten Körper.

10. Man nehme an, die Masse des Jupiters sei, ausgedrückt durch die Masse der Sonne, gleich 1/1047 und seine mittlere Entfernung betrage 777774690 km (die mittlere Entfernung zwischen Erde und Sonne beträgt 149503970 km). Man bestimme die Periode für die Bewegung des Jupiters um die Sonne und die Länge der Bahn, welche die Sonne beschreibt in bezug auf das Gravitationszentrum Sonne—Jupiter.

91. Ortsbestimmung für parabolische Bahnkurven. Hat man die Bahnkurve eines Körpers gefunden, so bleibt noch die Aufgabe, seine Lage in einem gegebenen Zeitpunkt zu bestimmen. Da der Fall einer parabolischen Bahnkurve der einfachste ist, so soll er zunächst betrachtet werden; und zwar machen wir, um die Vorstellungen zu fixieren, die

Annahme, daß es sich um die Bewegung eines Planeten um die Sonne handelt. Da wir die Massenunterschiede der Kometen vernachlässigen können, so setzen wir $M = 1$, Gleichung (17) wird alsdann

$$r^2 \frac{d\theta}{dt} = k\sqrt{p} = k\sqrt{2q}. \tag{31}$$

Mißt man den Polarwinkel von dem Leitstrahl nach dem Scheitel der Parabel aus, so wird er mit v bezeichnet und heißt die *wahre Anomalie*. Dann ist

$$\left\{\begin{aligned} \frac{d\theta}{dt} &= \frac{dv}{dt}, \\ r &= \frac{p}{1+\cos v} = q \sec^2 \frac{v}{2}; \end{aligned}\right.$$

daher folgt aus Gleichung (31)

$$\frac{\sqrt{2}k}{q^{\frac{3}{2}}} dt = \sec^4 \frac{v}{2} dv = \left(\sec^2 \frac{v}{2} + \sec^2 \frac{v}{2} \operatorname{tg}^2 \frac{v}{2}\right) dv.$$

Das Integral dieses Ausdrucks ist

$$\operatorname{tg} \frac{v}{2} + \frac{1}{3} \operatorname{tg}^3 \frac{v}{2} = \frac{k(t-T)}{\sqrt{2}q^{\frac{3}{2}}}, \tag{32}$$

wo T den Zeitpunkt des Periheldurchgangs bezeichnet. Dies ist eine kubische Gleichung in $tg \frac{v}{2}$. Bringt man das rechte Glied auf die linke Seite, so erfährt im Fall $t - T > 0$ der Ausdruck auf der linken Seite, wenn v die Werte von 0 bis 180° annimmt, eine stetige Zunahme von negativen bis zu unendlich großen Werten. Daher hat die Gleichung (32) nur eine reelle Wurzel $tg \frac{v}{2}$; diese ist positiv. Im Falle $t - T < 0$ erkennt man ebenso, daß man eine reelle negative Wurzel erhält.

Gleichung (32) läßt sich in der Form

$$25 \operatorname{tg}^3 \frac{v}{2} + 75 \operatorname{tg} \frac{v}{2} = \frac{75\,k}{\sqrt{2}} \frac{(t-T)}{q^{\frac{3}{2}}} = K \frac{(t-T)}{q^{\frac{3}{2}}}$$

schreiben.

Man hat Tafeln gerechnet, welche für verschiedene Werte von v die Werte des Ausdrucks auf der rechten Seite dieser Gleichung enthalten. Aus diesen Tafeln kann durch Interpolation v gefunden werden, wenn $t - T$ gegeben ist, und umgekehrt $t - T$ bei gegebenem v. Diese Tafeln sind als Barkers Tafeln bekannt und sind in Watsons *Theoretical Astronomy* die VIte, in Oppolzers *Bahnbestimmung* die IVte Tafel.[1])

1) In Oppolzers Bahnbestimmung ist der Faktor 75 nicht eingeführt.

Um die kubische Gleichung direkt zu lösen, setzen wir

$$\operatorname{tg}\frac{v}{2} = 2\operatorname{ctg} 2w = \operatorname{ctg} w - \operatorname{tg} w$$

und somit $$\operatorname{tg}^3\frac{v}{2} = -3\operatorname{tg}\frac{v}{2} + \operatorname{ctg}^3 w - \operatorname{tg}^3 w.$$

Diese Substitution reduziert die Gleichung (32) auf

$$\operatorname{ctg}^3 w - \operatorname{tg}^3 w = \frac{3k(t-T)}{\sqrt{2}\,q^{\frac{3}{2}}}.$$

Es sei $$\operatorname{ctg} w = \sqrt[3]{\operatorname{ctg}\frac{s}{2}};$$

dann folgt $$\operatorname{ctg} s = \frac{3k(t-T)}{2^{\frac{3}{2}}\,q^{\frac{3}{2}}}.$$

Daher erhält man für die Berechnung von $tg\,\frac{v}{2}$ die Anwendungszwecken dienenden Formeln

$$(33)\qquad \left\{\begin{aligned} \operatorname{ctg} s &= \frac{3k(t-T)}{(2q)^{\frac{3}{2}}},\\ \operatorname{ctg} w &= \sqrt[3]{\operatorname{ctg}\frac{s}{2}},\\ \operatorname{tg}\frac{v}{2} &= 2\operatorname{ctg} 2w. \end{aligned}\right.$$

Bei bekanntem v ist r bestimmt durch die Polargleichung der Parabel $r = \frac{p}{1+\cos v} = q\sec^2\frac{v}{2}$.

92. Die Gleichung von Euler. Wir betrachten die Lage eines Kometen in den Zeitpunkten t_1 und t_2. Diese Lagen seien durch die wahren Anomalien v_1 und v_2 und die Leitstrahlen r_1 und r_2 bestimmt. Die Sehne zwischen den Endpunkten der Leitstrahlen bezeichnen wir mit s. Dann folgt

$$\left\{\begin{aligned} \frac{k(t_1-T)}{\sqrt{2}\,q^{\frac{3}{2}}} &= \operatorname{tg}\frac{v_1}{2} + \frac{1}{3}\operatorname{tg}^3\frac{v_1}{2},\\ \frac{k(t_2-T)}{\sqrt{2}\,q^{\frac{3}{2}}} &= \operatorname{tg}\frac{v_2}{2} + \frac{1}{3}\operatorname{tg}^3\frac{v_2}{2}. \end{aligned}\right.$$

Die Differenz dieser Gleichungen ist

$$\frac{k(t_2-t_1)}{\sqrt{2}\,q^{\frac{3}{2}}} = \operatorname{tg}\frac{v_2}{2} - \operatorname{tg}\frac{v_1}{2} + \frac{1}{3}\left(\operatorname{tg}^3\frac{v_2}{2} - \operatorname{tg}^3\frac{v_1}{2}\right); \qquad \text{oder}$$

$$(34)\quad \frac{3k(t_2-t_1)}{\sqrt{2}\,q^{\frac{3}{2}}} = \left(\operatorname{tg}\frac{v_2}{2} - \operatorname{tg}\frac{v_1}{2}\right)\left[3\left(1+\operatorname{tg}\frac{v_1}{2}\operatorname{tg}\frac{v_2}{2}\right) + \left(\operatorname{tg}\frac{v_2}{2} - \operatorname{tg}\frac{v_1}{2}\right)^2\right].$$

Für die Sehne besteht die Gleichung

$$s^2 = r_1^2 + r_2^2 - 2r_1r_2\cos(v_2 - v_1)$$
$$= (r_1 + r_2)^2 - 4r_1r_2\cos^2\left(\frac{v_2 - v_1}{2}\right).$$

Aus dieser Gleichung folgt

$$(35)\qquad 2\sqrt{r_1r_2}\cos\left(\frac{v_2 - v_1}{2}\right) = \pm\sqrt{(r_1 + r_2 + s)(r_1 + r_2 - s)}.$$

Die Wurzel auf der rechten Seite hat das positive Vorzeichen für $v_2 - v_1 < \pi$ und das negative Vorzeichen für $v_2 - v_1 > \pi$.

Aus der Polargleichung der Parabel folgt

$$r_1 = q\sec^2\frac{v_1}{2}, \qquad r_2 = q\sec^2\frac{v_2}{2}.$$

Diese Ausdrücke für r_1 und r_2 liefern in (35) eingesetzt

$$(36)\qquad 1 + \operatorname{tg}\frac{v_1}{2}\operatorname{tg}\frac{v_2}{2} = \pm\frac{\sqrt{(r_1 + r_2 + s)(r_1 + r_2 - s)}}{2q}.$$

Aus den Ausdrücken für r_1 und r_2 folgt weiter

$$r_1 + r_2 = q\left(2 + \operatorname{tg}^2\frac{v_1}{2} + \operatorname{tg}^2\frac{v_2}{2}\right).$$

Die letzten beiden Gleichungen ergeben

$$\frac{(r_1 + r_2 + s) + (r_1 + r_2 - s) \mp 2\sqrt{(r_1 + r_2 + s)(r_1 + r_2 - s)}}{2q} = \left(\operatorname{tg}\frac{v_2}{2} - \operatorname{tg}\frac{v_1}{2}\right)^2$$

und somit

$$(37)\qquad \frac{\sqrt{r_1 + r_2 + s} \mp \sqrt{r_1 + r_2 - s}}{\sqrt{2q}} = \operatorname{tg}\frac{v_2}{2} - \operatorname{tg}\frac{v_1}{2}.$$

Mit Rücksicht auf die Gleichungen (36) und (37) wird Gleichung (34)

$$(38)\qquad 6k(t_2 - t_1) = (r_1 + r_2 + s)^{\frac{3}{2}} \mp (r_1 + r_2 - s)^{\frac{3}{2}}.$$

Diese Gleichung besitzt die bemerkenswerte Eigenschaft, daß in ihr die Größe q nicht mehr auftritt. Sie wurde von Euler entdeckt und ist nach ihm benannt. Sie ist von größter Bedeutung für gewisse Methoden zur Bestimmung der Elemente einer parabolischen Bahnkurve aus geozentrischen Beobachtungen.

Eine entsprechende Gleichung hat Lambert für elliptische Bahnkurven aufgestellt. Die rechte Seite dieser Gleichung hat die Form einer Potenzreihe in $\frac{1}{a}$, in welcher das erste Glied die rechte Seite der Eulerschen Gleichung darstellt.

93. Ortsbestimmung für elliptische Bahnkurven. Der Flächensatz und das Integral der lebendigen Kraft liefern die Beziehungen

$$\begin{cases} r^2 \dfrac{dv}{dt} = k\sqrt{(1+m)\,a\,(1-e^2)}, \\ \left(\dfrac{dr}{dt}\right)^2 + r^2\left(\dfrac{dv}{dt}\right)^2 = k^2(1+m)\left(\dfrac{2}{r}-\dfrac{1}{a}\right). \end{cases}$$

Elimination von $\frac{dv}{dt}$ aus diesen beiden Gleichungen ergibt

$$\left(\frac{dr}{dt}\right)^2 + \frac{k^2(1+m)\,a\,(1-e^2)}{r^2} = k^2(1+m)\left(\frac{2}{r}-\frac{1}{a}\right). \tag{39}$$

Die mittlere Winkelgeschwindigkeit n besitzt den Wert

$$n = \frac{2\pi}{P} = \frac{k\sqrt{1+m}}{a^{\frac{3}{2}}}.$$

Führt man n in (39) ein und löst auf, so ergibt sich

$$n\,dt = \frac{r}{a}\,\frac{dr}{\sqrt{a^2e^2-(a-r)^2}}. \tag{40}$$

Um das Integral, welches auf der rechten Seite von (40) auftritt, auf die Normalform zu bringen, führen wir die Hilfsgröße E ein durch die Beziehung

$$\begin{cases} a - r = ae\cos E, \text{ woraus} \\ \quad\; r = a\,(1 - e\cos E). \end{cases} \tag{41}$$

Diesen Winkel E bezeichnet man als die *exzentrische Anomalie.* Die Gleichung (40) wird dann

$$n\,dt = (1 - e\cos E)\,dE,$$

und liefert das Integral

$$n\,(t-T) = E - e\sin E.$$

Die Größe $n\,(t-T)$ ist der Winkel, welchen der Leitstrahl bei gleichförmiger Drehung mit der durchschnittlichen Geschwindigkeit überstreichen würde. Er wird gewöhnlich mit M bezeichnet und heißt die *mittlere Anomalie.* Somit ist

$$n\,(t-T) = M = E - e\sin E. \tag{42}$$

Die Größe M läßt sich sogleich bestimmen, wenn $t - T$ gegeben ist, worauf Gleichung (42) nach E aufgelöst wird. Alsdann findet man r und v aus (41) und der Polargleichung der Ellipse. Die Gleichung (42), welche als *Keplersche Gleichung* bezeichnet wird, ist in E transzendent, d. h. die Größe E läßt sich nicht in endlicher Form darstellen. Da es sehr erwünscht ist, für die Lösung einen möglichst kurzen Ausdruck zu erhalten, so wandten die Astronomen dieser Gleichung sehr viel Aufmerksamkeit zu, und es wurden mehrere hundert Lösungsmethoden aufgestellt.

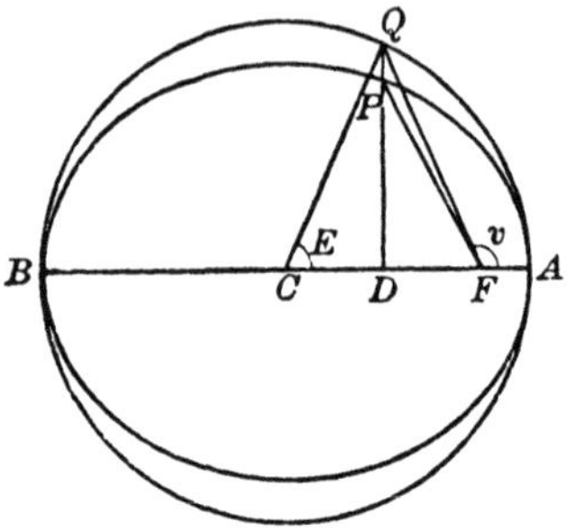

Fig. 28.

94. Geometrische Ableitung der Keplerschen Gleichung. Wir betrachten eine elliptische Bahnkurve mit ihrem Hilfskreis AQB. Der Winkel AFP ist die wahre Anomalie v, während der Winkel ACQ als die exzentrische Anomalie E definiert sei. Es soll gezeigt werden, daß die Beziehung zwischen M und E durch die Keplersche Gleichung gegeben ist.

Aus dem Flächensatz und den Eigenschaften des Hilfskreises folgt

$$\frac{M}{2\pi} = \frac{\text{Fläche } AFP}{\text{Ellipse}} = \frac{\text{Fläche } AFQ}{\text{Kreis}}.$$

Es ist Fläche AFQ = Fläche ACQ — Fläche $FCQ = \frac{a^2 E}{2} - \frac{a}{2}\, ae \sin E.$

Folglich ist $$\frac{M}{2\pi} = \frac{a^2}{2}\frac{(E - e\sin E)}{\pi a^2};$$

oder $$\begin{cases} M = E - e\sin E, \\ FP = r = \dfrac{a(1-e^2)}{1 + e\cos v} = \sqrt{\overline{PD}^2 + \overline{FD}^2} = a(1 - e\cos E). \end{cases}$$

Dies ist aber die Definition der in (41) gegebenen exzentrischen Anomalie.

95. Lösung der Keplerschen Gleichung. Es soll zuerst gezeigt werden, daß die Keplersche Gleichung stets eine und nur eine reelle Lösung für alle Werte von M und e hat, wenn $0 \leqq e < 1$ ist. Wir schreiben die Gleichung in der Form

$$\varphi(E) \equiv E - e\sin E - M = 0.$$

Es besitze M irgendeinen gegebenen Wert zwischen $n\pi$ und $(n + 1)\pi$, wo n eine beliebige ganze Zahl bedeutet; dann gibt es nur einen reellen Wert von E, welcher dieser Gleichung genügt und zwischen $n\pi$ und $(n + 1)\pi$ liegt. Für die Funktion $\varphi(E)$ gilt im Falle $E = n\pi$

$$\varphi(n\pi) = n\pi - M < 0$$

und im Falle $E = (n + 1)\pi$

$$\varphi[(n + 1)\pi] = (n + 1)\pi - M > 0.$$

Folglich gibt es zwischen $n\pi$ und $(n+1)\pi$ eine ungerade Anzahl von reellen Lösungen E. Nun ist die Ableitung

$$\varphi'(E) \equiv 1 - e \cos E$$

stets positiv; folglich wächst $\varphi(E)$ stetig mit E und nimmt den Wert null nur einmal an.

Eine für praktische Zwecke bequeme Lösungsmethode durch Reihenentwicklung rührt von Lagrange her. Wir definieren z als Funktion von w mittels der Gleichung

(43)
$$z = w + \alpha\varphi(z),$$

wo α einen Parameter bedeutet. Lagrange hat gezeigt, daß jede solche Funktion z sich darstellen läßt als eine für hinreichend kleine Werte α konvergierende Potenzreihe von der Form

(44)
$$\begin{cases} F(z) = F(w) + \frac{\alpha}{1}\cdot\varphi(w)F'(w) + \frac{\alpha^2}{1\cdot 2}\frac{\partial}{\partial w}[\{\varphi(w)\}^2F'(w)] \\ \qquad + \cdots + \frac{\alpha^{n+1}}{(n+1)!}\frac{\partial^n}{\partial w^n}[\{\varphi(w)\}^{n+1}F'(w)] + \cdots \end{cases}$$

Diese Entwicklung kann zur Lösung der Keplerschen Gleichung benutzt werden, wenn man sie auf die Form der Gleichung (43) bringt, indem man schreibt

$$E = M + e \sin E.$$

Die Entwicklung von E in eine Potenzreihe in e läßt sich aus der Entwicklung (44) dadurch herleiten, daß man setzt $F(z) = E$, $\varphi(z) = \sin E$, $w = M$ und $\alpha = e$. Das Ergebnis ist

(45)
$$E = M + \frac{e}{1}\sin M + \frac{e^2}{1\cdot 2}\sin 2M + \cdots$$

Die sämtlichen Glieder der Reihe sind außer dem ersten im Bogenmaß ausgedrückt, man bringt sie auf Gradmaß durch Multiplikation eines jeden Gliedes mit der Anzahl von Graden, die der Länge eins des Einheitskreises (Kreis mit Radius eins) entsprechen. Die Glieder höherer Ordnung sind erheblich komplizierter als die angeführten, und ihre Aufstellung erfordert einen sehr stark anwachsenden Arbeitsaufwand. Für die Planeten- und Satellitenbahnen ist die Exzentrizität sehr klein, so daß die Reihe (45) für sie mit großer Geschwindigkeit konvergiert, und die ersten drei Glieder bereits einen sehr genauen Wert von E liefern.

96. Differentielle Korrektionen. Wir wollen jetzt in einem sehr einfachen Falle eine Methode besprechen, welche für viele astronomische Probleme von großer Bedeutung ist. Durch die ersten drei Glieder der Reihe (45) sei ein Näherungswert E_0 von E bestimmt. Es soll der genaue Wert von E gefunden werden.

Die Keplersche Gleichung liefert

$$M_0 = E_0 - e \sin E_0,$$

wo für den Teilwert M_0 von M der entsprechende Wert E_0 von E bekannt ist. Es wird verlangt, den wahren Wert von E, welcher dem Wert M entspricht, zu bestimmen, wenn M von M_0 sehr wenig verschieden ist. Der Winkel M ist eine Funktion von E und kann in der Form

$$M = M_0 + \varDelta M_0 = f(E_0 + \varDelta E_0)$$

geschrieben werden. Entwicklung nach der Taylorschen Formel ergibt

$$M = M_0 + \varDelta M_0 = f(E_0) + f'(E_0) \varDelta E_0 + \cdots$$

Da nach Definition $M_0 = f(E_0)$ ist, so wird diese Gleichung

$$(46) \qquad M - M_0 = f'(E_0) \varDelta E_0 + \cdots = (1 - e \cos E_0) \varDelta E_0 + \cdots$$

Die Glieder der Potenzen zweiten und höheren Grades können, da $\varDelta E_0$ sehr klein, vernachlässigt werden[1]; folglich liefert Gleichung (46) für E_0 das Korrektionsglied

$$(47) \qquad \varDelta E_0 = \frac{M - M_0}{1 - e \cos E_0}.$$

Benutzt man jetzt die genaueren Werte $E_1 = E_0 + \varDelta E_0$ von E und M_1 — dieses nach der Keplerschen Gleichung berechnet — so erhält man ebenso als zweites Korrektionsglied

$$\varDelta E_1 = \frac{M - M_1}{1 - e \cos E_1}.$$

Dieses Verfahren läßt sich solange fortsetzen, bis man den Wert von E mit der gewünschten Genauigkeit bestimmt hat.[2]) Im Falle von Planetenbahnen werden zwei Korrektionen fast immer hinreichend genaue Ergebnisse liefern, für gewöhnlich wird aber schon eine Korrektion genügen.

97. Graphische Lösung der Keplerschen Gleichung. Wenn die Exzentrizität größer als 0.2 ist, gestaltet sich die obige Methode zur Auflösung der Keplerschen Gleichung recht mühsam, weil alsdann die erste Annäherung noch sehr ungenau ausfällt. Diese hohen Exzentrizitäten treten im Falle von Doppelstern- und Kometenbahnen auf und erreichen manchmal sogar den Wert 0.9. Im Falle von Doppelsternbahnen ge-

1) Wenn die Glieder höherer Potenzen in $\varDelta E_0$ nicht vernachläßigt werden, könnte $\varDelta E_0$ als Potenzreihe in $M - M_0$ dargestellt werden, von welcher das erste Glied durch den Ausdruck (47) gegeben wäre.

2) Wegen des Konvergenzbeweises für ein ähnliches, nur etwas mühsameres Verfahren, siehe Appels *Mécanique* vol. I., p. 391.

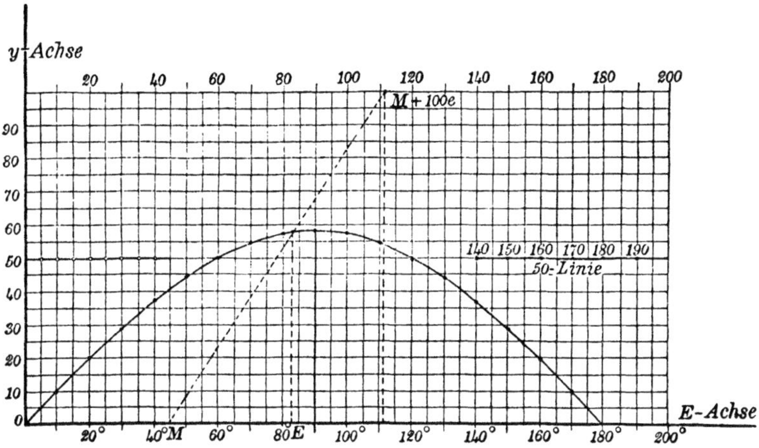

Fig. 29.

nügt jedoch für gewöhnlich eine Genauigkeit bis zu einem zehntel Grad. In diesem Falle ist daher eine schnell ausführbare graphische Methode von großem praktischen Wert.

In der Keplerschen Gleichung

$$E - e \sin E - M = 0$$

ist M gegeben und E gesucht. In bezug auf ein rechtwinkliges Achsensystem zeichnen wir die Sinuskurve und die Grade mit den Gleichungen

$$\begin{cases} y = \sin E\,, \\ y = \frac{1}{e}(E - M). \end{cases}$$

Die Abszisse ihres Schnittpunktes ist gleich dem Werte von E, welcher der Keplerschen Gleichung genügt[1]), da sich diese durch Elimination von y ergibt. Die erste Kurve ist die gewöhnliche Sinuskurve, welche ein für allemal gezeichnet werden kann; die zweite stellt eine Gerade dar, die mit der E-Achse einen Winkel bildet, dessen Tangente gleich $\frac{1}{e}$ ist. Anstatt die Gerade wirklich zu zeichnen, genügt es, ein Lineal unter dem richtigen Neigungswinkel anzulegen. Hierfür hat man ein bequemes Verfahren.[2]) Man ziehe in dem Abstand 100 eine Parallele zur E-Achse und versehe sie ebenfalls mit der Gradeinteilung; nun lege man das Lineal an den Punkt M auf der E-Achse und an den Punkt $M + 100\,e$ auf der Parallelen. Ist M so nahe an 180^0, daß der Punkt $M + 100\,E$ aus dem Diagramm herausfällt, so benutze man als oberen

1) J. J. Waterson, *Monthly Notices*, 1849—50, p. 160.
2) Dieses Verfahren rührt von C. A. Young her.

Anlegepunkt den Punkt $M + 50e$ auf der Parallelen im Abstand 50. Wird M sehr nahe 180^0, so werden die mittlere und exzentrische Anomalie sehr nahe gleich und fallen in $M = 180^0$ direkt zusammen.

98. Zusammenstellung der Formeln. Wir stellen jetzt die Formeln zur Bestimmung der Polarkoordinaten bei gegebener Zeit in der Reihenfolge zusammen, wie sie gebraucht werden.

$$(48)\quad \left\{\begin{aligned} n &= \frac{k\sqrt{1+m}}{a^{\frac{3}{2}}}, \\ M &= n(t-T), \\ E_0 &= M + e\sin M + \frac{e^2}{2}\sin 2M, \\ M_0 &= E_0 - e\sin E_0, \\ \Delta E_0 &= \frac{M - M_0}{1 - e\cos E_0}, \\ E_1 &= E_0 + \Delta E_0, \\ r &= a(1 - e\cos E) = \frac{a(1-e^2)}{1+e\cos v}; \end{aligned}\right.$$

hieraus folgt

$$(49)\quad \left\{\begin{aligned} \cos v &= \frac{\cos E - e}{1 - e\cos E}, \\ \sin v &= \frac{\sqrt{1-e^2}\sin E}{1 - e\cos E}, \\ 1 + \cos v &= \frac{(1-e)(1+\cos E)}{1 - e\cos E}, \\ 1 - \cos v &= \frac{(1+e)(1-\cos E)}{1 - e\cos E}. \end{aligned}\right.$$

Die Quadratwurzel aus dem Quotienten, den man durch Division der beiden letzten Gleichungen erhält, liefert eine sehr bequeme Formel zur Berechnung von v, nämlich

$$(50)\quad \sqrt{\frac{1-\cos v}{1+\cos v}} = \operatorname{tg}\frac{v}{2} = \sqrt{\frac{1+e}{1-e}}\operatorname{tg}\frac{E}{2}.$$

Aus der letzten Formel in (48) und aus Formel (50) erhält man die Polarkoordinaten, wenn E bekannt ist.

99. Die Entwicklung von E in Reihen. Die gegebenen Formeln genügen zur Berechnung der Polar- und folglich auch der rechtwinkligen Koordinaten für einen beliebigen Zeitpunkt. Für gewisse Untersuchungen, wie in der Störungstheorie, ist es jedoch erforderlich, nicht nur für E, sondern auch für die Polarkoordinaten Reihenentwicklungen bis zu dem gewünschten Genauigkeitsgrad aufzustellen.

Die Anwendung der Methode von Lagrange in § 95 auf die Keplersche Gleichung liefert E als eine Potenzreihe in e, deren Koeffizienten Funktionen von M sind. Diese Methode wurde bereits zur Berechnung der ersten Reihenglieder benutzt, nach ihr lassen sich aber auch eine beliebige Anzahl von weiteren Gliedern bestimmen. Sie ist sehr elegant in der Praxis, nur bietet der Nachweis ihrer Zulässigkeit Schwierigkeiten. Keine Schwierigkeiten bietet hingegen eine direkte Behandlung der Keplerschen Gleichung auf Grund mehr elementarer Betrachtungen. Die Gleichung

$$M = E - e \sin E$$

besitzt für $M = j\pi$, $j = 0, 1, 2, \ldots$, und beliebiges e die Lösung $E = j\pi$. Ferner wurde gezeigt, falls e kleiner als eins ist, daß man für alle Werte von M eine eindeutige Lösung in E erhält. Für $e = o$ besteht für jedes M die Lösung $E = M$. Bestimmt man u durch die Beziehung

$$E - M = u\,,$$

so wird die Keplersche Gleichung

$$u = e \sin (M + u), \tag{51}$$

so daß also u durch M und e ausgedrückt ist. Für alle Werte $M \neq j\pi$, für welche man die Lösung u bereits kennt, läßt sich der Ausdruck

$$e = \frac{u}{\sin (M + u)}$$

als konvergierende Reihe in u darstellen. Kehrt man diese Reihe um, so erhält man u als eine Potenzreihe in e, deren Koeffizienten Funktionen von M sind. Da u mit e verschwindet, so ist sie von der Form

$$e = u_1\, e + u_2\, e^2 + u_3\, e^3 + \cdots \tag{52}$$

Anstatt die Potenzreihe in u wirklich aufzustellen und sodann umzukehren, setzt man einfacher den Ausdruck (52) für u in die Beziehung (51) ein und bestimmt die Größen u_1, $u_2 \ldots$ auf Grund der Bedingung, daß das Ergebnis eine Identität in e darstellen soll. Die Substitution für die Größe u liefert

$$\left\{\begin{aligned} u_1 e + u_2 e^2 + u_3 e^3 + \cdots &= e \sin M \cos u + e \cos M \sin u \\ &= e \sin M \left[1 - \frac{(u_1 e + u_2 e^2 \cdots)^2}{2\,!} + \frac{(u_1 e + \cdots)^4}{4\,!} - \cdots\right] \\ &\quad + e \cos M \left[(u_1 e + u_2 e^2 + \cdots) - \frac{(u_1 e + \cdots)^3}{3\,!} + \cdots\right]. \end{aligned}\right.$$

Durch Gleichsetzung der Koeffizienten gleich hoher Potenzen in e ergibt sich

$$(53)\quad \begin{cases} u_1 = \sin M, \\ u_2 = u_1 \cos M = \frac{1}{2} \sin 2M, \\ u_3 = -\frac{1}{2} u_1^2 \sin M + u_2 \cos M = \frac{3}{8} \sin 3M - \frac{1}{8} \sin M, \\ \dots\dots\dots\dots\dots\dots\dots\dots \end{cases}$$

Aus diesen Gleichungen lassen sich leicht einige allgemeine Eigenschaften der Lösungen herleiten. Aus (51) folgt, wenn für einen gegebenen Wert $M = M_0$ die Lösung $u = u_0$ besteht, welche, wie man weiß, eindeutig ist, daß man für $M = M_0 + 2j\pi$ (j positive ganze Zahl) ebenfalls die Lösung $u = u_0$ erhält. Das heißt: u ist eine periodische Funktion von M mit der Periode 2π. Da dies für alle Werte e zutrifft, so besitzt eine jede Größe u_j für sich selber die gleiche Periodizität. Genügen die Werte M_0 und u_0 der Gleichung (51), so gilt das auch von den Werten $-M_0$ und $-u_0$; also ist u eine ungerade Funktion von M, und die Größen u_j lassen sich durch die Sinus der Vielfachen von M darstellen. Ändert man das Vorzeichen von e und addiert in (51) π zu M, so bleibt die Gleichung selbst ungeändert; hieraus folgt, daß die Ausdrücke für die Größen u_j nur die Sinus von ungeraden oder geraden Vielfachen von M enthalten, je nachdem ihre Indizes ungerade oder gerade sind.

Wir zeigen, daß die höchste Multiplizität von M, die in dem Ausdruck u_j auftritt, gleich jM ist. Das allgemeine Glied (53) lautet

$$u_j = \sin M\, P_j(u_1, u_2, \dots, u_{j-1}) + \cos M\, Q_j(u_1, u_2, \dots, u_{j-1}),$$

wo die Größen P_j und Q_j Polynome in $u_1, u_2, \dots, u_{j-1}$ darstellen. Diese Größen müssen als Faktoren von e^{j-1} erscheinen. Die allgemeinen Glieder der Polynome P_j und Q_j sind, abgesehen von Zahlenkoeffizienten, die für die vorliegende Betrachtung nicht in Frage kommen, gegeben durch

$$p_j = u_1^{j_1} \cdot u_2^{j_2} \dots u_{j-1}^{j_{j-1}}, \qquad q_j = u_1^{k_1} \cdot u_2^{k_2} \dots u_{j-1}^{k_{j-1}}.$$

Die Exponenten von $u_1, \dots, u_{j-1}$ unterliegen der Bedingung, daß p_j und q_j Faktoren von e_{j-1} sein sollen. Zu dem Gliede u_m gehört der Faktor e^m und folglich zu dem Gliede u_m^n der Faktor e^{mn}. Somit müssen die Exponenten von $u_1, \dots u_{j-1}$ in den Ausdrücken für p_j und q_j den Beziehungen genügen

$$(54)\quad \begin{cases} j_1 + 2j_2 + \dots + (j-1)j_{j-1} = j - 1, \\ k_1 + 2k_2 + \dots + (j-1)k_{j-1} = j - 1. \end{cases}$$

Nun sei das höchste Vielfache von M in dem Ausdruck u_m gleich mM für $m = 1, \dots, j-1$, dann folgt aus den Ausdrücken für die Potenzen der Sinusfunktion, daß das höchste Vielfache von M in dem Ausdruck

u_m^n gleich mnM ist. Ferner ist das höchste Vielfache von M in dem Ausdruck für das Produkt von zwei oder mehr Sinusfunktionen gleich der Summe der höchsten Vielfachen von M, die die einzelnen Sinusfunktionen enthalten. Folglich sind die höchsten Vielfachen von M in den Ausdrücken p_j und q_j die Summen

$$j_1 + 2j_2 + \cdots + (j-1)\,j_{j-1}\,,\quad k_1 + 2k_2 + \cdots + (j-1)\,k_{j-1}\,,$$

welche nach (54) den Wert $j - 1$ haben. Nun folgt aus (53), daß p_j mit $\sin M$ und q_j mit $\cos M$ multipliziert ist; somit ist das höchste Vielfache von M in dem Ausdruck u_j gleich jM. Das heißt, die Ausdrücke u_j sind, je nachdem j gerade oder ungerade ist, von der Form

$$(55)\qquad \begin{cases} u_{2k} = +\,a_2^{(2k)} \sin 2M + \cdots + a_{2k}^{(2k)} \sin 2kM\,, \\ u_{2k+1} = a_1^{(2k+1)} \sin M + \cdots + a_{2k+1}^{(2k+1)} \sin (2k+1)M\,. \end{cases}$$

Man kann leicht Kontrollgleichungen ableiten. Da $E = M + u$, so hat man

$$\frac{\partial E}{\partial M} = 1 + \frac{\partial u}{\partial M} = 1 + \frac{\partial u_1}{\partial M} e + \frac{\partial u_2}{\partial M} e^2 + \cdots + \frac{\partial u_j}{\partial M} e^j + \cdots$$

Andererseits folgt aus der Keplerschen Gleichung

$$(56)\qquad \frac{\partial E}{\partial M} = \frac{1}{1 - e\cos E}\,.$$

Für $M = O$ ist $E = O$, und man erhält daher für $M = O$

$$\frac{\partial E}{\partial M} = \frac{1}{1-e} = 1 + e + e^2 + \cdots + e^j + \cdots$$

Da also die Koeffizienten von e^j in dieser Reihe für alle Exponenten j gleich eins sind, so bestehen für $M = O$ die Beziehungen

$$(57)\qquad \begin{cases} \dfrac{\partial u_{2k}}{\partial M} = 2a_2^{(2k)} + 4\,a_4^{(2k)} + \cdots + 2k\,a_{2k}^{(2k)} = 1\,, \\[2ex] \dfrac{\partial u_{2k+1}}{\partial M} = a_1^{(2k+1)} + \cdots + (2k+1)\,a_{2k+1}^{(2k+1)} = 1\,. \end{cases}$$

Diese Gleichungen bilden aber in sämtlichen Fällen eine wertvolle Kontrolle.

Aus (56) folgt

$$\begin{cases} \dfrac{\partial^2 E}{\partial M^2} = \dfrac{-e\sin E}{(1-e\cos E)^2}\,\dfrac{\partial E}{\partial M} = \dfrac{-e\sin E}{(1-e\cos E)^3}\,, \\[2ex] \dfrac{\partial^3 E}{\partial M^3} = \dfrac{-e\cos E}{(1-e\cos E)^4} + \dfrac{3e^2\sin^2 E}{(1-e\cos E)^5}\,. \end{cases}$$

Für $M = O$ ist die erste Gleichung identisch null, aus der zweiten erhält man

$$\frac{\partial^3 E}{\partial M^3} = \frac{-e}{(1-e)^4} = -\left[e + 4e^2 + \frac{4\cdot 5}{1\cdot 2}e^3 + \cdots + \frac{4\cdot 5\ldots(n+2)}{1\cdot 2\ldots(n-1)}e^n + \cdots\right].$$

Folglich ergeben sich entsprechend den Gleichungen (57) die Beziehungen

$$(58)\quad \begin{cases} -\dfrac{\partial^3 u_{2k}}{\partial M^3} = 2^3 a_2^{(2k)} + 4^3 a_4^{(2k)} + \cdots + (2k)^3 a_{2k}^{(2k)} \\ \qquad\qquad = \dfrac{4\cdot 5\ldots(2k+2)}{1\cdot 2\ldots(2k-1)}, \\ -\dfrac{\partial^3 u_{2k+1}}{\partial M^3} = 1^3 a_1^{(2k+1)} + 3^3 a_3^{(2k+1)} + \cdots + (2k+1)^3 a_{2k+1}^{(2k+1)} \\ \qquad\qquad = \dfrac{4\cdot 5\ldots(2k+3)}{1\cdot 2\ldots 2k}. \end{cases}$$

Diese Kontrollgleichungen sind von den Gleichungen (57) unabhängig. Auf ähnliche Weise lassen sich Kontrollformeln aus den sämtlichen Ableitungen ungerader Ordnung von E nach M ableiten.

Die Gleichungen (57), (58) und die entsprechenden für die höheren Ableitungen von E sind linear in den Größen $a_j^{(k)}$. Wenn also die Anzahl dieser Gleichungen gleich ist der Anzahl der Größen $a_j^{(k)}$, so sind diese eindeutig bestimmt, falls die Determinante aus den Koeffizienten von null verschieden ist. Dies trifft aber in der Tat zu.

Zur Erläuterung setze man zunächst $k = 0$. Dann liefert die zweite Gleichung in (57) den Wert $a_1^{(1)} = 1$ und folglich $u_1 = \sin M$ in Übereinstimmung mit den Ergebnissen (53). Für $k = 1$ folgt aus der ersten Gleichung (57) der Wert $2\,a_2^{(2)} = 1$, woraus sich $u_2 = \frac{1}{2}\sin 2\,M$ ergibt. Will man die Gleichungen (57) und (58) gleichzeitig benutzen, so setze man $k = 1$ in den zweiten Gleichungen (57) und (58). Dies liefert

$$\begin{cases} a_1^{(3)} + 3\,a_3^{(3)} = 1, \\ a_1^{(3)} + 27\,a_3^{(3)} = \dfrac{4\cdot 5}{1\cdot 2}. \end{cases}$$

Hieraus folgt $a_1^{(3)} = -\frac{1}{8}$, $a_3^{(3)} = +\frac{3}{8}$, in Übereinstimmung mit den Ergebnissen (53).

Führt man die Reihenentwicklung nach der Methode von Lagrange aus oder nach derjenigen, welche soeben auseinandergesetzt wurde, so ergibt sich für E bis auf Glieder der sechsten Ordnung in e die Entwicklung

$$(59)\quad \left\{\begin{aligned} E = M &+ e\sin M + \frac{e^2}{2}\sin 2M \\ &+ \frac{e^3}{3!\,2^2}(3^2\sin 3M - 3\sin M) \\ &+ \frac{e^4}{4!\,2^3}(4^3\sin 4M - 4\cdot 2^3\sin 2M) \\ &+ \frac{e^5}{5!\,2^4}(5^4\sin 5M - 5\cdot 3^4\sin 3M + 10\sin M) \\ &+ \frac{e^6}{6!\,2^5}(6^5\sin 6M - 6\cdot 4^5\sin 4M + 15\cdot 2^5\sin 2M) \\ &+ \cdots\cdots\cdots \end{aligned}\right.$$

100. Die Entwicklung von r und v in Reihen. Die Größe r läßt sich nach der Methode von Lagrange durch die Größen e und M ausdrücken, indem man $F(z) = \cos E$ setzt und von der letzten Gleichung (48) Gebrauch macht. Dieses Verfahren hat freilich den Nachteil größerer Umständlichkeit.

Aus der Keplerschen Gleichung folgt[1])

$$\left\{\begin{aligned} e\frac{\partial E}{\partial e} &= \frac{e\sin E}{1 - e\cos E}, \\ dM &= (1 - e\cos E)dE \end{aligned}\right.$$

und somit
$$e\frac{\partial E}{\partial e}dM = e\sin E dE.$$

Das Integral dieser Gleichung lautet

$$(60)\qquad e\int_0^M \frac{\partial E}{\partial e}dM = -e\cos E + c,$$

welches die Größe $-e\cos E$ in sehr einfacher Weise durch M ausdrückt, wenn man in dem Ausdruck auf der linken Seite den in (59) explizit gegebenen Wert von E einsetzt. Z. B. lauten die ersten Glieder

$$\begin{aligned} -e\cos E &= -c + e\int_0^M [\sin M + e\sin 2M \\ &\qquad + \tfrac{3}{8}e^2(3\sin 3M - \sin M) + \cdots]dM \\ &= -c - e\cos M - \tfrac{1}{2}e^2\cos 2M - \tfrac{3}{8}e^3(\cos 3M - \cos M)\cdots \end{aligned}$$

Die letzte Gleichung (48) und Gleichung (60) liefern für r die Reihe

$$(61)\qquad \frac{r}{a} = 1 - e\cos E = 1 - c - e\cos M - \tfrac{1}{2}e^2\cos 2M\cdots$$

1) Das Verfahren dieses Paragraphen rührt von MacMillan her.

Wie in Aufgabe 4 auf S. 147 gezeigt wurde, hat das Integral

$$\int_0^{2\pi} \frac{r}{a}\,dM = \int_0^{2\pi} \left[1 - c - e\cos M - \frac{e^2}{2}\cos 2M + \cdots\right] dM$$

den Wert $2\pi(1 + \frac{1}{2}e^2)$. Folglich enthalten die Koeffizienten von e^3, $e^4, \ldots$ keine konstanten Glieder, und man erhält für c den Wert $-\frac{1}{2}e^2$.

Die Reihe für $\frac{r}{a}$ lautet bis zur sechsten Potenz von e

$$(62)\quad \left\{\begin{aligned} \frac{r}{a} = 1 - e\cos M &- \frac{e^2}{2}(\cos 2M - 1) \\ &- \frac{e^3}{2!\,2^2}(3\cos 3M - 3\cos M) \\ &- \frac{e^4}{3!\,2^3}(4^2\cos 4M - 4\cdot 2^2\cos 2M) \\ &- \frac{e^5}{4!\,2^4}(5^3\cos 5M - 5\cdot 3^3\cos 3M + 10\cos M) \\ &- \frac{e^6}{5!\,2^5}(6^4\cos 6M - 6\cdot 4^4\cos 4M + 15\cdot 2^4\cos 2M) \\ &- \cdots\cdots\cdots\cdots \end{aligned}\right.$$

Wir bestimmen jetzt die Reihe für v. Aus den ersten beiden Gleichungen (49) folgt

$$dv = \frac{\sqrt{1-e^2}}{(1 - e\cos E)^2}\,dM.$$

Hieraus ergibt sich mit Rücksicht auf die Keplersche Gleichung

$$(63)\qquad dv = \sqrt{1-e^2}\left(\frac{dE}{dM}\right)^2 dM.$$

Die Größe $\frac{dE}{dM}$ erhält man sofort aus (59); quadriert und integriert man den erhaltenen Ausdruck, so folgt, wenn man die Größe $\sqrt{1-e^2}$ nach Potenzen von e^2 entwickelt

$$(64)\quad \left\{\begin{aligned} v = M + 2e\sin M &+ \tfrac{5}{4}e^2\sin 2M \\ &+ \frac{e^3}{12}(13\sin 3M - 3\sin M) \\ &+ \frac{e^4}{96}(103\sin 4M - 44\sin 2M) \\ &+ \frac{e^5}{960}(1097\sin 5M - 645\sin 3M + 50\sin M) \\ &+ \frac{e^6}{960}(1223\sin 6M - 902\sin 4M + 85\sin 2M) \\ &+ \cdots\cdots\cdots\cdots \end{aligned}\right.$$

Ist e klein, wie im Falle der Planetenbahnen, so konvergiert diese Reihe sehr rasch, überschreitet e den Wert 0.6627 . . ., so divergiert sie, wie Laplace zuerst gezeigt hat, für gewisse Werte von M. Dieser Wert von e wird im Sonnensystem nur im Falle gewisser Planetenbahnen überschritten. Bei Störungsberechnungen für Kometen werden Entwicklungen dieser Art überhaupt nicht benutzt.

101. Direkte Bestimmung der Polarkoordinaten.[1]) Wie wir gesehen haben, erfordert im Falle der elliptischen Bewegung die Bestimmung der Koordinaten für einen gegebenen Zeitpunkt einen beträchtlichen Arbeitsaufwand. Die Frage entsteht, ob dies nicht zum Teil sich erklärt aus der mittelbaren Art der Herleitung des Endergebnisses durch Bestimmung von E aus der Keplerschen Gleichung. Ferner entsteht die Frage, ob die Koordinaten nicht bequemer direkt aus den Differentialgleichungen gefunden werden könnten. Wir wollen zeigen, daß diese letztere Frage bejaht werden kann.

Die Gleichungen (16) lauten in Polarkoordinaten

$$\begin{cases} \dfrac{d^2r}{dt^2} - r\left(\dfrac{dv}{dt}\right)^2 + \dfrac{k^2(1+m)}{r^2} = 0, \\[2mm] \dfrac{d}{dt}\left(r^2\dfrac{dv}{dt}\right) = 0. \end{cases}$$

Integriert man die zweite von diesen Gleichungen und eliminiert sodann $\frac{dv}{dt}$, so ergibt sich

$$\begin{cases} \dfrac{d^2r}{dt^2} - \dfrac{h^2}{r^3} + \dfrac{k^2(1+m)}{r^2} = 0, \\[2mm] r^2\dfrac{dv}{dt} = h = k\sqrt{(1+m)\,a(1-e^2)}. \end{cases}$$

Wir setzen den Wert für $k^2(1+m)$, der aus der ersten Gleichung (48) folgt, ein und gehen mittels der zweiten Gleichung (48) von t zu M als unabhängige Variable über; dann werden diese Gleichungen

$$(65)\qquad \begin{cases} \dfrac{d^2r}{dM^2} - \dfrac{a^4(1-e^2)}{r^3} + \dfrac{a^3}{r^2} = 0, \\[2mm] \dfrac{dv}{dM} = \dfrac{a^2\sqrt{1-e^2}}{r^2}. \end{cases}$$

Die erste Gleichung (65) ist von der zweiten unabhängig und kann daher für sich integriert werden. Sie wird erfüllt durch die Werte

1) Diese Methode wurde vom Verfasser zuerst in dem *Astronomical Journal*, vol. 25 (1907) veröffentlicht.

$r = a$ und $e = O$, die einen Kreis als Bahnkurve ergeben. Um die elliptische Bahnkurve zu erhalten, setzen wir

$$r = a\,(1 - \varrho e), \tag{66}$$

wo $a\varrho e$ die Abweichung der Ellipse vom Kreise darstellt. Wenn der Planet im Perihel steht, so ist $r = a\,(1 - e)$ und folglich $\varrho = 1$ für $M = O$. Wenn der Planet im Aphel steht, ist $r = a\,(1 + e)$ und folglich $\varrho = -1$ für $M = \pi$; ϱ gehört also dem Bereich $(-1 \cdots + 1)$ an. Für M gleich null und π ist $\frac{dr}{dM}$ und folglich $\frac{d\varrho}{dM}$ gleich null.

Setzt man (66) in (65) ein, so werden diese Gleichungen

$$\left\{\begin{aligned} &\frac{d^2\varrho}{dM^2} + \frac{\varrho - e}{(1 - \varrho e)^3} = 0, \\ &\frac{dv}{dM} - \frac{\sqrt{1 - e^2}}{(1 - \varrho e)^2} = 0. \end{aligned}\right.$$

Da e kleiner als eins ist, und ϱ die Werte von -1 bis $+1$ annimmt, so lassen sich die zweiten Glieder in diesen Gleichungen als konvergierte Potenzreihen in e darstellen; dies liefert

$$\left\{\begin{aligned} &\frac{d^2\varrho}{dM^2} + \varrho = \frac{1}{2}\sum_{i=1}^{\infty}(i + 1)\,[i - (i + 2)\varrho^2]\varrho^{i-1}e^i, \\ &\frac{dv}{dM} = \sqrt{1 - e^2}\sum_{i=0}^{\infty}(i + 1)\varrho^i e^i. \end{aligned}\right. \tag{67}$$

Wie bewiesen, sind r und folglich ϱ nach Potenzen von e entwickelbar. Dies ergibt sich auch aus der Form der ersten Gleichung (67) und den allgemeinen Sätzen über Differentialgleichungen. Somit läßt sich ϱ in der Form

$$\varrho = \varrho_0 + \varrho_1 e + \varrho_2 e^2 + \cdots \tag{68}$$

schreiben, wo $\varrho_0, \varrho_1, \varrho_2, \ldots$ noch zu bestimmende Funktionen von M sind. Da für alle e kleiner als eins ϱ eine periodische Funktion mit der Periode 2π ist, so bildet jedes ϱ_i für sich eine Summe von trigonometrischen Funktionen. Ferner ist ϱ eine gerade Funktion von M, da die Bewegung zur großen Achse der Bahn symmetrisch erfolgt und M den Wert null hat, wenn der Planet im Perihel steht. Das gilt für alle Größen e, für welche die Reihe konvergiert, und folglich stellt jedes ϱ_i eine Summe von Kosinusfunktionen dar.

Vorzeichenänderung von e bedeutet Wechsel des Koordinatenanfangs nach dem anderen Brennpunkt der Ellipse. Folglich bleibt der Wert von r ungeändert, wenn man das Vorzeichen von e ändert und π zu M

hinzuaddiert; aus (66) ergibt sich daher, daß die Größe ϱ alsdann ihr Zeichen wechselt; da dies wiederum für alle Werte e gilt, für welche die Reihe konvergiert, so haben wir

$$\varrho_j(M)e^j = -\varrho_j(M+\pi)(-e)^j.$$

ϱ_j ist daher eine Summe von Kosinusfunktionen, deren Argumente für ungerades j gerade und für gerades j ungerade Vielfache von M darstellen. Beachtet man die Gleichungen (66) und (68), so erkennt man, daß wir hiermit zu demselben Ergebnis wie in § 100 gelangt sind.

Aus den Eigenschaften der Größe ϱ_j und der zweiten Gleichung (67) läßt sich leicht folgern, daß sich v als eine Reihe von der Form

$$v = v_0 + v_1 e + v_2 e^2 + \cdots \tag{69}$$

darstellen läßt, und daß jedes v_j ($j > 1$) eine Summe von Sinusfunktionen ganzer Vielfacher von M bildet. Eine ins einzelne gehende Diskussion lehrt, daß v_j für gerades j eine Summe von Sinusgliedern gerader und für ungerades j eine Summe von Sinusgliedern ungerader Vielfacher von M wird.

Die Lösung läßt sich ohne Schwierigkeiten auf direktem Wege herleiten. Substitution von (68) in die erste Gleichung (67) ergibt

$$\left[\frac{d^2\varrho_0}{dM^2} + \frac{d^2\varrho_1}{dM^2}e + \frac{d^2\varrho_2}{dM^2}e^2 + \cdots\right] + [\varrho_0 + \varrho_1 e + \varrho_2 e^2 + \cdots]$$
$$= [1 - 3\varrho_0^2]e + [3\varrho_0 - 6\varrho_0\varrho_1 - 6\varrho_0^3]e^2 + \cdots$$

Setzt man die Koeffizienten gleich hoher Potenzen auf beiden Seiten gleich, so folgt

$$\left\{\begin{array}{ll} (a) & \dfrac{d^2\varrho_0}{dM^2} + \varrho_0 = 0, \\ (b) & \dfrac{d^2\varrho_1}{dM^2} + \varrho_1 = 1 - 3\varrho_0^2, \\ (c) & \dfrac{d^2\varrho_2}{dM^2} + \varrho_2 = 3\varrho_0(1 - 2\varrho_1 - 2\varrho_0^2), \\ & \cdots\cdots\cdots\cdots \end{array}\right. \tag{70}$$

Die Gleichungen (70) können in der angegebenen Reihenfolge integriert werden. Jeder Schritt führt zu zwei Integrationskonstanten, die sich aus $\varrho = 1$ und $\frac{d\varrho}{dM} = 0$ für $M = 0$ bei beliebigen Werten e bestimmen lassen. Aus (68) folgt für diese Bedingungsgleichungen

$$\left\{\begin{array}{l} \varrho(0) = \varrho_0(0) + \varrho_1(0)e + \varrho_2(0)e^2 + \cdots = 1, \\ \dfrac{d\varrho}{dM} = \dfrac{d\varrho_0}{dM} + \dfrac{d\varrho_1}{dM}e + \dfrac{d\varrho_2}{dM}e^2 + \cdots = 0, \end{array}\right.$$

wo die Ableitungen der zweiten Gleichung für den Wert $M = 0$ gelten. Da diese Gleichungen in e identisch erfüllt sind, so ergibt sich

$$(71)\qquad \begin{cases} \varrho_0(0) = 1, & \varrho_1(0) = 0, & \varrho_2(0) = 0, & \ldots, \\ \dfrac{d\varrho_0}{dM} = 0, & \dfrac{d\varrho_1}{dM} = 0, & \dfrac{d\varrho_2}{dM} = 0, & \ldots . \end{cases}$$

Gleichung (70a) hat (§ 32) die allgemeine Lösung

$$\varrho_0 = a_0 \cos M + b_0 \sin M,$$

wo a_0 und b_0 die Integrationskonstanten sind. Aus (71) folgt $a_0 = 1$, $b_0 = 0$ und somit

$$\varrho_0 = \cos M.$$

Die Beziehung $b_0 = 0$ folgt auch aus der allgemeinen Eigenschaft, daß die Größe ϱ_0 nur Kosinusfunktionen enthalten.

Setzt man den Wert von ϱ_0 in die Gleichung (70 b) ein, so wird diese Gleichung

$$\frac{d^2\varrho_1}{dM^2} + \varrho_1 = -\tfrac{1}{2} - \tfrac{3}{2} \cos 2M.$$

Diese Gleichung läßt sich nach der Methode der Parametervariation lösen (§ 37). Da jedoch derjenige Teil der Lösung, welcher von dem Ausdruck auf der rechten Seite herrührt, mit diesem in der Form übereinstimmt, so benutzt man einfacher die Substitution

$$\varrho_1 = a_1 \cos M + b_1 \sin M + c_1 + d_1 \cos 2M,$$

wo c_1 und d_1 die Differentialgleichung erfüllen müssen. Dies führt zu der Lösung

$$\varrho_1 = a_1 \cos M + b_1 \sin M - \tfrac{1}{2} + \tfrac{1}{2} \cos 2M,$$

welche die allgemeine Lösung darstellt, da sie zwei willkürliche Konstanten a_1 und b_1 enthält. Bestimmt man a_1 und b_1 durch (71), so erhält ϱ_1 den Ausdruck

$$\varrho_1 = -\tfrac{1}{2} + \tfrac{1}{2} \cos 2M.$$

Mit den für ϱ_0 und ϱ_1 gefundenen Werten wird Gleichung (70 c)

$$\frac{d^2\varrho_2}{dM^2} + \varrho_2 = -3 \cos 3M,$$

hieraus folgt die allgemeine Lösung

$$\varrho_2 = a_2 \cos M + b_2 \sin M + \tfrac{3}{8} \cos 3M.$$

Bestimmt man a_2 und b_2 durch (71), so ergibt sich schließlich für ϱ_2 der Ausdruck

$$\varrho_2 = \tfrac{3}{8}\,(-\cos M + \cos 3M).$$

Dieses Integrationsverfahren läßt sich beliebig weit fortsetzen. Man gewinnt aus den erhaltenen Resultaten die Beziehungen

$$\frac{r}{a} = 1 - \varrho e = 1 - (\varrho_0 + \varrho_1 e + \varrho_2 e^2 + \cdots) e$$
$$= 1 - e \cos M - \tfrac{1}{2} e^2 (\cos 2M - 1) - \tfrac{3}{8} e^3 (\cos 3M - \cos M) \ldots,$$

welche mit (62) übereinstimmen.

Setzt man die Werte für $\varrho_0, \varrho_1, \ldots$ in die zweite Gleichung (67) ein, so ist das Resultat

$$\frac{dv}{dM} = 1 + 2e \cos M + \tfrac{5}{2} e^2 \cos 2M + \cdots,$$

und das Integral dieser Gleichung lautet

$$v = c + M + 2e \sin M + \tfrac{5}{4} e^2 \sin 2M \cdots$$

Da $v = 0$ für $M = 0$, so ist die willkürliche Konstante c selber gleich null. Man erhält daher wieder die Formel (64).

Die hier entwickelte Methode besitzt vielleicht für dieses spezielle Problem keine besonderen Vorzüge gegenüber der auf der Lösung der Keplerschen Gleichung beruhenden. Ändert man jedoch ein wenig die Bedingungen des Problems, indem man z. B. additive Glieder hinzufügt, herrührend von der Abplattung eines Planeten, in dessen Äquatorebene die Bewegung erfolgt [Kapitel IV, Gleichungen (30)], so verliert die Keplersche Gleichung ihre Gültigkeit, womit die von ihr abhängige Methode selber hinfällig wird, während die in Rede stehende Methode dieses Paragraphen sich ohne Änderung anwenden läßt, abgesehen von den numerischen Werten der Koeffizienten, die durch die additiven Glieder bestimmt sind. Jedoch bewirkt das Auftreten weiterer Glieder in den Differentialgleichungen eine Änderung der Periode, falls überhaupt eine periodische Bewegung vorliegt; um die Periodizität explizite darzustellen, sind im allgemeinen einige Änderungen in den Methoden zur Bestimmung der Integrationskonstanten erforderlich. Diese Methode der Reihenintegration ist typisch für diejenigen, welche in der Störungstheorie und den schwierigeren Teilen der Himmelmechanik Anwendung finden; aus diesem Grunde sollte man sie vollkommen beherrschen.

102. Ortsbestimmung für hyperbolische Bahnkurven. Zwischen den beiden Problemen der Ortsbestimmung für elliptische und hyperbolische Bahnkurven bestehen enge Analogien. Aus der Polargleichung der Hyperbel

$$r = \frac{a(\varepsilon^2 - 1)}{1 + \varepsilon \cos v},$$

wo a die große Halbachse und ε ihre Exzentrizität bedeutet, ergibt sich, daß im Falle einer hyperbolischen Bahnkurve v nur die Werte von $-\pi + \arccos\left(\frac{1}{\varepsilon}\right)$ bis $+\pi - \arccos\left(\frac{1}{\varepsilon}\right)$ annehmen kann.

Für den Flächensatz und die lebendige Kraft erhält man in diesem Falle

$$(72)\qquad \begin{cases} r^2\dfrac{dv}{dt} = k\sqrt{(1+m)\,a(\varepsilon^2-1)}, \\ \left(\dfrac{dr}{dt}\right)^2 + r^2\left(\dfrac{dv}{dt}\right)^2 = k^2(1+m)\left(\dfrac{2}{r}+\dfrac{1}{a}\right). \end{cases}$$

Elimination von v aus diesen Gleichungen führt zu

$$a\nu dt = \frac{r\,dr}{\sqrt{(a+r)^2 - a^2\varepsilon^2}},$$

wo

$$\nu = \frac{k\sqrt{1+m}}{a^{\frac{3}{2}}}.$$

Diese Gleichung läßt sich sofort mit Hilfe von Hyperbelfunktionen integrieren; man tut jedoch besser, zuerst eine Hilfsgröße F einzuführen, welche der exzentrischen Anomalie für elliptische Bahnen entspricht. Wir setzen

$$(73)\qquad a + r = \frac{a\varepsilon}{2}(e^F + e^{-F}) = a\varepsilon\cosh F;$$

dann ist

$$\nu dt = \left\{-1 + \frac{\varepsilon}{2}(e^F + e^{-F})\right\}dF = [-1 + \varepsilon\cosh F]\,dF.$$

Diese Gleichung besitzt das Integral

$$(74)\qquad M = \nu(t-T) = -F + \frac{\varepsilon}{2}(e^F + e^{-F}) = -F + \varepsilon\sinh F,$$

welches t liefert, wenn F bekannt ist. Die umgekehrte Aufgabe der Bestimmung von F bei gegebenem $\nu\,(t - T)$ ist schwieriger. Die schnellste Methode bestünde im allgemeinen darin, einen Näherungswert von F durch gewisse graphische Verfahren zu finden und sodann einen genaueren Wert durch differentielle Korrektionen. Der Wert von F, der (74) genügt, ist die Abszisse des Schnittpunktes der Geraden

$$y = \frac{1}{\varepsilon}(F + M)$$

und der hyperbolischen Sinuskurve

$$y = \frac{e^F - e^{-F}}{2} = \sinh F.$$

Die differentiellen Korrektionen können analog denjenigen für elliptische Bahnkurven berechnet werden.

Aus (73) und der Polargleichung der Hyperbel folgt

$$r = \frac{a(\varepsilon^2-1)}{1+\varepsilon\cos v} = a[-1 + \varepsilon\cosh F]$$

und aus dieser Gleichung

$$\operatorname{tg}\frac{v}{2}=\sqrt{\frac{\varepsilon+1}{\varepsilon-1}}\,\frac{\sqrt{-1+\frac{1}{2}(e^F+e^{-F})}}{\sqrt{+1+\frac{1}{2}(e^F+e^{-F})}}=\sqrt{\frac{\varepsilon+1}{\varepsilon-1}}\operatorname{tgh}\frac{F}{2}\,.$$

Dies ist eine bequeme Formel für die Berechnung von v, wenn F gefunden ist.

103. Ortsbestimmung für elliptische und hyperbolische Bahnen, wenn e nahe gleich eins ist. Bei dem Problem der Ortsbestimmung für elliptische und hyperbolische Bahnen, wenn e nahe gleich eins ist, beruhten die früher gegebenen analytischen Lösungen auf Reihenentwicklungen nach Potenzen von e. Wenn e groß ist, wie für gewisse Bahnen periodischer Kometen, hört die Konvergenz auf oder ist so schlecht, daß die Methode unbrauchbar wird. Das graphische Verfahren vermeidet hingegen diese Schwierigkeit.

Um im Falle e nahe gleich eins eine brauchbare analytische Lösung zu finden, machen wir die Entwicklung für elliptische Bahnkurven nach Potenzen von $\frac{1-e}{1+e}$. Wir gehen dabei aus von dem Flächensatz und der Polargleichung der Bahnkurve, welche wir als Ellipse annehmen.

Setzen wir

$$\begin{cases} w=\operatorname{tg}\dfrac{v}{2}, \\ \lambda=\dfrac{1-e}{1+e}, \end{cases}$$

so wird der Flächensatz

$$\frac{n\sqrt{1+e}}{2(1-e)^{\frac{3}{2}}}\,dt=\frac{(1+w^2)}{(1+\lambda w^2)^2}\,dw\,.$$

Wenn λ sehr klein ist, läßt sich der Ausdruck auf der rechten Seite in eine rasch konvergierende Reihe nach λ für alle Werte von v nicht zu nahe an 180° entwickeln. Da die periodischen Kometen in der Nähe des Aphels stets unsichtbar sind, so wird selten Gelegenheit sein, die Lösung in dieser Gegend zu beobachten. Führt man die Entwicklung nach λ aus und integriert, so ergibt sich

$$\begin{aligned}\text{(75)}\qquad \frac{n(1+e)^{\frac{1}{2}}}{2(1-e)^{\frac{3}{2}}}(t-T)&=w+\frac{w^3}{3}-2\lambda\left(\frac{w^3}{3}+\frac{w^5}{5}\right)\\ &\quad+3\lambda^2\left(\frac{w^5}{5}+\frac{w^7}{7}\right)-4\lambda^3\left(\frac{w^7}{7}+\frac{w^9}{9}\right)+\cdots\end{aligned}$$

Wenn die Bahnkurve eine Parabel darstellt, so ist $e=1$ und $\lambda=0$, und diese Gleichung reduziert sich folglich auf (32), d. h. auf eine kubische

Gleichung in w. Da der Perihelabstand für eine Ellipse $q = a(1-e)$ und $n = \frac{k}{a^{\frac{3}{2}}}$ ist, so folgt

$$\frac{n\sqrt{1+e}}{2(1-e)^{\frac{3}{2}}} = \frac{k\sqrt{1+e}}{2q^{\frac{3}{2}}}.$$

Es soll der Wert von w für ein beliebiges t gefunden werden. Wenn die Exzentrizität gleich eins wird, so erhält, da der Ausdruck auf der linken Seite denselben Wert annimmt, Gleichung (75) die Form

$$\text{(76)} \qquad \frac{k(1+e)^{\frac{1}{2}}}{2q^{\frac{3}{2}}}(t-T) = W + \tfrac{1}{3}W^3,$$

wo W die Tangente der halben wahren Anomalie für die sich ergebende Parabel bedeutet. Aus dieser Gleichung läßt sich W mit Hilfe von Barkers Tafeln oder aus den Gleichungen (33) bestimmen. Wenn W gefunden ist, kann man W als Potenzreihe in λ darstellen, deren Koeffizienten Funktionen von W sind. Setzen wir nämlich

$$\text{(77)} \qquad w = a_0 + a_1\lambda + a_2\lambda^2 + a_3\lambda^3 + \cdots$$

und führen diese Entwicklung für w in dem ersten Ausdruck (75) ein, welcher dem rechten Ausdruck (76) gleich ist, so ergibt sich

$$\begin{aligned} W + \frac{W^3}{3} = a_0 + \frac{a_0^3}{3} &+ [a_1 + a_0^2a_1 - \tfrac{2}{3}a_0^3 - \tfrac{2}{5}a_0^5]\lambda \\ &+ [a_2 + a_0^2a_2 + a_0a_1^2 - 2a_0^2a_1 - 2a_0^4a_1 + \tfrac{3}{5}a_0^5 + \tfrac{3}{7}a_0^7]\lambda^2 \\ &+ [a_3 + a_0^2a_3 + \frac{a_1^3}{3} + 2a_0a_1a_2 - 2a_0^2a_2 - 2a_0^4a_2 - 2a_0a_1^2 \\ &\qquad - 4a_0^3a_1^2 + 3a_0^4a_1 + 3a_0^6a_1 - \tfrac{4}{7}a_0^7 - \tfrac{4}{9}a_0^9]\lambda^3 \\ &+ \cdots\cdots \end{aligned}$$

Diese Gleichung stellt eine Identität in λ dar, so daß also die Koeffizienten gleich hoher Potenzen von λ gleich sind. Folglich erhalten wir

$$\left\{\begin{aligned} a_0 + \frac{a_0^3}{3} &= W + \frac{W^3}{3}, \\ a_1(1+a_0^2) &= \tfrac{2}{3}a_0^3 + \tfrac{2}{5}a_0^5, \\ a_2(1+a_0^2) &= -a_0a_1^2 + 2a_0^2a_1 + 2a_0^4a_1 - \tfrac{3}{5}a_0^5 - \tfrac{3}{7}a_0^7, \\ a_3(1+a_0^2) &= -\frac{a_1^3}{3} + 2a_0^2a_2 + 2a_0^4a_2 + 2a_0a_1^2 + 4a_0^3a_1^2 \\ &\qquad - 2a_0a_1a_2 - 3a_0^4a_1 - 3a_0^6a_1 + \tfrac{4}{7}a_0^7 + \tfrac{4}{9}a_0^9, \\ &\cdots\cdots \end{aligned}\right.$$

Von den drei Lösungen a_0 ist nur eine reell. Benutzt man die reelle Wurzel, so folgen die Werte

$$\left\{\begin{aligned} a_0 &= W, \\ a_1 &= \frac{\frac{2}{3}W^3 + \frac{2}{5}W^5}{1 + W^2}, \\ a_2 &= \frac{\frac{11}{15}W^5 + \frac{439}{315}W^7 + \frac{33}{35}W^9 + \frac{87}{175}W^{11}}{(1 + W^2)^3}, \\ a_3 &= \frac{\frac{292}{315}W^7 + \frac{7928}{2835}W^9 + \frac{10328}{2835}W^{11} + \frac{432}{175}W^{13} + \frac{6692}{7875}W^{15} + \frac{184}{1575}W^{17}}{(1 + W^2)^5}, \\ &\ldots\ldots\ldots\ldots\ldots \end{aligned}\right.$$

Setzt man diese Werte in (77) ein, so ist die Tangente der halben wahren Anomalie bestimmt. Das erste Glied liefert den Wert, der sich im Falle einer parabolischen Bahn ergeben würde, da die anderen Glieder für $e = 1$ verschwinden. In der Reihe (64) ist das erste Glied auf der rechten Seite die wahre Anomalie, wenn die Bahnkurve ein Kreis ist, so daß die höheren Glieder die Korrektionen zur Kreisbewegung liefern. In der Reihe (77) ist das erste Glied auf der rechten Seite die Tangente der halben wahren Anomalie, wenn die Bahnkurve eine Parabel ist, so daß die höheren Glieder die Korrektionen zur parabolischen Bewegung liefern.

Diese Gleichungen lassen sich in derselben Weise auf hyperbolische Bahnkurven anwenden, für welche die Exzentrizität nahe eins ist, wenn an Stelle von $1 - e$ und $1 + e$ durchweg $\varepsilon - 1$ und $\varepsilon + 1$ gesetzt wird, wo ε die Exzentrizität der Hyperbel bedeutet.

XV. Aufgaben.

1. Man zeige, daß eine sehr schnelle annähernde Lösung der kubischen Gleichung (32) in $tg\,\frac{v}{2}$ durch graphisches Verfahren möglich ist.

2. Man entwickle die Gleichungen für die differentiellen Korrektionen (Aufgabe 1) zu den nach der graphischen Methode ermittelten Näherungswerten. Man mache eine Anwendung auf einen besonderen Fall und verifiziere das Ergebnis.

3. Für die Werte $e = 0{,}2$ und $M = 214^\circ$ bestimme man die Größen E_0, M_0, E_1, M_1, E_2, M_2.

Lösung:

$$E_0 = 208^\circ\,39'\,16''.6,\quad M_0 = 214^\circ\,8'\,58''.6;\quad E_1 = 208^\circ\,31'\,38''.4,$$
$$M_1 = 213^\circ\,59'\,59''.8;\quad E_2 = 208^\circ\,31'\,38''.6,\quad M_2 = 214^\circ\,00'00''.$$

4. Man zeige mit Hilfe der zur Lösung der Keplerschen Gleichung benutzten Kurven, daß die Lösung für alle Werte von $e < 1$ und M eindeutig ist.

5. Durch die Gleichung (50) sind die Quadranten für die Winkel nicht bestimmt; man kann jedoch zeigen, daß die entsprechenden Werte von $\frac{1}{2}v$ und $\frac{1}{2}E$ stets in demselben Quadranten liegen.

6. Man drücke die rechtwinkligen Koordinaten $x = r\cos v$, $y = r\sin v$ durch die exzentrische Anomalie aus und ferner mit Hilfe der Entwicklungsformel von Lagrange durch die Größe M.

Lösung:

$$\frac{x}{a} = \cos M + \frac{e}{2}(\cos 2M - 3) + \frac{e^2}{2!\,2^2}(3\cos 3M - 3\cos M) + \frac{e^3}{3!\,2^3}(4^2\cos 4M - 4\cdot 2^2\cos 2M) + \cdots$$

$$\frac{y}{a} = \sin M + \frac{e}{2}\sin 2M + \frac{e^2}{3!\,2^2}(3^2\sin 3M - 15\sin M) + \frac{e^3}{4!\,2^3}(4^3\sin 4M - 10\cdot 2^3\sin 2M) + \cdots$$

7. Man zeige, daß die Eigenschaften von E als Potenzreihe in e, welche im § 99 aufgestellt wurden, auch aus der Entwicklung von Lagrange folgen.

8. Man leite die ersten drei Glieder der Reihe für r nach der Formel von Lagrange ab.

9. Man gebe eine geometrische Deutung von F (§ 102) an, entsprechend derjenigen von E für eine elliptische Bahnkurve.

10. Man drücke v als Potenzreihe in e nach einer analogen Methode zu der in § 103 benutzten aus.

11. Man zeige, daß derjenige Zweig der Hyperbel, welcher nach der Sonne zu konvex ist, während einer rein imaginären Zeit beschrieben wird.

12. Man füge auf den rechten Seiten der Gleichungen (16) die Glieder

$$-\frac{3}{10}(1+m)b^2e_1^2\frac{x}{r^5} \quad \text{und} \quad -\frac{3}{10}(1+m)b^2e_1^2\frac{y}{r^5}$$

hinzu, welche von der Abplattung des Zentralkörpers herrühren (Gleichungen 30, Kapitel IV), wo e_1 die Exzentrizität eines Meridianschnittes bedeutet, und integriere die so entstandenen Gleichungen nach der Methode von § 101.

104. Bestimmung der heliozentrischen Koordinaten im System der Ekliptik. Zur Bestimmung des Ortes eines Körpers auf seiner Bahnkurve hat man für die verschiedenen auftretenden Fälle besondere Methoden aufgestellt. Es sollen jetzt die Formeln zur Ortsbestimmung in bezug auf verschiedene Koordinatensysteme abgeleitet werden. Der Ursprung wird zunächst in dem Körper fest angenommen, auf welchen die Bewegung des anderen bezogen wird. Die meisten Anwendungen betreffen das Sonnensystem mit dem Ursprung im Mittelpunkt der Sonne; in diesem Falle spricht man von *heliozentrischen* Koordinaten.

Die Ortsbestimmung im Sonnensystem geschieht für gewöhnlich auf Grund des Ekliptikal- oder des Äquatorialsystems. Im Ekliptikalsystem bildet die Ebene der Erdbahn, im Äquatorialsystem die Ebene des Erdäquators die Grundebene. In beiden Systemen ist der Nullpunkt des Grundkreises der *Frühlingspunkt*, das ist der Punkt, in welchem die Ekliptik den Äquator bei ihrem Verlauf von Süden nach Norden schneidet; er wird mit ♈ bezeichnet. Die Polarkoordinaten heißen im Ekliptikalsystem *Länge* und *Breite*, im Äquatorialsystem *Rektaszension* und *Deklination*. Für den Ursprung in der Sonne sollen die Koordinaten mit lateinischen, für den Ursprung in der Erde mit griechischen Buchstaben bezeichnet werden.

	Ursprung in der Sonne.	Ursprung in der Erde.	
Länge	l	λ	ostwärts gemessen
Breite	b	β	+ wenn nördlich
			— „ südlich
Rektazsension	a	α	ostwärts
Deklination	d	δ	+ wenn nördlich
			— „ südlich
Abstand	r	ϱ	

In der Praxis werden a und d sehr selten gebraucht. Im Äquatorialsystem sind die absoluten Positionen von Fundamentalsternen gegeben, und die beobachteten Orte der Kometen werden auf sie bezogen. In gewissen Untersuchungen über Planeten und Kometen, im besonderen über die wechselseitigen Störungen zwischen Planeten und zwischen Planeten und Kometen benutzt man bequemer das Ekliptikalsystem; aus dem Grunde muß man die Möglichkeit haben, die Gleichungen von dem einen System auf das andere zu transformieren.

Der *aufsteigende* und der *niedersteigende Knoten* sind Punkte, die man erhält, wenn man die Stellen, wo der Körper die Ebene der Ekliptik passiert, von der Sonne aus auf die Ekliptik projiziert. Bewegt sich dabei der Körper von Süden nach Norden, so bildet der aufsteigende, im anderen Falle der niedersteigende Knoten die Projektion. Die Längen der beiden Knoten werden von dem Frühlingspunkt, der einen festen Punkt auf der Ekliptik darstellt, aus gemessen. Die erste Länge wird mit ☊, die zweite mit ☋ bezeichnet.

Die *Neigung* ist der Winkel zwischen den Ebenen der Bahnkurve des Körpers und der Ekliptik uhd wird mit i bezeichnet. Es ist üblich, die Neigung kleiner als 90° anzunehmen und die Bewegungsrichtung des Körpers als *vorwärts* oder *rückwärts* schreitend, zu definieren, je nachdem sie (genauer: Ihre Vertikalprojektion auf die Ekliptikalebene) mit derjenigen der Erde gleich oder entgegengesetzt ist. Nach einer anderen Methode wird nur eine Bewegungsrichtung benutzt und dafür die Neigung von 0 bis 180° gerechnet. Diese letztere Methode macht den Gebrauch von zwei Zeichen in den Formeln überflüssig und soll hier angewandt werden. (Siehe § 86). Knoten und Neigung bestimmen die Ebene der Bahnkurve im Raume.

Die Entfernung zwischen dem aufsteigenden Knoten und dem Perihel, gerechnet in der Bewegungsrichtung des Körpers, wird mit ω bezeichnet und dient der Lagebestimmung der Bahnkurve in ihrer Ebene. Die *Länge des Perihels* wird mit π bezeichnet und gegeben durch die Gleichung

$$\pi = ☊ + \omega.$$

Dieses Element ist nicht eine Länge im gewöhnlichen Sinne, weil es in zwei verschiedenen Ebenen gemessen wird.

Das Problem der Relativbewegung von zwei Körpern war von der sechsten Ordnung (§ 85), und ihre Integration führte daher zu sechs willkürlichen Konstanten. Demgemäß gibt es sechs Elemente, welche unabhängige Funktionen dieser Konstanten bilden. Diese sind

a = große Halbachse, welche die Dimensionen der Bahnkurve und die Umdrehungsperiode bestimmt.

e = die Exzentrizität, welche die Gestalt der Bahnkurve bestimmt.

☊ = Länge des aufsteigenden Knotens.

i = Neigung, Winkel zwischen der Bahnebene und der Ebene der Ekliptik. ☊ und i bestimmen zusammen die Lage der Bahnebene.

ω = Länge des Perihels vom aufsteigenden Knoten aus gemessen, oder π = Länge des Perihels, wo π = ☊ $+ \omega$. ω wie π bestimmen die Lage der Bahnkurve in ihrer Ebene.

T = Zeit des Periheldurchgangs, die mit den anderen Elementen die Lage des Körpers in seiner Bahn zu einer gegebenen Zeit bestimmt.

Die Polarkoordinaten wurden oben bestimmt; aus ihnen erhält man für die rechtwinkligen Koordinaten, wenn die positive x-Achse nach dem Perihel hin gerichtet ist, und die y-Achse in der Bahnebene liegt, die Gleichungen

$$\text{(78)} \qquad \begin{cases} x_0 = r \cos v, \\ y_0 = r \sin v, \\ z_0 = 0. \end{cases}$$

Dreht man die x-Achse rückwärts bis zur Knotenlinie, so lauten die Koordinaten im neuen System

$$\text{(79)} \qquad \begin{cases} x = r \cos (v + \omega) = r \cos (v + \pi - ☊), \\ y = r \sin (v + \omega) = r \sin (v + \pi - ☊), \\ z = 0. \end{cases}$$

Die Länge des Körpers in seiner Bahn, gerechnet von dem aufsteigenden Knoten, heißt das *Argument der Breite* und wird mit u bezeichnet.

Es ist gegeben durch die Gleichung

$$u = v + \omega;$$

daher ist u bekannt, wenn v gefunden ist.

Es sei S die Sonne und Sxy die Ebene der Ekliptik; $S☊A$ die Bahnebene; ☊ der aufsteigende Knoten; Π der Perihelpunkt; A die Projektion der Lage des Körpers; Winkel $\Pi SA = v$. Dann ist $☊A = \omega + v = u$.

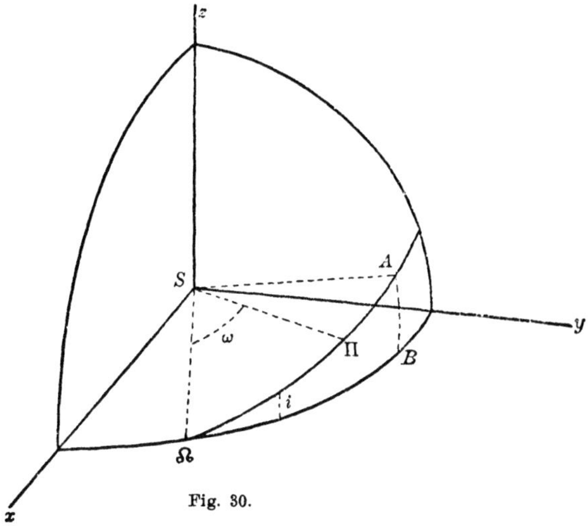

Fig. 30.

Die Lage des Körpers sei jetzt bezogen auf ein rechtwinkliges Achsensystem mit dem Ursprung in der Sonne, der x-Achse in der Knotenlinie und der y-Achse in der Ebene der Ekliptik. Dann werden die Gleichungen (79)

$$(80)\quad \begin{cases} x' = r\cos(v+\omega) = r\cos u, \\ y' = r\sin(v+\omega)\cos i = r\sin u\cos i, \\ z' = r\sin(v+\omega)\sin i = r\sin u\sin i. \end{cases}$$

Benutzen wir die heliozentrische Breite und Länge, so lauten die Gleichungen

$$(81)\quad \begin{cases} x' = r\cos b\cos(l - ☊), \\ y' = r\cos b\sin(l - ☊), \\ z' = r\sin b. \end{cases}$$

Durch Vergleich von (80) und (81) ergibt sich

$$(82)\quad \begin{cases} \cos b\cos(l - ☊) = \cos u, \\ \cos b\sin(l - ☊) = \sin u\cos i, \\ \sin b = \sin u\sin i; \end{cases}$$

woraus

$$(83)\quad \begin{cases} \operatorname{tg}(l - ☊) = \operatorname{tg} u\cos i, \\ \operatorname{tg} b = \operatorname{tg} i\sin(l - ☊). \end{cases}$$

Da $\cos b$ stets positiv ist, so bestimmen die Gleichungen (82) und (83) die heliozentrische Länge l und Breite b eindeutig, wenn ☊, i und u bekannt sind.

105. Transformation des Ursprungs nach der Erde. Es seien Ξ, H, Z die geozentrischen Koordinaten des Sonnenmittelpunktes in bezug auf ein Achsensystem mit der positiven x-Achse nach dem Frühlingspunkt und der y-Achse in der Ebene der Ekliptik. Es bedeute im geozentrischen System P[1]) den Abstand, Λ[1]) die Länge und B[1]) die Breite der Sonne. Diese Größen sind für jeden Tag des Jahres im *Nautischen Almanach* angegeben. Die rechtwinkligen Koordinaten lauten in ihnen

$$(84)\qquad \begin{cases} \Xi = P\cos B\cos\Lambda, \\ H = P\cos B\sin\Lambda, \\ Z = P\sin B. \end{cases}$$

Der Winkel B ist im allgemeinen kleiner als eine Bogensekunde; falls daher nicht große Genauigkeit verlangt wird, können diese Gleichungen durch die folgenden ersetzt werden:

$$\begin{cases} \Xi = P\cos\Lambda, \\ H = P\sin\Lambda, \\ Z = 0. \end{cases}$$

Es seien ξ'', η'' und ζ'' die geozentrischen und x'', y'' und z'' die heliozentrischen Koordinaten des Körpers mit der positiven x-Achse nach dem Frühlingspunkt und der y-Achse in der Ebene der Ekliptik; dann ist

$$\begin{cases} \xi'' = x'' + \Xi, \\ \eta'' = y'' + H, \\ \zeta = z'' + Z. \end{cases}$$

In Polarkoordinaten lauten diese Gleichungen

$$\begin{cases} \varrho\cos\beta\cos\lambda = r\cos b\cos l + P\cos B\cos\Lambda, \\ \varrho\cos\beta\sin\lambda = r\cos b\sin l + P\cos B\sin\Lambda, \\ \varrho\sin\beta = r\sin b + P\sin B. \end{cases}$$

Aus diesen Gleichungen kann man λ und β finden; indessen läßt sich dieses System in ein bequemeres transformieren; man addiere die erste Gleichung nach Multiplikation mit $\cos\Lambda$, die zweite nach Multiplikation mit $\sin\Lambda$, ferner addiere man die erste nach Multiplikation mit $-\sin\Lambda$, die zweite nach Multiplikation mit $\cos\Lambda$. Dies liefert

$$(85)\qquad \begin{cases} \varrho\cos\beta\cos(\lambda-\Lambda) = r\cos b\cos(l-\Lambda) + P\cos B, \\ \varrho\cos\beta\sin(\lambda-\Lambda) = r\cos b\sin(l-\Lambda), \\ \varrho\sin\beta = r\sin b + P\sin B. \end{cases}$$

1) $P, \Lambda, B =$ groß ϱ, λ, β.

Diese Gleichungen bestimmen den geozentrischen Abstand ϱ, die geozentrische Länge λ und die geozentrische Breite β.

106. Transformation auf die geozentrischen Äquatorialkoordinaten. Es bezeichnet ε die Neigung der Ebene der Ekliptik gegen die Äquatorebene. ξ'', η'', ζ'' seien die geozentrischen Koordinaten des Körpers in bezug auf das Ekliptikalsystem mit der positiven x-Achse nach dem Frühlingspunkt. Zu dem Äquatorialsystem gelangt man durch Drehung des Ekliptikalsystems im negativen Sinne um die x-Achse um den Winkel ε. Zwischen den Koordinaten der beiden Systeme bestehen daher die Beziehungen

$$\begin{cases} \xi''' = \xi'', \\ \eta''' = \eta'' \cos\varepsilon - \zeta'' \sin\varepsilon, \\ \zeta''' = \eta'' \sin\varepsilon + \zeta'' \cos\varepsilon; \end{cases}$$

oder in Polarkoordinaten

$$(86) \qquad \begin{cases} \cos\delta \cos\alpha = \cos\beta \cos\lambda, \\ \cos\delta \sin\alpha = \cos\beta \sin\lambda \cos\varepsilon - \sin\beta \sin\varepsilon, \\ \sin\delta = \cos\beta \sin\lambda \sin\varepsilon + \sin\beta \cos\varepsilon. \end{cases}$$

Zur bequemeren Auflösung dieser Gleichungen nach δ und α führen wir die Hilfsgrößen n und N ein mittels der Beziehungen

$$(87) \qquad \begin{cases} n \sin N = \sin\beta, \\ n \cos N = \cos\beta \sin\lambda, \end{cases}$$

wo n eine positive Größe ist. Dann werden die Gleichungen (86)

$$\begin{cases} \cos\delta \cos\alpha = \cos\beta \cos\lambda, \\ \cos\delta \sin\alpha = n \cos(N + \varepsilon), \\ \sin\delta = n \sin(N + \varepsilon); \end{cases}$$

woraus

$$(88) \qquad \begin{cases} n \sin N = \sin\beta \\ n \cos N = \cos\beta \sin\lambda, \\ \operatorname{tg}\alpha = \dfrac{\cos(N+\varepsilon)\operatorname{tg}\lambda}{\cos N}, \\ \operatorname{tg}\delta = \operatorname{tg}(N+\varepsilon)\sin\alpha. \end{cases}$$

Diese Gleichungen liefern im Verein mit der ersten (86), welche zur Bestimmung des Quadranten, dem α angehört, gebraucht wird, die Größen α und δ ohne Zweideutigkeit, wenn λ und β bekannt sind.

Wenn α und δ gegeben und λ und β gesucht sind, erhält man die Gleichungen zu ihrer Bestimmung durch Vertauschen von α und δ mit λ und β und ε mit $-\varepsilon$ in (88). Diese lauten[1])

$$(89)\qquad \begin{cases} m \sin M = \sin \delta, \\ m \cos M = \cos \delta \sin \alpha, \\ \operatorname{tg} \lambda = \dfrac{\cos (M - \varepsilon) \operatorname{tg} \alpha}{\cos M}, \\ \operatorname{tg} \beta = \operatorname{tg} (M - \varepsilon) \sin \lambda. \end{cases}$$

107. Direkte Bestimmung der geozentrischen Äquatorialkoordinaten. Die geozentrischen Äquatorialkoordinaten α und δ können, ohne erst die Ekliptikalkoordinaten λ und β zu finden, direkt aus den Elementen i und Ω und dem Argument der Breite u bestimmt werden.

In einem Achsensystem mit der positiven x-Achse nach dem aufsteigenden Knoten und der y-Achse in der Ebene der Ekliptik lauten die Gleichungen für die heliozentrischen Koordinaten

$$\begin{cases} x' = r \cos u, \\ y' = r \sin u \cos i, \\ z' = r \sin u \sin i. \end{cases}$$

Wenn das System um die z-Achse gedreht wird, bis die positive x-Achse nach dem Frühlingspunkt gerichtet ist, erhält man die Koordinaten

$$\begin{cases} x'' = x' \cos \Omega - y' \sin \Omega, \\ y'' = x' \sin \Omega + y' \cos \Omega, \\ z'' = z'; \end{cases}$$

oder

$$(90)\qquad \begin{cases} x'' = r (\cos u \cos \Omega - \sin u \cos i \sin \Omega), \\ y'' = r (\cos u \sin \Omega + \sin u \cos i \cos \Omega), \\ z'' = r \sin u \sin i. \end{cases}$$

Drehen wir jetzt das System um die x-Achse um den Winkel $-\varepsilon$, so werden die Koordinaten

$$\begin{cases} x''' = x'', \\ y''' = y'' \cos \varepsilon - z'' \sin \varepsilon, \\ z''' = y'' \sin \varepsilon + z'' \cos \varepsilon; \end{cases}$$

1) m und M sind neue Hilfsgrößen und haben nichts zu tun mit den Größen, für welche früher dieselben Bezeichnungen benutzt werden.

oder in Polarkoordinaten

$$(91)\quad\begin{cases} x''' = r\{\cos u \cos \Omega - \sin u \cos i \sin \Omega\}, \\ y''' = r\{(\cos u \sin \Omega + \sin u \cos i \cos \Omega) \cos \varepsilon - \sin u \sin i \sin e\}, \\ z''' = r\{(\cos u \sin \Omega + \sin u \cos i \cos \Omega) \sin \varepsilon + \sin u \sin i \cos e\}. \end{cases}$$

Zur Erleichterung der Berechnungen führte Gauß die neuen Hilfsgrößen A, a, B, b, C und c ein durch die Beziehungen

$$(92)\quad\begin{cases} \sin a \sin A = \cos \Omega, & \\ \sin a \cos A = -\sin \Omega \cos i, & \sin a > 0, \\ \sin b \sin B = \sin \Omega \cos \varepsilon, & \sin b > 0, \\ \sin b \cos B = \cos \Omega \cos i \cos \varepsilon - \sin i \sin \varepsilon, & \\ \sin c \sin C = \sin \Omega \sin \varepsilon, & \sin c > 0, \\ \sin c \cos C = \cos \Omega \cos i \sin \varepsilon + \sin i \cos \varepsilon. & \end{cases}$$

Diese Konstanten hängen von den Elementen allein ab und brauchen daher nur einmal für eine gegebene Bahnkurve berechnet zu werden. Sie sind besonders vorteilhaft, wenn die Koordinaten für eine größere Anzahl von Epochen berechnet werden sollen, wie bei der Bestimmung einer Ephemeride. Setzt man diese Konstanten in (91) ein, so nehmen die Gleichungen für die heliozentrischen Koordinaten die einfache Form

$$(93)\quad\begin{cases} x''' = r \sin a \sin (A + u), \\ y''' = r \sin b \sin (B + u), \\ z''' = r \sin c \sin (C + u) \end{cases}$$

an.

Schließlich sind die geozentrischen Äquatorialkoordinaten definiert durch die Beziehungen

$$(94)\quad\begin{cases} \varrho \cos \delta \cos \alpha = x''' + X', \\ \varrho \cos \delta \sin \alpha = y''' + Y', \\ \varrho \sin \delta = z''' + Z', \end{cases}$$

wo X', Y' und Z' die rechtwinkligen geozentrischen Koordinaten der Sonne in bezug auf das Äquatorialsystem darstellen. Man findet sie im Nautischen Almanach für jeden Tag im Jahr, und somit bestimmen diese Gleichungen die Größen ϱ, α und δ.

Damit ist die Theorie der Bestimmung der heliozentrischen und geozentrischen Koordinaten eines Körpers, der irgend eine Bahnkurve durchläuft, für die beiden Fälle, wo entweder das Ekliptikal- oder das Äquatorialsystem zugrunde gelegt wird, zum Abschluß gebracht.

XVI. Aufgaben.

1. Man deute den Winkel N in Gleichung (87) geometrisch und zeige, daß n einfach ein Proportionalitätsfaktor ist.

2. Man nehme an, daß der aufsteigende Knoten immer so gewählt ist, daß er weniger als 180° beträgt, und daß die Neigung die Werte von -90 bis $+90$ annimmt; man bestimme die Änderungen, welche in den Gleichungen (78) ... (93) eintreten und im besonderen gebe man die Definitionen der Gaußschen Konstanten $a, A \ldots\ldots, C$ für diese Definition der Elemente.

3. Man deute die Gaußschen Konstanten nach (92) geometrisch.

Geschichtliche Übersicht und Literatur.

Das Zweikörperproblem für Kugeln endlicher Größe wurde zuerst von Newton etwa 1685 behandelt, und findet sich in den *Prinzipien*, Buch I, Abschnitt 11. Die Darstellungsmethode ist geometrisch. Die infinitesimalen Methoden wurden zu Beginn des XVIII. Jahrhunderts auf dem Kontinent mit Eifer gepflegt, Newtons mechanisches System fand jedoch nicht sofortige Aufnahme; in der Tat hielten die Franzosen an der Wirbeltheorie von Descartes (1596—1650) fest, bis Voltaire nach seinem Besuch in London 1727 nachdrücklich für die Newtonsche Theorie 1728 bis 1738 eintrat. Dies im Verein mit dem Umstand, daß die Engländer fortfuhren, die geometrischen Methoden der *Prinzipien* anzuwenden, verzögerte die analytische Behandlung des Problems. Sie wurde wahrscheinlich von Daniel Bernouilli in der Abhandlung, für welche er 1734 den Preis von der französischen Akademie erhielt, schon vollständig gegeben, und sicherlich von Euler 1744 in seiner *Theoria motuum planetarum et cometarum* im einzelnen durchgeführt. Seit jener Zeit bestanden die Änderungen hauptsächlich in der Wahl der Variablen, in denen das Problem ausgedrückt wurde.

Die Lösung der Keplerschen Gleichung wurde naturgemäß zuerst von Kepler selber gegeben. Die nächste lieferte Newton in den *Prinzipien.* Mit Hilfe eines graphischen Verfahrens, das von der Zykloide Gebrauch machte, war er imstande, die näherungsweise Lösung für die exzentrische Anomalie sehr leicht zu finden. Eine sehr große Anzahl von analytischen und graphischen Lösungen wurden aufgestellt, da fast jeder bedeutende Mathematiker von Newton bis zur Mitte des letzten Jahrhunderts diesem Gegenstande mehr oder weniger Interesse entgegenbrachte. Ein Verzeichnis von 123 Abhandlungen über die Keplersche Gleichung findet sich im *Bulletin Astronomique*, Jan. 1900, und selbst diese ausgedehnte Liste ist noch unvollständig.

Die Koordinatentransformationen setzen nur die Lehre von den sphärischen Dreiecken voraus, welche in vollkommen allgemeiner Form die mathematische Welt Gauß (1777—1855) verdankt.

Das Zweikörperproblem wird in jedem Werk über analytische Mechanik behandelt. Für den Leser empfiehlt es sich, ferner noch Tisserands Méc. Cél., vol. I, chapters VI und VII zu studieren.

Sechstes Kapitel.

Bahnbestimmung.

108. Allgemeine Betrachtung. Bei der Behandlung des Zweikörperproblems wurde gezeigt, wie die Integrationskonstanten, auf welche die Lösung der Differentialgleichungen führt, sich durch die Anfangswerte der Koordinaten und der Geschwindigkeitskomponenten ausdrücken lassen; ferner wurde gezeigt, wie die Elemente der Kegelschnittskurve wieder durch die Integrationskonstanten ausgedrückt werden können. So ist es natürlich, wenn man versucht, die Lage und die Geschwindigkeit des beobachteten Körpers in einem gegebenen Zeitpunkt zu bestimmen. Nun entsteht sogleich die Schwierigkeit, daß die Beobachtungen, welche von der in Bewegung befindlichen Erde aus gemacht werden, nur die Richtung des Gegenstandes vom Beobachter aus liefern und keinen direkten Aufschluß über seine Entfernung. Eine Beobachtung der scheinbaren Lage bestimmt einfach die Tatsache, daß der Körper irgendwo auf der einen Hälfte einer bestimmten Geraden liegt, die durch den Beobachter hindurchgeht. Damit ist aber die Lage des Körpers im Raum nicht schon gegeben und ebenso wenig seine Geschwindigkeitskomponenten. Aus diesem Grunde besteht die Notwendigkeit, weitere Beobachtungen in anderen Zeitpunkten vorzunehmen. In der Zwischenzeit hat sich aber die Erde weiter bewegt, und der beobachtete Körper ist zu einer anderen Stelle seiner Bahn vorgerückt. Die zweite Beobachtung liefert daher einfach eine andere Gerade, welcher der Körper in einem anderen Zeitpunkt angehört. Es ist einleuchtend, daß das Problem, die Lage des Körpers und seine Bahnelemente aus solchen Daten zu bestimmen, Schwierigkeiten darbietet.

Die erste Frage, die der Beantwortung bedarf, ist die, nach der Anzahl der Beobachtungen, die zur Bestimmung der Bahnelemente erforderlich sind. Da eine Bahnkurve durch sechs Elemente bestimmt ist, so folgt, daß hierfür nicht weniger als sechs unabhängige Größen durch Beobachtung ermittelt werden müssen. Nun liefert eine einzelne vollständige Beobachtung zwei Größen, nämlich die beiden Winkelkoordinaten des Körpers. Also wären drei vollständige Beobachtungen gerade ausreichend, soweit diese Betrachtungen in Frage kommen, um die Bahn festzulegen; wenigstens würde eine kleinere Anzahl sicherlich nicht genügen. Ist der beobachtete Körper ein Komet, dessen Bahn eine Parabel darstellt, so ist die Exzentrizität gleich eins, und es sind nur fünf Elemente zu bestimmen. In diesem Falle genügen zwei vollständige Beobachtungen und eine, welche eine Winkelkoordinate liefert.

109. Intermediäre Elemente. Die scheinbare Lage des beobachteten Körpers bestimmt man für gewöhnlich durch Messung seiner Winkelabstände und Richtungen von benachbarten Fixsternen. Da die Sterne in Rektaszension und Deklination katalogisiert sind, so werden die Ergebnisse in diesen Koordinaten angegeben; natürlich lassen sie sich auch, falls es gewünscht wird, auf das Ekliptikalsystem oder ein anderes transformieren.

Die Beobachtungen seien in den Zeitpunkten t_1, t_2, t_3 gemacht; die Koordinaten seien ebenfalls mit den Indizes 1, 2, 3 versehen. Die Rektaszensionen und Deklinationen sind Funktionen der Bahnelemente und der Beobachtungsdaten. Diese Beziehungen seien gegeben durch

$$(1) \qquad \begin{cases} \alpha_1 = \varphi(\Omega, i, \omega, a, e, T; t_1), \\ \alpha_2 = \varphi(\Omega, i, \omega, a, e, T; t_2), \\ \alpha_3 = \varphi(\Omega, i, \omega, a, e, T; t_3), \\ \delta_1 = \psi(\Omega, i, \omega, a, e, T; t_1), \\ \delta_2 = \psi(\Omega, i, \omega, a, e, T; t_2), \\ \delta_3 = \psi(\Omega, i, \omega, a, e, T; t_3). \end{cases}$$

Die Aufgabe besteht in der Auflösung dieser sechs Gleichungen nach den sechs unbekannten Elementen. Die Funktionen φ und ψ sind hochgradig transzendent und enthalten die Elemente in sehr komplizierter Form. Im Falle einer Ellipse wird die Lage in der Bahnkurve auf dem Wege über die Keplersche Gleichung gefunden, für die Hyperbel hat man ein ähnliches Verfahren, und im Falle der Parabel tritt eine kubische Gleichung auf; in sämtlichen drei Fällen erhält man die Koordinaten in bezug auf die Erde durch eine Anzahl von trigonometrischen Transformationen. Hieraus erkennt man, daß die Gleichungen (1) keine direkte Lösung durch gewöhnliches Verfahren zulassen.

Obwohl das eigentliche Ziel in der Bestimmung der Bahnelemente besteht, so sollen doch zunächst andere Größen abgeleitet werden, welche die Bahnelemente definieren. Diese Größen sollen als *intermediäre Elemente* betrachtet werden. Wie wir sahen, lassen sich die Elemente ermitteln, wenn die Koordinaten und die Geschwindigkeitskomponenten für eine bestimmte Epoche bekannt sind. Demgemäß werde angenommen, daß für den Zeitpunkt t_2 der zweiten Beobachtung die Polarkoordinaten und ihre Ableitungen zu bestimmen seien, durch welche die rechtwinkligen Koordinaten und ihre Ableitungen eindeutig festgelegt sind. Die (1) entsprechenden Gleichungen lauten in diesem Falle

$$
(2)\quad \begin{cases}
\alpha_1 = f(\alpha_2,\ \delta_2,\ \varrho_2,\ \alpha_2',\ \delta_2',\ \varrho_2';\ t_1,\ t_2),\\
\alpha_2 = \alpha_2,\\
\alpha_3 = f(\alpha_2,\ \delta_2,\ \varrho_2,\ \alpha_2',\ \delta_2',\ \varrho_2';\ t_2,\ t_3),\\
\delta_1 = g(\alpha_2,\ \delta_2,\ \varrho_2,\ \alpha_2',\ \delta_2',\ \varrho_2';\ t_1,\ t_2),\\
\delta_2 = \delta_2,\\
\delta_3 = g(\alpha_2,\ \delta_2,\ \varrho_2,\ \alpha_2',\ \delta_2',\ \varrho_2';\ t_2,\ t_3),
\end{cases}
$$

wo $$\alpha_2' = \frac{d\alpha}{dt},\quad \delta_2' = \frac{d\delta}{dt},\quad \varrho_2' = \frac{d\varrho}{dt}\ \text{für}\ t = t_2 .$$

Da α_2 und δ_2 beobachtete Größen sind, hat man nur die erste, dritte, vierte und sechste Gleichung nach den vier Unbekannten ϱ_2', α_2', δ_2' und ϱ_2 aufzulösen. Das Problem ist folglich auf vier simultane Gleichungen reduziert, die zudem sehr viel einfacher sind als die Gleichungen (1). Diese Gleichungen lassen sich auf eine bequeme Form bringen; hiermit ist aber eine von den Lösungsmethoden gegeben. Sie wurde zuerst von Laplace 1780 entwickelt und auf die wirkliche Bestimmung von Bahnkurven angewandt, von vielen späteren Schriftstellern wurde sie etwas erweitert und in Einzelheiten geändert.

Als weiteren Satz von Zwischenelementen mögen auch die drei Koordinaten für zwei Zeitpunkte t_1 und t_3 gewählt werden. Dann lassen sich die (1) entsprechenden Fundamentalgleichungen in der Form

$$
(3)\quad \begin{cases}
\alpha_1 = \alpha_1,\\
\alpha_2 = F(\alpha_1,\ \delta_1,\ \varrho_1,\ \alpha_3,\ \delta_3,\ \varrho_3;\ t_1,\ t_2,\ t_3),\\
\alpha_3 = \alpha_3,\\
\delta_1 = \delta_1,\\
\delta_2 = G(\alpha_1,\ \delta_1,\ \varrho_1,\ \alpha_3,\ \delta_3,\ \varrho_3;\ t_1,\ t_2,\ t_3)\\
\delta_3 = \delta_3
\end{cases}
$$

schreiben. In diesem Falle reduzieren sich die Gleichungen auf zwei mit den beiden Unbekannten ϱ_1 und ϱ_3. Dies bildet die Methode nach der Lagrange 1778 das Problem in Angriff nahm und die von Gauß 1801 unabhängig aufgenommen und verschieden durchgeführt, und von vielen späteren Schriftstellern mehr oder weniger genau verfolgt wurde. Trotz der Hunderte von Schriften, welche über die Theorie der Bahnbestimmung geschrieben wurden, ist in den Fällen, wo nicht mehr als drei Beobachtungen benutzt werden, zu den Arbeiten von Laplace und Gauß sehr wenig wirklich Neues und theoretisch Bedeutsames hinzugekommen.

110. Vorbereitung der Beobachtungen. Ganz abgesehen von den benutzten Methoden erfordern die von den praktischen Astronomen erhaltenen Beobachtungsdaten gewisse kleine Korrektionen, welche vor der Bestimmung der Bahnkurve anzubringen sind.

Die Anziehungen des Mondes und der Sonne auf den äquatorialen Gürtel der Erde verursachen eine kleine periodische Schwankung und eine langsame säkulare Änderung in der Lage der Äquatorebene. Da die Äquinoktien die Stellen sind, wo Äquator und Ekliptik sich schneiden, so unterliegt daher der Frühlingspunkt selber kleinen periodischen Schwankungen (die Nutation) und erfährt eine langsame Lageänderung längs der Ekliptik (die Präzession). Es ist aber offenbar notwendig, die sämtlichen Beobachtungen auf dasselbe Koordinatensystem zu beziehen, man pflegt aus dem Grunde die mittlere Äquinoktie und die Äquatorlage am Anfang des Jahres zu benutzen, in welchem die Beobachtungen gemacht werden.

Die beobachteten Orte sind auch durch die Aberration des Lichtes beeinflußt, welche von der Umdrehung der Erde um die Sonne und um ihre Achse herrührt. Da jedoch die Rotationsgeschwindigkeit im Vergleich zur Umlaufsgeschwindigkeit sehr klein ist, so ist die Lichtaberration, die durch die Achsenumdrehung bewirkt wird, verhältnismäßig klein und kann für gewöhnlich vernachlässigt werden, besonders, wenn es sich um nicht sehr genaue Beobachtungen handelt.

Sind α_0 und d_0 die in einem gegebenen Zeitpunkt beobachtete Rektazension und Deklination desKörpers, so lauten die Koordinaten, bezogen auf das mittlere Äquinox des Jahresanfangs, nach Anbringung der jährlichen Aberration

$$(4) \quad \begin{cases} \alpha = \alpha_0 - 15f - g \sin(\mathrm{G} + \alpha_0) \operatorname{tg} \delta_0 - h \sin(H + \alpha_0) \sec \delta_0, \\ \delta = \delta_0 - i \cos \delta_0 - g \cos(G + \alpha_0) - h \cos(H + \alpha_0) \sin \delta_0, \end{cases}$$

wo f, g, h, G und H Hilfsgrößen sind, die man als *Besselsche Tageskonstanten* bezeichnet und die für jeden Tag des Jahres in den American. Ephemeris und Nautical-Almanac angeführt sind. In der Praxis entnimmt man die Zahlen der Ephemeris. Sie hängen von den Bewegungen der Erde ab; ihre Ableitung gehört in das Gebiet der sphärischen und praktischen Astronomie und kann hier nicht gegeben werden.[1]) Die Korrektionen zu α_0 und δ_0 in den Gleichungen (4) sind in Bogensekunden ausgedrückt.

Die Verbesserungen für tägliche Aberration sind

$$(5) \quad \begin{cases} \Delta\alpha = -0''.322 \cos\varphi \cos(\theta - \alpha_0) \sec \delta_0, \\ \Delta\delta = -0''.322 \cos\varphi \sin(\theta - \alpha_0) \sin \delta_0, \end{cases}$$

---

1) Chauvenet, *Spherical and Practical Astronomy*, vol. I, chap. XI.

wo φ die Breite des Beobachtungsortes und $\theta - \alpha_0$ den Stundenwinkel des Objekts zur Zeit der Beobachtung bedeutet. Die zweite dieser Korrektionen kann den kleinen Wert 0″.322 nicht überschreiten, die erste ist auch klein, wenn nicht δ_0 nahe $\pm$ 90° ist.

111. Umriß der Bahnbestimmungsmethode von Laplace. Bevor wir die beiden Methoden, welche zur Bestimmung der Elemente einer Bahnkurve im Gebrauch sind, im einzelnen erörtern, soll erst eine kurze Darlegung der allgemeinen Gesichtspunkte erfolgen, denen diese beiden Methoden unterliegen. Auf Grund dieses Abrisses wird man die allgemeinen Richtlinien verstehen und die Leistungen der ins einzelne gehenden Untersuchungen bewerten können.

Um den Hauptgedanken herauszugreifen, machen wir die Annahme, daß nur drei vollständige Beobachtungen für die Bestimmung der Bahnkurve zur Verfügung stehen. Die Zeitpunkte der Beobachtungen seien t_1, t_2 und t_3, zu diesen Zeiten seien die Rektaszensionen und Deklinationen durch Beobachtung ermittelt. Im Interesse einer bestimmten Terminologie bezeichne C den beobachteten Körper, der sich um die Sonne S bewegt und von der Erde E aus beobachtet wird; die rechtwinkligen Koordinaten von C in bezug auf E seien ξ, π, ζ, von C in bezug auf S: x, y, z, von S in bezug auf E: X, Y, Z; die Entfernung zwischen E und C sei mit ϱ, zwischen S und C mit r und zwischen E und S mit R bezeichnet. Dann bestehen die Beziehungen

$$(6) \qquad \left\{ \begin{aligned} \xi &= \varrho \cos\delta \cos\alpha = \varrho\lambda, \\ \eta &= \varrho \cos\delta \sin\alpha = \varrho\mu, \\ \zeta &= \varrho \sin\delta \qquad\quad\; = \varrho\nu. \end{aligned} \right.$$

Die Größen λ, μ, ν, welche die Richtungskosinus der Geraden von E nach C darstellen, sind für die Zeitpunkte t_1, t_2 und t_3 bekannt. Die Entfernung ϱ ist gänzlich unbekannt.

Erster Schritt. Wir bestimmen die ersten und zweiten Ableitungen von λ, μ, ν, X, Y und Z für einen Zeitpunkt, etwa t_2, in der Nähe der Beobachtungszeiten. Es wird vorläufig genügen, wenn sich zeigen läßt, daß dies mit beträchtlicher Annäherung geschehen kann, ohne gerade das genaueste Verfahren einzuschlagen. Der erste Differenzquotient von λ für das Intervall von t_1 bis t_2 hat den durchschnittlichen Wert

$$\lambda'_{1\,2} = \frac{\lambda_2 - \lambda_1}{t_2 - t_1}.$$

Dieser Wert ist sehr nahe dem Wert λ' für die Mitte des Intervalls, falls er sich nicht sehr rasch ändert. Die Annäherung ist um so besser, je kleiner das Intervall ist. Auf ähnliche Weise bilden wir λ'_{23}. Wenn die Intervalle $t_2 - t_1$ und $t_3 - t_2$ gleich sind, so ist für t_2 sehr nahe

$$\lambda'_2 = \tfrac{1}{2}[\lambda'_{12} + \lambda'_{23}].$$

Sind die Intervalle ungleich, so kann natürlich dieser Umstand in Rechnung gezogen werden.

Auf ähnliche Weise ergibt sich, daß die zweite Ableitung von λ für t_2, im Falle die beiden Intervalle gleich sind, den Näherungswert

$$\lambda_2'' = \frac{\lambda'_{23} - \lambda'_{12}}{\frac{1}{2}(t_3 - t_1)}$$

besitzt.

Ähnliche Näherungsformeln bestehen für die erste und zweite Ableitung von μ und ν, und es zeigt sich, daß man für so kurze Intervalle, wie sie in der Praxis im allgemeinen auftreten, recht gute Annäherungen erhält, zumal bei Anwendung der mehr verfeinerten Methoden, welche in der eingehenderen Diskussion betrachtet werden sollen. Die „American. Ephemeris" enthalten die Werte X, Y, Z für jeden Tag im Jahr; aus diesen Angaben lassen sich ihre ersten und zweiten Ableitungen bestimmen. Tatsächlich werden jedoch nur die ersten Ableitungen dieser Koordinaten gebraucht.

Zweiter Schritt. Der Körper C möge sich nach dem Gravitationsgesetz um die Sonne bewegen. Dabei sei angenommen, daß C durch die Anziehungen der beiden Körper nicht merklich gestört wird. Dann genügen seine Koordinaten den Differentialgleichungen

$$(7) \quad \begin{cases} \dfrac{d^2x}{dt^2} = -\dfrac{k^2x}{r^3}, \\[2mm] \dfrac{d^2y}{dt^2} = -\dfrac{k^2y}{r^3}, \\[2mm] \dfrac{d^2z}{dt^2} = -\dfrac{k^2z}{r^3}. \end{cases}$$

Ferner folgt aus den Lagebeziehungen von C, E und S

$$(8) \quad \begin{cases} x = \varrho\lambda - X, \\ y = \varrho\mu - Y, \\ z = \varrho\nu - Z. \end{cases}$$

Substitution dieser Ausdrücke für x, y, z in (7) ergibt

$$(9) \quad \begin{cases} (\varrho\lambda)'' - X'' = \dfrac{-k^2(\varrho\lambda - X)}{r^3}, \\[2mm] (\varrho\mu)'' - Y'' = \dfrac{-k^2(\varrho\mu - Y)}{r^3}, \\[2mm] (\varrho\nu)'' - Z'' = \dfrac{-k^2(\varrho\nu - Z)}{r^3}. \end{cases}$$

Da sich E ebenfalls um S nach dem Gravitationsgesetz bewegt, so folgt weiter

$$X'' = -\frac{k^2 X}{R^3},$$

$$Y'' = -\frac{k^2 Y}{R^3},$$

$$Z'' = -\frac{k^2 Z}{R^3}.$$

Daher nehmen die Gleichungen (9) die Gestalt an

$$(10)\qquad \begin{cases} \lambda\varrho'' + 2\lambda'\varrho' + \left[\lambda'' + \frac{k^2\lambda}{r^3}\right]\varrho = -k^2 X\left[\frac{1}{R^3} - \frac{1}{r^3}\right], \\ \mu\varrho'' + 2\mu'\varrho' + \left[\mu'' + \frac{k^2\mu}{r^3}\right]\varrho = -k^2 Y\left[\frac{1}{R^3} - \frac{1}{r^3}\right], \\ \nu\varrho'' + 2\nu'\varrho' + \left[\nu'' + \frac{k^2\nu}{r^3}\right]\varrho = -k^2 Z\left[\frac{1}{R^3} - \frac{1}{r^3}\right]. \end{cases}$$

In diesen Gleichungen sind ϱ'', ϱ', ϱ und r die Unbekannten, von denen die ersten drei linear auftreten.

Dritter Schritt. Wir bestimmen den Abstand des Körpers C von E und S mit Hilfe der Gleichungen (10) und leiten eine geometrische Bedingung ab, welcher die drei Körper genügen müssen. Zur Auflösung der Gleichungen (10) nach ϱ setzen wir

$$(11)\qquad D = \begin{vmatrix} \lambda, & \lambda', & \lambda'' + \frac{k^2\lambda}{r^3} \\ \mu, & \mu', & \mu'' + \frac{k^2\mu}{r^3} \\ \nu, & \nu', & \nu'' + \frac{k^2\nu}{r^3} \end{vmatrix} = \begin{vmatrix} \lambda, & \lambda', & \lambda'' \\ \mu, & \mu', & \mu'' \\ \nu, & \nu', & \nu'' \end{vmatrix}.$$

Man erhält die zweite Determinante aus der ersten, indem man die erste Kolumne mit $\frac{k^2}{r^3}$ multipliziert und die Produkte von der dritten Kolumne abzieht. Ferner ersetzen wir in der ersten Determinante die Elemente der dritten Kolumne durch die Ausdrücke auf der rechten Seite in (10); unterdrücken wir noch den gemeinsamen Faktor dieser Ausdrücke, so ergibt sich die Determinante

$$(12)\qquad D_1 = -k^2 \begin{vmatrix} \lambda, & \lambda', & X \\ \mu, & \mu', & Y \\ \nu, & \nu', & Z \end{vmatrix}.$$

Die Determinanten D und D_1 enthalten nur bekannte Größen. In ihnen lautet die Lösung

$$(13)\qquad \varrho = \frac{D_1}{D}\left[\frac{1}{R^3} - \frac{1}{r^3}\right].$$

Zu dieser Gleichung in den beiden Unbekannten ϱ und r tritt die Gleichung

$$(14) \qquad r^2 = \varrho^2 + R^2 - 2\varrho R \cos\psi$$

hinzu, welche ausdrückt, daß die drei Körper C, S, E ein Dreieck bilden. Der Winkel ψ ist der Winkel bei E zwischen R und ϱ; Gleichung (14) enthält auch nur die Unbekannten ϱ und r. In der Berechnung von ϱ und r aus den Gleichungen (13) und (14) besteht der dritte Schritt. Dies liefert die Koordinaten von C mit Hilfe der Gleichungen (8), die nur ϱ als Unbekannte enthalten.

Vierter Schritt. Wir bestimmen die Geschwindigkeitskomponenten von C. Aus (8) folgt

$$(15) \qquad \begin{cases} x' = \varrho'\lambda + \varrho\lambda' - X', \\ y' = \varrho'\mu + \varrho\mu' - Y', \\ z' = \varrho'\nu + \varrho\nu' - Z'. \end{cases}$$

In diesen Gleichungen tritt auf der rechten Seite nur die Unbekannte ϱ' auf, welche sich aus (10) bestimmen läßt. Man erhält für sie den Ausdruck

$$(16) \qquad \begin{cases} \varrho' = +\dfrac{D_2}{2D}\left[\dfrac{1}{R^3} - \dfrac{1}{r^3}\right], \\ D_2 = -k^2 \begin{vmatrix} \lambda, & X, & \lambda'' \\ \mu, & Y, & \mu'' \\ \nu, & Z, & \nu'' \end{vmatrix}. \end{cases}$$

Damit sind aber x', y', und z' bestimmt.

Fünfter Schritt. Der fünfte und letzte Schritt besteht in der Bestimmung der Bahnelemente aus der Lage und den Geschwindigkeitskomponenten des Körpers. Dieses Problem wurde aber in Kapitel V behandelt.

112. Umriß der Bahnbestimmungsmethode von Gauß. *Erster Schritt.* Es wird die Bedingung formuliert, daß sich der Körper C in einer Ebene durch S bewege. Da S den Ursprung für die Koordinaten x, y, z bildet, so liefert diese Bedingung

$$\begin{cases} Ax_1 + By_1 + Cz_1 = 0, \\ Ax_2 + By_2 + Cz_2 = 0, \\ Ax_3 + By_3 + Cz_3 = 0, \end{cases}$$

wo A, B, C Konstante sind, welche von der Lage der Ebene abhängen, in der die Bewegung vor sich geht. Elimination der Unbekannten A, B, C liefert die Gleichung

$$(17) \qquad \begin{vmatrix} x_1, y_1, z_1 \\ x_2, y_2, z_2 \\ x_3, y_3, z_3 \end{vmatrix} = 0.$$

Entwickelt man die Determinante (17) nach den Elementen der drei Kolummen, so folgt

$$(18) \qquad \begin{cases} (y_2 z_3 - z_2 y_3) x_1 - (y_1 z_3 - z_1 y_3) x_2 + (y_1 z_2 - z_1 y_2) x_3 = 0, \\ (x_2 z_3 - z_2 x_3) y_1 - (x_1 z_3 - z_1 x_3) y_2 + (x_1 z_2 - z_1 x_2) y_3 = 0, \\ (x_2 y_3 - y_2 x_3) z_1 - (x_1 y_3 - y_1 x_3) z_2 + (x_1 y_2 - y_1 x_2) z_3 = 0. \end{cases}$$

Diese drei Gleichungen sind offenbar nur verschiedene Formen ein und derselben Gleichung; bestimmt man jedoch die neun Klammerausdrücke nach anderen Prinzipien und drückt $x_1, x_2 \ldots$ mit Hilfe von (8) durch die geozentrischen Koordinaten aus, so werden die drei Gleichungen (18) unabhängig in den Unbekannten ϱ_1, ϱ_2 und ϱ_3. Die Klammerausdrücke sind die doppelten Projektionen der drei Dreiecke, die aus S und je zwei Lagen von C bestimmt sind, auf die drei Fundamentalebenen. Da jede von den drei Gleichungen die Projektionen der drei Dreiecke auf dieselbe Fundamentalebene enthält, so kann man die Dreiecke selber an Stelle ihrer Projektionen benutzen. Bedeuten [1, 2], [1, 3] und [2, 3] die von S und C in den Zeitpunkten $t_1\, t_2$, $t_1\, t_3$, und $t_2\, t_3$ bestimmten Dreiecke, so werden die Gleichungen (18)

$$(19) \qquad \begin{cases} [2,3] x_1 - [1,3] x_2 + [1,2] x_3 = 0, \\ [2,3] y_1 - [1,3] y_2 + [1,2] y_3 = 0, \\ [2,3] z_1 - [1,3] z_2 + [1,2] z_3 = 0. \end{cases}$$

Zweiter Schritt. Wir entwickeln die Quotienten der Ausdrücke für die Dreiecksinhalte als Potenzreihen nach den Zeitintervallen. Dies geschieht, indem zunächst die Integrale der Gleichungen (7) nach Potenzen der Zeitintervalle entwickelt und alsdann die Ergebnisse für $t = t_1, t_2, t_3$ in die Koeffizienten von (18) oder (19) eingesetzt werden. Da diese Reihen aus den Gleichungen (7) hergeleitet sind, haben sie zur Voraussetzung, daß die Bewegung von C um S nach dem Gravitationsgesetz vor sich geht. Um diese Erörterungen nicht unnötig auszudehnen (wegen der Einzelheiten siehe § 127), geben wir sofort die Resultate an. Zum Zwecke einfacher Schreibweise setzen wir

$$(20) \qquad \begin{cases} k(t_2 - t_1) = \theta_3, \\ k(t_3 - t_2) = \theta_1, \\ k(t_3 - t_1) = \theta_2, \\ \theta_2 = \theta_1 + \theta_3. \end{cases}$$

In dieser Bezeichnung sind die Verhältnisse der Dreiecksinhalte [2, 3] und [1, 2] zu [1, 3]

$$(21)\qquad \begin{cases} \dfrac{[2,3]}{[1,3]} = \dfrac{\theta_1}{\theta_2}\left[1 + \dfrac{1}{6}\dfrac{\theta_2^2 - \theta_1^2}{r_2^3} + \cdots\right], \\ \dfrac{[1,2]}{[1,3]} = \dfrac{\theta_3}{\theta_2}\left[1 + \dfrac{1}{6}\dfrac{\theta_2^2 - \theta_3^2}{r_2^3} + \cdots\right]. \end{cases}$$

Dritter Schritt. Wir stellen Gleichungen auf zur Bestimmung von ϱ_1, ϱ_2 und ϱ_3. Substitution der Ausdrücke (8) und (21) in (19) ergibt

$$(22)\qquad \begin{cases} \theta_1\left[1 + \dfrac{1}{6}\dfrac{\theta_2^2 - \theta_1^2}{r_2^3} + \cdots\right](\lambda_1\varrho_1 - X_1) - \theta_2(\lambda_2\varrho_2 - X_2) \\ \qquad + \theta_3\left[1 + \dfrac{1}{6}\dfrac{\theta_2^2 - \theta_3^2}{r_2^3} + \cdots\right](\lambda_3\varrho_3 - X_3) = 0, \\ \theta_1\left[1 + \dfrac{1}{6}\dfrac{\theta_2^2 - \theta_1^2}{r_2^3} + \cdots\right](\mu_1\varrho_1 - Y_1) - \theta_2(\mu_2\varrho_2 - Y_2) \\ \qquad + \theta_3\left[1 + \dfrac{1}{6}\dfrac{\theta_2^2 - \theta_3^2}{r_2^3} + \cdots\right](\mu_3\varrho_3 - Y_3) = 0, \\ \theta_1\left[1 + \dfrac{1}{6}\dfrac{\theta_2^2 - \theta_1^2}{r_2^3} + \cdots\right](\nu_1\varrho_1 - Z_1) - \theta_2(\nu_2\varrho_2 - Z_2) \\ \qquad + \theta_3\left[1 + \dfrac{1}{6}\dfrac{\theta_2^2 - \theta_3^2}{r_2^3} + \cdots\right](\nu_3\varrho_3 - Z_3) = 0. \end{cases}$$

Diese Gleichungen enthalten die Unbekannten ϱ_1, ϱ_2, ϱ_3 und r_2, von denen die ersten drei linear auftreten. Da r_2 nur als Faktor der kleinen Größen θ_1^2, θ_2^2 oder θ_3^2 erscheint, so könnte man annehmen, daß diese Glieder in erster Annäherung vernachlässigt werden dürfen, so daß alsdann ϱ_1, ϱ_2 und ϱ_3 durch drei lineare Gleichungen bestimmt wären. Eine besondere Untersuchung der Determinanten zeigt jedoch, daß eine Vernachlässigung der Glieder in r_2 schon in erster Annäherung nicht statthaft ist.

Die Lösung für ϱ_2 aus den Gleichungen (22) ist von der Form

$$(23)\qquad \Delta\varrho_2 = P + \frac{Q}{r_2^3},$$

wo Δ die Determinante aus den Koeffizienten von ϱ_1, ϱ_2 und ϱ_3 ist, und P und Q Funktionen der bekannten Größen $\lambda_1, \lambda_2, \ldots, X_1, Y_1, \ldots$ darstellen.

Da S, E und C ein Dreieck für den Zeitpunkt t_2 bilden, so genügen die Größen ϱ_2 und r_2 der Gleichung

$$(24)\qquad r_2^2 = \varrho_2^2 + R_2^2 - 2\,\varrho_2 R_2 \cos\psi_2.$$

Die Auflösung von irgend zwei Gleichungen (22) nach ϱ_1 und ϱ_3 liefert diese Größen als Funktionen von ϱ_2 und r_2:

$$(25)\quad \begin{cases} M\varrho_1 = P_1\varrho_2\left[1 - \frac{1}{6}\frac{\theta_2^2 - \theta_1^2}{r_2^3} + \cdots\right] + Q_1, \\ M\varrho_3 = P_3\varrho_2\left[1 - \frac{1}{6}\frac{\theta_2^2 - \theta_3^2}{r_2^3} + \cdots\right] + Q_3, \end{cases}$$

wo M, P_1, P_3 Funktionen bekannter Größen sind, und Q_1 und Q_3 nur r_2 als Unbekannte enthalten.

Vierter Schritt. Zur Bestimmung der Größen ϱ_1 und ϱ_3 berechnet man zuerst die Größen ϱ_2 und r_2 durch Auflösung von (23) und (24); dies entspricht genau dem dritten Schritt der Methode von Laplace. Dann sind ϱ_1 und ϱ_3 durch (25) gegeben.

Fünfter Schritt. Es sind die Elemente aus den bekannten Positionen von C in den Zeitpunkten t_1 und t_3 zu bestimmen. Diese beiden Positionen und diejenige von S bestimmen die Ebene der Bahnkurve ohne weiteres. Gauß löste das Problem der Bestimmung der übrigen Elemente, indem er zwei Gleichungen mit nur zwei Unbekannten herleitete. Die eine Gleichung ergab sich aus dem Verhältnis des Dreiecks, das durch S und die beiden Lagen von C in den Zeitpunkten t_1 und t_3 bestimmt ist, zu der Sektorfläche mit den Radien r_1 und r_3 und dem im Zeitintervall $t_1\,t_3$ beschriebenen Kurvenstück als Begrenzung. Die andere Gleichung folgte aus der Keplerschen Gleichung für die Zeitpunkte t_1 und t_3. Dieses Verfahren führt zwar zu komplizierten Formeln, liefert jedoch andererseits eine rasche Folge von fortschreitenden Näherungen. Nach Lösung der beiden Gleichungen lassen sich die Elemente ohne Schwierigkeit eindeutig bestimmen. Spätere Methoden vermeiden viele Kompliziertheiten der Methode von Gauß.

I. Die Methode der Bahnbestimmung von Laplace.

113. Bestimmung der ersten und zweiten Ableitungen der Winkelkoordinaten aus drei Beobachtungen. Die Laplacesche Methode (§ 111) erfordert die Bestimmung der ersten und zweiten Ableitungen der Winkelkoordinaten oder der Richtungskosinus λ, μ, ν.

Setzt man $k(t - t_0) = \tau$, so werden die Gleichungen (7)

$$(26)\quad \begin{cases} \frac{d^2x}{d\tau^2} = -\frac{x}{r^3}, \\ \frac{d^2y}{d\tau^2} = -\frac{y}{r^3}, \\ \frac{d^2z}{d\tau^2} = -\frac{z}{r^3}. \end{cases}$$

Für $\tau = 0$ sei $x = x_0$, $y = y_0$, $z = z_0$, $\frac{dx}{d\tau} = x'_0$, $\frac{dy}{d\tau} = y'_0$, $\frac{dz}{d\tau} = z'_0$. Die Lösung der Gleichungen (26) läßt sich als Potenzreihe in τ darstellen, welche für nicht zu große Werte von τ konvergiert.[1]) Die Reihe ist von der Form

$$(27)\quad \begin{cases} x = x_0 + x_0'\tau + \frac{1}{2}\left(\frac{d^2x}{d\tau^2}\right)_0 \tau^2 + \cdots + \frac{1}{n!}\left(\frac{d^nx}{d\tau^n}\right)_0 \tau^n + \cdots, \\ y = y_0 + y_0'\tau + \frac{1}{2}\left(\frac{d^2y}{d\tau^2}\right)_0 \tau^2 + \cdots + \frac{1}{n!}\left(\frac{d^ny}{d\tau^n}\right)_0 \tau^n + \cdots, \\ z = z_0 + z_0'\tau + \frac{1}{2}\left(\frac{d^2z}{d\tau^2}\right)_0 \tau^2 + \cdots + \frac{1}{n!}\left(\frac{d^nz}{d\tau^n}\right)_0 \tau^n + \cdots, \end{cases}$$

wo der Index 0 der Klammergrößen bedeutet, daß die Ableitungen für $\tau = 0$ zu bilden sind. An Stelle der zweiten Ableitungen kann man für $\tau = 0$ die rechten Ausdrücke (26) benutzen; an Stelle der dritten Ableitungen die ersten Ableitungen der rechten Ausdrücke (26) und so fort. Die sämtlichen Ableitungen lassen sich in dieser Weise für $\tau = 0$ durch x_0, y_0, z_0, x'_0, y'_0 und z'_0 ausdrücken.

Es ist wichtig zu wissen, wie groß die Zeitintervalle der Reihen (27) sein dürfen, damit sie praktische Bedeutung haben. Die Grenzen sind um so kleiner, je kleiner der Perihelabstand und je größer die Exzentrizität sind, und hängen überdies von der Lage des Körpers in seiner Bahn für $\tau = 0$ ab. Für einen kleinen Planeten, dessen mittlere Entfernung 2.65 beträgt, was etwa den Durchschnittswert für diese Körper ausmacht, und dessen Bahnkurve höchstens die Exzentrizität 0.4 besitzt, welcher Wert größer ist als der entsprechende für die meisten kleinen Planeten, konvergieren die Reihen (27) stets für ein Intervall von weniger als 160 Tagen. Im Falle einer Parabel mit dem Perihelabstand 1 konvergieren die Reihen (27) für ein Zeitintervall, das den Betrag von 54 Tagen nicht überschreitet. Selbstverständlich sind die Reihen nicht für den ganzen Konvergenzbereich von praktischem Wert. In der Praxis ist im Falle der kleinen Planeten ein Intervall von 90 Tagen fast immer klein genug, um eine schnelle Konvergenz der Reihen (27) zu garantieren; im Falle der Kometenbahnen dürften 20 Tage meistens kein zu großes Intervall darstellen.

Die Koordinaten der Erde lassen sich auch in Reihen der Form (27) entwickeln; wegen der kleinen Exzentrizität der Erdbahn besteht ihre schnelle Konvergenz noch für sehr große Intervalle. Somit folgt aus den Gleichungen (8), daß ϱ, λ, μ und ν selber als Potenzreihen vom Typ (27) darstellbar sind. Der Bereich für die Brauchbarkeit dieser Entwicklungen ist derselbe wie für die Reihen der Größen x, y und z.

Wir können uns darauf beschränken, die Reihe für λ zu untersuchen, weil diejenigen für μ und ν zu ihr symmetrisch ähnlich sind. Für be-

---

1) Wegen der Bestimmung des genauen Konvergenzbereichs siehe eine Abhandlung von F. R. Moulton in *The Astronomical Journal*, vol. 23 (1903).

liebige Werte von τ und für die speziellen Werte τ_1, τ_2 und τ_3, welche den Zeitpunkten t_1, t_2 und t_3 entsprechen, bestehen die Entwicklungen

$$(28)\quad \begin{cases} \lambda = c_0 + c_1\tau + c_2\tau^2 + \cdots, \\ \lambda_1 = c_0 + c_1\tau_1 + c_2\tau_1^2 + \cdots, \\ \lambda_2 = c_0 + c_1\tau_2 + c_2\tau_2^2 + \cdots, \\ \lambda_3 = c_0 + c_1\tau_3 + c_2\tau_3^2 + \cdots, \end{cases}$$

wo c_0, c_1, c_2, ... Konstante sind. Wenn diese Reihen mit den Gliedern zweiter Ordnung abbrechen, so lassen sich die Koeffizienten c_0, c_1 und c_2 durch die beobachteten Größen λ_1, λ_2, λ_3 und die Zeitintervalle τ_1, τ_2, τ_3 ausdrücken. Liegen mehr Beobachtungen vor, so kann man eine größere Anzahl von Koeffizienten bestimmen, und zwar ist diese Anzahl gleich der Anzahl der vorhandenen Beobachtungen.

Das einfache Verfahren, um λ durch Glieder in τ mit bekannten Koeffizienten auszudrücken, besteht im Falle von drei Beobachtungen darin, die Eliminante von 1, c_0, c_1 und c_2 in (28) gleich 0 zu setzen. Dies liefert

$$(29)\quad \begin{vmatrix} \lambda, & 1, & \tau, & \tau^2 \\ \lambda_1, & 1, & \tau_1, & \tau_1^2 \\ \lambda_2, & 1, & \tau_2, & \tau_2^2 \\ \lambda_3, & 1, & \tau_3, & \tau_3^2 \end{vmatrix} = 0.$$

Die Entwicklung dieser Determinante nach den Elementen der ersten Kolumne lautet

$$(30)\quad A_0\lambda - A_1\lambda_1 + A_2\lambda_2 - A_3\lambda_3 = 0,$$

wo

$$A_0 = \begin{vmatrix} 1, & \tau_1, & \tau_1^2 \\ 1, & \tau_2, & \tau_2^2 \\ 1, & \tau_3, & \tau_3^2 \end{vmatrix} = (\tau_2 - \tau_1)(\tau_3 - \tau_2)(\tau_1 - \tau_3)$$

und A_1, A_2 und A_3 aus A_0 durch Vertauschung von τ mit τ_1, τ_2 und τ_3 hervorgehen. Die Determinante A_0 ist für ungleiche Werte τ_1, τ_2, τ_3 von 0 verschieden. Folglich wird Gleichung (30)

$$(31)\quad \begin{aligned} \lambda = \frac{(\tau-\tau_2)(\tau-\tau_3)}{(\tau_1-\tau_2)(\tau_1-\tau_3)}\lambda_1 + \frac{(\tau-\tau_3)(\tau-\tau_1)}{(\tau_2-\tau_3)(\tau_2-\tau_1)}\lambda_2 \\ + \frac{(\tau-\tau_1)(\tau-\tau_2)}{(\tau_3-\tau_1)(\tau_3-\tau_2)}\lambda_3 . \end{aligned}$$

Wie sich aus der Form dieser Gleichung ergibt, liefert sie eine exakte Bestimmung von λ für die Werte $\tau = \tau_1$, τ_2 und τ_3; für andere kleine

Werte von τ bestimmt sie λ näherungsweise. Eine exakte Lösung von λ für sämtliche τ im Konvergenzbereich ergibt sich aus der unendlichen Reihe (28). Ihre geometrische Darstellung zeigt die Kurve C Figur 31, während das Polynom (31) zweiten Grades die Kurve C_2 bestimmt. Diese beiden Kurven schneiden sich für τ_1, τ_2, τ_3, während sie sich sonst im allgemeinen nicht schneiden. Da die beiden Kurven für kleine Werte τ fast zusammenfallen, so läßt sich λ für diese Werte näherungsweise durch Gleichung (31) bestimmen.

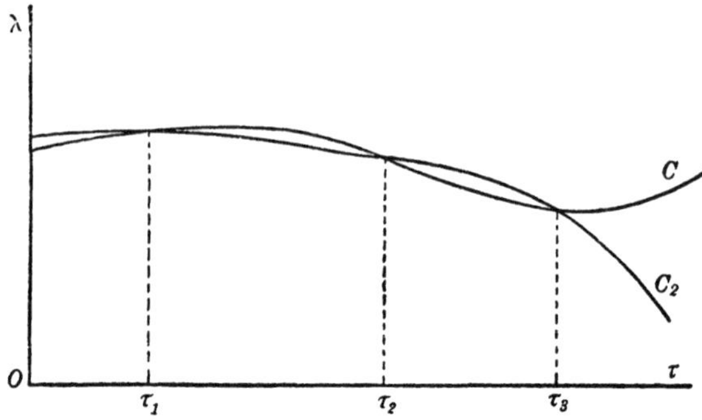

Fig. 31.

Für die ersten und zweiten Ableitungen von λ erhält man aus (31) die Näherungswerte

$$(32)\quad \begin{cases} \lambda' = \dfrac{2\tau - (\tau_2 + \tau_3)}{(\tau_1 - \tau_2)(\tau_1 - \tau_3)} \lambda_1 + \dfrac{2\tau - (\tau_3 + \tau_1)}{(\tau_2 - \tau_3)(\tau_2 - \tau_1)} \lambda_2 \\ \qquad + \dfrac{2\tau - (\tau_1 + \tau_2)}{(\tau_3 - \tau_1)(\tau_3 - \tau_2)} \lambda_3 , \\ \lambda'' = \dfrac{2}{(\tau_1 - \tau_2)(\tau_1 - \tau_3)} \lambda_1 + \dfrac{2}{(\tau_2 - \tau_3)(\tau_2 - \tau_1)} \lambda_2 \\ \qquad + \dfrac{2}{(\tau_3 - \tau_1)(\tau_3 - \tau_2)} \lambda_3 . \end{cases}$$

Ähnliche Ausdrücke ergeben sich für μ und ν.

114. Bestimmungen der Ableitungen aus mehr als drei Beobachtungen. Wenn die Beobachtung vollkommen exakt und nahe zusammenliegend wären, so könnte λ, je mehr Beobachtungen vorlägen, um so exakter für kleine Werte τ bestimmt werden, und eine um so größere Anzahl von Ableitungen nach λ könnte man bilden. Sind vier Beobachtungen vorhanden, so ist λ durch ein Polynom dritten Grades analog (31) bestimmt, welches sich auf die Werte $\lambda_1, \lambda_2, \lambda_3$ und λ_4 für $\tau = \tau_1, \tau_2, \tau_3$ und τ_4 reduziert. Der explizite Ausdruck für λ ist dann

$$(33)\quad \begin{cases} \lambda = + \dfrac{(\tau - \tau_2)(\tau - \tau_3)(\tau - \tau_4)}{(\tau_1 - \tau_2)(\tau_1 - \tau_3)(\tau_1 - \tau_4)} \lambda_1 \\ \quad + \dfrac{(\tau - \tau_3)(\tau - \tau_4)(\tau - \tau_1)}{(\tau_2 - \tau_3)(\tau_2 - \tau_4)(\tau_2 - \tau_1)} \lambda_2 \\ \quad + \dfrac{(\tau - \tau_4)(\tau - \tau_1)(\tau - \tau_2)}{(\tau_3 - \tau_4)(\tau_3 - \tau_1)(\tau_3 - \tau_2)} \lambda_3 \\ \quad + \dfrac{(\tau - \tau_1)(\tau - \tau_2)(\tau - \tau_3)}{(\tau_4 - \tau_1)(\tau_4 - \tau_2)(\tau_4 - \tau_3)} \lambda_4 , \end{cases}$$

aus welchem sich die erste, zweite und dritte Ableitung, jedoch keine höheren Ableitungen bestimmen lassen.

Man erkennt bereits, wie man bei einer weiteren Anzahl von Beobachtungen fortzufahren hat. Diese Methode ist eindeutig und gestaltet sich nicht zu mühsam, falls nicht eine erhebliche Anzahl von Beobachtungen vorliegt. Die Anzahl der Ableitungen, welche sich, wenigstens näherungsweise, bestimmen lassen, ist um eins niedriger als die Anzahl der Beobachtungen; man wird jedoch in keinem Falle Ableitungen von höherer als der dritten Ordnung benutzen. Für den Fall, daß die Beobachtungen sich über einen großen Zeitraum ausdehnen, so daß die Konvergenz von (28) für die größten Werte τ aufhört oder doch schlecht wird, so entsteht die Notwendigkeit, einige von ihnen für die Untersuchung zu unterdrücken. Für gewöhnlich werden vermöge der Beobachtungsfehler vier oder fünf Beobachtungen eine ebenso genaue Bestimmung von λ und seinen ersten beiden Ableitungen liefern, wie jede größere Anzahl.

115. Die Näherungen für die Bestimmung der Werte λ, μ, ν und ihrer Ableitungen. Für die Anwendungen ist es wichtig, die Natur der vorgenommenen Näherungen zu kennen, insbesondere ob die sämtlichen benutzten Größen mit demselben Genauigkeitsgrad bestimmt sind. Nun ist freilich klar, daß diese Fragen keine exakt zahlenmäßigen Antworten finden können, weil man es mit nicht vollkommen genauen Beobachtungsergebnissen zu tun hat. Indessen besteht im Interesse rascher Konvergenz der Reihen (28) die Forderung, daß τ keine zu großen Werte annehmen soll. Man darf daher die Werte von τ für Beobachtungszeiträume als kleine Größen behandeln und den Grad der Annäherung nach den Gliedern der niedrigsten Potenzen von τ_j beurteilen, die unter den vernachlässigten auftreten. Dies bildet eine bestimmte Definition für den Grad der Annäherung und, wie die Erfahrung zeigt, auch ein hinreichendes Genauigkeitsmaß für die Ergebnisse, falls die Zeitintervalle nach der im § 113 angegebenen Weise begrenzt sind.

Wir nehmen zunächst an, daß nur drei Beobachtungen vorliegen. Daß nur Näherungswerte für λ und seine Ableitungen erhalten werden, ergibt sich aus dem Umstande, daß die höheren Glieder in (28) vernachlässigt sind. Die Koeffizienten c_0, c_1 und c_2 sind bestimmt durch

$$(34)\qquad \begin{cases} c_0 + c_1\tau_1 + c_2\tau_1^2 = \lambda_1 - c_3\tau_1^3 - c_4\tau_1^4 - \cdots, \\ c_0 + c_1\tau_2 + c_2\tau_2^2 = \lambda_2 - c_3\tau_2^3 - c_4\tau_2^4 - \cdots, \\ c_0 + c_1\tau_3 + c_2\tau_3^2 = \lambda_3 - c_3\tau_3^3 - c_4\tau_3^4 - \cdots \end{cases}$$

Die Fehler niedrigsten Grades in τ_j entspringen der Vernachlässigung der Glieder auf der rechten Seite, welche mit der unbekannten Konstanten c_3 multipliziert sind. Bezeichnet man diese Fehler mit Δc_0, Δc_1 und Δc_2, so ist

$$\begin{vmatrix} 1, & \tau_1, & \tau_1^2 \\ 1, & \tau_2, & \tau_2^2 \\ 1, & \tau_3, & \tau_3^2 \end{vmatrix} \Delta c_0 = - \begin{vmatrix} c_3\tau_1^3 + c_4\tau_1^4 + \cdots, & \tau_1, & \tau_1^2 \\ c_3\tau_2^3 + c_4\tau_2^4 + \cdots, & \tau_2, & \tau_2^2 \\ c_3\tau_3^3 + c_4\tau_3^4 + \cdots, & \tau_3, & \tau_3^2 \end{vmatrix}$$

$$= - c_3 \begin{vmatrix} \tau_1^3, & \tau_1, & \tau_1^2 \\ \tau_2^3, & \tau_2, & \tau_2^2 \\ \tau_3^3, & \tau_3, & \tau_3^2 \end{vmatrix} - c_4 \begin{vmatrix} \tau_1^4, & \tau_1, & \tau_1^2 \\ \tau_2^4, & \tau_2, & \tau_2^2 \\ \tau_3^4, & \tau_3, & \tau_3^2 \end{vmatrix} + \cdots$$

Ähnliche Ausdrücke erhält man für Δc_1 und Δc_2. Diese Determinanten lassen sich nach elementaren Regeln leicht auswerten; man findet

$$(35)\quad \begin{cases} \Delta c_0 = - c_3\tau_1\tau_2\tau_3 - c_4\tau_1\tau_2\tau_3(\tau_1 + \tau_2 + \tau_3) + \cdots, \\ \Delta c_1 = + c_3(\tau_1\tau_2 + \tau_2\tau_3 + \tau_3\tau_1) \\ \qquad + c_4(\tau_1 + \tau_2)(\tau_2 + \tau_3)(\tau_3 + \tau_1) + \cdots, \\ \Delta c_2 = - c_3(\tau_1 + \tau_2 + \tau_3) \\ \qquad - c_4(\tau_1^2 + \tau_2^2 + \tau_3^2 + \tau_1\tau_2 + \tau_2\tau_3 + \tau_3\tau_1) + \cdots \end{cases}$$

Aus diesen Gleichungen folgt, daß c_0 bis zur dritten, c_1 bis zur zweiten und c_2 bis zur ersten Ordnung bestimmt sind.

Wir betrachten jetzt die erste Gleichung (28). Da c_1 mit τ und c_2 mit τ^2 multipliziert ist, so ist jedes von den ersten drei Gliedern in der Reihe für λ bis zur dritten Ordnung in den Größen τ_i bestimmt. Nimmt man die erste und zweite Ableitung, so findet man, daß λ' bis zur zweiten und λ'' bis zur ersten Ordnung bestimmt sind. Folglich ist λ durch die ersten Glieder in (28) im allgemeinen genauer bestimmt, als seine erste Ableitung, und seine erste Ableitung ist im allgemeinen wieder genauer bestimmt als seine zweite Ableitung. Diese Verhältnisse sind in den Anwendungen zu beachten.

116. Wahl des Anfangspunktes der Zeit. Der Anfangspunkt der Zeit wurde bisher nicht bestimmt außer durch die Bedingung, daß er in der Nähe der Beobachtungszeiten liegen soll, so daß τ_1, τ_2 und τ_3 kleine Größen darstellen. Nun kann jeder Zeitpunkt, der dieser Bedingung genügt, als Anfangspunkt gewählt werden, und es entsteht daher sogleich die Frage der vorteilhaftesten Wahl.

Für gewöhnlich nimmt man als zeitlichen Anfangspunkt die Zeit der zweiten Beobachtung. Dann ist $t_0 = t_2$ und folglich $\tau_2 = 0$. Der Wert von λ ist für $\tau = \tau_2 = 0$ genau bekannt, die Ableitung von λ ist für $t = t_2$

$$\lambda_2' = c_1 + 2c_2\tau_2 + \cdots = c_1,$$

welche also dem Fehler Δc_1 unterworfen ist, der nach (35) in diesem Falle den Wert $c_3 \tau_3 \tau_1$ hat. Ähnlich ist der Fehler von λ_2'' gleich $\Delta c_2 = -c_3(\tau_1 + \tau_3)$. Der Fehler von λ_2' ist von der zweiten und der von λ_2'' von der ersten Ordnung. Im allgemeinen fällt ein Fehler erster Ordnung mehr ins Gewicht als ein Fehler zweiter Ordnung. Indessen muß man beachten, daß, wenn $t_0 = t_2$ ist, die Größen τ_1 und τ_3 entgegengesetzte Vorzeichen haben; wenn daher die Intervalle zwischen den aufeinanderfolgenden Beobachtungen gleich sind, so ist $\tau_1 + \tau_3 = 0$ und der Fehler von λ_2'' folglich auch von der zweiten Ordnung. Hieraus er gibt sich, daß es im Falle $t_0 = t_2$ vorteilhaft ist, möglichst gleiche Zeitintervalle zwischen den einzelnen Beobachtungen zu haben. Für gewöhnlich verursachen aber ungünstiges Wetter und andere Umstände Beobachtungen von ungleichen Zeitintervallen.

Es sei der Zeitpunkt der ersten Beobachtung als Anfangspunkt der Zeit gewählt. Dann ist die Größe λ_1 genau bekannt. Der Fehler von λ_1' ist $\Delta c_1 = c_3\tau_2\tau_3$, also wieder von der zweiten Ordnung, doch annähernd numerisch zweimal so groß wie derjenige von λ_2', weil jetzt τ_3 das $k$fache des ganzen Intervalls zwischen der ersten und dritten Beobachtung darstellt. Der Fehler von λ_1'' ist $\Delta c_2 = -c_3(\tau_2 + \tau_3)$; er ist bedeutend größer als im vorigen Falle, denn τ_3 hängt jetzt von dem ganzen Zeitintervall ab, der durch die Beobachtungen ausgefüllt ist, und τ_2 und τ_3 sind in diesem Falle beide positiv. Der Zeitpunkt der ersten Beobachtung ist also nicht zum Anfangspunkt der Zeit geeignet; aus ähnlichen Gründen gilt dasselbe für den Zeitpunkt der dritten Beobachtung.

Es entsteht jetzt die Frage, wie man den Anfangspunkt der Zeit wählen soll, wenn die zweite Beobachtung nicht in der Mitte zwischen den beiden anderen gelegen ist. Da im allgemeinen der Fehler von λ nur von der dritten Ordnung ist, und derjenige von λ' nur von der zweiten, während λ'' einem Fehler erster Ordnung unterliegt, so sieht man bereits, daß die Wahl für den Zeitanfang nach Möglichkeit so getroffen werden sollte, daß das Glied erster Ordnung in dem Fehler für λ'' verschwindet. Wie aus der dritten Gleichung (35) folgt, ist dies aber der Fall, wenn man setzt

$$(36)\quad \begin{cases} \tau_1 + \tau_2 + \tau_3 = k(t_1 - t_0) + k(t_2 - t_0) + k(t_3 - t_0) = 0, \\ \quad \text{woraus } t_0 = \frac{1}{3}(t_1 + t_2 + t_3). \end{cases}$$

Die beste Wahl des Zeitanfangs ist daher durch die zweite Gleichung (36) gegeben; dieser Wert von t_0 fällt auch mit dem Zeitpunkt der zweiten Beobachtung zusammen, im Falle die aufeinanderfolgenden Beobachtungen gleiche Zeitabstände haben. Bei dieser Wahl von t_0 sind die

Fehler von λ' und λ'' von der zweiten Ordnung, während λ bis zur dritten Ordnung bestimmt ist.

117. Die Näherungen im Falle von vier Beobachtungen. Wenn vier Beobachtungen vorliegen, so lauten die den letzten drei in (28) entsprechenden Gleichungen

$$(37)\quad \begin{cases} c_0 + c_1\tau_1 + c_2\tau_1^2 + c_3\tau_1^3 = \lambda_1 - c_4\tau_1^4 + \cdots, \\ c_0 + c_1\tau_2 + c_2\tau_2^2 + c_3\tau_2^3 = \lambda_2 - c_4\tau_2^4 + \cdots, \\ c_0 + c_1\tau_3 + c_2\tau_3^2 + c_3\tau_3^3 = \lambda_3 - c_4\tau_3^4 + \cdots, \\ c_0 + c_1\tau_4 + c_2\tau_4^2 + c_3\tau_4^3 = \lambda_4 - c_4\tau_4^4 + \cdots \end{cases}$$

Die Determinante der Koeffizienten von c_0, c_1, c_2, c_3 ist

$$\delta = \begin{vmatrix} 1, & \tau_1, & \tau_1^2, & \tau_1^3 \\ 1, & \tau_2, & \tau_2^2, & \tau_2^3 \\ 1, & \tau_3, & \tau_3^2, & \tau_3^3 \\ 1, & \tau_4, & \tau_4^2, & \tau_4^3 \end{vmatrix} = (\tau_2 - \tau_1)(\tau_3 - \tau_1)(\tau_4 - \tau_1)(\tau_3 - \tau_2) \times (\tau_4 - \tau_2)(\tau_4 - \tau_3),$$

welche von 0 verschieden ist, da die Beobachtungszeiten verschieden sind.

Die Fehler kleinster Ordnung für c_0, c_1, c_2 und c_3 ergeben sich aus (37); wenn nur die ersten Glieder auf der rechten Seite bekannt sind, so enthalten sie c_4 als Faktor. Wir wollen diese Fehler mit Δc_0, Δc_1, Δc_2, Δc_3 bezeichnen und ihre Ordnungen in den Größen τ_j ausdrücken. Für Δc_0 erhält man den Ausdruck

$$\Delta c_0 = \frac{-c_4}{\delta} \begin{vmatrix} \tau_1^4, & \tau_1, & \tau_1^2, & \tau_1^3 \\ \tau_2^4, & \tau_2, & \tau_2^2, & \tau_2^3 \\ \tau_3^4, & \tau_3, & \tau_3^2, & \tau_3^3 \\ \tau_4^4, & \tau_4, & \tau_4^2, & \tau_4^3 \end{vmatrix}.$$

Setzt man die Größen τ_1, τ_2, τ_3, τ_4 als Faktoren vor die Determinante, so stimmt sie, abgesehen von der Reihenfolge der Kolumnen, mit der Determinante δ überein. Drei Permutationen der Kolumne führen zu einer vollkommnen Übereinstimmung der beiden Determinanten; somit erhält man

$$(38)\quad \Delta c_0 = + c_1\tau_1\tau_2\tau_3\tau_4.$$

Der Ausdruck für Δc_1 lautet

$$\Delta c_1 = \frac{-c_4}{\delta} \begin{vmatrix} 1, & \tau_1^4, & \tau_1^2, & \tau_1^3 \\ 1, & \tau_2^4, & \tau_2^2, & \tau_2^3 \\ 1, & \tau_3^4, & \tau_3^2, & \tau_3^3 \\ 1, & \tau_4^4, & \tau_4^2, & \tau_4^3 \end{vmatrix}.$$

Setzt man in dieser Determinante $\tau_2 = \tau_1$, so verschwindet sie, weil dann zwei Reihen übereinstimmen. Folglich ist sie durch $\tau_2 - \tau_1$ teilbar und ebenso durch $\tau_3 - \tau_1$, $\tau_4 - \tau_1$, $\tau_3 - \tau_2$, $\tau_4 - \tau_2$, $\tau_4 - \tau_3$; das heißt aber, daß diese Determinante durch die Determinante δ selber teilbar ist. Die sämtlichen Elemente jeder Kolumne sind von demselben Grade; und da jedes Glied der Entwicklung einer Determinante aus jeder Kolumne ein Element als Faktor enthält, so besteht die Entwicklung dieser Determinante ebenfalls aus lauter Gliedern von dem gleichen Grade. Der Grad dieser Determinante ist neun, weil neun die Summe der Grade in jeder Kolumne ist. Folglich ist, weil δ vom sechsten Grade ist, Δc_1 vom dritten Grade. Überdies ist Δc_1 in $\tau_1, \ldots, \tau_4$ symmetrisch, weil die Determinante δ und die Zählerdeterminante beide in diesen Größen symmetrisch sind. Da der höchste Grad von τ_j in der Zählerdeterminante der vierte und in der Determinante δ der dritte ist, so enthält jedes Glied der Entwicklung für Δc_1 die Größe τ_j nur im ersten Grade. Ferner besitzt aus Symmetriegründen ein jedes Glied dieser Entwicklung denselben Zahlenkoeffizienten; dieser läßt sich daher durch Betrachtung eines einzigen Gliedes bestimmen. Aus dem Produkt der Elemente der Hauptdiagonale ergibt sich aber für den Zahlenkoeffizienten der Wert $+1$. Stellt man für die Größen Δc_2 und Δc_3 die analogen Betrachtungen an, so findet man

$$(39) \qquad \begin{cases} \Delta c_1 = -c_4[\tau_1\tau_2\tau_3 + \tau_2\tau_3\tau_4 + \tau_3\tau_4\tau_1 + \tau_4\tau_1\tau_2], \\ \Delta c_2 = +c_4[\tau_1\tau_2 + \tau_1\tau_3 + \tau_1\tau_4 + \tau_2\tau_3 + \tau_2\tau_4 + \tau_3\tau_4], \\ \Delta c_3 = -c_4[\tau_1 + \tau_2 + \tau_3 + \tau_4]. \end{cases}$$

Aus (38) und (39) folgt, daß im Falle von vier Beobachtungen λ, λ', λ'' und λ''' bis auf kleine Größen vierter, dritter, zweiter und erster Ordnung bestimmt sind. Für gewöhnlich wird λ''' nicht gebraucht, es kommt jedoch in Frage, wenn eine doppelte Lösung vorliegt, und man bestimmen will, welche von beiden Lösungen physikalische Bedeutung besitzt. In diesem letzteren Falle ist es vorteilhaft, Δc_3 zum Verschwinden zu bringen, indem man t_0 so bestimmt, daß

$$(40) \qquad \begin{cases} \tau_1 + \tau_2 + \tau_3 + \tau_4 = 0, \text{ woraus} \\ t_0 = \frac{1}{4}(t_1 + t_2 + t_3 + t_4). \end{cases}$$

Wenn die Lösung des Problems nur von $\lambda, \lambda', \lambda''$ abhängig gemacht wird, so ist es meist vorteilhaft, t_0 so zu wählen, daß Δc_2 verschwindet, weil dann alle Größen bis auf die dritte Ordnung bestimmt sind. Diese Forderung liefert

$$(41)\quad \begin{cases} \tau_1\tau_2 + \tau_1\tau_3 + \tau_1\tau_4 + \tau_2\tau_3 + \tau_2\tau_4 + \tau_3\tau_4 = 0, \text{ woraus} \\ 6\,t_0^2 - 3(t_1 + t_2 + t_3 + t_4)t_0 + t_1t_2 \\ \qquad + t_1t_3 + t_1t_4 + t_2t_3 + t_2t_4 + t_3t_4 = 0. \end{cases}$$

Die Werte von t_0, die durch diese quadratische Gleichung bestimmt sind, haben nur dann praktische Bedeutung, wenn sie reell sind. Die Diskriminante der Gleichung ist

$$\begin{aligned} 9(t_1 + t_2 + t_3 + t_4)^2 &- 24(t_1t_2 + t_1t_3 + t_1t_4 + t_2t_3 + t_2t_4 + t_3t_4) \\ = H &= 3(t_1 - t_2)^2 + 3(t_1 - t_3)^2 + 3(t_1 - t_4)^2 \\ &+ 3(t_2 - t_3)^2 + 3(t_2 - t_4)^2 + 3(t_3 - t_4)^2 > 0. \end{aligned}$$

Folglich sind die beiden Lösungen stets reell und lauten explizite

$$(42)\qquad t_0 = \frac{3\,(t_1 + t_2 + t_3 + t_4) \pm \sqrt{H}}{12}.$$

Um eine konkrete Vorstellung von der Natur dieser Ergebnisse zu gewinnen, nehmen wir an, daß zwischen je zwei aufeinanderfolgenden Beobachtungen das Zeitintervall T besteht. Dann liefert Gleichung (42)

$$(43)\qquad t_0 = \tfrac{1}{4}(t_1 + t_2 + t_3 + t_4) \pm \tfrac{1}{6}\sqrt{15}\,T.$$

Das erste Glied auf der rechten Seite ist die mittlere Beobachtungszeit, und die beiden Zeitpunkte t_0 liegen von ihr auf beiden Seiten im Abstand $\frac{1}{6}\sqrt{15}\;T$. Da das Intervall zwischen der mittleren Beobachtungszeit und t_2 oder t_3 gleich $\frac{1}{2}T$ ist, so folgt, daß t_0 zwischen t_1 und t_2 liegt und von t_2 um $(\frac{1}{6}\sqrt{15} - \frac{1}{2})\;T$, das ist annähernd um $\frac{1}{6}T$ entfernt ist, oder hierzu symmetrisch zwischen t_3 und t_4 gelegen ist. In der Praxis wird es meist bequem sein, $t_0 = t_2$ oder $t_0 = t_3$ zu wählen, dann ist λ genau gegeben, die Koeffizienten von (33) sind so einfach wie möglich, und die quadratische Gleichung (41) ist nahezu erfüllt.

Wenn fünf oder mehr Beobachtungen vorliegen, kann die Untersuchung auf ähnliche Weise erfolgen. Für jede weitere Beobachtung läßt sich auch ein weiterer Koeffizient in der Reihe (28) bestimmen, und die bisher bestimmten Koeffizienten werden bis auf eine Ordnung höher in den Größen τ_j bestimmt. In jedem Falle läßt sich ein weiterer Genauigkeitsgrad in der Bestimmung von λ'' durch geeignete Wahl von t_0 erreichen; am einfachsten setzt man t_0 gleich derjenigen Beobachtungszeit, welche dem Mittelwert aus den sämtlichen Beobachtungszeiten am nächsten gelegen ist.

118. Die Grundgleichungen. Die Gleichungen (10) stellen die Grundgleichungen der Methode von Laplace dar, für welche λ, μ, ν, λ', μ', ν',

λ'', μ'', ν'' durch die Ausdrücke (31) und (32) und entsprechende Ausdrücke in μ und ν bestimmt sind. Die Lösungen der Gleichungen (10) sind

$$(44)\qquad \begin{cases} \varrho = k^2 \dfrac{D_1}{D}\left[\dfrac{1}{R^3} - \dfrac{1}{r^3}\right], \\ \varrho' = k^2 \dfrac{D_2}{2D}\left[\dfrac{1}{R^3} - \dfrac{1}{r^3}\right], \\ \varrho'' = k^2 \dfrac{1}{D}\left[D_3 - \dfrac{D_1}{r^3}\right]\left[\dfrac{1}{R^3} - \dfrac{1}{r^3}\right], \end{cases}$$

wo

$$(45)\qquad \begin{cases} D = + \begin{vmatrix} \lambda, & \lambda', & \lambda'' \\ \mu, & \mu', & \mu'' \\ \nu, & \nu', & \nu'' \end{vmatrix}, \quad D_1 = - \begin{vmatrix} \lambda, & \lambda', & X \\ \mu, & \mu', & Y \\ \nu, & \nu', & Z \end{vmatrix}, \\ D_2 = - \begin{vmatrix} \lambda, & X, & \lambda'' \\ \mu, & Y, & \mu'' \\ \nu, & Z, & \nu'' \end{vmatrix}, \quad D_3 = - \begin{vmatrix} X, & \lambda', & \lambda'' \\ Y, & \mu', & \mu'' \\ Z, & \nu', & \nu'' \end{vmatrix}. \end{cases}$$

Diese Determinanten unterliegen kleinen Fehlern wegen der Vernachlässigung der höheren Glieder in (28). Diese kleinen Fehler entstammen aber ferner der stillschweigenden Voraussetzung, daß die Beobachtungen vom Mittelpunkt der Erde aus gemacht sind, anstatt von einem oder mehreren Orten ihrer Oberfläche. Im ersten Falle lassen sich nach annähernder Bestimmung von ϱ und ϱ', im zweiten nach annähernder Bestimmung der Entfernungen zwischen dem Erdmittelpunkt und den tatsächlichen Beobachtungsorten Korrektionen anbringen.

119. Die Gleichungen zur Bestimmung von r und ϱ. Wir nehmen das Dreieck mit den Ecken S, E und C. Es bezeichne ψ den Winkel bei E und φ den Winkel bei C. Dann bestehen die Beziehungen

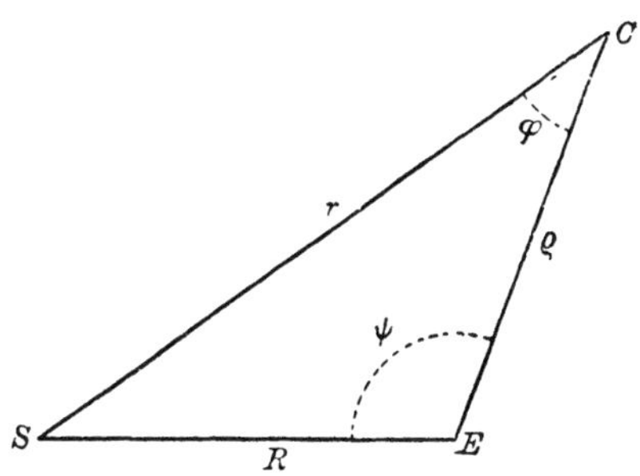

Fig. 32.

$$(46)\qquad \begin{cases} R\cos\psi = X\lambda + Y\mu + Z\nu \\ \varrho = R\dfrac{\sin(\psi+\varphi)}{\sin\varphi}, \\ r = R\dfrac{\sin\psi}{\sin\varphi}. \end{cases}$$

Setzt man die Gleichungen (46) in die erste Gleichung (44) ein, so ergibt sich

$$R\sin\psi\cos\varphi + \left[R\cos\psi - \frac{D_1}{DR^3}\right]\sin\varphi = \frac{-D_1}{DR'\sin^3\psi}\sin^4\varphi.$$

Zur Vereinfachung setzen wir

$$(47)\qquad \begin{cases} N \sin m = R \sin \psi\,, \\ N \cos m = R \cos \psi - \dfrac{D_1}{D R^3}\,, \\ M = \dfrac{-N D R^3 \sin^3 \psi}{D_1}\,, \end{cases}$$

wo das Vorzeichen von N so zu wählen ist, daß M positiv wird. Mit dieser Festsetzung liefern die ersten beiden Gleichungen eine eindeutige Bestimmung von N und m, und die Gleichung in φ wird einfach

$$(48)\qquad \sin^4 \varphi = M \sin(\varphi + m)\,,$$

wo die Größen M und m bekannt sind, und M positiv ist.

Wir betrachten jetzt die Lösung φ der Gleichung (48). Da $\varrho = 0$, $r = R$ eine Lösung des Problems bildet, so folgt aus (46), daß $\varphi = \pi - \psi$ eine Lösung von (48) ist. Diese Lösung bezieht sich jedoch auf den Ort des Beobachters und muß daher ausgeschlossen werden. Derjenige Wert von φ, dem physikalische Bedeutung zukommt, und der existieren muß, wenn die Berechnung auf guten Beobachtungen beruht, genügt, wie aus Figur 32 folgt, der Ungleichung

$$(49)\qquad \varphi < \pi - \psi.$$

Die Lösungen von (48) sind gegeben durch die Schnittpunkte der Kurven mit den Gleichungen

$$(50)\qquad \begin{cases} y_1 = \sin^4 \varphi, \\ y_2 = M \sin(\varphi + m). \end{cases}$$

Wenn m einen sehr kleinen negativen Wert hat, und M etwas kleiner als eins ist, so besitzen diese Kurven die in Figur 33 angegebene gegenseitige Lage.

Wir betrachten zunächst den Fall, wo $\frac{D_1}{D}$ positiv ist. Da ϱ und r beide positiv sein müssen, so folgt aus der ersten Gleichung (44), daß in diesem Falle $r > R$ ist. Wegen ψ kleiner als 180^0 ergibt sich aus (47), daß N negativ ist und m dem dritten oder vierten Quadranten angehört.

Im Falle m im vierten Quadranten liegt, schneidet der aufsteigende Zweig der Kurve y_2 die φ-Achse beim Übergang in den ersten Quadranten, und man erhält für $M < 1$ die Kurven in der gegenseitigen Lage der Figur 33. Falls m nahezu 360^0 ist, bestehen drei Lösungen φ_1, φ_2 und φ_3, von denen eine gleich $\pi - \psi$ ist und dem Beobachtungsorte entspricht. Im Falle $\varphi_3 = \pi - \psi$ erfüllen φ_1 und φ_2 beide die sämtlichen Bedingungen des Problems, so daß auf Grund der vorliegenden

Angaben nicht entschieden werden kann, welcher Wert sich auf die Bahnkurve des beobachteten Körpers bezieht. Es kann jedoch eintreten, daß man für φ_1 so große Werte r und φ erhält, daß der Körper nach den Erfahrungen der beobachtenden Praxis unsichtbar sein würde; in diesem Falle bestände kein Zweifel darüber, daß die Größe φ_2, welche einen kleineren Wert r liefern würde, reale Bedeutung zukommt. Für $\varphi_2 = \pi - \psi$ folgt aus (49), daß φ_1 dem Problem angehört. Der Fall $\varphi_1 = \pi - \psi$ kann nicht eintreten, weil dann das physikalische Problem keine Lösung besitzt. Wenn für ein bestimmtes M der aufsteigende Ast der Kurve y_2 nach rechts verläuft, so nähern sich die Wurzeln φ_1 und φ_2 dem Zusammenfallen; geht der aufsteigende Ast weiter nach rechts, so bleibt φ_3 nur noch allein reell. Dieser Fall, welcher dem m im vierten Quadranten weit von 360^0 oder dem m im dritten Quadranten entspricht, würde ebenfalls keine Lösung des physikalischen Problems zulassen. Somit erhalten wir das

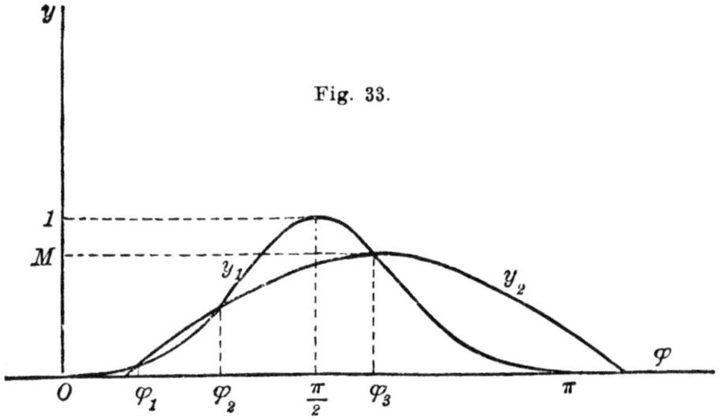

Fig. 33.

Resultat: *Wenn* $\frac{D_1}{D}$ *positiv, ist* $r > R$, *m liegt im vierten Quadranten, und es bestehen eine oder zwei mögliche Lösungen des physikalischen Problems, je nachdem* φ_2 *oder* φ_3 *gleich* $\pi - \psi$ *ist.*

Es sei jetzt $\frac{D_1}{D}$ negativ angenommen. In diesem Falle ist $r < R$ und m im ersten oder zweiten Quadranten. Wenn m im ersten Quadranten liegt, so geht der absteigende Zweig der Kurve y_2 beim Schneiden der φ-Achse in den zweiten Quadranten über, und für kleines m und $M < 1$ verlaufen die Kurven wie in Figur 34. In diesem Falle ergeben sich eine oder zwei Lösungen des Problems, je nachdem φ_2 oder φ_3 gleich $\pi - \psi$ ist. Wenn m im zweiten Quadranten liegt, gelangt der absteigende Zweig in den ersten Quadranten, wenn er die φ-Achse passiert, φ_2 und φ_3 sind alsdann nicht reell, und das Problem besitzt keine Lösung. Wir haben also fol-

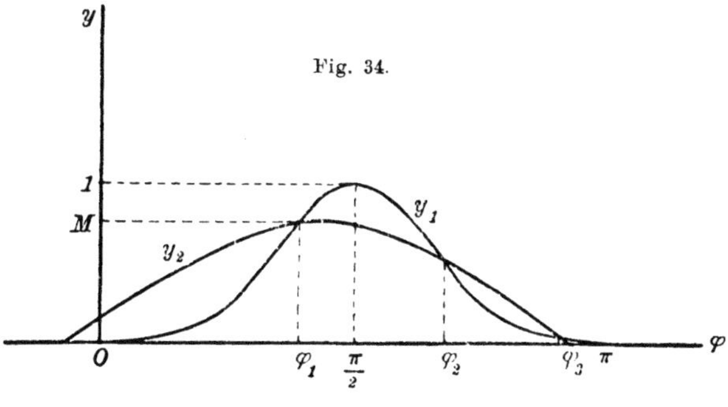

Fig. 34.

gendes: *Wenn* $\frac{D_1}{D}$ *negativ, ist* $r < R$, m *liegt im ersten Quadranten, und es bestehen eine oder zwei mögliche Lösungen des physikalischen Problems, je nachdem* φ_2 *oder* φ_3 *gleich* $\pi - \psi$ *ist.*

120. Die Bedingung für das Vorhandensein einer einzigen Lösung. Für das physikalische Problem erhält man in den beiden Fällen, wo $\frac{D_1}{D}$ positiv oder negativ ist, eine einzige Lösung, wenn $\varphi_2 = \pi - \psi$ ist, anderenfalls zwei Lösungen. Es sei $\varphi = \pi - \psi + \varepsilon$, und ε eine kleine positive Größe. Im Falle $\frac{D_1}{D}$ positiv, ist, wie aus Figur 33 folgt, für $\varphi_2 = \pi - \psi$ die Differenz $y_1 - y_2$ positiv, wenn $\varphi = \varphi_2 + \varepsilon$ ist, im Falle $\frac{D_1}{D}$ negativ, ist, wie aus Figur 34 folgt, die Differenz $y_1 - y_2$ negativ für $\varphi = \varphi_2 + \varepsilon = \pi - \psi + \varepsilon$.

Aus (50) ergibt sich, daß sich y_1 und y_2 in eine Potenzreihe nach ε entwickeln lassen, wenn $\varphi = \pi - \psi + \varepsilon$ ist. Für die Reihe der Differenz $y_1 - y_2$ lauten die ersten beiden Glieder

$$(51)\qquad \begin{aligned} y_1 - y_2 = {} & [\sin^4(\pi - \psi) - M \sin(\pi - \psi + m)] \\ & + [4 \sin^3(\pi - \psi) \cos(\pi - \psi) \\ & - M \cos(\pi - \psi + m)]\,\varepsilon + \cdots \end{aligned}$$

Das von ε unabhängige Glied ist null, weil $\varphi = \pi - \psi$ eine Lösung von (48) darstellt. Eine Reduktion des Koeffizienten von ε durch die Gleichungen (47) und (48) ergibt

$$y_1 - y_2 = \frac{MR}{N}\left[1 + \frac{3D_1}{DR^4}\cos\psi\right]\varepsilon + \cdots$$

Die Bedingung dafür, daß das physikalische Problem eine einzige Lösung zuläßt, ist folglich gegeben durch

$$(52)\qquad \begin{cases} \frac{1}{N}\left[1 + \frac{3D_1}{DR^4}\cos\psi\right] > 0, & \text{wenn } \frac{D_1}{D} > 0, \\ \frac{1}{N}\left[1 + \frac{3D_1}{DR^4}\cos\psi\right] < 0, & \text{wenn } \frac{D_1}{D} < 0. \end{cases}$$

Diese Funktion ist bereits durch die Beobachtungen vollständig bestimmt und braucht daher nicht erst aus (48) gefunden zu werden, wobei nicht in Frage kommt, ob eine einzige oder doppelte Lösung vorliegt.

Der Grenzwert der Ungleichungen (52) ist

$$(53)\qquad 1 + \frac{3D_1}{DR^4}\cos\psi = 0.$$

Eliminiert man hieraus $\cos\psi$ und $\frac{D_1}{D}$ mit Hilfe der ersten Gleichung (44) und Gleichung (14), so findet man

$$\varrho^2 = r^2 + \frac{2}{3}\frac{R^5}{r^3} - \frac{5}{3}R^2. \tag{54}$$

Der Ausdruck auf der rechten Seite dieser Gleichung besitzt als Funktion von r den Minimalwert 0; daher besteht für jeden Wert r ein einziger positiver Wert ϱ. Alle durch die Wertepaare r und ϱ bestimmten Punkte, welche (54) genügen, liegen auf den Grenzflächen der Raumteile, für welche die Ungleichungen (52) erfüllt sind. Diese Grenzflächen sind offenbar Umdrehungsflächen um die Verbindungsgrade $E\,S$ zwischen Erde und Sonne. Den Schnitt dieser Flächen mit einer Ebene durch die Gerade SE zeigt Figur 35.[1]) Die durch (54) definierten Flächen teilen den Raum in vier Teile, von denen in der Figur zwei ohne und zwei mit Schraffur angegeben sind. Innerhalb eines jeden Raumteiles hat die Funktion (52) überall dasselbe Vorzeichen, während sie einen Zeichenwechsel erfährt, wenn eine Grenzfläche in einem gewöhnlichen Punkt überschritten wird. Dies bildet den speziellen Fall eines allgemeinen Satzes, den wir beweisen wollen.

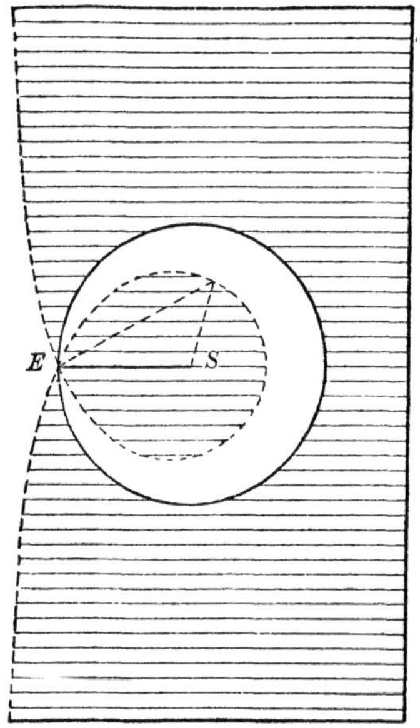

Fig. 35.

Es sei x_0, y_0, z_0 ein gewöhnlicher Punkt auf der Fläche $F(x, y, z) = 0$. Wir betrachten den Ausdruck $F(x_0 + \Delta x, y_0 + \Delta y, z_0 + \Delta z)$, wo Δx, Δy, und Δz kleine Größen seien. Für diesen Ausdruck besteht die Entwicklung

$$\begin{aligned} &F(x_0 + \Delta x, y_0 + \Delta y, z_0 + \Delta z) \\ &\quad = F(x_0, y_0, z_0) + \frac{\delta F}{\delta x}\Delta x + \frac{\delta F}{\delta y}\Delta y + \frac{\delta F}{\delta z}\Delta z + \cdots \end{aligned}$$

Das erste Glied dieser Reihe ist 0, weil der Punkt x_0, y_0, z_0 der Fläche $F(x, y, z) = 0$ angehören soll. Wir nehmen jetzt an, daß der Punkt $x_0 + \Delta x, y_0 + \Delta y, z_0 + \Delta z$ auf der Flächennormalen im Punkt x_0, y_0, z_0 liegt. Dann ist

1) Diese Figur wurde zuerst von Charlier Meddelande från Lunds Observatorium No. 45 gegeben.

$$\left\{\begin{aligned}
\Delta x &= \frac{p\,\dfrac{\delta F}{\delta x}}{\sqrt{\left(\dfrac{\delta F}{\delta x}\right)^2+\left(\dfrac{\delta F}{\delta y}\right)^2+\left(\dfrac{\delta F}{\delta z}\right)^2}},\\
\Delta y &= \frac{p\,\dfrac{\delta F}{\delta y}}{\sqrt{\left(\dfrac{\delta F}{\delta x}\right)^2+\left(\dfrac{\delta F}{\delta y}\right)^2+\left(\dfrac{\delta F}{\delta z}\right)^2}},\\
\Delta z &= \frac{p\,\dfrac{\delta F}{\delta x}}{\sqrt{\left(\dfrac{\delta F}{\delta x}\right)^2+\left(\dfrac{\delta F}{\delta y}\right)^2+\left(\dfrac{\delta F}{\delta z}\right)^2}},
\end{aligned}\right.$$

wo p den Abstand zwischen den Punkten x_0, y_0, z_0 und $x_0+\Delta x$, $y_0+\Delta y$, $z_0+\Delta z$ bedeutet, weil die Faktoren von p die Richtungskosinus der Flächennormalen darstellen. Je nachdem p auf der einen oder anderen Seite der Fläche liegt, ist p positiv oder negativ. Die Reihenentwicklung für die Funktion F im Punkte $x_0+\Delta x$, $y_0+\Delta y$, $z_0+\Delta z$ wird daher

$$F\,(x_0+\Delta x,\, y_0+\Delta y,\, z_0+\Delta z)$$
$$= p\left[\left(\frac{\partial F}{\partial x}\right)^2+\left(\frac{\partial F}{\partial y}\right)^2+\left(\frac{\partial F}{\partial z}\right)^2\right]^{\frac{1}{2}}+p^2\,[\;]+\cdots$$

Für sehr kleine Werte p ist das Vorzeichen von $F\,(x_0+\Delta x$, $y_0+\Delta y$, $z_0+\Delta z)$ bestimmt durch das Vorzeichen des ersten Gliedes der Entwicklung, das von null verschieden ist. Da x_0, y_0, z_0 nach Annahme kein singulärer Flächenpunkt ist, so können nicht die sämtlichen partiellen Ableitungen erster Ordnung für diesen Punkt verschwinden. Folglich wechselt das Vorzeichen der Funktion F im Punkt $x_0+\Delta x$, $y_0+\Delta y$, $z_0+\Delta z$ mit dem Vorzeichen von p. Das heißt die Funktion $F(x, y, z)$ wechselt ihr Vorzeichen, wenn die Fläche, für welche sie verschwindet, überschritten wird; im übrigen erfährt sie als stetige Funktion beim Übergang zu einem benachbarten Punkt keinen Zeichenwechsel.

Um zu finden, welchen von den vier Raumteilen in Figur 35 eine einzige und welchen eine doppelte Lösung entspricht, betrachten wir einen Punkt auf der Geraden SE links von E. Für einen solchen Punkt ist $r=\varrho+R$, $\psi=\pi$, und man erhält daher die Ausdrücke

$$1+\frac{3D_1}{DR^4}\cos\psi = 1-\frac{3D_1}{DR^4} = 1-\frac{3\,(\varrho+R)^3}{R\,[\varrho^2+3\varrho R+3R^2]},$$

welche für sehr große Werte ϱ offenbar negativ sind. Da in diesem Falle $r>R$ ist, so folgt $\frac{D_1}{D}>0$, $N<0$, und somit kommt hier die erste

Ungleichung (52) in Frage. Da diese erfüllt ist, liegt eine einzige Lösung des Problems vor, wenn der beobachtete Körper dem nicht schraffierten Teil links von E angehört. Wenn man beim Übergang von diesem nach dem größeren schraffierten Raumteil die Grenzfläche in einem Punkt, für welchen $r > R$ ist, überschreitet, so wechselt die Funktion ihr Zeichen, weil sich das Zeichen von N nicht ändert. Dann ist die erste Ungleichung (52) nicht erfüllt und die Lösung des Problems daher doppelt. In diesem Raumteil ist die Funktion (53) positiv und N negativ. Gehen wir jetzt in den kleinen schraffierten Raumteil hinein, so wird die Funktion (53) negativ, N psoitiv, und die zweite Ungleichung (52), die jetzt vorliegt, erfüllt. In diesem kleineren unschraffierten Teil besteht daher eine einzige Lösung, während, wie sich auf ähnliche Weise zeigen läßt, dem kleineren schraffierten Raumteil wieder eine doppelte Lösung angehört.

121. Hinzunahme einer vierten Beobachtung im Falle einer doppelten Lösung. Wir setzen $\varphi_3 = \pi - \psi$, so daß zwei Lösungen von (48) existieren, welche den Bedingungen des physikalischen Problems entsprechen. Eine Methode, um zu bestimmen, welche Lösung im Falle von vier Beobachtungen, wirklich in Frage kommt, besteht offenbar darin, den Ausdruck (48) zu entwickeln und dabei an Stelle einer von den drei ursprünglichen Beobachtungen die vierte zu benutzen. Dies liefert im allgemeinen die gewünschte eindeutige Lösung für das Problem.

Eine bessere Methode zur Beseitigung des zweideutigen Falles läßt sich aus den Gleichungen (44) herleiten. Man eliminiert r aus der zweiten und dritten Gleichung (44) mit Hilfe der ersten. Die Ergebnisse sind

$$\left\{\begin{aligned} \varrho' &= \frac{D_2}{2D_1}\,\varrho = P\varrho, \qquad P = \frac{D_2}{2D_1}, \\ \varrho'' &= \frac{\varrho}{D_1}\left[D_3 - \frac{D_1}{R^3} + D\varrho\right]. \end{aligned}\right.$$

Die erste von diesen Gleichungen besitzt die Ableitung

$$\varrho'' = P'\varrho + P\varrho' = (P' + P^2)\varrho,$$

führt man diesen Wert von ϱ'' in die zweite Gleichung ein, so folgt

$$D_3 - \frac{D_1}{R^3} + D\varrho = D_1\,(P' + P^2)\,. \tag{55}$$

Da diese Gleichung in ϱ linear ist, so ist ϱ eindeutig bestimmt, falls D nicht gleich null ist. Die Determinante D soll im § 124 untersucht werden. Der Gleichung (55) müssen nicht weniger als vier Beobachtungen zugrunde liegen, da P' die Größen λ''', μ''', ν''' enthält, welche sich auch nicht annähernd aus drei Beobachtungen bestimmen lassen.

122. Die Grenzen von M und m. Bei einer wirklichen Bahnbestimmung sind die Konstanten m und M der Bedingung unterworfen, daß Gleichung (48) drei reelle Wurzeln zwischen 0 und π haben muß. Die Grenzen für m und M, die sich aus dieser Bedingung ergeben, lassen sich aus den Bedingungsgleichungen für die Existenz von Doppelwurzeln der Gleichung (48) herleiten. Machen wir die Annahme, M ist fest und m veränderlich. Im ersten Falle, den die Figur 33 darstellt, ergeben sich drei reelle Lösungen von (48), wenn man auf der Kurve y_2 so weit nach rechts geht, bis φ_1 und φ_2 gleich werden, im zweiten Falle, welchen die Figur 34 darstellt, muß man, um drei reelle Lösungen von (48) zu erhalten, auf der Kurve y_2 so weit nach links gehen, bis φ_2 und φ_3 gleiche Werte annehmen. Diese beiden Fälle sind nicht wesentlich verschieden, da φ_1 im ersten Falle genau φ_3 im zweiten entspricht. Auf ähnliche Weise erhält man, wenn m fest ist, und M von kleinen Werten an zunimmt, drei reelle Lösungen von (48), bis entweder φ_2 und φ_3 im ersten Falle und φ_1 und φ_2 im zweiten Falle gleich werden. Außerhalb der Grenzen, für welche sich zwei gleiche Werte φ, die (48) genügen, ergeben, besteht nur eine reelle Lösung zwischen 0 und π. Die Bedingungen dafür, daß (48) eine Doppelwurzel besitzt, lauten

$$(56)\qquad \begin{cases} \sin^4\varphi = M\sin(\varphi + m), \\ 4\sin^3\varphi\cos\varphi = M\cos(\varphi + m). \end{cases}$$

Für die Gleichung, welche sich als Quotient dieser beiden Gleichungen ergibt, hat man die Lösung

$$(57)\qquad \operatorname{tg}\psi = \frac{-3 \pm \sqrt{9 - 16\operatorname{tg}^2 m}}{2\operatorname{tg} m}.$$

Es folgt sofort, daß m der Bedingung

$$9 - 16\operatorname{tg}^2 m \geqq 0$$

unterliegt, damit die Doppelwurzel reell ist. Daher bildet von den Beziehungen

$$(58)\qquad 323^0\,8' \leqq m \leqq 360^0,\quad 0 \leqq m \leqq 36^0\,52',$$

die erste den Bereich für m im ersten Falle der Figur 33 und die zweite den Bereich für m in dem zweiten Falle der Figur 34.

Für jedes m liefert (57) zwei Werte von φ zwischen 0 und π. In dem ersten Falle, wo $\operatorname{tg} m$ negativ ist, ist $\operatorname{tg}\varphi$ positiv sowohl für das obere wie für das untere Zeichen der Wurzel und ist am kleinsten für das obere Zeichen. Daher ist der durch (57) bestimmte Wert von φ im Falle des oberen Zeichens derjenige, für welchen $\varphi_1 = \varphi_2$ in Figur 33, und im Falle des unteren Zeichens derjenige für welchen, $\varphi_2 = \varphi_3$ in Figur 34.

Wenn m den Grenzwert annimmt, für welchen die Wurzel verschwindet, werden $\varphi_1 = \varphi_2 = \varphi_3$. In dem zweiten Falle, wo $tg\, m$ positiv ist, kann man eine analoge Erörterung anstellen.

Die Grenzwerte von φ, die durch (57) bestimmt sind und den Grenzwerten von m in (58) entsprechen, sind

$$\varphi = 63^0 26', \quad \varphi = 116^0 34', \tag{59}$$

für diese beiden Werte ergibt sich M aus (56) zu 1.431. Dies ist der maximale Wert von M, für welchen (48) drei reelle Wurzeln zwischen 0 und π besitzen kann. Damit die drei Wurzeln für dieses M reell sind, muß m gleich $36^0 52'$ oder $323^0 8'$ sein; diese drei Wurzeln sind dann gleich.

Wir betrachten den ersten Fall und nehmen an, daß m von $323^0 8'$ bis 360^0 zunimmt. Die beiden Werte von φ in (57) gehen von $63^0 26'$ aus, der eine geht bis 0 und der andere bis 90^0. Die beiden entsprechenden Werte von M gehen von 1.431 aus, der eine geht bis 0 und der andere bis 1. Für jeden Wert m zwischen den Grenzen (58) bestehen zwei Werte, zwischen denen M liegen muß, damit (48) drei reelle Lösungen hat. Legt man eine Tabelle der Lösungen von (48) an, die von den beiden unabhängigen Parametern M und m abhängen, so muß man diese Grenzwerte beachten, um die Arbeit nach Möglichkeit zu beschränken.

123. Differentielle Korrektionen. Für die Gleichung (48) sei eine angenäherte Lösung gefunden worden mit Hilfe der Kurven y_1 und y_2 oder durch zahlenmäßiges Probieren oder unter Zuhilfenahme der Tabellen für die Wurzeln dieser Gleichung. Die angenäherte Lösung sei φ_0 und die exakte Lösung sei $\varphi_0 + \Delta\varphi$. Die Aufgabe besteht dann in der Bestimmung von $\Delta\varphi$.

Wir setzen

$$\sin^4\varphi_0 - M \sin(\varphi_0 + m) = \eta, \tag{60}$$

wo η klein sein wird, wenn φ_0 eine angenäherte Lösung von (48) darstellt. Führt man in (48) $\varphi_0 + \Delta\varphi$ an Stelle von φ ein und entwickelt nach Potenzen von $\Delta\varphi$, so ergibt sich

$$-\eta = [4 \sin^3\varphi_0 \cos\varphi_0 - M \cos(\varphi_0 + m)]\Delta\varphi + [\;](\Delta\varphi)^2 + \cdots$$

Diese Potenzreihe läßt sich umkehren und liefert $\Delta\varphi$ als Potenzreihe in η

$$\Delta\varphi = \frac{-\eta}{4\sin^3\varphi_0 \cos\varphi_0 - M\cos(\varphi_0 + m)} + [\;]\eta^2 + \cdots \tag{61}$$

Die einzige Ausnahme bildet der Fall, wo der Koeffizient von $\Delta\varphi$ in der ursprünglichen Reihe verschwindet. Dann erhalten wir die zweite von den Gleichungen (56), die die Bedingungen für die Existenz einer

Doppelwurzel darstellen. In diesem Falle schreitet die Reihe für $\Delta\varphi$ nach Potenzen von $\pm\sqrt{\eta}$ fort. In der Praxis entstehen Schwierigkeiten, wenn der Koeffizient von $\Delta\varphi$ klein ist, aber nicht verschwindet, weil alsdann φ_0 bereits dem wahren Wert φ sehr nahe kommt, noch ehe die Methode der differentiellen Korrektionen angewandt werden kann.

Die höheren Glieder in (61) lassen sich ohne Schwierigkeiten berechnen, werden aber rasch komplizierter. Einfacher vernachlässigt man sie in der Praxis und wiederholt dafür das Verfahren mit jedesmal verbesserten Werten.

Man kann aber die differentiellen Korrektionen auch nach einer bequemeren Methode berechnen, wenn man Logarithmen verwendet. Nach Bestimmung von m und M aus den Beobachtungsdaten findet man die genäherte Lösung von (48) aus der Figur. Von der Kurve y_1 macht man ein für allemal eine genaue Zeichnung. Die bekanntere Sinuskurve, in diesem Falle wegen des Faktors M abgeflacht oder vertikal nach oben verlängert, zeichnet man freihändig so genau, daß man zu einer sehr annähernden Schätzung des Wertes von φ gelangt. Mit Rücksicht auf (48) setzen wir unter Verwendung von Logarithmen, wenn φ_0 wieder den Näherungswert bedeutet

$$4 \log \sin \varphi_0 - \log M - \log \sin (\varphi_0 + m) = \varepsilon.$$

Für die sukzessiven Näherungen ändern sich nur das erste und dritte Glied. Die Logarithmen der trigonometrischen Funktionen finden sich in den Tafeln: Die Tafeldifferenz für die Logarithmen von $\sin \varphi_0$ und $\sin (\varphi_0 + \delta\varphi)$ sei ε_1 und für den Logarithmus von $\sin (\varphi_0 + m)$ sei die entsprechende Differenz ε_2, wo $\delta\varphi$ eine passende Änderung von φ_0 darstellt. Die Größen findet man rechts unten von den Logarithmen. Alsdann ist die Korrektion $\Delta\varphi$ durch

$$\Delta\varphi = -\frac{\delta\varphi \cdot \varepsilon}{4\varepsilon_1 - \varepsilon_2}, \tag{62}$$

gegeben, ausgedrückt in den Einheiten von $\delta\varphi$. Diese Methode ist so bequem, daß man in jedem Falle die Lösung der Gleichung (48) mit der gewünschten Genauigkeit innerhalb weniger Minuten finden kann. In erster Annäherung, wo der Fehler im allgemeinen groß ist, kann man für $\delta\varphi$ einen Grad nehmen. In den späteren Näherungen sind $10''$ eine passende Änderung, weil die Tafeldifferenzen für $10''$ angegeben sind.[1])

1) Die Lösung der Gleichung (48) hängt von *zwei* Parametern M und m ab; wenn sie nur einen Parameter enthielte, wäre es leicht, für den Parameter und die Größe φ eine Tabelle anzulegen. Trotz der zwei Parameter hat Leuschner eine Tabelle, die ursprünglich von Oppolzer herrührt, weiter fortgeführt, aus der man die Lösung direkt mit beträchtlicher Annäherung entnehmen kann. Dies ist Tabelle XVI in der dritten (Buchholz) Ausgabe von Klinkerfues, *Theoretische Astronomie*.

124. Diskussion der Determinante *D*. Die Determinante D (45) tritt bei der Bestimmung der Konstanten M und m auf; die Lösung wird unbestimmt, wenn sie den Wert null annimmt. Es ist daher wichtig, zu wissen, unter welchen Umständen sie verschwindet.

Der Bestimmung der Bahnkurve mögen nur drei Beobachtungen zugrunde liegen. Dann sind die Werte von λ, λ' und λ'', welche in D auftreten, durch (31) und (32) gegeben. Entsprechende Ausdrücke bestehen für $\mu, \mu', \mu''; \nu, \nu', \nu''$. Führt man diese Werte in den Ausdruck (45) für D ein, so läßt sich D als Produkt von zwei Determinanten darstellen. Zur einfacheren Bezeichnung setzen wir

$$(63)\qquad \begin{gathered} P_1 = \frac{(\tau-\tau_2)(\tau-\tau_3)}{(\tau_1-\tau_2)(\tau_1-\tau_3)}, \qquad P_2 = \frac{(\tau-\tau_1)(\tau-\tau_3)}{(\tau_2-\tau_1)(\tau_2-\tau_3)}, \\ P_3 = \frac{(\tau-\tau_1)(\tau-\tau_2)}{(\tau_3-\tau_1)(\tau_3-\tau_2)}, \end{gathered}$$

und deuten die Ableitungen dieser Funktionen nach τ durch Akzente an. Dann erhalten wir

$$(64)\qquad \left\{ \begin{aligned} D &= \Delta_1 \Delta_2, \\ \Delta_1 &= \begin{vmatrix} P_1, & P'_1, & P''_1 \\ P_2, & P'_2, & P''_2 \\ P_3, & P'_3, & P''_3 \end{vmatrix}, \\ \Delta_2 &= \begin{vmatrix} \lambda_1, & \lambda_2, & \lambda_3 \\ \mu_1, & \mu_2, & \mu_3 \\ \nu_1, & \nu_2, & \nu_3 \end{vmatrix}. \end{aligned} \right.$$

Folglich kann D nur verschwinden, wenn Δ_1 oder Δ_2 null ist.

Wir zeigen zuerst, daß Δ_1 konstant und von null verschieden ist. Da Δ_1 formal vom dritten Grade in τ ist, so ist die notwendige und hinreichende Bedingung dafür, daß Δ_1 von τ unabhängig ist, daß Δ'_1 für alle Werte τ verschwindet. Die Ableitung einer Determinante ist gleich der Summe der Determinanten, welche man erhält, wenn man nacheinander die Reihen der ursprünglichen Determinante durch ihre Ableitungen (Reihen aus den Ableitungen ihrer Elemente) ersetzt. Folglich ist Δ_1' eine Summe von drei Determinanten. Die Ableitung der ersten Kolumne in Δ_1 ist mit der zweiten, die Ableitung der zweiten mit der dritten identisch. Die Ableitung der dritten Kolumne ist null. Somit verschwindet Δ'_1 identisch und Δ_1 ist folglich konstant. Den Wert von Δ_1 kann man daher leicht finden, wenn man $\tau = 0$ setzt. Es ist

$$(65)\quad \begin{cases} \Delta_1 = \dfrac{\begin{vmatrix} \tau_2\tau_3, & \tau_2+\tau_3, & 1 \\ \tau_3\tau_1, & \tau_3+\tau_1, & 1 \\ \tau_1\tau_2, & \tau_1+\tau_2, & 1 \end{vmatrix}}{(\tau_1-\tau_2)^2(\tau_2-\tau_3)^2(\tau_3-\tau_1)^2} \\ \quad = \dfrac{2}{(\tau_2-\tau_1)(\tau_3-\tau_2)(\tau_3-\tau_1)}. \end{cases}$$

Diese Determinante ist aber von null verschieden und von der Wahl der Zeit t_0 unabhängig.

In der Determinante Δ_2 multiplizieren wir die erste Zeile mit ϱ_1, die zweite mit ϱ_2 und die dritte mit ϱ_3. Dann ergibt sich in der Schreibweise der Gleichungen (6) für die Determinante Δ_2 der Ausdruck

$$\varrho_1\varrho_2\varrho_3\,\Delta_2 = \begin{vmatrix} \xi_1, & \xi_2, & \xi_3 \\ \eta_1, & \eta_2, & \eta_3 \\ \zeta_1, & \zeta_2, & \zeta_3 \end{vmatrix}.$$

Die Determinante auf der rechten Seite bildet den sechsfachen Betrag des Tetraederinhalts, dessen Ecken die Erde und die drei Orte von C in bezug auf die Erde sind, dabei beziehen sich die Lagen von C auf die Erde als Koordinatenanfang. Dieser Betrag ist nur dann gleich null, wenn die drei Orte von C mit dem vierten Ort E in einer Ebene liegen. Einfacher läßt sich dasselbe Ergebnis folgendermaßen ausdrücken: *Die Determinate Δ_2 (und folglich D) verschwindet nur dann, wenn die drei scheinbaren Orte von C für einen Beobachter auf E dem Bogen eines großen Kreises angehören.*

Wie aus (44) folgt, sind D_1 und D_2 null, wenn D null ist, falls nicht $R = r$. Im allgemeinen werden, wenn D verschwindet, die Ausdrücke für ϱ und ϱ' unbestimmt, und sie sind unsicher bestimmt für kleine Werte D. Ein Fall, wo Δ_2 und D stets null sind, ist gegeben, wenn C sich in der Ebene der Erdbahn bewegt. In diesem Falle sind aber nur vier Elemente zu bestimmen; und folglich müssen, da jede Beobachtung nur eine Koordinate (die Länge) liefert, vier Beobachtungen angestellt werden.

Eine Darstellung für Δ_2 kann man mit Hilfe der Gleichungen (6) gewinnen. Nach einigen einfachen Reduktionen findet man

$$(66)\quad \begin{aligned} \Delta_2 = \cos\delta_1 \cos\delta_2 \cos\delta_3[&\sin(\alpha_2-\alpha_1)\tan\delta_3 \\ &+ \sin(\alpha_3-\alpha_2)\operatorname{tg}\delta_1 + \sin(\alpha_1-\alpha_3)\operatorname{tg}\delta_2]. \end{aligned}$$

125. Reduktion der Determinanten D_1 und D_2. Die Ausdrücke (45) für D_1 und D_2 lassen sich mit Rücksicht auf die Ausdrücke (31) und (32) und die entsprechenden für μ, μ', ν und ν' auf die folgende Form bringen

$$D_1 = -\begin{vmatrix} P_1\lambda_1 + P_2\lambda_2 + P_3\lambda_3, & P_1'\lambda_1 + P_2'\lambda_2 + P_3'\lambda_3, & X \\ P_1\mu_1 + P_2\mu_2 + P_3\mu_3, & P_1'\mu_1 + P_2'\mu_2 + P_3'\mu_2, & Y \\ P_1\nu_1 + P_2\nu_2 + P_3\nu_3, & P_1'\nu_1 + P_2'\nu_2 + P_3'\nu_3, & Z \end{vmatrix},$$

$$D_2 = +\begin{vmatrix} P_1\lambda_1 + P_2\lambda_2 + P_3\lambda_3, & P_1''\lambda_1 + P_2''\lambda_2 + P_3''\lambda_3, & X \\ P_1\mu_1 + P_2\mu_2 + P_3\mu_3, & P_1''\mu_1 + P_2''\mu_2 + P_3''\mu_3, & Y \\ P_1\nu_1 + P_2\nu_2 + P_3\nu_3, & P_1''\nu_1 + P_2''\nu_2 + P_3''\nu_3, & Z \end{vmatrix}.$$

Wenn man in D_1 die erste Kolumne mit $\frac{P_3'}{P_3}$ multipliziert und von der zweiten subtrahiert, so lautet das Resultat

$$-\frac{1}{P_3}\begin{vmatrix} P_\lambda, & (P_1'P_3 - P_1P_3')\lambda_1 + (P_2'P_3 - P_2P_3')\lambda_2, & X \\ P_\mu, & (P_1'P_3 - P_1P_3')\mu_1 + (P_2'P_3 - P_2P_3')\mu_2, & Y \\ P_\nu, & (P_1'P_3 - P_1P_3')\nu_1 + (P_2'P_3 - P_2P_3')\nu_2, & Z \end{vmatrix},$$

wo

$$P_\lambda = P_1\lambda_1 + P_2\lambda_2 + P_3\lambda_3,$$
$$P_\mu = P_1\mu_1 + P_2\mu_2 + P_3\mu_3,$$
$$P_\nu = P_1\nu_1 + P_2\nu_2 + P_3\nu_3.$$

Diese Determinante ist die Summe der beiden Determinanten

$$-\frac{1}{P_3}\begin{vmatrix} P_1\lambda_1 + P_2\lambda_2, & (P_1'P_3 - P_1P_3')\lambda_1 + (P_2'P_3 - P_2P_3')\lambda_2, & X \\ P_1\mu_1 + P_2\mu_2, & (P_1'P_3 - P_1P_3')\mu_1 + (P_2'P_3 - P_2P_3')\mu_2, & Y \\ P_1\nu_1 + P_2\nu_2, & (P_1'P_3 - P_1'P_3')\nu_1 + (P_2'P_3 - P_2P_3')\nu_2, & Z \end{vmatrix}$$

und

$$-\begin{vmatrix} \lambda_3, & (P_1'P_3 - P_1P_3')\lambda_1 + (P_2'P_3 - P_2P_3')\lambda_2, & X \\ \mu_3, & (P_1'P_3 - P_1P_3')\mu_1 + (P_2'P_3 - P_2P_3')\mu_2, & Y \\ \nu_3, & (P_1'P_3 - P_1P_3')\nu_1 + (P_2'P_3 - P_2P_3')\nu_2, & Z \end{vmatrix}.$$

Aus der ersten Kolumne der ersten von diesen beiden Determinanten lassen sich die Glieder in λ_2, μ_2 und ν_2 in ähnlicher Weise eliminieren. Folglich ist eine jede von den beiden Determinanten ihrerseits als Summe von zwei anderen Determinanten darstellbar, und man erhält für D_1 den reduzierten Ausdruck

$$D_1 = -(P_1P_2' - P_1'P_2)\begin{vmatrix} \lambda_1, & \lambda_2, & X \\ \mu_1, & \mu_2, & Y \\ \nu_1, & \nu_2, & Z \end{vmatrix}$$

$$-(P_2P_3' - P_2'P_3)\begin{vmatrix} \lambda_2, & \lambda_3, & X \\ \mu_2, & \mu_3, & Y \\ \nu_2, & \nu_3, & Z \end{vmatrix}$$

$$-(P_3P_1' - P_3'P_1)\begin{vmatrix} \lambda_3, & \lambda_1, & X \\ \mu_3, & \mu_1, & Y \\ \nu_3, & \nu_1, & Z \end{vmatrix}.$$

Die Koeffizienten dieser Determinanten beziehen sich auf den Wert $\tau = 0$. Man findet daher aus (63)

$$P_1P_2' - P_1'P_2 = \frac{+\tau_3^2}{(\tau_2 - \tau_1)(\tau_3 - \tau_2)(\tau_3 - \tau_1)},$$

$$P_2P_3' - P_2'P_3 = \frac{+\tau_1^2}{(\tau_2 - \tau_1)(\tau_3 - \tau_2)(\tau_3 - \tau_1)},$$

$$P_3P_1' - P_3'P_1 = \frac{+\tau_2^2}{(\tau_2 - \tau_1)(\tau_3 - \tau_2)(\tau_3 - \tau_1)}.$$

Folglich wird der Ausdruck für D_1

$$(67)\quad \begin{cases} D_1 = -\dfrac{\tau_3^2}{P}\begin{vmatrix} \lambda_1, & \lambda_2, & X \\ \mu_1, & \mu_2, & Y \\ \nu_1, & \nu_2, & Z \end{vmatrix} - \dfrac{\tau_1^2}{P}\begin{vmatrix} \lambda_2, & \lambda_3, & X \\ \mu_2, & \mu_3, & Y \\ \nu_2, & \nu_3, & Z \end{vmatrix} \\ \qquad - \dfrac{\tau_2^2}{P}\begin{vmatrix} \lambda_3, & \lambda_1, & X \\ \mu_3, & \mu_1, & Y \\ \nu_3, & \nu_1, & Z \end{vmatrix}, \\ P = (\tau_2 - \tau_1)(\tau_3 - \tau_2)(\tau_3 - \tau_1). \end{cases}$$

Ähnlich reduziert sich der Ausdruck für D_2 auf

$$(68)\quad \begin{aligned} D_2 = -\frac{2\tau_3}{P}\begin{vmatrix} \lambda_1, & \lambda_2, & X \\ \mu_1, & \mu_2, & Y \\ \nu_1, & \nu_2, & Z \end{vmatrix} - \frac{2\tau_1}{P}\begin{vmatrix} \lambda_2, & \lambda_3, & X \\ \mu_2, & \mu_3, & Y \\ \nu_2, & \nu_3, & Z \end{vmatrix} \\ - \frac{2\tau_2}{P}\begin{vmatrix} \lambda_3, & \lambda_1, & X \\ \mu_3, & \mu_1, & Y \\ \nu_3, & \nu_1, & Z \end{vmatrix}. \end{aligned}$$

Die sämtlichen Determinanten, die in diesen Ausdrücken für D_1 und D_2 auftreten, lassen sich wieder auf ähnliche Form wie (66) bringen

126. Verbesserung für die zeitliche Aberration. Da die Lichtgeschwindigkeit endlich ist, erscheint der Körper C in einem bestimmten Augenblick an der Stelle, wo er sich im vorhergehenden befand. Dies bedingt einen kleinen Fehler in den Beobachtungsdaten, welcher eliminiert werden muß, nachdem die Entfernungen angenähert bestimmt sind, falls genaue Resultate gewünscht werden. Da jedoch die Lichtgeschwindigkeit sehr groß ist, und die scheinbaren Bewegungen der Himmelskörper im allgemeinen sehr langsam vor sich gehen, so wird es nicht nötig sein, daß man die Entfernung von C mit einem hohen Grad von Genauigkeit kennt, um den Einfluß der Aberration in Rücksicht zu ziehen.

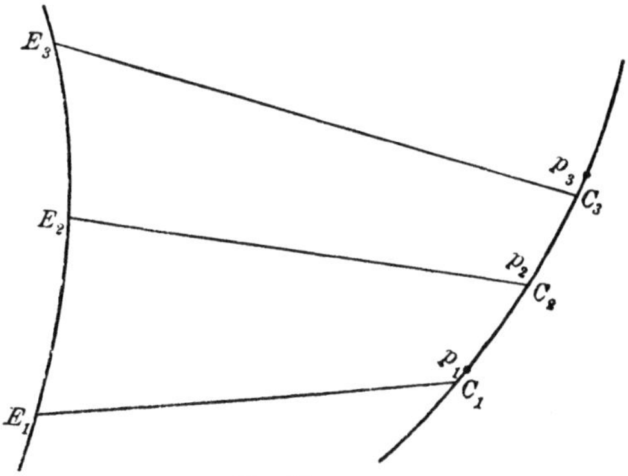

Fig. 36.

Es seien E_1, E_2 und E_3 die Beobachtungsorte für die Zeitpunkte t_1, t_2 und t_3. Diese Zeitpunkte mögen den beobachteten Richtungen E_1, C_1, E_2C_2 und E_3C_3 von C angehören. In der Zeit, die das Licht braucht, um von C nach E zu gelangen, bewegt sich C weiter zu den Orten p_1,p_2 und p_3, welche seine wahren Orte in den Zeitpunkten t_1, t_2 und t_3 darstellen. Wenn die Entfernungen bekannt sind, so kann man die beobachteten Koordinaten für diese geringen Bewegungen leicht korrigieren. Dies ändert aber die gesamten Beobachtungsdaten des Problems und macht die nochmalige Berechnung der sämtlichen Determinanten erforderlich.

Eine zweite Methode, welche in der Praxis bequemer ist, besteht in der Verbesserung der Beobachtungszeiten. Der Körper C passierte die Orte C_1, C_2 und C_3 nicht in den Zeitpunkten t_1, t_2 und t_3 selber, sondern vermindert um die Zeiten, die das Licht braucht, um von C_1, C_2 und C_3 nach E_1, E_2 und E_3 zu gelangen. Um also die Korrektionen an diesen Zeitpunkten anzubringen, muß man $E_1C_1 = \varrho_1$, $E_2C_2 = \varrho_2$, $E_3C_3 = \varrho_3$ kennen. Sind die Gleichungen (48), (46) und (44) gelöst und ϱ und ϱ' bekannt, so sind die Werte ϱ_1, ϱ_2 und ϱ_3 mit hinreichender Annäherung für den gegenwärtigen Zweck gegeben durch

$$(69)\qquad \left\{\begin{aligned} \varrho_1 &= \varrho + \varrho'\tau_1, \\ \varrho_2 &= \varrho + \varrho'\tau_2, \\ \varrho_3 &= \varrho + \varrho'\tau_3. \end{aligned}\right.$$

Bedeutet V die Lichtgeschwindigkeit, dann bestehen für die Zeitpunkte, in welchen sich C in C_1, C_2 und C_3 befand, die folgenden Ausdrücke

$$(70)\qquad \begin{cases} \tau_1 - \Delta\tau_1 = \tau_1 - \frac{\varrho_1}{V} = \tau_1 - \frac{(\varrho + \varrho'\tau_1)}{V}, \\ \tau_2 - \Delta\tau_2 = \tau_2 - \frac{\varrho_2}{V} = \tau_2 - \frac{(\varrho + \varrho'\tau_2)}{V}, \\ \tau_3 - \Delta\tau_3 = \tau_3 - \frac{\varrho_3}{V} = \tau_3 - \frac{(\varrho + \varrho'\tau_3)}{V}. \end{cases}$$

Wir betrachten jetzt die Korrektionen zu D, D_1 und D_2. In D ändert sich nur der Faktor Δ_1. In den Anwendungen werden nur die Verhältnisse von D zu D_1 und D_2 gebraucht, von denen das letztere Δ_1 als Faktor enthält. Daher besteht die einzige Änderung, die nötig ist, darin, in den Zählern der Koeffizienten der Determinanten in (67) und (68) τ_1, τ_2 und τ_3 durch $\tau_1 - \Delta\tau_1$, $\tau_2 - \Delta\tau_2$ und $\tau_3 - \Delta\tau_3$ zu ersetzen.

127. Entwicklung von x, y und z in Reihen. Um die Korrektionen zu finden, welche an λ' und λ'' anzubringen sind, um etwa die Elemente der Bahnkurve mit größerer Genauigkeit zu bestimmen, ist es notwendig, x, y, z in Reihen nach Potenzen von τ zu entwickeln. Diese Größen genügen den Differentialgleichungen

$$(71)\qquad \begin{cases} \frac{d^2x}{d\tau^2} = -\frac{x}{r^3} = -ux, \qquad \left(u = \frac{1}{r^3}\right), \\ \frac{d^2y}{d\tau^2} = -\frac{y}{r^3} = -uy, \\ \frac{d^2z}{d\tau^2} = -\frac{z}{r^3} = -uz. \end{cases}$$

In der Theorie der Differentialgleichungen wird gezeigt, daß die Lösungen von Differentialgleichungen dieses Typus als Potenzreihen von der Form

$$\begin{cases} x = x_0 + x_0'\tau + \frac{1}{2}x_0''\tau^2 + \frac{1}{6}x_0'''\tau^3 + \frac{1}{24}x_0^{\text{iv}}\tau^4 + \frac{1}{120}x_0^{\text{v}}\tau^5 + \cdots, \\ y = y_0 + y_0'\tau + \frac{1}{2}y_0''\tau^2 + \frac{1}{6}y_0'''\tau^3 + \frac{1}{24}y_0^{\text{iv}}\tau^4 + \frac{1}{120}y_0^{\text{v}}\tau^5 + \cdots, \\ z = z_0 + z_0'\tau + \frac{1}{2}z_0''\tau^2 + \frac{1}{6}z_0'''\tau^3 + \frac{1}{24}z_0^{\text{iv}}\tau^4 + \frac{1}{120}z_0^{\text{v}}\tau^5 + \cdots \end{cases}$$

darstellbar sind. Aus den Gleichungen (71) und ihren sukzessiven Ableitungen findet man

$$(72)\qquad \begin{cases} x_0'' = -u_0x_0, \\ x_0''' = -u_0'x_0 - u_0x_0', \\ x_0^{\text{iv}} = (-u_0'' + u_0^2)x_0 - 2u_0'x_0', \\ x_0^{\text{v}} = (-u_0''' + 4u_0u_0')x_0 - (3u_0'' - u_0^2)x_0'. \\ \ldots\ldots\ldots\ldots\ldots\ldots \end{cases}$$

Die Koeffizienten der Reihen für y und z ergeben sich, wenn man x_0, x_0' durch y_0, y_0' und z_0, z_0' ersetzt. Folglich ist

$$(73)\quad \begin{cases} x = f x_0 + g x_0', \\ y = f y_0 + g y_0', \\ z = f z_0 + g z_0', \\ f = 1 - \frac{1}{2} u_0 \tau^2 - \frac{1}{6} u_0' \tau^3 - \frac{1}{24}(u_0'' - u_0^2)\tau^4 + \cdots, \\ g = \tau - \frac{1}{6} u_0 \tau^3 - \frac{1}{12} u_0' \tau^4 - \frac{1}{120}(3 u_0'' - u_0^2)\tau^5 + \cdots \end{cases}$$

Um f und g in einer für den praktischen Gebrauch geeigneten Form zu haben, müssen die Ableitungen von u durch x_0, y_0, z_0, x_0', y_0' und z_0' ausgedrückt werden. Lagrange hat dies in sehr eleganter Form getan, indem er p und q durch die Beziehungen

$$(74)\quad \begin{cases} r^2 p = \frac{1}{2}\frac{d r^2}{d\tau} = x x' + y y' + z z', \\ r^2 q = \frac{1}{2}\frac{d^2 r^2}{d\tau^2} = x'^2 + y'^2 + z'^2 - r^2 u. \end{cases}$$

einführte. Hierdurch ergibt sich

$$\begin{cases} u' = -\frac{3}{r^4}\frac{dr}{d\tau} = -\frac{3}{r^4}\frac{1}{2r}\frac{dr^2}{d\tau} = -3up, \\ p' = +\frac{1}{2r^2}\frac{d^2 r^2}{d\tau^2} - \frac{1}{r^3}\frac{dr^2}{d\tau}\frac{dr}{d\tau} = q - 2p^2, \\ q' = -\frac{1}{r^3}\frac{d^2 r^2}{d\tau^2}\frac{dr}{d\tau} + \frac{1}{2r^2}\frac{d^3 r^2}{d\tau^3} = -up - 2pq. \end{cases}$$

Mit Hilfe dieser Gleichungen und ihrer sukzessiven Ableitungen lassen sich die Koeffizienten in den Reihen für f und g als Polynome in u, p und q darstellen. Dann werden die Ausdrücke für f und g

$$(75)\quad \begin{cases} f = 1 - \frac{1}{2} u_0 \tau^2 + \frac{1}{2} u_0 p_0 \tau^3 + \frac{1}{24}(3 u_0 q_0 - 15 u_0 p_0^2 + u_0^2)\tau^4 + \cdots, \\ g = \tau - \frac{1}{6} u_0 \tau^3 + \frac{1}{4} u_0 p_0 \tau^4 + \frac{1}{120}(9 u_0 q_0 - 45 u_0 p_0^2 + u_0^2)\tau^5 + \cdots \end{cases}$$

Die Ableitungen von x, y und z kann man aus den Gleichungen (73) und (75) bestimmen. Zum Beispiel

$$(76)\quad \begin{cases} x''' = f''' x_0 + g''' x_0', \\ x^{\text{iv}} = f^{\text{iv}} x_0 + g^{\text{iv}} x_0', \\ \dots\dots\dots\dots \end{cases}$$

128. Bestimmung der höheren Ableitungen von λ, μ, ν. Die Ausdrücke (31) und (32) für λ, λ' und λ'' sind nur Näherungswerte, weil c_3, c_4 ... unbekannt waren. Kennt man aber die höheren Ableitungen, so lassen sich diese Koeffizienten finden, und die Näherungswerte können alsdann verbessert werden.

Die Gleichungen (8) liefern die dritten Ableitungen

$$(77)\qquad \begin{cases} \varrho'''\lambda + 3\varrho''\lambda' + 3\varrho'\lambda'' + \varrho\lambda''' = x''' + X''', \\ \varrho'''\mu + 3\varrho''\mu' + 3\varrho'\mu'' + \varrho\mu''' = y''' + Y''', \\ \varrho'''\nu + 3\varrho''\nu' + 3\varrho'\nu'' + \varrho\nu''' = z''' + Z'''. \end{cases}$$

Auf den linken Seiten treten die vier Unbekannten ϱ''', λ''', μ''' und ν''' auf, während die ersten und zweiten Ableitungen näherungsweise durch die Gleichungen (31), (32) und (44) bestimmt sind; die Unbekannten sind jedoch nicht unabhängig, weil für λ, μ, ν und ihre Ableitungen die Beziehungen

$$\begin{cases} \lambda^2 + \mu^2 + \nu^2 = 1, \\ \lambda\lambda' + \mu\mu' + \nu\nu' = 0, \\ \lambda\lambda'' + \mu\mu'' + \nu\nu'' + \lambda'^2 + \mu'^2 + \nu'^2 = 0, \\ \lambda\lambda''' + \mu\mu''' + \nu\nu''' + 3(\lambda'\lambda'' + \mu'\mu'' + \nu'\nu'') = 0 \end{cases}$$

bestehen. Multipliziert man folglich die Gleichungen (77) mit λ, μ und ν und addiert, so ergibt sich das Resultat

$$(78)\qquad \begin{aligned} \varrho''' &= 3\varrho'(\lambda'^2 + \mu'^2 + \nu'^2) + 3\varrho(\lambda'\lambda'' + \mu'\mu'' + \nu'\nu'') \\ &\quad + (x''' + X''')\lambda + (y''' + Y''')\mu + (z''' + Z''')\nu, \end{aligned}$$

welches ϱ''' eindeutig bestimmt. Somit sind λ''', μ''' und ν''' durch (77) bestimmt, weil x''', y''', z''' durch (76) gegeben sind und X''', Y''' und Z''' sich aus der Ephemeris finden lassen.

Die Größen λ^{IV}, μ^{IV} und ν^{IV} kann man in ähnlicher Weise bestimmen, indem man die Ableitung von (77) bildet und mit Hilfe der Beziehungen zwischen λ, μ und ν reduziert.

129. Verbesserung der Werte von x, y, z, x', y', z'. Nachdem D, D_1 und D_2 aus (65), (66), (67) und (68) gefunden worden sind, kann man Gleichung (48) lösen und sodann x, y, z und ihre ersten Ableitungen aus (8) und deren ersten Ableitungen (8) bestimmen. Diese Resultate sind jedoch nur angenäherte wegen der Fehler, denen λ, μ, ν, λ', μ' und ν' unterliegen, und die Aufgabe ist, diese Fehler nach Bestimmung von λ''', μ''', ... zu verbessern.

Aus der ersten Gleichung (28) folgt

$$c_3 = \tfrac{1}{6}\lambda''', \quad c_4 = \tfrac{1}{24}\lambda^{iv}, \quad \cdots$$

Somit werden die Gleichungen (35)

$$\left\{\begin{aligned} \Delta c_0 &= -\tfrac{1}{6}\lambda'''\tau_1\tau_2\tau_3 - \tfrac{1}{24}\lambda^{\text{iv}}\tau_1\tau_2\tau_3(\tau_1+\tau_2+\tau_3)+\cdots,\\ \Delta c_1 &= +\tfrac{1}{6}\lambda'''(\tau_1\tau_2+\tau_2\tau_3+\tau_3\tau_1)\\ &\qquad + \tfrac{1}{24}\lambda^{\text{iv}}(\tau_1+\tau_2)(\tau_2+\tau_3)(\tau_3+\tau_1)+\cdots,\\ \Delta c_2 &= -\tfrac{1}{6}\lambda'''(\tau_1+\tau_2+\tau_3)\\ &\qquad - \tfrac{1}{24}\lambda^{\text{iv}}(\tau_1^2+\tau_2^2+\tau_3^2+\tau_1\tau_2+\tau_2\tau_3+\tau_3\tau_1)+\cdots, \end{aligned}\right.$$

und λ erhält den Ausdruck

$$(79)\quad \lambda = c_0 + \Delta c_0 + (c_1+\Delta c_1)\tau + (c_2+\Delta c_2)\tau^2 + \tfrac{1}{6}\lambda'''\tau^3 + \tfrac{1}{24}\lambda^{\text{iv}}\tau^4 + \cdots,$$

wo c_0, c_1, und c_2 die Näherungswerte für die Koeffizienten der Reihen sind, welche man aus (31) und (32) durch Nullsetzen von τ erhält. Entsprechende Gleichungen folgen für μ und ν. Mit diesen verbesserten Werten von $\lambda, \lambda', \lambda''$ ... berechnet man die Determinanten D, D_1 und D_2 aus (45), φ aus (48), ϱ und ϱ' aus (44) und x, y, z, x', y', z' aus (8) und den ersten Ableitungen (8). Sodann kann man noch höhere Ableitungen von λ, μ, ν berechnen und λ, λ' und λ'' weiter verbessern, oder man kann die Elemente aus x, y, z, x', y', z' nach den Methoden des Kapitels V bestimmen.

Zwei Haupteinwände bestehen gegen die Methode von Laplace. Der eine betrifft die Notwendigkeit, auf jeder Näherungsstufe die sämtlichen Determinanten und Hilfsgrößen zu bestimmen, was jedesmal einen sehr beträchtlichen Arbeitsaufwand kostet. Der andere bezieht sich darauf, daß die Methode von der Bewegung des Beobachters abhängig ist und zwar auf Grund der Gleichungen, mit deren Hilfe X'', Y'', Z'' aus (9) eliminiert werden. Die wirklich fundamentalen Voraussetzungen des Problems sind offenbar die, daß C von bestimmten bekannten Orten aus beobachtet wird, und daß sich C um die Sonne nach dem Gravitationsgesetz bewegt.

130. Die Verbesserung der Methode durch Harzer und Leuschner. Die Methode von Laplace zur Bahnbestimmung hat in der Praxis nicht sehr befriedigt. Der Grund hierfür scheint zu sein, daß die Bedingungen, daß die erste und dritte Beobachtung exakt erfüllt werden, nicht direkt gestellt sind, wie z. B. in der Methode von Gauß. Um diesen Mangel zu beseitigen, machte Harzer[1]) den Vorschlag, nach Auffindung der Näherungswerte, x, y, z, x', y', z' durch differentielle Korrektionen so zu bestimmen, daß die drei Beobachtungen exakt erfüllt sind. Wenn mehr als drei Beobachtungen vorliegen, so kann man sie im allgemeinen

1) *Astronomische Nachrichten*, Nr. 3371—2 (1896).

nicht exakt befriedigen und macht die Berichtigungen nach der Methode der kleinsten Quadrate.

Es wird hier genügen, wenn wir die Methode zur Bestimmung der differentiellen Korrektionen skizzieren. Die Rektaszensionen und Deklinationen für den Zeitpunkt t_0 sind durch die Koordinaten und Geschwindigkeitskomponenten in der folgenden Weise ausgedrückt

$$\begin{cases} \varrho\lambda = f x_0 + g x_0' + X, \\ \varrho\mu = f y_0 + g y_0' + Y, \\ \varrho\nu = f z_0 + g z_0' + Z. \end{cases}$$

Diese Beziehung erhält man durch Substitution der Ausdrücke (73) in die Gleichungen (8). Die Rektaszensionen und Deklinationen gehen durch λ, μ und ν aus den Gleichungen (6) in die Beziehungen ein. Das Resultat deuten wir an durch

$$\begin{cases} \alpha = F(x_0, y_0, z_0, x_0', y_0', z_0'), \\ \delta = G(x_0, y_0, z_0, x_0', y_0', z_0'). \end{cases}$$

Aus diesen Gleichungen lassen sich die Variationen von α und δ, welche die bekannten Differenzen zwischen dem beobachteten und den angenäherten Werten der Theorie darstellen, durch die Variationen von $x_0, \ldots z_0'$ ausdrücken, welche gesucht werden. Man erhält

$$\begin{cases} \Delta\alpha = \frac{\partial F}{\partial x_0}\Delta x_0 + \frac{\partial F}{\partial y_0}\Delta y_0 + \frac{\partial F}{\partial z_0}\Delta z_0 + \frac{\partial F}{\partial x_0'}\Delta x_0' + \frac{\partial F}{\partial y_0'}\Delta y_0' + \frac{\partial F}{\partial z_0'}\Delta z_0', \\ \Delta\delta = \frac{\partial G}{\partial x_0}\Delta x_0 + \frac{\partial G}{\partial y_0}\Delta y_0 + \frac{\partial G}{\partial z_0}\Delta z_0 + \frac{\partial G}{\partial x_0'}\Delta x_0' + \frac{\partial G}{\partial y_0'}\Delta y_0' + \frac{\partial G}{\partial z_0'}\Delta z_0'. \end{cases}$$

Bei der Bildung der partiellen Ableitungen ist zu beachten, daß $x_0 \ldots z_0'$ sowohl durch f und g wie auch explizite eingehen. Wenn man diese Gleichungen für drei Beobachtungen hinschreibt, so werden sie gerade gleich der Anzahl der willkürlichen Größen, nämlich $\Delta x_0, \ldots, \Delta z_0'$ und bestimmen diese Größen daher eindeutig, falls die Determinante ihrer Koeffizienten von null verschieden ist. Die Bedingungen für das Verschwinden dieser Determinante wurden nicht untersucht. Im Falle von mehr als drei Beobachtungen überschreitet die Anzahl der Gleichungen die der willkürlichen Größen, und man wendet die Methode der kleinsten Quadrate an.

Wenn man den Zeitpunkt der zweiten Beobachtung zum Anfangspunkt der Zeit nimmt, und nur drei Beobachtungen vorliegen, so reduziert sich die Anzahl der Bedingungsgleichungen auf vier, welche im allgemeinen durch passende Bestimmung von $\Delta\varrho_0$, $\Delta x_0'$, $\Delta y_0'$ und $\Delta z_0'$

befriedigt werden können. Hierin besteht das Verfahren von Leuschner[1]) zur Abkürzung der Methode von Harzer. In ihrer vereinfachten Form hat sich die Methode als sehr bequem in der Praxis erwiesen und zu hoch befriedigenden Resultaten geführt.

II. Die Gaußsche Methode der Bahnbestimmung.

131. Die Gleichung für ϱ_2. Die Gleichungen (19) sind grundlegend für die Methode von Gauß. Führt man die geozentrischen Koordinaten durch die Gleichungen (8) ein, so werden die Gleichungen (19)

$$(80)\quad \begin{cases} [2,3]\,\varrho_1\lambda_1 - [1,3]\,\varrho_2\lambda_2 + [1,2]\,\varrho_3\lambda_3 \\ \qquad = [2,3]\,X_1 - [1,3]\,X_2 + [1,2]\,X_3, \\ [2,3]\,\varrho_1\mu_1 - [1,3]\,\varrho_2\mu_2 + [1,2]\,\varrho_3\mu_3 \\ \qquad = [2,3]\,Y_1 - [1,3]\,Y_2 + [1,2]\,Y_3, \\ [2,3]\,\varrho_1\nu_1 - [1,3]\,\varrho_2\nu_2 + [1,2]\,\varrho_3\nu_3 \\ \qquad = [2,3]\,Z_1 - [1,3]\,Z_2 + [1,2]\,Z_3. \end{cases}$$

Die Ausdrücke auf der linken Seite sind in den drei Unbekannten ϱ_1, ϱ_2 und ϱ_3 linear. Die Lösung ϱ_2 der Gleichung (80) ist

$$(81)\quad \begin{cases} \varrho_2 = \dfrac{D}{\Delta}, \\ \Delta = -[2,3][1,3][1,2] \begin{vmatrix} \lambda_1, & \lambda_2, & \lambda_3 \\ \mu_1, & \mu_2, & \mu_3 \\ \nu_1, & \nu_2, & \nu_3 \end{vmatrix} = -[2,3][1,3][1,2]\,\Delta_2, \\ D = [2,3][1,2] \begin{vmatrix} \lambda_1, & [2,3]X_1 - [1,3]X_2 + [1,2]X_3, & \lambda_3 \\ \mu_1, & [2,3]Y_1 - [1,3]Y_2 + [1,2]Y_3, & \mu_3 \\ \nu_1, & [2,3]Z_1 - [1,3]Z_2 + [1,2]Z_3, & \nu_3 \end{vmatrix}. \end{cases}$$

Die Determinante D ist die Summe der drei Determinanten

$$(82)\quad \begin{cases} D = [2,3]^2[1,2]D^{(1)} - [2,3][1,3][1,2]D^{(2)} + [2,3][1,2]^2D^{(3)}, \\ D^{(1)} = \begin{vmatrix} \lambda_1, & X_1, & \lambda_3 \\ \mu_1, & Y_1, & \mu_3 \\ \nu_1, & Z_1, & \nu_3 \end{vmatrix}, \quad D^{(2)} = \begin{vmatrix} \lambda_1, & X_2, & \lambda_3 \\ \mu_1, & Y_2, & \mu_3 \\ \nu_1, & Z_2, & \nu_3 \end{vmatrix}, \\ D^{(3)} = \begin{vmatrix} \lambda_1, & X_3, & \lambda_3 \\ \mu_1, & Y_3, & \mu_3 \\ \nu_1, & Z_3, & \nu_3 \end{vmatrix}. \end{cases}$$

1) Veröffentlichungen des Lick Observatorium vol. VII, Part I (1902).

Folglich wird die erste Gleichung (81)

$$\Delta_2 \varrho_2 = -\frac{[2,3]}{[1,3]} D^{(1)} + D^{(2)} - \frac{[1,2]}{[1,3]} D^{(3)}. \tag{83}$$

Nimmt man t_2 als Zeitanfang, so folgt aus den Gleichungen (73)

$$\left\{\begin{array}{lll} x_1 = f_1 x_2 + g_1 x_2', & y_1 = f_1 y_2 + g_1 y_2', & z_1 = f_1 z_2 + g_1 z_2', \\ x_3 = f_3 x_2 + g_3 x_2', & y_3 = f_3 y_2 + g_3 y_2', & z_3 = f_3 z_2 + g_3 z_2'. \end{array}\right.$$

Die Ausdrücke für die Quotienten der Dreiecksinhalte werden dann

$$\left\{\begin{array}{l} \dfrac{[2,3]}{[1,3]} = \dfrac{x_2 y_3 - x_3 y_2}{x_1 y_3 - x_3 y_1} = \dfrac{+g_3}{f_1 g_3 - f_3 g_1}, \\ \dfrac{[1,2]}{[1,3]} = \dfrac{x_1 y_2 - x_2 y_1}{x_1 y_3 - x_3 y_1} = \dfrac{-g_1}{f_1 g_3 - f_3 g_1}. \end{array}\right. \tag{84}$$

Die Zähler und Nenner der Ausdrücke auf der rechten Seite lassen sich nach (75) in Reihen nach Potenzen τ_1 und τ_3 entwickeln. Um (83) zu vereinfachen, setzt man bequem

$$\left\{\begin{array}{l} k(t_3 - t_1) = \tau_3 - \tau_1 = 2\tau, \\ \tau_1 = -\tau + \varepsilon, \quad \tau_3 = +\tau + \varepsilon, \end{array}\right. \tag{85}$$

wo ε im allgemeinen klein im Vergleich zu τ ist und von der Ordnung von τ^2 angenommen werden soll. Alsdann werden die Ausdrücke für die Quotienten der Dreiecksinhalte

$$\left\{\begin{array}{l} \dfrac{[2,3]}{[1,3]} = \dfrac{+g_3}{f_1 g_3 - f_3 g_1} = \dfrac{1}{2} + \dfrac{\varepsilon}{2\tau} + \dfrac{1}{4} u \tau^2 P + \dfrac{\tau\varepsilon}{12} u Q, \\ \dfrac{[1,2]}{[1,3]} = \dfrac{-g_1}{f_1 g_3 - f_3 g_1} = \dfrac{1}{2} - \dfrac{\varepsilon}{2\tau} + \dfrac{1}{4} u \tau^2 P - \dfrac{\tau\varepsilon}{12} u Q, \\ P = 1 - \dfrac{\varepsilon^2}{\tau^2} - 2p\varepsilon + \dfrac{5}{12} u \tau^2 - \dfrac{1}{4}(q - 5p^2)\tau^2 \cdots, \\ Q = 1 + \dfrac{3}{2} p \dfrac{\tau^2}{\varepsilon} \cdots, \end{array}\right. \tag{86}$$

wo alle Glieder bis zur fünften Ordnung angegeben sind. Die Größe u ist durch $u = \frac{1}{r_2^3}$, p und q sind durch (74) definiert.

Macht man von den Gleichungen (86) Gebrauch, so wird Gleichung (83)

$$\Delta_2 \varrho_2 = K + \frac{\varepsilon}{2\tau} K_2 + \frac{\tau^2}{4 r_2^3} P K_1 + \frac{\tau\varepsilon}{12 r_2^3} Q K_2, \tag{87}$$

wo
$$K=-\frac{1}{2}\begin{vmatrix}\lambda_1, & X_1, & \lambda_3\\ \mu_1, & Y_1, & \mu_3\\ \nu_1, & Z_1, & \nu_3\end{vmatrix}+\begin{vmatrix}\lambda_1, & X_2, & \lambda_3\\ \mu_1, & Y_2, & \mu_3\\ \nu_1, & Z_2, & \nu_3\end{vmatrix}-\frac{1}{2}\begin{vmatrix}\lambda_1, & X_3, & \lambda_3\\ \mu_1, & Y_3, & \mu_3\\ \nu_1, & Z_3, & \nu_3\end{vmatrix},$$

$$K_1=-\begin{vmatrix}\lambda_1, & X_1, & \lambda_3\\ \mu_1, & Y_1, & \mu_3\\ \nu_1, & Z_1, & \nu_3\end{vmatrix}-\begin{vmatrix}\lambda_1, & X_3, & \lambda_3\\ \mu_1, & Y_3, & \mu_3\\ \nu_1, & Z_3, & \nu_3\end{vmatrix},$$

$$K_2=-\begin{vmatrix}\lambda_1, & X_1, & \lambda_3\\ \mu_1, & Y_1, & \mu_3\\ \nu_1, & Z_1, & \nu_3\end{vmatrix}+\begin{vmatrix}\lambda_1, & X_3, & \lambda_3\\ \mu_1, & Y_3, & \mu_3\\ \nu_1, & Z_3, & \nu_3\end{vmatrix}.$$

Addition der Determinanten auf der rechten Seite ergibt die einfacheren Ausdrücke

$$(88)\quad\left\{\begin{aligned}K&=-\frac{1}{2}\begin{vmatrix}\lambda_1, & X_1+X_3-2X_2, & \lambda_3-\lambda_1\\ \mu_1, & Y_1+Y_3-2Y_2, & \mu_3-\mu_1\\ \nu_1, & Z_1+Z_3-2Z_2, & \nu_3-\nu_1\end{vmatrix},\\ K_1&=-\begin{vmatrix}\lambda_1, & X_1+X_3, & \lambda_3-\lambda_1\\ \mu_1, & Y_1+Y_3, & \mu_3-\mu_1\\ \nu_1, & Z_1+Z_3, & \nu_3-\nu_1\end{vmatrix},\\ K_2&=+\begin{vmatrix}\lambda_1, & X_3-X_1, & \lambda_3-\lambda_1\\ \mu_1, & Y_3-Y_1, & \mu_3-\mu_1\\ \nu_1, & Z_3-Z_1, & \nu_3-\nu_1\end{vmatrix}.\end{aligned}\right.$$

In Gleichung (87) enthält die Determinante Δ_2 nach (66) die Größen a_i und δ_i, welche in der Methode von Laplace auftreten. Sie kann bei geeigneter Kombination der Kolumnen auch in der Form

$$\Delta_2=\begin{vmatrix}\lambda_1, & \lambda_2, & \lambda_3\\ \mu_1, & \mu_2, & \mu_3\\ \nu_1, & \nu_2, & \nu_3\end{vmatrix}=-\frac{1}{2}\begin{vmatrix}\lambda_1, & \lambda_1+\lambda_3-2\lambda_2, & \lambda_3-\lambda_1\\ \mu_1, & \mu_1+\mu_3-2\mu_2, & \mu_3-\mu_1\\ \nu_1, & \nu_1+\nu_3-2\nu_2, & \nu_3-\nu_1\end{vmatrix}$$

geschrieben werden. Wenn man λ_i, μ_i, ν_i durch ihre Reihenausdrücke (28) ersetzt, und dabei $\tau_2 = 0$ annimmt, so wird die zweite Kolumne von der zweiten Ordnung und die dritte Kolumne von der ersten Ordnung in den Zeitintervallen. Folglich ist Δ_2 von der dritten Ordnung.

Da also der Ausdruck auf der linken Seite von (87) von der dritten Ordnung ist, so muß dasselbe auch von dem Ausdruck auf der ersten Seite gelten. In der Determinante der ersten Gleichung (88) ist die zweite Kolumne von der zweiten Ordnung und die dritte Kolumne von der ersten Ordnung. Daher ist K selber von der dritten Ordnung. Die Determinante K_1 ist von der ersten Ordnung und K_2 von der zweiten Ordnung. K_1 ist mit τ^2, einer Größe von der zweiten Ordnung, und

K_2 mit $\tau\varepsilon$, einer Größe von der dritten Ordnung multipliziert. Für vorläufige Bestimmung einer Bahnkurve kann man die Glieder höherer Ordnung unterdrücken, dann wird (87)

$$\Delta_2 \varrho_2 = K + \frac{\tau^2 K_1}{4 r_2^3}.$$

Diese Gleichung ist von derselben Form wie die erste von (44) und enthält die beiden Unbekannten ϱ_2 und r_2. Mittels (46) sind ϱ_2 und r_2 durch die einzige Unbekannte φ mit dem Index 2 ausdrückbar. Die entstehende Gleichung hat genau dieselbe Form wie (48) und ihre Lösung liefert angenäherte Werte von ϱ_2 und r_2.

132. Die Gleichungen für ϱ_1 und ϱ_3. Die Gleichungen (80) sind in ϱ_1 und ϱ_3 linear; diese Größen lassen sich aus irgend zwei von den drei Gleichungen (80) bestimmen. In der Praxis benutzt man die beiden Gleichungen (80), für welche die Determinante der Koeffizienten von ϱ_1 und ϱ_3 den größten Wert besitzt, denn diese liefern die beste Bestimmung von ϱ_1 und ϱ_3.

Die ersten beiden Gleichungen (80) besitzen, wenn man sie zuerst in Determinantenform und alsdann als eine Summe von Determinanten darstellt, für ϱ_1 und ϱ_3 die Lösungen

$$(89)\quad \left\{\begin{aligned} \begin{vmatrix}\lambda_1, & \lambda_3\\ \mu_1, & \mu_3\end{vmatrix}\varrho_1 &= \begin{vmatrix}X_1, & \lambda_3\\ Y_1, & \mu_3\end{vmatrix} - \frac{[1,3]}{[2,3]}\begin{vmatrix}X_2, & \lambda_3\\ Y_2, & \mu_3\end{vmatrix}\\ &\quad + \frac{[1,2]}{[2,3]}\begin{vmatrix}X_3, & \lambda_3\\ Y_3, & \mu_3\end{vmatrix} + \varrho_2\frac{[1,3]}{[2,3]}\begin{vmatrix}\lambda_2, & \lambda_3\\ \mu_2, & \mu_3\end{vmatrix},\\ \begin{vmatrix}\lambda_1, & \lambda_3\\ \mu_1, & \mu_3\end{vmatrix}\varrho_1 &= \frac{[2,3]}{[1,2]}\begin{vmatrix}\lambda_1, & X_1\\ \mu_1, & Y_1\end{vmatrix} - \frac{[1,3]}{[1,2]}\begin{vmatrix}\lambda_1, & X_2\\ \mu_1, & Y_2\end{vmatrix}\\ &\quad + \begin{vmatrix}\lambda_1, & X_3\\ \mu_1, & Y_3\end{vmatrix} + \varrho_2\frac{[1,3]}{[1,2]}\begin{vmatrix}\lambda_1, & \lambda_2\\ \mu_1, & \mu_2\end{vmatrix}.\end{aligned}\right.$$

Aus dieser gehen die Lösungen der ersten und dritten Gleichung (80) hervor, wenn man μ_1 durch ν_i und Y_i durch Z_i ersetzt; die Lösungen der zweiten und dritten Gleichung (80), wenn man λ_j, μ_i, X_i und Y_i durch μ_i, ν_i, Y_i und Z_i ersetzt.

Nach Berechnung von ϱ_1, ϱ_2 und ϱ_3 kann die Verbesserung der Zeit für die Zeitaberration bestimmt werden. Die Methode wurde in § 126 auseinandergesetzt.

133. Verbesserung der Lösung. Die bisherigen Resultate sind nur angenäherte, weil nur das erste Glied von P berücksichtigt wurde, während das Glied mit Q ganz vernachlässigt wurde. Nach Bestimmung einer annähernden Lösung ist ihre Verbesserung jedoch leicht. Die Werte von ϱ_1, ϱ_2 und ϱ_3 sind bekannt, und die entsprechenden Werte von r lassen sich für jede der drei Epochen aus

$$r^2 = \varrho^2 + R^2 - 2\varrho R \cos\psi$$

finden. Diese Gleichung besagt, daß S, E und C Dreiecke für die drei Beobachtungszeiten bestimmen. Nachdem r_1, r_2 und r_3 gefunden wurden, lassen sich die erste und zweite Ableitung von r für $t = t_2$ nach der Methode von § 113 bestimmen. Dann bestimmen die Gleichungen (74) p und q, und man kann so für P und Q weitere Näherungen erhalten.

134. Die Methode von Gauß zur Bestimmung der Quotienten der Dreiecksinhalte. Gleichung (83), welche für die Bestimmung von ϱ_2 und r_2 grundlegend ist, enthält zwei Quotienten von Dreiecksinhalten. Wie aus (86) folgt, lassen sie sich in der Form

$$(90) \qquad \left\{ \begin{aligned} \frac{[2,3]}{[1,3]} &= \frac{1}{2} + \frac{\varepsilon}{2\tau} + \frac{P_1}{r_2^3}, \\ \frac{[1,2]}{[1,3]} &= \frac{1}{2} - \frac{\varepsilon}{2\tau} + \frac{P_2}{r_2^3} \end{aligned} \right.$$

schreiben. Wenn also die beiden Quotienten bekannt sind, lassen sich P_1 und P_2 aus diesen Gleichungen finden. Eine von den wichtigen Erfordernissen der Methode von Gauß ist ein bequemes Verfahren zur Bestimmung der Quotienten von Dreiecksinhalten. Um diese Methode anzuwenden, hat man Neigung und Knoten der Bahnkurve und das Argument der Breite für die Beobachtungszeiten zu bestimmen.

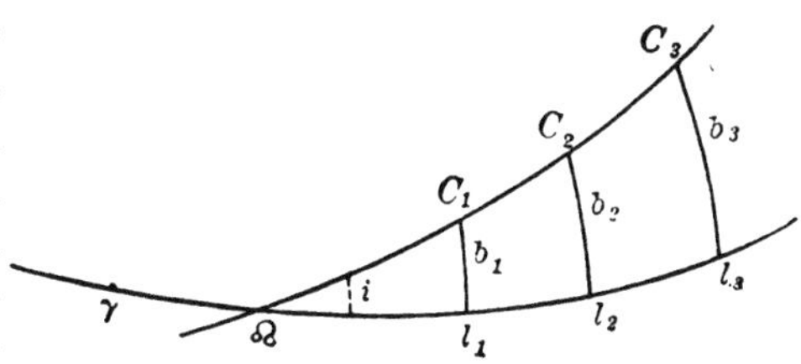

Fig. 37.

Da die geozentrischen Koordinaten alle nach Bestimmung von ϱ_1, ϱ_2, ϱ_3 bekannt sind, lassen sich die heliozentrischen Koordinaten berechnen. Es sollen die ekliptischen Koordinaten benutzt und die Längen und Breiten, wie die Entfernungen für t_1, t_2 und t_3 als bekannt angenommen werden. Die Neigung ist kleiner oder größer als 90°, je nachdem C_3 größer oder kleiner als l_1 ist. Dann ergeben sich aus den sphärischen Dreiecken C_1 ☊ l_1 und C_3 ☊ l_3 die Beziehungen

$$\left\{ \begin{aligned} \operatorname{tg} i \sin(l_1 - \text{☊}) &= \operatorname{tg} b_1, \\ \operatorname{tg} i \sin(l_3 - \text{☊}) &= \operatorname{tg} b_3. \end{aligned} \right.$$

Nun ist $$l_3 - \text{☊} = (l_3 - l_1) + (l_1 - \text{☊});$$

folglich werden diese Gleichungen

$$(91)\quad \begin{cases} \operatorname{tg} i \sin(l_1 - \Omega) = \operatorname{tg} b_1, \\ \operatorname{tg} i \cos(l_1 - \Omega) = \dfrac{\operatorname{tg} b_3 - \operatorname{tg} b_1 \cos(l_3 - l_1)}{\sin(l_3 - l_1)}, \end{cases}$$

hieraus lassen sich i und Ω eindeutig bestimmen, da der Quadrant von i bereits aus dem Vorzeichen von $l_3 - l_1$ folgt.

Die Länge von C, vom Knoten an gerechnet, heißt das Argument der Breite. Aus Figur 37 folgen die Beziehungen

$$(92)\quad \begin{cases} \cos(l_j - \Omega)\cos b_j = \cos u_j, & (j = 1, 2, 3), \\ \sin(l_j - \Omega)\cos b_j = \sin u_j \cos i, \\ \sin b_j = \sin u_j \sin i, \end{cases}$$

welche u_1, u_2 und u_3 eindeutig definieren.

Es bedeute A den Inhalt des Sektors zwischen den Radien r_1 und r_2 und der Bahnkurve. Dann besteht für den Quotienten aus der Sektorfläche und der Fläche des Dreiecks zwischen r_1 und r_2 der Ausdruck

$$(93)\quad \eta = \frac{A}{[r_1, r_2]} = \frac{k\sqrt{p}\,(t_2 - t_1)}{r_1 r_2 \sin(u_2 - u_1)},$$

wo jetzt p den Parameter des Kegelschnitts darstellt. Sind die entsprechenden Quotienten für $t_3 - t_1$ und $t_3 - t_2$ gefunden, so sind die Quotienten der Dreiecksinhalte bekannt. Von der Bestimmung dieser Quotienten hängt die Methode von Gauß ab. Jede von diesen Größen ist durch zwei simultane Gleichungen mit zwei Unbekannten definiert.

135. Die erste Gleichung von Gauß. Die Polargleichung des Kegelschnitts liefert

$$\begin{cases} \dfrac{p}{r_1} = 1 + e\cos v_1, \\ \dfrac{p}{r_2} = 1 + e\cos v_2; \end{cases}$$

woraus

$$(94)\quad \begin{aligned} p\,\frac{r_1 + r_2}{r_1 r_2} &= 2 + e(\cos v_1 + \cos v_2) \\ &= 2 + 2e\cos\left(\frac{v_2 + v_1}{2}\right)\cos\left(\frac{v_1 - v_1}{2}\right). \end{aligned}$$

Da $v_2 - v_1 = u_2 - u_1$ bekannt ist, so ist die einzige Unbekannte in dem Ausdruck auf der rechten Seite dieser Gleichung $e\cos\left(\frac{v_2 + v_1}{2}\right)$, welche wir jetzt eliminieren wollen. Aus den Gleichungen § 98 folgt

(95)
$$\begin{cases} \sqrt{r_1}\cos\frac{v_1}{2} = \sqrt{a(1-e)}\cos\frac{E_1}{2}, \\ \sqrt{r_1}\sin\frac{v_1}{2} = \sqrt{a(1+e)}\sin\frac{E_1}{2}, \\ \sqrt{r_2}\cos\frac{v_2}{2} = \sqrt{a(1-e)}\cos\frac{E_2}{2}, \\ \sqrt{r_2}\sin\frac{v_2}{2} = \sqrt{a(1+e)}\sin\frac{E_2}{2}. \end{cases}$$

Aus diesen Gleichungen findet man

$$\begin{cases} \sqrt{r_1 r_2}\cos\left(\frac{v_2-v_1}{2}\right) = a\cos\left(\frac{E_2-E_1}{2}\right) - ae\cos\left(\frac{E_2+E_1}{2}\right), \\ \sqrt{r_1 r_2}\cos\left(\frac{v_2+v_1}{2}\right) = a\cos\left(\frac{E_2+E_1}{2}\right) - ae\cos\left(\frac{E_2-E_1}{2}\right). \end{cases}$$

Elimination von $e\cos\left(\frac{E_2+E_1}{2}\right)$ und Auflösung nach $e\cos\left(\frac{v_2+v_1}{2}\right)$ ergeben

$$e\cos\left(\frac{v_2+v_1}{2}\right) = \frac{p}{\sqrt{r_1 r_2}}\cos\left(\frac{E_2-E_1}{2}\right) - \cos\left(\frac{v_2-v_1}{2}\right).$$

Folglich reduziert sich (94) auf

$$p = \frac{2 r_1 r_2 \sin^2\left(\frac{v_2-v_1}{2}\right)}{r_1 + r_2 - 2\sqrt{r_1 r_2}\cos\left(\frac{v_2-v_1}{2}\right)\cos\left(\frac{E_2-E_1}{2}\right)}.$$

Durch Elimination von p aus dieser Gleichung und (93) erhält man

(96)
$$\eta^2 = \frac{k^2 (t_2-t_1)^2 \sec^2\left(\frac{v_2-v_1}{2}\right)}{2 r_1 r_2 \left\{ r_1 + r_2 - 2\sqrt{r_1 r_2}\cos\left(\frac{v_2-v_1}{2}\right)\cos\left(\frac{E_2-E_1}{2}\right)\right\}}.$$

Zur Vereinfachung setzen wir

(97)
$$\begin{cases} v_2 - v_1 = u_2 - u_1 = 2f, \\ E_2 - E_1 = 2g, \\ m = \frac{k(t_2-t_1)}{(2\sqrt{r_1 r_2}\cos f)^{\frac{3}{2}}}, \\ l = \frac{r_1 + r_2}{4\sqrt{r_1 r_2}\cos f} - \frac{1}{2}. \end{cases}$$

Alsdann reduziert sich der Ausdruck für η^2 auf

(98)
$$\eta^2 = \frac{m^2}{l + \sin^2\frac{g}{2}},$$

wo η und g unbekannt sind. Dies ist die erste Gleichung der Methode von Gauß.

136. Die zweite Gleichung von Gauß. Wir stellen jetzt eine von (98) unabhängige Gleichung auf, die η und g enthält. Wir wollen sie von der Keplerschen Gleichung ableiten, so ihre Unabhängigkeit von Gleichung (98) sichernd, welche ohne Bezugnahme auf die Keplersche Gleichung abgeleitet wurde. Zunächst bestehen die Gleichungen

$$\left\{\begin{aligned} M_1 &= \frac{k(t_1 - T)}{a^{\frac{3}{2}}} = E_1 - e\sin E_1,\\ M_2 &= \frac{k(t_2 - T)}{a^{\frac{3}{2}}} = E_2 - e\sin E_2; \end{aligned}\right.$$

woraus
$$\frac{k(t_2 - t_1)}{a^{\frac{3}{2}}} = 2g - 2e\sin g\cos\left(\frac{E_2 + E_1}{2}\right).$$

Die Größen a und $e\cos\left(\frac{E_2+E_1}{2}\right)$ müssen eliminiert werden, um diese Gleichung auf den verlangten Typ zu reduzieren. Macht man von der ersten Gleichung Gebrauch, die auf (95) folgt, so findet man

$$\frac{k(t_2 - t_1)}{a^{\frac{3}{2}}} = 2g - \sin 2g + \frac{\sqrt{r_1 r_2}}{a}\sin g\cos f. \tag{99}$$

Es bleibt noch a zu eliminieren. Nach § 98 ist

$$\left\{\begin{aligned} \frac{r_1}{a} &= 1 - e\cos E_1,\\ \frac{r_2}{a} &= 1 - e\cos E_2; \end{aligned}\right.$$

woraus
$$\frac{r_1 + r_2}{a} = 2 - 2e\cos g\cos\left(\frac{E_2 + E_1}{2}\right).$$

Eliminiert man $e\cos\left(\frac{E_2+E_1}{2}\right)$ mit Hilfe der ersten Gleichung, die auf (95) folgt, so wird diese Gleichung

$$\frac{1}{a} = \frac{2\sin^2 g}{r_1 + r_2 - 2\sqrt{r_1 r_2}\cos g\cos f}.$$

Mit Rücksicht auf den Ausdruck für η^2 folgt hieraus

$$\frac{1}{a} = \left(\frac{2\eta\sin g\cos f}{k(t_2 - t_1)}\right)^2 r_1 r_2. \tag{100}$$

Elimination von a aus (99) und (100) ergibt

$$\frac{\eta^3}{m^2} - \frac{\eta^2}{m^2} = \frac{2g - \sin 2g}{\sin^3 g}, \tag{101}$$

womit wir die zweite Gleichung in η und g gewonnen haben. Ähnliche Gleichungen folgen für die Zeitabstände $t_3 - t_1$ und $t_3 - t_2$.

137. Lösung von (98) und (101). Aus der Definition von η folgt, daß η positiv ist, wenn die heliozentrische Bewegung in der Bahnkurve für das Intervall $t_2 - t_1$ kleiner als 180^0 ist. Wir nehmen im folgenden an, daß die Beobachtungen so nahe zusammenliegen, daß diese Bedingung erfüllt ist.

Es sei

(102)
$$\left\{\begin{aligned} \sin^2\frac{g}{2} &= x,\\ \frac{2g-\sin 2g}{\sin^3 g} &= X. \end{aligned}\right.$$

Eliminiert man η aus (98) und (101), so findet man mit Rücksicht auf (102)

(103)
$$m = (l + x)^{\frac{1}{2}} + X\,(l + x)^{\frac{3}{2}}.$$

Die Größe X muß jetzt durch x ausgedrückt werden, damit (103) diese Größe als einzige Unbekannte enthält. Dies wird erreicht, indem man zunächst X durch g und sodann g durch x ausdrückt. Benutzt man die bekannten Entwicklungen

$$\left\{\begin{aligned} \sin 2g &= 2g - \tfrac{4}{3}g^3 + \tfrac{4}{15}g^5 - \tfrac{8}{315}g^7 + \tfrac{8}{5670}g^9 - \cdots,\\ \sin^3 g &= g^3 - \tfrac{1}{2}g^5 + \tfrac{13}{120}g^7 - \tfrac{41}{3024}g^9 + \cdots; \end{aligned}\right.$$

so ergibt sich

(104)
$$\begin{aligned} X &= \frac{\tfrac{4}{3} - \tfrac{4}{15}g^2 + \tfrac{8}{315}g^4 - \tfrac{8}{5670}g^6 + \cdots}{1 - \tfrac{1}{2}g^2 + \tfrac{13}{120}g^4 - \tfrac{41}{3024}g^6 + \cdots}\\ &= \tfrac{4}{3}\left(1 + \tfrac{3}{10}g^2 + \tfrac{17}{280}g^4 + \tfrac{29}{2800}g^6 + \cdots\right). \end{aligned}$$

Aus der ersten Gleichung (102) folgt

$$\left\{\begin{aligned} g &= 2\arcsin\left(x^{\frac{1}{2}}\right) = 2x^{\frac{1}{2}} + \tfrac{1}{3}x^{\frac{3}{2}} + \tfrac{3}{20}x^{\frac{5}{2}} + \tfrac{5}{56}x^{\frac{7}{2}} + \cdots,\\ g^2 &= 4x + \tfrac{4}{3}x^2 + \tfrac{32}{45}x^3 + \tfrac{16}{35}x^4 + \cdots,\\ g^4 &= 16x^2 + \tfrac{32}{3}x^3 + \tfrac{112}{15}x^4 + \cdots,\\ g^6 &= 64x^3 + 64x^4 + \cdots \end{aligned}\right.$$

Somit wird (104)

$$X = \frac{4}{3}\left[1 + \frac{6}{5}x + \frac{6\cdot 8}{5\cdot 7}x^2 + \frac{6\cdot 8\cdot 10}{5\cdot 7\cdot 9}x^3 + \cdots\right],$$

oder
$$\begin{aligned} X &= \frac{1}{\frac{3}{4}\left[1 + \frac{6}{5}x + \frac{6\cdot 8}{5\cdot 7}x^2 + \frac{6\cdot 8\cdot 10}{5\cdot 7\cdot 9}x^3 + \cdots\right]^{-1}}\\ &= \frac{1}{\frac{3}{4} - \frac{9}{10}\left[x - \frac{2}{35}x^2 - \frac{52}{1575}x^3 + \cdots\right]}. \end{aligned}$$

Wir setzen

(105) $$\xi = \tfrac{2}{35}x^2 + \tfrac{52}{1575}x^3 + \cdots$$

Wenn $\frac{1}{2}g$ eine kleine Größe erster Ordnung ist, so ist x von der zweiten Ordnung und folglich ξ von der vierten Ordnung.

Aus (98) findet man

(106) $$x = \frac{m^2}{\eta^2} - l.$$

Setzen wir

(107) $$h = \frac{m^2}{\frac{5}{6} + l + \xi};$$

dann läßt sich (101) schreiben

$$\eta - 1 = \frac{m^2 X}{\eta^2} = \frac{\frac{10}{9}h}{\eta^2 - h},$$

woraus folgt

(108) $$\eta^3 - \eta^2 - h\eta - \frac{h}{9} = 0.$$

Wenn ξ bekannt wäre, so würde h durch (107) und η durch Gleichung (108) bestimmt sein, welche nur eine reelle positive Wurzel besitzt. In erster Annäherung berechnet man h unter der Voraussetzung, daß die kleine Größe ξ null ist; sodann findet man die reelle positive Wurzel aus (108). Oder, anstatt die Wurzel zu berechnen, macht man Gebrauch von den Tafeln, welche von Gauß hergestellt sind und die reellen positiven Werte von η für die Werte h von 0 bis 0,6 [1]) enthalten. Der Wert von x wird dann aus (106) und der Wert von ξ aus (105) [2]) berechnet. Mit diesem Wert von ξ werden h und η berechnet; das Verfahren wird bis zur Erreichung des gewünschten Genauigkeitsgrades fortgesetzt. Wie die Erfahrung zeigt, liefert diese Methode zur Berechnung des Quotienten aus Sektor- und Dreiecksfläche auch für beträchtliche Zeitintervalle eine sehr rasche Konvergenz.

An dieser Stelle entscheidet sich die Art des Kegelschnitts, indem die Bahnkurve eine Ellipse, Parabel oder Hyperbel darstellt, je nachdem x positiv, null oder negativ ist, da $x = \sin^2 \frac{g}{2} = \sin^2 \frac{1}{4}(E_2 - E_1)$, und E_2 und E_1 für Ellipsen reell, für Parabeln gleich null und für Hyperbeln imaginär sind.

Gauß hat eine Transformation eingeführt, welche die Berechnung der in der letzten Gleichung (97) [3]) definierten Größe l erleichtert.

1) Dies ist Tafel XIII in Watsons *Theoretical Astronomy*, und Tafel VIII in Oppolzers *Bahnbestimmung*.

2) Der Wert von ξ mit dem Argument x ist in Watsons *Theoretical Astronomy*, Table XIV, und in Oppolzers *Bahnbestimmung*, Tafel IX enthalten.

3) *Theoria Motus*, § 86.

Setzt man $\sqrt[4]{\frac{r_2}{r_1}} = \operatorname{tg}(45^0 + \omega'), \qquad -45^0 \leqq \omega' \leqq 45^0;$

so folgt $\frac{r_1 + r_2}{\sqrt{r_1 r_2}} = \sqrt{\frac{r_2}{r_1}} + \sqrt{\frac{r_1}{r_2}} = \operatorname{tg}^2(45^0 + \omega') + \operatorname{ctg}^2(45^0 + \omega')$

oder
$$\frac{r_1 + r_2}{\sqrt{r_1 r_2}} = 2 + 4 \operatorname{tg}^2 2\omega'.$$

Somit wird die letzte Gleichung (97)

$$l = \frac{\sin^2 \frac{f}{2} + \operatorname{tg}^2 2\omega'}{\cos f}.$$

138. Bestimmung der Elemente a, e und ω. Nachdem g nach der Methode des § 137 bestimmt wurde, ist es leicht, die Elemente a, e und ω zu erhalten. Die große Halbachse a ist durch die drittletzte Gleichung auf Seite 228 definiert oder durch die vorhergehende Gleichung für das längere Zeitintervall $t_3 - t_1$. Sie hat den Wert

(109)
$$a = \frac{r_1 + r_3 - 2\sqrt{r_1 r_3} \cos g \cos f}{2 \sin^2 g}.$$

Der Parameter p der Bahnkurve bestimmt sich aus der Gleichung (93). Da

(110)
$$p = a(1 - e^1) \text{ oder } p = a(e^2 - 1),$$

je nachdem die Bahnkurve eine Ellipse oder Hyperbel darstellt, ist e bestimmt, wenn a und p bekannt sind.

Wenn der Winkel v aus dem Perihelpunkt berechnet ist, so ist er zu den heliozentrischen Abständen und zu e und p in Beziehung gesetzt durch die Polargleichung des Kegelschnitts

(111)
$$r_i = \frac{p}{1 + e \cos v_i} \qquad (i = 1, 2, 3).$$

Jede von diesen Gleichungen bestimmt einen Wert von v, da r für t_1, t_2, t_3 bekannt ist, folglich ist ω bestimmt durch

(112)
$$\omega = u_i - v_i.$$

139. Zweite Methode zur Bestimmung von a, e und ω. Die Methode von Gauß hängt von den komplizierten Formeln der §§ 135 und 136 ab. Wenn die höheren Glieder von P und Q in den Gleichungen (86) hinreichend genaue Werte für die Quotienten der Dreiecksinhalte liefern, so kann man eine andere Methode[1]) verwenden, welche einfacher und besonders vorteilhaft ist, wenn die Intervalle zwischen den Beobachtungen

1) F. R. Moulton, *The Astronomical Journal,* Nr. 510, vol. XXII (1901).

nicht zu groß sind. Die Größen, welche bei der Lösung benutzt werden, sind $r_1, u_1; r_2, u_2; r_3, u_3$, die heliozentrischen Koordinaten für t_1, t_2, t_3.

Die Elemente i und Ω können aus den Gleichungen (91) berechnet werden, welche für jede Bahnkurve gelten. Die Schwierigkeiten entstehen erst bei der Bestimmung von a, e, ω. Wir benutzen den Parameter p als Element an Stelle der großen Halbachse a. Dies ist insofern bequemer, als p nicht für $e = 1$ unendlich wird und in dem Flächensatz

$$k\sqrt{p}dt = r^2 dv = r^2 du$$

allein auftritt. Diese Gleichung besitzt das Integral

$$k\sqrt{p}(t_3 - t_1) = \int_{u_1}^{u_3} r^2 du. \tag{113}$$

Wenn r^2 durch u ausgedrückt wäre, so könnte man das Integral auf der rechten Seite finden, wenn der Wert von p gegeben wäre. Es soll nun gezeigt werden, daß, wenn man die Werte von r^2 für u gleich u_1, u_2, u_3, nämlich r_1^2, r_2^2, r_3^2 kennt, die Größe r^2 durch u mit hinreichender Genauigkeit ausgedrückt werden kann, um eine sehr enge Annäherung an den Wert von p zu liefern.

Für Werte von u, die sich nicht zu sehr von u_2 unterscheiden, kann die Funktion r^2 in eine konvergente Reihe von der Form

$$r^2 = r_2^2 + c_1(u - u_2) + c_2(u - u_2)^2 + c_3(u - u_2)^3 + \cdots \tag{114}$$

entwickelt werden.

Für eine unbekannte Bahnkurve sind die Koeffizienten der Reihe (114) unbekannt, jedoch können wir zeigen, wie man eine genügende Anzahl von ihnen leicht finden kann, um p mit dem gewünschten Grad von Genauigkeit zu erhalten. Nach Annahme sind die Radien und Argumente der Breite für die Zeitpunkte t_1, t_2, t_3 bekannt. Daher wird (114) für t_1 und t_3

$$\left\{\begin{aligned} r_1^2 &= r_2^2 + c_1(u_1 - u_2) + c_2(u_1 - u_2)^2 \\ &\qquad + c_3(u_1 - u_2)^3 + c_4(u_1 - u_2)^4 + \cdots, \\ r_3^2 &= r_2^2 + c_1(u_3 - u_2) + c_2(u_3 - u_2)^2 \\ &\qquad + c_3(u_3 - u_2)^3 + c_4(u_3 - u_2)^4 + \cdots \end{aligned}\right. \tag{115}$$

Zur Abkürzung setzen wir

$$\left\{\begin{aligned} \sigma_1 &= u_3 - u_2, \\ \sigma_2 &= u_3 - u_1, \\ \sigma_3 &= u_2 - u_1, \\ \varepsilon_1 &= c_3(u_1 - u_2)^3 + c_4(u_1 - u_2)^4 + \cdots, \\ \varepsilon_3 &= c_3(u_3 - u_2)^3 + c_4(u_3 - u_2)^4 + \cdots \end{aligned}\right. \tag{116}$$

Dann lassen sich die Gleichungen (115) schreiben

$$\begin{cases} -c_1\sigma_3 + c_2\sigma_3^2 = r_1^2 - r_2^2 - \varepsilon_1, \\ +c_1\sigma_1 + c_2\sigma_1^2 = r_3^2 - r_2^2 - \varepsilon_3. \end{cases}$$

Auflösung nach c_1 und c_3 ergibt

$$\begin{cases} c_1 = \dfrac{-(r_1^2-\varepsilon_1)\sigma_1^2 + (r_3^2-\varepsilon_3)\sigma_3^2 - r_2^2(\sigma_3^2-\sigma_1^2)}{\sigma_1\sigma_2\sigma_3}, \\ c_2 = \dfrac{(r_1^2-\varepsilon_1)\sigma_1 + (r_3^2-\varepsilon_3)\sigma_3 - r_2^2\sigma_2}{\sigma_1\sigma_2\sigma_3}; \end{cases}$$

durch Substitution der Werte von ε_1 und ε_3 findet man

$$(117)\quad \begin{cases} c_1 = \dfrac{-r_1^2\sigma_1^2 + r_3^2\sigma_3^2 - r_2^2(\sigma_3^2-\sigma_1^2)}{\sigma_1\sigma_2\sigma_3} \\ \qquad\qquad - c_3\sigma_1\sigma_3 - c_4\sigma_1\sigma_3(\sigma_1 - \sigma_3) - \cdots, \\ c_2 = \dfrac{r_1^2\sigma_1 + r_3^2\sigma_3 - r_2^2\sigma_2}{\sigma_1\sigma_2\sigma_3} \\ \qquad\qquad - c_3(\sigma_1-\sigma_3) + c_4(3\sigma_1\sigma_3 - \sigma_2^2) - \cdots \end{cases}$$

Nachdem wir so diese Ausdrücke für die Koeffizienten der zweiten und dritten Glieder von (114) erhalten haben, setzen wir diese Reihe für r^2 in (113) ein und integrieren. Mit Rücksicht auf (116) findet man leicht

$$\begin{cases} k\sqrt{p}(t_3-t_1) = r_2^2\sigma_2 + \dfrac{c_1}{2}(\sigma_1^2-\sigma_3^2) + \dfrac{c_2}{3}(\sigma_1^3+\sigma_3^3) \\ \qquad\qquad + \dfrac{c_3}{4}(\sigma_1^4-\sigma_3^4) + \dfrac{c_4}{5}(\sigma_1^5+\sigma_3^5) + \cdots \end{cases}$$

Führt man die Werte von c_1 und c_2 aus (117) ein, so wird diese Gleichung

$$(118)\quad \begin{cases} k\sqrt{p}(t_3-t_1) = \dfrac{r_2^2\sigma_2^3}{6\sigma_1\sigma_3} + \dfrac{r_1^2\sigma_2}{6\sigma_3}(2\sigma_3-\sigma_1) \\ \qquad + \dfrac{r_3^2\sigma_2}{6\sigma_1}(2\sigma_1-\sigma_3) + \dfrac{c_3\sigma_2^3}{12}(\sigma_3-\sigma_1) \\ \qquad - \dfrac{c_4\sigma_2^3}{30}\{4(\sigma_3-\sigma_1)^2 + \sigma_1\sigma_3\} - \cdots \end{cases}$$

Wenn die zweite Beobachtung das ganze Intervall in zwei nahezu gleiche Teile einteilt, wie das in der Praxis allgemein der Fall sein wird, so werden σ_1 und σ_3 nahezu gleich sein. Setzen wir

$$\sigma_1 - \sigma_3 = \varepsilon \text{ und } \sigma_1 + \sigma_3 = \sigma_2,$$

so folgt
$$\left\{\begin{aligned} \sigma_1 &= \frac{\sigma_2 + \varepsilon}{2}, \\ \sigma_3 &= \frac{\sigma_2 - \varepsilon}{2}, \end{aligned}\right.$$

wo also ε im allgemeinen eine sehr kleine Größe ist. Setzt man diese Ausdrücke in die letzten Glieder von (118) ein, so wird aus dieser Gleichung

$$(119)\quad \left\{\begin{aligned} k\sqrt{p}(t_3 - t_1) = \frac{r_2^2\sigma_2^3}{6\sigma_1\sigma_3} + \frac{r_1^2\sigma_2}{6\sigma_3}(2\sigma_3 - \sigma_1) + \frac{r_3^2\sigma_2}{6\sigma_1}(2\sigma_1 - \sigma_3) \\ - \frac{c_3\sigma_2^3\varepsilon}{12} - \frac{c_4}{120}\sigma_2^3(\sigma_2^2 + 15\varepsilon^2) - \cdots \end{aligned}\right.$$

In ähnlicher Weise findet man durch Integration zwischen den t_2 und t_1 entsprechenden Grenzen

$$(120)\quad \left\{\begin{aligned} k\sqrt{p}(t_2 - t_1) = \frac{r_2^2\sigma_3(3\sigma_1 + \sigma_3)}{6\sigma_1} + \frac{r_1^2\delta_3(3\sigma_1 + 2\sigma_3)}{6\sigma_2} - \frac{r_3^2\sigma_3^3}{6\sigma_1\sigma_2} \\ + \frac{c_3\sigma_3^3}{12}(2\sigma_1 + \sigma_3) - \frac{c_4}{30}\sigma_3^3(10\sigma_1^2 + 5\sigma_1\sigma_3 + 4\sigma_3^2) + \cdots \end{aligned}\right.$$

Für die Zeitintervalle, welche zur Bestimmung einer Bahnkurve benutzt werden, konvergieren diese Reihen sehr rasch, und man kann daher einen Näherungswert von p mit der gewünschten Genauigkeit für gewöhnlich schon erhalten, indem man nur die ersten drei Glieder[1]) auf der rechten Seite von (119) benutzt. Betrachtet man (119) und (120) als simultane Gleichungen und vernachlässigt die Glieder in c_4 und von höherer Ordnung, so ist es möglich, p und c_3 gleichzeitig zu bestimmen. Jedoch wird hierdurch keine sehr große Zunahme an Genauigkeit erzielt, weil das Glied in c_3 in (119) mit der kleinen Größe ε multipliziert ist, während das Glied in c_4 diesen Faktor nicht enthält. Unter der Annahme, daß der Wert von p berechnet ist, soll jetzt gezeigt werden, wie ω und e gefunden werden können.

Die Polargleichung des Kegelschnitts liefert

$$(121)\quad \left\{\begin{aligned} e\cos(u_1 - \omega) &= \frac{p - r_1}{r_1}, \\ e\cos(u_3 - \omega) &= \frac{p - r_3}{r_3}. \end{aligned}\right.$$

---

1) Wegen der Bedingungen und Schnelligkeit der Konvergenz siehe die Originalabhandlung in dem *Astronomical Journal*, Nr. 510. Dort wird gezeigt, daß die Elemente von Asteroidenbahnen durch die ersten drei Glieder von (119) bis auf die sechste Dezimalstelle genau bestimmt sind, wenn der gesamte Zeitraum, in dem die Beobachtungen stattfinden, nicht mehr als 40 Tage, und im Falle der Kometenbahnen, wenn der gesamte Zeitraum nicht mehr als 10 Tage beträgt. Wenn die beiden durch (123) definierten Korrektionsglieder noch hinzu addiert werden, so betragen die entsprechenden Zeiträume 100 und 20 Tage.

Nun ist $u_3 - \omega = (u_3 - u_1) + (u_1 - \omega)$. Substituiert man diesen Ausdruck für $u_3 - \omega$ in die zweite Gleichung (121), entwickelt, und reduziert mit Hilfe der ersten, so findet man

$$(122)\qquad \begin{cases} e \sin(u_1 - \omega) = \dfrac{r_3(p - r_1)\cos(u_3 - u_1) - r_1(p - r_3)}{r_1 r_3 \sin(u_3 - u_1)}, \\[2ex] e \cos(u_1 - \omega) = \dfrac{p - r_1}{r_1}. \end{cases}$$

Da e positiv ist, so definieren diese Gleichungen e und ω eindeutig. Wenn p und e bekannt sind, so ist a durch $p = a(1 - e^2)$ oder $p = a(e^2 - 1)$ definiert, je nachdem die Bahnkurve eine Ellipse oder eine Hyperbel vorstellt.

Wenn die Elemente a, e und ω nicht mit hinreichender Genauigkeit gefunden wurden, so kann man sie jetzt verbessern. Aus (114) folgt

$$c_3 = \frac{1}{6}\frac{\partial^3(r^2)}{\partial u_2^3}, \qquad c_4 = \frac{1}{24}\frac{\partial^4(r^2)}{\partial u_2^4},$$

und da

$$r^2 = \frac{p^2}{[1 + e\cos(u - \omega)]^2},$$

so ergibt sich

$$(123)\qquad \begin{cases} \dfrac{c_3}{p^2} = \dfrac{-e\sin(u - \omega)}{3[1 + e\cos(u - \omega)]^3} + \dfrac{3e^2\sin(u - \omega)\cos(u - \omega)}{[1 + e\cos(u - \omega)]^4} \\[2ex] \qquad\qquad + \dfrac{4e^3\sin^3(u - \omega)}{[1 + e\cos(u - \omega)]^5}, \\[2ex] \dfrac{c_4}{p^2} = \dfrac{-e\cos(u - \omega)}{12[1 + e\cos(u - \omega)]^3} - \dfrac{e^2\sin^2(u - \omega)}{[1 + e\cos(u - \omega)]^4} \\[2ex] \qquad + \dfrac{3e^2\cos^2(u - \omega)}{4[1 + e\cos(u - \omega)]^4} + \dfrac{6e^3\sin^2(u - \omega)\cos(u - \omega)}{[1 + e\cos(u - \omega)]^5} \\[2ex] \qquad\qquad + \dfrac{5e^4\sin^4(u - \omega)}{[1 + e\cos(u - \omega)]^6}. \end{cases}$$

Mit den aus diesen Gleichungen berechneten Werten von c_3 und c_4 können die höheren Glieder von (119) hinzugenommen werden, auf diese Weise einen genaueren Wert von p erzielend, worauf e und ω nach (122) berechnet werden können. Abgesehen von ihrer großen Kürze hat diese Methode den Vorteil, daß sie auf alle Kegelschnitte angewandt werden kann.

140. Berechnung der Zeit des Periheldurchgangs. Die Methoden für die Berechnung der Zeit des Periheldurchgangs hängen von der Gestalt der Bahnkurve ab, also davon, ob sich der Körper in einer Parabel, Ellipse oder Hyperbel bewegt, und beruhen auf den Formeln des Kapitels V.

Parabolischer Fall. Gleichung (32), Kapitel V lautet

$$(124)\qquad k(t - T) = \sqrt{2}\,q^{\frac{3}{2}}\left[\operatorname{tg}\frac{v}{2} + \frac{1}{3}\operatorname{tg}^3\frac{v}{2}\right],$$

wo $2q = p$ ist. Da $u = v + \omega$, und u_1, u_2 und u_3 bekannt sind, so bestimmt diese Gleichung T.

Elliptischer Fall. Die ersten beiden Gleichungen von (49), Kapitel V liefern die Ausdrücke

$$(125) \quad \begin{cases} \sin E = \dfrac{\sqrt{1-e^2}\sin v}{1+e\cos v}, \\ \cos E = \dfrac{e+\cos v}{1+e\cos v}, \end{cases}$$

welche E eindeutig bestimmen. Folglich bestimmt die Keplersche Gleichung

$$(126) \quad M = n(t-T) = E - e\sin E$$

die Größe T, wenn man die den Zeitpunkten t_1, t_2 oder t_3 entsprechenden Werte v und E benutzt.

Hyperbolischer Fall. Die Größe F ist durch die Gleichung

$$(127) \quad \operatorname{tg} h \frac{F}{2} = \sqrt{\frac{e-1}{e+1}} \operatorname{tg} \frac{v}{2},$$

bestimmt, so daß T gegeben ist durch

$$(128) \quad \frac{k\sqrt{1+m}}{a^{\frac{3}{2}}}(t-T) = -F + e\sin h\, F.$$

141. Direkte Ableitung von Bestimmungsgleichungen für die Bahnkurven. Die Bewegung eines beobachteten Körpers muß gleichzeitig geometrischen und dynamischen Bedingungen genügen. Demgemäß ist es das einfachste Verfahren, diese Bedingungen alle zugleich aufzustellen. Sie werden direkt oder indirekt viele von den Gleichungen der Methoden von Laplace und Gauß enthalten, denn diese Methoden beruhen beide letzten Endes auf den wesentlichen Momenten des Problems.

Benutzen wir die Bezeichnungen des § 111 und denken uns die Sonne im Koordinatenanfang, dann ist offenbar die x-Koordinate von C gleich der x-Koordinate des Beobachtungsortes plus der x-Koordinate von C in bezug auf den Beobachtungsort. Ähnliche Gleichungen gelten natürlich für die beiden anderen Koordinaten. Diese Beziehungen lauten explizite

$$(129) \quad \begin{cases} -\lambda_i\varrho_i + x_i = -X_i, & (i = 1, 2, 3) \\ -\mu_i\varrho_i + y_i = -Y_i, \\ -\nu_i\varrho_i + z_i = -Z_i. \end{cases}$$

Diese Gleichungen unterliegen keinen Fehlern der Parallaxe, weil die Koordinaten des Beobachtungsortes nicht benutzt wurden. Überdies enthalten sie die sämtlichen geometrischen Beziehungen, welche zwischen den Körpern S, E und C für t_1, t_2 und t_3 bestehen.

Die nächste Bedingung sei, daß C sich um S nach dem Gravitationsgesetz bewegt. Dies ist gleichbedeutend mit der Festsetzung, daß ihre Koordinaten sich in Potenzreihen von der Form (73) entwickeln lassen. Macht man von dieser Darstellungsweise Gebrauch, so werden die Gleichungen (129)

$$(130)\qquad \begin{cases} -\lambda_1\varrho_1 + f_1x_0 + g_1x_0' = -X_1, \\ -\lambda_2\varrho_2 + f_2x_0 + g_2x_0' = -X_2, \\ -\lambda_3\varrho_3 + f_3x_0 + g_3x_0' = -X_3; \\ -\mu_1\varrho_1 + f_1y_0 + g_1y_0' = -Y_1, \\ -\mu_2\varrho_2 + f_2y_0 + g_2y_0' = -Y_2, \\ -\mu_3\varrho_3 + f_3y_0 + g_3y_0' = -Y_3; \\ -\nu_1\varrho_1 + f_1z_0 + g_1z_0' = -Z_1, \\ -\nu_2\varrho_2 + f_2z_0 + g_2z_0' = -Z_2, \\ -\nu_3\varrho_3 + f_3z_0 + g_3z_0' = -Z_3. \end{cases}$$

Nimmt man den Zeitpunkt der zweiten Beobachtung als Zeitanfang, wie es in der Praxis bequem ist, so ist $f_2 = 1$ und $g_2 = 0$.

Die Gleichungen (130) enthalten aber vollständig die geometrischen und dynamischen Bedingungen des Problems und gelten für die sämtlichen Arten von Kegelschnitten. Da sie ausschließlich notwendige Bedingungen darstellen, so sind sie frei von künstlichen Schwierigkeiten oder Ausnahmefällen; wenn sie daher in einem besonderen Falle versagen sollten, so könnte auch kein anderes Verfahren zum Ziele führen.

Die Größen auf der rechten Seite der Gleichungen (130) sind durchweg bekannt; die Unbekannten in den Ausdrücken auf der linken Seite sind $\varrho_1, \varrho_2, \varrho_3, x_0, x_0', y_0, y_0', z_0$ und z_0'. Das heißt, daß die Anzahl der Unbekannten genau gleich der Anzahl der Gleichungen ist. Die Größen ϱ_1, ϱ_2 und ϱ_3 gehen linear ein, $x_0 \ldots z_0'$ treten nicht nur explizite auf, sondern auch in den höheren Gliedern der f_i und g_i. Die Lösung von (130) für $\varrho_1, \varrho_2, \varrho_3$ lautet

$$(131)\qquad \begin{cases} \Delta_2\varrho_1 = +A_1 - \dfrac{(f_1g_3 - f_3g_1)}{g_3}A_2 - \dfrac{g_1}{g_3}A_3, \\ \Delta_2\varrho_2 = \dfrac{-g_3}{f_1g_3 - f_3g_1}B_1 + B_2 + \dfrac{g_1}{f_1g_3 - f_3g_1}B_3, \\ \Delta_2\varrho_3 = \dfrac{-g_3}{g_1}C_1 + \dfrac{(f_1g_3 - f_3g_1)}{g_1}C_2 + C_3, \end{cases}$$

wo

$$(132)\quad \begin{cases} \Delta_2 = \begin{vmatrix} \lambda_1, & \lambda_2, & \lambda_3 \\ \mu_1, & \mu_2, & \mu_3 \\ \nu_1, & \nu_2, & \nu_3 \end{vmatrix}, & A_i = \begin{vmatrix} X_i, & \lambda_2, & \lambda_3 \\ Y_i, & \mu_2, & \mu_3 \\ Z_i, & \nu_2, & \nu_3 \end{vmatrix}, \\ B_i = \begin{vmatrix} \lambda_1, & X_i, & \lambda_3 \\ \mu_1, & Y_i, & \mu_3 \\ \nu_1, & Z_i, & \nu_3 \end{vmatrix}, & C_i = \begin{vmatrix} \lambda_1, & \lambda_2, & X_i \\ \mu_1, & \mu_2, & Y_i \\ \nu_1, & \nu_2, & Z_i \end{vmatrix}. \end{cases}$$

Um die Diskussion zu vervollständigen, müssen die Koeffizienten der Determinanten auf der rechten Seite dieser Gleichungen wie in (86) entwickelt werden; und da Δ_2 von der dritten Ordnung ist, so müssen die Glieder von der dritten Ordnung auf der rechten Seite schon in der ersten Annäherung beibehalten werden. Wenn man das auf die zweite Gleichung (131) anwendet, so führt dies zu einer Gleichung von der Form der ersten (44). Die Einzelheiten und die vollkommene Lösung der Gleichungen (130) werden in den auf § 142 folgenden Fragen gegeben werden.

142. Formeln für die angenäherte Berechnung einer Bahnkurve. Zum bequemen Gebrauch stellen wir hier die Formeln für die angenäherte Berechnung einer Bahnkurve in der Reihenfolge zusammen, in welcher sie benutzt werden. Ihre Numerierung ist dem Text entnommen.

Vorbereitung der Beobachtungsdaten. Die beobachtete Rektaszension und Deklination α_0 und δ_0 sind für Präzension, Aberration usw. nach den Formeln

$$(4)\quad \begin{cases} \alpha = \alpha_0 - 15 f - g \sin (G + \alpha_0) \operatorname{tg} \delta_0 - h \sin (H + \alpha_0) \sec \delta_0, \\ \delta = \delta_0 - i \cos \delta_0 - g \cos (G + \alpha_0) - h \cos (H + \alpha_0) \sin \delta_0 \end{cases}$$

verbessert. Die Richtungskosinus sind gegeben durch

$$(6)\quad \begin{cases} \lambda_j = \cos \delta_j \cos \alpha_j & (j = 1, 2, 3), \\ \mu_j = \cos \delta_j \sin \alpha_j, \\ \nu_j = \sin \delta_j. \end{cases}$$

Die Methode von Laplace. Man setzt $t_0 = t_2$, wenn nicht die Intervalle zwischen den aufeinanderfolgenden Beobachtungen sehr ungleich sind, anderenfalls setzt man $t_0 = \frac{1}{3}(t_1 + t_2 + t_3)$. Es sei $t_0 = t_2$ gesetzt. Ferner sei angenommen, daß X, Y und Z in den Ephemeriden für t_a, t_b, t_c enthalten sind, wo t_b nahezu gleich t_0 ist. Man berechnet dann X, Y und Z für t_0 aus den Formeln vom Typ[1])

1) Diese Gleichungen sind sehr einfach, weil t_a, t_b und t_c sich durch Intervalle von einem Tag unterscheiden, jedoch bestehen Interpolationsmethoden, welche noch einfacher sind.

(31) $$X = \frac{(t_0 - t_b)(t_0 - t_c)}{(t_a - t_b)(t_a - t_c)} X_a + \frac{(t_0 - t_a)(t_0 - t_c)}{(t_b - t_a)(t_b - t_c)} X_b + \frac{(t_0 - t_a)(t_0 - t_b)}{(t_c - t_a)(t_c - t_b)} X_c .$$

(26) $$k(t_j - t_2) = \tau_j, \qquad (j = 1, 2, 3;\ \tau_2 = 0).$$

(67) $$P = -\tau_1 \tau_3 (\tau_3 - \tau_1).$$

(64, 65) $$D = \frac{2}{P} \begin{vmatrix} \lambda_1, & \lambda_2, & \lambda_3 \\ \mu_1, & \mu_2, & \mu_3 \\ \nu_1, & \nu_2, & \nu_3 \end{vmatrix}.$$

(67) $$D_1 = -\frac{\tau_3^2}{P} \begin{vmatrix} \lambda_1, & \lambda_2, & X \\ \mu_1, & \mu_2, & Y \\ \nu_1, & \nu_2, & Z \end{vmatrix} - \frac{\tau_1^2}{P} \begin{vmatrix} \lambda_2, & \lambda_3, & X \\ \mu_2, & \mu_3, & Y \\ \nu_2, & \nu_3, & Z \end{vmatrix}.$$

(68) $$D_2 = -\frac{2\tau_3}{P} \begin{vmatrix} \lambda_1, & \lambda_2, & X \\ \mu_1, & \mu_2, & Y \\ \nu_1, & \nu_2, & Z \end{vmatrix} - \frac{2\tau_1}{P} \begin{vmatrix} \lambda_2, & \lambda_3, & X \\ \mu_2, & \mu_3, & Y \\ \nu_2, & \nu_3, & Z \end{vmatrix}.$$

(46) $$R \cos \psi = X\lambda + Y\mu + Z\nu, \qquad (0 < \psi \leqq \pi).$$

(47) $$\begin{cases} N \sin m = R \sin \psi, \\ N \cos m = R \cos \psi - \dfrac{D_1}{D R^3}, \\ M = -\dfrac{N D R^3}{D_1} \sin^3 \psi > 0. \end{cases}$$

(48) $$\sin^4 \varphi = M \sin(\varphi + m).$$

(46) $$r = R \frac{\sin \psi}{\cos \varphi}, \qquad \varrho = R \frac{\sin(\psi + \varphi)}{\sin \varphi}.$$

(44) $$\varrho' = \frac{D_2}{2D} \left[\frac{1}{R^3} - \frac{1}{r^3} \right].$$

(8) $$x = \varrho\lambda - X, \qquad y = \varrho\mu - Y, \qquad z = \varrho\nu - Z.$$

Man berechnet λ', μ', ν' nach den Gleichungen von dem Typ

(32) $$\lambda' = \frac{-(\tau_2 + \tau_3)\lambda_1}{(\tau_1 - \tau_2)(\tau_1 - \tau_3)} - \frac{(\tau_3 + \tau_1)\lambda_2}{(\tau_2 - \tau_3)(\tau_2 - \tau_1)} - \frac{(\tau_1 + \tau_2)\lambda_3}{(\tau_3 - \tau_1)(\tau_3 - \tau_2)}.$$

Man berechnet X', Y' und Z' aus den Gleichungen von dem Typ

(32) $$kX' = \frac{2t_2 - (t_b + t_c)}{(t_a - t_b)(t_a - t_c)} X_a + \frac{2t_2 - (t_c + t_a)}{(t_b - t_a)(t_b - t_c)} X_b + \frac{2t_2 - (t_a + t_b)}{(t_c - t_a)(t_c - t_b)} X_c.$$

(8) $$\begin{cases} x' = \varrho'\lambda + \varrho\lambda' - X', \\ y' = \varrho'\mu + \varrho\mu' - Y', \\ z' = \varrho'\nu + \varrho\nu' - Z'. \end{cases}$$

An dieser Stelle bringt man die Korrektion für die Zeitaberration mittels der Gleichungen (70) an, die Näherungswerte von x, y, z, x', y' und z' verbessert man nach den Methoden der §§ 128 und 129, oder man berechnet die Elemente sofort aus den Formeln des Kapitels V. Die Formeln für die Bestimmung der Elemente sollen angeführt und nach Kapitel V numeriert werden.

Die Flächensätze im Äquatorialsystem lauten

$$(10)\qquad \begin{cases} xy' - yx' = b_1, \\ yz' - zy' = b_2, \\ zx' - xz' = b_3. \end{cases}$$

Wenn ε die Schiefe der Ekliptik bedeutet, so sind die entsprechenden Konstanten im Ekliptikalsystem

$$\begin{cases} a_1 = b_1 \cos\varepsilon - b_3 \sin\varepsilon, \\ a_2 = b_2, \\ a_3 = b_1 \sin\varepsilon + b_3 \cos\varepsilon, \end{cases}$$

und i und Ω sind bestimmt durch (Kapitel V)

$$(15)\qquad \begin{cases} a_1 = \sqrt{a_1^2 + a_2^2 + a_3^2}\cos i, \\ a_2 = +\sqrt{a_1^2 + a_2^2 + a_3^2}\sin i \sin\Omega, \\ a_3 = -\sqrt{a_1^2 + a_2^2 + a_3^2}\sin i \cos\Omega. \end{cases}$$

Die große Achse und der Parameter sind durch

$$(24)\qquad x'^2 + y'^2 + z'^2 = k^2\left(\frac{2}{r} - \frac{1}{a}\right),$$

$$(22)\qquad k^2 p = k^2 a\,(1 - e^2) = a_1^2 + a_2^2 + a_3^2$$

definiert. Aus Figur 37, S. 225 folgen die Gleichungen

$$\begin{cases} \sin i \sin u = \sin b = \frac{z}{r}, \\ \cos i \sin u = \cos b \sin(l - \Omega) = \frac{y}{r}\cos\Omega - \frac{x}{r}\sin\Omega, \\ \cos u = \cos b \cos(l - \Omega) = \frac{y}{r}\sin\Omega + \frac{x}{r}\cos\Omega, \end{cases}$$

welche u liefern. Der Winkel v ist gegeben durch

$$r = \frac{p}{1 + e\cos v}$$

und

$$\omega = u - v.$$

Wenn die Bahnkurve eine Parabel darstellt, ist T definiert durch

$$(32)\qquad k(t-T)=\frac{1}{2}p^{\frac{3}{2}}\left[\operatorname{tg}\frac{v}{2}+\frac{1}{3}\operatorname{tg}^3\frac{v}{2}\right].$$

Im Falle einer Ellipse als Bahnkurve sind E, n und T definiert durch

$$(50)\qquad \operatorname{tg}\frac{E}{2}=\sqrt{\frac{1-e}{1+e}}\operatorname{tg}\frac{v}{2},$$

$$(30)\qquad n=\frac{k}{a^{\frac{3}{2}}},$$

$$(42)\qquad n(t-T)=E-e\sin E.$$

Die entsprechenden Gleichungen für hyperbolische Bahnkurven sind

$$(73)\qquad a+r=a\,e\cos\mathrm{h}\,F,$$

$$(74)\qquad n(t-T)=-F+e\sin\mathrm{h}\,F.$$

Die Methode von Gauß. Die Beobachtungsdaten werden nach (4) verbessert und die Richtungskosinus sind durch (6) gegeben. Die Koordinaten der Sonne für t_1, t_2, t_3 können aus den Gleichungen vom Typ

$$(31)\qquad X_i=\frac{(t_i-t_b)(t_i-t_c)}{(t_a-t_b)(t_a-t_c)}X_a+\frac{(t_i-t_a)(t_i-t_c)}{(t_b-t_a)(t_b-t_c)}X_b+\frac{(t_i-t_a)(t_i-t_b)}{(t_c-t_a)(t_c-t_b)}X_c$$

berechnet werden, wo X_a, X_b, X_c den Ephemeriden entnommen sind, und t_b die t_i zunächst liegende Epoche ist, für welche X gegeben ist. Dann ist

$$(64)\qquad \Delta_2=\begin{vmatrix}\lambda_1, & \lambda_2, & \lambda_3\\ \mu_1, & \mu_2, & \mu_3\\ \nu_1, & \nu_2, & \nu_3\end{vmatrix},$$

$$(88)\qquad \left\{\begin{aligned} K&=-\frac{1}{2}\begin{vmatrix}\lambda_1, & X_1+X_3-2X_2, & \lambda_3\\ \mu_1, & Y_1+Y_3-2Y_2, & \mu_3\\ \nu_1, & Z_1+Z_3-2Z_2, & \nu_3\end{vmatrix},\\ K_1&=-\begin{vmatrix}\lambda_1, & X_1+X_3, & \lambda_3\\ \mu_1, & Y_1+Y_3, & \mu_3\\ \nu_1, & Z_1+Z_3, & \nu_3\end{vmatrix}.\end{aligned}\right.$$

Vernachlässigt man das letzte Glied in (87), welches sehr klein ist, und vergleicht das Resultat mit der ersten Gleichung (44), so erhält man als explizite Formeln für die Bestimmung von r_2 und ϱ_2

$$(46)\qquad R_2\cos\psi_2=X_2\lambda_2+Y_2\mu_2+Z_2\nu_2,\qquad (0<\psi_2\leqq\pi),$$

$$(47)\quad \begin{cases} N \sin m = R_2 \sin \psi_2, \\ N \cos m = R_2 \cos \psi_2 - \dfrac{K}{\Delta_2}, \\ M = \dfrac{4 N \Delta_2 R^3 \sin^3 \psi_2}{\tau^2 K_1} > 0. \end{cases}$$

$$(48)\quad \sin^4 \varphi = M \sin(\varphi + m)$$

$$(46)\quad \begin{cases} r_2 = \dfrac{R_2 \sin \psi_2}{\sin \varphi}, \\ \varrho_2 = R_2 \dfrac{\sin(\psi_2 + \varphi)}{\sin \varphi} \end{cases}$$

Folglich sind ϱ_1 und ϱ_3 gegeben durch

$$(89)\quad \begin{cases} \begin{vmatrix} \lambda_1, & \lambda_3 \\ \mu_1, & \mu_3 \end{vmatrix} \varrho_1 = \begin{vmatrix} X_1, & \lambda_3 \\ Y_1, & \mu_3 \end{vmatrix} - \dfrac{[1,3]}{[2,3]} \begin{vmatrix} X_2, & \lambda_3 \\ Y_2, & \mu_3 \end{vmatrix} \\ \qquad + \dfrac{[1,2]}{[2,3]} \begin{vmatrix} X_3, & \lambda_3 \\ Y_3, & \mu_3 \end{vmatrix} + \varrho_2 \dfrac{[1,3]}{[2,3]} \begin{vmatrix} \lambda_2, & \lambda_3 \\ \mu_2, & \mu_3 \end{vmatrix}, \\ \begin{vmatrix} \lambda_1, & \lambda_3 \\ \mu_1, & \mu_3 \end{vmatrix} \varrho_3 = \dfrac{[2,3]}{[1,2]} \begin{vmatrix} \lambda_1, & X_1 \\ \mu_1, & Y_1 \end{vmatrix} - \dfrac{[1,3]}{[1,2]} \begin{vmatrix} \lambda_1, & X_2 \\ \mu_1, & Y_2 \end{vmatrix} \\ \qquad + \begin{vmatrix} \lambda_1, & X_3 \\ \mu_1, & Y_3 \end{vmatrix} + \varrho_2 \dfrac{[1,3]}{[2,3]} \begin{vmatrix} \lambda_1, & \lambda_2 \\ \mu_1, & \mu_2 \end{vmatrix} \end{cases}$$

(oder durch die Formeln, welche man aus diesen durch zyklische Vertauschung der Buchstaben λ, μ, ν und X, Y, Z erhält), wo

$$(85)\quad 2\tau = \tau_3 - \tau_1, \qquad 2\varepsilon = \tau_3 + \tau_1,$$

und

$$(86)\quad \begin{cases} \dfrac{[1,3]}{[2,3]} = \dfrac{1}{\dfrac{1}{2} + \dfrac{\varepsilon}{2\tau} + \dfrac{\tau^2}{4 r_2^3}}, \\ \dfrac{[1,2]}{[2,3]} = \dfrac{1 - \dfrac{\varepsilon}{\tau} + \dfrac{\tau^2}{2 r_2^3}}{1 + \dfrac{\varepsilon}{\tau} + \dfrac{\tau^2}{2 r_2^3}}, \\ \dfrac{[2,3]}{[1,2]} = \dfrac{1 + \dfrac{\varepsilon}{\tau} + \dfrac{\tau^2}{2 r_2^3}}{1 - \dfrac{\varepsilon}{\tau} + \dfrac{\tau^2}{2 r_2^3}}, \\ \dfrac{[1,3]}{[1,2]} = \dfrac{1}{\dfrac{1}{2} - \dfrac{\varepsilon}{2\tau} + \dfrac{\tau^2}{4 r_2^3}}. \end{cases}$$

$$(8)\quad \begin{cases} x_j = \varrho_j \lambda_j - X_j, \\ y_j = \varrho_j \mu_j - Y_j, \qquad (j = 1, 2, 3). \\ z_j = \varrho_j \nu_j - Z_j. \end{cases}$$

An dieser Stelle kann die Korrektion für die Zeitaberration angebracht werden; die ersten beiden Ableitungen von r_2^2 berechnet man aus den Werten r_1^2, r_2^2 und r_3^2, indem man die Formeln (32) auf diesen Fall anwendet; p und q berechnet man aus (74) und weitere Annäherungen für die Werte P und Q aus (86); dann kann die Berechnung wiederholt werden, indem man mit den Gleichungen (46) beginnt, oder man kann die Methode von Gauß § 134 benutzen, um die Genauigkeit der Ausdrücke für die Verhältnisse der Dreiecksinhalte zu verbessern, oder man kann die Elemente berechnen ohne weitere Näherungen der Zwischengrößen. Die Formeln für die Berechnung der Elemente sollen gegeben werden. Sind die rechtwinkligen Koordinaten im Ekliptikalsystem $\bar{x}_i$, $\bar{y}_i$, $\bar{z}_i$, und bedeutet ε die Schiefe der Ekliptik, welche nicht mit dem in § 85 definierten ε verwechselt werden darf, so ist

$$\begin{cases} \bar{x}_j = x_j, \qquad (j = 1, 2, 3), \\ \bar{y}_j = + y_j \cos\varepsilon + z_j \sin\varepsilon, \\ \bar{z}_j = - y_j \sin\varepsilon + z_j \cos\varepsilon. \end{cases}$$

$$(17) \qquad \begin{cases} A\bar{x}_1 + B\bar{y}_1 + C\bar{z}_1 = 0, \\ A\bar{x}_2 + B\bar{y}_2 + C\bar{z}_2 = 0, \\ A\bar{x}_3 + B\bar{y}_3 + C\bar{z}_3 = 0, \end{cases}$$

woraus
$$A : B : C = \begin{vmatrix} \bar{y}_1, & \bar{z}_1 \\ \bar{y}_2, & \bar{z}_2 \end{vmatrix} : \begin{vmatrix} \bar{z}_1, & \bar{x}_1 \\ \bar{z}_2, & \bar{x}_2 \end{vmatrix} : \begin{vmatrix} \bar{x}_1, & \bar{y}_1 \\ \bar{x}_2, & \bar{y}_2 \end{vmatrix}.$$

Somit folgen aus den (11), (14) und (15) entsprechenden Gleichungen des Kapitels V die Beziehungen

$$(15) \qquad \begin{aligned} \cos i &= \frac{A}{\sqrt{A^2+B^2+C^2}}, \\ \sin \Omega \sin i &= \frac{\pm B}{\sqrt{A^2+B^2+C^2}}, \\ \cos \Omega \sin i &= \frac{\mp C}{\sqrt{A^2+B^2+C^2}}, \end{aligned}$$

welche Ω und i definieren.

Wie sich aus Figur 37 ergibt, sind die Argumente der Breite definiert durch

$$\begin{cases} \sin i \sin u_j = \frac{\bar{z}_j}{r_j}, \qquad (j = 1, 2, 3), \\ \cos i \sin u_j = \frac{\bar{y}_j}{r_j} \cos\Omega - \frac{\bar{x}_j}{r_j} \sin\Omega, \\ \cos u_j = \frac{\bar{y}_j}{r_j} \sin\Omega + \frac{\bar{x}_j}{r_j} \cos\Omega. \end{cases}$$

$$(116) \qquad \sigma_1 = u_3 - u_2, \qquad \sigma_2 = u_3 - u_1, \qquad \sigma_3 = u_2 - u_1$$

$$(119)\qquad k\sqrt{p}\,(t_3 - t_1) = \frac{r_2^2\sigma_2^3}{6\sigma_1\sigma_3} + \frac{r_1^2\sigma_2(2\sigma_3 - \sigma_1)}{6\sigma_3} + \frac{r_3^2\sigma_2(2\sigma_1 - \sigma_3)}{6\sigma_1},$$

definieren p.

$$(122)\qquad \left\{\begin{aligned} e\sin(u_1 - \omega) &= \frac{r_3(p - r_1)\cos\sigma_2 - r_1(p - r_3)}{r_1 r_3 \sin\sigma_2}, \\ e\cos(u_1 - \omega) &= \frac{p - r_1}{r_1} \end{aligned}\right.$$

definiert e und ω. Hieraus kann a aus p und e abgeleitet werden.

Da $v_j = u_j - \omega$ (j = 1, 2, 3), so ist die Zeit des Periheldurchgangs wie in der Methode von Laplace genau bestimmt durch die Gleichungen (von Kapitel V) (32) im parabolischen Falle, [(50), (30), (42)] im elliptischen und [(73), (74)] im hyperbolischen Falle.

XVII. Aufgaben.

1. Man nehme drei Beobachtungen eines Asteroids, die nicht weiter als 15 Tage oder drei Beobachtungen eines Kometen, die nicht weiter als 6 Tage auseinanderliegen, und berechne die Bahnelemente nach den Methoden von Laplace und von Gauß.

2. Man beweise, daß die scheinbare Bewegung von C nicht ständig längs eines großen Kreises erfolgen kann, außer wenn C in der Ekliptikalebene sich bewegt.

3. Man wende die Formeln (31) und (32) auf eine Funktion von endlicher geschlossener Form, z. B. $x = \sin t$ an.

4. Mit Hilfe der Gleichung

$$r^2 = R^2 + \varrho^2 - 2Rr\cos\psi$$

eliminiere man ϱ aus der ersten Gleichung (44) und diskutiere das Resultat nach den Methoden der Theorie der Algebraischen Gleichungen, ferner zeige man, daß die Lösungen qualitativ mit denen des § 119 übereinstimmen.

5. Man diskutiere die Determinanten D, D_1 und D_2 im Falle von vier Beobachtungen.

6. Im Falle, daß drei Beobachtungen vorliegen, drücke man Δ_2 durch α_i und δ_i in der Weise aus, daß die Eigenschaft der Determinante, von der dritten Ordnung zu sein, explizite hervortritt.

7. Man entwickle die expliziten Formeln der Aufgabe 6, indem man λ_i, μ_i und ν_i und die Determinanten-Darstellung benutzt, die für die differentiellen Korrektionen nach der Methode von Harzer und Leuschner gegeben ist.

8. Man gebe eine geometrische Deutung für das Verschwinden der Koeffizienten von ϱ_1 und ϱ_3 in den Gleichungen (89).

9. Die drei Lagen von C seien wie in § 139 bestimmt. Man zeige (a), daß die drei Gleichungen

$$r_i = \frac{p}{1 + e\cos(u_i - \omega)}, \qquad (i = 1, 2, 3),$$

p, e und ω ohne die Zeitintervalle bestimmen, in welchen die Kurvenbögen beschrieben werden; (b) man stelle die expliziten Formeln für die Berechnung von p, e und ω auf; (c) man vergleiche ihre Länge mit der von (119) und (122) und zeige (d), daß p nicht sicher bestimmt ist, da p von den Verhältnissen kleiner Größen der dritten Ordnung abhängt.

10. Man setze $f_2 = 1$, $g_2 = 0$ und betrachte (130) als lineare Gleichungen in ϱ_1, ϱ_2, ϱ_3, x_0, x_0', y_0, y_0', z_0, z_0'. Man zeige, daß die Determinante der Koeffizienten lautet

$$\Delta = -g_1 g_3 (f_1 g_3 - f_3 g_1) \begin{vmatrix} \lambda_1, & \lambda_2, & \lambda_3 \\ \mu_1, & \mu_2, & \mu_3 \\ \nu_1, & \nu_2, & \nu_3 \end{vmatrix}.$$

11. Man zeige, daß mit Rücksicht auf die Entwicklungen der Gleichungen (86) die zweite Gleichung (131) in die Gleichung (87) übergeht.

12. Nachdem man ϱ_2 aus der (87) entsprechenden Gleichung und ϱ_1 und ϱ_3 aus (131) gefunden hat, zeige man, daß x_0, x_0', y_0, y_0', z_0, z_0' aus den Gleichungen (130) bestimmt werden können. (Dann lassen sich die Elemente wie in der Methode von Laplace bestimmen.)

Geschichtliche Übersicht und Literatur.

Die erste Methode zur Bestimmung der Bahnkurve eines Körpers (Bewegung eines Kometen in einer Parabel) aus drei Beobachtungen wurde von Newton aufgestellt und ist in den *Prinzipien*, Buch III, Prop. XLI gegeben. Die Lösung hängt von einem graphischen Verfahren ab, welches auf dem Wege sukzessiver Annäherungen zu den Elementen führt. Eine von den frühesten Anwendungen der Methode wurde von Halley auf den Kometen gemacht, welcher seitdem seinen Namen trägt. Newton scheint das Problem der Bahnbestimmung Mühe bereitet zu haben, wenn er sagt: „Da es ein sehr schwieriges Problem ist, so versuchte ich viele Methoden, um es zu lösen." Newtons erfolgreicher Versuch, seine Diskussion auf den Grundelementen des Problems zu basieren, wurde von Laplace in seiner Abhandlung über den Gegenstand vollständig erörtert.

Die erste vollständige Lösung, welche kein graphisches Verfahren benutzte, wurde von Euler 1744 in seiner *Theoria Motuum Planetarum et Cometarum* gegeben. Einige wichtige Fortschritte wurden 1761 von Lambert gemacht. Bis zu dieser Zeit beruhten die Methoden zum größten Teil auf der einen oder der anderen von zwei Annahmen, welche nur annähernd richtig sind, nämlich, daß der beobachtete Körper in dem Zeitintervall $t_3 - t_1$ eine gerade Linie mit gleichförmiger Geschwindigkeit beschreibt, oder daß der Leitstrahl für den Zeitpunkt der zweiten Beobachtung die Sehne, welche die Endlagen verbindet, in Abschnitte teilt, die den Intervallen zwischen den Beobachtungen proportional sind. Bei dem Versuch, die zweite von diesen Annahmen zu verbessern, entdeckte Lambert die in § 92 erwähnte Relation zwischen den Leitstrahlen, der Sehne, dem Zeitintervall und der großen Achse. Später machte er die Bestimmung abhängig von der Krümmung der scheinbaren Bahn, welche in enger Beziehung zu der Determinante Δ_2 steht, und in dieser Richtung näherte er sich den besten modernen Methoden. Er verfügte über ein ungewöhnliches Erfassen der physischen und geometrischen Seiten des Problems und nahm wirklich viele Ideen voraus, welche dann von seinen Nachfolgern in besserer und bequemerer Weise ausgeführt wurden.

Lagrange schrieb drei Abhandlungen über die Theorie der Bahnkurven, zwei 1778 und eine 1783. Sie wurden zusammen gedruckt in seinen gesammelten Werken, vol. IV, pp. 439/532. Wie zu erwarten stand, wurde mit Lagrange Präzision und mathematische Eleganz allgemein eingeführt. Er bestimmte den geozentrischen Abstand von C zur Zeit der zweiten Beobachtung durch eine Gleichung achten Grades, welche keine andere darstellte, als die Gleichung (87), wenn aus dieser r_2 eliminiert wird, mit Hilfe der Beziehung dafür, daß S, E und C für t_2 ein Dreieck bestimmen. Er entwickelte die Ausdrücke für die heliozentrichen Koordinaten in Potenzreihen nach den Zeitintervallen [Gleichungen (73)] und legte damit den Grund für die Entwicklung der Ausdrücke für die Zwischenelemente in Potenzreihen. Diese Entwicklungen wurden zu Ende geführt und für numerische Anwendungen umgeformt von Charlier, *Meddelande från Lunds Astronomiska Observatorium*, Nr. 46. Das Originalwerk von Lagrange war in seiner Darstellungsform den Bedürfnissen der Rechner nicht angepaßt und wurde daher in der Praxis nicht gebraucht.

1780 veröffentlichte Laplace eine ganz neue Methode in den *Mémoires de L'Académie Royale des Sciences de Paris* (Gesammelte Werke, vol. X, pp. 93/146). Diese Methode, für welche die Grundideen in diesem Kapitel auseinandergesetzt wurden, bildete die Basis für einen großen Teil von späteren Werken. Unter den Darstellungen in dieser Richtung erwähnen wir eine Abhandlung von Villarceau (*Annales de l'Observatoire de Paris*, vol. III), die Arbeit von Harzer (*Astronomische Nachrichten*, Band 141), und ihre Vereinfachung von Leuschner (*Publications of the Lick Observatory*, vol. VII, part I). Die über die erste hinausgehenden Näherungen sind in der ursprünglichen Methode von Laplace in keiner bequemen Form gegeben, hingegen hat sich die Methode der differentiellen Korrektionen, die von Harzer aufgestellt und von Leuschner vereinfacht wurde, in der Praxis als sehr befriedigend erwiesen.

Olbers veröffentlichte 1797 seine klassische *Abhandlung über die leichteste und bequemste Methode, die Bahn eines Kometen zu berechnen.* Diese Methode ist, was die Bestimmung von parabolischen Bahnkurven angeht, nicht überholt worden und ist noch in der Gegenwart sehr allgemein in Gebrauch. Sie enthält fast jede Abhandlung über die Theorie der Bahnbestimmung.

Die Entdeckung der Ceres 1801 und ihr Verlust nach einer kurzen Beobachtungszeit lenkte die Aufmerksamkeit eines glänzenden jungen deutschen Mathematikers, Gauß, auf das Problem der Bestimmung der Bahnelemente eines Himmelskörpers auf Grund von Beobachtungen von der Erde aus. Das Problem wurde schnell gelöst und eine Anwendung der Methode führte zur Wiederentdeckung der Ceres. Gauß bearbeitete und vollendete sein Werk und brachte es 1809 in seiner *Theoria Motus Corporum Coelestium* heraus. Dieses Werk, geschrieben von einem Mann, der ein Meister der Mathematik und zugleich ein äußerst gewandter Rechner war, enthält so viele wertvolle Ideen und ist so erschöpfend, daß es eine klassische Abhandlung über den Gegenstand bis auf den heutigen Tag darstellt. Die späteren Abhandlungen unterliegen sämtlich stärkster Abhängigkeit von dem Gaußschen Werk.

In den *Memoirs of the National Academy of Science*, vol. IV veröffentlichte Gibbs 1888 eine Methode von beträchtlicher Originalität, in welcher die erste Annäherung für die Verhältnisse der Dreiecksinhalte dadurch exakter erhalten wurde, daß er alle drei geozentrischen Abstände als unbekannt von Anfang an einbezog. Die Methode ist auch durch den Umstand bemerkenswert, daß sie mit Hilfe der Vektor-Analysis entwickelt wurde.

Für das Studium zu empfehlen sind die Werke:

Die *Theoria Motus* von Gauß.

Watson, *Theoretical Astronomy.*

Oppolzer, *Bahnbestimmung*, eine erschöpfende Darstellung.

Tisserand, *Leçons sur la Détermination des Orbites*, geschrieben mit der für den französischen Stil charakteristischen Klarheit.

Bauschinger, *Bahnbestimmung*, ein neues sehr wertvolles Buch, von einem der ersten Autoritäten auf dem Gebiete der Theorie der Bahnkurven.

Klinkerfues, *Theoretische Astronomie* (dritte Ausgabe von Buchholz), ein ausgezeichnetes Werk und das erschöpfendste, das bisher erschienen ist.

Siebentes Kapitel.

Die allgemeinen Integrale des n-Körperproblems.

143. Die Differentialgleichungen der Bewegung. Wir betrachten Körper aus homogenen Kugelschichten; solche Körper ziehen einander an, als wenn ihre Massen in den Mittelpunkten vereinigt wären. Sie mögen $m_1, m_2, \ldots, m_n$ heißen. Die Koordinaten von m_i in bezug auf ein festes System seien x_i, y_i, z_i $(i = 1, \ldots, n)$. Die Entfernung zwischen den Mittelpunkten von m_i und m_j sei $r_{i,j}$, k^2 bedeute eine von den benutzten Einheiten abhängige Konstante. Dann sind die Kraftkomponente von m_1 parallel zur x-Achse:

$$-\frac{k^2 m_1 m_2}{r_{1,2}^2} \cdot \frac{(x_1 - x_2)}{r_{1,2}}, \quad \ldots, \quad -\frac{k^2 m_1 m_n}{r_{1,n}^2} \cdot \frac{(x_1 - x_n)}{r_{1,n}},$$

ihre Summe liefert also die ganze Komponente. Folglich ist

$$m_1 \frac{d^2 x_1}{dt^2} = -k^2 m_1 \sum_{j=2}^{n} m_j \frac{(x_1 - x_j)}{r_{1,j}^3},$$

und entsprechend für y und z.

Ähnliche Gleichungen bestehen für jeden Körper, das ganze Gleichungssystem lautet daher

$$(1)\qquad \begin{cases} m_i \dfrac{d^2 x_i}{dt^2} = -k^2 m_i \displaystyle\sum_{j=1}^{n} m_j \frac{(x_i - x_j)}{r_{i,j}^3}, \\[2ex] m_i \dfrac{d^2 y_i}{dt^2} = -k^2 m_i \displaystyle\sum_{j=1}^{n} m_j \frac{(y_i - y_j)}{r_{i,j}^3}, \\[2ex] m_i \dfrac{d^2 z_i}{dt^2} = -k^2 m_i \displaystyle\sum_{j=1}^{n} m_j \frac{(z_i - z_j)}{r_{i,j}^3}; \quad (i = 1, \ \ldots, n; \ j \neq i). \end{cases}$$

Jede von diesen Gleichungen enthält die sämtlichen $3n$ Variablen x_i, y_i und z_i; das System muß daher simultan gelöst werden. Es besteht aus $3n$ Gleichungen von der zweiten Ordnung, so daß das Problem selber von der $6n$ten Ordnung ist.

Die Gleichungen (1) lassen sich auf eine einfache und elegante Form durch Einführung der Potentialfunktion bringen, welche in diesem Problem mit U anstatt mit V bezeichnet werden soll. Die Konstante k^2 wird dabei in das Potential einbezogen. In Kapitel IV wurde das Potential durch das Integral $V = \int \frac{dm}{\varrho}$ definiert. Im vorliegenden Falle besteht das System aus diskreten Massen; das Potential lautet daher

$$(2) \qquad U = \tfrac{1}{2} k^2 \sum_{i=1}^{n} \sum_{j=1}^{n} \frac{m_i m_j}{r_{i,j}}, \qquad (i \neq j).$$

U besitzt nach x die partielle Ableitung

$$\frac{\partial U}{\partial x_i} = k^2 m_i \frac{\partial}{\partial x_i} \sum_{j=1}^{n} \frac{m_j}{r_{i,j}} = -k^2 m_i \sum_{j=1}^{n} m_j \frac{(x_i - x_j)}{r_{i,j}^3}, \qquad (i \neq j),$$

und ähnlich für y_i und z_i. Folglich lassen sich die Gleichungen (1) in der Form schreiben

$$(3) \qquad \begin{cases} m_i \dfrac{d^2 x_i}{dt^2} = \dfrac{\partial U}{\partial x_i}, \\ m_i \dfrac{d^2 y_i}{dt^2} = \dfrac{\partial U}{\partial y_i}, \\ m_i \dfrac{d^2 z_i}{dt^2} = \dfrac{\partial U}{\partial z_i}, \end{cases} \qquad (i = 1, \ldots, n).$$

144. Die sechs Integrale der Bewegung des Massenmittelpunktes. Die Funktion U ist von der Wahl der Koordinatenachsen unabhängig, da sie nur von den gegenseitigen Entfernungen der einzelnen Körper abhängt. Wenn daher der Koordinatenanfang in der Richtung der negativen x-Achse um die Strecke α verschoben wird, so nimmt die x-Koordinate eines jeden Körpers um die Größe α zu, während die Potentialfunktion selber ungeändert bleibt. Die Tatsache, daß U eine Funktion der sämtlichen x-Koordinaten ist, deuten wir an durch

$$U = U(x_1, x_2, \ldots, x_n).$$

Verschiebung des Koordinatenanfangs liefert

$$x_i' = x_i + \alpha, \quad (i = 1, \ldots, n).$$

Die partielle Ableitung von U nach α ist

$$\frac{\partial U}{\partial \alpha} = \frac{\partial U}{\partial x_1'} \frac{\partial x_1'}{\partial \alpha} + \frac{\partial U}{\partial x_2'} \frac{\partial x_2'}{\partial \alpha} + \cdots + \frac{\partial U}{\partial x_n'} \frac{\partial x_n'}{\partial \alpha}.$$

Nun ist $\frac{\partial x_i'}{\partial \alpha} = 1 \, (i = 1, \ldots, n)$ und $\frac{\partial U}{\partial \alpha} = 0$, weil U die Größe α nicht explizite enthält. Unter Fortlassung der Akzente erhält man daher, wenn man noch die Verschiebungen β parallel zur y-Achse und γ parallel zur z-Achse einführt, die Gleichungen

$$\left\{\begin{aligned}\frac{\partial U}{\partial \alpha} &= \sum_{i=1}^{n} \frac{\partial U}{\partial x_i} = 0,\\ \frac{\partial U}{\partial \beta} &= \sum_{i=1}^{n} \frac{\partial U}{\partial y_i} = 0,\\ \frac{\partial U}{\partial \gamma} &= \sum_{i=1}^{n} \frac{\partial U}{\partial z_i} = 0.\end{aligned}\right.$$

Folglich liefern die Gleichungen (3)

$$\left\{\begin{aligned}\sum_{i=1}^{n} m_i \frac{d^2 x_i}{dt^2} &= 0,\\ \sum_{i=1}^{n} m_i \frac{d^2 y_i}{dt^2} &= 0,\\ \sum_{i=1}^{n} m_i \frac{d^2 z_i}{dt^2} &= 0.\end{aligned}\right.$$

Diese Gleichungen lassen sich sogleich integrieren:

$$\text{(4)}\qquad \left\{\begin{aligned}\sum_{i=1}^{n} m_i \frac{dx_i}{dt} &= \alpha_1,\\ \sum_{i=1}^{n} m_i \frac{dy_i}{dt} &= \beta_1,\\ \sum_{i=1}^{n} m_i \frac{dz_i}{dt} &= \gamma_1,\end{aligned}\right.$$

wo α_1, β_1, γ_1 die Integrationskonstanten sind. Nochmalige Integration liefert

$$\text{(5)}\qquad \left\{\begin{aligned}\sum_{i=1}^{n} m_i x_i &= \alpha_1 t + \alpha_2,\\ \sum_{i=1}^{n} m_i y_i &= \beta_1 t + \beta_2,\\ \sum_{i=1}^{n} m_i z_i &= \gamma_1 t + \gamma_2.\end{aligned}\right.$$

Wir setzen $\sum_{i=1}^{n} m_i = M$; der Schwerpunkt der n Körper besitze die Koordinaten $\bar{x}$, $\bar{y}$, z, dann ist nach § 19

$$
(6) \qquad \left\{
\begin{aligned}
\sum_{i=1}^{n} m_i x_i &= M\bar{x}, \\
\sum_{i=1}^{n} m_i y_i &= M\bar{y}, \\
\sum_{i=1}^{n} m_i z_i &= M\bar{z}.
\end{aligned}
\right.
$$

Folglich werden die Gleichungen (5)

$$
(7) \qquad \left\{
\begin{aligned}
M\bar{x} &= \alpha_1 t + \alpha_2, \\
M\bar{y} &= \beta_1 t + \beta_2, \\
M\bar{z} &= \gamma_1 t + \gamma_2;
\end{aligned}
\right.
$$

das heißt, daß die Koordinaten des Massenmittelpunktes sich linear mit der Zeit ändern. Hieraus läßt sich schließen, daß sich der Massenmittelpunkt mit gleichförmiger Geschwindigkeit in gerader Linie bewegt. In der Tat folgt für die Geschwindigkeit des Massenmittelpunktes der konstante Wert

$$
(8) \qquad \bar{V} = \sqrt{\left(\frac{d\bar{x}}{dt}\right)^2 + \left(\frac{d\bar{y}}{dt}\right)^2 + \left(\frac{d\bar{z}}{dt}\right)^2} = \frac{1}{M}\sqrt{\alpha_1^2 + \beta_1^2 + \gamma_1^2},
$$

durch Elimination von t findet man aus den Gleichungen (7)

$$
(9) \qquad \frac{M\bar{x} - \alpha_2}{\alpha_1} = \frac{M\bar{y} - \beta_2}{\beta_1} = \frac{M\bar{z} - \gamma_2}{\gamma_1}.
$$

Dies sind die symmetrischen Gleichungen einer Geraden im dreidimensionalen Raum. Die Gleichungen (8) und (9) liefern das Theorem:

Wenn n Körper ausschließlich ihren gegenseitigen Anziehungen unterworfen sind, so bewegt sich ihr Massenmittelpunkt in gerader Linie mit gleichförmiger Geschwindigkeit. Der Spezialfall $\bar{V} = 0$ ergibt sich für $\alpha_1 = \beta_1 = \gamma_1 = 0$. Da man unmöglich die Lage irgendeines bestimmten Punktes im Raume kennt, so ist man nicht imstande, die sechs Konstanten zu bestimmen.

Wir können jetzt den Ursprung in den Massenmittelpunkt des Systems verlegen, wie beim Zweikörpersystem, oder in den Mittelpunkt eines von den Körpern, wie in § 148 geschehen wird; die Ordnung des Problems reduziert sich dann um sechs Einheiten.

145. Die drei Flächensätze. Die Potentialfunktion bleibt gegenüber einer Drehung des Koordinatensystems ungeändert. Das Koordinatensystem werde um die z-Achse um den Winkel $-\varphi$ gedreht. Dann bestehen zwischen den alten und neuen Koordinaten, wenn diese x_i', y_i', z_i' heißen, die Beziehungen

$$(10) \qquad \begin{cases} x_i' = x_i \cos\varphi - y_i \sin\varphi, \\ y_i' = x_i \sin\varphi + y_i \cos\varphi, \\ z_i' = z_i, \qquad (i = 1, \ldots, n). \end{cases}$$

Da die Funktion U gegenüber der Drehung ungeändert bleibt, so enthält sie φ nicht explizite; folglich ist

$$(11) \qquad \frac{\partial U}{\partial \varphi} = \sum_{i=1}^{n} \frac{\partial U}{\partial x_i'} \frac{\partial x_i'}{\partial \varphi} + \sum_{i=1}^{n} \frac{\partial U}{\partial y_i'} \frac{\partial y_i'}{\partial \varphi} + \sum_{i=1}^{n} \frac{\partial U}{\partial z_i'} \frac{\partial z_i'}{\partial \varphi} = 0.$$

Nun folgt aus (10)

$$\frac{\partial x_i'}{\partial \varphi} = -y_i', \qquad \frac{\partial y_i'}{\partial \varphi} = x_i', \qquad \frac{\partial z_i'}{\partial \varphi} = 0, \qquad (i = 1, \ldots, n);$$

daher wird (11) $$\sum_{i=1}^{n} \left[x_i' \frac{\partial U}{\partial y_i'} - y_i' \frac{\partial U}{\partial x_i'} \right] = 0.$$

Mit Rücksicht auf (3) ergibt sich hieraus, wenn man die Akzente unterdrückt, die nicht mehr gebraucht werden

$$\begin{cases} \sum_{i=1}^{n} m_i \left[x_i \frac{d^2 y_i}{dt^2} - y_i \frac{d^2 x_i}{dt^2} \right] = 0, \quad \text{und ähnlich,} \\ \sum_{i=1}^{n} m_i \left[y_i \frac{d^2 z_i}{dt^2} - z_i \frac{d^2 y_i}{dt^2} \right] = 0, \\ \sum_{i=1}^{n} m_i \left[z_i \frac{d^2 x_i}{dt^2} - x_i \frac{d^2 z_i}{dt^2} \right] = 0. \end{cases}$$

Jedes Glied dieser Summe läßt sich besonders integrieren, und liefert

$$(12) \qquad \begin{cases} \sum_{i=1}^{n} m_i \left[x_i \frac{d y_i}{dt} - y_i \frac{d x_i}{dt} \right] = c_1, \\ \sum_{i=1}^{n} m_i \left[y_i \frac{d z_i}{dt} - z_i \frac{d y_i}{dt} \right] = c_2, \\ \sum_{i=1}^{n} m_i \left[z_i \frac{d x_i}{dt} - x_i \frac{d z_i}{dt} \right] = c_3. \end{cases}$$

Die Klammern bedeuten die Projektionen der doppelten Flächengeschwindigkeiten der verschiedenen Körper auf die drei Fundamentalebenen (§ 16). Wie man unmöglich einen Punkt im absoluten Raum bestimmen kann, so gilt dasselbe auch für eine bestimmte räumliche Richtung; folglich ist es unmöglich, die Konstanten c_1, c_2, c_3 praktisch zu bestimmen. Im vorliegenden Falle pflegt man jedoch anzunehmen, daß die Fixsterne, im Mittel, keine Umdrehung im Raum ausführen, so daß diese Konstanten durch Beobachtung derselben gefunden werden können. Diese Annahme ist freilich offenbar ebensowenig begründet wie die Annahme, daß die Fixsterne überhaupt nicht durch den Raum strömen; in beiden Fällen handelt es sich um bloße Annahmen, ohne eine Möglichkeit, sie zu beweisen oder zu widerlegen. Indessen ist zu beachten, daß, wenn man sich auf den Boden dieser Annahmen stellt, die Konstanten c_1, c_2 und c_3 sich leicht mit einem hohen Genauigkeitsgrad bestimmen lassen, während bei dem gegenwärtigen Stande der beobachtenden Astronomie die Konstanten in den Gleichungen (4) nicht mit beträchtlicher Genauigkeit gefunden werden können.

Bezeichnet man mit A_i, B_i und C_i die Projektionen der von dem Leitstrahl vom Ursprung nach dem Körper m_i beschriebenen Flächen auf die xy-, yz- und zx-Ebene, so läßt sich (12) schreiben

$$\sum_{i=1}^{n} m_i \frac{dA_i}{dt} = c_1,$$

$$\sum_{i=1}^{n} m_i \frac{dB_i}{dt} = c_2,$$

$$\sum_{i=1}^{n} m_i \frac{dC_i}{dt} = c_3.$$

Dies liefert die Integrale

$$(13)\qquad \begin{cases} \sum_{i=1}^{n} m_i A_i = c_1 t + c_1', \\ \sum_{i=1}^{n} m_i B_i = c_2 t + c_2', \\ \sum_{i=1}^{n} m_i C_i = c_3 t + c_3'. \end{cases}$$

Hieraus folgt das Theorem:

Die Summe der Produkte aus den Massen und den Projektionen der von dem Leitstrahl beschriebenen Flächen sind lineare Funktionen der Zeit;

oder, wegen (12), die Summen der Produkte aus den Massen und den Projektionen der Flächengeschwindigkeiten sind konstant.

Wie Laplace zuerst gezeigt hat, kann man die Achsenrichtungen so wählen, daß in den Gleichungen (12) zwei Konstante verschwinden, während die dritte den Wert $\sqrt{c_1^2 + c_2^2 + c_3^2}$ annimmt. Damit ist also die Ebene bestimmt, für welche die Summen der Produkte aus den Massen und den Projektionen der Flächengeschwindigkeiten den größten Wert besitzt. Ihre Beziehungen zum ursprünglichen System sind durch die Konstanten c_1, c_2, c_3 definiert, und folglich ist ihre Lage stets dieselbe. Aus diesem Grunde wurde sie von Laplace als die *invariable Ebene* bezeichnet. Gegenwärtig hat die invariable Ebene des Sonnensystems gegen die Ekliptik eine Neigung von etwa 2°, und die Länge des aufsteigenden Knotens beträgt ungefähr 286°. Diese Daten sind freilich wegen unserer unvollständigen Kenntnis der Massen einiger Planeten einer gewissen Unsicherheit unterworfen. Wenn die Lage der Ebene exakt bestimmt wäre, so würde sie gegenüber der Ekliptikalebene gewisse praktische Vorteile bieten, welche für eine fundamentale Bezugsebene beträchtlichen Änderungen unterliegt. Für gewisse theoretische Untersuchungen war die invariable Ebene von großer Bedeutung.[1])

146. Der Energiesatz.[2]) Multipliziert man die Gleichungen (3) mit $\frac{dx_i}{dt}$, $\frac{dy_i}{dt}$, $\frac{dz_i}{dt}$, addiert und summiert in bezug auf i, so ergibt sich

$$\sum_{i=1}^{n} m_i \left\{ \frac{d^2x_i}{dt^2}\frac{dx_i}{dt} + \frac{d^2y_i}{dt^2}\frac{dy_i}{dt} + \frac{d^2z_i}{dt^2}\frac{dz_i}{dt} \right\} = \sum_{i=1}^{n} \left\{ \frac{\partial U}{\partial x_i}\frac{dx_i}{dt} + \frac{\partial U}{\partial y_i}\frac{dy_i}{dt} + \frac{\partial U}{\partial z_i}\frac{dz_i}{dt} \right\}. \tag{14}$$

Das Potential U ist eine Funktion der $3n$ Variablen x_i, y_i, z_i allein. Der Ausdruck auf der rechten Seite von (14) stellt daher den totalen Differentialquotienten von U nach t dar. Integration dieser Gleichung liefert

$$\frac{1}{2}\sum_{i=1}^{n} m_i \left\{ \left(\frac{dx_i}{dt}\right)^2 + \left(\frac{dy_i}{dt}\right)^2 + \left(\frac{dz_i}{dt}\right)^2 \right\} = U + h. \tag{15}$$

Diese Gleichung enthält auf der linken Seite den Ausdruck für die kinetische Energie des ganzen Systems und rechts die Potentialfunktion plus einer Konstanten.

1) Siehe die Abhandlungen Jacobi, *Journal für Math., Bd. IX;* Tisserand, *Méc. Cél.*, vol. I., chap. XXV.: Poincaré, *Les Méthodes Nouvelles de la Méc. Cél.*, vol. I, p. 39.

2) Dieser wird sehr häufig als das Integral der lebendigen Kraft bezeichnet.

In einem System verstehen wir unter der potentiellen Energie einer Konstellation in bezug auf eine andere den Betrag an Arbeit, der für den Übergang von der einen zur anderen erforderlich ist. Wenn zwei Körper sich umgekehrt proportional dem Quadrate ihres Abstandes anziehen, so wirkt zwischen ihnen die Kraft $\frac{k^2 m_i m_j}{r_{i,j}^2}$. Die Arbeitsleistung bei der Änderung ihrer Entfernung von $r_{i,j}^{(0)}$ bis $r_{i,j}$ beträgt

$$(16) \qquad W_{i,j} = k^2 m_i m_j \int_{r_{i,j}^{(0)}}^{r_{i,j}} \frac{d r_{i,j}}{r_{i,j}^2} = k^2 m_i m_j \left[\frac{1}{r_{i,j}^{(0)}} - \frac{1}{r_{i,j}}\right].$$

Wenn die Körper anfänglich unendlich entfernt voneinander sind, so ist $r_{i,j}^{(0)} = \infty$, Gleichung (16) wird dann

$$-W_{i,j} = \frac{k^2 m_i m_j}{r_{i,j}};$$

und somit
$$U = -\frac{1}{2}\sum_{i=1}^{n}\sum_{j=1}^{n} W_{i,j}.$$

U ist folglich die negative potentielle Energie des ganzen Systems, bezogen auf diese Ausgangslage der Körper zueinander, bei der sie voneinander unendlich weit entfernt waren. Daher liefert (15) das Theorem: *In einem System von n Körpern, die nur ihren gegenseitigen Anziehungen unterworfen sind, ist die Summe der kinetischen und potentiellen Energie konstant.*

147. Die Frage neuer Integrale. Von den gesamten $6n$ Integralen, welche zur vollständigen Lösung des Problems erforderlich sind, wurden zehn gefunden. Nur diese zehn Integrale kennt man, und es entsteht die Frage, ob noch weitere von bestimmtem Charakter existieren.

In einer tiefgehenden Abhandlung *Acta Mathematica*, Bd. XI, hat Bruns nachgewiesen, daß, wenn man die rechtwinkligen Koordinaten als abhängige Variable wählt, keine weiteren algebraischen Integrale existieren. Dies schließt natürlich nicht die Möglichkeit der Existenz von algebraischen Integralen aus, falls andere Variable gewählt werden. Poincaré hat in seiner preisgekrönten Abhandlung *Acta Mathematica*, Bd. XIII, und ferner mit einigen Zusätzen in *Les Méthodes Nouvelles de la Mécanique Céleste*, chap. V. das Theorem bewiesen, daß das Dreikörperproblem keine weiteren ganzen transzendenten Funktionen zuläßt, selbst in dem Falle, daß die Massen von zwei der Körper sehr klein im Vergleich zu der Masse des dritten sind. In diesem Theorem werden als die abhängigen Variablen die Bahnelemente der Körper benutzt, welche sich unter dem Einfluß ihrer gegenseitigen Anziehungen ändern.

Hieraus folgt wiederum nicht, daß bei Benutzung anderer abhängiger Variablen Integrale der von Poincaré betrachteten Gattung nicht existieren. In der Tat hat Levi-Civita die Existenz von Integralen dieser Klasse in einem speziellen Problem nachgewiesen, welches unter das Theorem von Poincaré fällt, wenn passende Variablen gewählt werden (*Acta Mathematica,* Bd. XXX). Die praktische Bedeutung der Theoreme von Bruns und Poincaré wurde oft von solchen überschätzt, welche vergaßen, unter welchen einschränkenden Bedingungen ihre Geltung nachgewiesen wurde.

XVIII. Aufgaben.

1. Man schreibe die Gleichungen (1) für den Fall, daß die Kraft der $m$ten Potenz der Entfernung umgekehrt proportional ist. Für welche Werte von m werden die sämtlichen Gleichungen unabhängig? Das n Körperproblem läßt sich für dieses Kraftgesetz vollständig lösen; man zeige, daß die Bahnkurven in bezug auf den Massenmittelpunkt des Systems sämtlich Ellipsen mit diesem Punkt als Mittelpunkt darstellen. Man zeige ferner, daß die Bahnkurve eines beliebigen Körpers in bezug auf irgendeinen anderen ebenfalls eine zentrisch gelegene Ellipse ist, und daß das gleiche zutrifft für die Bewegung eines beliebigen Körpers in bezug auf den Massenmittelpunkt irgendeiner Untergruppe des ganzen Systems. Endlich zeige man, daß die Perioden sämtlich gleich sind.

2. Wie wird man die Potentialfunktion definieren, wenn die Kraft zur $m$ten Potenz der Entfernung umgekehrt proportional ist?

3. Man leite die unmittelbar (4) vorhergehenden Gleichungen aus den Gleichungen (1) direkt ab.

4. Man beweise, daß der Satz über die Bewegung des Massenmittelpunktes auch gilt, wenn die Kraft einer beliebigen Potenz der Entfernung proportional ist.

5. Man leite die unmittelbar (12) vorhergehenden Gleichungen aus den Gleichungen (1) direkt ab und zeige, daß sie auch gelten im Falle einer Kraft, die zur beliebigen Potenz der Entfernung proportional ist.

6. Eine Ebene durch den Koordinatenanfang läßt sich in eine andere durch den Koordinatenanfang überführen durch Drehung um eine jede von irgend zwei der drei Koordinatenachsen. Man transformiere demgemäß die Gleichungen (12) durch aufeinanderfolgende Drehungen um zwei Achsen und zeige, daß die Drehungswinkel so gewählt werden können, daß zwei von den Konstanten, welchen die Funktionen der neuen Koordinaten ähnlich (12) gleich sind, verschwinden, und daß die dritte gleich $\sqrt{c_1^2 + c_2^2 + c_3^2}$ ist. (Diese Methode benutzte Laplace, um die Existenz der invariablen Ebene zu beweisen.)

7. Warum lassen sich die Gleichungen (13) nicht als Integrale der Differentialgleichungen (1) betrachten, so daß dann die ganze Anzahl dreizehn Integrale ausmachen würde?

148. Verlegung des Koordinatenanfangs in die Sonne. Die absoluten Bewegungen der Planeten sind uns gänzlich unbekannt, denn die Beobachtungen geben nur Aufschluß über ihre relativen Positionen oder über ihre Positionen in bezug auf die Sonne. Freilich wissen wir, daß das Sonnensystem dem Sternbilde des Herkules zustrebt, doch müssen wir beachten, daß diese Bewegung sich nur auf gewisse Gruppen von

Sternen bezieht. Für die Studierenden der Himmelsmechanik besteht jedenfalls nur die Aufgabe, die relativen Positionen der Körper des Sonnensystems oder im besonderen die Positionen der Planeten in bezug auf die Sonne zu bestimmen. Hierfür ist es vorteilhaft, den Koordinatenanfang in die Sonne zu verlegen und die entstehenden Differentialgleichungen anzuwenden.

Es bezeichne m_n die Sonne, und ihr Mittelpunkt liege im Koordinatenanfang, die Koordinaten des Körpers m_i in bezug auf das neue System seien x_i', y_i', z_i'. Dann lauten die Beziehungen zwischen den alten und neuen Koordinaten

$$x_i = x_i' + x_n, \quad y_i = y_i' + y_n, \quad z_i = z_i' + z_n, \quad (i = 1, \ldots, n-1).$$

Da die Differenzen der alten Variablen den entsprechenden der neuen gleich sind, so folgt

$$\frac{\partial U}{\partial x_i} = \frac{\partial U}{\partial x_i'}, \quad \frac{\partial U}{\partial y_i} = \frac{\partial U}{\partial y_i'}, \quad \frac{\partial U}{\partial z_i} = \frac{\partial U}{\partial z_i'}, \quad (i = 1, \ldots, n-1).$$

Infolge dieser Transformationen werden die Gleichungen (3)

$$(17) \qquad \begin{cases} \dfrac{d^2 x_i'}{dt^2} + \dfrac{d^2 x_n}{dt^2} = \dfrac{1}{m_i} \dfrac{\partial U}{\partial x_i'}, \\[2mm] \dfrac{d^2 y_i'}{dt^2} + \dfrac{d^2 y_n}{dt^2} = \dfrac{1}{m_i} \dfrac{\partial U}{\partial y_i'}, \\[2mm] \dfrac{d^2 z_i'}{dt^2} + \dfrac{d^2 z_n}{dt^2} = \dfrac{1}{m_i} \dfrac{\partial U}{\partial z_i'}, \end{cases} \quad (i = 1, \ldots, n-1).$$

Da der Koordinatenanfang so angenommen ist, daß $x_n' = y_n' = z_n' = 0$, so liefert die erste Gleichung (1) für $i = n$

$$(18) \quad \frac{d^2 x_n}{dt^2} = \frac{k^2 m_1 x_1'}{r_{1,n}^3} + \frac{k^2 m_2 x_2'}{r_{2,n}^3} + \cdots + \frac{k^2 m_{n-1} x'_{n-1}}{r_{n-1,n}^3} = k^2 \sum_{j=1}^{n-1} \frac{m_j x_j'}{r_{j,n}^3}.$$

Diese Gleichung, mit den entsprechenden in y und z, in (17) eingesetzt, vollendet die Transformation auf die neuen Variablen; es wird jedoch vorteilhaft sein, die Glieder auf andere Weise zu kombinieren, so daß diejenigen, welche von der Sonnenanziehung herrühren, von den anderen getrennt sind. Die Differentialgleichungen sollen nur für den Körper m_1 hingeschrieben werden, aus welchen die anderen durch Vertauschung der Indizes abgeleitet werden können.

Die Potentialfunktion läßt sich auf den Summenausdruck bringen

$$(19) \qquad U = k^2 m_n \sum_{i=1}^{n-1} \frac{m_i}{r_{i,n}} + \tfrac{1}{2} k^2 \sum_{i=1}^{n-1} \sum_{j=1}^{n-1} \frac{m_i m_j}{r_{i,j}}, \qquad (i \neq j);$$

oder

$$U = k^2 m_n \sum_{j=1}^{n-1} \frac{m_j}{r_{j,n}} + U'.$$

Substituiert man die Ausdrücke (18) und (19) in die Gleichung (17), so wird die letztere

$$(20)\quad \begin{cases} \dfrac{d^2 x_1'}{dt^2} + k^2(m_1 + m_n)\dfrac{x_1'}{r_{1,n}^3} = \dfrac{1}{m_1}\dfrac{\partial U'}{\partial x_1'} - k^2 \sum\limits_{j=2}^{n-1} \dfrac{m_j x_j'}{r_{j,n}^3}, \\[2ex] \dfrac{d^2 y_1'}{dt^2} + k^2(m_1 + m_n)\dfrac{y_1'}{r_{1,n}^3} = \dfrac{1}{m_1}\dfrac{\partial U'}{\partial y_1'} - k^2 \sum\limits_{j=2}^{n-1} \dfrac{m_j y_j'}{r_{j,n}^3}, \\[2ex] \dfrac{d^2 z_1'}{dt^2} + k^2(m_1 + m_n)\dfrac{z_1'}{r_{1,n}^3} = \dfrac{1}{m_1}\dfrac{\partial U'}{\partial z_1'} - k^2 \sum\limits_{j=2}^{n-1} \dfrac{m_j z_j'}{r_{j,n}^3}, \end{cases}$$

Es sei

$$R_{1,j} = k^2 \left\{ \frac{1}{r_{1,j}} - \frac{x_1' x_j' + y_1' y_j' + z_1' z_j'}{r_{j,n}^3} \right\};$$

dann lassen sich Gleichungen (20) in der Form schreiben

$$(21)\quad \begin{cases} \dfrac{d^2 x_1'}{dt^2} + k^2(m_1 + m_n)\dfrac{x_1'}{r_{1,n}^3} = \sum\limits_{j=2}^{n-1} m_j \dfrac{\partial R_{1,j}}{\partial x_1'}, \\[2ex] \dfrac{d^2 y_1'}{dt^2} + k^2(m_1 + m_n)\dfrac{y_1'}{r_{1,n}^3} = \sum\limits_{j=2}^{n-1} m_j \dfrac{\partial R_{1,j}}{\partial y_1'}, \\[2ex] \dfrac{d^2 z_1'}{dt^2} + k^2(m_1 + m_n)\dfrac{z_1'}{r_{1,n}^3} = \sum\limits_{j=2}^{n-1} m_j \dfrac{\partial R_{1,j}}{\partial z_1'}. \end{cases}$$

Wir lassen die Akzente, welche überflüssig geworden sind, fort und setzen, um die (21) entsprechenden allgemeinen Gleichungen abzuleiten,

$$(22)\quad R_{i,j} = k^2 \left\{ \frac{1}{r_{i,j}} - \frac{x_i x_j + y_i y_j + z_i z_j}{r_{j,n}^3} \right\}, \qquad (i \neq j).$$

Dann lauten die allgemeinen Gleichungen der Relativbewegung

$$(23)\quad \begin{cases} \dfrac{d^2 x_i}{dt^2} + k^2(m_i + m_n)\dfrac{x_i}{r_{i,n}^3} = \sum\limits_{j=1}^{n-1} m_j \dfrac{\partial R_{i,j}}{\partial x_i}, \qquad (i \neq j), \\[2ex] \dfrac{d^2 y_i}{dt^2} + k^2(m_i + m_n)\dfrac{y_i}{r_{i,n}^3} = \sum\limits_{j=1}^{n-1} m_j \dfrac{\partial R_{i,j}}{\partial y_i}, \\[2ex] \dfrac{d^2 z_i}{dt^2} + k^2(m_i + m_n)\dfrac{z_i}{r_{i,n}^3} = \sum\limits_{j=1}^{n-1} m_j \dfrac{\partial R_{i,j}}{\partial z_i}, \end{cases}$$

in welchen $i = 1, \ldots, n-1$.

149. Dynamische Bedeutung der Gleichungen. Zum leichteren Verständnis der Bedeutung der Gleichungen betrachten wir nur ein System von drei Körpern m_1, m_2 und m_n. m_n sei die Sonne, ihre Masse sei gleich eins, und die Abstände von ihr nach m_1 und m_2 seien r_1 und r_2. Dann lauten die Gleichungen (23) in ausführlicher Schreibweise

$$(24)\quad \begin{cases} \dfrac{d^2 x_1}{dt^2} + k^2(1+m_1)\dfrac{x_1}{r_1^3} = k^2 m_2 \dfrac{\partial}{\partial x_1}\left\{\dfrac{1}{r_{1,2}} - \dfrac{x_1 x_2 + y_1 y_2 + z_1 z_2}{r_2^3}\right\}, \\ \dfrac{d^2 y_1}{dt^2} + k^2(1+m_1)\dfrac{y_1}{r_1^3} = k^2 m_2 \dfrac{\partial}{\partial y_1}\left\{\dfrac{1}{r_{1,2}} - \dfrac{x_1 x_2 + y_1 y_2 + z_1 z_2}{r_2^3}\right\}, \\ \dfrac{d^2 z_1}{dt^2} + k^2(1+m_1)\dfrac{z_1}{r_1^3} = k^2 m_2 \dfrac{\partial}{\partial z_1}\left\{\dfrac{1}{r_{1,2}} - \dfrac{x_1 x_2 + y_1 y_2 + z_1 z_2}{r_2^3}\right\}, \\ \dfrac{d^2 x_2}{dt^2} + k^2(1+m_2)\dfrac{x_2}{r_2^3} = k^2 m_1 \dfrac{\partial}{\partial x_2}\left\{\dfrac{1}{r_{2,1}} - \dfrac{x_2 x_1 + y_2 y_1 + z_2 z_1}{r_1^3}\right\}, \\ \dfrac{d^2 y_2}{dt^2} + k^2(1+m_2)\dfrac{y_2}{r_2^3} = k^2 m_1 \dfrac{\partial}{\partial y_2}\left\{\dfrac{1}{r_{2,1}} - \dfrac{x_2 x_1 + y_2 y_1 + z_2 z_1}{r_1^3}\right\}, \\ \dfrac{d^2 z_2}{dt^2} + k^2(1+m_2)\dfrac{z_2}{r_2^3} = k^2 m_1 \dfrac{\partial}{\partial z_2}\left\{\dfrac{1}{r_{2,1}} - \dfrac{x_2 x_1 + y_2 y_1 + z_2 z_1}{r_1^3}\right\}. \end{cases}$$

Wenn m_2 null wäre, so würden die ersten drei Gleichungen von den zweiten drei unabhängig sein, somit die Gleichungen der Relativbewegung des Körpers m_1 in bezug auf $m_n = 1$ darstellen und könnten dann integriert werden. Die sämtlichen Abweichungen von der rein elliptischen Bewegung ergeben sich aus dem Vorhandensein der rechten Ausdrücke, welche in den drei ersten Gleichungen die partiellen Ableitungen von $R_{1,2}$ nach den Variablen x_1, y_1 und z_1 darstellen. Aus diesem Grunde heißt $m_2 R_{1,2}$ die *Störungsfunktion.*

Die partiellen Ableitungen der ersten Glieder auf der rechten Seite in den ersten drei Gleichungen sind

$$-k^2 m_2 \frac{(x_1 - x_2)}{r_{1,2}^3}, \qquad -k^2 m_2 \frac{(y_1 - y_2)}{r_{1,2}^3}, \qquad -k^2 m_2 \frac{(z_1 - z_2)}{r_{1,2}^3},$$

welche die Beschleunigungskomponenten von m_1 darstellen, herrührend von der Anziehung von m_2. Die partiellen Ableitungen der zweiten Glieder sind

$$-k^2 m_2 \frac{x_2}{r_2^3}, \qquad -k^2 m_2 \frac{y_2}{r_2^3}, \qquad -k^2 m_2 \frac{z_2}{r_2^3},$$

diese bedeuten die negativen Beschleunigungskomponenten der Sonne, herrührend von der Anziehung von m_2. Daher sind die rechten Ausdrücke in den ersten drei Gleichungen (24) die Differenzen zwischen den Beschleunigungskomponenten von m_1 und der Sonne, die von der Anziehung von m_2 herrühren. Ähnlich sind die rechten Ausdrücke in den letzten drei Gleichungen die Differenzen zwischen den Beschleunigungskomponenten von m_2 und der Sonne, die von der Anziehung von m_1 herrühren. Wenn beide Körper gleichen parallelen Beschleunigungen unterliegen, so werden sich ihre relativen Positionen nicht ändern. Die Differenzen ihrer Beschleunigungen kommen von den störenden Kräften und messen diese Störungen. Die rechten Ausdrücke (24) sind daher genau diejenigen Teile der Beschleunigungen, welche durch die störenden Kräfte hervorgerufen werden.

Wenn $n - 2$ störende Körper vorhanden sind, so bilden die rechten Seiten die Summen von Gliedern, welche von den Körpern $m_2, \ldots m_{n-1}$ abhängen, ähnlich den rechten Ausdrücken (24), welche allein von m_2 abhängen; oder mit anderen Worten: die Resultanten der störenden Kräfte setzen sich additiv aus den Anteilen zusammen, die der Wirkung der einzelnen störenden Körper entstammen.

150. Die Ordnung des Gleichungssystems. Die Ordnung des Gleichungssystems (23) ist $6n - 6$, anstatt $6n$ wie die des Systems (1) für den Fall absoluter Bewegung. Im Falle der absoluten Bewegung wurden 10 Integrale gefunden, welche das Problem auf die Ordnung $6n - 10$ reduzierten. Sechs von diesen bezogen sich auf die Bewegung des Massenmittelpunktes, drei auf die Flächengeschwindigkeiten und eins auf die Energie des Systems. Im gegenwärtigen Falle lassen sich nur vier Integrale finden, die drei Flächensätze und das Integral der lebendigen Kraft, welche das Problem ebenfalls auf die Ordnung $6n - 10$ reduzieren.

Das Problem läßt sich auch auf die Ordnung $6n - 6$ reduzieren, wenn man die Integrale für den Massenmittelpunkt direkt benutzt. Betrachtet man insbesondere die Differentialgleichungen für die Körper $m_1, m_2 \ldots, m_{n-1}$, so enthalten sie in der ursprünglichen Form die Koordinaten von m_n, diese Größen können jedoch mit Hilfe der Gleichungen (5) eliminiert werden.

Wird der Ursprung im Massenmittelpunkt angenommen, so ist

$$\sum_{i=1}^{n} m_i x_i = 0, \qquad \sum_{i=1}^{n} m_i y_i = 0, \qquad \sum_{i=1}^{n} m_i z_i = 0,$$

und die Elimination gestaltet sich besonders einfach. Oder man kann wegen dieser linearen, homogenen Relationen die n Variablen einer jeden Gleichung linear und homogen in $n - 1$ neuen Variablen ausdrücken. Auf diese Weise erhält man

$$\begin{aligned}
x_1 &= a_{11}\xi_1 + a_{12}\xi_2 + \cdots + a_{1,\,n-1}\xi_{n-1}, \\
x_2 &= a_{21}\xi_1 + a_{22}\xi_2 + \cdots + a_{2,\,n-1}\xi_{n-1}, \\
&\ldots\ldots\ldots\ldots\ldots\ldots\ldots\ldots \\
x_n &= a_{n1}\xi_1 + a_{n2}\xi_2 + \cdots + a_{n,\,n-1}\xi_{n-1}
\end{aligned}$$

und ähnliche Gleichungssysteme für y und z. Die Koeffizienten a_{ij} sind willkürliche Konstanten, nur müssen sie so gewählt werden, daß eine jede Determinante der Matrix der Substitutionsgleichungen von null verschieden ist, weil sonst eine lineare Beziehung zwischen den ξ_i bestehen würde. Diese Konstanten lassen sich auch so wählen, daß die transformierten Gleichungen eine symmetrische Form erhalten. Angewandt wurde diese Methode von Jacobi in einer wichtigen Abhandlung mit dem Titel „*Sur l'émination des noeuds dans le problème des trois corps*" (*Journal de Math.*, vol. IX., 1844) und von Radau in einer Abhandlung mit dem Titel „*Sur une transformation des équations différentielles de la Dynamique*" (*Annales de l'École Normale*, 1. Serie, vol. V).

XIX. Aufgaben.

1. Man mache in den Integralen (12) und (15) die Transformation $xi = xi' + x_n$ und eleminiere x_n, y_n, z_n, $\frac{d x_n}{dt}$, $\frac{d y_n}{dt}$ und $\frac{d z_n}{dt}$ mit Hilfe der Gleichungen (4) und (5). Man beweise, daß die sich ergebenden Ausdrücke vier Integrale der Gleichungen (23) bilden.

2. Man leite die Gleichungen (23) direkt ab, indem man den Koordinatenanfang in m_2 annimmt, ohne zuerst von den festen Achsen Gebrauch zu machen.

3. Die Gleichungen (23) sind nicht symmetrisch, da jeder Körper eine verschiedene Störungsfunktion $R_{i,j}$ in den Ausdrücken auf der rechten Seite erfordert. Man stelle das entsprechende System von Differentialgleichungen auf, für welches die Bewegung von m_{n-1} sich auf ein rechtwinkliges Achsensystem mit dem Ursprung in m_n bezieht; die Bewegung von m_{n-2} auf ein paralleles Achsensystem mit dem Ursprung in dem Massenmittelpunkt von m_n und m_{n-1}; die Bewegung von m_{n-3} auf ein paralleles Achsensystem mit dem Ursprung im Massenmittelpunkt von m_n, m_{n-1} und m_{n-2} und fahre in dieser Weise fort. Man zeige, daß die Resultate die symmetrischen Gleichungen sind

$$
\begin{aligned}
&\frac{\mu_n}{\mu_{n-1}} m_{n-1} \frac{d^2 x_{n-1}}{dt^2} = \frac{\partial U}{\partial x_{n-1}}, && \mu_n = m_n, \quad \mu_{n-1} = m_{n-1} + m_n, \\
&\frac{\mu_{n-1}}{\mu_{n-2}} m_{n-2} \frac{d^2 x_{n-2}}{dt^2} = \frac{\partial U}{\partial x_{n-2}}, && \mu_{n-2} = m_{n-2} + m_{n-1} + m_n, \\
&\vdots \\
&\frac{\mu_2}{\mu_1} m_1 \frac{d^2 x_1}{dt^2} = \frac{\partial U}{\partial x_1}, && \mu_1 = m_1 + m_2 + \cdots + m_n,
\end{aligned}
$$

und ähnliche Gleichungen in y und z, wo

$$
\begin{aligned}
U = {} & k^2 m_n \left(\frac{m_{n-1}}{r_{n,\,n-1}} + \frac{m_{n-2}}{r_{n,\,n-2}} + \cdots + \frac{m_1}{r_{n-1}} \right) \\
& + k^2 m_{n-1} \left(\frac{m_{n-2}}{r_{n-1,\,n-2}} + \frac{m_{n-3}}{r_{n-1,\,n-3}} + \cdots + \frac{m_1}{r_{n-1,\,1}} \right) \\
& \vdots \\
& + k^2 m_2 \frac{m_1}{r_{1,\,2}}.
\end{aligned}
$$

(Diese Gleichungen sind dieselben, welche Radau von einem verschiedenen Standpunkt aus in der § 150 zitierten Abhandlung aufgestellt hat. Sie wurden von Tisserand in einem sehr eleganten Beweis des Poissonschen Theorems angewandt, welches die Invariabilität der großen Achsen der Planetenbahnen gegenüber Störungen bis zur zweiten Ordnung mit Berücksichtigung der Massen betraf. Poincaré hat dieses System bei seinen Untersuchungen des Dreikörperproblems allgemein benutzt.)

4. Man stelle die (23) entsprechenden Differentialgleichungen in Polarkoordinaten auf.

$$\left\{\begin{aligned}
&\frac{d^2 r_{j,n}}{dt^2} - r_{j,n}\cos^2\varphi_j\left(\frac{d\theta_j}{dt}\right)^2 - r_{j,n}\left(\frac{d\varphi_j}{dt}\right)^2 = -\frac{k^2(m_j+m_n)}{r^2_{j,n}} + \sum_{i=1}^{n-1} m_i\frac{\partial R_{j,i}}{\partial r_{j,n}},\\
&\frac{d}{dt}\left(r^2_{j,n}\cos^2\varphi_j\frac{d\theta_j}{dt}\right) = \sum_{i=1}^{n-1} m_i\frac{\partial R_{j,i}}{\partial\theta_j},\\
&\frac{d}{dt}\left(r^2_{j,n}\frac{d\varphi_j}{dt}\right) + r^2_{j,n}\sin\varphi_j\cos\varphi_j\left(\frac{d\theta_j}{dt}\right)^2 = \sum_{i=1}^{n-1} m_i\frac{\partial R_{j,i}}{\partial\varphi_j},\\
&\qquad\qquad (j=1,\ \ldots,\ n-1),\ (i\neq j).
\end{aligned}\right.$$

Geschichtliche Übersicht und Literatur.

Die Untersuchungen des n Körperproblems zerfallen in zwei Arten; die erste bilden diejenigen, welche zu allgemeinen Theoremen führen, die für jedes System gelten; die zweite Art von Untersuchungen liefert gute Annäherungen für einen gewissen Zeitraum in besonderen Systemen, so z. B. im Sonnensystem. Die Untersuchungen der zweiten Art sind als Störungstheorien bekannt, die in einem anderen Kapitel behandelt werden.

Die ersten allgemeinen Theoreme betreffen die Bewegung des Massenmittelpunktes und wurden von Newton in den *Prinzipien* gegeben. Die zehn Integrale und die Theoreme, zu welchen sie führen, waren durch Euler bekannt. Das nächste allgemeine Resultat bildeten der Existenzbeweis und die Diskussion der invariablen Ebene durch Laplace 1784. Im Wintersemester 1842/43 hielt Jacobi an der Universität Königsberg eine Vorlesung über Dynamik ab. In dieser Vorlesung gab er die Resultate von einigen sehr wichtigen Untersuchungen über die Integration der in der Mechanik auftretenden Differentialgleichungen. In den sämtlichen Fällen, wo die Kräfte nur von den Koordinaten abhängen und wo eine Potentialfunktion existiert, Bedingungen, welche im n Körperproblem erfüllt sind, bewies er, daß, wenn die sämtlichen Integrale außer zwei gefunden sind, die letzten beiden stets ermittelt werden können. Er zeigte auch, einige Untersuchungen von Sir William Rowan Hamilton ausdehnend, daß sich das Problem auf eine partielle Differentialgleichung zurückführen läßt, deren Ordnung einhalbmal so groß ist, wie die des ursprünglichen Systems. Jacobis Vorlesungen wurden in dem Ergänzungsbande zu seinen gesammelten Werken veröffentlicht. Sie sind an und für sich von großer Wichtigkeit, aber auch insofern, als sie eine absolut notwendige Vorbedingung für die Lektüre der epochemachenden Abhandlungen von Poincaré bilden und sollten jedem Studierenden der Himmelsmechanik zugänglich sein.

Es ist eine Frage von größtem Interesse, ob die Bewegung der Mitglieder eines solchen Systems wie Sonne und Planeten rein periodisch sind. Newcomb hat in einer wichtigen Abhandlung, in den *Smithsonian Contributions to Knowledge*,

Dezember 1874 veröffentlicht, gezeigt, daß die Differentialgleichungen formal durch rein periodische Reihen erfüllt werden können. Indessen unterließ er den Nachweis der Konvergenz dieser Reihen; und in der Tat hat Poincaré in *Les Méthodes Nouvelles*, chaps. IX und XII gezeigt, daß sie im allgemeinen divergent sind.

Wie im § 147 bereits erwähnt wurde, hat Bruns in den *Acta Mathematica*, Band XI, nachgewiesen, daß bei Benutzung rechtwinkliger Koordinaten keine neuen algebraischen Integrale existieren, und Poincaré in den *Acta Mathematica*, Band XIII, daß bei Benutzung der Elemente als Variable keine neuen uniformen transzendenten Integrale vorhanden sind, selbst wenn die Massen der sämtlichen Körper, außer einem, sehr klein sind.

Für weitere Studien der allgemeinen Differentialgleichungen mit verschiedenen Systemen von Variablen empfehlen wir dem Studenten Tisserands *Mécanique Céleste*, vol. I, chaps. III, IV und V.

Achtes Kapitel.

Das Dreikörperproblem.

151. Das Problem. Das Dreikörperproblem weist eine Anzahl von wichtigen Resultaten auf, welche mit mathematischer Strenge abgeleitet wurden, unter der Voraussetzung, daß die Koordinaten und Geschwindigkeitskomponenten am Anfang gewissen besonderen Bedingungen genügen. Wenn diese Sonderfälle auch in der Natur nicht vorgefunden wurden, so lassen die erhaltenen Resultate trotzdem manche Anwendungen zu; im übrigen sind die Ableitungen mathematisch elegant und führen zu äußerst interessanten Schlüssen. Vorliegendes Kapitel soll diese Resultate bringen, soweit sie in den Rahmen des Werkes hineinfallen, während die Störungstheorien, auf Grund deren sich die Positionen der Himmelskörper voraussagen lassen, erst in den folgenden Kapiteln behandelt werden.

Der erste Teil des Kapitels enthält die Diskussion einiger Bewegungseigenschaften eines unendlich kleinen Körpers, der von zwei endlichen Körpern angezogen wird, welche um ihren Massenmittelpunkt Kreise beschreiben, einschließlich des Existenzbeweises für gewisse besondere Lösungen, für welche die Abstände des infinitesimalen Körpers von den endlichen Körpern konstant sind. Der zweite Teil des Kapitels enthält die Darlegung einer Methode, partikuläre Lösungen für die Bewegung von drei endlichen Körpern zu finden, wenn die Verhältnisse ihrer gegenseitigen Entfernungen konstant sind. Diese Lösungen schließen freilich die vorigen ein, aber nach dieser Methode lassen sich so viel weniger Bewegungseigenschaften und mit so viel größeren Schwierigkeiten auffinden, daß es doch geraten erscheint, die Diskussion in zwei Teile zu zerlegen.

Die besonderen Lösungen des Dreikörperproblems, welche hier diskutiert werden, wurden zum erstenmal 1772 von Lagrange in einer preisgekrönten Abhandlung mitgeteilt. Die hier benutzte Methode ist von der Lagrangeschen gänzlich verschieden und bedeutend besser geeignet zur Verallgemeinerung auf den Fall, wo eine größere Anzahl von Körpern vorliegt. Die Reduktion der Ordnung um eine Einheit, welche ein sehr interessantes Moment der Lagrangeschen Abhandlung darstellte, wird von dieser Methode allerdings nicht geleistet. Da indessen keine Möglichkeit bestand, irgend welchen Gebrauch von dieser Reduktion zu machen, so hatte sie keine praktische Bedeutung.

Mathematisch versteht man unter einem *unendlich kleinen* Körper einen Körper, welcher von endlichen Massen angezogen wird, ohne sie selbst anzuziehen. Physikalisch versteht man darunter einen Körper von so kleiner Masse, daß er auf die Bewegung endlicher Körper während eines beliebig groß angenommenen Zeitraumes eine Störung ausübt, die kleiner ist als ein beliebig klein angenommener Betrag. Um eine kleine Masse, die diesen Bedingungen genügt, wirklich zu bestimmen, hat man nur nötig, die Masse so klein zu machen, daß ihre gesamte die störende Kraft stets übertreffende Anziehung, wirkend in der kleinstmöglichen Entfernung, einer der großen Massen während der angenommenen Zeit eine Verschiebung erteilt, die noch kleiner ist als diese Minimalentfernung.

Bewegung des unendlich kleinen Körpers.

152. Die Differentialgleichungen der Bewegung. Wir betrachten ein System, das aus zwei endlichen Körpern besteht, die sich um ihren gemeinsamen Massenmittelpunkt in Kreisen bewegen, und aus einem infinitesimalen Körper, der ihren Anziehungen unterworfen ist. Die Masseneinheit sei so gewählt, daß die beiden endlichen Körper zusammen die Masse eins besitzen; dann können ihre Massen mit $1-\mu$ und μ bezeichnet werden, so daß $\mu \leqq \frac{1}{2}$ ist. Die Einheit für die Entfernung wählen wir so, daß die konstante Entfernung zwischen den endlichen Körpern den Wert eins hat, und die Zeiteinheit so, daß k^2 gleich eins ist. Der Koordinatenanfang liege im Massenmittelpunkt der endlichen Körper und die Achsenrichtungen seien so angenommen, daß die $\xi\eta$-Ebene die Ebene ihrer Bewegung darstellt. Die Koordinaten der Körper $1-\mu$, μ und des unendlich kleinen Körpers seien ξ_1, η_1, 0; ξ_2, η_2, 0 und ξ, η, ζ, und es sei

$$r_1 = \sqrt{(\xi-\xi_1)^2+(\eta-\eta_1)^2+\zeta^2},$$

$$r_2 = \sqrt{(\xi-\xi_2)^2+(\eta-\eta_2)^2+\zeta^2}.$$

Dann lauten die Differentialgleichungen der Bewegung für den infinitesimalen Körper

$$(1)\qquad \begin{cases} \dfrac{d^2\xi}{dt^2} = -(1-\mu)\dfrac{(\xi-\xi_1)}{r_1^3} - \mu\dfrac{(\xi-\xi_2)}{r_2^3}, \\ \dfrac{d^2\eta}{dt^2} = -(1-\mu)\dfrac{(\eta-\eta_1)}{r_1^3} - \mu\dfrac{(\eta-\eta_2)}{r_2^3}, \\ \dfrac{d^2\zeta}{dt^2} = -(1-\mu)\dfrac{\zeta}{r_1^3} - \mu\dfrac{\zeta}{r_2^3}. \end{cases}$$

Mit Rücksicht auf die Wahl der Einheiten besitze die mittlere Winkelbewegung der endlichen Körper den Wert

$$n = k\,\frac{\sqrt{(1-\mu)+\mu}}{a^{\frac{3}{2}}} = 1.$$

Wir beziehen die Bewegung der Körper auf ein neues Achsensystem mit demselben Ursprung, daß sich um die ζ-Achse in der Bewegungsrichtung der endlichen Körper mit der gleichförmigen Winkelgeschwindigkeit eins dreht. Die Koordinaten des neuen Systems genügen den Gleichungen

$$(2)\qquad \begin{cases} \xi = x\cos t - y\sin t, \\ \eta = x\sin t + y\cos t, \\ \zeta = z, \end{cases}$$

und ähnlichen Gleichungen für die Größen mit den Indizes 1 und 2. Bestimmt man die zweiten Ableitungen von (2) und setzt in (1) ein, so ergibt sich

$$(3)\qquad \begin{cases} \left\{\dfrac{d^2x}{dt^2} - 2\dfrac{dy}{dt} - x\right\}\cos t - \left\{\dfrac{d^2y}{dt^2} + 2\dfrac{dx}{dt} - y\right\}\sin t \\ \qquad = -\left\{(1-\mu)\dfrac{(x-x_1)}{r_1^3} + \mu\dfrac{(x-x_2)}{r_2^3}\right\}\cos t \\ \qquad\qquad + \left\{(1-\mu)\dfrac{(y-y_1)}{r_1^3} + \mu\dfrac{(y-y_2)}{r_2^3}\right\}\sin t, \\ \left\{\dfrac{d^2x}{dt^2} - 2\dfrac{dy}{dt} - x\right\}\sin t + \left\{\dfrac{d^2y}{dt^2} + 2\dfrac{dx}{dt} - y\right\}\cos t \\ \qquad = -\left\{(1-\mu)\dfrac{(x-x_1)}{r_1^3} + \mu\dfrac{(x-x_2)}{r_2^3}\right\}\sin t \\ \qquad\qquad - \left\{(1-\mu)\dfrac{(y-y_1)}{r_1^3} + \mu\dfrac{(y-y_2)}{r_2^3}\right\}\cos t, \\ \dfrac{d^2z}{dt^2} = -(1-\mu)\dfrac{z}{r_1^3} - \mu\dfrac{z}{r_2^3}. \end{cases}$$

Man multipliziere die ersten beiden Gleichungen mit $\cos t$ und $\sin t$, dann mit $-\sin t$ und $\cos t$ und addiere jedesmal. Dies liefert

$$\left\{\begin{aligned} \frac{d^2 x}{dt^2} - 2\frac{dy}{dt} &= x - (1-\mu)\frac{(x-x_1)}{r_1^3} - \mu\frac{(x-x_2)}{r_2^3}, \\ \frac{d^2 y}{dt^2} + 2\frac{dx}{dt} &= y - (1-\mu)\frac{(y-y_1)}{r_1^3} - \mu\frac{(y-y_2)}{r_2^3}, \\ \frac{d^2 z}{dt^2} \qquad\quad &= -(1-\mu)\frac{z}{r_1^3} - \mu\frac{z}{r_2^3}. \end{aligned}\right.$$

Die Lage der Achsen kann so gewählt werden, daß die x-Achse ständig durch die Mittelpunkte der endlichen Körper hindurchgeht; dann ist $y_1 = 0$, $y_2 = 0$ und die Gleichungen werden

$$(4)\qquad \left\{\begin{aligned} \frac{d^2 x}{dt^2} - 2\frac{dy}{dt} &= x - (1-\mu)\frac{(x-x_1)}{r_1^3} - \mu\frac{(x-x_2)}{r_2^3}, \\ \frac{d^2 y}{dt^2} + 2\frac{dx}{dt} &= y - (1-\mu)\frac{y}{r_1^3} - \mu\frac{y}{r_2^3}, \\ \frac{d^2 z}{dt^2} \qquad\quad &= -(1-\mu)\frac{z}{r_1^3} - \mu\frac{z}{r_2^3}. \end{aligned}\right.$$

Dies sind die Differentialgleichungen für die Bewegung des infinitesimalen Körpers in bezug auf ein in der Weise rotierendes System, daß die endlichen Körper mit ihren Mittelpunkten stets auf der x-Achse liegen. Sie besitzen die wichtige Eigenschaft, daß sie die unabhängige Variable t nicht explizite enthalten, weil die Koordinaten der endlichen Körper infolge der festgesetzten Drehung des Systems konstante Werte erhalten haben. Hingegen sind in den Gleichungen (1) die Größen ξ_1, ξ_2, η_1 und η_2 Funktionen von t.

Das allgemeine Problem, die Bewegung des infinitesimalen Körpers zu bestimmen, ist von der sechsten Ordnung; wenn der Körper speziell der Bewegungsebene der endlichen Körper angehört, so ist das Problem von der vierten Ordnung.

153. Das Jacobische Integral. Die Gleichungen (4) besitzen ein Integral, welches zuerst Jacobi aufgestellt hat, *Comptes Rendus de l'Académie des Sciences de Paris*, vol. III, p. 59, von Hill in der ersten seiner berühmten Abhandlungen über die Mondtheorie diskutiert wurde, *The American Journal of Mathematics*, vol. I, p. 18, und ferner von Darwin in seiner Abhandlung über periodische Bahnkurven, *Acta Mathematica*, Band XXI, S. 102. Setzt man

$$(5)\qquad U = \frac{1}{2}(x^2 + y^2) + \frac{(1-\mu)}{r_1} + \frac{\mu}{r_2},$$

so lassen sich die Gleichungen (4) in der Form schreiben

$$
(6)\qquad \begin{cases} \dfrac{d^2x}{dt^2} - 2\dfrac{dy}{dt} = \dfrac{\partial U}{\partial x}, \\[2mm] \dfrac{d^2y}{dt^2} + 2\dfrac{dx}{dt} = \dfrac{\partial U}{\partial y}, \\[2mm] \dfrac{d^2z}{dt^2} \qquad\qquad = \dfrac{\partial U}{\partial z}. \end{cases}
$$

Wenn man diese Gleichungen mit $2\frac{dx}{dt}$, $2\frac{dy}{dt}$ und $2\frac{dz}{dt}$ multipliziert und addiert, so kann man die entstehende Gleichung integrieren, da U eine Funktion von x, y und z allein ist; dies liefert

$$
(7)\qquad \begin{aligned} \left(\frac{dx}{dt}\right)^2 + \left(\frac{dy}{dt}\right)^2 + \left(\frac{dz}{dt}\right)^2 = V^2 &= 2U - C \\ &\equiv x^2 + y^2 + \frac{2(1-\mu)}{r_1} + \frac{2\mu}{r_2} - C. \end{aligned}
$$

Zur vollständigen Lösung des Problems sind noch fünf Integrale erforderlich. Wenn der unendlich kleine Körper sich in der xy-Ebene bewegte, brauchte man nur noch drei Integrale zu bestimmen, von denen die letzten beiden mit Hilfe von Jacobis *letztem Multiplikator*[1]) erhalten werden können, falls das erste gefunden ist. Es hat also den Anschein, als ob nur ein neues Integral zur vollständigen Lösung dieses speziellen Problems in der Ebene[2]) benötigt würde. Doch Bruns hat gezeigt, *Acta Mathematica*, Band XI, daß für rechtwinklige Koordinaten keine neuen algebraischen Integrale existieren; und Poincaré hat nachgewiesen, *Les Méthode Nouvelles de la Mécanique Céleste*, Bd. I, Kap. V, daß, wenn die Bahnelemente als Variable benutzt werden, keine neuen ganzen transzendenten Funktionen existieren, selbst wenn die Masse des einen endlichen Körpers sehr klein ist im Vergleich zu der des anderen (§ 147). Diese Beweise liegen ganz außerhalb des Rahmens dieses Werkes und können hier nicht wiedergegeben werden.

154. Die Grenzflächen verschwindender Relativgeschwindigkeit.[3]) Gleichung (7) stellt eine Beziehung zwischen dem Quadrat der Geschwindigkeit und den Koordinaten des infinitesimalen Körpers in bezug auf das rotierende System dar. Wenn daher die Integrationskonstante C durch

1) Entwickelt in den *Vorlesungen über Dynamik*, Ergänzungsband zu Jacobis gesammelten Werken.

2) Hill brachte seine speziellen Gleichungen auf eine solche Form, daß sie sich auf Quadraturen zurückführen ließen, wenn eine einzige Variable durch die Zeit ausgedrückt wäre, *American Journal of Mathematics*, vol. I., p. 16.

3) Zuerst diskutiert von Hill in seiner *Mondtheorie*, *The American Journal of Mathematics*, vol. I; und ferner, für die Bewegung in der xy-Ebene, von Darwin, in seinen *Periodic Orbits*, Acta Mathematica, Band XXI.

die Anfangsbedingungen numerisch bestimmt ist, so bestimmt Gleichung (7) die Geschwindigkeit, mit der sich der unendlich kleine Körper, falls überhaupt, in allen Punkten des rotierenden Raumes bewegt; umgekehrt liefert für eine gegebene Geschwindigkeit Gleichung (7) den Ort derjenigen Punkte des relativen Raumes, die für die Bewegung des infinitesimalen Körpers ausschließlich in Betracht kommen. Setzt man insbesondere in dieser Gleichung V gleich null, so definiert sie die Fläche für die Geschwindigkeit null. Auf der einen Seite dieser Fläche ist die Geschwindigkeit reell, auf der anderen imaginär; oder mit anderen Worten, der Körper kann sich nur auf der einen Seite der Fläche bewegen. Der allgemeine Satz, daß eine Funktion ihr Zeichen ändert, wenn die Fläche, auf welcher sie verschwindet, durchschritten wird (wenigstens in einem regulären Punkt), wurde § 120 bewiesen. Während man die Art der Kurve, abgesehen von einigen ganz besonderen Fällen, nicht wird bestimmen können, so zeigt doch diese Aufteilung des relativen Raumes, in welchen Räumen die Bewegung des Körpers vor sich gehen kann und in welchen nicht.

Die Grenzfläche der relativen Geschwindigkeit null hat die Gleichung

$$(8)\qquad \begin{cases} x^2+y^2+\dfrac{2(1-\mu)}{r_1}+\dfrac{2\mu}{r_2}=C, \\ r_1=\sqrt{(x-x_1)^2+y^2+z^2}, \\ r_2=\sqrt{(x-x_2)^2+y^2+z^2}. \end{cases}$$

Da nur die Quadrate von y und z auftreten, so ist die Fläche (8) symmetrisch in bezug auf die xy und xz-Ebene und für $\mu=\frac{1}{2}$ auch in bezug auf die yz-Ebene. Die Fläche für $\mu\neq\frac{1}{2}$ läßt sich als Verbiegung der Fläche für $\mu=\frac{1}{2}$ betrachten. Aus der Art, in welcher z eingeht, folgt, daß eine Gerade parallel zur z-Achse die Fläche in zwei (oder keinen) reellen Punkten schneidet. Ferner liegt die Fläche innerhalb eines Zylinders, dessen Achse die z-Achse und dessen Radius $\sqrt{C}$ ist, dem sich gewisse Flächenteile für $z^2=\infty$ asymptotisch nähern; denn für zunehmendes z^2 besitzt die Gleichung die Grenze

$$x^2+y^2=C.$$

155. Genäherte Formen der Flächen. Aus den im vorhergehenden Paragraphen abgeleiteten Eigenschaften der Flächen und den Schnittkurven, in welchen die Flächen von den Bezugsebenen durchsetzt werden, kann man einen allgemeinen Begriff von ihren Gestalten gewinnen. Die Gleichung der Schnittkurven der Flächen mit der xy-Ebene erhält man für z gleich null aus der ersten Gleichung (8), sie lautet daher

$$(9)\qquad x^2+y^2+\frac{2(1-\mu)}{\sqrt{(x-x_1)^2+y^2}}+\frac{2\mu}{\sqrt{(x-x_2)^2+y^2}}=C.$$

Für große Werte x und y, welche dieser Gleichung genügen, sind das dritte und vierte Glied verhältnismäßig unwichtig; somit schreiben wir die Gleichung

$$x^2 + y^2 = C - \frac{2(1-\mu)}{\sqrt{(x-x_1)^2+y^2}} - \frac{2\mu}{\sqrt{(x-x_2)^2+y^2}} = C - \varepsilon,$$

wo ε klein ist. Dies ist die Gleichung eines Kreises mit dem Radius $\sqrt{C-\varepsilon}$; ein Zweig der Kurve in der xy-Ebene bildet daher ein genähertes

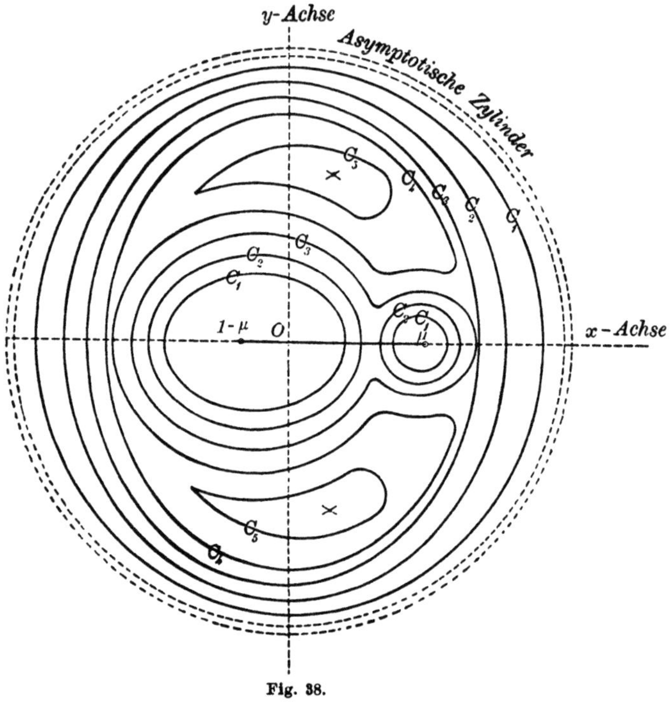

Fig. 38.

kreisförmiges Oval innerhalb des asymptotischen Zylinders. Ferner ist zu beachten: je größer C ist, um so größere Werte x und y genügen der Gleichung, um so kleiner ist ε, um so kreisförmiger ist das Oval und um so mehr nähert es sich dem asymptotischen Zylinder.

Für kleine, der Gleichung (9) genügende Werte x und y sind die ersten und zweiten Glieder verhältnismäßig unwichtig; in diesem Falle können wir schreiben

$$\frac{1-\mu}{r_1} + \frac{\mu}{r_2} = \frac{C}{2} - \frac{x^2+y^2}{2} = \frac{C}{2} - \varepsilon.$$

Dies ist die Gleichung *äquipotentialer Kurven*[1]) für die beiden Kraft-

1) Thomson und Taits *Natural Philosophy*, Part II., Art. 508.

zentren $1-\mu$ und μ. Für große Werte C bestehen sie aus geschlossenen Ovalen um jeden der beiden Körper $1-\mu$ und μ; für kleine Werte C vereinigen sich die Ovale zwischen den Körpern, indem sie eine hantelförmige Figur bilden, deren Enden außer für $\mu=\frac{1}{2}$ von verschiedener Größe sind, für noch kleinere Werte C verbreitert sich der Stiel der Hantel, bis die Figur ein Oval wird, das beide Körper einschließt.

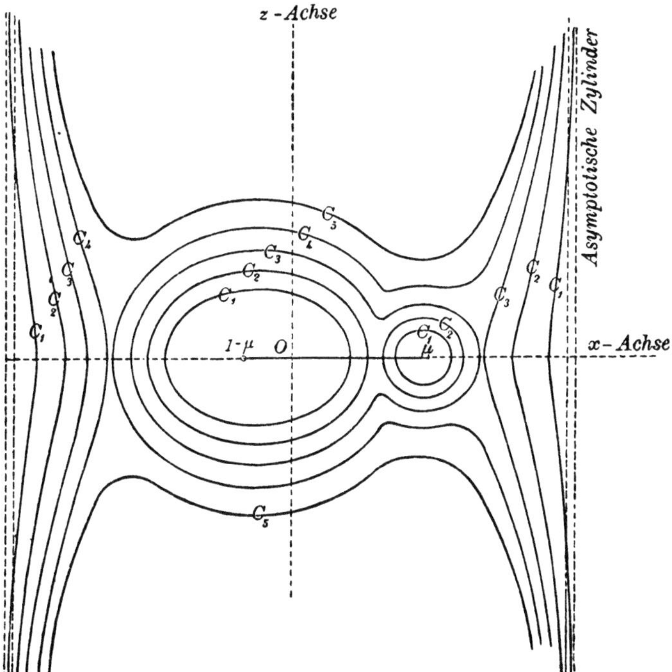

Fig. 39.

Die genäherten Formen der Kurven, in welchen die Flächen von der xy-Ebene geschnitten werden, sind in Figur 38 dargestellt. Die Kurven C_1, C_2, C_3, C_4, C_5 entsprechen abnehmenden Werten der Konstanten C. Sie wurden nicht auf Grund numerischer Berechnungen gezeichnet und sollen den Charakter der Kurven nur qualitativ andeuten.

Die Schnittkurven der Flächen mit der xz-Ebene erhält man aus Gleichung (8) für y gleich null. Ihre Gleichung ist folglich

$$x^2+\frac{2(1-\mu)}{\sqrt{(x-x_1)^2+z^2}}+\frac{2\mu}{\sqrt{(x-x_2)^2+z^2}}=C. \tag{10}$$

Für große Werte von x und z, die diese Gleichung erfüllen, werden das zweite und dritte Glied verhältnismäßig unwesentlich, und man kann für (10) schreiben

$$x^2=C-\varepsilon;$$

diese Gleichung stellt ein Geradenpaar parallel und symmetrisch zur z-Achse dar. Je größer C ist, um so größer ist das für ein gegebenes z die Gleichung erfüllende x und um so kleiner daher ε. Folglich nähern sich mit wachsendem C die Geraden dem Asymptotenzylinder.

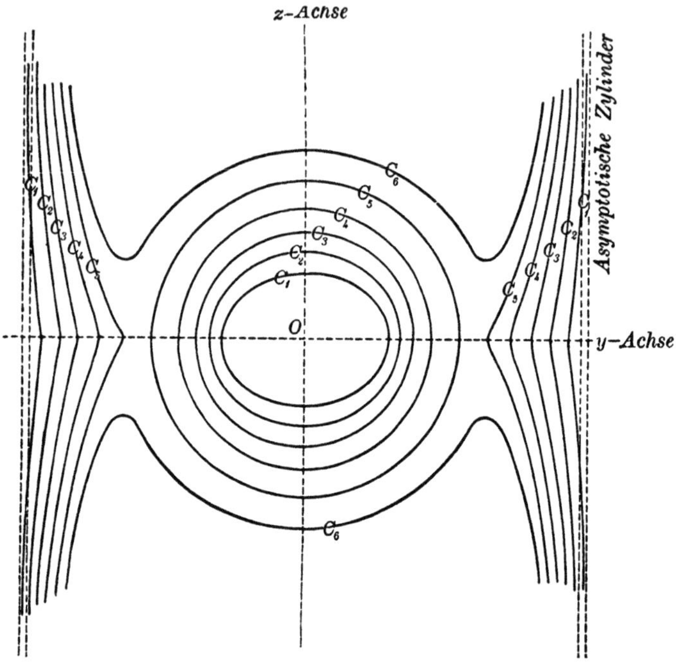

Fig. 40.

Für kleine Werte x und z, die Gleichung (10) genügen, ist das erste Glied verhältnismäßig unwichtig, und man kann schreiben

$$\frac{1-\mu}{r_1} + \frac{\mu}{r_2} = \frac{C}{2} - \varepsilon .$$

Diese Gleichung liefert wieder die äquipotentialen Kurven und hat die gleichen Eigenschaften wie oben. Die Kurven in der xz-Ebene haben daher qualitativ gleiche Gestalten wie die der Figur 39. Ferner entsprechen den Kurven $C_1 \ldots, C_5$ abnehmende Werte der Konstanten C; sie wurden ebenfalls nicht numerisch gefunden.

Die Schnittkurven, welche die yz-Ebene mit den Flächen liefert, ergeben sich für x gleich null aus Gleichung (8) und lauten

$$(11) \qquad y^2 + \frac{2(1-\mu)}{\sqrt{x_1^2 + y^2 + z^2}} + \frac{2\mu}{\sqrt{x_2^2 + y^2 + z^2}} = C .$$

Für große dieser Gleichung genügenden Werte y und z sind das zweite und dritte Glied verhältnismäßig unwichtig; somit kann man schreiben

$$y^2 = C - \varepsilon.$$

Dies ist die Gleichung eines Geradenpaares in der Nähe des Asymptotenzylinders, das sich ihm mit wachsendem C nähert. Wenn $1 - \mu$ viel größer als μ, ist der numerische Wert von x_2 viel größer als der von x_1; daher läßt sich für kleine der Gleichung (11) genügende Werte y und z diese Gleichung schreiben

$$\frac{2(1-\mu)}{r_1} = C - \varepsilon;$$

dies ist ein Kreis, welcher mit abnehmendem C zunimmt. Daher gleichen die Kurven in der yz-Ebene qualitativ den Kurven der Figur 40. Ferner entsprechen die Kurven $C_1, \ldots, C_5$ abnehmenden Werten der Konstanten C.

Aus diesen drei Schnitten durch die Flächen kann man leicht auf ihre Gestalten für die verschiedenen Werte C schließen. Ganz roh beschrieben, bilden sie für große Werte C eine geschlossene, annähernd kugelförmige Fläche um jeden der beiden endlichen Körper und Flächen, die wie Vorhänge symmetrisch zur xy-Ebene von dem asymptotischen Zylinder herabhängen; für kleine Werte C werden die kugelartigen Ovale immer größer und fließen schließlich zu einem einzigen (Fig. 38, Kurve C) zusammen; für noch kleinere Werte C erfolgt auch noch die Vereinigung mit den Vorhangsflächen, wobei die ersten Berührungspunkte in jedem Falle in die xy-Ebene zu liegen kommen; schließlich, wenn C hinreichend klein geworden ist, zerfallen die Flächen wieder in zwei Teile, die zur xy-Ebene symmetrisch liegen, ohne sie zu schneiden (Fig. 39, Kurve C_5, und Fig. 40, Kurve C_6).

156. Die Raumteile reeller und imaginärer Geschwindigkeit. Nachdem wir so die Gestalten der Flächen bestimmt haben, bleibt noch zu untersuchen, in welchen Teilen des relativen Raumes die Geschwindigkeit reell und in welchen sie imaginär ist. Für das Quadrat der Geschwindigkeit besteht der Ausdruck

$$V^2 = x^2 + y^2 + \frac{2(1-\mu)}{r_1} + \frac{2\mu}{r_2} - C.$$

C sei so groß, daß die beiden Ovale und Vorhangflächen sämtlich getrennte Flächen bilden. Die Bewegung ist dann reell in den Raumteilen, für welche der Ausdruck auf der rechten Seite dieser Gleichung positiv ist. Wenn dies aber für einen Punkt innerhalb eines geschlossenen Flächenteiles der Fall ist, so gilt dasselbe auch für alle anderen Punkte innerhalb der Fläche, denn die Funktion wechselt ihr Zeichen nur beim Durchschreiten der Fläche, für die sie verschwindet.

Wie aus der Gleichung unmittelbar folgt, können x und y so groß gewählt werden, daß der Ausdruck rechts vom Gleichheitszeichen für beliebig große Werte C positiv ist; somit *ist die Bewegung außerhalb der Vorhangflächen reell.* Ferner erhält man offenbar positive Werte für den Ausdruck rechts, wie groß auch C sein mag, wenn man Punkte hinreichend nahe an $1-\mu$ oder μ, d. h. r_1 oder r_2 hinreichend klein wählt; folglich *existiert auch innerhalb der Ovale um die endlichen Körper eine reelle Bewegung.*

Wenn im Falle so großer Werte C, daß die beiden Ovale um die endlichen Körper existieren, der infinitesimale Körper sich anfänglich in einem der Ovale befinden würde, so würde er dieses Oval niemals verlassen können, da er ja nicht imstande wäre, eine Fläche von der Geschwindigkeit null zu passieren. Unter der Annahme kreisförmiger Erdbahn und infinitesimaler Mondmasse ergibt sich, daß die durch die Bewegung des Mondes bestimmte Konstante C hinreichend groß ist, damit um die Erde ein geschlossenes Oval existiert, das den Mond in seinem Innern enthält. Folglich kann sich der Mond nicht unendlich weit von der Erde entfernen. Auf diese Weise führte Hill mit diesen Annäherungen den Nachweis, daß die Entfernung des Mondes von der Erde eine obere Grenze besitzt.[1])

157. Methode zur Berechnung der Flächen. Reelle Punkte auf den Flächen lassen sich meist leicht finden, wenn man zuerst die Kurven in der xy-Ebene und dann mit Näherungsmethoden die (7) genügenden Werte z bestimmt. Ferner sind die Kurven der xy-Ebene von größtem Interesse, weil die Punkte, in denen sich die verschiedenen Flächenteile bei ihrer Vereinigung zuerst berühren, dieser Ebene angehören, und im besonderen der x-Achse, wie aus der symmetrischen Lage der Flächen ersichtlich ist.

Die Kurven besitzen in der xy-Ebene die Gleichung

$$x^2+y^2+\frac{2(1-\mu)}{\sqrt{(x-x_1)^2+y^2}}+\frac{2\mu}{\sqrt{(x-x_2)^2+y^2}}=C.$$

Nach Beseitigung der Wurzeln und Brüche ergibt sich hieraus ein Polynom vom sechzehnten Grade in x und y. Nimmt man die eine von den beiden Variablen willkürlich an, so lassen sich die entsprechenden Werte der anderen durch Lösung dieser rationalen Gleichung finden. Dieses Problem bietet jedoch große praktische Schwierigkeiten wegen des hohen Grades der Gleichung, die sich noch vermehren durch das Vorhandensein fremder Lösungen, welche durch das Rationalisierungsverfahren eingeführt werden.

1) *Mondtheorie, Am. Jour. Math.*, vol. I., p. 23.

Die Schwierigkeit des Auftretens fremder Lösungen läßt sich gänzlich vermeiden, und der Grad der Gleichung sehr stark reduzieren, wenn wir zu bipolaren Koordinaten übergehen. Das heißt, wir bestimmen die Punkte der Kurven durch ihre Abstände von zwei festen Punkten der x-Achse. Diese Methode könnte nicht angewandt werden, wenn die Kurve zu der Achse, auf der die Pole liegen, nicht symmetrisch wäre.

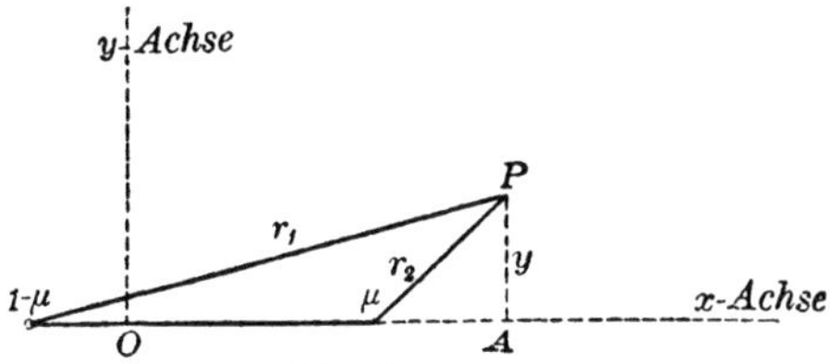

Fig. 41.

Wir wählen die Mittelpunkte der beiden Körper $1-\mu$ und μ als Pole und bezeichnen die Abstände von diesen Punkten mit r_1 und r_2. Zur Ausführung der Transformation brauchen wir nur $x^2 + y^2$ in diesen Größen auszudrücken.

Ist P ein Punkt auf einer von den Kurven, dann ist $OA = x$, $AP = y$, und da O den Massenmittelpunkt von $1-\mu$ und μ darstellt,

$$O\mu = 1 - \mu \qquad \text{und} \qquad O(1-\mu) = -\mu.$$

Es ergibt sich

$$\begin{cases} y^2 = r_1^2 - (x+\mu)^2 = r_1^2 - x^2 - 2\mu x - \mu^2, \\ y^2 = r_2^2 - [x-(1-\mu)]^2 = r_2^2 - x^2 + 2(1-\mu)x - (1-\mu)^2. \end{cases}$$

Eliminiert man die erste Potenz von x aus diesen Gleichungen und löst nach $x^2 + y^2$ auf, so findet man

$$x^2 + y^2 = (1-\mu)r_1^2 + \mu r_2^2 - \mu(1-\mu).$$

Auf Grund dieser Gleichung wird aus (9)

$$(12) \qquad (1-\mu)\left[r_1^2 + \frac{2}{r_1}\right] + \mu\left[r_2^2 + \frac{2}{r_2}\right] = C + \mu(1-\mu) = C'.$$

Nimmt man einen Wert von r_2 willkürlich an, so läßt sich r_1 aus dieser Gleichung bestimmen; die Schnittpunkte der Kreise um $1-\mu$ und μ als Mittelpunkte und mit dem berechneten r_1 und dem angenommenen r_2 als Radien, sind Kurvenpunkte. Um die Bestimmung von r_1 wirklich auszuführen, bringen wir die Gleichung (12) auf die Form

$$(13) \qquad \begin{cases} r_1^3 + ar_1 + b = 0, \\ a = -\dfrac{C'}{1-\mu} + \dfrac{\mu}{1-\mu}\left[r_2^2 + \dfrac{2}{r_2}\right], \\ b = 2. \end{cases}$$

Da $b = 2$ positiv ist, so besitzt die erste Gleichung (13) wenigstens eine reelle negative Wurzel für beliebige Werte a. Der einzige Wert von r_1, welcher für dieses Problem eine Bedeutung hat, ist aber reell und positiv, daher muß die Bedingung für die Existenz reeller positiver Wurzeln abgeleitet werden.

Aus (12) folgt, daß C' stets größer als $\mu\left[r_2^2 + \frac{2}{r_2}\right]$ ist für alle reellen positiven Werte r_1 und r_2; somit ist a stets negativ. In der Theorie der Gleichungen wird gezeigt, daß eine kubische Gleichung von dieser Form drei verschiedene reelle Wurzeln besitzt, wenn $27\,b^2 + 4a^3 < 0$; oder, da $b = 2$, wenn

$$a + 3 < 0. \tag{14}$$

Falls diese Ungleichheit besteht, ist eine bequeme Lösungsmethode für die kubische Gleichung gegeben durch

$$\left\{\begin{aligned} \sin\theta &= \frac{b}{2}\sqrt{\frac{27}{-a^3}}, \qquad \theta \leqq \frac{\pi}{2}, \\ r_{11} &= 2\sqrt{\frac{-a}{3}}\sin\frac{\theta}{3}, \\ r_{12} &= 2\sqrt{\frac{-a}{3}}\sin\left(60^0 - \frac{\theta}{3}\right), \\ r_{13} &= -2\sqrt{\frac{-a}{3}}\sin\left(60^0 + \frac{\theta}{3}\right), \end{aligned}\right. \tag{15}$$

wo r_{11}, r_{12}, r_{13} die drei Wurzeln der Gleichung darstellen.

Der Grenzwert der Ungleichung (14) ist $a + 3 = 0$; oder, in den ursprünglichen Größen

$$\left\{\begin{aligned} &r_2^3 + a'r_2 + b' = 0, \\ &a' = -\frac{C'}{\mu} + \frac{3(1-\mu)}{\mu}, \\ &b' = 2. \end{aligned}\right. \tag{16}$$

Die Lösung dieser Gleichung liefert die extremen Werte von r_2, für welche (13) reelle Wurzeln hat. Daher wird man zur wirklichen Bestimmung dieser Wurzeln zuerst die Wurzeln r_{21} und r_{22} der Gleichung (16) bestimmen. Diejenigen Werte von r_2, die in (13) eingesetzt werden, wird man so wählen, daß sie zwischen r_{21} und r_{22} in bequemen Abständen liegen.

Gleichung (16) hat für sämtliche Werte a keine reellen positiven Wurzeln, da

$$a' + 3 \leqq 0$$

die Bedingung für reelle positive Wurzeln darstellt. In den ursprünglichen Größen besitzt diese Bedingungsgleichung den Grenzwert

$$-\frac{C'}{\mu}+\frac{3(1-\mu)}{\mu}=-3;$$

woraus
$$C'=3.$$

Folglich muß C' gleich oder größer als 3 sein, damit die Kurven reelle Punkte in der xy-Ebene besitzen. Für $C'=3$ verschwinden die Kurven gerade von der Ebene, und es folgt sofort, daß Gleichung (12) alsdann durch $r_1=1$, $r_2=1$ erfüllt ist, d. h. die Flächen entfernen sich von der xy-Ebene in den Punkten, welche mit $1-\mu$ und μ gleichseitige Dreiecke bestimmen.

158. Doppelpunkte der Flächen und partikuläre Lösungen des Dreikörperproblems. Aus den allgemeinen Gestalten der Flächen folgt, daß die Doppelpunkte, welche bei abnehmendem C auftreten, sämtlich in der xy-Ebene liegen. Daher genügt es für diese Diskussion, die Gleichung der Kurven in der xy-Ebene zu betrachten. Auf der x-Achse erscheinen drei Doppelpunkte, wenn die Ovale um die endlichen Körper einander und die äußere Kurve berühren, welche sie beide einschließt. Es erscheinen noch zwei weitere Doppelpunkte, wenn die Flächen sich von der xy-Ebene entfernen; es sind die beiden letzten Berührungspunkte, die mit den endlichen Körpern gleichseitige Dreiecke bestimmen.

Sind diese Doppelpunkte schon von Interesse als singuläre Punkte der Kurven, so soll jetzt gezeigt werden, daß sie mit wichtigen dynamischen Eigenschaften des Systems zusammenhängen. Wir schreiben die Gleichung der Kurven in der Form

$$F(x,y)\equiv x^2+y^2+\frac{2(1-\mu)}{r_1}+\frac{2\mu}{r_2}-C=0. \tag{17}$$

Die Bedingungsgleichungen der Doppelpunkte sind

$$\left\{\begin{aligned}\frac{1}{2}\frac{\partial F}{\partial x}&\equiv x-(1-\mu)\frac{(x-x_1)}{r_1^3}-\mu\frac{(x-x_2)}{r_2^3}=0,\\ \frac{1}{2}\frac{\partial F}{\partial y}&\equiv y-(1-\mu)\frac{y}{r_1^3}-\mu\frac{y}{r_2^3}=0.\end{aligned}\right. \tag{18}$$

Die Ausdrücke vom Gleichheitszeichen sind dieselben wie die Ausdrücke auf der rechten Seite der Gleichungen (4) für $z=0$. Die Ausdrücke $\frac{1}{2}\frac{\partial F}{\partial x}$ und $\frac{1}{2}\frac{\partial F}{\partial y}$ sind den Richtungskosinus der Normalen in sämtlichen regulären Kurvenpunkten proportional, die Größen $\frac{dx}{dt}$ und $\frac{dy}{dt}$ verschwinden auf den Flächen der Geschwindigkeit null, somit folgt aus (4), daß *die Beschleunigungsrichtungen oder die Kraftlinien zu den Grenzflächen verschwindender Relativgeschwindigkeit senkrecht stehen.* Wenn daher der infinitesimale Körper einer Fläche von der Relativgeschwindigkeit null angehört, so wird seine anfängliche Bewegungsrichtung zur Fläche normal sein. Für Doppelpunkte wird aber der Begriff der Normalen zweideutig; daher läßt sich vermuten, daß der infinitesimale Körper in einem Doppelpunkt im Zustande der relativen Ruhe verharren würde.

Die Bedingungen (17) und (18) sind zugleich für das Verschwinden von $\frac{d^2x}{dt^2}$ und $\frac{d^2y}{dt^2}$, oder der Beschleunigungskomponenten, in den Gleichungen (4). *Wenn daher der unendlich kleine Körper in einem Doppelpunkt mit der Relativgeschwindigkeit null liegt, so werden seine Koordinaten die Differentialgleichungen der Bewegung identisch erfüllen, und er wird dauernd in relativer Ruhe verharren, falls er nicht von Kräften außerhalb des betrachteten Systems gestört wird.* Diese bilden partikuläre Lösungen des Dreikörperproblems und Sonderfälle der Lagrangeschen Lösungen.

Von den Gleichungen (18) wird die zweite durch $y = 0$ befriedigt. Die Doppelpunkte auf der x-Achse und die geradlinigen Librationslösungen sind gegeben durch die Bedingungen

$$(19)\qquad \begin{cases} x - (1-\mu)\dfrac{(x-x_1)}{[(x-x_1)^2]^{\frac{3}{2}}} - \mu\dfrac{(x-x_2)}{[(x-x_2)^2]^{\frac{3}{2}}} = 0, \\ y = 0, \\ z = 0. \end{cases}$$

Der Ausdruck auf der linken Seite der ersten Gleichung ist, als Funktion von x betrachtet, positiv für $x = +\infty$, negativ für $x = x_2 + \varepsilon$, wo ε eine sehr kleine positive Größe darstellt, positiv für $x = x_2 - \varepsilon$, negativ für $x = x_1 + \varepsilon$, positiv für $x = x_1 - \varepsilon$ und negativ für $x = -\infty$. Da die Funktion endlich und stetig ist, außer wenn $x = +\infty$, x_2, x_1 oder $-\infty$, so folgt, daß die Funktion beim Durchgang durch null dreimal ihr Zeichen wechselt, (*a*) einmal zwischen $+\infty$ und x_2, (*b*) einmal zwischen x_2 und x_1, und (c) einmal zwischen x_1 und $-\infty$. Folglich gibt es drei Stellen auf der Geraden durch $1-\mu$ und μ, wo der Körper bei gegebener eigener Anfangsbewegung verbleibt.

a) Der Abstand von μ bis zum Doppelpunkt auf der x-Achse zwischen $+\infty$ und x_2 sei ϱ, dann ist $x - x_2 = \varrho$, $x - x_1 = r_1 = 1 + \varrho$, $x = 1 - \mu + \varrho$, folglich wird die erste Gleichung (19) nach Beseitigung der Brüche

$$(20)\qquad \varrho^5 + (3-\mu)\varrho^4 + (3-2\mu)\varrho^3 - \mu\varrho^2 - 2\mu\varrho - \mu = 0.$$

In dieser Gleichung fünften Grades weisen die Koeffizienten eine Zeichenänderung auf; sie besitzt daher nur eine reelle positive Wurzel. Der Wert dieser Wurzel hängt von μ ab. Betrachtet man die linke Seite der Gleichung als Funktion von ϱ und μ, so wird die Gleichung für $\mu = 0$

$$\varrho^3(\varrho^2 + 3\varrho + 3) = 0.$$

Diese Gleichung besitzt drei Wurzeln $\varrho = 0$ und zwei andere, welche, von dem zweiten Faktor herrührend, komplex sind. Aus der Theorie der Lösung algebraischer Gleichungen folgt, daß für von null verschiedenes, aber hinreichend kleines μ drei Wurzeln der Gleichung (20) als Potenzreihen in $\mu^{\frac{1}{3}}$ ausgedrückt werden können, die mit diesem Parameter[1]) verschwinden. Die eine von diesen drei Wurzeln, die sich für den reellen Wert von $\mu^{\frac{1}{3}}$ ergeben, ist reell, die anderen beiden sind komplex. Die reelle Wurzel hat folglich die Form

$$\varrho = a_1\mu^{\frac{1}{3}} + a_2\mu^{\frac{2}{3}} + a_3\mu^{\frac{3}{3}} + \cdots$$

Führt man diesen Ausdruck für ϱ in (20) ein und ordnet nach Potenzen von $\mu^{\frac{1}{3}}$, so ergibt sich durch Nullsetzen der Koeffizienten

$$a_1 = \frac{3^{\frac{2}{3}}}{3}, \qquad a_2 = \frac{3^{\frac{1}{3}}}{9}, \qquad a_3 = -\frac{1}{27}, \qquad \cdots$$

Folglich ist

$$(21) \qquad \begin{cases} r_2 = \varrho = \left(\frac{\mu}{3}\right)^{\frac{1}{3}} + \frac{1}{3}\left(\frac{\mu}{3}\right)^{\frac{2}{3}} - \frac{1}{9}\left(\frac{\mu}{3}\right)^{\frac{3}{3}} + \cdots, \\ r_1 = 1 + \varrho. \end{cases}$$

Den entsprechenden Wert von C' findet man durch Substitution dieser Werte von r_1 und r_2 in Gleichung (12).

b) Der Abstand von μ bis zum Doppelpunkt auf der x-Achse zwischen x_2 und x_1 sei ϱ. Dann ist in diesem Falle $x - x_2 = -\varrho$, $x - x_1 = r_1 = 1 - \varrho$, $x = (1 - \mu) - \varrho$; somit wird die erste Gleichung (19)

$$\varrho^5 - (3 - \mu)\varrho^4 + (3 - 2\mu)\varrho^3 - \mu\varrho^2 + 2\mu\varrho - \mu = 0.$$

Durch Auflösung wie in (a) erhält man für r_2 und r_1 die Werte

$$(22) \qquad \begin{cases} r_2 = \varrho = \left(\frac{\mu}{3}\right)^{\frac{1}{3}} - \frac{1}{3}\left(\frac{\mu}{3}\right)^{\frac{2}{3}} - \frac{1}{9}\left(\frac{\mu}{3}\right)^{\frac{3}{3}} + \cdots, \\ r_1 = 1 - \varrho. \end{cases}$$

Den entsprechenden Wert von C' findet man durch Substitution dieser Werte von r_1 und r_2 in Gleichung (12).

c) Der Abstand von $1 - \mu$ bis zum Doppelpunkt auf der x=Achse zwischen x_1 und $-\infty$ sei mit $1 - \varrho$ bezeichnet. In diesem Falle ist $x - x_2 = -2 + \varrho$, $x - x_1 = -1 + \varrho$, $x = -\mu - 1 + \varrho$, und die erste Gleichung (19) wird

$$(23) \qquad \begin{aligned} \varrho^5 - (7 + \mu)\varrho^4 + (19 + 6\mu)\varrho^3 - (24 + 13\mu)\varrho^2 \\ + (12 + 14\mu)\varrho - 7\mu = 0. \end{aligned}$$

1) Harkness und Morley, *Theory of Functions, chapter* IV.

Für $\mu = 0$ geht diese Gleichung in die Gleichung über

$$\varrho^5 - 7\varrho^4 + 19\varrho^3 - 24\varrho^2 + 12\varrho = 0;$$

diese besitzt nur eine reelle Wurzel $\varrho = 0$. Folglich kann ϱ als Potenzreihe in μ dargestellt werden, welche für hinreichend kleine Werte dieses Parameters konvergiert und mit ihm verschwindet. Diese Wurzel wird die Form

$$\varrho = c_1\mu + c_2\mu^2 + c_3\mu^3 + c_4\mu^4 + \ldots$$

besitzen. Setzt man diesen Ausdruck für ϱ in (23) ein, und setzt die Koeffizienten der verschiedenen Potenzen von μ gleich null, so ergibt sich

$$c_1 = \frac{7}{12}, \quad c_2 = 0, \quad c_3 = \frac{23 \cdot 7^2}{12^4}, \quad \ldots$$

Hieraus folgt

$$\text{(24)} \quad \begin{cases} \varrho = \frac{7}{12}\mu + \frac{23 \cdot 7^2}{12^4}\mu^3 + \cdots, \\ r_1 = 1 - \varrho, \\ r_2 = 1 + r_1 = 2 - \varrho. \end{cases}$$

Den entsprechenden Wert von C' findet man durch Substitution dieser Werte von r_1 und r_2 in Gleichung (12).

Falls die Werte von r_1 und r_2, die durch die ersten drei Glieder der Reihen (21), (22) und (24) gegeben sind, nicht hinreichend genau sind, müssen genauere Werte durch differentielle Korrektionen ermittelt werden.

Um die *nicht* auf der x-Achse gelegenen Doppelpunkte zu finden, benutze man wieder die Ausdrücke (18). Diese oder irgend zwei unabhängige Funktionen von ihnen definieren die Doppelpunkte. Da y in diesem Falle von null verschieden ist, kann die zweite Gleichung durch y dividiert werden, so erhält man

$$1 - \frac{1-\mu}{r_1^3} - \frac{\mu}{r_2^3} = 0.$$

Man multipliziere diese Gleichung mit $x - x_2$ und $x - x_1$ und subtrahiere jedes Produkt besonders von der ersten Gleichung (18). Dies liefert die Resultate

$$\begin{cases} x_2 - (1-\mu)\frac{(x_2 - x_1)}{r_1^3} = 0, \\ x_1 - \mu\frac{(x_1 - x_2)}{r_2^3} = 0, \\ z = 0. \end{cases}$$

Da $x_2 = 1 - \mu$, $x_1 = -\mu$ und $x_2 - x_1 = 1$, so reduzieren sich diese Gleichungen auf

$$\begin{cases} 1 - \frac{1}{r_1^3} = 0, \\ -1 + \frac{1}{r_2^3} = 0, \\ z = 0. \end{cases}$$

Die einzigen reellen Lösungen sind $r_1 = 1$, $r_2 = 1$, somit bilden die Punkte gleichseitige Dreiecke mit den endlichen Körpern, deren relative Massen beliebig sein können. Wie am Ende des § 157 gezeigt wurde, liegen diese Punkte an den Stellen, wo die Grenzflächen sich von der xy-Ebene entfernen.

XX. Aufgaben.

1. Die in § 152 definierten Einheiten werden *kanonische Einheiten* genannt; welches würde die kanonische Einheit der Zeit in Tagen für die Erde und Sonne sein?

2. Man zeige ganz allgemein, daß, wenn die Bewegung des Systems auf rotierende Achsen wie in § 152 bezogen wird, die Differentialgleichungen die Zeit nicht explizite enthalten dürfen.

3. Warum kann man nicht ein (7) entsprechendes Integral aus den Gleichungen (1) sofort ohne Transformationen ableiten? Man zeige, daß ein Integral von (1) existiert.

4. Welches sind die Grenzflächen der Geschwindigkeit null für einen Körper, der entgegen der Schwerkraft vertikal in die Höhe geworfen wird? Für einen Körper, der einer zentralen Kraft unterliegt, die zu dem Quadrat der Entfernung umgekehrt proportional ist?

5. Man zeige durch direkte Reduktionen von (15), daß

$$(r_1 - r_{11})(r_1 - r_{12})(r_1 - r_{13}) \equiv r_1^3 + a r_1 + b = 0.$$

6. Man zeige, daß die Lösung von (16) die extremen Werte von r_2 liefert, für welche (14) reelle Wurzeln besitzt.

Anleitung: Man betrachte die Kurve $y = r_2^3 + a' r_2 + b'$.

7. Man lege (12) die Bedingung auf, daß C' ein Minimum sein soll und zeige, daß ihr nur für $r_1 = 1$, $r_2 = 1$ genügt wird, und daß der Minimalwert von C' gleich 3 ist.

8. Warum sind die Kraftlinien nicht zu den sämtlichen Flächen konstanter Geschwindigkeit senkrecht?

9. Man zeige, daß der Doppelpunkt zwischen μ und $1 - \mu$ näher an μ liegt, als der zwischen μ und $+\infty$

10. Man zeige, daß, wenn C' abnimmt, der erste Doppelpunkt zwischen μ und $1 - \mu$ erscheint, der zweite zwischen μ und $+\infty$, der dritte zwischen $1 - \mu$ und $-\infty$; und die letzten mit den endlichen Körpern gleichseitige Dreiecke bilden.

11. Für $\mu = \frac{1}{11}$, $1 - \mu = \frac{10}{11}$ finde man die Werte von r_1, r_2 und C' aus (21), (22), (24) und (12).

Lösung:

$$\begin{cases} (21) \quad r_2 = 0.340, \quad r_1 = 1.340, \quad C' = 3.535; \\ (22) \quad r_2 = 0.276, \quad r_1 = 0.724, \quad C' = 3.653; \\ (24) \quad r_2 = 1.947, \quad r_1 = 0.947, \quad C' = 3.173. \end{cases}$$

12. Von den angenäherten Werten des letzten Beispiels bestimme man nach der Methode der differentiellen Korrektionen weiter angenäherte Werte.

Lösung:
$$\begin{cases} (21) & r_2 = 0.347, & r_1 = 1.347, & C' = 3.534; \\ (22) & r_2 = 0.282, & r_1 = 0.718, & C' = 3.653; \\ (23) & r_2 = 1.947, & r_1 = 0.947, & C' = 3.173. \end{cases}$$

13. Unter der Annahme einer kreisförmigen Erdbahn bestimme man die Entfernung von der Erde bis zu dem der Sonne entgegengesetzten Doppelpunkt in Kilometern. Würde ein unendlich kleiner Körper in diesem Punkte verdunkelt werden?

Lösung: 1497035.232 km.

14. Man zeige, daß, wenn die resultierende Anziehung von drei Körpern durch ihren Massenmittelpunkt hindurchgeht, die drei Körper entweder auf einer Geraden oder in den Ecken eines gleichseitigen Dreiecks liegen.

159. Tisserands Kriterium für die Identität von Kometen.[1]) Bei ihrem Umlauf um die Sonne bewegen sich Kometen manchmal nahe an den Planeten vorbei; dann erfahren ihre Bahnelemente eine erhebliche Veränderung. Der Planet Jupiter ist besonders wirksam in der Erzeugung dieser Störungen, wegen seiner großen Masse, und weil in seiner Entfernung von der Sonne die Sonnenanziehung viel geringer ist als in den Entfernungen der erdgleichen Planeten. Da ein Komet keine charakteristischen Kennzeichen besitzt, durch welche er sich mit Sicherheit feststellen läßt, so kann seine Identität fraglich erscheinen, wenn er nicht während der Dauer der Störungen visuell verfolgt wird.

Ein Weg, um die Identität zweier zu verschiedenen Epochen erscheinenden Kometen zu prüfen, besteht darin, die Bahnkurve des früheren zu betrachten und die Störungen, denen er unterliegt, zu berechnen, und sodann die berechneten Elemente mit der durch die späteren Beobachtungen bestimmten zu vergleichen; oder man beginnt mit den Elementen des späteren Kometen, berechnet auf umgekehrtem Wege die früheren Elemente und vergleicht dann. Die eine oder die andere von diesen Methoden wurde bis zu den letzten Jahren benutzt.

Nun entsteht die Frage, ob nicht Beziehungen zwischen den Elementen bestehen, welche von den Störungen nicht berührt werden. Diese Frage hat Tisserand bejaht in einer von seinen charakteristisch eleganten und bedeutenden Abhandlungen über Himmelsmechanik.

Es sei die Exzentrizität der Jupiterbahn gleich null angenommen und die Masse des Kometen als unendlich klein. Wenn beide Annahmen auch nicht direkt zutreffen, so sind sie doch sehr nahe erfüllt; der begangene Fehler wird somit unmerklich sein, besonders wenn der Komet nahe genug am Jupiter ist, um in sehr kurzer Zeit schon merkliche

1) *Bulletin Astronomique*, vol. VI. p. 289, und *Méc. Cél.* vol. IV. p. 203.

Störungen zu erleiden. Unter diesen Annahmen und bei geeigneter Wahl der Einheiten besteht das Integral

$$(7)\qquad \left(\frac{dx}{dt}\right)^2+\left(\frac{dy}{dt}\right)^2+\left(\frac{dz}{dt}\right)^2=x^2+y^2+\frac{2(1-\mu)}{r_1}+\frac{2\mu}{r_2}-C.$$

Dies ist aber eine Antwort auf die Frage; denn wenn die Elemente bekannt sind, können die Geschwindigkeit und die Koordinaten für eine beliebige Zeit berechnet und die Bewegung auf rotierende Achsen durch die Gleichungen (2) bezogen werden. Zur Prüfung der Identität zweier Kometen berechnet man daher den Ausdruck (7) für jede Bahnkurve und sieht zu, ob die Konstante C für beide dieselbe ist. Wenn die beiden Werte von C übereinstimmen, so ist die Wahrscheinlichkeit sehr groß, daß nur ein Komet beobachtet wurde; wenn die Werte verschieden sind, so stellen die beiden Kometen sicherlich verschiedene Körper dar.

Das beschriebene Verfahren besitzt die Unbequemlichkeit erheblicher Rechenarbeit. Diese läßt sich jedoch in weiten Grenzen vermeiden, wenn man (7) durch die gewöhnlichen Bahnelemente ausdrückt. Der erste Schritt ist alsdann, (7) durch Koordinaten in bezug auf feste Achsen auszudrücken. Die Transformationsformeln bilden hier die Umkehrungen der Formeln (2), nämlich

$$\begin{cases} x=+\xi\cos t+\eta\sin t,\\ y=-\xi\sin t+\eta\cos t,\\ z=\zeta. \end{cases}$$

Aus diesen Gleichungen findet man

$$x^2+y^2=\xi^2+\eta^2,$$

$$\left(\frac{dx}{dt}\right)^2+\left(\frac{dy}{dt}\right)^2+\left(\frac{dz}{dt}\right)^2=\left(\frac{d\xi}{dt}\right)^2+\left(\frac{d\eta}{dt}\right)^2+\left(\frac{d\zeta}{dt}\right)^2 +\xi^2+\eta^2-2\left(\xi\frac{d\eta}{dt}-\eta\frac{d\xi}{dt}\right).$$

Folglich wird Gleichung (7)

$$(25)\quad \left(\frac{d\xi}{dt}\right)^2+\left(\frac{d\eta}{dt}\right)^2+\left(\frac{d\zeta}{dt}\right)^2-2\left(\xi\frac{d\eta}{dt}-\eta\frac{d\xi}{dt}\right)=\frac{2(1-\mu)}{r_1}+\frac{2\mu}{r_2}-C.$$

Es bezeichne r den Abstand des Kometen vom Ursprung und i den Winkel zwischen seiner augenblicklichen Bahnebene und der $\xi\eta$-Ebene. Dann liefern die Gleichungen (24) des § 89

$$\begin{cases} \left(\frac{d\xi}{dt}\right)^2+\left(\frac{d\eta}{dt}\right)^2+\left(\frac{d\zeta}{dt}\right)^2=\frac{2}{r}-\frac{1}{a},\\ \left(\xi\frac{d\eta}{dt}-\eta\frac{d\xi}{dt}\right)=\sqrt{a(1-e^2)}\cos i. \end{cases}$$

Daher geht Gleichung (25) über in

$$\frac{2}{r} - \frac{1}{a} - 2\sqrt{a(1-e^2)}\cos i = \frac{2(1-\mu)}{r_1} + \frac{2\mu}{r_2} - C. \tag{26}$$

Im Falle des Jupiter und der Sonne ist μ kleiner als ein Tausendstel. Folglich ist der Ursprung sehr nahe dem Sonnenmittelpunkt und r_1 merklich gleich r. In beiden Fällen sind daher die Elemente bestimmt, wenn der Komet gleichzeitig vom Jupiter und Sonne so weit entfernt ist, daß $-\frac{2\mu}{r_1} + \frac{2\mu}{r_2}$ ohne wesentlichen Fehler vernachlässigt werden kann; dann erhält (26) den einfachen Ausdruck

$$\frac{1}{a} + 2\sqrt{a(1-e^2)}\cos i = C.$$

Es ist zu beachten, daß die Elemente in dieser Formel die instantanen Elemente für die Bewegung um eine Einheitsmasse darstellen, die im Massenmittelpunkt der endlichen Körper gelegen ist. Die in der Astronomie in Wirklichkeit benutzten Elemente beziehen sich auf den Sonnenmittelpunkt mit der Sonne als anziehender Masse. Indessen sind in Anbetracht der relativ kleinen Masse des Jupiter diese beiden Arten von Elementen sehr nahe dieselben; wenn daher die beiden Bahnkurven demselben Körper angehören, so muß die Gleichung

$$\frac{1}{a_1} + 2\sqrt{a_1(1-e_1^2)}\cos i_1 = \frac{1}{a_2} + 2\sqrt{a_2(1-e_2^2)}\cos i_2 \tag{27}$$

erfüllt sein, wo die Elemente die von den Astronomen tatsächlich benutzten darstellen. Dies ist das von Tisserand aufgestellte und später von Schulhof und anderen angewendete Kriterium.

160. Stabilität der partikulären Lösungen. Fünf partikuläre Lösungen wurden für die Bewegung des infinitesimalen Körpers gefunden. Wenn man dem unendlich kleinen Körper eine ganz geringe Verrückung von den genauen Lösungsorten und gleichzeitig eine kleine Geschwindigkeit erteilt, so wird er entweder um diese Punkte Schwingungen, wenigstens für eine beträchtliche Zeit, ausführen oder er wird sich schnell von ihnen entfernen. Im ersten Fall bezeichnet man die partikuläre Lösung, von der aus die Verrückung vorgenommen wird als *stabil*, im zweiten als *unstabil*.

Die Frage der Stabilität soll mathematisch formuliert werden. Betrachten wir die Gleichungen

$$\begin{cases} \dfrac{d^2x}{dt^2} - 2\dfrac{dy}{dt} = f(x, y), \\[2mm] \dfrac{d^2y}{dt^2} + 2\dfrac{dx}{dt} = g(x, y), \end{cases} \tag{28}$$

und nehmen an, daß $x = x_0$, $y = y_0$, wo x_0 und y_0 konstant sind, eine partikuläre Lösung von (28) darstellen. D. h.

$$f(x_0, y_0) = 0, \qquad g(x_0, y_0) = 0.$$

Wir erteilen dem Körper eine kleine Verrückung und eine kleine Geschwindigkeit, so daß seine Koordinaten und Geschwindigkeitskomponenten werden

$$(29) \qquad \left\{ \begin{aligned} x &= x_0 + x', \\ y &= y_0 + y', \\ \frac{dx}{dt} &= \frac{dx'}{dt}, \\ \frac{dy}{dt} &= \frac{dy'}{dt}, \end{aligned} \right.$$

wo x', y', $\frac{dx'}{dt}$ und $\frac{dy'}{dt}$ anfänglich sehr kleine Werte besitzen. Macht man diese Substitutionen in (28), so werden die Differentialgleichungen

$$(30) \qquad \left\{ \begin{aligned} \frac{d^2x'}{dt^2} - 2\frac{dy'}{dt} &= f(x_0 + x', y_0 + y'), \\ \frac{d^2y'}{dt^2} + 2\frac{dx'}{dt} &= g(x_0 + x', y_0 + y'). \end{aligned} \right.$$

Entwickelt man die Ausdrücke auf der rechten Seite nach der Taylorschen Formel, so nehmen sie die Form an

$$\left\{ \begin{aligned} f(x_0 + x', y_0 + y') &= f(x_0, y_0) + \frac{\partial f}{\partial x}x' + \frac{\partial f}{\partial y}y' + \cdots, \\ g(x_0 + x', y_0 + y') &= g(x_0, y_0) + \frac{\partial g}{\partial y}x' + \frac{\partial g}{\partial y}y' + \cdots \end{aligned} \right.$$

In die partiellen Ableitungen sind die Werte $x = x_0$ und $y = y_0$ einzusetzen. Die ersten Glieder auf der rechten Seite sind null; daher werden die Gleichungen (30)

$$(31) \qquad \left\{ \begin{aligned} \frac{d^2x'}{dt^2} - 2\frac{dy'}{dt} &= \frac{\partial f}{\partial x'}x' + \frac{\partial f}{\partial y'}y' + \cdots, \\ \frac{d^2y'}{dt^2} + 2\frac{dx'}{dt} &= \frac{\partial g}{\partial x'}x' + \frac{\partial g}{\partial y'}y' + \cdots \end{aligned} \right.$$

Wenn man x' und y' am Anfang der Bewegung sehr klein annimmt, so wird der Einfluß der höheren Potenzen auf der rechten Seite unmerklich sein, wenigstens für eine beträchtliche Zeit. Vernachlässigt man die Glieder zweiten und höheren Grades in x' und y', so reduzieren sich die Differentialgleichungen auf das lineare System

$$(32) \qquad \left\{ \begin{aligned} \frac{d^2x'}{dt^2} - 2\frac{dy'}{dt} &= \frac{\partial f}{\partial x'}x' + \frac{\partial f}{\partial y'}y', \\ \frac{d^2y'}{dt^2} + 2\frac{dx'}{dt} &= \frac{\partial g}{\partial x'}x' + \frac{\partial g}{\partial y'}y'. \end{aligned} \right.$$

Die Lösungen eines Systems von linearen Differentialgleichungen mit konstanten Koeffizienten lassen sich im allgemeinen durch Exponentialfunktionen in der Form

$$\begin{cases} x' = \alpha_1 e^{\lambda_1 t} + \alpha_2 e^{\lambda_2 t} + \alpha_3 e^{\lambda_3 t} + \alpha_4 e^{\lambda_4 t}, \\ y' = \beta_1 e^{\lambda_1 t} + \beta_2 e^{\lambda_2 t} + \beta_3 e^{\lambda_3 t} + \beta_4 e^{\lambda_4 t} \end{cases}$$

ausdrücken, wo $\alpha_1, \ldots, \alpha_4$ die Integrationskonstanten und $\beta_1, \ldots \beta_4$ Konstante sind, welche von ihnen und den in den Differentialgleichungen auftretenden Konstanten abhängen. Wenn $\lambda_1, \ldots, \lambda_4$ rein imaginäre Größen darstellen, dann sind x' und y' in periodischen Funktionen ausdrückbar, und die Lösung, von der die Bewegung ihren Anfang nahm, heißt *stabil*; wenn von den Größen $\lambda_1, \ldots, \lambda_4$ einige reell oder komplex sind, dann ändern sich x' und y' unaufhaltsam mit t und man bezeichnet die Lösung als *unstabil.*

Es bestehen Ausnahmefälle, wo die Lösung konstante Größen anstatt exponentielle enthält; diese sind natürlich stabil, wenn die sämtlichen Exponentialfunktionen rein imaginär sind. Andere Ausnahmefälle ergeben sich, wenn in der Lösung Exponentialfunktionen multipliziert mit einer Potenz von t auftreten. Diese Lösungen werden für gewöhnlich als unstabil betrachtet.

161. Anwendung des Kriteriums für Stabilität auf die „geradlinigen Librations“-Lösungen. Die Definitionen und allgemeinen Methoden des letzten Paragraphen sollen jetzt auf Sonderfälle angewandt werden, welche sich bei der Diskussion der Bewegung des infinitesimalen Körpers ergeben haben. Die ursprünglichen Gleichungen waren (§ 152)

$$\begin{cases} \dfrac{d^2x}{dt^2} - 2\dfrac{dy}{dt} = x - (1-\mu)\dfrac{(x-x_1)}{r_1^3} - \mu\dfrac{(x-x_2)}{r_2^3} \equiv f(x, y, z), \\ \dfrac{d^2y}{dt^2} + 2\dfrac{dx}{dt} = y - (1-\mu)\dfrac{y}{r_1^3} - \mu\dfrac{y}{r_2^3} \equiv g(x, y, z), \\ \dfrac{d^2z}{dt^2} \qquad\qquad = \; -(1-\mu)\dfrac{z}{r_1^3} - \mu\dfrac{z}{r_2^3} \equiv h(x, y, z). \end{cases}$$

Die „geradlinigen Librations-Lösungen“ treten auf für

$$x = x_{0i}, \qquad y = 0, \qquad z = 0,$$

wo $i = 1, 2, 3$, je nachdem der Punkt zwischen $+\infty$ und μ, μ und $1-\mu$, oder $1-\mu$ und $-\infty$ liegt, und wo diese Werte von x, y und z Gleichung (19) genügen. Man mache die Substitution

$$\begin{cases} x = x_{0i} + x', \qquad y = y', \qquad z = z', \\ \dfrac{dx}{dt} = \dfrac{dx'}{dt}, \qquad \dfrac{dy}{dt} = \dfrac{dy'}{dt}, \qquad \dfrac{dz}{dt} = \dfrac{dz'}{dt}, \end{cases}$$

dann findet man

$$(33)\quad \begin{cases} \frac{\partial f}{\partial x'} x' + \frac{\partial f}{\partial y'} y' + \frac{\partial f}{\partial z'} z' \equiv x' + \frac{2(1-\mu)x'}{[(x_{0i}-x_1)^2]^{\frac{3}{2}}} + \frac{2\mu x'}{[(x_{0i}-x_2)^2]^{\frac{3}{2}}}, \\ \frac{\partial g}{\partial x'} x' + \frac{\partial g}{\partial y'} y' + \frac{\partial g}{\partial z'} z' \equiv y' - \frac{(1-\mu)y'}{[(x_{0i}-x_1)^2]^{\frac{3}{2}}} - \frac{\mu y'}{[(x_{0i}-x_2)^2]^{\frac{3}{2}}}, \\ \frac{\partial h}{\partial x'} x' + \frac{\partial h}{\partial y'} y' + \frac{\partial h}{\partial z'} z' \equiv \quad - \frac{(1-\mu)z'}{[(x_{0i}-x_1)^2]^{\frac{3}{2}}} - \frac{\mu z'}{[(x_{0i}-x_2)^2]^{\frac{3}{2}}}. \end{cases}$$

Es sei

$$(34)\quad A_i = \frac{1-\mu}{[(x_{0i}-x_1)^2]^{\frac{3}{2}}} + \frac{\mu}{[(x_{0i}-x_2)^2]^{\frac{3}{2}}}.$$

Dann werden die (32) entsprechenden Gleichungen in diesem Falle

$$(35)\quad \begin{cases} \frac{d^2x'}{dt^2} - 2\frac{dy'}{dt} = (1+2A_i)x', \\ \frac{d^2y'}{dt^2} + 2\frac{dx'}{dt} = (1-A_i)y', \\ \frac{d^2z'}{dt^2} \qquad\qquad = -A_i z'. \end{cases}$$

Die letzte Gleichung ist von den ersten beiden unabhängig und kann besonders behandelt werden. Die Lösung lautet (§ 32)

$$(36)\quad z' = c_1 e^{\sqrt{-1}\sqrt{A_i}t} + c_2 e^{-\sqrt{-1}\sqrt{A_i}t}.$$

Folglich ist die Bewegung parallel zur z-Achse für kleine Verrückungen periodisch mit der Periode $\frac{2\pi}{\sqrt{A_i}}$.

Betrachten wir jetzt die simultanen Gleichungen

$$(37)\quad \begin{cases} \frac{d^2x'}{dt^2} - 2\frac{dy'}{dt} = (1+2A_i)x', \\ \frac{d^2y'}{dt^2} + 2\frac{dx'}{dt} = (1-A_i)y'. \end{cases}$$

Um sie zu lösen, setzen wir

$$(38)\quad \begin{cases} x' = Ke^{\lambda t}, \\ y' = Le^{\lambda t}, \end{cases}$$

wo K und L Konstante sind. Setzt man diese Ausdrücke in die Gleichung (37) ein und unterdrückt $e^{\lambda t}$, so ergibt sich

$$(39)\quad \begin{cases} [\lambda^2 - (1+2A_i)]K - 2\lambda L = 0, \\ 2\lambda K + [\lambda^2 - (1-A_i)]L = 0. \end{cases}$$

Damit die Ausdrücke (38) partikuläre Lösungen von (37) darstellen, müssen die Gleichungen (39) erfüllt sein. Für die Werte $K = 0$ und $L = 0$, welche die Gleichungen (39) befriedigen, ist $x' = 0$, $y' = 0$, so daß sich die Lösungen auf die „geradlinigen" Lösungen reduzieren. Durch von null verschiedene Werte von K und L können aber die Gleichungen (39) nur befriedigt werden, wenn die Determinante der Koeffizienten verschwindet. Diese Bedingung führt

$$\begin{vmatrix} \lambda^2 - (1 + 2A_i), & -2\lambda \\ +2\lambda \quad , & \lambda^2 - (1 - A_i) \end{vmatrix} = \lambda^4 + (2 - A_i)\lambda^2 + (1 - A_i)(1 + 2A_i) = 0. \tag{40}$$

Dies ist die Bedingung für λ, damit die Ausdrücke (38) eine Lösung von (37) bilden. Jede der vier Wurzeln dieser biquadratischen Gleichung liefert eine partikuläre Lösung; die Summe der vier partikulären Lösungen multipliziert mit willkürlichen Konstanten stellt die allgemeine Lösung dar, wenn also die vier Wurzeln von (40) $\lambda_1, \lambda_2, \lambda_3, \lambda_4$ sind, so ist die allgemeine Lösung

$$\left\{\begin{aligned} x' &= K_1 e^{\lambda_1 t} + K_2 e^{\lambda_2 t} + K_3 e^{\lambda_3 t} + K_4 e^{\lambda_4 t}, \\ y' &= L_1 e^{\lambda_1 t} + L_2 e^{\lambda_2 t} + L_3 e^{\lambda_3 t} + L_4 e^{\lambda_4 t}; \end{aligned}\right. \tag{41}$$

hier sind die K_j die willkürlichen Integrationskonstanten und die L_j sind durch K_j mittels einer der beiden Gleichungen (39) bestimmt. Die λ_j hängen natürlich von dem Index i an A ab, dieser Umstand braucht jedoch nicht besonders ausgedrückt zu werden, da die sämtlichen Gleichungen für $i = 1, 2, 3$ von derselben Form sind.

Es bleibt noch die Natur der Wurzeln der biquadratischen Gleichung (40) zu bestimmen. Ihre Diskriminante ist

$$D = (2 - A_i)^2 - 4(1 - A_i)(1 + 2A_i). \tag{42}$$

Es soll gezeigt werden, daß $1 - A_i$ in sämtlichen Fällen negativ ist, und daß folglich zwei der Wurzeln von (40) reell und zwei rein imaginär sind.

Der Ausdruck für $1 - A_i$ und die Bedingung für die „geradlinigen" Lösungen lauten

$$1 - A_i = 1 - \frac{1-\mu}{r_1^3} - \frac{\mu}{r_2^3} \qquad (x = x_i \text{ in } r_1 \text{ und } r_2),$$

$$0 = x_i - (1 - \mu)\frac{(x_i + \mu)}{r_1^3} - \mu\frac{(x_i - 1 + \mu)}{r_2^3}.$$

Aus diesen Gleichungen folgt

$$(1 - A_i)x_i = \mu(1 - \mu)\left[\frac{1}{r_1^3} - \frac{1}{r_2^3}\right].$$

Nach Lösung (a) ist $x_i < 0$ und $r_1 < r_2$. Folglich ist für diese Lösung $1 - A_i$ negativ. Nach der Lösung (c) ist $x_i > 0$ und $r_1 > r_2$. Folglich ist für diese Lösung $1 - A_i$ ebenfalls negativ.

Betrachten wir die Lösung (b) und nehmen wir $\mu < \frac{1}{2}$ an. Die ϱ definierende Gleichung in (b) § 158 schreiben wir $f(\varrho) = 0$. Da $f(\frac{1}{2}) = 7(1 - 2\mu) > 0$, $f(0) = -\mu < 0$, so folgt $\varrho < \frac{1}{2}$, $x_i > 0$ für diese Lösung, $r_1 = 1 - \varrho > r_2 = \varrho_1$ und $1 - A_i < 0$. Folglich ist $1 - A_i$ in allen Fällen negativ. Somit besitzt die biquadratische Gleichung zwei reelle Wurzeln, welche gleich und entgegengesetzt sind und zwei konjugiert rein imaginäre. Aus den gegebenen Definitionen folgt, daß die Bewegung unstabil ist. Wenn daher der unendlich kleine Körper auch nur sehr wenig von den Lösungspunkten fort verschoben wird, so wird er sich im allgemeinen verhältnismäßig weit entfernen.

162. Partikuläre Werte der Integrationskonstanten. Die Integrationskonstanten sollen jetzt durch die Anfangsbedingungen ausgedrückt werden, und wir wollen zeigen, daß die letztere sich so wählen läßt, daß die Bewegung periodisch ist.

Es seien λ_1 und λ_2 die reellen Wurzeln von Gleichung (40); dann ist $\lambda_1 = -\lambda_2$. Die imaginären Wurzeln lauten

$$\begin{cases} \lambda_3 = +\sqrt{-1}\,\sigma, \\ \lambda_4 = -\sqrt{-1}\,\sigma, \end{cases}$$

wo σ eine reelle Zahl ist. Die L_j sind durch die K_j mittels der Gleichungen (39) bestimmt und besitzen die Werte

$$L_j = \frac{[\lambda_j^2 - (1 + 2A_i)]}{2\lambda_j} K_j = c_j K_j, \quad \begin{pmatrix} i = 1, 2, 3; \\ j = 1, 2, 3, 4 \end{pmatrix}. \tag{43}$$

Da die λ_j paarweise entgegengesetzt gleich und die letzten beiden imaginär sind, so folgt

$$\begin{cases} c_1 = -c_2, \\ c_3 = +\sqrt{-1}\,c, \\ c_4 = -\sqrt{-1}\,c, \end{cases} \tag{44}$$

wo c eine reelle von i abhängige Konstante bedeutet.

Es mögen x_0', y_0', $\frac{dx_0'}{dt}$ und $\frac{dy_0'}{dt}$ die anfänglichen Koordinaten und Geschwindigkeitskomponenten darstellen; dann liefern die Gleichungen (41) für $t = 0$

$$\begin{cases} x_0' = K_1 + K_2 + K_3 + K_4, \\ y_0' = c_1(K_1 - K_2) + \sqrt{-1}\,c\,(K_3 - K_4), \\ \frac{dx_0'}{dt} = \lambda_1(K_1 - K_2) + \sqrt{-1}\,\sigma(K_3 - K_4), \\ \frac{dy_0'}{dt} = c_1\lambda_1(K_1 + K_2) - c\sigma(K_3 + K_4). \end{cases}$$

Durch Auflösung dieser Gleichungen werden die Integrationskonstanten durch die anfänglichen Koordinaten und Geschwindigkeitskomponenten ausgedrückt.'

Die Werte x' und y' nehmen im allgemeinen mit der Zeit unbegrenzt zu, wenn aber die Anfangsbedingungen so beschaffen sind, daß $K_1 = K_2 = 0$, so werden sie rein periodisch. Dieser Fall soll jetzt betrachtet werden. Die Anfangskoordinaten x_0', y_0' bestimmen K_3 und K_4 und diese wiederum $\frac{dx_0'}{dt}$ und $\frac{dy_0'}{dt}$. Es ist

$$\left\{\begin{aligned} x_0' &= K_3 + K_4, \\ y_0' &= \sqrt{-1}\, c(K_3 - K_4); \end{aligned}\right.$$

woraus

$$\left\{\begin{aligned} K_3 &= \frac{x_0'}{2} - \frac{\sqrt{-1}}{2c} y_0', \\ K_4 &= \frac{x_0'}{2} + \frac{\sqrt{-1}}{2c} y_0'. \end{aligned}\right.$$

Die Gleichungen (41) werden

$$(45) \quad \left\{\begin{aligned} x' &= \frac{x_0'}{2}\left(e^{\sqrt{-1}\sigma t} + e^{-\sqrt{-1}\sigma t}\right) - \frac{\sqrt{-1}}{2c} y_0'\left(e^{\sqrt{-1}\sigma t} - e^{-\sqrt{-1}\sigma t}\right) \\ &= x_0' \cos \sigma t + \frac{y_0'}{c} \sin \sigma t, \\ y' &= \sqrt{-1}\,\frac{c}{2} x_0'\left(e^{\sqrt{-1}\sigma t} - e^{-\sqrt{-1}\sigma t}\right) + \frac{y_0'}{2}\left(e^{\sqrt{-1}\sigma t} + e^{-\sqrt{-1}\sigma t}\right) \\ &= -c x_0' \sin \sigma t + y_0' \cos \sigma t. \end{aligned}\right.$$

Die Gleichung der Bahnkurve ergibt sich aus diesen Gleichungen durch Elimination von t. Man löse nach $\cos \sigma t$ und $\sin \sigma t$ auf, quadriere und addiere, dann erhält man nach Fortlassung gemeinsamer Faktoren

$$(46) \qquad \frac{x'^2}{\frac{c^2 x_0'^2 + y_0'^2}{c^2}} + \frac{y'^2}{c^2 x_0'^2 + y_0'^2} = 1.$$

Dies ist die Gleichung einer Ellipse, deren große und kleine Achse längs den Koordinatenachsen verlaufen und deren Mittelpunkt im Ursprung liegt. Da λ_3 imaginär ist, so folgt aus (43) und (44), daß $c^2 > 1$; somit ist die große Achse der Ellipse zur y-Achse parallel. Die Exzentrizität ist durch

$$e^2 = \frac{c^2 - 1}{c^2}$$

gegeben, welcher für große Werte von c sehr nahe eins ist. Die Bahnkurven haben die bemerkenswerte Eigenschaft, daß ihre Exzentrizität von den anfänglichen kleinen Verrückungen unabhängig ist, indem sie nur von der Verteilung der Masse zwischen den endlichen Körpern abhängt und von der einen der drei „geradlinigen“ Lösungen, aus welcher sie hervorgehen.

Es ist offenbar, daß diese Diskussion nicht vollkommen streng ist, weil die Glieder höheren Grades auf der rechten Seite der Differentialgleichungen vernachlässigt wurden. Die linearen Glieder allein liefern keine hinreichenden Bedingungen für die Existenz periodischer Bahnkurven, und, wenn die Diskussion in dieser Weise eingeschränkt ist, so beantwortet sie folglich nur die Frage nach der Stabilität der betreffenden Lösung. Im gegenwärtigen Fall existieren jedoch in der Tat periodische Bahnkurven um alle drei Punkte für $0 < \mu \leqq \frac{1}{2}$. Einige besondere Beispiele für $\mu = \frac{1}{11}$ wurden von Darwin in seiner Abhandlung *Acta Mathematica,* Band 21, gefunden. Die vollständige analytische Behandlung dieser Bahnkurven, einschließlich des sehr viel schwierigeren Falles, in dem die endlichen Körper elliptische Kurven beschreiben, wurde vom Autor in den *Mathematischen Annalen,* Band LXXIII, S. 441—479, 1912, gegeben und in den *Publications of the Carnegie Institution of Washington,* No. 161 Periodic Orbits, chapters V, VI und VII.

163. Anwendung auf den Gegenschein. Wenn die Konstanten K_1 und K_2 null sind, wird der unendlich kleine Körper in einer Ellipse um den Gleichgewichtspunkt umlaufen. Wenn diese Konstanten nicht verschwinden, aber im Vergleich zu K_3 und K_4 klein sind, wird die Bewegung während einer beträchtlichen Zeit nahezu in einer Ellipse vor sich gehen, oder aber sie wird möglicherweise sehr weit von ihr sich entfernen. Es bestände sogar die Möglichkeit, daß eine beliebige Anzahl von infinitesimalen Körpern vorhanden sind, die ohne gegenseitige Störungen sich um denselben Punkt bewegen.

Betrachten wir die Bewegung der Erde um die Sonne, so erfolgt sie in einer Kurve, welche nahezu einen Kreis darstellt. Eine von den „geradlinigen Librations“-Lösungen ist zur Sonne direkt entgegengesetzt; wenn daher ein Meteor in der Nähe dieses Punktes unter Anfangsbedingungen passieren würde, die den im letzten Kapitel definierten annähernd gleichkommen, so würde er ein oder mehrere Kreisläufe um den Punkt vollführen, ehe er seine Bahn in andere Regionen fortsetzt. Wenn eine sehr große Anzahl diesen Punkt zu gleicher Zeit umschwärmen würden, so würden sie von der Erde aus als nebliger Lichtfleck erscheinen, mit dem Mittelpunkt in der Gegensonne und längs der Ekliptik verlängert. Dies ist die Erscheinung des Gegenscheines, welche unabhängig 1855 von Brorsen, 1868 von Backhouse und 1875 von Barnard entdeckt wurde.

Es erhebt sich allerdings die kritische Frage, ob die Anzahl der Meteore mit den entsprechenden Anfangsbedingungen wirklich so groß ist, um die beobachtete Erscheinung zu erklären; es läßt sich jedoch keine sichere Antwort darauf geben. Indessen ist unbestritten, daß die Meteore ungewöhnlich zahlreich sind, wenn etwa 8000000 in die Erdatmosphäre nach H. A. Newton täglich eindringen, und es ist nur berechtigt, wenn man annimmt, daß sie das Zodiakallicht hervorrufen, welches im Vergleich zum Gegenschein sehr intensiv ist. Die Vermutung, daß dies den Weg zur Erklärung für den Gegenschein bildet, wurde zuerst von Gyldèn in den letzten Paragraphen einer Abhandlung im *Bulletin Astronomique*, vol. I, aufgestellt, mit dem Titel *Sur un Cas Particulier du Problème des Trois Corps.*[1])

164. Anwendung des Kriteriums für die Stabilität auf die „gleichseitigen Dreiecks"-Lösungen. Die partikulären Lösungen der ursprünglichen Differentialgleichungen sind in diesem Falle $r_1 = 1$, $r_2 = 1$. Die (33) entsprechenden Gleichungen lauten

$$\left\{\begin{aligned} \frac{\partial f}{\partial x'}x' + \frac{\partial f}{\partial y'}y' + \frac{\partial f}{\partial z'}z' &= \tfrac{3}{4}x' + \frac{3\sqrt{3}}{4}(1-2\mu)y', \\ \frac{\partial g}{\partial x'}x' + \frac{\partial g}{\partial y'}y' + \frac{\partial g}{\partial z'}z' &= \frac{3\sqrt{3}}{4}(1-2\mu)x' + \tfrac{9}{4}y', \\ \frac{\partial h}{\partial x'}x' + \frac{\partial h}{\partial y'}y' + \frac{\partial h}{\partial z'}z' &= -z'; \end{aligned}\right.$$

und die Differentialgleichungen bis zu den Gliedern zweiten Grades sind

$$(47)\qquad \left\{\begin{aligned} \frac{d^2x'}{dt^2} - 2\frac{dy'}{dt} &= \tfrac{3}{4}x' + \frac{3\sqrt{3}}{4}(1-2\mu)y', \\ \frac{d^2y'}{dt^2} + 2\frac{dx'}{dt} &= \frac{3\sqrt{3}}{4}(1-2\mu)x' + \tfrac{9}{4}y', \\ \frac{d^2z'}{dt^2} \qquad\quad &= -z'. \end{aligned}\right.$$

Die letzte Gleichung ist von den beiden ersten unabhängig, und ihre Lösung ist

$$z' = c_1 \sin t + c_2 \cos t.$$

Folglich ist die Bewegung parallel zur z-Achse für kleine Verrückungen periodisch mit der Periode 2π, dieselbe wie die des Umlaufs der endlichen Körper.

Um die ersten beiden Gleichungen zu lösen, setze man

$$(48)\qquad \left\{\begin{aligned} x' &= Ke^{\lambda t}, \\ y' &= Le^{\lambda t}. \end{aligned}\right.$$

---

1) Siehe auch eine Abhandlung von F. R. Moulton in *The Astronomical Journal*, Nr. 483.

Substituiert man diese Ausdrücke in die ersten beiden Gleichungen (47), so ergibt sich nach Fortlassung gemeinsamer Faktoren

$$(49)\qquad \begin{cases} [\lambda^2 - \frac{3}{4}]K - \left[2\lambda + \frac{3\sqrt{3}}{4}(1-2\mu)\right] L = 0, \\ \left[2\lambda - \frac{3\sqrt{3}}{4}(1-2\mu)\right] K + [\lambda^2 - \frac{9}{4}]\, L = 0. \end{cases}$$

Um Lösungen, verschieden von $x' = 0$, $y' = 0$, zu erhalten, muß die Determinante dieser Gleichungen verschwinden. Dies liefert

$$(50)\qquad \begin{vmatrix} \lambda^2 - \frac{3}{4}, & -2\lambda - \frac{3\sqrt{3}}{4}(1-2\mu) \\ 2\lambda - \frac{3\sqrt{3}}{4}(1-2\mu), & \lambda^2 - \frac{9}{4} \end{vmatrix} \equiv \lambda^4 + \lambda^2 + \frac{27}{4}\mu(1-\mu) = 0.$$

Sind $\lambda_1, \lambda_2, \lambda_3, \lambda_4$ die Wurzeln der biquadratischen Gleichung, so lauten die allgemeinen Lösungen von (47)

$$\begin{cases} x' = K_1 e^{\lambda_1 t} + K_2 e^{\lambda_2 t} + K_3 e^{\lambda_3 t} + K_4 e^{\lambda_4 t}, \\ y' = L_1 e^{\lambda_1 t} + L_2 e^{\lambda_2 t} + L_3 e^{\lambda_3 t} + L_4 e^{\lambda_4 t}, \end{cases}$$

wo K_1, K_2, K_3, K_4 die Integrationskonstanten sind und L_1, L_2, L_3, L_4 Konstante bedeuten, die mit ihnen durch eine der Gleichungen (49) in Beziehung stehen.

Aus (50) folgt

$$\begin{cases} \lambda_1 = -\lambda_2 = \sqrt{\dfrac{-1+\sqrt{1-27\mu(1-\mu)}}{2}}, \\ \lambda_3 = -\lambda_4 = \sqrt{\dfrac{-1-\sqrt{1-27\mu(1-\mu)}}{2}}. \end{cases}$$

Die Zahl μ überschreitet niemals $\frac{1}{2}$, und wenn $1 - 27\mu\,(1-\mu) \geqq 0$, sind die Wurzeln konjugiert rein imaginär; wenn diese Ungleichheit nicht erfüllt ist, so sind sie komplexe Größen. Die Ungleichheit läßt sich schreiben

$$1 - 27\mu(1-\mu) = \varepsilon,$$

wo ε eine positive Größe mit dem Grenzwert null ist. Diese Gleichung besitzt die Lösung

$$(51)\qquad \mu = \frac{1}{2} \pm \sqrt{\frac{23+4\varepsilon}{108}}.$$

Da μ die Masse darstellt, welche kleiner als ein halb ist, so muß das negative Zeichen genommen werden. In der Grenze ist $\varepsilon = 0$, $\mu = 0.0385\ldots$. Folglich sind, wenn $\mu < 0.0385\ldots$, die Wurzeln von (50) rein imaginär, und die „gleichseitigen Dreieckslösungen“ stabil; wenn $\mu > 0.0385\ldots$, sind die Wurzeln von (50) komplex und die „gleichseitigen Dreieckslösungen“ unstabil.

XXI. Aufgaben.

1. Wenn ein Komet, der sich der Sonne in einer Parabel nähert, durch den Jupiter gestört würde, so daß seine Bahn eine Parabel bleibt, während sein Perihelabstand sich verdoppelt, wie würde dann die Beziehung zwischen der neuen und alten Neigung lauten?

Lösung: $\cos i_2 = \frac{\sqrt{2}}{2} \cos i_1$.

2. Man zeige, daß, wenn die Bahn eines Kometen, deren Neigung gegen die Jupiterbahn null ist, durch den störenden Einfluß des Jupiter von einer Parabel in eine Ellipse übergeht, der Parameter der Bahnkurve notwendig abnimmt. Man untersuche die Änderungen in den Parametern für Änderungen der großen Achsen bei den anderen Kegelschnittarten.

3. Ein Komet möge sich in der Ebene der Jupiterbahn in einer Ellipse bewegen, und die störende Wirkung des Jupiters sei außer für einen kurzen Zeitraum, wo sie einander nahe sind, unmerklich. Man beweise, daß, wenn die Störung des Jupiters die Exzentrizität vergrößert, die Periode zu- oder abnimmt, je nachdem das Produkt aus der großen Achse und der Quadratwurzel des Halbparameters der ursprünglichen Ellipse größer oder kleiner als eins ist, falls die kanonischen Einheiten zugrunde gelegt werden.

4. Ein Massenteilchen in der Mitte zwischen zwei gleichen Massen befindet sich im Gleichgewicht. Man untersuche den Charakter des Gleichgewichts nach der Methode des § 161.

5. Unter der Annahme, daß $1-\mu$ und μ die Sonne und Erde andeuten, bestimme man die Schwingungsperiode parallel zur z-Achse für einen unendlich kleinen Körper, der nur wenig von der xy-Ebene in der Nähe des „geradlinigen“ Lösungspunktes verschoben ist, welcher zur Sonne in bezug auf die Erde als Koordinatenanfang entgegengesetzt liegt.

Lösung: 183.304 mittlere Sonnentage.

6. In demselben Falle bestimme man die Schwingungsperiode in der xy-Ebene.

Lösung: 139.6 mittlere Sonnentage.

7. Man beweise, daß im allgemeinen für kleine Werte μ die Schwingungsperioden, gleichzeitig parallel zur z-Achse und xy-Ebene, am längsten sind für die Gegenpunkte, zu μ in bezug auf $1-\mu$ als Ursprung; am nächstlängsten für die Gegenpunkte zu $1-\mu$ in bezug auf μ als Ursprung; und am kürzesten für den Punkt zwischen $1-\mu$ und μ.

8. Man bestimme die Exzentrizität der Bahnkurve in der xy-Ebene gegenüber der Sonne für den Fall: Sonne und Erde.

9. Die Differentialgleichungen (35) besitzen das Integral

$$\left(\frac{dx'}{dt}\right)^2 + \left(\frac{dy'}{dt}\right)^2 + \left(\frac{dz'}{dt}\right)^2 = (1+2A_i)x'^2 + (1-A_i)y'^2 - A_i z'^2 + C;$$

man diskutiere die Bedeutung dieses Integrals nach den Verfahren der §§ 154/159.

10. Was läßt sich über die Unabhängigkeit der Gleichungen (39) sagen, wenn man die Bedingung stellt, daß die Determinante verschwinden soll?

11. Wenn die im § 163 gegebene Deutung des Gegenscheins zutrifft, welche Breite besitzt dann seine maximale Parallaxe für einen Beobachter der Breite 45° ?

Lösung: ungefähr 15 Minuten. (Ein zu kleiner Wert, um mit Sicherheit bei einem so unbestimmten Gegenstand beobachtet zu werden.)

12. Man nehme $\mu = \frac{1}{2}$ an und reduziere das Problem, die Bewegung des unendlich kleinen Körpers durch den Ursprung längs der z-Achse zu finden, auf elliptische Integrale.

Der Fall von drei endlichen Körpern.

165. Bedingungsgleichungen für Kreisbahnen. In diesem Abschnitt soll das Theorem von Lagrange bewiesen werden, daß es möglich ist, drei endliche Körper in solcher Weise in Bewegung zu setzen, daß ihre Bahnkurven ähnliche Ellipsen darstellen, die sämtlich während derselben Zeit beschrieben werden. Wir betrachten zunächst den Sonderfall kreisförmiger Bahnkurven. Dabei nehmen wir an, daß die drei Körper in derselben Ebene sich bewegen. Der Ursprung liege im Massenmittelpunkt und die $\xi\eta$-Ebene sei die Bewegungsebene. Die Differentialgleichungen der Bewegung lauten alsdann (§ 143)

$$(52)\quad \begin{cases} \dfrac{d^2\xi_i}{dt^2} = \dfrac{1}{m_i}\dfrac{\partial U}{\partial \xi_i}, \qquad (i = 1, 2, 3), \\ \dfrac{d^2\eta_i}{dt^2} = \dfrac{1}{m_i}\dfrac{\partial U}{\partial \eta_i}, \\ U = \dfrac{k^2 m_1 m_2}{r_{1,2}} + \dfrac{k^2 m_2 m_3}{r_{2,3}} + \dfrac{k^2 m_3 m_1}{r_{3,1}}. \end{cases}$$

Die Bewegung des Systems wird auf Achsen, die mit der gleichförmigen Winkelgeschwindigkeit n rotieren, mittels der Substitution

$$(53)\quad \begin{cases} \xi_i = x_i \cos nt - y_i \sin nt, \qquad (i = 1, 2, 3), \\ \eta_i = x_i \sin nt + y_i \cos nt \end{cases}$$

bezogen. Macht man diese Substitution und reduziert wie in § 152, so ergibt sich

$$(54)\quad \begin{cases} \dfrac{d^2x_i}{dt^2} - 2n\dfrac{dy_i}{dt} - n^2 x_i - \dfrac{1}{m_i}\dfrac{\partial U}{\partial x_i} = 0, \\ \dfrac{d^2y_i}{dt^2} + 2n\dfrac{dx_i}{dt} - n^2 y_i - \dfrac{1}{m_i}\dfrac{\partial U}{\partial y_i} = 0. \end{cases}$$

Wenn sich die Körper in Kreisen um den Ursprung mit der Winkelgeschwindigkeit n bewegen, so sind ihre Koordinaten in bezug auf die rotierenden Achsen konstant. Da die erste und zweite Ableitung alsdann verschwinden, so werden die Gleichungen (54)

$$
(55)\qquad \begin{cases}
-n^2 x_1 + k^2 m_2 \dfrac{(x_1 - x_2)}{r^3_{1,2}} + k^2 m_3 \dfrac{(x_1 - x_3)}{r^3_{1,3}} = 0\,, \\
-n^2 x_2 + k^2 m_1 \dfrac{(x_2 - x_1)}{r^3_{1,2}} + k^2 m_3 \dfrac{(x_2 - x_3)}{r^3_{2,3}} = 0\,, \\
-n^2 x_3 + k^2 m_1 \dfrac{(x_3 - x_1)}{r^3_{1,3}} + k^2 m_2 \dfrac{(x_3 - x_2)}{r^3_{2,3}} = 0\,, \\
-n^2 y_1 + k^2 m_2 \dfrac{(y_1 - y_2)}{r^3_{1,2}} + k^2 m_3 \dfrac{(y_1 - y_3)}{r^3_{1,3}} = 0\,, \\
-n^2 y_2 + k^2 m_1 \dfrac{(y_2 - y_1)}{r^3_{1,2}} + k^2 m_3 \dfrac{(y_2 - y_3)}{r^3_{2,3}} = 0\,, \\
-n^2 y_3 + k^2 m_1 \dfrac{(y_3 - y_1)}{r^3_{1,3}} + k^2 m_2 \dfrac{(y_3 - y_2)}{r^3_{2,3}} = 0\,.
\end{cases}
$$

Und umgekehrt, wenn die Massen und Anfangsbewegungen derartig sind, daß diese sechs Gleichungen erfüllt werden, beschreiben die Körper Kreise um den Ursprung mit der gleichförmigen Winkelgeschwindigkeit n.

Da der Ursprung im Massenmittelpunkt liegt, so genügen die Koordinaten den Gleichungen

$$
(56)\qquad \begin{cases}
m_1 x_1 + m_2 x_2 + m_3 x_3 = 0, \\
m_1 y_1 + m_2 y_2 + m_3 y_3 = 0.
\end{cases}
$$

Multipliziert man die erste Gleichung (55) mit m_1, die zweite mit m_2 und addiert die erhaltenen Produkte, so geht die Summe mit Rücksicht auf die erste Gleichung (56) in die dritte Gleichung (55) über. In ähnlicher Weise läßt sich die letzte Gleichung (55) aus den anderen in y und der letzten (56) ableiten. Daher können die dritte und sechste Gleichung (55) ausgelassen und die Gleichungen (56) an ihrer Stelle benutzt werden, wodurch man ein etwas einfacheres Gleichungssystem erhält.

Über die Einheiten der Zeit, des Raumes und der Masse wurde noch nicht verfügt. Man kann sie ohne Beschränkung der Allgemeinheit so wählen, daß $r_{1,2} = 1$ und $k^2 = 1$ sind. Dann lauten die notwendigen und hinreichenden Bedingungen der Existenz von Lösungen, für welche die Bahnkurven Kreise sind

$$
(57)\qquad \begin{cases}
m_1 x_1 + m_2 x_2 + m_3 x_3 = 0\,, \\
-n^2 x_1 + m_2 (x_1 - x_2) + m_3 \dfrac{(x_1 - x_3)}{r^3_{1,3}} = 0\,, \\
-n^2 x_2 + m_1 (x_2 - x_1) + m_3 \dfrac{(x_2 - x_3)}{r^3_{2,3}} = 0\,, \\
m_1 y_1 + m_2 y_2 + m_3 y_3 = 0\,, \\
-n^2 y_1 + m_2 (y_1 - y_2) + m_3 \dfrac{(y_1 - y_3)}{r^3_{1,3}} = 0\,, \\
-n^2 y_2 + m_1 (y_2 - y_1) + m_3 \dfrac{(y_2 - y_3)}{r^3_{2,3}} = 0\,.
\end{cases}
$$

166. „Gleichseitige Dreiecks"-Lösungen. Es besteht eine Lösung des Problems für jede Reihe von reellen Werten der Variablen, die den Gleichungen (57) genügen. Man kann leicht zeigen, daß die Gleichungen erfüllt sind, wenn die Körper den Ecken eines gleichseitigen Dreiecks angehören. Dann ist $r_{1,2} = r_{2,3} = r_{1,3} = 1$, und die Gleichungen (57) werden daher

$$\begin{cases} m_1 x_1 + m_2 x_2 + m_3 x_3 = 0, \\ (m_2 + m_3 - n^2) x_1 - m_2 x_2 - m_3 x_3 = 0, \\ (m_1 + m_3 - n^2) x_2 - m_1 x_1 - m_3 x_3 = 0, \\ m_1 y_1 + m_2 y_2 + m_3 y_3 = 0, \\ (m_2 + m_3 - n^2) y_1 - m_2 y_2 - m_3 y_3 = 0, \\ (m_1 + m_3 - n^2) y_2 - m_1 y_1 - m_3 y_3 = 0. \end{cases}$$

Diese Gleichungen sind linear und homogen in $x_1, x_2, \ldots y_3$. Damit sie eine Lösung besitzen, welche von $x_1 = x_2 = \ldots = y_3 = 0$ verschieden und mit $r_{1,2} = r_{2,3} = r_{1,3} = 1$ unvereinbar ist, muß die Determinante ihrer Koeffizienten verschwinden. Setzt man $M = m_1 + m_2 + m_3$, so findet man leicht, daß diese Bedingung lautet

$$m_3^2 (M - n^2)^4 = 0,$$

woraus $n^2 = M$ folgt. Dann sind zwei von den x_i und zwei von den y_i willkürlich, und die Gleichungen besitzen daher eine mit $r_{i,j} = 1$ verträgliche Lösung. Folglich *ist die „gleichseitige Dreiecks"-Konstellation mit passenden anfänglichen Geschwindigkeitskomponenten eine partikuläre Lösung des Dreikörperproblems; und wenn die Einheiten so beschaffen sind, daß die gegenseitigen Entfernungen und k^2 den Wert eins haben, dann ist das Quadrat der Winkelgeschwindigkeit des Umlaufs gleich der Summe aus den Massen der drei Körper.*

167. „Geradlinige Librations"-Lösungen. Die letzten drei Gleichungen (57) sind durch $y_1 = y_2 = y_3 = 0$ erfüllt, d. h. wenn die Körper sämtlich auf der x-Achse liegen. Nehmen wir an, sie liegen auf der x-Achse in der Reihenfolge m_1, m_2, m_3 von dem negativen nach dem positiven Ende. Dann ist $x_3 > x_2 > x_1$ und $r_{1,2} = x_2 - x_1 = 1$, und die ersten drei Gleichungen (57) werden

$$(58) \quad \begin{cases} m_1 x_1 + m_2 (1 + x_1) + m_3 x_3 = 0, \\ m_2 + \dfrac{m_3}{(x_3 - x_1)^2} + n^2 x_1 = 0, \\ -m_1 + \dfrac{m_3}{(x_3 - x_1 - 1)^2} + n^2 (1 + x_1) = 0. \end{cases}$$

Elimination von x_3 und n^2 liefert

$$(59)\qquad m_2 + (m_1 + m_2)\, x_1 + \frac{m_3^3 (1 + x_1)}{(M x_1 + m_2)^2} - \frac{m_3^3 x_1}{(M x_1 + m_2 + m_3)^2} = 0.$$

Wenn man in dieser Gleichung die Brüche beseitigt, so ergibt sich eine Gleichung fünften Grades in x_1, deren Koeffizienten sämtlich positiv sind. Somit besitzt sie zwar keine reelle positive, aber doch eine reelle negative Wurzel, und folglich besteht wenigstens eine Lösung des Problems.

Anstatt x_1 kann man auch die Differenz $x_3 - x_2$ als Unbekannte benutzen, welche mit A bezeichnet werden möge. Die Entfernung x_1 muß dann durch diese neue Variable ausgedrückt werden. Die Beziehungen zwischen x_1, x_2 ,x_3 und A lauten

$$\begin{cases} m_1 x_1 + m_2 x_2 + m_3 x_3 = 0, \\ x_2 - x_1 = 1, \\ x_3 - x_2 = A; \end{cases}$$

woraus

$$x_1 = -\frac{m_2 + m_3 + m_3 A}{M}.$$

Substituiert man diesen Ausdruck für x_1 in (59), beseitigt die Brüche und läßt gemeinsame Faktoren fort, so ergibt sich als Bedingung für die kollinearen Lösungen

$$(60)\quad \begin{cases} (m_1 + m_2)A^5 + (3m_1 + 2m_2)A^4 + (3m_1 + m_2)A^3 \\ \qquad - (m_2 + 3m_3)A^2 - (2m_2 + 3m_3)A - (m_2 + m_3) = 0. \end{cases}$$

Dies ist genau die Gleichung fünften Grades in A von Lagrange[1]); sie besitzt nur eine reelle positive Wurzel, da die Koeffizienten nur einen Zeichenwechsel aufweisen. Der einzige Wert von A, der für die gewählte Reihenfolge der Massen in Betracht kommt, ist positiv; daher ist die Lösung von (60) eindeutig und bestimmt die Verteilung der Körper in der „geradlinigen" Lösung des Dreikörperproblems. Es ist ersichtlich, daß zwei weitere verschiedene „geradlinige" Lösungen erhalten werden durch zyklische Vertauschung in der Reihenfolge der drei Körper.

168. Dynamische Eigenschaften der Lösungen. Da die Körper mit gleichförmiger Winkelgeschwindigkeit um den Massenmittelpunkt in Kreisen umlaufen, so gilt der Flächensatz für jeden Körper besonders; daher ist *die Resultante der sämtlichen auf jeden Körper einwirkenden Kräfte ständig nach dem Massenmittelpunkt hin gerichtet* (§ 48).

---

1) Lagranges *Gesammelte Werke,* Band VI, S. 277, und Tisserands *Méc. Cél.* vol. I., p. 155.

Bezeichnet man die Abstände von m_1, m_2 und m_3 von ihrem Massenmittelpunkt mit a_1, a_2 und a_3, so ist die Zentrifugalbeschleunigung, welcher m_i unterliegt, $\alpha_i = \frac{V_i^2}{a_i}$, wo V_i die lineare Geschwindigkeit von m_i bedeutet. Dies kann aber auch $\alpha_i = n^2 a_i$ geschrieben werden. Die Zentripetalkraft hält der Zentrifugalkraft genau das Gleichgewicht; folglich ist die Beschleunigung nach dem Massenmittelpunkt

$$\alpha_i = n^2 a_i;$$

d. h. *die Beschleunigungen der verschiedenen Körper nach dem gemeinsamen Massenmittelpunkt sind ihren Abständen von diesem Punkt direkt proportional.*

169. Allgemeine Kegelschnitt-Lösungen. Die Lösungen des Dreikörperproblems, welche diskutiert wurden, sind durch den Umstand charakterisiert, daß ihre Bahnen Kreise darstellen. Es soll gezeigt werden, daß entsprechend einer jeden von ihnen eine Lösung existiert, für welche die Bahnkurven Kegelschnitte von willkürlicher Exzentrizität sind. Diese Lösungen sind durch den Umstand charakterisiert, daß in ihnen die Verhältnisse der gegenseitigen Entfernungen der Körper konstant, während die Entfernungen selber veränderlich sind.

Wenn das System auf feste Achsen mit dem Ursprung im Gravitationszentrum bezogen wird, so lauten die Differentialgleichungen der Bewegung

$$(61)\quad \begin{cases} \frac{d^2\xi_1}{dt^2} = -\frac{m_2(\xi_1-\xi_2)}{r^3_{1,2}} - \frac{m_3(\xi_1-\xi_3)}{r^3_{1,3}}, \\ \frac{d^2\eta_1}{dt^2} = -\frac{m_2(\eta_1-\eta_2)}{r^3_{1,2}} - \frac{m_3(\eta_1-\eta_3)}{r^3_{1,3}}, \\ \frac{d^2\xi_2}{dt^2} = -\frac{m_1(\xi_2-\xi_1)}{r^3_{1,2}} - \frac{m_3(\xi_2-\xi_3)}{r^3_{2,3}}, \\ \frac{d^2\eta_2}{dt^2} = -\frac{m_1(\eta_2-\eta_1)}{r^3_{1,2}} - \frac{m_3(\eta_2-\eta_3)}{r^3_{2,3}}, \\ \frac{d^2\xi_3}{dt^2} = -\frac{m_1(\xi_3-\xi_1)}{r^3_{1,3}} - \frac{m_2(\xi_3-\xi_2)}{r^3_{2,3}}, \\ \frac{d^2\eta_3}{dt^2} = -\frac{m_1(\eta_3-\eta_1)}{r^3_{1,3}} - \frac{m_2(\eta_3-\eta_2)}{r^3_{2,3}}. \end{cases}$$

Die Koordinaten von m_1, m_2 und m_3 für $t = t_0$ seien (x_1, y_1), (x_2, y_2) und (x_3, y_3), und die entsprechenden Entfernungen vom Ursprung mögen $r_1^{(0)}$, $r_2^{(0)}$ und $r_3^{(0)}$ heißen. Die Winkel, welche $r_1^{(0)}$, $r_2^{(0)}$ und $r_3^{(0)}$ mit der ξ-Achse bilden, bezeichnen wir mit φ_1, φ_2 und φ_3. Dann bestehen die Beziehungen

$$(62)\quad \begin{cases} x_1 = r_1^{(0)}\cos\varphi_1, & x_2 = r_2^{(0)}\cos\varphi_2, & x_3 = r_3^{(0)}\cos\varphi_3, \\ y_1 = r_1^{(0)}\sin\varphi_1, & y_2 = r_2^{(0)}\sin\varphi_2, & y_3 = r_3^{(0)}\sin\varphi_3. \end{cases}$$

Die Koordinaten der Körper für einen beliebigen Zeitpunkt t seien jetzt (ξ_1, η_1), (ξ_2, η_2) und (ξ_3, η_3). Nehmen wir an, die Verhältnisse der gegenseitigen Abstände seien konstant, dann sind die gegenseitigen Abstände für den Zeitpunkt t

$$\varrho\, r_{1,2} \quad \varrho\, r_{2,3} \quad \varrho\, r_{1,3},$$

wo ϱ der Proportionalitätsfaktor ist. Da die Gestalt der von den drei Körpern gebildeten Figur unveränderlich ist, so folgt

$$(63) \qquad r_1 = r_1^{(0)}\varrho, \quad r_2 = r_2^{(0)}\varrho, \quad r_3 = r_3^{(0)}\varrho.$$

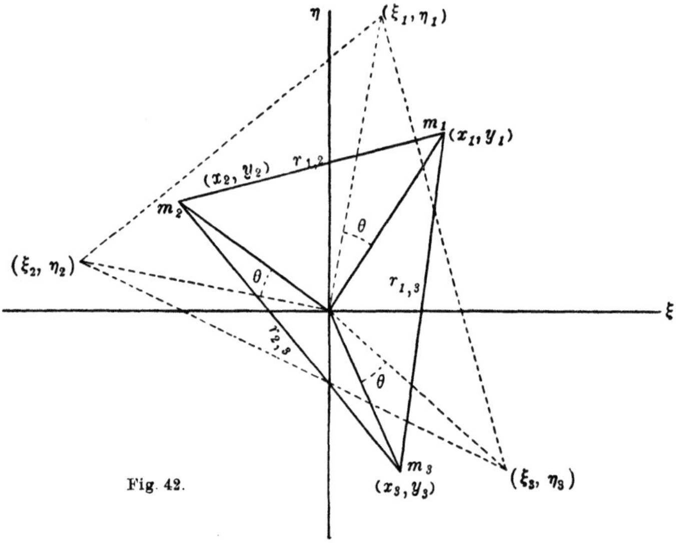

Fig. 42.

Ferner werden sich die Leitstrahlen r_1, r_2 und r_3 um denselben Winkel θ gedreht haben. Folglich ist

$$(64) \qquad \left\{ \begin{aligned} \xi_1 &= r_1^{(0)}\varrho \cos(\theta + \varphi_1) = (x_1 \cos\theta - y_1 \sin\theta)\varrho, \\ \eta_1 &= r_1^{(0)}\varrho \sin(\theta + \varphi_1) = (x_1 \sin\theta + y_1 \cos\theta)\varrho, \\ \xi_2 &= r_2^{(0)}\varrho \cos(\theta + \varphi_2) = (x_2 \cos\theta - y_2 \sin\theta)\varrho, \\ \eta_2 &= r_2^{(0)}\varrho \sin(\theta + \varphi_2) = (x_2 \sin\theta + y_2 \cos\theta)\varrho, \\ \xi_3 &= r_3^{(0)}\varrho \cos(\theta + \varphi_3) = (x_3 \cos\theta - y_3 \sin\theta)\varrho, \\ \eta_3 &= r_3^{(0)}\varrho \sin(\theta + \varphi_3) = (x_3 \sin\theta + y_3 \cos\theta)\varrho. \end{aligned} \right.$$

Transformiert man die Gleichungen (61) mittels (64), so werden sie nur die beiden abhängigen Variablen ϱ und θ enthalten und notwendige Bedingungen für die Existenz von Lösungen darstellen, für welche die Verhältnisse der gegenseitigen Abstände konstant sind. Aus den ersten beiden Gleichungen (61) und (64) folgt, wenn man die Transformationsresultate mit $\cos\theta$ und $\sin\theta$, dann mit $-\sin\theta$ und $\cos\theta$ multipliziert und jedesmal addiert,

$$(65)\quad \begin{cases} x_1\dfrac{d^2\varrho}{dt^2}-2y_1\dfrac{d\varrho}{dt}\dfrac{d\theta}{dt}-x_1\varrho\left(\dfrac{d\theta}{dt}\right)^2-y_1\varrho\dfrac{d^2\theta}{dt^2} \\ \qquad\qquad =-\left\{\dfrac{m_2(x_1-x_2)}{r^3_{1,2}}+\dfrac{m_3(x_1-x_3)}{r^3_{1,3}}\right\}\dfrac{1}{\varrho^2}, \\ y_1\dfrac{d^2\varrho}{dt^2}+2x_1\dfrac{d\varrho}{dt}\dfrac{d\theta}{dt}-y_1\varrho\left(\dfrac{d\theta}{dt}\right)^2+x_1\varrho\dfrac{d^2\theta}{dt^2} \\ \qquad\qquad =-\left\{\dfrac{m_2(y_1-y_2)}{r^3_{1,2}}+\dfrac{m_3(y_1-y_3)}{r^3_{1,3}}\right\}\dfrac{1}{\varrho^2}. \end{cases}$$

Setzt man

$$(66)\qquad \varrho^2\frac{d\theta}{dt}=\psi.$$

so ist
$$2\frac{d\varrho}{dt}\frac{d\theta}{dt}+\varrho\frac{d^2\theta}{dt^2}=\frac{1}{\varrho}\frac{d\psi}{dt},\qquad \varrho\left(\frac{d\theta}{dt}\right)^2=\frac{\psi^2}{\varrho^3},$$

und die Gleichungen (65) werden

$$(67)\quad \begin{cases} \dfrac{d^2\varrho}{dt^2}-\dfrac{y_1}{x_1\varrho}\dfrac{d\psi}{dt}-\dfrac{\psi^2}{\varrho^3}=-\dfrac{1}{x_1}\left\{\dfrac{m_2(x_1-x_2)}{r^3_{1,2}}+\dfrac{m_3(x_1-x_3)}{r^3_{1,3}}\right\}\dfrac{1}{\varrho^2}, \\ \dfrac{d^2\varrho}{dt^2}+\dfrac{x_1}{y_1\varrho}\dfrac{d\psi}{dt}-\dfrac{\psi^2}{\varrho^3}=-\dfrac{1}{y_1}\left\{\dfrac{m_2(y_1-y_2)}{r^3_{1,2}}+\dfrac{m_3(y_1-y_3)}{r^3_{1,3}}\right\}\dfrac{1}{\varrho^2}. \end{cases}$$

Ferner lauten die Gleichungen, welche in ähnlicher Weise aus den letzten vier Gleichungen (61) und (65) abgeleitet werden

$$(68)\quad \begin{cases} \dfrac{d^2\varrho}{dt^2}-\dfrac{y_2}{x_2\varrho}\dfrac{d\psi}{dt}-\dfrac{\psi^2}{\varrho^3}=-\dfrac{1}{x_2}\left\{\dfrac{m_1(x_2-x_1)}{r^3_{1,2}}+\dfrac{m_3(x_2-x_3)}{r^3_{2,3}}\right\}\dfrac{1}{\varrho^2}, \\ \dfrac{d^2\varrho}{dt^2}+\dfrac{x_2}{y_2\varrho}\dfrac{d\psi}{dt}-\dfrac{\psi^2}{\varrho^3}=-\dfrac{1}{y_2}\left\{\dfrac{m_1(y_2-y_1)}{r^3_{1,2}}+\dfrac{m_3(y_2-y_3)}{r^3_{2,3}}\right\}\dfrac{1}{\varrho^2}; \\ \dfrac{d^2\varrho}{dt^2}-\dfrac{y_3}{x_3\varrho}\dfrac{d\psi}{dt}-\dfrac{\psi^2}{\varrho^3}=-\dfrac{1}{x_3}\left\{\dfrac{m_1(x_3-x_1)}{r^3_{1,3}}+\dfrac{m_2(x_3-x_2)}{r^3_{2,3}}\right\}\dfrac{1}{\varrho^2}, \\ \dfrac{d^2\varrho}{dt^2}+\dfrac{x_3}{y_3\varrho}\dfrac{d\psi}{dt}-\dfrac{\psi^2}{\varrho^3}=-\dfrac{1}{y_3}\left\{\dfrac{m_1(y_3-y_1)}{r^3_{1,3}}+\dfrac{m_2(y_3-y_2)}{r^3_{2,3}}\right\}\dfrac{1}{\varrho^2}. \end{cases}$$

Die Gleichungen (67) und (68) bilden notwendige Bedingungen für die Existenz von Lösungen, für welche die Verhältnisse der Abstände der Körper unveränderlich bleiben. Es sind nur zwei Variable ϱ und ψ zu bestimmen. Die erste liefert die Dimensionen des Systems mittels (63), und die zweite seine Lage mittels (66). Damit die fraglichen Lösungen existieren, müssen diese Gleichungen gleichzeitig bestehen. In Paaren von zwei bestimmen sie ϱ und ψ, wenn die Anfangsbedingungen angegeben sind. Damit die ϱ und ψ für gegebene Anfangsbedingungen identisch werden, wenn man sie durch jedes von den drei Paaren von Differentialgleichungen bestimmt, müssen die Koeffizienten entsprechender Ausdrücke von ϱ und ψ dieselben sein. Dies läßt sich zeigen, wenn man die Entwicklung der Lösungen als Potenzreihen in $t - t_0$ nach der Methode des § 127 betrachtet. Damit sich gleiche Lösungen ergeben, müssen die Koeffizienten entsprechender Potenzen von $t - t_0$, und damit wiederum diese Bedingungen erfüllt sind, müssen die Koeffizienten entsprechender Glieder in den Differentialgleichungen übereinstimmen. Daher lauten die Bedingungen für das gleichzeitige Bestehen der Gleichungen (67) und (68) entweder

$$\frac{y_1}{x_1} = \frac{y_2}{x_2} = \frac{y_3}{x_3} \tag{69}$$

oder
$$\frac{d\psi}{dt} = 0, \tag{70}$$

und das System von sechs Gleichungen

$$\left\{\begin{aligned}
\frac{m_2(x_1 - x_2)}{r^3_{1,2}} + \frac{m_3(x_1 - x_3)}{r^3_{1,3}} &= n^2 x_1, \\
\frac{m_1(x_2 - x_1)}{r^3_{1,2}} + \frac{m_3(x_2 - x_3)}{r^3_{2,3}} &= n^2 x_2, \\
\frac{m_1(x_3 - x_1)}{r^3_{1,3}} + \frac{m_2(x_3 - x_2)}{r^3_{2,3}} &= n^2 x_3, \\
\frac{m_2(y_1 - y_2)}{r^3_{1,2}} + \frac{m_3(y_1 - y_3)}{r^3_{1,3}} &= n^2 y_1, \\
\frac{m_1(y_2 - y_1)}{r^3_{1,2}} + \frac{m_3(y_2 - y_3)}{r^3_{2,3}} &= n^2 y_2, \\
\frac{m_1(y_3 - y_1)}{r^3_{1,3}} + \frac{m_2(y_3 - y_2)}{r^3_{2,3}} &= n^2 y_3,
\end{aligned}\right. \tag{71}$$

wo n^2 der gemeinsame konstante Wert der Koeffizienten von $\frac{1}{\varrho^2}$ auf den rechten Seiten von (67) und (68) ist. Und es folgt aus den Gleichungen (71), sowie aus den ursprünglichen Definitionen der x_i und y_i, daß die Massenmittelpunktsgleichungen

$$\left\{\begin{aligned}
m_1 x_1 + m_2 x_2 + m_3 x_3 &= 0, \\
m_1 y_1 + m_2 y_2 + m_3 y_3 &= 0
\end{aligned}\right.$$

erfüllt sind.

Die Gleichungen (69) sind nur erfüllt, wenn die drei Körper für $t = t_0$ einer Geraden angehören. Da nach Annahme die Gestalt der Figur konstant ist, so bleiben sie in diesem Falle ständig in einer Geraden. Die Lage der Achsen kann für $t = t_0$ so gewählt werden, daß $y_1 = y_2 = y_3 = 0$ und die Bedingungen für die Existenz der Lösungen sich auf die ersten

Gleichungen (71) reduzieren. Diese Gleichungen sind dieselben wie (55) in § 165 und besitzen, wie in § 167 gezeigt wurde, nur drei reelle Lösungen.

Nehmen wir an, daß die Gleichungen (69) erfüllt sind und die Körper kollinear bleiben; dann ist die Resultante der sämtlichen Kräfte, denen jeder Körper unterliegt, ständig nach dem Gravitationszentrum des Systems hin gerichtet und folglich der Flächensatz für diesen Punkt gültig. Daher ist

$$r_1^2 \frac{d\theta}{dt} = c_1, \quad r_2^2 \frac{d\theta}{dt} = c_2, \quad r_3^2 \frac{d\theta}{dt} = c_3,$$

wo c_1, c_2, und c_3 Konstante sind. Aus (63) folgt, daß $\varrho^2 \frac{d\theta}{dt} = \frac{c_1}{(r_1^{(0)})^2}$ und sodann aus (66), daß $\frac{d\psi}{dt} = 0$. Somit wird aus den Gleichungen (66), (67) und (68) in diesem Falle

$$(72) \qquad \begin{cases} \dfrac{d^2\varrho}{dt^2} - \dfrac{\psi^2}{\varrho^3} = - n^2 \dfrac{1}{\varrho^2}, \\ \psi = c_0 = \text{konstant}, \\ \dfrac{d\theta}{dt} = \dfrac{\psi}{\varrho^2} = \dfrac{c_0}{\varrho^2}. \end{cases}$$

Dies sind die Differentialgleichungen in Polarkoordinaten für das Zweikörperproblem. Abgesehen von der Bezeichnungsweise sind sie dieselben wie die Gleichungen (65) in Kapitel V. Folglich genügen ϱ und θ den Bedingungen der Kegelschnittbewegung unter dem Gravitationsgesetz, und es ergibt sich aus (63) und der Definition von θ, daß die drei Körper ähnliche Kegelschnitte mit willkürlicher Exzentrizität beschreiben. Diese Lösungen schließen die „geradlinigen Librations"-Lösungen, in welchen die Bahnen Kreise darstellen, als Sonderfälle ein.

Im Falle, daß die Gleichungen (69) nicht erfüllt sind, sind die Körper nicht kollinear. Wenn aber die Körper nicht kollinear sind, muß Gleichung (70) gelten, damit die Gleichungen (67) und (68) verträglich sind. Aus den Gleichungen (66) und (63) folgt, daß der Flächensatz in bezug auf den Ursprung für jeden Körper besonders gilt. In § 166 wurde gezeigt, daß die Gleichungen (71) erfüllt sind, wenn die Körper den Ecken eines gleichseitigen Dreiecks angehören. Man kann leicht zeigen, daß, außer wenn sie kollinear sind, keine andere Lösung existiert. Im Falle der „gleichseitigen Dreieckslösung" reduzieren sich die Gleichungen (67) und (68) ebenfalls auf (72), und die Bahnkurven bilden ähnliche Kegelschnitte von willkürlicher Exzentrizität.

XXII. Aufgaben.

1. Man gehe von der Annahme aus, daß eine Lösung existiert, in welcher die drei Körper stets kollinear sind. Man zeige, daß der Flächensatz für jeden Körper besonders gilt in bezug auf den Massenmittelpunkt des Systems, in bezug auf

einen von den anderen beiden Körpern, und in bezug auf den Massenmittelpunkt von irgend zwei der Körper.

2. Man stelle die Bedingungen dafür auf, daß die Beschleunigungen, welchen die Körper unterliegen, nach ihrem gemeinsamen Massenmittelpunkt hin gerichtet und ihren Abständen proportional sind.

Lösung: Gleichungen (55).

3. Die Resultierende der auf jeden Körper wirkenden Kräfte geht stets durch einen festen Punkt hindurch. Man beweise, daß die gleichseitige Dreiecks-Konstellation die einzige Lösung der Gleichungen (55) bildet, außer wenn die Körper in einer Geraden liegen.

4. Man nehme an, daß $m_1 = m_2 = m_3 = 1$ ist, und die Körper sich entsprechend der „gleichseitigen Dreiecks"-Lösung bewegen. Man finde den Radius des Kreises, in welchem ein Körper um einen von ihnen mit der Periode umlaufen würde, mit welcher sie ihren Massenmittelpunkt umlaufen.

Lösung: $R = 3^{-\frac{1}{3}}$.

5. Man zeige, daß die gleichseitigen Dreieck-Kreis-Lösungen gelten, wenn die gegenseitigen Anziehungen der Körper sich wie eine beliebige Potenz des Abstandes ändern.

6. Man finde die Anzahl der kollinearen Lösungen, wenn die Kraft sich wie eine beliebige Potenz des Abstandes ändert.

7. Man beweise, daß, wenn die Kraft der fünften Potenz umgekehrt proportional ist, eine Lösung darin besteht, daß jeder von den Körpern sich in einem Kreise durch ihren Massenmittelpunkt auf solche Weise bewegt, daß die drei Körper stets in den Ecken eines gleichseitigen Dreiecks liegen.

8. Man beweise, daß, wenn die drei Körper in irgendeiner von den Konstellationen, die Kreis-Lösungen zulassen, sich in Ruhelage befinden, sie nach ihrem Massenmittelpunkt während derselben Zeit in Geraden fallen werden.

9. Man bestimme die Massenverteilung zwischen den drei Körpern, für welche die Zeit des Fallens nach ihrem Massenmittelpunkt (a) am kleinsten, (b) am größten ist.

10. Man beweise, daß, wenn vier Massen die Ecken eines regelmäßigen Tetraeders einnehmen, die Resultierende der sämtlichen an jedem Körper angreifenden Kräfte durch den Massenmittelpunkt der vier hindurchgeht, und daß die Größen der Beschleunigungen den Entfernungen der Körper von ihrem Massenmittelpunkt proportional sind.

11. Man zeige, daß keine Kreis-Lösungen in dem Vierkörperproblem bestehen, in welchen die Körper sich nicht sämtlich in derselben Ebene bewegen.

12. Man untersuche die Stabilität der Dreiecks- und der „geradlinigen" Lösungen des Dreikörperproblems, wenn die sämtlichen Massen endlich sind.

Geschichtliche Übersicht und Literatur.

Die ersten partikulären Lösungen des Dreikörperproblems wurden von Lagrange in seiner Preis-Abhandlung *Essai sur le Problème des Trois Corps* gefunden, welche der Pariser Akademie 1772 vorgelegt wurde (Ges. Werke, Band VI, S. 229, Tisserands *Méc. Cél.* vol. I., chap. VIII). Die Lösungen, welche er fand, sind genau die in dem letzten Teil dieses Kapitels angegebenen. Seine Methode bestand darin, das Problem in zwei Teile zu teilen; (a) die Bestimmung der gegenseitigen Abstände der Körper, (b) nach Lösung von (a) die Bestimmung der Ebene des Dreiecks im Raum und die Lage des Dreiecks in der Ebene. Er wies nach, daß, wenn der Teil (a) gelöst ist, der Teil (b) ebenfalls gelöst werden kann. Um (a) zu lösen, war es notwendig, drei Differentialgleichungen abzuleiten, die nur die drei gegenseitigen Abstände als abhängige Variable enthielten. Er fand drei Gleichungen, von denen eine von der dritten Ordnung und die beiden anderen je von der zweiten Ordnung waren, so daß das ganze Problem von der siebenten Ordnung wurde. Die Reduktion des allgemeinen Dreikörperproblems durch die zehn Integrale bringt es auf die achte Ordnung, so daß das Lagrangesche Verfahren das Problem noch um eine Einheit reduzierte. Er fand, daß er die Differentialgleichungen vollständig integrieren konnte, wenn er annahm, daß die Verhältnisse der gegenseitigen Entfernungen konstant wären. Der Beweis wurde von Laplace in der *Mécanique Céleste*, vol. V., p. 310 wiederholt. In *l'Exposition du Système du Monde* bemerkte er, daß, wenn der Mond von der Vorsehung der Erde zugeteilt wäre, um die Nacht zu erleuchten, wie verschiedentlich behauptet wird, der Endzweck nur unvollkommen erreicht wäre; denn, wenn der Mond anfänglich genau in Opposition mit der Sonne gestanden hätte, würde er stets in dieser relativen Lage verharren, und die ganze Erde würde ständig entweder den Anblick des Vollmondes oder der Sonne haben. Dem Beweis, auf welchen er seine Bemerkung stützte, lag die Annahme zugrunde, daß keine störenden Kräfte vorhanden sind. Wenn das nicht zuträfe, würde die Konstellation nicht bestehen bleiben, außer wenn die Lösung stabil wäre, was sie nicht ist, wie Liouville, *Journal de Mathématiques*, vol. VII., 1845 nachgewiesen hat.

Eine Anzahl von Abhandlungen erschienen, welche sich mehr oder weniger eng an die von Lagrange bezeichneten Richtlinien hielten. Unter ihnen seien erwähnt eine von Radau in dem *Bulletin Astronomique*, vol. III., p. 113; von Lindstedt in den *Annales de l'École Normale*, 3. Serie, Bd. I, S. 85; von Allegret in dem *Journal de Mathématiques*, 1875, p. 277; von Bour in dem *Journal de l'École Polytechnique*, Bd. XXXVI; und von Mathieu in dem *Journal de Mathématiques*, 1876, S. 345.

Jacobi reduzierte ohne Kenntnis des Werkes von Lagrange das allgemeine Dreikörperproblem auf die siebente Ordnung in *Crelles Journal*, 1843, S. 115 (Ges. Werke, Band IV, S. 478). Eine weitere Reduktion hat es niemals erfahren.

Über die Lösungen des Problems von mehr als drei Körpern, in welchen die Verhältnisse der gegenseitigen Entfernungen konstant sind, erschienen ebenfalls eine Anzahl von Abhandlungen, unter diesen befand sich eine von Lehman-Filhes in den *Astronomischen Nachrichten*, Band CXXVII, S. 137, eine von F. R. Moulton in *The Transactions of the American Mathematical Society*, vol. I., p. 17, und eine von W. R. Longley in *Bulletin of the American Mathematical Society*, vol. XIII., p. 324.

Nach Lagrange wurden keine neuen periodischen Lösungen des Dreikörperproblems mehr entdeckt, bis Hill seine Mondtheorie entwickelte, *The American Journal of Mathematics*, vol. I. (1878). Diese Lösungen von Hill sind von unermeßlich größerem praktischen Wert als die des Lagrangeschen Typus. Es ist jedoch zu beachten, daß sie nicht streng periodische Lösungen eines wirklichen Falles darstellen, weil ein kleiner Teil der störenden Wirkung der Sonne vernachlässigt wurde.

Der nächste wichtige Fortschritt wurde von Poincaré in einer Abhandlung in dem *Bulletin Astronomique*, vol. I. gemacht, in welcher er nachwies, daß, wenn die Massen von zwei Körpern im Vergleich zu der des dritten klein sind, eine unbegrenzte Anzahl von möglichen Anfangsbedingungen bestehen, für welche die Bewegung periodisch ist. Diese Ideen wurden ausgearbeitet und die Ergebnisse in einer Abhandlung auseinandergesetzt, die durch den König Oskar von Schweden preisgekrönt wurde. Diese Abhandlung erschien in den *Acta Mathematica*,

Band XIII. Die Methoden von Poincaré sind unvergleichlich tiefer und wirksamer als die bisherigen der Himmelsmechanik und bezeichnen eine Epoche in der Entwicklung der Wissenschaft. Das Werk von Poincaré wurde nach vielen Richtungen hin neubearbeitet und erweitert und in drei Bänden veröffentlicht mit dem Titel *Les Méthodes Nouvelles de la Mécanique Céleste*. Es ist mit bewundernswerter Disposition und Klarheit geschrieben und geht genügend ins einzelne, um ein so tiefes Werk doch zugleich so leicht verständlich zu machen.

Eine wichtige Abhandlung über periodische Bahnkurven erschien von Sir George Darwin in den *Acta Mathematica*, Band XXI (1899). In dieser Untersuchung wurde angenommen, daß eine von den drei Massen unendlich klein sei, und daß die endlichen Massen — von dem Verhältnis zehn zu eins — in Kreisen umlaufen. Eine große Anzahl von periodischen Bahnkurven, die mehreren Familien angehörten, wurden durch rechnerische Versuche entdeckt. Die Frage ihrer Stabilität wurde im wesentlichen nach Methoden behandelt, die Hill in seiner Diskussion der Bewegung des Mond-Perigäums benutzte.

Eine beträchtliche Anzahl von Untersuchungen auf dem Gebiete periodischer Bahnkurven, die analytische auf den Methoden von Poincaré beruhende Verfahren anwandten, wurden veröffentlicht von F. R. Moulton und seinen früheren Studenten Daniel Buchanan, Thomas Buck, F. L. Griffin, Wm. R. Longley und W. D. MacMillan. Diese Abhandlungen sind erschienen in den *Transactions of the American Mathematical Society, the Procceedings of the London Mathematical Society*, den *Mathematischen Annalen* und den *Procceedings of the Fifth International Congress of Mathematicians*. Außer der analytischen Behandlung einer großen Mannigfaltigkeit von periodischen Bahnkurven enthalten sie die Existenzbeweise von unendlichen Folgen geschlossener Ejektionsbahnen, welche die Grenzfälle zwischen verschiedenen Klassen von periodischen Bahnkurven bilden. Diese Untersuchungen sind veröffentlicht unter dem Titel „*Periodische Bahnkurven*" als Publikation 161 von der Carnegie Institution of Washington.

Neuntes Kapitel.

Störungen — Geometrische Betrachtungen.

170. Bedeutung der Störungen. In Kapitel V wurde gezeigt, daß, wenn zwei kugelförmige Körper sich unter dem Einfluß ihrer gegenseitigen Anziehungen bewegen, ein jeder einen Kegelschnitt in bezug auf ihren Massenmittelpunkt als dem einen Brennpunkt beschreibt, und daß ferner die Bahn eines jeden Körpers in bezug auf den anderen einen Kegelschnitt darstellt. Ebenso besteht die Umkehrung dieses Theorems: Wenn bei Geltung des Flächensatzes die Bahnkurve des einen Körpers in bezug auf den anderen als den einen Brennpunkt ein Kegelschnitt ist, so ist die zwischen ihnen wirkende Kraft, falls sie nur von der Entfernung abhängt, dem Quadrat der Entfernung umgekehrt proportional (siehe auch § 58). Ist ein widerstehendes Mittel vorhanden, oder einer von den Körpern abgeplattet, oder werden die beiden in Rede stehenden Körper von einem dritten angezogen, oder unterliegen sie überhaupt noch einer Kraft außer ihrer gegenseitigen Anziehung, so werden ihre Bahnkurven keine exakten Kegelschnitte mehr darstellen. Unter der Annahme, daß die Koordinaten und Geschwindigkeitskomponenten in einem bestimmten Augenblick t_0 gegeben sind, würden die Bahnkurven, falls die Bedingungen des Zweikörperproblems genau erfüllt sind, bestimmte Kegelschnitte darstellen, in welchen sich die Körper nach dem Flächensatz bewegen. Die Unterschiede nun zwischen den Koordinaten und den Geschwindigkeitskomponenten der wirklichen Bahnkurven und denjenigen, welche die Körper bei ungestörter Bewegung besitzen würden, bezeichnet man als *Störungen.* Die Änderungen in den Geschwindigkeitskomponenten müssen zu den Störungen gerechnet werden, da die beschriebenen Bahnkurven nicht nur von den relativen Positionen der Körper und den auf sie wirkenden Kräften, sondern auch von den relativen Geschwindigkeiten abhängen, mit welchen sie sich bewegen.

Unter den etwas verschiedenen möglichen Gesichtspunkten sind mehrere Methoden zur Berechnung von Störungen aufgestellt worden. Von diesen werden die beiden folgenden am meisten gebraucht.

171. Variation der Koordinaten. Die einfachste Auffassung der Störungen ist die, daß die Koordinaten direkt gestört sind. Wenn z. B. ein Planet der Anziehung eines anderen Planeten unterliegt, so unterscheiden sich die Koordinaten und Geschwindigkeitskomponenten des ersten zu irgendeiner Zeit t um bestimmte Beträge von denjenigen, welche er besitzen würde, falls die Sonne das einzige Attraktionszentrum darstellte; diese Differenzen lassen sich nach gewissen Methoden berechnen. Dagegen wird kein Versuch unternommen, die Gleichungen für die wirklichen Bahnkurven aufzustellen, und für gewöhnlich besteht überhaupt keine allgemeine Vorstellung darüber, was sich im Verlauf einer längeren Zeit tatsächlich zutragen wird. Die Methode der Koordinatenvariation wird nur auf Kometen und kleine Planeten angewandt.

172. Variation der Elemente. Für die Methode der Änderung der Elemente hat man verschiedene Bezeichnungen. Man bezeichnet sie als *Variation der Elemente, als Variation der Parameter* und als *Variation der Integrationskonstanten.* Nach dieser Auffassung bewegt sich ein dem Gravitationsgesetz unterworfener Körper stets in einem Kegelschnitt, aber in einem solchen, welcher sich in jedem Augenblick ändert. Der veränderliche Kegelschnitt berührt dabei die wirkliche Bahnkurve in jedem Punkte. Ferner würde der Körper, wenn er sich ungestört in irgendeinem von den berührenden Kegelschnitten bewegen würde, im Berührungspunkte dieselbe Geschwindigkeit besitzen, welche er in jenem Punkte bei seiner Bewegung in der wirklichen Bahnkurve besitzt. Von diesem Kegelschnitte sagt man, daß er die wirkliche Bahnkurve im Berührungspunkte *oskuliert.* Die Störungen bilden hier die Differenzen zwischen den Elementen der Bahnkurve am Anfang und denjenigen des oskulierenden Kegelschnitts in irgendeinem Zeitpunkt. Ein augenscheinlicher Vorteil dieser Methode besteht darin, daß die Elemente sich sehr langsam ändern, da in den meisten Fällen, welche im Sonnensystem wirklich auftreten, die störenden Kräfte klein sind. Wenn aber die Störungen sehr groß wären, wie in einigen mehrfachen Sternsystemen, so würde diese Methode ihre relativen Vorteile verlieren.

Die Auffassung der Störungen als Änderungen der Elemente ergibt sich ganz natürlich bei Betrachtung der Faktoren, welche die Elemente einer Bahnkurve bestimmen. Wie in Kapitel V gezeigt wurde, bestimmen für jeden der beiden Körper Anfangslage und anfängliche Bewegungsrichtung die Ebene der Bahnkurve; Anfangslage und Anfangsgeschwindigkeit die Länge der großen Achse; und die Anfangsbedingungen, einschließlich Bewegungsrichtung und Geschwindigkeit, die Exzentrizität und die Lage der Apsidenlinie.

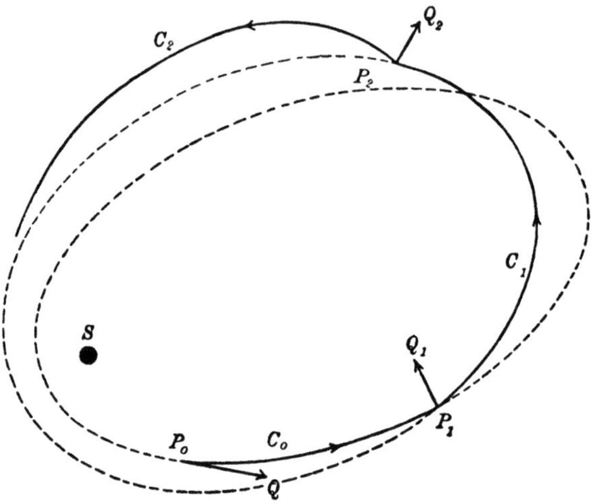

Fig. 43.

Ein Körper m möge sich von P_0 aus, Fig. 43, in der Richtung nach Q_0 mit der Geschwindigkeit V_0 bewegen. Auf ihn mögen außer der Anziehung von S keine Kräfte wirken; dann folgt nach den Ergebnissen des Zweikörperproblems, daß er sich in einem Kegelschnitt C_0 bewegt, dessen Elemente eindeutig bestimmt sind. Wenn er in P_1 ankommt, möge er einem plötzlichen Impuls f_1 in der Richtung P_1Q_1 unterworfen werden; diese Lage, die neue Geschwindigkeit und Bewegungsrichtung bestimmen einen neuen Kegelschnitt C_1, in dem der Körper sich so lange bewegen wird, bis er durch irgendeine äußere Kraft von neuem gestört wird. Bei seiner Ankunft in P_2 möge ihn die Stoßkraft f_2 in der Richtung P_2Q_2 treffen; dann bewegt er sich in dem neuen Kegelschnitt C_2. Diesen Prozeß denke man sich unbegrenzt fortgesetzt. Der Körper bewegt sich so in Kegelschnitten, die von Zeit zu Zeit eine Änderung erfahren, wenn er störenden Impulsen unterliegt. Werden die momentanen Stoßkräfte sehr klein, und die Zeitintervalle zwischen ihnen kürzer und kürzer, so wird das an dem allgemeinen Charakter der Bewegung nichts ändern.

In der Grenze gehen die einzelnen Impulse in eine stetig sich ändernde Störungskraft und die Bahnkurve selbst in einen stetig sich ändernden Kegelschnitt über.

173. Ableitung der Elemente nach einem graphischen Verfahren. In § 89 wurde gezeigt, daß die große Halbachse durch die einfache Gleichung

$$V^2 = k^2 (S + m)\left(\frac{2}{r} - \frac{1}{a}\right) \tag{1}$$

gegeben ist, wo V die Anfangsgeschwindigkeit, k^2 die Gaußsche Konstante, $S + m$ die Summe der Massen, r den anfänglichen Abstand der Körper voneinander und a die große Halbachse bedeuten. Unter der Annahme, daß die große Halbachse nach (1) berechnet ist, soll gezeigt werden, wie die übrigen Elemente mit Hilfe von sehr einfachen geometrischen Konstruktionen gefunden werden können. Die Anfangslagen von S und m und die Bewegungsrichtung von m bestimmen die Lage der Bahnebene und folglich Ω und i.

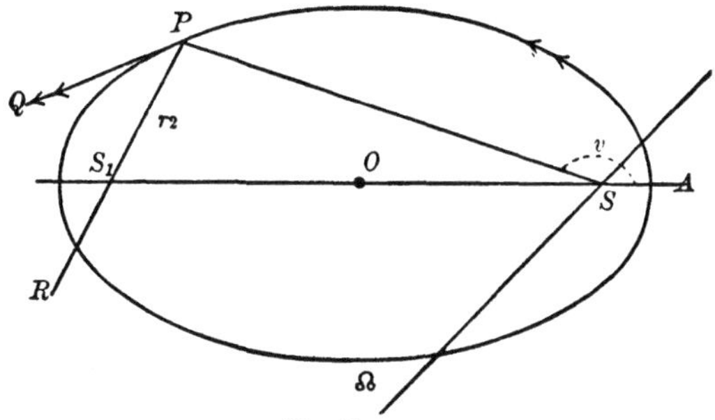

Fig. 44.

Am Anfang möge sich m in dem Punkt C befinden und sich in der Richtung PQ mit der Geschwindigkeit V bewegen. Die Sonne S liege in dem einen Brennpunkt. Nach der Lehre von den Kegelschnitten bilden bekanntlich die Geraden von P nach den Brennpunkten gleiche Winkel mit der Tangente PQ. Wir ziehen deshalb die Gerade PR, die mit der Tangente denselben Winkel bildet wie die Gerade PS. Der Abstand zwischen S und P sei r_1 und zwischen P und dem zweiten Brennpunkt r_2. Dann ist $r_1 + r_2 = 2a$; oder $r_2 = 2a - r_1$, wodurch die Lage von S_1 bestimmt ist. Bedeutet 0 den Mittelpunkt von SS_1, so ist $e = \frac{\mathrm{SO}}{\mathrm{a}}$. $S\Omega$ sei die Knotenlinie, dann ist der Winkel ΩSA $= \omega$ und $\pi = \omega + \Omega$.

Das einzige noch zu bestimmende Element ist die Zeit des Periheldurchgangs. Der Winkel ASP, gerechnet in der Bewegungsrichtung, sei v. Für die exzentrische Anomalie besteht dann die Gleichung (§ 98)

$$\operatorname{tg}\frac{E}{2} = \sqrt{\frac{1-e}{1+e}}\operatorname{tg}\frac{v}{2}. \tag{2}$$

Wenn E bestimmt ist, läßt sich die Zeit des Periheldurchgangs T nach der Gleichung (§ 93) berechnen

$$n(t - T) = E - e \sin E. \tag{3}$$

174. Zerlegung der Störungskraft. Welcher Quelle die Störungskraft auch entstammen mag, um ihre Wirkung auf die Elemente zu finden, ist es in jedem Falle bequem, sie in drei rechtwinklige Komponenten zu zerlegen. Dies kann auf verschiedene Weise geschehen, je nach dem, wie es sich für besondere Fälle als vorteilhaft erweist. Wir wollen hier eine Zerlegung anwenden, welche im ganzen zu der einfachsten Bestimmung der Art und Weise führt, wie die Elemente sich ändern, wenn der in Rede stehende Körper irgendwelchen störenden Kräften unterworfen ist. Man könnte ohne große Schwierigkeit die Ausdrücke für die Änderungen der Elemente durch Störungskräfte aus geometrischen Betrachtungen ableiten, es ist aber die Aufgabe dieses Kapitels, die Natur und die Ursachen der verschiedenen Störungen auseinanderzusetzen, und die Aufmerksamkeit soll nicht durch unnötige Abschweifungen auf Berechnungsmethoden abgelenkt werden. Diese Aufgabe obliegt naturgemäß der analytischen Methode, die im nächsten Kapitel behandelt wird.

Die Störungskraft wird in drei rechtwinklige Komponenten zerlegt: (a) die *Orthogonalkomponente*[1]) S, welche zur Bahnebene senkrecht steht und in der Richtung nach dem Nordpol der Ekliptik positiv zu nehmen ist, (b) *die Tangentialkomponente* T, welche in Richtung der Tangente wirkt und positiv in Richtung der Bewegung gerechnet wird und (c) *die Normalkomponente* N, welche zur Tangente senkrecht ist und nach dem Innern der Bahnkurve positiv genommen werden soll.

Die momentanen Wirkungen dieser Komponenten auf die verschiedenen Elemente sollen getrennt diskutiert werden. Die Resultate beziehen sich, wenn nichts anderes festgesetzt wird, stets auf die momentanen Änderungen der einzelnen Elemente selber und nicht auf die gemeinsame Wirkung der störenden Kräfte. Wenn aber auch die Wirkungen der verschiedenen Komponenten im angegebenen Sinne besonders betrachtet werden, so ist es, wenn zwei oder mehr Komponenten gleichzeitig wirken, manchmal doch notwendig, mit einiger Sorgfalt die Größe ihrer besonderen Störungen abzuschätzen, um einen Einblick in den Charakter ihrer vereinigten Wirkungen zu gewinnen.

I. Wirkungen der Komponenten der Störungskraft.

175. Störende Wirkungen der Orthogonalkomponente. Um die Vorstellungen zu fixieren und im Interesse kürzerer Ausdrucksweise machen wir die Annahme, daß der gestörte Körper in seiner Bewegung um die Erde der Mond sei. Die Störungen, die die Sonne verursacht, sind sehr

1) Diese Bezeichnung stammt von Sir John Herschel, *Outlines of Astronomy*, p. 420.

groß und bieten viele Erscheinungen von außerordentlichem Interesse dar. Diesen Fall hat auch Newton nach Methoden behandelt, die im wesentlichen mit den hier angewandten übereinstimmen.[1]) Wir untersuchen nur den Charakter der Störungen, die von den positiven Komponenten herrühren, da die negativen Komponenten die Elemente nur in entgegengesetzter Weise ändern.

Es leuchtet sofort ein, daß die orthogonale Komponente a, e, T und ω ungeändert läßt, wenn ω von einer festen Geraden in der Bahnebene aus gerechnet wird. Für gewöhnlich wird ω von dem aufsteigenden Knoten der Bahn aus gerechnet; wenn daher der negative Betrag der Zunahme von Ω mit $\cos i$ multipliziert ist, so wird das Resultat der Betrag der Zunahme von ω sein, herrührend nur von der Änderung des Punktes, von dem aus ω gerechnet wird. Folglich genügt es, die Änderungen in Ω und i zu betrachten, wenn die durch die orthogonale Komponente hervorgerufenen Störungen diskutiert werden sollen.

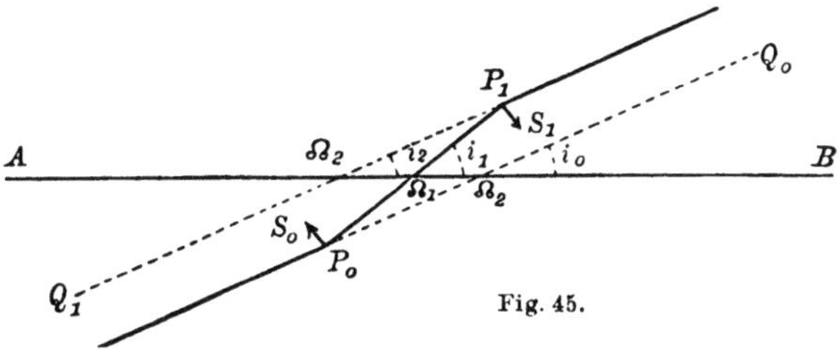

Fig. 45.

AB liege in der Ebene der Ekliptik, P_0Q_0 in der Ebene der ungestörten Bahnkurve, Ω_0 und i_0 bedeuten Knoten und Neigung. Es trete ein plötzlicher Impuls P_0S_0 ein, wenn der Mond in P_0 steht; er bewegt sich dann in der Richtung P_0P_1, die neuen Knoten und Neigung sind Ω_1 und i_1. Man erkennt sofort, daß $i_1 > i_0$ und $\Omega_1 < \Omega_0$. Bei der Ankunft des Mondes in P_1 möge ein momentaner Impuls P_1S_1 wirken. Knoten und Neigung sind jetzt Ω_2 und i_2, und es ist offenbar $i_2 < i_1$ und $\Omega_2 < \Omega_1$. Wenn $P_0\Omega_1 = \Omega_1 P$, $P_0S_0 = P_1S_1$, und die Geschwindigkeit des Mondes in P_0 gleich der in P_1 ist, dann ist $i_0 = i_2$. Das schließliche Resultat ist eine Rückwärtsbewegung des Knotens und eine unveränderte Neigung.

Aus der entsprechenden Figur für den niedersteigenden Knoten ersieht man, daß ein negatives S vor Knotendurchgang und ein symmetrisch entgegengesetztes positives S nach Knotendurchgang dieselben Wirkungen hervorbringen wird, wie diejenigen, welche im Falle des aufsteigenden Knotens eintraten. Ein positives S verursacht daher Vorwärtsbewegung des Knotens, wenn der Mond im ersten oder zweiten, und Rückwärtsbewegung, wenn der Mond im dritten oder vierten Quadranten steht; ferner verursacht ein positives S Zunahme der Neigung, wenn der Mond im ersten oder vierten, und Abnahme, wenn er im zweiten oder dritten Quadranten steht.

1) *Principia*, Book I., Section 11, und Book III., Props. XXII.—XXXV.

Wir geben die folgenden quantitativen Ergebnisse an. Die Änderungen von Ω und i sind proportional zu S. Die Änderung von Ω ist um so größer, je kleiner i; für $i = 0$ ist Ω augenscheinlich nicht definiert, in diesem Falle verschwindet jedoch S in Problemen wie die Mondtheorie. Für ein gegebenes i ist die Änderung von Ω um so größer, je näher der Ort, wo Störungen auftreten, der Mitte zwischen den beiden Knoten liegt. Der Betrag, um den i sich ändert, ist um so größer, in je größerer Nähe an einem Knoten Störungen auftreten.

176. Wirkungen der Tangentialkomponente auf die große Achse. Anstatt die sämtlichen Schlüsse aus geometrischen Verfahren direkt abzuleiten, wird es besser sein, von einigen der einfachen Gleichungen Gebrauch zu machen, welche in Kapitel V gefunden wurden. Wenn es gewünscht wird, könnte man die in diesen Gleichungen enthaltenen Theoreme auch durch geometrische Betrachtungen finden, wie es Newton in seinen *Prinzipien* getan hat, dies würde jedoch beträchtliche Arbeit erfordern und nicht zur Erleichterung des Verständnisses beitragen.

Die große Achse ist durch die Anfangsentfernung und Anfangsgeschwindigkeit mittels Gleichung (1) gegeben, nämlich durch

$$V^2 = k^2(E + m)\left(\frac{2}{r} - \frac{1}{a}\right).$$

In einer elliptischen Bahnkurve ist a positiv; da also ein positives TV^2 vergrößert und keine plötzliche Änderung von r bewirkt, so *vergrößert ein positives T die große Achse, wenn der Mond sich in irgendeinem Teile seiner Bahn befindet.* Ferner folgt aus dieser Gleichung, daß ein gegebenes T in der Änderung von a am wirksamsten ist, wenn V seinen größten Wert annimmt, oder wenn der Mond im Perigäum steht, und daß die Änderung um so schneller vor sich geht, je größer a ist.

In partiellen Ableitungen wird die Abhängigkeit der Größe a von T dargestellt durch

$$\frac{\partial a}{\partial T} = \frac{\partial a}{\partial V}\frac{\partial V}{\partial T} = \frac{2a^2 V}{k^2(E+m)}\frac{\partial V}{\partial T}.$$

177. Wirkungen der Tangentialkomponente auf die Apsidenlinie. Die Tangentialkomponente bewirkt eine Zu- oder Abnahme der Geschwindigkeit, aber keine plötzliche Änderung der Bewegungsrichtung. Der Brennpunkt E wird natürlich nicht geändert, r_1 bleibt ungeändert, und a erfährt nach den Ergebnissen des letzten Paragraphen eine Zunahme. Da $r_2 = 2a - r_1$, während die Richtung von r_2 dieselbe bleibt, so folgt, daß der Brennpunkt E_1 bis E_1' vorwärts bewegt wird, Fig. 46. Die Apsidenlinie wird von AB bis $A'B'$ vorwärts gedreht. Hieraus erkennt man leicht, daß *eine positive Tangentialkomponente während des ersten halben Umlaufs eine Vorwärtsdrehung und während des zweiten halben Umlaufs eine Rückwärtsdrehung der Apsidenlinie bewirkt.*

Die momentanen Wirkungen sind dieselben für Punkte, welche zur großen Achse symmetrisch liegen. Wenn der Mond in K oder L steht, ist die ganze Verrückung des zweiten Brennpunktes zur Apsidenlinie senkrecht, und in diesen Punkten bildet die Drehung der Apsiden ein Maximum für eine gegebene Änderung der großen Achse. Die große Achse ändert sich aber am meisten, wenn der Mond im Perigäum steht; daher ist der Ort, wo die Apsidenlinie die schnellste Drehung erfährt, in der Nähe von K und L und zwischen diesen beiden Punkten und dem Perigäum. Die Drehung der Apsidenlinie wird gleich null, wenn der Mond entweder im Perigäum oder Apogäum steht. Es ist zu beachten, daß das ganze Problem durch den Umstand kompliziert wird, daß die Größe T von den Entfernungen von Mond und Sonne gleichzeitig abhängt, und diese Entfernungen sich stetig ändern.

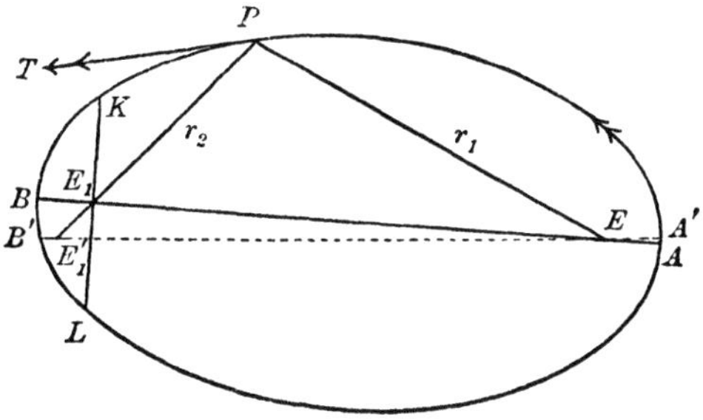

Fig. 46.

178. Wirkungen der Tangentialkomponente auf die Exzentrizität. Die Exzentrizität ist gegeben durch die Gleichung $e = \frac{EE_1}{2a}$, Fig. 46. Wenn der Mond im Perigäum steht, nehmen EE_1 und $2a$ um denselben Betrag zu. Da EE_1 kleiner als $2a$ ist, so erfährt die Exzentrizität in diesem Punkte eine Zunahme. Wenn der Mond im Apogäum steht, dann nimmt $2a$ zu, während EE_1 um den gleichen Betrag abnimmt. Folglich nimmt die Exzentrizität jetzt ab. Somit existiert zwischen Perigäum und Apogäum ein Ort, wo die Exzentrizität sich nicht ändert, und man kann leicht zeigen, daß diese Stelle sich an dem Ende der kleinen Achse befindet. Es bezeichne $2\Delta a$ die momentane Zunahme von $2a$, wenn der Mond in C oder D, Fig. 47, steht. Dann wird r_2 um die Größe $2\Delta a$ zunehmen und EE_1 um ΔE. Wenn θ den Winkel CE_1E bedeutet, so ist

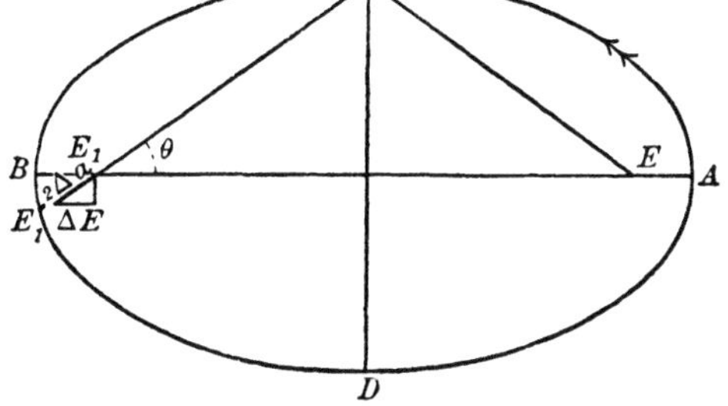

Fig. 47.

$\cos\theta = \frac{EE_1}{2a} = \frac{2ae}{2a} = e$ und überdies $\Delta E = 2\Delta a \cos\theta = 2e\Delta a$. Daher

$$e' = \frac{EE_1 + \Delta E}{2a + 2\Delta a} = \frac{2ae + 2e\Delta a}{2a + 2\Delta a} = e;$$

oder, die Exzentrizität wird durch die Tangentialkomponente nicht geändert, wenn der Mond sich an dem einen Ende der kleinen Achse seiner Bahn befindet. Die Änderungen der Zeit des Periheldurchgangs hängen von den Änderungen der Periode und der Richtung der großen Achse ab, wie von den direkten Störungen der Länge in der Bahn. Da aber die Periode von der großen Achse allein abhängt, deren Änderungen diskutiert wurden, so sind also die Grundlagen für eine Untersuchung der Änderungen in der Zeit des Periheldurchganges bereits gegeben, außer insoweit, als sie direkte Störungen der Länge darstellen. Weitere Untersuchungen über diesen Punkt sollen nicht stattfinden, weil sich geometrische Methoden für eine solche Untersuchung nicht besonders eignen, und weil die Zeit des Periheldurchgangs im gegenwärtigen Zusammenhang ein Element von geringem Interesse bildet.

179. Wirkungen der Normalkomponente auf die große Achse. Aus (1) folgt, daß die große Achse von der Geschwindigkeit in einem gegebenen Punkt und nicht von der Bewegungsrichtung abhängt. Da die Normalkomponente zur Tangente rechtwinklig wirkt, so bringt sie keine plötzliche Änderung der Geschwindigkeit hervor und läßt daher die große Achse ungeändert.

180. Wirkungen der Normalkomponente auf die Apsidenlinie. Betrachten wir die Wirkung einer momentanen Normalkomponente, wenn der Mond in P, Fig. 48, steht. Bezeichnet PT die Tangente an die Bahnkurve, so wird die Wirkung der Normalkomponente darin bestehen, daß sie in PT' übergeht. Die Radien nach den beiden Brennpunkten bilden mit der Tangente gleiche Winkel, also wird der Radius r_2 in den Radius r' geändert, und da die Normalkomponente die Länge der großen Achse nicht beeinflußt, so werden r_2 und r_2' von der gleichen Länge sein. *Wenn der Mond in der Gegend LAK steht, so wird folglich eine positive Normalkomponente die Apsidenlinie vorwärts, und, wenn er in der Gegend KBL steht, rückwärts drehen.* In den Punkten K und L läßt die Normalkomponente die Richtung der Apsidenlinie ungeändert.

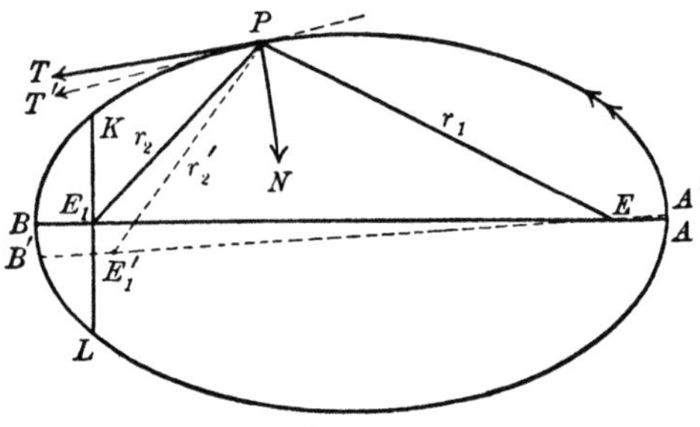

Fig. 48.

Für die Anwendungen auf die Störungen des Mondes wird es wichtig sein, die relative Wirkung einer gegebenen Normalkraft in der Änderung der Apsidenlinie zu bestimmen, wenn der Mond die beiden Positionen A und B einnimmt. Wenn der Mond sich in einem von diesen beiden

Punkten befindet, so wird der zweite Brennpunkt E_1 längs der Geraden KL verschoben. Die Wirksamkeit einer Kraft, die Bewegungsrichtung eines Körpers zu ändern, ist der Geschwindigkeit, mit welcher er sich bewegt, umgekehrt proportional; nach dem Flächensatz sind die Geschwindigkeiten in A und B ihren Abständen von E umgekehrt proportional. Es bezeichnen E_A und E_B die Wirksamkeit einer gegebenen Kraft, die Bewegungsrichtungen in A und B zu ändern, und es seien V_A und V_B die Geschwindigkeiten in diesen Punkten. Dann ist

$$E_A : E_B = V_B : V_A = a(1 - e) : a(1 + e).$$

Die Drehung der Apsidenlinie ist der Verrückung von E_1 längs der Geraden KL umgekehrt proportional. Die Verrückungen längs KL sind den Produkten aus den Längen der Leitstrahlen von A und B nach E_1 und den Winkeln, um welche sie gedreht werden, direkt proportional. Nun sind die Winkel zu E_A und E_B proportional und die Längen der Leitstrahlen nach E_1 zu $a\,(1 + e)$ und $a\,(1 - e)$. Bezeichnen daher R_A und R_B die Drehungen der Apsidenlinie in den beiden Punkten, so folgt, daß

$$R_A : R_B = a(1 + e)E_A : a(1 - e)E_B = 1 : 1;$$

oder *gleiche momentane Normalkräfte bewirken entgegengesetzt gleiche Drehungen der Apsidenlinie für die beiden Positionen des Mondes im Apogäum und Perigäum.*

Wir wollen annehmen, daß die Kräfte kontinuierlich längs kleiner Bogenstücke wirken. Da die linearen Geschwindigkeiten zu den Leitstrahlen umgekehrt proportional sind, so verhält sich *die Wirksamkeit einer konstanten Kraft, die auf einem Bogenstück in A wirkt, die Richtung der Apsidenlinie zu ändern, zu der einer gleichen Kraft, die auf einem gleichen Bogenstück in B wirkt, wie* $a\,(e - 1)$ *zu* $a(1 + e)$. In der Praxis sind die störenden Kräfte nicht momentan, sondern stetig wirkend, wobei ihre Größen von den Positionen der Körper abhängen; falls also die Normalkomponente im Apogäum nicht kleiner ist als im Perigäum, geschieht die durchschnittliche Drehung der Apsidenlinie, die von einer stets mit demselben Vorzeichen versehenen Normalkomponente herrührt, in der Richtung der Drehung für den im Apogäum stehenden Mond.

181. Wirkungen der Normalkomponente auf die Exzentrizität. Wenn $2a$ die große Achse darstellt, so ist die Exzentrizität gegeben durch

$$e = \frac{EE_1}{2a}.$$

Nach der Wirkung der Normalkomponente ist die Exzentrizität gleich

$$e' = \frac{EE_1'}{2a},$$

wobei die große Achse ungeändert bleibt. Aus Figur 48 ist leicht zu ersehen, daß *eine positive Normalkraft die Exzentrizität während des ersten halben Umlaufs verkleinert und während des zweiten halben Umlaufs vergrößert,* da EE_1' im ersten Falle kleiner, im zweiten größer als EE_1 ist. Die momentane Änderung der Exzentrizität verschwindet für die Positionen des Mondes in A und B.

Aus Fig. 48 folgt, daß eine gegebene Änderung in der Richtung von r_2 eine größere Änderung in der Exzentrizität bewirkt, wenn der Mond im zweiten oder dritten Quadranten steht, als wenn er sich in einem entsprechenden Teil des ersten oder vierten Quadranten befindet. Außerdem bewegt sich der Mond um so langsamer, je weiter er von der Erde entfernt ist, und folglich ist eine gegebene Normalkomponente wirksamer, die Richtung der Bewegung und damit die von r_2 zu ändern, wenn der Mond in der Nähe des Apogäums anstatt in der Nähe des Perigäums steht. Daher *verursacht eine gegebene Normalkomponente größere Änderungen in der Exzentrizität, wenn der Mond nahe am Apogäum steht als im entgegengesetzten Falle.*

182. Tabelle der Resultate. Die erhaltenen Resultate werden in den folgenden Anwendungen ständig gebraucht, und es wird daher am bequemsten sein, sie in einer Tabelle zusammengestellt zu haben. Die Resultate sind nur für positive Werte der Störungskomponenten gegeben, da sie für negative in jedem Falle die entgegengesetzten sind.

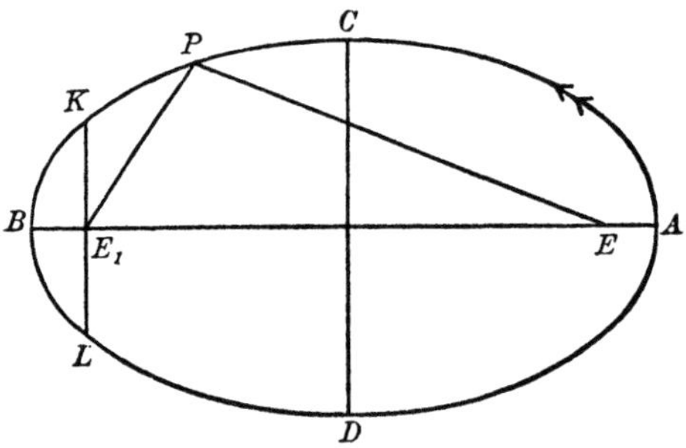

Fig. 49.

Die Orthogonalkomponente S ist positiv in der Richtung nach dem Nordpol der Ekliptik.

Die Tangentialkomponente T ist positiv in der Richtung der Bewegung.

Die Normalkomponente N ist positiv in der Richtung nach dem Innern der Ellipse.

Komponente	S	T	N
Knoten	Vorrücken im ersten und zweiten Quadranten; Regression im dritten und vierten Quadranten	0	0
Neigung . . .	Nimmt im ersten und vierten Quadranten zu; nimmt im zweiten und dritten Quadranten ab	0	0
Große Achse .	0	Nimmt ständig zu	0
Apsidenlinie .	Keine Wirkung, wenn ω von einem festen Punkt weiter als ☊ gerechnet wird	Im Intervall ACB vorwärts Im Intervall BDA rückwärts	Im Intervall LAK vorwärts Im Intervall KBL rückwärts
Exzentrizität	0	Im Intervall DAC Zunahme Im Intervall CBD Abnahme	Im Intervall ACB Abnahme Im Intervall BDA Zunahme

183. Störende Wirkungen eines widerstehenden Mittels. Die einfachste Störung einer elliptischen Bewegung ist die, welche von einem widerstehenden Mittel herrührt. Die einzige störende Kraft ist eine negative Tangentialkomponente, welche für symmetrische Punkte in bezug auf die große Achse dieselbe Größe besitzt. Daher ist aus der Tabelle folgendes ersichtlich: 1. ☊ und i bleiben unverändert; 2. a nimmt ständig ab; 3. die Apsidenlinie unterliegt periodischen Änderungen mit Rückwärtsdrehung während des ersten halben und Vorwärtsdrehung von gleicher Größe während des zweiten halben Umlaufs; 4. die Exzentrizität nimmt ab, während der Körper das Intervall DAC durchläuft, und nimmt zu, während des übrigen Teiles des Umlaufs. Dabei bewegt sich der Körper länger auf dem Bogen CBD als auf dem Bogen DAC; wenn aber andererseits der Widerstand von einer hohen Potenz der Geschwindigkeit abhängt, was nach der Erfahrung für hohe Geschwindigkeiten der Fall ist, ist die Änderung viel größer im Perigäum als im Apogäum, und die gesamte Wirkung bei einem Umlauf ist eine Abnahme der Exzentrizität. Die Anwendung dieser Ergebnisse auf einen Kometen, Planeten oder Satelliten, der von meteorischer Masse oder womöglich vom Äther Widerstand erfährt, ist klar.

184. Störungen, die von der Abplattung des Zentralkörpers herrühren. Betrachten wir den Fall eines Satelliten, der um einen abgeplatteten

Planeten in der Ebene seines Äquators umläuft. Mit Hilfe der Gleichungen (30) S. 115 wurde gezeigt, daß die Anziehung unter diesen Umständen stets größer ist als die einer konzentrischen Kugel von gleicher Masse, daß aber die beiden Anziehungen mit zunehmendem Abstand des Satelliten mehr und mehr gleich werden. Der Überschuß der Anziehung des Sphäroids über die einer gleichen Kugel soll als die störende Kraft betrachtet werden, welche, wie beobachtet wird, in der Linie des Radius Vektor wirkt und stets nach dem Planeten hin gerichtet ist. Daher ist die Normalkomponente stets positiv und von gleichem Betrage in Punkten, welche zur großen Achse symmetrisch liegen. Wenn die Exzentrizität der Bahnkurve nicht groß ist, so ist die Tangentialkomponente relativ klein, da sie im Intervall ACB negativ und im Intervall BDA positiv ist.

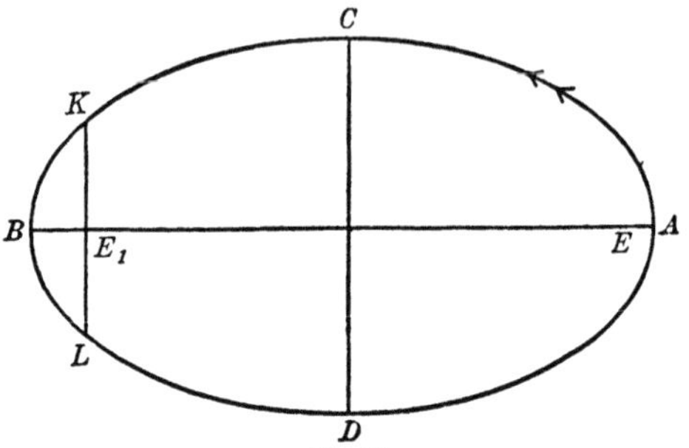

Fig. 50.

a) *Wirkung auf die Periode.* Diese ist meist leicht zu finden, wenn die Bahnkurve ein Kreis ist. Die Anziehung wird konstant sein und größer, als wenn der Planet eine Kugel wäre. Dies ist gleichbedeutend mit einer Zunahme von k^2, der Beschleunigung der Einheitsmasse in der Entfernung eins; daher ersieht man aus der Gleichung

$$P = \frac{2\pi a^{\frac{3}{2}}}{k\sqrt{m_1 + m_2}},$$

daß für eine gegebene Bahnkurve die Periode kürzer sein wird und für eine gegebene Periode die Entfernung größer als im Falle eines kugelförmigen Planeten.

b) *Wirkungen auf die Elemente.* Wie sich aus der Tafel entnehmen läßt, gilt folgendes: 1. ☊ und i sind unverändert; 2. a nimmt in gleicher Weise während eines Umlaufs zu und ab; 3. die Apsidenlinie dreht sich vorwärts während etwas mehr als einem halben Umlauf, und zwar während die störende Kraft ihre größte Stärke besitzt; und 4. die Exzentrizität erfährt die entgegengesetzt gleichen Änderungen während eines ganzen Umlaufes. D. h. ☊ *und i sind absolut unveränderlich, a und e unterliegen periodischen Änderungen, welche ihre Periode während eines Umlaufs vollenden; und die Apsidenlinie führt Schwingungen aus, aber schreitet im ganzen vorwärts.*

Die Wirkungen werden um so größer sein, je abgeplatteter der Planet und je näher der Satellit ist. Die Abplattung der Erde ist so gering, daß sie eine sehr kleine Wirkung auf die Drehung der Apsidenlinie des Mondes hat. Das deutlichste Beispiel von Störungen dieser Art im Sonnensystem bildet die Bahnkurve des fünften Jupitersatelliten. Dieser Planet ist so abgeplattet und die Bahn des Satelliten so klein, daß seine Apsidenlinie etwa um 900° im Jahr vorrückt.

XXIII. Aufgaben.

1. Ein Körper, der keinen Kräften unterliegt, bewegt sich in gerader Linie mit gleichförmiger Geschwindigkeit. Die Elemente dieser Bahn sind die Konstanten, welche die Lage der Geraden bestimmen, die Geschwindigkeit, die Bewegungsrichtung in der Geraden, und die Lage des Körpers zur Zeit T. Man zeige, daß sie durch sechs unabhängige Konstanten ausgedrückt werden können, und daß es im Zweikörperproblem zulässig ist, den einen Körper als sich ständig in bezug auf den anderen in einer geraden Linie bewegend zu betrachten, deren Lage sich stetig ändert. Man drücke diese linearen Elemente durch die Zeit im Falle der elliptischen Bewegung aus.

2. Man zeige durch allgemeine auf der Aufgabe 1 beruhende Betrachtungen, daß die Methoden der Änderung der Koordinaten und der Änderung der Parameter im wesentlichen dieselben sind und sich nur in den Variablen unterscheiden, die zur Bestimmung der Koordinaten und Geschwindigkeiten der Körper benutzt werden.

3. Die Sonne möge sich auf der Linie L senkrecht zur Ebene II durch den Raum hindurchbewegen. Man nehme II als die fundamentale Bezugsebene. Der Punkt, wo der Planet P_i die Ebene II in der Bewegungsrichtung der Sonne passiert, sei der aufsteigende Knoten. Von diesem Punkte an teile man die Bahn in Quadranten in bezug auf die Sonne als Mittelpunkt. Man nehme an, daß der Äther und die zerstreute meteorische Masse der Sonne und den Planeten eine geringe Verzögerung erteilen, vernachlässige aber diejenige Verzögerung, welche von der Bewegung der Planeten in ihren Bahnen um die Sonne herrührt.

(a) Im Falle, daß der Widerstand den Massen der Körper proportional ist, zeige man, daß die Knoten und Neigungen ihrer Bahnkurven unveränderlich sind.

(b) Die Dichte und der Radius der Sonne seien σ und R, und die entsprechenden Größen für den Planeten P_i mögen δ_i und R_i heißen. Man zeige, daß alsdann, wenn der Widerstand zu den Flächen der Körper proportional ist, in bezug auf die Ebene II die Neigung und Knotenlinie den folgenden Änderungen unterliegen:

(1) Wenn $\sigma_i R_i < \sigma R$.

Quadrant	1	2	3	4
Neigung . . .	nimmt ab	nimmt zu	nimmt zu	nimmt ab
Knotenlinie .	rückwärts	rückwärts	vorwärts	vorwärts

(2) Wenn $\sigma_i R_i > \sigma R$.

Quadrant	1	2	3	4
Neigung . . .	nimmt zu	nimmt ab	nimmt ab	nimmt zu
Knotenlinie .	vorwärts	vorwärts	rückwärts	rückwärts

(c) Wenn die Bahnkurven Kreise wären, dann würden die verschiedenen Änderungen während eines ganzen Umlaufs in beiden Fällen einander genau aufheben. Wie müßte in den beiden Fällen die Apsidenlinie zur Knotenlinie liegen, damit für wenige Umdrehungen (1) die Neigung am schnellsten abnimmt und (2) die Knotenlinie am schnellsten vorrückt?

(d) Ist es möglich, der Apsidenlinie und Knotenlinie eine derartige gegenseitige Lage zu geben, daß für wenige Umläufe die Neigung abnimmt und die Knotenlinie vorrückt?

(e) Wenn die Apsidenlinie in der Ebene der Bahnkurve eine feste Lage beibehält, ist dann die Knotenlinie imstande, unbegrenzt in einer Richtung sich zu drehen?

4. Die Bahn eines Kometen möge in der Nähe der Jupiterbahn in einem von seinen Knoten vorbeilaufen; unter welchen Bedingungen wird dann die Neigung der Kometenbahn abnehmen? Man zeige, daß, wenn die große Achse konstant bleibt, während die Neigung abnimmt, die Exzentrizität eine Zunahme erfährt. (Beachte § 159.)

5. Welches ist die Wirkung allmählicher Anhäufung von meteorischer Masse durch einen Planeten auf die große Achse seiner Bahn?

6. Man betrachte zwei zähflüssige Körper, die um ihren gemeinsamen Massenmittelpunkt umlaufen und sich in der gleichen Richtung mit Perioden drehen, die kleiner als ihre Umlaufsperioden sind. Sie werden auf einander Gezeiten mit einer Phasenverzögerung erzeugen. Die Flutwelle eines jeden Körpers wird eine positive Tangential- und eine positive Normalkraft auf den anderen ausüben, wobei diese Komponenten mit der größeren Nähe der Körper zunehmen. Überdies wird die Umdrehung eines jeden Körpers verzögert durch die Wirkung des anderen auf seine Flutwelle. Die Körper seien anfänglich einander nahe, und ihre Bahnkurven schwach elliptisch; man verfolge den Verlauf der Änderungen für die sämtlichen Elemente ihrer Bahnen.

II. Die Mondtheorie.

185. Geometrische Zerlegung der störenden Wirkungen eines dritten Körpers. Das Problem der Störung durch einen dritten Körper ist bedeutend schwieriger als die in den Paragraphen 183 und 184 behandelten Fälle, weil die störende Kraft sehr komplizierte Änderungen erfährt.

Die drei Körper seien S, E und m, und S sei derjenige Körper, der die Bewegung von m und E stört. m_1 und m_2 bezeichnen zwei Lagen von m, und die ganze Betrachtung beziehe sich auf die beiden durch die Indizes gekennzeichneten Fälle. Die Beschleunigungswirkung von S auf E sei nach Größe und Richtung durch EN dargestellt. Die Reihenfolge der Buchstaben deutet die Richtung des Kraftvektors an, während die Größe des Vektors von der Wahl der Einheiten abhängt. In denselben Einheiten stelle $m\,K$ nach Richtung und Größe die beschleunigende Wirkung von S auf m dar. Der Vektor $m_1\,K_1$ ist größer als der Vektor EN, weil m_1S kleiner als ES, der Vektor m_2K_2 ist kleiner als der Vektor EN, weil $m_2\,S$ größer als ES, da nach dem Gravitationsgesetz die Vektoren den umgekehrten Quadraten der Entfernungen proportional sind.

Wir zerlegen jetzt $m\,K$ in zwei Komponenten $m\,L$ und $m\,P$, so daß $m\,L$ gleich und parallel zu EN ist. Die Komponenten mL und EN üben somit auf die relativen Lagen von E und m keine störende Wirkung aus. *Folglich ist die störende Beschleunigung* $m\,P$.

Aus der Figur 51 läßt sich ein wichtiges Resultat unmittelbar ablesen, nämlich, daß die störende Beschleunigung stets nach der Ver-

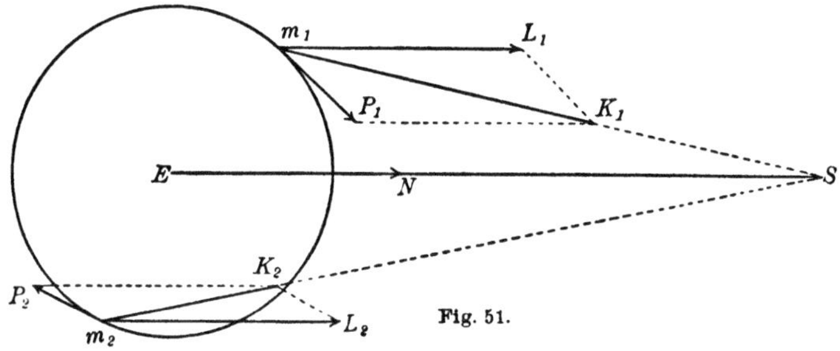

Fig. 51.

bindungslinie von E und S hin gerichtet ist oder nach ihrer Verlängerung über E hinaus, falls mS größer als ES ist. Ähnliche Betrachtungen, angewandt auf bewegliche Teile auf der Erdoberfläche, zeigen, warum gleichzeitig auf den dem Monde zu- und abgewandten Seiten der Erde die Erscheinung der Flut eintritt.

186. Analytische Zerlegung der störenden Wirkungen eines dritten Körpers. Wir wählen ein rechtwinkliges Achsensystem mit dem Ursprung in der Sonne und mit der xy-Ebene in der Ebene der Ekliptik. In bezug auf dieses System seien (x, y, z) die Koordinaten des Mondes und (X, Y, O) die der Sonne. Die Abstände Em, mS und ES bezeichnen wir mit r, ϱ und R. Die Komponenten der störenden Beschleunigung parallel zur x-, y- und z-Achse mögen $F_x F_y$ und F_z heißen. Mit diesen Bezeichnungen folgen aus den Gleichungen (24) des Kapitels VII, S. 258 die Ausdrücke

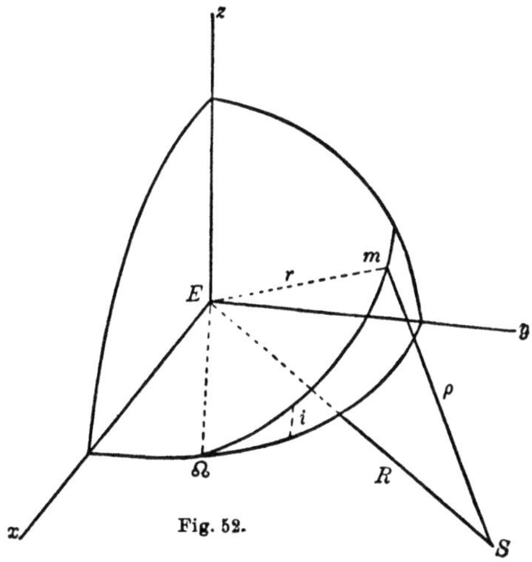

Fig. 52.

$$
(4) \quad \begin{cases}
F_x = k^2 S \dfrac{\partial}{\partial x}\left[\dfrac{1}{\varrho} - \dfrac{xX + yY}{R^3}\right] = k^2 S\left[-\dfrac{x}{\varrho^3} + X\left(\dfrac{1}{\varrho^3} - \dfrac{1}{R^3}\right)\right], \\
F_y = k^2 S \dfrac{\partial}{\partial y}\left[\dfrac{1}{\varrho} - \dfrac{xX + yY}{R^3}\right] = k^2 S\left[-\dfrac{y}{\varrho^3} + Y\left(\dfrac{1}{\varrho^3} - \dfrac{1}{R^3}\right)\right], \\
F_z = k^2 S \dfrac{\partial}{\partial z}\left[\dfrac{1}{\varrho} - \dfrac{xX + yY}{R^3}\right] = k^2 S\left[-\dfrac{z}{\varrho^3} + 0\left(\dfrac{1}{\varrho^3} - \dfrac{1}{R^3}\right)\right].
\end{cases}
$$

Will man die Komponenten der störenden Beschleunigung in anderen Richtungen haben, so braucht man nur diese drei Komponenten auf Geraden von jenen Richtungen zu projizieren und die Projektionen zu summieren.

Die Komponente der störenden Beschleunigung in der Richtung des Radius Vektor r sei F_r, ihre Komponente senkrecht zu r in der Bewegungsebene von m sei F_v und die Komponente, welche gleichzeitig auf F_r und F_v senkrecht steht, sei F_N. Die Komponente F_r sei positiv, wenn sie von E fort gerichtet ist, die Komponente F_v, wenn sie mit der Bewegungsrichtung einen Winkel kleiner als 90° bildet, und die Komponente F_N, wenn sie nach der Halbkugel hin gerichtet ist, welche die positive z-Achse enthält. Der Ausdruck für F_r lautet alsdann

$$F_r = F_x \cos(xEm) + F_y \cos(yEm) + F_z \cos(zEm).$$

Hieraus läßt sich der Ausdruck für F_v herleiten, wenn man an Stelle des Winkels $\Omega\, Em$ den Winkel $\Omega\, Em + 90°$ setzt, weil r die Richtung der Tangente in m annimmt, wenn der Körper in seiner Bahn um 90° vorgerückt ist. Den Ausdruck für F_N erhält man bequem, wenn man zunächst F_x und F_y auf eine Gerade in der xy-Ebene projiziert, welche zu $E\Omega$ senkrecht ist, und sodann die erhaltenen Projektionen ihrerseits auf die Senkrechte zur Ebene ΩEm; endlich hat man noch F_z auf diese Senkrechte direkt zu projizieren. Bezeichnet man den Winkel ΩEm mit u, so ergeben sich aus Figur 52 nach den Lehren der sphärischen Trigonometrie die Beziehungen

$$(5)\quad \begin{cases} F_r = + F_x[\cos u \cos\Omega - \sin u \sin\Omega \cos i] \\ \qquad + F_y[\cos u \sin\Omega + \sin u \cos\Omega \cos i] \\ \qquad + F_z \sin u \sin i, \\ F_v = + F_x[-\sin u \cos\Omega - \cos u \sin\Omega \cos i] \\ \qquad + F_y[-\sin u \sin\Omega + \cos u \cos\Omega \cos i] \\ \qquad + F_z \cos u \sin i, \\ F_N = + F_x \sin\Omega \sin i - F_y \cos\Omega \sin i + F_z \cos i. \end{cases}$$

Der Winkel ΩES sei mit U bezeichnet, dann haben wir, da die Sonne sich in der xy-Ebene bewegt, die weiteren Beziehungen

$$(6)\quad \begin{cases} x = r[\cos u \cos\Omega - \sin u \sin\Omega \cos i], \\ y = r[\cos u \sin\Omega + \sin u \cos\Omega \cos i], \\ z = r \sin u \sin i; \\ X = R[\cos U \cos\Omega - \sin U \sin\Omega], \\ Y = R[\cos U \sin\Omega + \sin U \cos\Omega], \\ Z = 0. \end{cases}$$

Substituiert man die Ausdrücke für F_x, F_y und F_z in (5), so findet man mit Rücksicht auf (6) und durch Reduktion

$$(7)\quad \begin{cases} F_r = k^2 S \left\{ -\frac{r}{\varrho^3} + R\left[\cos U \cos u + \sin U \sin u \cos i\right]\left[\frac{1}{\varrho^3} - \frac{1}{R^3}\right]\right\}, \\ F_v = k^2 S \left\{ 0 + R\left[-\cos U \sin u + \sin U \cos u \cos i\right]\left[\frac{1}{\varrho^3} - \frac{1}{R^3}\right]\right\}, \\ F_N = k^2 S \left\{ 0 - R \sin U \sin i \left[\frac{1}{\varrho^3} - \frac{1}{R^3}\right]\right\}. \end{cases}$$

Die geometrische Bedeutung der Gleichungen (7) ist wichtig für ein vollständiges Verständnis des Problems. Es sei ein Achsensystem mit dem Ursprung in E zugrunde gelegt, die eine Achse sei nach m hin gerichtet, die andere sei rechtwinklig zu ihr um 90^0 vorwärts in der Bahnebene von m gelegen, die dritte stehe auf den beiden anderen senkrecht. Dann folgt aus der Figur, daß die Koeffizienten von $k^2 SR\left[\frac{1}{\varrho^3} - \frac{1}{R^3}\right]$ in (7) die Kosinus der Winkel zwischen diesen Achsen und der Geraden ES darstellen. Folglich verschwindet F_v, wenn die Gerade durch E parallel zu der Senkrechten des Radius auch senkrecht zu ES ist, und F_N verschwindet, wenn m in der Bahnebene von S liegt. Beide Komponenten verschwinden auch, wenn $R = \varrho$, und in diesem Falle wird F_r einfach $-\frac{k^2 S r}{R^3}$.

Es bezeichne ψ den Winkel zwischen r und R, dann ist

$$(8)\quad \begin{cases} F_r = k^2 S \left\{ -\frac{r}{\varrho^3} + R \cos\psi \left[\frac{1}{\varrho^3} - \frac{1}{R^3}\right]\right\}, \\ \varrho^2 = R^2 + r^2 - 2\, Rr \cos\psi, \\ \frac{1}{\varrho^3} = \frac{1}{R^3}\left[1 - \frac{2r}{R}\cos\psi + \frac{r^2}{R^2}\right]^{-\frac{3}{2}} = \frac{1}{R^3}\left[1 + 3\frac{r}{R}\cos\psi \cdots\right]. \end{cases}$$

Daher wird der Ausdruck für F_r

$$(9)\qquad F_r = \frac{k^2 S}{2R^2}\left\{\frac{r}{R}\left[1 + 3\cos 2\psi\right] + \cdots\right\}.$$

Folglich verschwindet F_r, wenn die Glieder höherer Ordnung vernachlässigt werden, falls

$$(10)\quad \begin{cases} 1 + 3\cos 2\psi = 0, \text{ woraus} \\ \psi = 54^0\,44',\ 125^0\,16',\ 234^0\,44',\ 305^0\,16'. \end{cases}$$

Wir betrachten jetzt das Problem, die Tangential- und Normalkomponente der störenden Beschleunigung zu finden. Es sei P ein gewöhn-

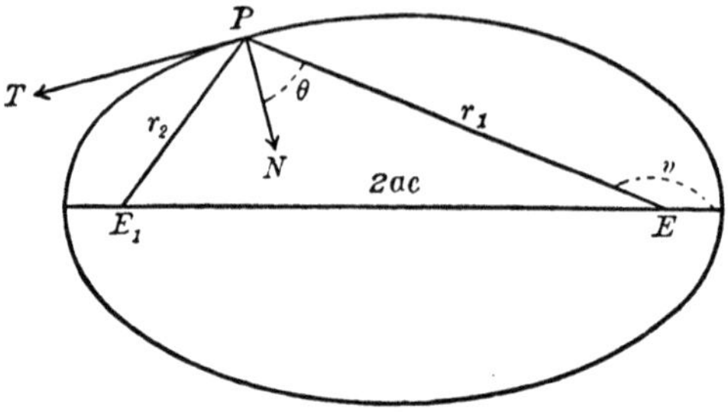

Fig. 53.

licher Punkt der Kurve, Figur 53. Die Tangente in P möge PT und die Normale PN heißen. Aus den elementaren Eigenschaften der Ellipse folgt, daß PN den Winkel zwischen r_1 und r_2 halbiert.

Dann sind die Tangential- und Normalkomponenten der störenden Beschleunigung durch die Größen F_r und F_v ausgedrückt mittels der Gleichungen

$$(11)\qquad \begin{cases} T = +F_r \sin\theta + F_v \cos\theta, \\ N = -F_r \cos\theta + F_v \sin\theta. \end{cases}$$

Um die Ausdrücke für T und N vollständig zu bestimmen, müssen die Faktoren $\sin\theta$ und $\cos\theta$ durch Glieder in v ausgedrückt werden. Aus den geometrischen Eigenschaften der Ellipse und aus dem Dreieck EPE_1 folgt, daß

$$\begin{cases} r_1 = \dfrac{a(1-e^2)}{1+e\cos v}, \\ r_1 + r_2 = 2a, \\ r_1^2 + r_2^2 - 2r_1 r_2 \cos 2\theta = 4a^2e^2. \end{cases}$$

Wenn r_1 und r_2 aus diesen Gleichungen eliminiert werden, so ergibt sich

$$\begin{cases} \sin\theta = \dfrac{e\sin v}{\sqrt{1+e^2+2e\cos v}}, \\ \cos\theta = \dfrac{1+e\cos v}{\sqrt{1+e^2+2e\cos v}}. \end{cases}$$

Daher

$$(12)\qquad \begin{cases} T = \dfrac{e\sin v}{\sqrt{1+e^2+2e\cos v}} F_r + \dfrac{(1+e\cos v)}{\sqrt{1+e^2+2e\cos v}} F_v, \\ N = \dfrac{-(1+e\cos v)}{\sqrt{1+e^2+2e\cos v}} F_r + \dfrac{e\sin v}{\sqrt{1+e^2+2e\cos v}} F_v. \end{cases}$$

Benutzt man (7) und die Beziehung $u = \omega + v$, so werden die schließlichen Ausdrücke für die Tangential- und Normalkomponenten der störenden Beschleunigung

$$
(13)\quad\begin{cases}
T = \dfrac{k^2 S}{\sqrt{1+e^2+2e\cos v}}\Big\{-e\sin v\,\dfrac{r}{\varrho^3} + [-\cos U\,(\sin u + e\sin\omega) \\
\qquad\qquad + \sin U\,\cos i\,(\cos u + e\cos\omega)]\,R\left[\dfrac{1}{\varrho^3}-\dfrac{1}{R^3}\right]\Big\}, \\
N = \dfrac{k^2 S}{\sqrt{1+e^2+2e\cos v}}\Big\{+\dfrac{r}{\varrho^3}(1+e\cos v) - [\cos U\,(\cos u + e\cos\omega) \\
\qquad\qquad + \sin U\,\cos i\,(\sin u + e\sin\omega)]\,R\left[\dfrac{1}{\varrho^3}-\dfrac{1}{R^3}\right]\Big\}.
\end{cases}
$$

Die sämtlichen Umstände der Änderung von T und N können aus diesen Gleichungen gefolgert werden.

187. Störungen des Knotens. Nach Definition ist die Orthogonalkomponente S mit F_N identisch. Somit folgt aus der letzten Gleichung (7)

$$
(14)\qquad \text{Orthog.-Komp.} = S = -k^2 S R \sin U \sin i\left[\frac{1}{\varrho^3}-\frac{1}{R^3}\right].
$$

Das Vorzeichen des rechten Ausdrucks hängt von den Vorzeichen von $\sin U$ und $\left[\frac{1}{\varrho^3}-\frac{1}{R^3}\right]$ ab, die beide positiv oder negativ sein können. Um zu bestimmen, welches Vorzeichen schließlich vorherrscht, sowie zu finden, ob im ganzen eine Vor- oder Rückwärtsbewegung der Knotenlinie stattfindet, muß der letzte Faktor in (14) entwickelt werden. Macht man von der letzten Gleichung (8) Gebrauch, so ergibt sich

$$
(15)\quad\begin{cases}
S = -\dfrac{3k^2 S r}{R^3}\sin U\sin i\cos\psi + \cdots \\
\quad = -\dfrac{3k^2 S r}{R^3}\sin U\sin i\,[\cos U\cos u + \sin U\sin u\cos i] + \cdots,
\end{cases}
$$

wo das S auf der rechten Seite die Masse der Sonne andeutet.

Die Winkelgeschwindigkeit der Sonne ist klein im Vergleich zu der des Mondes; um die Diskussion zu vereinfachen, soll daher angenommen werden, daß die Sonne während eines Mondumlaufes stillsteht. Da die Perioden des Mondes und der Sonne keine einfachen Beziehungen aufweisen, werden die Werte von $\sin U$ und $\cos U$ während eines langen Zeitraumes einen so häufigen Wechsel von Ab- und Zunahme erfahren, daß die Annahme keinen wesentlichen Fehler verursachen wird.

Wir zerlegen S in die beiden Teile S_1 und S_2, wo

$$
(16)\quad\begin{cases}
S_1 = -\dfrac{3k^2 S r}{R^3}\sin i\sin U\cos U\cos u, \\
S_2 = -\dfrac{3k^2 S r}{R^3}\sin i\cos i\sin^2 U\sin u.
\end{cases}
$$

Im Interesse größter Einfachheit nehmen wir die Mondbahn als kreisförmig an, so daß r konstant und $u = nt$ ist. Nehmen wir ferner an,

U habe einen bestimmten Wert und betrachten die Wirkungen von S_1 während eines Mondumlaufes, beginnend mit dem aufsteigenden Knoten. Aus der Tabelle § 182 folgt, daß die Wirkungen von S_1 im ersten und zweiten Quadranten entgegengesetzt gleich sind, weil cos u in den beiden Quadranten entgegengesetzt gleiche Werte hat. Dasselbe gilt für den dritten und vierten Quadranten. Daher bewirkt S_1 nur periodische Störungen in der Knotenlinie.

Betrachten wir jetzt die Wirkung von S_2. Während des ersten halben Umlaufs, beginnend mit dem Knoten, ist S_2 negativ, weil dann sin u und die sämtlichen Faktoren positiv sind. Während der zweiten Hälfte des Umlaufs ist S_2 positiv, weil sin u jetzt negativ ist. Somit folgt aus Tabelle § 182, daß S_2 *eine stetige, aber unregelmäßige Rückwärtsbewegung* (außer wenn es zeitweise verschwindet) *der Knotenlinie verursacht.* Die vollständige Bewegung der Knotenlinie ist daher die Resultante der periodischen Schwankungen, die von S_1, und der periodischen und stetigen Änderungen, die von S_2 herrühren.

Die Umlaufsperiode der Knotenlinie des Mondes beträgt etwa neunzehn Jahre. Da Sonnen- und Mondfinsternisse nur stattfinden können, wenn die Sonne in der Nähe eines Knotens der Mondbahn steht, so treten sie von Jahr zu Jahr früher ein, wobei sich der Zyklus in etwa neunzehn Jahren vollendet.

188. Störungen der Neigung. Der Ausdruck für die Orthogonalkomponente ist in (15) gegeben, welcher wieder in zwei Teile S_1 und S_2 zerlegt werden soll. Aus der Tabelle § 182 folgt, daß ein positives S die Neigung im ersten und vierten Quadranten vergrößert, im zweiten und dritten verkleinert.

Wenn sin U cos U positiv ist, so verkleinert S_1 die Neigung in jedem Quadranten. Dieser Fall läßt sich zuordnen dem, wo sin U cos U negativ und von demselben Betrage ist. Da alle möglichen Lagen in dieser Weise einander zugeordnet werden können, so bewirkt S_1 nur periodische Änderungen der Neigung.

Der Fall von S_2 ist noch einfacher. Da sin u in den ersten beiden Quadranten positiv ist, so hebt die Wirkung von S_2 im zweiten Quadranten die im ersten Quadranten auf. Ähnlich zerstören die Wirkungen im dritten und vierten Quadranten einander. *Folglich unterliegt die Neigung nur periodischen Schwankungen.*

Einige Momente wurden bei der Diskussion vernachlässigt, welche beachtet werden sollten. Nicht berücksichtigt wurden die Exzentrizitäten der Mond- und Erdbahn. Wenn sie in Rechnung gezogen werden, so heben sich die Glieder nicht in der einfachen Art vollständig auf, wie angegeben wurde. Überdies wurde jede Störung als unabhängig von allen anderen angenommen. Tatsächlich hängt jede von allen anderen ab. Wenn sich z. B. der Knoten ändert, so sind die Wirkungen auf die Neigung anders, als sie im anderen Falle gewesen wären, und umgekehrt. Es ist klar, daß eine sehr ins einzelne gehende Analysis nötig ist, um genaue numerische Resultate hier zu erzielen. Das besagt jedoch nicht, daß geeignete geometrische und physikalische Betrachtungen nicht von höchstem Wert sind, besonders beim ersten Eindringen in unerforschte Gebiete.

189. Präzession der Äquinoxe. Nutation. Man denke sich aus der Erde die größtmögliche Kugel ausgeschnitten, so daß ein äquatorialer Gürtel entsteht. Jedes Teilchen in diesem Gürtel kann als kleiner Satellit betrachtet werden; nach den in den §§ 185 und 186 auseinandergesetzten Prinzipien werden dann die Anziehungen des Mondes und der Sonne störende Beschleunigungen auf sie ausüben, die sie gegen den kugelförmigen Kern zu verschieben streben. Nun sind die Teilchen mit der massiven Erde fest verbunden, so daß diese an jeder Störung selber teilhat, die die Teilchen erleiden. Da aber die gesamte Masse des Gürtels sehr klein ist im Vergleich zu der des Kugelkerns, und die störenden Kräfte sehr gering, so werden die Änderungen der Erdbewegung sehr langsam vor sich gehen.

Aus den Resultaten des letzten Paragraphen folgt, daß die Knoten der Bahnkurve eines jeden Teilchens die Tendenz besitzen werden, in der Ebene des störenden Körpers rückwärts zu wandern. Der Winkel zwischen der Ebene der Mondbahn und der der Ekliptik kann für den Augenblick vernachlässigt werden, da er im Verhältnis zur Neigung des Erdäquators klein ist. Die Teilchen übertragen diese Tendenz auf die ganze Erde, so daß die Ebene des Erdäquators sich auf der Ekliptikalebene rückwärts dreht. Andererseits folgt aus der Symmetrie der Figur in bezug auf die Knoten der Bahnen der Gürtelteilchen, daß keine Änderung in der Neigung der Äquatorebene zu der der Ekliptik oder des Mondes eintritt. Die bewegten Massen sind jedoch so groß, und die wirkenden Kräfte so klein, daß diese rückgängige Bewegung, welche man als *Präzession der Äquinoxe* bezeichnet, nur etwa $50''.2$ jährlich beträgt; d. h. die Ebene des Erdäquators führt eine Umdrehung in etwa 26000 Jahren aus.

Da der Mond im Verhältnis zur Sonne der Erde sehr nahe ist, so ist die Orthogonalkomponente der Mondanziehung größer als die der Sonnenanziehung. Die hauptsächlichste Regression findet daher in der Mondbahn statt, welche gegen die Ekliptik um etwa $5^0\ 9'$ geneigt ist. Da die Linie der Mondknoten eine Umdrehung in etwa 19 Jahren vollendet, so vollführt die Ebene, in bezug auf welche der Äquator seine Regression ausführt, während derselben Zeit einen Umlauf. Dies bedingt eine geringe Schwankung in der Bewegung des Äquatorpoles um den Pol der Ekliptik, die man als *Nutation* bezeichnet.

Die quantitative Übereinstimmung zwischen Theorie und Beobachtung in der Größe der Präzession beweist, daß der äquatoriale Gürtel mit dem übrigen Teil der Erde fest verbunden ist. Wenn die Erde, wie man einst annahm, nur eine relativ dünne feste Kruste bildete, die auf einem flüssigen Innern schwimmt, so würde sie wahrscheinlich auf diesem Innern etwas gleiten und so eine schnellere Präzession hervorrufen.

190. Zerlegung der störenden Beschleunigung in der Bewegungsebene. Aus Tabelle § 182 folgt, daß die Orthogonalkomponente keine Störungen der großen Achse, der Länge des Perigäums und der Exzentrizität bewirkt, außer indirekt, da sie die Knotenlinie verschiebt, von der aus die Länge des Perigäums gerechnet wird. Folglich kann man eine Vorstellung von der Art, wie diese Elemente gestört werden, erhalten, selbst wenn die Neigung, mit der zugleich die Orthogonalkomponente verschwindet, gleich null angenommen wird. Es muß jedoch beachtet werden, daß die unter diesen Einschränkungen erhaltenen Resultate nicht streng sind wegen der Abhängigkeit von T und N von der Neigung. Die Annäherung ist aber dennoch vollkommen gerechtfertigt, weil sie zu großen Vereinfachungen führt, welche das Verständnis erheblich erleichtern.

Tangentialkomponente.

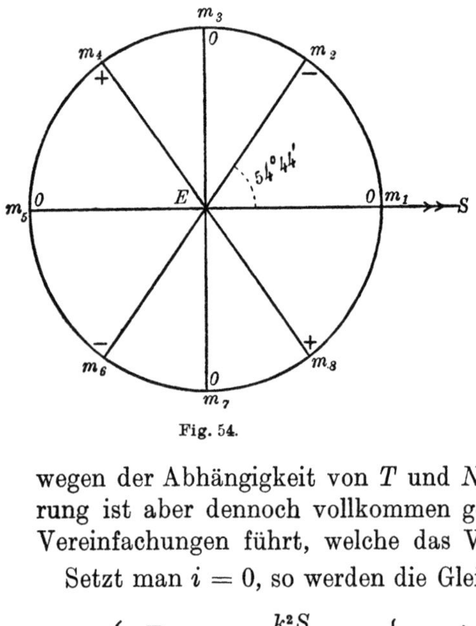

Fig. 54.

Setzt man $i = 0$, so werden die Gleichungen (13)

$$(17)\quad \begin{cases} T = \dfrac{k^2 S}{\sqrt{1+e^2+2e\cos v}}\Big\{- e \sin v \dfrac{r}{\varrho^3} \\ \qquad - R\,[\sin(u-U) + e\sin(\omega - U)]\Big[\dfrac{1}{\varrho^3} - \dfrac{1}{R^3}\Big]\Big\}, \\ N = \dfrac{k^2 S}{\sqrt{1+e^2+2e\cos v}}\Big\{\dfrac{r}{\varrho^3}(1 + e\cos v) \\ \qquad - R\,[\cos(u-U) + e\cos(\omega - U)]\Big[\dfrac{1}{\varrho^3} - \dfrac{1}{R^3}\Big]\Big\}. \end{cases}$$

Für i gleich null, ist $\psi = u - U$, und mit Rücksicht auf die letzte Gleichung (8) erhält man

$$
(18)\quad \begin{cases} T = \dfrac{k^2 S}{\sqrt{1+e^2+2e\cos v}} \Big\{ - e \sin v \dfrac{r}{R^3} \\ \qquad - 3\, e \dfrac{r}{R^3} \sin(\omega - U)\cos(u-U) \\ \qquad - \dfrac{3}{2}\dfrac{r}{R^3} \sin 2(u-U) + \cdots \Big\}, \\ N = \dfrac{k^2 S}{\sqrt{1+e^2+2e\cos v}} \Big\{ - 3 e \dfrac{r}{R^3} \cos(\omega - U)\cos(u-U) \\ \qquad - \dfrac{1}{2}\dfrac{r}{R^3} [1 + 3\cos 2(u-U)] - 2e\cos v \cdots \Big\}. \end{cases}
$$

Bei der Mondbahn ist e annähernd gleich $\frac{1}{20}$, und folglich erhält man eine gute Vorstellung von den numerischen Werten von T und N und den Umständen, unter welchen sie einen Zeichenwechsel erfahren, wenn man jene Glieder, welche e als Faktor enthalten, vernachlässigt. Man findet dann, daß T für $u - U = 0$, $\frac{\pi}{2}$, π, und $\frac{3\pi}{2}$ verschwindet; es ist negativ im ersten und dritten Quadranten und positiv im zweiten und vierten. Unter den gleichen Umständen verschwindet N für $54^0\,44'$, $125^0\,16'$, $234^0\,44'$ und $305^0\,16'$; es ist negativ von $-54^0\,44'$ bis $+54^0\,44'$ und von $125^0\,16'$ bis $234^0\,44'$, und ist positiv von $54^0\,44'$ bis $125^0\,16'$ und von $234^0\,44'$ bis $305^0\,16'$. Wenn die von e abhängigen Glieder und die höheren Glieder in der Entwicklung von ϱ^{-3} beibehalten werden, so sind die Punkte, wo T und N verschwinden, im allgemeinen wenig verschieden von denjenigen, welche gefunden wurden; diese Unterschiede sind auch nicht wichtig in einer qualitativen Diskussion, deren Zweck einfach der ist, die allgemeinen charakteristischen Eigenschaften der Ergebnisse herauszuschälen.

Normalkomponente.

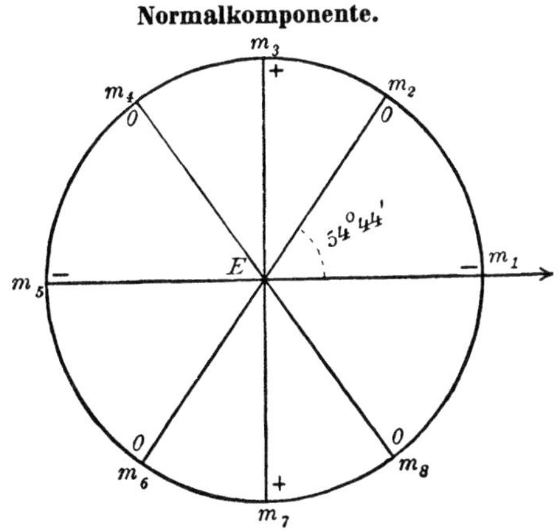

Fig. 55.

Die Vorzeichen von T und N für den Mond in verschiedenen Teilen seiner Bahn sind in den Figuren 54 und 55 angegeben.

191. Störungen der großen Achse. Wenn das Perigäum in m_1 oder m_5 wäre, so würde die Tangentialkomponente, welche a allein ändert, in den zur großen Achse symmetrisch gelegenen Punkten entgegengesetzt gleiche Vorzeichen haben. In diesem Falle würde a am Ende eines vollständigen Umlaufs also unverändert sein. Diese Bedingung ist jedoch nur für kurze Zeitintervalle erfüllt, denn der störende Körper bewegt sich in seiner Bahn; doch bei einer sehr großen Anzahl von Umläufen, wird, wenn die Perioden inkommensurabel sind, eine gleiche Anzahl von gleichen positiven und negativen Tangentialkomponenten einen störenden Einfluß ausüben. Das Ergebnis ist, daß über eine lange Zeitspanne a ungeändert bleibt, obwohl es periodischen Änderungen unterliegt.

192. Störung der Periode. Die Normalkomponente ist nicht nur negativ während mehr als einem halben Umlauf, die negativen Werte sind auch numerisch größer als die positiven. Wenn die Glieder mit e vernachlässigt werden, so läßt sich aus der zweiten Gleichung (18) ersehen, daß der größte positive Wert von N gleich der Hälfte seines numerisch größten negativen Wertes ist. Eine Wirkung des ganzen Ergebnisses ist äquivalent einer durchschnittlichen Verminderung der Anziehung von E auf m, d. h. einer Verminderung von k^2, der Beschleunigung in der Entfernung eins. Die Beziehung der Periode zu der Intensität der Anziehung und der großen Achse (§ 89) ist

$$P = \frac{2\pi a^{\frac{3}{2}}}{k\sqrt{E+m}}.$$

Folglich nimmt P für eine gegebene Entfernung zu, wenn k abnimmt. In dieser Weise nimmt infolge der störenden Sonnenwirkung auf die Mondbahn die Länge des Mondes um mehr als eine Stunde zu [vergleiche § 184 (a)].

193. Die jährliche Gleichung. Da die Erdbahn eine Ellipse ist, so unterliegt die Entfernung der Sonne beträchtlichen Änderungen. Je weiter die Sonne von der Erde ist, um so schwächer sind ihre störenden Kräfte, und insbesondere ihr Vermögen, die im vorhergehenden Paragraphen betrachtete Verlängerung des Monats zu verursachen. Daher wird, wenn die Erde sich vom Perihel zum Aphel bewegt, die Störung, welche die Länge des Monats *vergrößert*, immer kleiner werden, d. h. die Länge des Monats wird kürzer oder die Winkelbewegung des Mondes wird beschleunigt. Wenn die Erde sich vom Aphel zum Perihel bewegt, wird die Mondbewegung aus den entgegengesetzten Gründen verzögert. Dies ist die *jährliche Gleichung*, die ein wenig mehr als 11′ beträgt und etwa 1590 aus Beobachtungen von Tycho Brahe entdeckt wurde.

194. Die säkulare Beschleunigung der mittleren Mondbewegung. In der ersten Hälfte des 18. Jahrhunderts fand Halley durch Vergleich alter und neuer Finsternisse, daß die mittlere Mondbewegung in allmählicher Zunahme begriffen ist. Fast hundert Jahre später gab 1787 Laplace die Erklärung hierfür, indem er zeigte, daß diese Zunahme durch die allmähliche Abnahme der Exzentrizität der Erdbahn verursacht wird, welche infolge der Störungen durch die anderen Planeten viele Tausende von Jahren bereits vor sich geht und noch eine lange Zeit hindurch andauern wird, bevor eine Zunahme einsetzen wird.

Eine Wirkung der Änderung der Exzentrizität der Erdbahn besteht darin, die durchschnittliche störende Wirkung der Sonne auf die Mondbahn zu ändern. Es soll jetzt gezeigt werden, daß im Falle abnehmender Exzentrizität die durchschnittliche störende Kraft ebenfalls abnimmt.

Die Wirkung auf die Mondperiode rührt fast vollständig von der Normalkomponente her, weil sie allein nahezu längs des Radius der Bahn wirkt; daher kann in dieser Diskussion die Tangentialkomponente außer acht gelassen werden. Der durchschnittliche Wert von N während eines Mondumlaufs, wenn R und U konstant und $l = 0$ angenommen wird, ergibt sich aus der zweiten Gleichung (18) zu

$$(19) \quad \begin{cases} N = -\frac{1}{2}k^2 S \frac{r}{R^3}\frac{n}{2\pi}\int\limits_0^{\frac{2\pi}{n}} [1 + 3\cos 2(nt - U)]dt \\ \quad = -\frac{1}{2}k^2 S \frac{r}{R^3}, \end{cases}$$

d. h. die Normalkomponente der störenden Beschleunigung ist im Durchschnitt sehr nahe proportional dem Radius der Mondbahn und der umgekehrten dritten Potenz des Radius der Erdbahn. Da aber die Erdbahn exzentrisch ist, so hängt das Resultat für ein ganzes Jahr von der Exzentrizität ab. Hat man jedoch die Natur der Abhängigkeit des durchschnittlichen N von der Exzentrizität der Erdbahn gefunden, so kann die Wirkung einer Zu- oder Abnahme dieser Exzentrizität bestimmt werden.

Bezeichnet $\overline{N}$ das durchschnittliche N für ein Jahr, so folgt aus (19)

$$(20) \qquad \overline{N} = -\frac{1}{2}\frac{k^2 S r}{P}\int\limits_0^P \frac{dt}{R^3},$$

wo P die Umlaufsperiode der Erde ist. Nach dem Flächensatz folgt $hdt = R^2 d\theta$. Daher wird aus Gleichung (20)

$$\overline{N} = -\frac{1}{2}\frac{k^2 S r}{Ph}\int\limits_0^{2\pi} \frac{d\theta}{R} = -\frac{1}{2}\frac{k^2 S r}{Ph}\int\limits_0^{2\pi} \frac{(1 + e'\cos\theta)}{a'(1 - e'^2)}\,d\theta,$$

$$= \frac{-k^2 S r \pi}{Pha'(1 - e'^2)},$$

wo a' und e' die große Halbachse und die Exzentrizität der Sonnenbahn vorstellen. Nun folgt aus dem Zweikörperproblem, daß

$$h = k\sqrt{(1+m)a'(1-e'^2)}, \quad P = \frac{2\pi a'^{\frac{3}{2}}}{k\sqrt{1+m}}.$$

Folglich wird der Ausdruck für $\overline{N}$

$$(21) \qquad \overline{N} = \frac{-k^2 S r}{2a'^3(1-e'^2)^{\frac{3}{2}}}.$$

Wenn e' abnimmt, nimmt $\overline{N}$ numerisch zu, wenn daher die Exzentrizität der Erdbahn abnimmt, so nimmt die Wirkung der Sonne, die sich in einer Herabsetzung der Erdanziehung kundtut, allmählich ab, und die mittlere Mondbewegung entsprechend zu. Die Änderungen sind so klein, daß die Änderung in der Bahn fast unmerklich ist, doch die Länge des Mondes nimmt im Laufe von Jahrhunderten merklich zu. Der theoretische Betrag der Beschleunigung ist etwa 6″ in einem Jahrhundert. Der aus einer Diskussion von Finsternissen abgeleitete Betrag variiert von 8″ bis 12″. Man hat vermutet, daß die den Tag verlängernde Gezeiten-Verzögerung den unerklärten Teil der scheinbaren Änderung hervorgerufen hat, doch ist diese Frage noch offen.

Die sehr langen periodischen Änderungen in der Exzentrizität der Erdbahn, deren Wirkungen auf die Mondbewegung soeben betrachtet wurden, rühren von den Störungen der anderen Planeten her. Obwohl ihre Massen so klein und sie selbst so weit entfernt sind, daß ihre direkten Störungen der Mondbewegung fast unmerklich sind, so verursachen sie doch indirekt diese und andere wichtige Änderungen durch ihre Störungen der Erdbahn. Dieses Beispiel indirekter Wirkung veranschaulicht die große Kompliziertheit des Problems der Bewegungen der Körper im Sonnensystem und zeigt, daß höchst entwickelte Methoden erforderlich sind, um befriedigende numerische Resultate zu erhalten.

195. Die Variation. Es existiert eine wichtige Störung in der Bewegung des Mondes, welche nicht von der Exzentrizität seiner Bahn abhängt. Sie wurde von Tycho Brahe aus Beobachtungen etwa um 1590 entdeckt. Newton erklärte ihre Ursache in den *Prinzipien* durch eine direkte und elegante Methode, welche die Bewunderung von Laplace hervorrief.

Sie läßt sich am leichtesten darstellen unter der Annahme, daß die ungestörte Bewegung des Mondes in einem Kreise vor sich geht. Wie gezeigt wurde, ist die Normalkomponente der störenden Sonnenbeschleunigung negativ in den Intervallen $m_8 m_1 m_2$, und $m_4 m_5 m_6$, mit Maximalwerten in m_1 und m_5. Die ungestörte Bewegung in m_1 sei kreisförmig, d. h. die Beschleunigung, die von der Erdanziehung herrührt, soll die Zentrifugalbeschleunigung genau aufheben. Es existiert keine Tangentialkomponente in diesem Punkt, aber eine große negative Normalkomponente. Das Ergebnis ist, daß die Kraft in der Richtung nach E vermindert wird, und die Bahn in diesem Punkte eine geringere Krümmung besitzt als der Kreis. Daher wird der Mond bis zu einer größeren Entfernung von der Erde zurückweichen als in der Kreisbahn. Im Punkt m_3 ist die Tangentialkomponente null, die nach E hin gerichtete Kraft nimmt zu und die Krümmung ist größer als in dem Kreis. Die Bedingungen ändern sich stetig von denjenigen in m_1 bis zu denjenigen in m_3 in dem Intervall $m_1 m_3$. Die entsprechenden Änderungen in dem übrigen Teil der Bahn sind augenscheinlich. Das ganze Ergebnis ist, daß die Bahn in der Richtung senkrecht zu der Geraden von der Erde zur Sonne verlängert wird. Wenn die Sonne soweit entfernt angenommen wird, daß ihre störenden Wirkungen im Intervall $m_3 m_5 m_7$ denen in dem Intervall $m_7 m_1 m_3$ gleich sind, so ist die Bahnkurve unter *geeigneten Anfangsbedingungen* in bezug auf E als Mittelpunkt symmetrisch und ähnelt sehr einer Ellipse. Diese Formänderung der Bahn und die gleichzeitigen Änderungen in der Größe der vom Radius Vektor überstrichenen Flächen geben Veranlassung zu einer Ungleichheit in Länge zwischen der mittleren und der wahren Position des Mondes, welche zeitweise 39′ 30″ beträgt und die *Variation* genannt wird.

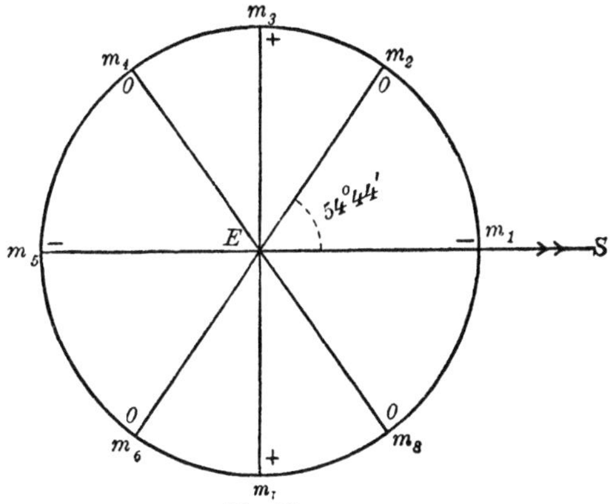

Fig. 56.

Die Variation weist einen interessanten und wichtigen Zusammenhang mit den modernen Methoden der Mondtheorie auf, welche von G. W. Hill in seinen berühmten Abhandlungen im ersten Bande des *American Journal of Mathematics* und in den *Acta Mathematica*, Band VIII begründet wurde. Eine vollständige Darstellung dieser Methode ist in Browns *Mondtheorie* in dem Kapitel gegeben, welches den Titel *Method with Rectangular Coördinates* trägt. Hill vernachlässigte die Sonnenparallaxe, d. h. er nahm an, daß die störende Kraft in entsprechenden Punkten in Konjunktion und in Opposition mit der Sonne gleich ist. Anstatt einer Ellipse als erster Annäherung nahm er als intermediäre Bahn jene „*Variations-Ellipse*", welche in bezug auf rotierende Achsen von der mittleren Winkelgeschwindigkeit der Sonne geschlossen ist, bei einer synodischen Periode gleich der synodischen Periode des Mondes. Dieser Ansatz hat nicht nur eine große prinzipielle Bedeutung gehabt, es wurde auch die analytische Behandlung von Hill mit seltener Genialität und Eleganz durchgeführt.

196. Die parallaktische Ungleichheit. Da die Sonne nur eine endliche Entfernung von der Erde hat, so werden ihre störenden Wirkungen in Punkten symmetrisch zur Linie $m_3 m_7$ nicht dieselben, sondern auf der Seite $m_7 m_1 m_3$ größer sein. Wenn z. B. die Entwicklung von ϱ^{-3} in (17) eine Ordnung weiter bis zu den Gliedern der zweiten Potenz einschließlich ausgeführt wird, d. h. in $\frac{r^2}{R^2}$, so findet man für den Teil von N, welcher von e unabhängig ist, den Ausdruck

$$(22)\quad \begin{cases} N = \frac{k^2 S}{R^2}\Big\{-\frac{1}{2}\frac{r}{R}[1+3\cos 2(u-U)] \\ \quad -\frac{3}{8}\frac{r^2}{R^2}[3\cos(u-U)+5\cos 3(u-U)]-\cdots\Big\}. \end{cases}$$

Wenn $u - U = 0$, so hat das Glied zweiter Ordnung dasselbe Vorzeichen wie das Glied erster Ordnung, und wenn $u - U = \pi$, das entgegengesetzte Vorzeichen. Die Wirkung dieses Gliedes ist relativ klein, weil nahezu $r \div R = 0.0025$. Die Glieder von der zweiten Ordnung führen eine Verzerrung der durch die Variation veränderten Bahn ein, welche zu einer Ungleichheit von etwa 2′7″ in der Länge des Mondes führt im Vergleich zu der theoretischen Lage in dieser Bahn. Da sie von der Parallaxe der Sonne herrührt, so bezeichnet man sie als *paralaktische Ungleichheit.* Laplace bemerkte, daß, wenn man sie mit sehr großer Genauigkeit aus einer langen Reihe von Beobachtungen bestimmt, sie eine Methode zur Bestimmung der Sonnenentfernung liefern wird. Die hauptsächliche praktische Schwierigkeit ist jedoch die, daß das beschwerliche Problem, die relativen Massen der Erde und des Mondes zu finden, erst gelöst werden müßte, ehe die Methode angewendet werden kann.[1])

197. Die Bewegung der Apsidenlinie. Bei der komplizierteren Art, in welcher die verschiedenen Komponenten die Bewegung der Apsidenlinie beeinflussen, bieten die Störungen dieses Elementes größere Schwierigkeiten dar als die bisher betrachteten. Nehmen wir zunächst an, daß die Apsidenlinie mit der Linie ES zusammenfällt und daß das Perigäum in m_1 liege. Die Normalkomponente in m_1 ist negativ, und ruft folglich (Tabelle § 182) eine Rückwärtsbewegung der Apsidenlinie hervor. Andererseits verursacht, wenn der Mond in m_5 steht, die negative Normalkomponente ein Vorrücken der Apsidenlinie. In § 180 wurde gezeigt, daß die Wirksamkeit einer Normalkomponente, während der Mond einen kurzen Bogen im Apogäum, zu ihrer Wirksamkeit, während er ein

1) Brown, *Lunar Theory*, p. 127.

gleiches Bogenstück im Perigäum beschreibt, sich verhält wie $a(1+e)$ zu $a(1-e)$. Überdies zeigt die zweite Gleichung (18), daß die Normalkomponente direkt proportional der Entfernung des Mondes von der Sonne variiert. Daher ist die Normalkomponente im Apogäum größer und im Verhältnis zu ihrer Größe wirksamer als die entsprechende Beschleunigung im Perigäum. Die Normalkomponente ist positiv, obwohl

Normalkomponente.

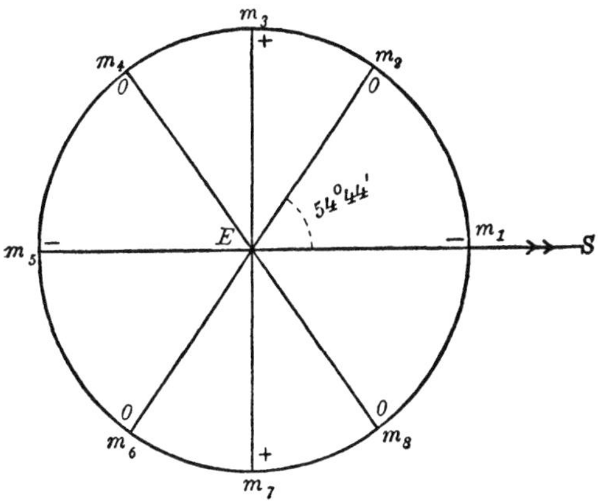

Fig. 57.

Tangentialkomponente.

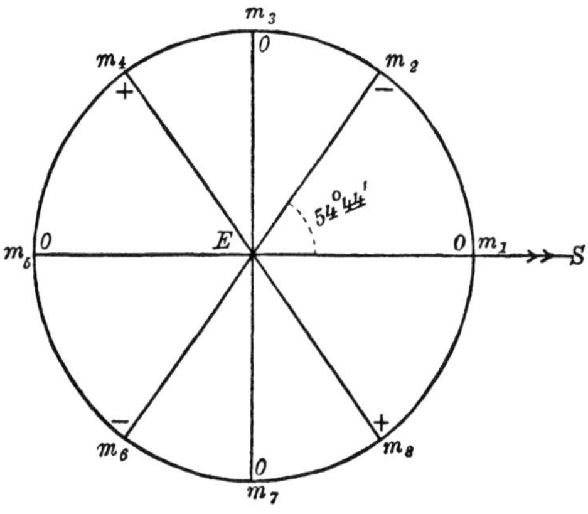

Fig. 58.

vergleichsweise klein, in den Intervallen $m_2m_3m_4$ und $m_6m_7m_8$. Diese Intervalle werden in beinahe gleicher Weise durch K und L (Fig. 48) geteilt, wo die Wirkung der Normalkomponente auf die Apsidenlinie verschwindet. Daher folgt aus der Tabelle, daß die Gesamtwirkung in diesen Intervallen sehr klein ist. Wenn also das Perigäum in m_1 ist, so besteht die Wirkung während eines ganzen Umlaufs darin, die Apsidenlinie um einen beträchtlichen Winkel vorwärts zu drehen. Ähnliche Überlegungen führen zu genau denselben Ergebnissen für die Lage des Perigäums in m_5.

Für die Lage des Perigäums in m_1 besitzt die Tangentialkomponente auf entgegengesetzten Seiten der großen Achse entgegengesetzt gleiche Werte. Daher folgt aus der Tabelle, daß die Wirkungen in derselben Richtung und von gleicher Größe sind für Punkte, die auf entgegengesetzten Seiten der großen Achse symmetrisch liegen. Nun sind die Wirkungen im zweiten und dritten Quadranten von entgegengesetztem Zeichen zu denen im ersten und vierten; überdies sind sie ein wenig größer im zweiten und dritten Quadranten, weil dann r am größten und die Tangentialkomponente nach (18) r proportional ist. Wenn daher das Perigäum in m_1 ist, so ist die Gesamtwirkung der Tangentialkomponente in einem ganzen Umlauf die, daß sie die Apsiden vorwärts dreht. Nun ordne man diesen Fall dem Fall zu, wo das Perigäum in m_5 ist, eine Lage, welche sich wegen der Bewegung der Sonne ergeben wird, selbst wenn die Apsiden stationär wären. Unter diesen Umständen werden die Apsiden rückwärts gedreht, und die Umdrehungen heben einander in beiden Fällen auf.

Nehmen wir jetzt an, daß die Apsidenlinie zur Geraden ES senkrecht ist. Es ist in dieser Diskussion unwesentlich, an welchem Ende der Geraden das Perigäum liegt, doch um die Vorstellungen zu fixieren, nehmen wir es in m_3 an. Die Normalkomponente ist positiv in dem Intervall $m_2 m_3 m_4$ und dreht nach der Tabelle die Apsidenlinie vorwärts. Sie ist auch positiv in dem Intervall $m_6 m_7 m_8$ und dreht dort die Apsidenlinie rückwärts. Im letzten Fall ist die störende Beschleunigung größer und wirksamer, so daß das Endergebnis eine Rückwärtsbewegung ist. Die Intervalle $m_8 m_1 m_2$ und $m_4 m_5 m_6$, in denen die Normalkomponenten negativ sind, werden durch L und K nahezu gleich geteilt; daher ersieht man aus der Tabelle, daß sich ihre Wirkungen während eines ganzen Umlaufs aufheben. Folglich besteht, wenn das Perigäum in m_3 ist, die Wirkung der Normalkomponente auf die Apsidenlinie für einen ganzen Umlauf in einer beträchtlichen Rückwärtsdrehung.

Für die Lage des Perigäums in m_3 ist die Tangentialkomponente positiv im Intervall $m_3 m_5$ und negativ im Intervall $m_5 m_7$. Aus der Tabelle ergibt sich, daß ein positives T in dem Intervall $m_3 m_5 m_7$ eine Vorwärtsdrehung und ein negatives T eine Rückwärtsdrehung der Apsidenlinie verursacht. Da das Zeichen von T in den beiden nahezu gleichen Teilen des Intervalls entgegengesetzt ist, so ist die ganze Wirkung auf die Apsidenlinie sehr klein. Man erhält dieselben Resultate für den halben Umlauf $m_7 m_1 m_3$. So erkennt man, daß die Gesamtwirkungen der Normal- und Tangentialkomponente während eines Umlaufs darin bestehen, die Apsidenlinie *rückwärts* zu drehen, wenn sie zu der Geraden von der Erde zur Sonne senkrecht steht.

Andererseits wurde gefunden, daß die Apsidenlinie sich vorwärts dreht, wenn sie mit der Geraden von der Erde zur Sonne zusammenfällt. Die nächste Frage ist daher, ob die Vor- oder Rückwärtsbewegung größer ist. Wir bemerken, daß die gesamten Änderungen, die von der Wirkung der Tangentialkomponenten herrühren, die Differenzen von nahezu gleichen Wirkungen bilden und daher sehr klein sind. Dasselbe läßt sich von den Normalkomponenten sagen, welche in der Nachbarschaft der Enden der kleinen Achse der Ellipse wirken. Überdies wirken sie in den beiden angegebenen Lagen in entgegengesetzten Richtungen, so daß ihre Gesamtwirkung noch kleiner ist. Die wichtigsten Änderungen entstehen durch die Normalkomponenten, welche in der Nähe der Enden der großen Achse wirken. Aus der zweiten Gleichung (18) folgt, daß im ersten Falle, wo die Apsidenlinie vorrückt, sie etwa zweimal so groß sind, als im zweiten, wo die Apsidenlinie rückwärts wandert. Daher bedeutet die ganze Änderung für die beiden Positionen der Apsidenlinie ein Vorrücken. Die Wirkungen für Lagen in der Nähe der beiden betrachteten werden ähnlich sein, aber geringer bis auf einige Zwischenpunkte, wo die Drehung der Apsidenlinie für einen ganzen Umlauf des Mondes gleich null sein wird. Aus der Art, wie die Tangentialkomponenten ihr Zeichen ändern (Fig. 58), ist ersichtlich, daß diese Punkte näher an m_3 und m_7 als an m_1 und an m_5 liegen werden; daher *ist die durchschnittliche Wirkung für alle möglichen Positionen des Perigäums ein Vorrücken der Apsidenlinie.*

198. Sekundäre Wirkungen. Die Resultate wurden bisher so abgeleitet, als wenn die Sonne ruhte. Sie bewegt sich indessen in derselben Richtung wie der Mond. Es wurde gezeigt, daß, wenn der Mond nahe am Apogäum und die Sonne nahe der Apsidenlinie stehen, die Normalkomponente die Apsiden vorwärts bewegt. Dieses Vorrücken zielt dahin, die Beziehung der Bahn zur Lage der Sonne zu erhalten, und das Vorrücken der Apsiden wird selbst wieder verlängert und vergrößert. Andererseits, wenn der Mond im Perigäum und die Sonne nahe der Apsidenlinie steht, bewegt sich die Apsidenlinie rückwärts; da aber die Sonne den einen und die Apsidenlinie den anderen Weg geht, so wird diese besondere Konstellation zwischen der Sonne und der Mondbahn rasch zerstört, und die Rückwärtsbewegung ist kleiner als sie bei stationärer Lage der Sonne gewesen wäre. Auf ähnliche Weise erfährt für jede relative Lage der Apsidenlinie das Vorrücken eine Zunahme und die Rückwärtsbewegung eine Abnahme.

Es besteht noch eine andere wichtige sekundäre Wirkung, welche von der Tangentialkomponente abhängt und von der Bewegung der Sonne unabhängig ist. Als Beispiel betrachten wir den Fall, wo die Apsidenlinie die Sonne passiert mit dem Perigäum in m_1. Die Tangentialkomponente in $m_3 m_5$ ist positiv und dreht nach der Tabelle die Apsidenlinie vorwärts, bis der Mond im Apogäum anlangt. Da aber die Apsidenlinie vorrückt, wird der Mond im Apogäum später eintreffen, und die Wirkung dieser Komponente wird zunehmen. Wenn die Bewegung der Sonne auch eingeschlossen wird, so erlangt diese sekundäre Wirkung eine noch größere Bedeutung. Auf diese Weise ruft eine Störung die andere hervor, und es ist klar, was die Astronomen meinen, wenn sie sagen, daß nahezu die halbe Bewegung des Mondperigäums von dem Quadrat der störenden Kraft herrührt, oder daß sie erst bei einer zweiten Annäherung erhalten wird.

Die theoretische Bestimmung der Bewegung der Apsidenlinie des Mondes war eins von den schwierigsten Problemen der Himmelsmechanik;

die sekundären Wirkungen entgingen Newton, als er die *Prinzipien*[1]) schrieb, und sie wurden nicht erörtert, bis Clairaut 1749 seine Mondtheorie entwickelte. Die erfolgreichste und meisterhafteste analytische Behandlung des Gegenstandes ist bisher unzweifelhaft die von G. W. Hill in den *Acta Mathematica*, Band VIII, welche für die behandelten Glieder alles Wünschenswerte liefert. Die Apsidenlinie der Mondbahn macht einen vollständigen Umlauf in etwa $9\frac{1}{2}$ Jahren.

199. Störungen der Exzentrizität. Nehmen wir an, daß die Apsidenlinie durch die Sonne hindurchgeht und das Perigäum in m_1 liegt. Aus der Symmetrie der Normalkomponenten in bezug auf die Gerade ES und den Resultaten der Tabelle folgt, daß die Zu- und Abnahme der Exzentrizität während eines vollständigen Umlaufes, die von dieser Komponente herrühren, unter diesen Umständen genau gleich sind. Aus der Art, wie die Tangentialkomponente ihr Zeichen ändert, und den in der Tabelle enthaltenen Resultaten folgt, daß die von dieser Komponente bewirkten Änderungen der Exzentrizität sich ebenfalls genau ausgleichen. Daher rufen diese Verhältnisse keine Änderung der Exzentrizität während eines vollständigen Mondumlaufs hervor. Auf ähnliche Weise ergeben sich dieselben Resultate für die Lage der Perigäums in m_5.

Besitzt die Apsidenlinie die Richtung $m_3 m_7$, so kann man, wie vorhin, zeigen, daß weder die Normal- noch die Tangentialkomponente irgendeine ständige Änderung der Exzentrizität bewirkt.

Betrachten wir jetzt den Fall, wo die Apsidenlinie eine gewisse Zwischenlage einnimmt; der Einfachheit halber nehmen wir an, daß sie in der Geraden $m_2 m_6$ mit dem Perigäum in m_2 liege. Gleichzeitig mit diesem Fall betrachten wir den der Lage des Perigäums in m_6. Wir betrachten zunächst nur die Wirkungen der Normalkomponente. Aus Figur 57 und der Tabelle § 182 folgt, daß, wenn das Perigäum in m_2 und der Mond in der Gegend $m_2 m_4$ steht, die Normalkomponente die Exzentrizität verkleinert, dagegen vergrößert für das Perigäum in m_6. Die beiden Wirkungen heben sich weitgehend auf. Nun wurde in § 181 gezeigt, daß eine gegebene Normalkomponente wirksamer in der Änderung der Exzentrizität ist, wenn der Mond nahe am Apogäum steht als wenn der Mond eine entsprechende Lage nahe am Perigäum einnimmt. Außerdem folgt, da N zu r proportional ist, aus der zweiten Gleichung (18), daß die Normalkomponente mit der Entfernung des Mondes zunimmt. Aus diesen beiden Gründen ist, während der Mond in dem Bogen

1) Die von Newton hinterlassenen Manuskripte, welche jetzt als die *Portsmouth Collection* bekannt und erst jetzt veröffentlicht sind, enthalten eine korrekte Auseinandersetzung der Bewegung der Apsidenlinie und nahezu korrekte numerische Resultate.

m_2m_4 steht, die Zunahme der Exzentrizität mit dem Perigäum in m_6 größer als die Abnahme mit dem Perigäum in m_2. Die beiden Fälle liefern zusammen eine kleine restliche Zunahme zweiter Ordnung in der Exzentrizität, welche durch $by + \Delta_1 e$ dargestellt werden möge. Ähnlich erzeugen, während der Mond in der Gegend $m_4\, m_6$ steht, die Wirkungen der Normalkomponente auf die Exzentrizität mit dem Perigäum in m_2 und m_6 eine Zu- bzw. eine Abnahme. Beachtet man die relativen Lagen des Apogäums, so ist ersichtlich, daß die Gesamtwirkung auf die Exzentrizität eine restliche Zunahme $+\Delta_2 e$ zweiter Ordnung darstellt. Nach analogen Überlegungen stellen die vereinigten Wirkungen für den Mond in den Bögen m_6m_8 und m_8m_2 die positiven Differenzen $+\Delta_3 e$ und $+\Delta_4 e$ zweiter Ordnung dar.

Es erhebt sich nun die Frage, ob die Differenzen zweiter Ordnung in einigen Fällen sich nicht gegenseitig zerstören. Um zu zeigen, daß dies zutrifft, betrachten wir den Fall, wo die Apsidenlinie eine symmetrisch entgegengesetzte Lage in bezug auf die Gerade ES einnimmt, d. h. den Fall, wo das Perigäum in m_8 oder m_4 steht. Für die Lage des Perigäums in m_4 und des Mondes in der Gegend m_2m_4 wird die Exzentrizität durch die Normalkomponente vergrößert, für die Lage des Perigäums in m_8 verkleinert. Die Abnahme im letzteren Falle ist größer als die Zunahme im ersteren, weil für das Perigäum in m_8 die Gegend m_2m_4 in der Nähe des Apogäums liegt. Daher bildet die Gesamtwirkung eine Abnahme zweiter Ordnung in der Exzentrizität; und da der Bogen m_2m_4 nicht nur relativ zu Erde und Sonne, sondern auch zur Mondbahn so gelegen ist, als wenn die Apsidenlinie die Linie m_2m_6 wäre, so folgt, daß die Abnahme zweiter Ordnung in der Exzentrizität gleich $-\Delta_1 e$ ist. Auf ähnliche Weise findet man, daß, wenn der Mond den Bögen m_4m_6, m_6m_8 und m_8m_2 angehört, die Summen der Änderungen in der Exzentrizität, wenn das Perigäum in m_4 oder m_8 ist, gleich $-\Delta_2 e$, $-\Delta_3 e$ und $-\Delta_4 e$ sind. Werden diese Differenzen zweiter Ordnung zu denjenigen hinzu addiert, die erhalten wurden, wenn die Apsidenlinie längs m_2m_6 fiel, so ist das Resultat null. Eine entsprechende Diskussion führt zu denselben Resultaten für jede andere Lage der Apsidenlinie, sie kann nämlich einer solchen zugeordnet werden, welche in bezug auf die Gerade ES entgegengesetzt symmetrisch ist, so daß, wenn das Perigäum in beiden Richtungen auf jeder Geraden angenommen wird, die Gesamtwirkung der Normalkomponente auf die Exzentrizität verschwindet. Daher *bewirkt die Normalkomponente schließlich keine dauernde Änderung in der Exzentrizität der Mondbahn*; eine ähnliche Diskussion ergibt dasselbe Resultat für die Tangentialkomponente.

Die Sonne steht indessen nicht still, während der Mond seinen Umlauf vollführt, und die Bedingungen, welche angenommen wurden, sind daher niemals genau erfüllt. Nichtsdestoweniger ist es nützlich, zu zeigen, wie die verschiedenen Konstellationen, selbst wenn sie sich von Augenblick zu Augenblick ändern, einander zugeordnet werden können. Bei einer sehr großen Anzahl von Umläufen werden die komplementären Konstellationen jedenfalls eine gleiche Anzahl von Malen auftreten, so daß die Exzentrizität zu ihrem ursprünglichen Wert zurückkehrt. Die für diesen Zyklus von Änderungen erforderliche Periode hängt in erster Linie von den Perioden der Sonne und des Mondes ab, in zweiter Linie von der Exzentrizität der Sonnenbahn (der Erdbahn) und zuletzt von der Art, wie die Apsidenlinien der Sonnen- und Mondbahn rotieren.

Abgesehen von einer großen Zahl geologischer und biologischer Belege für eine sehr lange Existenz der Erde, wenigstens annähernd in ihrem gegenwärtigen Zustande, zeigt diese Betrachtung mit ziemlicher Sicherheit, daß das System, wenn auch nicht ganz, so doch nahezu stabil ist. Dabei ist es eine interessante Tatsache, daß jene beiden Elemente, die Knoten- und die Apsidenlinie, welche sich in einer Richtung ständig ändern können, ohne die Stabilität des Systems zu bedrohen, im Durchschnitt eine dauernde Rück- und Vorwärtsbewegung wirklich ausführen.

200. Die Evektion. Es wurde soeben bewiesen, daß die Exzentrizität für genügend lange Zeitintervalle unveränderlich bleibt, sie unterliegt nur periodischen Änderungen von beträchtlicher Größe, welche zu der größten Mondstörung Veranlassung gibt, die als *Evektion* bekannt ist. In ihrer größten Phase verschiebt sie den Mond in geozentrischer Länge um einen Winkel von etwa $1^{0}15'$ im Vergleich zu seiner Lage in der ungestörten elliptischen Bahn. Diese Änderung wurde von Hipparchus entdeckt und von Ptolemäus sorgfältig beobachtet.

Die Störungen der Elemente und der Exzentrizität im besonderen hängen von zwei Momenten ab, der Lage des Mondes in seiner Bahn und der Lage des Mondes in bezug auf Erde und Sonne. Nehmen wir an, daß Mond und Sonne anfänglich in Konjunktion mit dem Perigäum in m_1 standen und betrachten wir die Bewegung während eines synodischen Umlaufs. Aus der Tabelle § 182 und den Figuren 57 und 58 folgt, daß die Exzentrizität sich nicht ändert, wenn der Mond in m_1 steht, daß sie abnimmt oder sich nicht ändert für die Lage des Mondes in m_2, m_3 und m_4, daß sie sich nicht ändert für den Mond in m_5, daß sie jedoch zunimmt bzw. sich nicht ändert für den Mond in m_6, m_7 und m_8 und daß sie aufhört, sich zu ändern, wenn der Mond wieder zu m_1 zurückgekehrt ist. Dies trifft nur zu unter der Annahme, daß das Perigäum während des ganzen Umlaufs in m_1 geblieben ist; oder, mit anderen Worten, daß die Apsidenlinie sich so schnell bewegt, wie die Sonne in ihrer Bahn. Nun ist der wirkliche Fall der, daß die Sonne sich ungefähr 8,5mal so schnell bewegt als die Apsidenlinie sich dreht. Da die synodische Periode des Mondes etwa 29.5 Tage beträgt, während die Sonne sich täglich etwa einen Grad bewegt, so wird der Mond bei seiner Ankunft in m_1 etwa 26° hinter seinem Perigäum stehen. Welche Änderung wird dies in den Schlußfolgerungen herbeiführen? Die Normalkomponente ist negativ und verursacht in diesem Teil der Bahn eine Zunahme der Exzentrizität, während die Tangentialkomponente keine Änderung herbeiführt, da sie null ist. Da der Mond über m_1 hinaus vorrückt, so wird die Normalkomponente numerisch kleiner, während die Tangentialkomponente negativ wird und auf eine Abnahme der Exzentrizität hinzielt. Die Tendenzen der beiden Komponenten, die Exzentrizität in entgegengesetzten Richtungen zu ändern, halten sich das Gleichgewicht, wenn der Mond sich in gewissen Punkten zwischen m_1 und m_2 befindet anstatt im Punkt m_1, hinter welchem die Exzentrizität abnimmt. Es findet ein entsprechendes Vorrücken des Punktes nahe m_5 statt, in dem die Abnahme der Exzentrizität aufhört und ihre Zunahme anfängt. Zu ähnlichen Schlüssen gelangt man, wenn man von jeder anderen anfänglichen Konstellation ausgeht.

Die Resultate fassen wir folgendermaßen zusammen: Die Störungen der Sonne verkleinern die Exzentrizität der Mondbahn während etwas mehr als einem halben synodischen Umlauf und vergrößern sie dann für eine gleiche Zeit. Diese Änderungen in der Exzentrizität verursachen Abweichungen in der geozentrischen Länge von den durch die elliptische Theorie gegebenen, welche die *Evektion* darstellen. Die Näherungsmethoden zeigen, daß die Periode dieser Ungleichheit etwa 31.8 Tage beträgt.

201. Gaußsche Methode der Berechnung der säkularen Änderungen. In den vorhergehenden Paragraphen wurde gezeigt, daß einige von den Elementen, wie die Knoten- und die Apsidenlinie, unbegrenzt in einer Richtung sich ändern. Diese Änderungen verlaufen nicht mit gleichförmiger Geschwindigkeit, denn außer den allgemeinen Änderungen bestehen viele kurze periodische Schwingungen, welche von solcher Größe sind, daß das Element sich häufig in entgegengesetzter Richtung ändert. Wenn die Ergebnisse in den Symbolen der Analysis dargestellt werden, so wird das allgemeine durchschnittliche Vorrücken durch ein zur Zeit proportionales Glied angedeutet, das man als *säkulare Variation* bezeichnet, während die Abweichungen von dieser gleichförmigen Änderung durch eine Summe von periodischen Gliedern gegeben werden, die verschiedene Perioden und Phasen besitzen. So erkennt man, daß die säkularen Änderungen durch eine Art von Mittel der störenden Kräfte verursacht werden, wenn die störenden und gestörten Körper jede mögliche Lage zueinander einnehmen.

Es existieren weitere Elemente, wie die Neigung und die Exzentrizität, welche, obwohl auf lange Dauer periodisch, doch für viele tausend

Jahre im Durchschnitt stetig in einer Richtung sich ändern. Diese Änderungen können ebenfalls als säkulare Änderungen betrachtet werden, hervorgerufen in gleicher Weise aus einer Art von mittleren Störungen.

1818 veröffentlichte Gauß eine Abhandlung über die Theorie säkularer Änderungen, welche auf den soeben skizzierten Grundlinien beruhte. Seine Methode wurde speziell auf die Berechnung der säkularen Änderungen der Elemente planetarischer Bahnen angewandt. Anstatt die Bewegungen der Körper zu betrachten, nahm Gauß an, daß die Masse eines jeden Planeten in einem elliptischen Ring ausgebreitet ist, der mit seiner Bahn auf solche Weise zusammenfällt, daß die Dichte eines jeden Punktes umgekehrt proportional der Geschwindigkeit ist, mit welcher der Körper sich in jenem Punkte bewegt. Er zeigte dann, wie man die Anziehung eines Ringes auf den anderen berechnet und die Größe, um welche ihre Positionen und Gestalten sich unter dem Einfluß dieser Kräfte ändern.

Die Gaußsche Methode war der Gegenstand einer ganzen Anzahl von Abhandlungen. Die für praktische Zwecke wahrscheinlich am meisten brauchbare stammt von G. W. Hill in vol. I der *Astronomical Papers of the American Ephemeris and Nautical Almanac.* Hills Formeln wurden von Professor Eric Doolittle mit großem Erfolge angewendet, wobei die erhaltenen Resultate in weitem Umfang mit den von Leverrier und Newcomb nach gänzlich verschiedenen Methoden gefundenen übereinstimmten.

202. Die Ungleichheiten langer Periode. In den Theorien der gegenseitigen Störungen der Planeten treten sehr große Glieder von langen Perioden auf. Sie entstehen nur, wenn die Perioden der beiden Körper nahezu kommensurabel sind, und es ist leicht, ihre Ursache durch geometrische Überlegungen aufzufinden.

Da die wichtigste Störung dieser Art zwischen Jupiter und Saturn auftritt, so soll die Erörterung für diesen Fall vorgenommen werden. Fünf Perioden des Jupiter sind etwas mehr als zwei des Saturn. Die beiden Planeten mögen zu Anfang in Konjunktion auf der Linie l_0 stehen. Nach fünf Jupiterumläufen und zwei des Saturn werden sie wieder in Konjunktion auf einer Linie l_1 sehr nahe l_0 stehen, haben aber eine etwas grössere Länge. Dies geht unbegrenzt fort, wobei jede Konjunktion in einer etwas größeren Länge als die vorher-

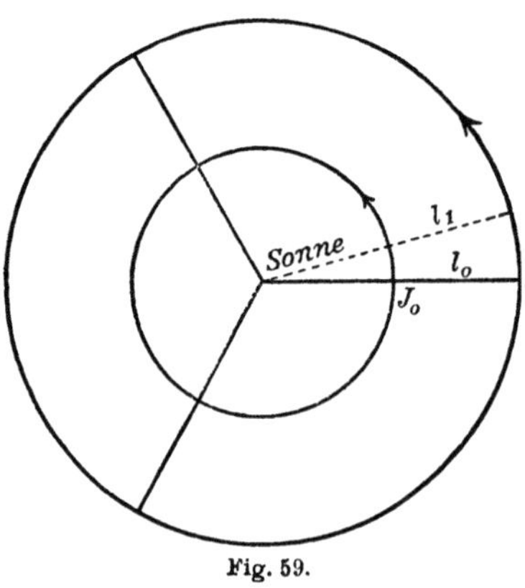

Fig. 59.

gehende erscheint. Häufig nahezu in denselben Punkten auftretende Konjunktionen verursachen sehr große Störungen, und die *lange Periode* ist die Zeit, in welcher der Konjunktionspunkt einen vollständigen Umlauf vollführt. Im Falle des Jupiter und Saturn beträgt sie etwa 918 Jahre. Diese Ungleichheit, welche in den Längen der Planeten die größte ist und den Jupiter um 21′, den Saturn um 49′ verschiebt, vereitelte lange die Versuche von Astronomen, sie als eine notwendige Folge des Gravitationsgesetzes zu verstehen. Laplace klärte schließlich in einem von seinen vielen wichtigen Beiträgen zur Himmelsmechanik diese Schwierigkeit auf, indem er ihre eigentliche Ursache feststellte und die Übereinstimmung von Theorie und Beobachtung zeigte.

XXIV. Aufgaben.

1. Man beweise, daß der geometrische Ort der Punkte, in welchen die Anziehungen der Sonne und Erde gleich sind, eine Kugel bildet, deren Radius $\frac{R\sqrt{SE}}{S-E}$ ist, und deren Mittelpunkt auf der Verbindungslinie zwischen Erde und Sonne liegt, in der Entfernung $\frac{ER}{S-R}$ vom Erdmittelpunkt entgegengesetzt der Sonne, wo S und E die Sonnen- und Erdmasse darstellen und R den Abstand zwischen Sonne und Erde.

Wenn $R = 149\,664\,900$ km

und $\frac{S}{E} = 330\,000,$

dann ist $\frac{R\sqrt{SE}}{S-E} = 259\,982.415$ km.

$$\frac{RE}{S-E} = 452.2133 \text{ km}.$$

Da die Mondbahn einen Radius von etwa 386232 km hat, so wird sie von der Sonne stets stärker als von der Erde angezogen.

2. Der Mond möge als umlaufend um die Erde und gestört durch die Sonne betrachtet werden, oder als umlaufend um die Sonne und gestört durch die Erde. Unter der Annahme, daß die Mondbahn ein Kreis ist, finde man die Position, in welcher die störenden Kräfte der Sonne ein Maximum haben; man zeige ferner, daß die störenden Wirkungen der Erde, wobei man den Mond als umlaufend um die Sonne betrachtet, für dieselbe Lage ein Minimum bilden.

3. Man finde den Quotienten aus der größten störenden Wirkung der Sonne und der kleinsten störenden Wirkung der Erde.

Lösung: Die Entfernung von der Sonne zur Erde möge R, die Entfernung von der Sonne zum Monde ϱ und die Entfernung von der Erde zum Monde r heißen. Dann ist

$$\frac{D_S}{D_E} \frac{S}{E} \cdot \frac{r^2}{\varrho^2} \cdot \frac{R^2-\varrho^2}{R^2-r^2} = \frac{S}{E} \cdot \frac{r^3}{\varrho^3} \cdot \frac{R+\varrho}{R+r} = 0.0114.$$

4. Man bestimme den Quotienten aus der Störungskraft der Sonne für ihren größten Betrag und (a) aus der Anziehung der Sonne, (b) aus der Anziehung der Erde.

Lösung: $\frac{D_S}{A_S} = \frac{r(R+\varrho)}{R^2} = 0.005, \quad \frac{D_S}{A_E} = \frac{S}{M}\,\frac{r^3(R+\varrho)}{R^2\varrho^2} = 0.011.$

5. Man beweise im einzelnen das Ergebnis des § 199, daß die Tangentialkomponente keine säkularen Änderungen in der Exzentrizität der Mondbahn hervorruft.

6. Ein Planet möge die Bewegung eines anderen Planeten in Sonnennähe stören. Man finde die Art und Weise, wie die sämtlichen Elemente der Bahn des inneren Planeten für alle relativen Positionen der Körper in ihren Bahnen verändert werden.

7. Man zeige, daß, wenn der Gang der Veränderung der Elemente bekannt ist, falls der Planet in einer besonderen Lage seiner Bahn sich befindet, die Größe und Richtung der störenden Kraft berechnet werden können. Man zeige ferner, daß, nach Annahme der Entfernung des störenden Körpers von der Sonne, sich auch ihre Richtung und Masse bestimmen lassen. (Dies ist ein Teil des Problems, das von Adams und Leverrier gelöst wurde, als sie die scheinbare Lage des Neptun auf Grund der Kenntnis seiner Störungen der Uranusbewegung voraussagten. Dabei bestanden große praktische Schwierigkeiten, welche von der Kleinheit der auftretenden Größen herrührten, die in der hier gegebenen einfachen Darstellung nicht erscheinen.

Geschichtliche Übersicht und Literatur.

Die erste Behandlung des Drei- sowie des Zweikörperproblems stammt von Newton. Sie wurde gegeben in Buch I, Abschnitt XI seiner *Prinzipien,* und Airy hat den Ausspruch getan „es sei das wertvollste Kapitel der physikalischen Wissenschaft, das jemals geschrieben wurde". Es enthält eine einigermaßen vollständige Darstellung der Variation, der parallaktischen Ungleichheit, der jährlichen Gleichung, der Bewegung des Perigäums, der Störungen der Exzentrizität, des Umlaufs der Knoten, und der Störungen der Neigung. Der Wert für die Bewegung des Mondperigäums, den Newton durch theoretische Erwägungen fand, betrug nur die Hälfte des durch die Beobachtungen gelieferten. 1872 wurde in gewissen unveröffentlichten Manuskripten Newtons, bekannt als die *Portsmouth Collection,* gefunden, daß Newton die ganze Bewegung des Perigäums einschließlich der Störungen zweiter Ordnung erklärt hat. (Siehe § 198.) Da dieses Werk den Astronomen unbekannt war, wurde für die Bewegung des Mondperigäums keine theoretische Ableitung gegeben, bis 1749 Clairaut die richtige Erklärung fand, nachdem er schon zum Standpunkt gelangt war, an Stelle von Newtons Anziehungsgesetz ein Gesetz von der Form $a = \frac{\mu}{r^2} + \frac{v}{r^3}$ einzuführen. Newton hielt die Mondtheorie für sehr schwierig, und es heißt, er hätte zu seinem Freunde Halley in Verzweiflung geäußert „sie bereite ihm Kopfschmerzen und ließe ihn so oft nicht zur Ruhe kommen, daß er nicht mehr an sie denken wolle".

Seit den Tagen Newtons haben die analytischen Methoden die geometrischen verdrängt außer in elementaren Auseinandersetzungen der Ursachen verschiedener Arten von Störungen. Im achtzehnten Jahrhundert war die Entwicklung der Mondtheorie, und der Himmelsmechanik überhaupt, fast ganz das Werk von wenigen Männern: Euler (1707—1783), ein Schweizer, geboren in Basel, lebte in St. Petersburg von 1727—1747, in Berlin von 1747—1766 und in St. Petersburg von 1766–1783; Clairaut (1713–1765), geboren in Paris, brachte fast das ganze Leben in seiner Geburtsstadt zu; d'Alembert (1717–1783), ebenfalls in Paris geboren und dort lebend; Lagrange (1736–1813), geboren in Turin, Italien, aber von französischer Herkunft, Professor der Mathematik an einer militärischen Schule in Turin von 1753–1766, Nachfolger von Euler in Berlin, verbrachte er dort 20 Jahre, ging nach Paris und lebte den Rest seines Lebens in der französischen Hauptstadt; und Laplace (1749–1827), Sohn eines französischen Bauern in Beaumont, Normandie, Professor an l'École Militaire und l'École Normale in Paris, wo er nach seinem achtzehnten Jahre den größten Teil seines Lebens zubrachte. Der einzige Teil ihres Werkes, welcher hier erwähnt werden soll, ist der, der sich auf die Mondtheorie bezieht. Der Bericht über ihre Untersuchungen über die allgemeine Theorie der Planeten erfolgt besser im nächsten Kapitel.

Im achtzehnten Jahrhundert bestand ein allgemeiner Bedarf an genauen Mondtafeln zum Gebrauch für Seefahrer zur Ortsbestimmung auf See. Dies, zusammen mit dem Umstande, daß die Bewegungen des Mondes den besten Beweis für die Newtonsche Theorie liefern, veranlaßte die englische Regierung und eine Anzahl von wissenschaftlichen Gesellschaften, sehr hohe Preise für Mondtafeln, die mit Beobachtungen innerhalb gewisser kleiner Grenzen übereinstimmen, auszusetzen. Euler veröffentlichte einige ziemlich unvollkommene Mondtafeln im Jahre 1746. Clairaut und d'Alembert legten der Pariser Akademie 1747 am gleichen Tage Abhandlungen über die Mondtheorie vor. Jeder hatte Schwierigkeiten, die Bewegung des Perigäums zu erklären. Wie bereits angegeben wurde, fand Clairaut 1749 den Grund der Schwierigkeit, und wenig später wurde er auch gleichzeitig von Euler und d'Alembert entdeckt. Clairaut erhielt den Preis, den die St. Petersburger Akademie aussetzte, 1752 für seine *Théorie de la Lune*. Er und d'Alembert veröffentlichten 1754 Theorien und zahlreiche Tabellen. Sie wurden später nachgeprüft und erweitert. Euler veröffentlichte 1753 eine Mondtheorie, in deren Anhang die analytische Behandlung der Variation der Elemente zum Teil durchgeführt war. Tobias Mayer (1723–1762), Göttingen, verglich Eulers Tafeln mit Beobachtungen und verbesserte sie so erfolgreich, daß er und Euler eine Belohnung von £ 3000 von der englischen Regierung erhielten. 1772 veröffentlichte Euler eine zweite Mondtheorie, welche viele neue Gesichtspunkte von großer Bedeutung enthielt.

Lagrange betätigte sich wenig in der Mondtheorie und arbeitete nur einige allgemeine Methoden aus. Dagegen schenkte Laplace diesem Gegenstande sehr viel Aufmerksamkeit und lieferte 1787 einen von seinen wichtigen Beiträgen zur Himmelsmechanik, als er die Ursache der säkularen Beschleunigung der mittleren Mondbewegung erklärte. Er machte auch den Vorschlag, die Entfernung der Sonne aus der parallaktischen Ungleichheit zu bestimmen. Laplaces Theorie ist in dem dritten Bande seiner *Mécanique Céleste* enthalten.

Damoiseau (1768–1846) entwickelte Laplaces Methode 1824–1828 bis zu einem hohen Grad der Annäherung, und die Tabellen, welche er zusammenstellte, wurden ganz allgemein gebraucht, bis Hansens Tabellen 1857 erschienen. Plana (1781–1869) veröffentlichte 1832 eine Theorie, die in den meisten Beziehungen der von Laplace entwickelten ähnlich war. Eine unvollständige Theorie wurde von Lubbock (1803–1865) in den Jahren 1830–1834 aufgestellt. Ein großer Fortschritt in neuen Richtungen wurde 1838 von Hansen (1795–1874) und nochmals 1862–1864 gemacht. Seine 1857 veröffentlichten Tabellen wurden sehr allgemein für die Nautical Almanacs verwandt. De Pontécoulant (1795–1874) veröffentlichte 1846 seine *Théorie Analytique du Système du Monde*. Der vierte Band enthält seine im einzelnen durchgeführte Mondtheorie. Sie ist im wesentlichen ähnlich der von Lubbock. Eine neue Theorie von großer mathematischer Eleganz und bis zu einem sehr hohen Annäherungsgrad durchgeführt, wurde 1860 und 1867 von Delaunay (1816—1872) veröffentlicht.

Eine höchst bemerkenswerte neue Theorie nach neuen Gesichtspunkten und neuen mathematischen Methoden veröffentlichte G. W. Hill 1878 im *American Journal of Mathematics*. Die erste grundlegende Idee war, die Variationsellipse als Näherungsbahn anstatt der ruhenden Ellipse zu benutzen. Die Ausdrücke für die Koordinaten der veränderlichen Bahn wurden mit seltenem mathematischem Geschick entwickelt und sind beachtenswert durch die Schnelligkeit ihrer Konvergenz. Eine zweite Annäherung, einen Teil der Bewegung des Perigäums liefernd, wurde in Band VIII der *Acta Mathematica* veröffentlicht. Diese Abhandlung enthielt die erste Lösung einer linearen Differentialgleichung mit periodischen Koeffizienten und führte in die Mathematik die unendlichen Determinanten ein. Hills Untersuchungen wurden auf Glieder höherer Ordnung ausgedehnt und vervollständigt durch eine Reihe von Abhandlungen, die E. W. Brown in dem *American Journal of Mathematics*, vols. XIV., XV. und XVII. und in den *Monthly Notices of the R. A. S.*, LII. LIV. und LV. veröffentlichte. Nach seinem jetzigen Stande ist das Werk von Brown numerisch die vollkommenste Mondtheorie, die existiert, und läßt insofern wenig zu wünschen übrig. Die Bewegung der Mondknoten fand Adams (1819—1892) nach ähnlichen Methoden wie Hill bei der Bestimmung der Bewegung des Perigäums.

Wegen der geometrischen Darstellung der Störungen siehe die *Prinzipien*, Airys (1801—1892) *Gravitation*, und Sir John Herschels (1792—1871) *Outlines of Astronomy*. Wegen ihrer analytischen Behandlung tut man, abgesehen von den angeführten Originalabhandlungen, am besten, Tisserands *Mécanique Céleste*, vol. III. und Browns *Lunar Theory* zu benutzen. Beide Werke sind nach Inhalt und Klarheit der Darstellung am ausgezeichnetsten. Browns *Lunar Theory* ist speziell vollständig im Hinblick auf die Bedeutung der angewandten Konstanten wo sich bei einem ersten Eindringen in dieses Gebiet leicht Unklarheiten einstellen.

Zehntes Kapitel.

Störungen — Analytische Methode.

203. Einleitende Bemerkungen. Der Gegenstand der gegenseitigen Störungen in den Bewegungen der Himmelskörper ist eines der Probleme gewesen, dem viele bedeutende Mathematiker, von Newtons Zeiten an, einen großen Teil ihrer Aufmerksamkeit geschenkt haben. Es ist unnötig, zu sagen, daß das Problem sehr schwierig ist, und daß viele Methoden, es zu bewältigen, erdacht wurden. Da die allgemeinen Lösungen des Problems nicht gefunden wurden, war es notwendig, besondere Klassen von Störungen nach besonderen Methoden zu behandeln. Es erschien angemessen, die im Sonnensystem auftretenden Fälle in drei Klassen einzuteilen (a) die Mondtheorie und die Satellitentheorien; b) die gegenseitigen Störungen der Planeten und c) die Störungen der Kometen durch die Planeten. Die in diesem Kapitel behandelte Methode ist auf die Planetentheorien anwendbar; und es wird an den passenden Stellen darauf hingewiesen werden, warum sie sich nicht auch auf die anderen Fälle anwenden läßt. In dem letzten Kapitel wurden Abhandlungen über die Mondtheorie, speziell die von Tisserand und Brown angeführt. In diesem Kapitel werden einige Hinweise auf die Methode, Kometenstörungen zu berechnen, gegeben werden.

Die Hauptschwierigkeiten, zu einem Verständnis der Störungstheorien vorzudringen, rühren von der großen Anzahl der Variablen her, die benutzt werden müssen, und von den sehr langen Entwicklungen, welche nötig sind, um die Gleichungen auf eine für Berechnungen geeignete Form zu bringen. Wegen Raummangel ist es nicht möglich, die expliziten Ausdrücke im einzelnen hier zu entwickeln, die für die Berechnung bequem sind; und in der Tat ist es nicht wünschenswert, auf diesen Teil den Nachdruck zu legen; denn es ist sehr viel wichtiger, ein genaues Verständnis von der Natur des Problems zu gewinnen, von den mathematischen Grundzügen der angewandten Methoden, den Begrenzungen, die gemacht werden müssen, den genauen Stellen, wo, wenn überhaupt, Annäherungen eingeführt werden und von ihrem Charakter, der Herkunft der verschiedenen Arten von Gliedern und den Grundlagen, auf welchen die berühmten Theoreme über die Stabilität des Sonnensystems beruhen.

Es gibt zwei allgemeine Methoden der Betrachtung von Störungen, a) von der Seite der Änderungen der Koordinaten der verschiedenen Körper und b) der Änderungen der Elemente ihrer Bahnen. Diese beiden Methoden wurden am Anfang des vorhergehenden Kapitels behandelt. Ihre analytische Entwicklung wurde von Euler und Clairaut begonnen und bis zu einem hohen Grad der Vollendung von Lagrange und Laplace durchgeführt. Aber auch dann gab es noch Punkte, wo Annahmen willkürlich gemacht werden mußten, da die Gültigkeit der Verfahren unter den passenden Einschränkungen erst während der letzten Hälfte des neunzehnten Jahrhunderts mit Hilfe der rein mathematischen Forschungen von Cauchy, Weierstraß und Poincaré dargetan werden konnte.

204. Erläuterndes Beispiel. Die mathematische Grundlage der Störungstheorie wird oft durch die große Anzahl der Variablen und die komplizierten Formeln verschleiert. Viele wesentliche Eigenschaften der Berechnungsmethoden von Störungen können jedoch durch einfachere Beispiele erläutert werden, welche nicht den Schwierigkeiten vieler Variablen und umständlicher Formeln unterliegen. Wir wählen ein Beispiel, welches auch einfache physikalische Beziehungen aufweist.

Betrachten wir die Lösung der Gleichung

$$(1) \qquad \frac{d^2x}{dt^2} + k^2 x = -\mu \left(\frac{dx}{dt}\right)^3 + \nu \cos lt,$$

wo k^2, μ, ν und l positive Konstante sind. Wenn μ und ν verschwinden, stellt sie die Differentialgleichung der einfachen harmonischen Bewegung dar. Sie tritt in vielen physikalischen Problemen auf, so z. B. in denen des einfachen Pendels und aller Arten von musikalischen Instrumenten. Im Interesse einer bestimmten Deutung möge sie dem Problem der Schwingungen einer Stimmgabel zugerechnet werden. Das erste Glied rechts kann als herrührend von dem Widerstand des Mittels gedeutet werden, in dem die Stimmgabel schwingt. Es wird natürlich nicht behauptet, daß der Widerstand gegen die Stimmgabelschwingungen gerade der dritten Potenz der Geschwindigkeit proportional ist. Wir nehmen eine ungerade Potenz an, damit die Differentialgleichung dieselbe Form besitzt, ob die Bewegung in der positiven oder negativen Richtung vor sich geht. Die erste Potenz wählen wir nicht, weil dann die Differentialgleichung linear würde und ohne Schwierigkeit in endlicher Form vollständig integriert werden könnte.

Die linke Seite der Gleichung (1) betrachten wir als Definition der ungestörten Bewegung der Stimmgabel. Das erste Glied rechts führt eine Störung ein, welche von der Geschwindigkeit der Stimmgabel abhängt, und das zweite Glied rechts eine solche, welche von der Lage und Geschwindigkeit der Stimmgabel unabhängig ist. Das erste ist analog den gegenseitigen Störungen der Planeten, welche von ihren relativen Positionen abhängen; das zweite ist mehr von der Natur der Kräfte, welche die Gezeiten hervorrufen, denn sie wirken auf die Oberfläche der Erde. Die Gezeiten sind definiert durch Gleichungen analog (1).

Um die Gleichung (1) in der Form der Gleichungen zu erhalten, welche in der Störungstheorie auftreten, setzen wir

$$x = x_1, \quad \frac{dx}{dt} = x_2. \tag{2}$$

Alsdann wird (1)

$$\left\{ \begin{aligned} &\frac{dx_1}{dt} - x_2 = 0, \\ &\frac{dx_2}{dt} + k^2 x_1 = -\mu x_2^3 + \nu \cos lt. \end{aligned} \right. \tag{3}$$

Die entsprechenden Differentialgleichungen für die ungestörte Bewegung sind

$$\left\{ \begin{aligned} &\frac{dx_1}{dt} - x_2 = 0, \\ &\frac{dx_2}{dt} + k^2 x_1 = 0. \end{aligned} \right. \tag{4}$$

Die Gleichungen (4) lassen sich leicht integrieren und liefern die allgemeinen Lösungen

$$
(5) \qquad \begin{aligned} x_1 &= +\alpha \cos kt + \beta \sin kt, \\ x_2 &= -k\alpha \sin kt + k\beta \cos kt, \end{aligned}
$$

mit α und β als willkürlichen Integrationskonstanten. In der Terminologie der Himmelsmechanik bezeichnen α und β die Bahnelemente der Stimmgabel.

Wir wollen jetzt die Lösungen der Gleichungen (3) bestimmen. Physikalisch gesprochen müssen die Elemente α und β so verändert werden, daß die Gleichungen für alle Werte t erfüllt sind. In mathematischer Hinsicht stellen die Gleichungen (5) Beziehungen zwischen den ursprünglichen abhängigen Variablen x_1 und x_2 und den neuen abhängigen Variablen α und β dar, welche es ermöglichen, die Differentialgleichungen (3) von dem einen variablen System auf das andere zu transformieren. Dies trifft zu, ob (5) die Lösungen von (4) sind oder nicht, da aber (5) die Lösungen von (4) und (4) einen Teil von (3) bilden, so fällt eine Anzahl von Gliedern nach der Transformation fort. Betrachtet man (5) als ein System von Gleichungen, die die Variablen x_1 und x_2 zu α und β in Beziehung setzen und führt in (3) die Transformation aus, so findet man

$$
(6) \qquad \left\{ \begin{aligned} &+\cos kt \frac{d\alpha}{dt} + \sin kt \frac{d\beta}{dt} = 0, \\ &-\sin kt \frac{d\alpha}{dt} + \cos kt \frac{d\beta}{dt} = \mu k^2 [\alpha \sin kt - \beta \cos kt]^3 + \frac{\nu}{k} \cos lt. \end{aligned} \right.
$$

Diese Gleichungen sind in $\frac{d\alpha}{dt}$ und $\frac{d\beta}{dt}$ linear und lassen sich nach diesen Ableitungen auflösen, weil die Determinante ihrer Koeffizienten den Wert eins besitzt. Die Lösung lautet

$$
(7) \qquad \left\{ \begin{aligned} \frac{d\alpha}{dt} &= -\mu k^2 [\alpha \sin kt - \beta \cos kt]^3 \sin kt - \frac{\nu}{k} \cos lt \sin kt, \\ \frac{d\beta}{dt} &= +\mu k^2 [\alpha \sin kt - \beta \cos kt]^3 \cos kt + \frac{\nu}{k} \cos lt \cos kt. \end{aligned} \right.
$$

Die Aufgabe, (7) zu lösen, gestaltet sich ebenso schwierig wie die Lösung von (3), weil ihre rechten Seiten die unbekannten Größen in einer ebenso komplizierten Weise enthalten wie die rechten Seiten (3) die Größen x_1 und x_2. Nehmen wir aber μ und ν sehr klein an, dann ändern sich, da μ und ν als Faktoren in die rechten Seiten (7) eingehen, die abhängigen Variablen α und β sehr langsam. Folglich wird man für eine beträchtliche Zeit eine genügende Annäherung erhalten, wenn man sie bei der Integration der Gleichungen (7) als Konstante behandelt. Um dies mathematisch leichter einzusehen, betrachte man die einfache Gleichung

$$\frac{d\alpha}{dt} = \mu\alpha(1 + k\cos kt). \tag{8}$$

Diese Gleichung besitzt die Lösung

$$\alpha = Ce^{\mu(t + \sin kt)},$$

wo C die Integrationskonstante ist. Entwickelt man den Ausdruck auf der rechten Seite, so erhält man

$$\alpha = C\left[1 + \mu(t + \sin kt) + \frac{\mu^2}{2}(t + \sin kt)^2 + \cdots\right]. \tag{9}$$

Wenn μ sehr klein und t nicht zu groß ist, so ist der Ausdruck auf der rechten Seite dieser Gleichung sehr nahe gleich der Summe seiner ersten beiden Glieder. Wenn keine Größen in t vorhanden wären, außer denen, die in den trigonometrischen Funktionen auftreten, so wären in t keine Beschränkungen nötig. Im allgemeinen sind aber solche Beschränkungen nicht zu vermeiden; in den meisten Fällen, wenn auch nicht in dem gegenwärtigen, dienen sie dazu, die Konvergenz der Reihen zu sichern.

Man bemerkt, daß die Lösung (9) in Wirklichkeit eine Potenzreihe in dem Parameter μ darstellt, deren Koeffizienten t enthalten. Falls es gewünscht wird, läßt sich Gleichung (8) direkt als Potenzreihe in μ integrieren. Das Verfahren ist in der Tat allgemein und kann zur Lösung von (7) benutzt werden, die folgenden Gleichungen (10) bilden dann die ersten Glieder der Lösung. Die Bedingungen für die Gültigkeit dieser Integrationsmethode sind in § 207 gegeben.

Der Umstand, daß für sehr kleines μ die Größen α und β auf der rechten Seite von (7) als Konstante betrachtet werden können, falls t nicht zu groß, läßt sich physikalisch veranschaulichen. Betrachten wir die Störungstheorie, so hängen die Änderungen in den Elementen einer Bahnkurve von den Elementen der Bahnen der sich gegenseitig störenden Körper ab und von den relativen Lagen der Körper in ihren Bahnen. Es ist unmittelbar klar, daß nur ein kleiner Fehler in der Berechnung der gegenseitigen Störungen zweier Planeten begangen würde, wenn man konstante Elemente benutzte, welche sich nur wenig, sagen wir einen Grad im Falle von Winkelelementen, von den wirklichen, langsam sich ändernden Elementen unterscheiden.

Wenn man die Gleichungen (7) unter der Annahme konstanter α und β auf der rechten Seite integriert, ergibt sich

$$
(10)\quad
\begin{cases}
\alpha = \alpha_0 - \mu k^2 \left\{ \frac{3\alpha}{8}(\alpha^2+\beta^2)t + \frac{\beta}{8k}(3\alpha^2+\beta^2)[\cos 2kt - 1] \right. \\
\qquad - \frac{\beta}{32k}(3\alpha^2-\beta^2)[\cos 4kt - 1] \\
\qquad \left. - \frac{\alpha^3}{4k}\sin 2kt + \frac{\alpha}{32k}(\alpha^2-3\beta^2)\sin 4kt \right\} \\
\qquad + \frac{\nu}{2k(l+k)}[\cos(l+k)t - 1] \\
\qquad - \frac{\nu}{2k(l-k)}[\cos(l-k)t - 1], \\
\beta = \beta_0 + \mu k^2 \left\{ -\frac{3\beta}{8}(\alpha^2+\beta^2)t - \frac{\alpha}{8k}(\alpha^2+3\beta^2)[\cos 2kt - 1] \right. \\
\qquad + \frac{\alpha}{32k}(\alpha^2-3\beta^2)[\cos 4kt - 1] \\
\qquad \left. - \frac{\beta^3}{4k}\sin 2kt + \frac{\beta}{32k}(3\alpha^2-\beta^2)\sin 4kt \right\} \\
\qquad + \frac{\nu}{2k(l+k)}\sin(l+k)t \\
\qquad + \frac{\nu}{2k(l-k)}\sin(l-k)t,
\end{cases}
$$

wo α_0 und β_0 die Werte von α und β für $t = 0$ darstellen. Setzt man diese Werte von α und β in (5) ein, so werden die Werte x_1 und x_2 näherungsweise für alle Werte t bestimmt, welche nicht zu weit von der Anfangszeit entfernt sind.

Betrachten wir die Gleichungen (10), so besitzt der rechte Ausdruck einer jeden von ihnen ein Glied, welches t nur als einfachen Faktor enthält, während sonst t nur in den Sinus- und Kosinus-Gliedern vorkommt. Die Glieder, welche t proportional sind, scheinen anzuzeigen, daß α und β mit der Zeit unbegrenzt zu- oder abnehmen; es ist jedoch zu beachten, daß die Gleichungen (10) nur Näherungen für α und β darstellen, welche nur für eine begrenzte Zeit brauchbar sind. Es könnte sein, daß die strengen Ausdrücke höhere Potenzen von t enthalten, deren Summe jedoch eine endliche Grenze haben, gerade so wie

$$\sin t = t - \frac{t^3}{3!} + \frac{t^5}{5!} - \cdots$$

ein Ausdruck ist, dessen numerischer Wert eins nicht überschreitet, obwohl eine Betrachtung des ersten Gliedes allein zu dem Schluß verleiten würde, daß er mit t unendlich groß wird. Andererseits kann die Gegenwart von Gliedern, welche mit der Zeit proportional zunehmen, eine wirkliche unbegrenzte Zunahme der Elemente α und β anzeigen. So z. B. wurde im vorhergehenden Kapitel gefunden, daß die Knotenlinie eine ständige Rück- und die Apsiden der Mondbahn eine ständige Vorwärtsbewegung ausführen. Die Glieder, welche sich zu t proportional ändern, heißen *säkulare Glieder*.

Die rechten Seiten der Gleichungen (10) enthalten auch periodische Glieder mit den Perioden $\frac{\pi}{k}$, $\frac{\pi}{2k}$, $\frac{2\pi}{l+k}$ und $\frac{2\pi}{l-k}$. Diese sind als *periodische Glieder* bekannt. Sind l und k nahezu gleich, so besitzen die Sinus- oder Cosinus-Glieder mit dem Argument $(l-k)t$ sehr lange Perioden, und werden als *langperiodische Glieder* bezeichnet. Manchmal treten Glieder auf, welche die Produkte von t und periodischen Gliedern bilden. Diese gemischten Glieder heißen *Poisson-Glieder*, weil sie von Poisson in die Diskussion der Änderungen in den großen Achsen der Planetenbahnen eingeführt wurden. Substituiert man die Ausdrücke (10) in (5), so enthalten die sich ergebenden Ausdrücke für x_1 und x_2 Poissonsche, aber keine säkularen Glieder.

Die physikalische Deutung der Gleichungen (10) ist einfach. Die Elemente α und β nehmen wegen der säkularen Glieder ständig ab; d. h. die Amplituden der durch (5) dargestellten Schwingungen erfahren eine ständige Abnahme. Diese Abnahme rührt ausschließlich von dem Widerstande gegen die Bewegung her, wie aus dem Umstande hervorgeht, daß diese Glieder den Koeffizienten μ als Faktor enthalten. Ferner existieren Glieder in x_1 und x_2, deren Perioden drei- und fünfmal so groß sind wie die ungestörte Periode, welche auch vom Widerstande herrühren. Und die periodisch störende Kraft führt in α und β Glieder ein, deren Perioden sowohl von der Periode der störenden Kraft als auch von der Eigenperiode der Stimmgabel herrühren. Es ist jedoch zu beachten, daß die Perioden der Glieder, welche sie in die Ausdrücke für x_1 und x_2 einführen, die Periode der störenden Kraft und die Eigenperiode der Stimmgabel sind.

205. Gleichungen im Dreikörperproblem. Betrachten wir die Bewegung von zwei Planeten m_1 und m_2 um die Sonne S. Der Mittelpunkt der Sonne sei im Koordinatenanfang angenommen, und die Koordinaten von m_1 seien (x_1, y_1, z_1) und von m_2 (x_2, y_2, z_2). Die Abstände von m_1 und m_2 von der Sonne mögen r_1 und r_2 und der Abstand zwischen m_1 und m_2 möge $r_{1,2}$ heißen. Dann sind die Differentialgleichungen der Bewegung nach § 148

$$
(11)\quad \left\{
\begin{aligned}
&\frac{d^2 x_1}{dt^2} + k^2 (S + m_1) \frac{x_1}{r_1^3} = m_2 \frac{\partial R_{1,2}}{\partial x_1}, \\
&\frac{d^2 y_1}{dt^2} + k^2 (S + m_1) \frac{y_1}{r_1^3} = m_2 \frac{\partial R_{1,2}}{\partial y_1}, \\
&\frac{d^2 z_1}{dt^2} + k^2 (S + m_1) \frac{z_1}{r_1^3} = m_2 \frac{\partial R_{1,2}}{\partial z_1}; \\
&\frac{d^2 x_2}{dt^2} + k^2 (S + m_2) \frac{x_2}{r_2^3} = m_1 \frac{\partial R_{2,1}}{\partial x_2}, \\
&\frac{d^2 y_2}{dt^2} + k^2 (S + m_2) \frac{y_2}{r_2^3} = m_2 \frac{\partial R_{2,1}}{\partial y_2}, \\
&\frac{d^2 z_2}{dt^2} + k^2 (S + m_2) \frac{z_2}{r_2^3} = m_1 \frac{\partial R_{2,1}}{\partial z_2}, \\
&R_{1,2} = k^2 \left[\frac{1}{r_{1,2}} - \frac{x_1 x_2 + y_1 y_2 + z_1 z_2}{r_2^3} \right], \\
&R_{2,1} = k^2 \left[\frac{1}{r_{1,2}} - \frac{x_2 x_1 + y_2 y_1 + z_2 z_1}{r_1^3} \right].
\end{aligned}
\right.
$$

Die rechten Seiten der Gleichungen (11) sind mit Faktoren m_1 und m_2 multipliziert, welche im Vergleich zu S sehr klein sind; daher werden sie von geringer Bedeutung im Vergleich zu den Ausdrücken auf der linken Seite sein, welche von der Sonnenanziehung herrühren — wenigstens für eine beträchtliche Zeit —. Setzt man m_1 und m_2 auf den rechten Seiten gleich null, so bilden die ersten drei Gleichungen und die zweiten drei zwei Systeme, welche von jeder anderen unabhängig sind, und das Problem für jedes System von drei Gleichungen reduziert sich so auf das von zwei Körpern und kann vollständig gelöst werden.

Es wird vorteilhaft sein, die sechs Gleichungen (11) von der zweiten Ordnung auf zwölf von der ersten zurückzuführen. Setzt man

$$
x' = \frac{dx}{dt}, \qquad y' = \frac{dy}{dt}, \qquad z' = \frac{dz}{dt};
$$

so werden die Gleichungen (11)

$$
(12)\quad \left\{
\begin{aligned}
&\frac{dx_1}{dt} - x_1' = 0, \qquad \frac{dx_1'}{dt} + k^2 (S + m_1) \frac{x_1}{r_1^3} = m_2 \frac{\partial R_{1,2}}{\partial x_1}, \\
&\frac{dy_1}{dt} - y_1' = 0, \qquad \frac{dy_1'}{dt} + k^2 (S + m_1) \frac{y_1}{r_1^3} = m_2 \frac{\partial R_{1,2}}{\partial y_1}, \\
&\frac{dz_1}{dt} - z_1' = 0, \qquad \frac{dz_1'}{dt} + k^2 (S + m_1) \frac{z_1}{r_1^3} = m_2 \frac{\partial R_{1,2}}{\partial z_1}
\end{aligned}
\right.
$$

und ähnliche Gleichungen mit dem Index 2.

Wenn die Bewegungen von m_1 und m_2 sich nicht gegenseitig störten, so würden die Gleichungen (12) die Form annehmen

$$(13)\quad \begin{cases} \dfrac{dx_1}{dt} - x_1' = 0, & \dfrac{dx_1'}{dt} + k^2 (S + m_1) \dfrac{x_1}{r_1^3} = 0, \\ \dfrac{dy_1}{dt} - y_1' = 0, & \dfrac{dy_1'}{dt} + k^2 (S + m_1) \dfrac{y_1}{r_1^3} = 0, \\ \dfrac{dz_1}{dt} - z_1' = 0, & \dfrac{dz_1'}{dt} + k^2 (S + m_1) \dfrac{z_1}{r_1^3} = 0 \end{cases}$$

und ein unabhängiges System von ähnlichen Gleichungen mit dem Index 2. Es sei $\Omega_1 = \frac{1}{2}(x_1'^2 + y_1'^2 + z_1'^2) - k^2 \frac{(S + m_1)}{r_1}$, dann erhalten die Gleichungen (13) die Form

$$(14)\quad \begin{cases} \dfrac{dx_1}{dt} = \dfrac{\partial \Omega_1}{\partial x_1'}, & \dfrac{dx_1'}{dt} = -\dfrac{\partial \Omega_1}{\partial x_1}, \\ \dfrac{dy_1}{dt} = \dfrac{\partial \Omega_1}{\partial y_1'}, & \dfrac{dy_1'}{dt} = -\dfrac{\partial \Omega_1}{\partial y_1}, \\ \dfrac{dz_1}{dt} = \dfrac{\partial \Omega_1}{\partial z_1'}, & \dfrac{dz_1'}{dt} = -\dfrac{\partial \Omega_1}{\partial z_1}. \end{cases}$$

In dieser Form sind die Differentialgleichungen am bequemsten in solche zu transformieren, daß die elliptischen Elemente zu abhängigen Variablen werden, deren Werte durch t ausgedrückt werden sollen.

206. Transformation der Variablen. Um Unklarheiten in der analytischen Darstellung zu vermeiden, und um in der Lage zu sein, anzugeben, wo und wie die Annäherungen eingeführt werden, kann die Methode der Änderung der Parameter in erster Linie einfach als eine Transformation von Variablen betrachtet werden, welche für alle Werte der Zeit vollkommen gültig ist, für welche die Transformationsgleichungen gelten. Aus diesem Gesichtspunkt ist das ganze Verfahren mathematisch einfach und einleuchtend, wobei die einzige Schwierigkeit die Anzahl der Variablen und die komplizierten Beziehungen zwischen ihnen bilden.

In Kapitel V wurde gezeigt, wie sich die Koordinaten im Zweikörperproblem durch die Elemente und die Zeit ausdrücken lassen. Es seien $\alpha_1, \ldots, \alpha_6$ die Elemente der Bahnkurve m_1, und $\beta_1, \ldots, \beta_6$ die von m_2. Dann lassen sich die Gleichungen für die Koordinaten im Zweikörperproblem schreiben

$$(15)\quad \begin{cases} x_1 = f(\alpha_1, \ldots, \alpha_6, t), & x_1' = \theta(\alpha_1, \ldots, \alpha_6, t), \\ y_1 = g(\alpha_1, \ldots, \alpha_6, t), & y_1' = \varphi(\alpha_1, \ldots, \alpha_6, t), \\ z_1 = h(\alpha_1, \ldots, \alpha_6, t), & z_1' = \psi(\alpha_1, \ldots, \alpha_6, t), \\ x_2 = f(\beta_1, \ldots, \beta_6, t), & x_2' = \theta(\beta_1, \ldots, \beta_6, t), \\ y_2 = g(\beta_1, \ldots, \beta_6, t), & y_2' = \varphi(\beta_1, \ldots, \beta_6, t), \\ z_2 = h(\beta_1, \ldots, \beta_6, t), & z_2' = \psi(\beta_1, \ldots, \beta_6, t). \end{cases}$$

Wir führen jetzt eine Transformation der Variablen in den Gleichungen (12) aus. Für den Augenblick lasse man außer acht, daß die Gleichungen (15) die Lösungen des Zweikörperproblems darstellen, und daß die α_i und β_i die Elemente der beiden Bahnkurven sind. Man betrachte vielmehr (15) als die Gleichungen, welche die Gleichungen (12) in den alten Variablen $x_1, y_1, z_1, x_1', y_1', z_1', x_2, y_2, z_2, x_2', y_2', z_2'$, in ein äquivalentes System in den neuen Variablen $\alpha_1, \ldots, \alpha_6, \beta_1, \ldots, \beta_6$ transformieren. Die Transformationen werden bewerkstelligt, indem man die in (12) auftretenden Ableitungen berechnet und direkt die Substitutionen ausführt. Die Ableitungen der Gleichungen (15) nach t sind

$$(16)\qquad \left\{\begin{aligned} &\frac{d x_1}{dt} = \frac{\partial x_1}{\partial t} + \sum_{i=1}^{6} \frac{\partial x_1}{\partial \alpha_i}\frac{d\alpha_i}{dt},\\ &\ldots\ldots\ldots\ldots\\ &\frac{d x_1'}{dt} = \frac{\partial x_1'}{\partial t} + \sum_{i=1}^{6} \frac{\partial x_1'}{\partial \alpha_i}\frac{d\alpha_i}{dt},\\ &\ldots\ldots\ldots\ldots \end{aligned}\right.$$

Die direkte Substitution von (16) in (12) liefert

$$(17)\qquad \left\{\begin{aligned} &\frac{\partial x_1}{\partial t} - x_1' + \sum_{i=1}^{6} \frac{\partial x_1}{\partial \alpha_i}\frac{d\alpha_i}{dt} = 0,\\ &\frac{\partial y_1}{\partial t} - y_1' + \sum_{i=1}^{6} \frac{\partial y_1}{\partial \alpha_i}\frac{d\alpha_i}{dt} = 0,\\ &\frac{\partial z_1}{\partial t} - z_1' + \sum_{i=1}^{6} \frac{\partial z_1}{\partial \alpha_i}\frac{d\alpha_i}{dt} = 0,\\ &\frac{\partial x_1'}{\partial t} + k^2(S+m_1)\frac{x_1}{r_1^3} + \sum_{i=1}^{6} \frac{\partial x_1'}{\partial \alpha_i}\frac{d\alpha_i}{dt} = m_2\frac{\partial R_{1,2}}{\partial x_1},\\ &\frac{\partial y_1'}{\partial t} + k^2(S+m_1)\frac{y_1}{r_1^3} + \sum_{i=1}^{6} \frac{\partial y_1'}{\partial \alpha_i}\frac{d\alpha_i}{dt} = m_2\frac{\partial R_{1,2}}{\partial y_1},\\ &\frac{\partial z_1'}{\partial t} + k^2(S+m_1)\frac{z_1}{r_1^3} + \sum_{i=1}^{6} \frac{\partial z_1'}{\partial \alpha_i}\frac{d\alpha_i}{dt} = m_2\frac{\partial R_{1,2}}{\partial z_1} \end{aligned}\right.$$

und ähnliche Gleichungen in $x_2, \ldots, z_2'$ und $\beta_1, \ldots, \beta_6$. Diese Gleichungen sind in den Ableitungen $\frac{d\alpha_i}{dt}$ linear und können nach ihnen aufgelöst werden, wodurch diese in den Größen $\alpha_1, \ldots, \alpha_6, \beta_1, \ldots, \beta_6$ und t ausgedrückt werden, vorausgesetzt, daß die Determinante ihrer Koeffizienten von null verschieden ist.

Wenn aber die Gleichungen (15) die Lösung des Problems der ungestörten elliptischen Bewegung darstellen, so werden die Gleichungen (17) stark vereinfacht, denn aus (13) ersieht man, daß, wenn $\alpha_1, \ldots, \alpha_6$ konstant sind, $\frac{d x_1}{dt} - x_1' = 0$ ist für alle Werte t. Die partielle Ableitung $\frac{\partial x_1}{\partial t}$ für $\alpha_1, \ldots, \alpha_6$ als Variable ist identisch mit $\frac{d x_1}{dt}$ für $\alpha_1, \ldots, \alpha_6$ als Konstante. Daher ist $\frac{\partial x_1}{\partial t} - x_1' \equiv 0$ und ähnlich $\frac{\partial x_1'}{\partial t} + k^2 (S + m_1) \frac{x_1}{r_1^3} \equiv 0$ und ähnliche Gleichungen in y und z. Infolge dieser Beziehungen gehen die Gleichungen (17) über in

$$(18)\quad \left\{\begin{aligned} &\sum_{i=1}^{6} \frac{\partial x_1}{\partial \alpha_i}\frac{d\alpha_i}{dt} = 0, \qquad \sum_{i=1}^{6} \frac{\partial x_1'}{\partial \alpha_i}\frac{d\alpha_i}{dt} = m_2 \frac{\partial R_{1,2}}{\partial x_1},\\ &\sum_{i=1}^{6} \frac{\partial y_1}{\partial \alpha_i}\frac{d\alpha_i}{dt} = 0, \qquad \sum_{i=1}^{6} \frac{\partial y_1'}{\partial \alpha_i}\frac{d\alpha_i}{dt} = m_2 \frac{\partial R_{1,2}}{\partial y_1},\\ &\sum_{i=1}^{6} \frac{\partial z_1}{\partial \alpha_i}\frac{d\alpha_i}{dt} = 0, \qquad \sum_{i=1}^{6} \frac{\partial z_1'}{\partial \alpha_i}\frac{d\alpha_i}{dt} = m_2 \frac{\partial R_{1,2}}{\partial z_1}\end{aligned}\right.$$

und ähnliche Gleichungen in den β_i. Diese Gleichungen sind in den Ableitungen $\frac{d\alpha_i}{dt}$ linear und lassen sich nach ihnen auflösen, falls die Determinante ihrer Koeffizienten nicht verschwindet. Nun ist die Determinante des linearen Systems (18) die Jacobische des ersten Systems der Gleichungen (15) in bezug auf $\alpha_1, \ldots, \alpha_6$ und kann nicht verschwinden, wenn diese Funktionen unabhängig sind und eine einfache und eindeutige Bestimmung der Elemente[1]) liefern. Diese Funktionen sind aber unabhängig und liefern im allgemeinen eineindeutige Werte für die Elemente, da sie die Ausdrücke für die Koordinaten im Zweikörperproblem darstellen. Das Problem, die Elemente aus den Werten der Koordinaten und Geschwindigkeitskomponenten zu bestimmen, wurde bereits in Kapitel V gelöst.

Für $m_2 = 0$ sind die Gleichungen (18) linear und homogen und, da die Determinante nicht gleich null ist, können sie nur durch $\frac{d\alpha_i}{dt} = 0$

1) Baltzer, *Determinanten*, S. 141.

$(i = 1, \ldots, 6)$ erfüllt werden. D. h. die Elemente sind konstant, was natürlich nichts Neues ist.

Auflösung der Gleichungen (18) ergibt

$$(19) \quad \begin{cases} \frac{d\alpha_i}{dt} = m_2 \varphi_i(\alpha_1, \ldots, \alpha_6; \beta_1, \ldots, \beta_6; t), & (i = 1, \ldots, 6), \\ \frac{d\beta_i}{dt} = m_1 \psi_i(\alpha_1, \ldots, \alpha_6; \beta_1, \ldots, \beta_6; t), & (i = 1, \ldots, 6). \end{cases}$$

Nun wissen wir, daß bei Bestimmung der Koordinaten im Zweikörperproblem der erste Schritt, nämlich die Berechnung der mittleren Anomalie, die mittlere Bewegung enthielt, definiert durch die Gleichung

$$n_j = \frac{k\sqrt{S + m_j}}{a_j^{\frac{3}{2}}}, \qquad (j = 1, 2).$$

Da die n_j die Massen der Planeten enthalten, so enthalten die rechten Seiten von (15) und folglich von (19) m_1 und m_2 implizite.

Um die Integrationsmethode der Gleichungen (19), welche von den Astronomen angewendet wird, mathematisch exakt zu begründen, sind einige Bemerkungen über m_1 und m_2 erforderlich. An jenen Stellen, wo sie in den Funktionen φ_i und ψ_i implizite auftreten, werden sie als bestimmte Zahlen betrachtet; wenn sie als Faktoren der ψ_i und φ_i erscheinen, betrachtet man sie als Parameter, nach deren Potenzen die Lösungen entwickelt werden können. Eine solche Verallgemeinerung der Parameter ist offenbar zulässig, weil, wenn eine Funktion einen Parameter auf zwei verschiedene Arten enthält, kein Grund vorhanden ist, warum es nicht zulässig wäre, die Funktion nach dem Parameter zu entwickeln, soweit er auf die eine Weise, und es nicht zu tun, soweit er auf die andere Weise eingeht. Wenn die Funktion, anstatt explizite gegeben zu sein, durch ein System von Differentialgleichungen definiert wird, so gelten dieselben Verhältnisse für die Entwicklungen nach Parametern. Wären die Anziehungen der Körper außer von ihren Massen (nach ihrer Trägheit gemessen) und von ihren Entfernungen noch von anderen Größen abhängig, so z. B. von ihrer Rotation oder von ihren Temperaturen, dann besäßen m_1 und m_2, soweit sie in die φ_i und ψ_i durch n_1 und n_2 implizite eingingen, wo sie durch ihre gegenseitigen Anziehungen auf die Sonne numerisch bestimmt wären, andere Werte als dort, wo sie als Faktoren der φ_i und ψ_i auftreten; denn an diesen Stellen wären sie durch ihre Anziehungen aufeinander bestimmt.

Daher werden die Werte der Massen m_1 und m_2, die in den Gleichungen (15) und (19) implizite enthalten sind, als bestimmte im voraus gegebene Zahlen behandelt und brauchen nicht explizite abgesondert zu werden. Dagegen werden die m_1 und m_2, welche als Faktoren der störenden Glieder der Gleichungen auftreten, explizite beibehalten, vorausgesetzt, daß sie fähig sind, beliebige Werte anzunehmen, die gewisse Grenzen nicht überschreiten.

207. Lösungsmethode. Die Gleichungen (11) bilden die allgemeinen Differentialgleichungen der Bewegung für das Dreikörperproblem. Die Gleichungen (12) sind im gleichen Maße allgemein. Bei der Transformation der Variablen durch (15) wurden keine Annäherungen eingeführt; folglich sind die Gleichungen (19) allgemein und exakt. Der Unterschied besteht darin, daß die Integration von (19) die Bahnelemente an Stelle der Koordinaten wie in (11) liefern würde; da aber die letzteren stets aus den ersteren gefunden werden können, so muß dies als die Lösung des Problems betrachtet werden.

Anstatt die mathematischen Überlegungen durch Auswertung der expliziten Formen (19) zu unterbrechen, ziehen wir vor, zunächst zu zeigen, nach welchen Methoden sie gelöst werden können. An passender Stelle wollen wir dabei jedesmal besonders hervorheben, wo Annahmen oder Annäherungen eingeführt werden.

Sind m_1 und m_2 im Vergleich zu S sehr klein, was im Sonnensystem der Fall ist, dann bilden die Bahnkurven sehr nahe ruhende Ellipsen, und folglich ändern sich α_i und β_i sehr langsam. Werden sie daher als Konstante auf den rechten Seiten (19) betrachtet, und die Gleichungen integriert, so werden Näherungswerte der α_i und β_i erhalten für Werte von t, die nicht zu weit von der Anfangszeit entfernt sind. Dies ist die Methode, die in dem erläuternden Beispiel des vorigen Paragraphen angewandt wurde, und dies bildete die Richtlinie, die oft von Astronomen benutzt wurde, speziell in den Tagen der Pionierarbeit auf dem Gebiete der Himmelsmechanik. Doch jede Theorie, welche nur angenähert gültig ist, stellt, selbst wenn sie in numerischer Hinsicht genügt, nicht das Endziel der Wissenschaft dar.

Die Gleichungen (19) gehören dem Typ an, von dem Cauchy und Poincaré gezeigt haben, daß sie als Potenzreihen in m_1 und m_2 integriert werden können. Cauchy wies nach, daß m_1, m_2 und t sämtlich so klein angenommen werden können, daß die Reihen konvergieren. Poincaré bewies das allgemeinere Theorem[1]), daß, wenn die Bahnkurven, in denen

1) *Les Méthodes Nouvelles de la Mécanique Céleste*, vol. I., p. 58.

die Körper sich zur Anfangszeit augenblicklich bewegen, sich nicht schneiden, alsdann für jeden endlichen Bereich der Werte t die m_1 und m_2 sich so klein annehmen lassen, daß die Lösungen für jeden Wert t in dem Intervall konvergieren. Indessen können die Massen nicht willkürlich klein gewählt werden, sondern sind von Natur gegeben. Von praktischer Bedeutung ist daher das weitere Theorem, daß für alle möglichen Werte von m_1 und m_2 ein derartig beschränkter Bereich für t existiert, daß die Lösungen der Gleichungen (19) als Potenzreihen in den Parametern m_1 und m_2 für jeden Wert t im Bereich konvergieren. Je größer die Werte der Parameter sind, um so beschränkter ist im allgemeinen der Bereich. Dies ist natürlich ein Sonderfall eines allgemeinen Theorems über die Entwicklung der Lösungen von Differentialgleichungen von dem Typus, dem die Ausdrücke (19) als Potenzreihen in den Parametern angehören.[1])

Aus dem zuletzt angegebenen Theorem folgt, daß für einen nicht zu großen Bereich von t die Lösungen der Gleichungen (19) als konvergente Potenzreihen in m_1 und m_2 von der Form

$$(20) \qquad \begin{cases} \alpha_i = \sum\limits_{j=0}^{\infty} \sum\limits_{k=0}^{\infty} \alpha_i^{(j,k)} m_1^j m_2^k, \\ \beta_i = \sum\limits_{j=0}^{\infty} \sum\limits_{k=0}^{\infty} \beta_i^{(j,k)} m_1^j m_2^k \end{cases}$$

sich ausdrücken lassen, wo die oberen Indizes an den α_i und β_i einfach die Ordnung der Koeffizienten anzeigen. Die $\alpha_i^{(j,k)}$ und $\beta_i^{(j,k))}$ sind Funktionen der Zeit, die berechnet werden müssen. In der Theorie der Störungen ist es üblich geworden, ohne Beweis anzunehmen, daß diese Entwicklung für jede gewünschte Zeitlänge gültig ist. Wie festgestellt wurde, läßt sich beweisen, daß sie für ein hinreichend kleines Zeitintervall gilt; nun liefert aber die Beweismethode nur eine Grenze, innerhalb welcher die Reihe sicher konvergiert, und nicht die längste Zeit, für welche ihre Konvergenz besteht; da diese Grenze fast sicher viel zu klein ist, so wurde sie niemals berechnet. Jedenfalls kann man sagen, daß die Methode, die hier auseinandergesetzt werden soll, für ein Zeitintervall gilt, welches in den planetarischen Theorien zweifellos mehrere Jahrhunderte beträgt.

Setzt man (20) in (19) ein und entwickelt nach m_1 und m_2, so ergibt sich

1) Picard, *Traité d'Analyse*, vol. II., chap. XI, und vol. III.

$$(21)\quad\left\{\begin{aligned}
&\frac{d\alpha_i^{(0,0)}}{dt}+\frac{d\alpha_i^{(0,1)}}{dt}m_2+\frac{d\alpha_i^{(1,0)}}{dt}m_1+\frac{d\alpha_i^{(1,1)}}{dt}m_1m_2\\
&\qquad+\frac{d\alpha_i^{(0,2)}}{dt}m_2^2+\frac{d\alpha_i^{(2,0)}}{dt}m_1^2+\cdots\\
&\qquad=m_2\varphi_i(\alpha_1^{(0,0)},\ldots,\alpha_6^{(0,0)};\ \beta_1^{(0,0)},\ldots,\beta_6^{(0,0)};\ t)\\
&\qquad+m_2\sum_{j=1}^{6}\frac{\partial\varphi_i}{\partial\alpha_j}(\alpha_j^{(0,1)}m_2+\alpha_j^{(1,0)}m_1)\\
&\qquad+m_2\sum_{j=1}^{6}\frac{\partial\varphi_i}{\partial\beta_j}(\beta_j^{(0,1)}m_2+\beta_j^{(1,0)}m_1)\\
&\qquad+\text{höhere Potenzen von } m_1 \text{ und } m_2,\\
&\frac{d\beta_i^{(0,0)}}{dt}+\frac{d\beta_i^{(0,1)}}{dt}m_2+\frac{d\beta_i^{(1,0)}}{dt}m_1+\frac{d\beta_i^{(1,1)}}{dt}m_1m_2\\
&\qquad+\frac{d\beta_i^{(0,2)}}{dt}m_2^2+\frac{d\beta_i^{(2,0)}}{dt}m_1^2+\cdots\\
&\qquad=m_1\psi_i(\alpha_1^{(0,0)},\ldots,\alpha_6^{(0,0)};\ \beta_1^{(0,0)},\ldots,\beta_6^{(0,0)};\ t)\\
&\qquad+m_1\sum_{j=1}^{6}\frac{\partial\psi_i}{\partial\alpha_j}(\alpha_j^{(0,1)}m_2+\alpha_j^{(1,0)}m_1)\\
&\qquad+m_1\sum_{j=1}^{6}\frac{\partial\psi_i}{\partial\beta_j}(\beta_j^{(0,1)}m_2+\beta_j^{(1,0)}m_1).\\
&\qquad+\text{höhere Potenzen von } m_1 \text{ und } m_2,\ (i=1,\ldots,6).
\end{aligned}\right.$$

In den partiellen Ableitungen haben an Stelle von α_i und β_i die Größen $\alpha_i^{(0,0)}$ und $\beta_i^{(0,0)}$ zu treten. Wenn m_1 und m_2 nicht als bestimmte Zahlen auf den linken Seiten der Gleichungen (11) angesetzt würden, so müßten die Größen φ_i, ψ_i, $\frac{\delta\varphi_i}{\delta\alpha_j}$, $\frac{\delta\varphi_i}{\delta\beta_j}$ usw. in Potenzreihen nach m_1 und m_2 entwickelt werden, wodurch sich die Arbeit bedeutend komplizierter gestalten würde.

Innerhalb des Konvergenzbereiches stimmen die Koeffizienten gleich hoher Potenzen von m_1 und m_2 auf beiden Seiten der Gleichungen überein. Ihre Gleichsetzung liefert

$$(22)\quad\left\{\begin{aligned}
&\frac{d\alpha_i^{(0,0)}}{dt}=0, &&(i=1,\ldots,6),\\
&\frac{d\beta_i^{(0,0)}}{dt}=0.
\end{aligned}\right.$$

$$
(23)\quad \left\{
\begin{aligned}
\frac{d\alpha_i^{(0,1)}}{dt} &= \varphi_i(\alpha_1^{(0,0)}, \ldots, \alpha_6^{(0,0)}; \beta_1^{(0,0)}, \ldots, \beta_6^{(0,0)}; t), \\
\frac{d\alpha_i^{(1,0)}}{dt} &= 0, \\
\frac{d\beta_i^{(0,1)}}{dt} &= 0, \\
\frac{d\beta_i^{(1,0)}}{dt} &= \psi_i(\alpha_1^{(0,0)}, \ldots, \alpha_6^{(0,0)}; \beta_1^{(0,0)}, \ldots, \beta_6^{(0,0)}; t).
\end{aligned}
\right.
$$

$$
(24)\quad \left\{
\begin{aligned}
\frac{d\alpha_i^{(1,1)}}{dt} &= \sum_{j=1}^{6} \frac{\partial \varphi_i}{\partial \alpha_j}\alpha_j^{(1,0)} + \sum_{j=1}^{6} \frac{\partial \varphi_i}{\partial \beta_j}\beta_j^{(1,0)}, \\
\frac{d\alpha_i^{(0,2)}}{dt} &= \sum_{j=1}^{6} \frac{\partial \varphi_i}{\partial \alpha_j}\alpha_j^{(0,1)} + \sum_{j=1}^{6} \frac{\partial \varphi_i}{\partial \beta_j}\beta_j^{(0,1)}, \\
\frac{d\alpha_i^{(2,0)}}{dt} &= 0, \\
\frac{d\beta_i^{(1,1)}}{dt} &= \sum_{j=1}^{6} \frac{\partial \psi_i}{\partial \alpha_j}\alpha_j^{(0,1)} + \sum_{j=1}^{6} \frac{\partial \psi_i}{\partial \beta_j}\beta_j^{(0,1)}, \\
\frac{d\beta_i^{(2,0)}}{dt} &= \sum_{j=1}^{6} \frac{\partial \psi_i}{\partial \alpha_j}\alpha_j^{(1,0)} + \sum_{j=1}^{6} \frac{\partial \psi_i}{\partial \beta_j}\beta_j^{(1,0)}, \\
\frac{d\beta_i^{(0,2)}}{dt} &= 0, \\
&\ldots\ldots\ldots\ldots\ldots
\end{aligned}
\right.
$$

Integriert man die Gleichungen (22) und setzt die so erhaltenen Werte von $\alpha_i^{(0,0)}$ und $\beta_i^{(0,0)}$ in (23) ein, so lassen sich diese Gleichungen auf Quadraturen zurückführen und können integriert werden; integriert man (23) und setzt die erhaltenen Ausdrücke für $\alpha_z^{(0,1)}$, $\alpha_i^{(1,0)}$, $\beta_i^{(0,1}$, $\beta_i^{1,0}$ in (24) ein, so werden diese Gleichungen auf Quadraturen zurückgeführt und lassen sich integrieren; dieses Verfahren kann unbegrenzt fortgesetzt werden. Auf diese Weise lassen sich die Koeffizienten der Reihen (20) bestimmen und ferner die Werte von α_i und β_i bis zu jedem gewünschten Genauigkeitsgrad für Zeitwerte, für welche die Reihen konvergieren.

208. Bestimmung der Integrationskonstanten. Eine neue Integrationskonstante wird eingeführt, wenn die Gleichungen (22), (23), ... für jedes $\alpha_i^{(j,k)}$, $\beta_i^{(j,k)}$ integriert werden. Diese Konstanten wollen wir jetzt bestimmen.

Die Konstanten, welche mit den $\alpha_i^{(j,k)}$ eingeführt werden, mögen mit $-a_i^{(j,k)}$, und die Konstanten, welche mit den $\beta_i^{(j,k)}$ eingeführt werden, mit $-b_i^{(j,k)}$ bezeichnet werden. Da das erste System von Differentialgleichungen m_2 als Faktor auf den rechten Seiten aufweist, während das zweite m_1 als Faktor hat, so folgt

$$\alpha_i^{(j,0)} = a_i^{(j,0)}, \qquad (j = 0, \ldots \infty),$$
$$\beta_i^{(0,k)} = b_i^{(0,k)}, \qquad (k = 0, \ldots \infty).$$

Da die $\alpha_i^{(j,k)}$ und $\beta_i^{(j,k)}$ durch Quadraturen bestimmt sind, so treten die sämtlichen Integrationskonstanten einfach additiv zu den Funktionen von t hinzu; d. h. die $\alpha_i^{(j,k)}$ und $\beta_i^{(j,k)}$ besitzen die Form

$$\begin{cases} \alpha_i^{(j,k)} = f_i^{(j,k)}(t) - a_i^{(j,k)}, \\ \beta_i^{(j,k)} = g_i^{(j,k)}(t) - b_i^{(j,k)}. \end{cases}$$

Daher werden die Gleichungen (20)

$$(25) \quad \begin{cases} \alpha_i = \sum_{j=0}^{\infty} a_i^{(j,0)} m_1^j + \sum_{j=0}^{\infty}\sum_{k=1}^{\infty} (f_i^{(j,k)} - a_i^{(j,k)}) m_1^j m_2^k, \\ \beta_i = \sum_{k=0}^{\infty} b_i^{(0,k)} m_2^k + \sum_{j=1}^{\infty}\sum_{k=0}^{\infty} (g_i^{(j,k)} - b_i^{(j,k)}) m_1^j m_2^k. \end{cases}$$

Für $t = t_0$ sei $\alpha_i = \alpha_i^{(0)}$ und $\beta_i = \beta_i^{(0)}$. Dann werden die Gleichungen (25) für $t = t_0$

$$\begin{cases} \alpha_i^{(0)} = \sum_{j=0}^{\infty} a_i^{(j,0)} m_1^j + \sum_{j=0}^{\infty}\sum_{k=1}^{\infty} (f_i^{(j,k)} - a_i^{(j,k)})_0 m_1^j m_2^k, \\ \beta_i^{(0)} = \sum_{k=0}^{\infty} b_i^{(0,k)} m_2^k + \sum_{j=1}^{\infty}\sum_{k=0}^{\infty} (g_i^{(j,k)} - b_i^{(j,k)})_0 m_1^j m_2^k. \end{cases}$$

Da diese Gleichungen für sämtliche Werte von m_1 und m_2 unterhalb gewisser Grenzen gelten müssen, so sind die Koeffizienten entsprechender Potenzen von m_1 und m_2 auf den rechten und linken Seiten gleich; somit folgt

$$(26) \quad \begin{cases} a_i^{(0,0)} = \alpha_i^{(0)}, \quad a_i^{(j,0)} = 0, \quad (j = 1, \ldots \infty), \\ b_i^{(0,0)} = \beta_i^{(0)}, \quad b_i^{(0,k)} = 0, \quad (k = 1, \ldots \infty), \\ f_i^{(j,k)}(t_0) - a_i^{(j,k)} = 0, \quad (j = 1, \ldots \infty;\ k = 1, \ldots \infty), \\ g_i^{(j,k)}(t_0) - b_i^{(j,k)} = 0, \quad (j = 1, \ldots \infty;\ k = 1, \ldots \infty). \end{cases}$$

Die sämtlichen Glieder auf den rechten Seiten (25) mit Ausnahme des ersten verschwinden für $t = t_0$; hieraus ergibt sich, daß $a_i^{(0,0)}$ und

$\beta_i^{(0,0)}$ die oskulierenden Elemente (§ 172) der Bahnkurven von m_1 und m_2 für $t = t_0$ sind, und daß die anderen Koeffizienten von (20) die bestimmten Integrale der Differentialgleichungen darstellen, welche sie zwischen den Grenzen $t = t_0$ und $t = t$ bestimmen.

209. Die Glieder der ersten Ordnung. Die Glieder der ersten Ordnung in bezug auf die Massen sind durch die Gleichungen (23) bestimmt. Da die Glieder von der Ordnung null die oskulierenden Elemente für t_0 darstellen, so werden die Differentialgleichungen

$$(27)\quad \left\{\begin{aligned} \frac{d\alpha_i^{(0,1)}}{dt} &= \varphi_i(\alpha_1^{(0)}, \ldots, \alpha_6^{(0)}; \beta_1^{(0)}, \ldots, \beta_6^{(0)}; t), \\ \frac{d\beta_i^{(1,0)}}{dt} &= \psi_i(\alpha_1^{(0)}, \ldots, \alpha_6^{(0)}; \beta_1^{(0)}, \ldots, \beta_6^{(0)}; t). \end{aligned}\right.$$

Die rechten Seiten dieser Gleichungen sind dem Gang proportional, mit welchem die verschiedenen Elemente der Bahnkurven der beiden Planeten zu irgendeiner Zeit t variieren würden, wenn die beiden Planeten in jenem Augenblick sich genau in den Ausgangs-Ellipsen bewegten. Die Integrale (27) sind daher die Summen der instantanen Wirkungen; oder mit anderen Worten, sie sind die Summen der Änderungen, welche eintreten würden, wenn die Kräfte und ihre instantanen Wirkungen stets genau gleich denen in den ungestörten Bahnen wären. Naturgemäß ändern die Störungen diese Bedingungen und rufen Wirkungen zweiter, dritter und höherer Ordnung hervor. Sie sind in den Koeffizienten der höheren Potenzen von m_1 und m_2 in (20) eingeschlossen.

Die Größen $\alpha_i^{(0,1)}$ und $\beta_i^{(1,0)}$ werden gewöhnlich als Störungen der ersten Ordnung in bezug auf die Massen bezeichnet. Der Grund ist einleuchtend, weil sie die Koeffizienten der ersten Potenzen der Massen in den Reihen (20) bilden. In der Theorie der Planeten ist es nicht notwendig, bis zu Störungen höherer Ordnungen zu gehen, außer in dem Falle der größeren Planeten, welche einander nahe sind, und auch dann existieren verhältnismäßig wenig Glieder von merklicher Größe. Bei dem gegenwärtigen Stande der Theorie der Planeten ist es nicht nötig, die Glieder dritter Ordnung beizubehalten, abgesehen von den gegenseitigen Störungen bei Jupiter und Saturn.

Anstatt mit zwei Planeten und der Sonne hat man es in Wirklichkeit mit einem System von acht Planeten und der Sonne zu tun, so daß die Theorie, welche sich auf die wirklichen Verhältnisse bezieht, nicht ganz so einfach ist, wie die, welche skizziert wurde. Wir werden jedoch zeigen, daß die größere Kompliziertheit hauptsächlich von den Störungen höherer Ordnung herrührt.

Wenn noch ein dritter Planet m_3 vorhanden wäre, dessen Bahn die Elemente $\lambda_1, \ldots, \lambda_6$ besitzt, so würden die Gleichungen (23) lauten

$$
(28)\quad
\begin{cases}
\dfrac{d\alpha_i^{(1,0,0)}}{dt} = 0, \\
\dfrac{d\alpha_i^{(0,1,0)}}{dt} = \varphi_i(\alpha_1^{(0)}, \ldots, \alpha_6^{(0)}; \beta_1^{(0)}, \ldots, \beta_6^{(0)}; t), \\
\dfrac{d\alpha_i^{(0,0,1)}}{dt} = \varphi_i(\alpha_1^{(0)}, \ldots, \alpha_6^{(0)}; \gamma_1^{(0)}, \ldots, \gamma_6^{(0)}; t), \\
\dfrac{d\beta_i^{(1,0,0)}}{dt} = \psi_i(\alpha_1^{(0)}, \ldots, \alpha_6^{(0)}; \beta_1^{(0)}, \ldots, \beta_6^{(0)}; t), \\
\dfrac{d\beta_i^{(0,1,0)}}{dt} = 0, \\
\dfrac{d\beta_i^{(0,0,1)}}{dt} = \psi_i(\beta_1^{(0)}, \ldots, \beta_6^{(0)}; \gamma_1^{(0)}, \ldots, \gamma_6^{(0)}; t), \\
\dfrac{d\gamma_i^{(1,0,0)}}{dt} = \chi_i(\alpha_1^{(0)}, \ldots, \alpha_6^{(0)}; \gamma_1^{(0)}, \ldots, \gamma_6^{(0)}; t), \\
\dfrac{d\gamma_i^{(0,1,0)}}{dt} = \chi_i(\beta_1^{(0)}, \ldots, \beta_6^{(0)}; \gamma_1^{(0)}, \ldots, \gamma_6^{(0)}; t), \\
\dfrac{d\gamma_i^{(0,0,1)}}{dt} = 0.
\end{cases}
$$

Im Falle einer größeren Anzahl von Planeten treten weitere Gleichungen desselben Typus hinzu. Betrachten wir die Störungen der ersten Ordnung der Elemente der Bahnkurven m_1, so setzen sie sich aus zwei verschiedenen Teilen zusammen, die durch die zweite und dritte Gleichung (28) gegeben sind, wobei der eine der Anziehung von m_2, der andere der Anziehung von m_3 entstammt. Daher ist die Ansicht der Astronomen, daß die störenden Wirkungen der verschiedenen Planeten getrennt behandelt werden dürfen, für die Störungen der ersten Ordnung in bezug auf die Massen richtig.

210. Die Glieder zweiter Ordnung. Es wurde gezeigt, daß $\alpha_i^{(1,0)} = \alpha_i^{(2,0)} = \beta_i^{(0,1)} = \beta_i^{(0,2)} = 0$; daher folgt aus (24), daß die Glieder zweiter Ordnung in bezug auf die Massen bestimmt sind durch die Gleichungen

$$
(29)\quad
\begin{cases}
\dfrac{d\alpha_i^{(1,1)}}{dt} = \sum\limits_{j=1}^{6} \dfrac{\partial \varphi_i(\alpha_1^{(0)}, \ldots, \alpha_6^{(0)}; \beta_1^{(0)}, \ldots, \beta_6^{(0)}; t)}{\partial \beta_j} \beta_j^{(1,0)}, \\
\dfrac{d\alpha_i^{(0,2)}}{dt} = \sum\limits_{j=1}^{6} \dfrac{\partial \varphi_i(\alpha_1^{(0)}, \ldots, \alpha_6^{(0)}; \beta_1^{(0)}, \ldots, \beta_6^{(0)}; t)}{\partial \alpha_j} \alpha_j^{(0,1)}, \\
\dfrac{d\beta_i^{(1,1)}}{dt} = \sum\limits_{j=1}^{6} \dfrac{\partial \psi_i(\alpha_1^{(0)}, \ldots, \alpha_6^{(0)}; \beta_1^{(0)}, \ldots, \beta_6^{(0)}; t)}{\partial \alpha_j} \alpha_j^{(0,1)}, \\
\dfrac{d\beta_i^{(2,0)}}{dt} = \sum\limits_{j=1}^{6} \dfrac{\partial \psi_i(\alpha_1^{(0)}, \ldots, \alpha_6^{(0)}; \beta_1^{(0)}, \ldots, \beta_6^{(0)}; t)}{\partial \beta_j} \beta_j^{(1,0)}.
\end{cases}
$$

Die Störungen der ersten Ordnung sind diejenigen, welche eintreten würden, wenn in jedem Augenblick störende Kräfte wie bei einer Bewegung der Körper in den ursprünglichen Ellipsen wirksam wären. Wenn die Körper m_1 und m_2 sich in Bahnen bewegen, die von den ursprünglichen Ellipsen verschieden sind, dann sind die Größen, um welche sich die Elemente in jedem Augenblick ändern, von den durch die Gleichungen (27) bestimmten verschieden. Die Störungen der Elemente der Bahn von m_1, die von dem Umstande herrühren, daß m_2 infolge der Störungen erster Ordnung die ursprüngliche Ellipse verläßt, sind durch die Gleichungen von dem Typus der ersten (29) gegeben, denn für $\beta_j^{(1,0)} = 0$ folgt, daß auch $\alpha_i^{(1,1)} = 0$ ist. Diejenigen Störungen der Bahnelemente von m_1, die dadurch verursacht sind, daß m_1 sich infolge der Störungen erster Ordnung von der ursprünglichen Ellipse entfernt, werden durch die Gleichungen vom Typ der zweiten (29) dargestellt, da für $\alpha_i^{(0,1)} = 0$ folgt, daß auch $\alpha_i^{(0,2)} = 0$ ist. Die Glieder $\beta_i^{(1,1)}$ und $\beta_i^{(2,0)}$ in den Bahnelementen von m_2 entstehen aus ähnlichen Ursachen. So verbessern die Störungen zweiter Ordnung, die Fehler in den Gliedern erster Ordnung und diejenigen der dritten Ordnung die Fehler in denen der zweiten, und so fort.

Wie bereits gesagt wurde, konvergieren die Lösungen, ausgedrückt als Potenzreihen in den Massen, wenn das Zeitintervall nicht zu groß angenommen wird. Im allgemeinen ist die Zeit, während welcher die Reihen konvergieren, um so länger, je kleiner die Massen der Planeten sind. In der Mondtheorie spielt die Sonne die Rolle des störenden Planeten. Da ihre Masse sehr groß ist im Vergleich zu der des Zentralkörpers, der Erde, so würden die wie oben nach Potenzen der Massen fortschreitenden Reihen nur für sehr kurze Zeit konvergieren, wahrscheinlich nur für wenige Monate anstatt Jahre. Eine solche Mondtheorie würde völlig unzulänglich sein. Aus diesem Grunde werden die Störungen in der Mondtheorie entwickelt nach Potenzen der Abstände des Mondes und der Sonne von der Erde, und besondere Verfahren werden angewendet, um das Auftreten von säkularen Gliedern in den sämtlichen Elementen, außer dem Knoten und dem Perigäum, zu vermeiden.

Ist noch ein dritter Planet vorhanden, so sind die Störungen zweiter Ordnung beträchtlich komplizierter. Die Planeten mögen m_1, m_2 und m_3 heißen, und wir wollen die Störungen zweiter Ordnung der Bahnelemente von m_1 betrachten. Aus rein physikalischen Erwägungen ergibt sich, daß die folgenden Arten von Gliedern entstehen: (a) Glieder, herrührend von der störenden Wirkung von m_2 und m_3, durch die Störungen der ersten Ordnung der Elemente von m_2 und m_3 durch m_1 hervorgerufen; (b) Glieder, herrührend von der störenden Wirkung von

m_2 und m_3, hervorgerufen durch die Störungen der ersten Ordnung der Bahnelemente von m_1 durch m_2 und m_3; (c) Glieder, herrührend von der störenden Wirkung von m_2, hervorgerufen durch die Störungen der ersten Ordnung der Bahnelemente von m_1 durch m_3; (d) Glieder, herrührend von der störenden Wirkung von m_2, hervorgerufen durch die Störungen der ersten Ordnung der Bahnlemente von m_2 durch m_3; (e) Glieder, herrührend von der störenden Wirkung von m_3, hervorgerufen durch die Störungen der ersten Ordnung der Bahnelemente von m_1 durch m_2; und (f) Glieder, herrührend von der störenden Wirkung von m_3, hervorgerufen durch die Störungen der ersten Ordnung der Bahnelemente von m_3 durch m_2.

Unter der Annahme, daß drei Planeten existieren, lassen sich die Glieder zweiter Ordnung in bezug auf die Massen aus den Gleichungen (19) und (20) bestimmen, man erhält

$$
(30)\quad \left\{
\begin{aligned}
\frac{d\alpha_i^{(1,1,0)}}{dt} &= \sum_{j=1}^{6} \frac{\partial \varphi_i(\alpha_1^{(0)}, \ldots, \alpha_6^{(0)};\ \beta_1^{(0)}, \ldots, \beta_6^{(0)};\ t)}{\partial \beta_j} \beta_j^{(1,0,0)},\\
\frac{d\alpha_i^{(1,0,1)}}{dt} &= \sum_{j=1}^{6} \frac{\partial \varphi_i(\alpha_1^{(0)}, \ldots, \alpha_6^{(0)};\ \gamma_1^{(0)}, \ldots, \gamma_6^{(0)};\ t)}{\partial \gamma_j} \gamma_j^{(1,0,0)},\\
\frac{d\alpha_i^{(0,2,0)}}{dt} &= \sum_{j=1}^{6} \frac{\partial \varphi_i(\alpha_1^{(0)}, \ldots, \alpha_6^{(0)};\ \beta_1^{(0)}, \ldots, \beta_6^{(0)};\ t)}{\partial \alpha_j} \alpha_j^{(0,1,0)},\\
\frac{d\alpha_i^{(0,0,2)}}{dt} &= \sum_{j=1}^{6} \frac{\partial \varphi_i(\alpha_1^{(0)}, \ldots, \alpha_6^{(0)};\ \gamma_1^{(0)}, \ldots, \gamma_6^{(0)};\ t)}{\partial \alpha_j} \alpha_j^{(0,0,1)},\\
\frac{d\alpha_i^{(0,1,1)}}{dt} &= \sum_{j=1}^{6} \frac{\partial \varphi_i(\alpha_1^{(0)}, \ldots, \alpha_6^{(0)};\ \beta_1^{(0)}, \ldots, \beta_6^{(0)};\ t)}{\partial \alpha_j} \alpha_j^{(0,0,1)}\\
&\quad + \sum_{j=1}^{6} \frac{\partial \varphi_i(\alpha_1^{(0)}, \ldots, \alpha_6^{(0)};\ \beta_1^{(0)}, \ldots, \beta_6^{(0)};\ t)}{\partial \beta_j} \beta_j^{(0,0,1)}\\
&\quad + \sum_{j=1}^{6} \frac{\partial \varphi_i(\alpha_1^{(0)}, \ldots, \alpha_6^{(0)};\ \gamma_1^{(0)}, \ldots, \gamma_6^{(0)};\ t)}{\partial \alpha_j} \alpha_j^{(0,1,0)}\\
&\quad + \sum_{j=1}^{6} \frac{\partial \varphi_i(\alpha_1^{(0)}, \ldots, \alpha_6^{(0)};\ \gamma_1^{(0)}, \ldots, \gamma_6^{(0)};\ t)}{\partial \gamma_j} \gamma_j^{(0,1,0)}
\end{aligned}
\right.
$$

und ähnliche Gleichungen für $\frac{d\beta_i}{dt}$ und $\frac{d\gamma_i}{dt}$.

Die ersten beiden Gleichungen liefern die Störungen der Klasse (a), denn $\varphi_i(\alpha, \beta)$ und $\varphi_i(\alpha, \gamma)$ sind die Anteile der störenden Funktion, die von m_2 und m_3 herrühren, während $\beta_j^{(1,0,0)}$ und $\gamma_j^{(1,0,0)}$ die Störungen der ersten Ordnung der Bahnlemente von m_2 und m_3 durch m_1 darstellen. Ähnlich liefern die dritte und vierte Gleichung die Störungen der Klasse (b); das erste Glied der fünften Gleichung diejenigen der Klasse (c); das zweite Glied die der Klasse (d); das dritte Glied die der Klasse (e) und das vierte Glied die der Klasse (f). Hieraus ersieht man, daß die Glieder der zweiten Ordnung für jeden der störenden Planeten nicht gesondert berechnet werden können.

Die Typen von Gliedern, welche bei den Störungen der dritten Ordnung auftreten, lassen sich in ähnlicher Weise aus physikalischen Betrachtungen im voraus angeben, und die Voraussagen lassen sich durch eine ins einzelne gehende Diskussion der Gleichungen bestätigen.

XXV. Aufgaben.

1. Man bringe in den Gleichungen (3) das Glied $\nu \cos lt$ auf die linke Seite, bevor man mit der Integration beginnt, und füge es auch in der zweiten Gleichung (4) hinzu. Man führe mit dieser Änderung das gesamte Integrationsverfahren aus.

2. Wenn die Gleichungen (7) als Potenzreihen in μ und ν integriert werden, welcher Art werden die Funktionen in t sein, die in den Gliedern der zweiten Ordnung auftreten?

3. Man stelle die Gleichungen auf, welche die Glieder der Ordnungen null, eins und zwei in den Massen bestimmen, wenn die Gleichungen (11) als Reihen in m_1 und m_2 integriert werden. Man zeige, daß die Glieder von der Ordnung null die Koordinaten sind, welche m_1 und m_2 besitzen, wenn sie sich um die Sonne in Ellipsen bewegen, die durch ihre Anfangslagen bestimmt sind. Ferner zeige man, daß die Gleichungen, welche die Glieder erster und höherer Ordnungen bestimmen, linear und nicht homogen sind, anstatt auf Quadraturen zurückgeführt zu sein, wie sie es nach Anwendung der Methode der Änderung der Parameter sind.

4. Man nehme an, es existierten vier Planeten m_1, m_2, m_3, m_4; man stelle die sämtlichen Glieder von der zweiten Ordnung in bezug auf die Massen nach den Gleichungen (30) auf und deute jedes Glied.

5. Unter der Annahme der Existenz von zwei Planeten m_1 und m_2 stelle man die sämtlichen Glieder der dritten Ordnung in bezug auf die Massen auf und gebe von jedem Glied die Deutung.

6. Man nehme an, daß $m_1 = m_2 = m_3$, und daß die Planeten in der Reihenfolge m_1, m_2, m_3 in bezug auf ihre Abstände von der Sonne angeordnet sind. Man zeige, daß von den durch die Gleichungen (30) bestimmten Störungen die wichtigsten die durch die erste und dritte Gleichung und durch das zweite Glied der fünften gegebenen sind; daß die nächstwichtigen Störungen gegeben sind durch das erste, dritte und vierte Glied der fünften Gleichung; und die am wenigsten wichtigen durch die zweite und vierte Gleichung.

211. Wahl der Elemente. Um darzulegen, wie die verschiedenen Arten der Glieder in die Störungen der ersten Ordnung eingehen, wird es notwendig sein, die Gleichungen (19) explizite zu entwickeln. In Anbetracht der Länge der Entwicklungen, welche hierfür nötig sind, wurde dies verschoben, bis eine allgemeine Darlegung der mathematischen Prinzipien gegeben werden konnte.

Wenn die Glieder der ersten Ordnung allein berücksichtigt werden, können die Funktionen $\varphi_i(\alpha, \beta)$ unabhängig von $\psi_i(\alpha, \beta)$ betrachtet werden. Irgendwelche unabhängige Funktionen der Elemente lassen sich an Stelle der gewöhnlichen Elemente benutzen. In der Tat bildet eins von den bereits angewandten Elementen $\pi = \omega + \Omega$ die Summe von zwei geometrisch einfacheren Elementen. Nun hängt die Gestalt von $\varphi_i(\alpha, \beta)$ von den gewählten Elementen ab; für gewisse Elemente wird sie ziemlich einfach und für andere sehr kompliziert sein. In dem ersten Beispiel, welches folgt, sollen die Elemente so gewählt werden, daß diese Funktionen so einfach wie möglich ausfallen.

212. Lagranges Klammerausdrücke. Lagrange hat die folgende Transformation ausgeführt, welche die Berechnung von (19) sehr erleichtert. Man multipliziere die Gleichungen (18) mit $-\frac{\partial x_1'}{\partial \alpha_1}, -\frac{\partial y_1'}{\partial \alpha_1}, -\frac{\partial z_1'}{\partial \alpha_1}, \frac{\partial x_1}{\partial \alpha_1}, \frac{\partial y_1}{\partial \alpha_1}, \frac{\partial z_1}{\partial \alpha_1}$ und addiere. Dies ergibt

$$(31)\quad \left\{\begin{aligned} &\frac{d\alpha_2}{dt}\left\{\frac{\partial x_1}{\partial \alpha_1}\frac{\partial x_1'}{\partial \alpha_2} - \frac{\partial x_1'}{\partial \alpha_1}\frac{\partial x_1}{\partial \alpha_2} + \frac{\partial y_1}{\partial \alpha_1}\frac{\partial y_1'}{\partial \alpha_2} - \frac{\partial y_1'}{\partial \alpha_1}\frac{\partial y_1}{\partial \alpha_2}\right.\\ &\qquad\qquad \left. + \frac{\partial z_1}{\partial \alpha_1}\frac{\partial z_1'}{\partial \alpha_2} - \frac{\partial z_1'}{\partial \alpha_1}\frac{\partial z_1}{\partial \alpha_2}\right\}\\ &+ \frac{d\alpha_3}{dt}\left\{\frac{\partial x_1}{\partial \alpha_1}\frac{\partial x_1'}{\partial \alpha_3} - \frac{\partial x_1'}{\partial \alpha_1}\frac{\partial x_1}{\partial \alpha_3} + \cdots\right\}\\ &\cdot\ \cdot\ \cdot\ \cdot\ \cdot\ \cdot\ \cdot\ \cdot\ \cdot\ \cdot\ \cdot\ \cdot\ \cdot\\ &+ \frac{d\alpha_6}{dt}\left\{\frac{\partial x_1}{\partial \alpha_1}\frac{\partial x_1'}{\partial \alpha_6} - \frac{\partial x_1'}{\partial \alpha_1}\frac{\partial x_1}{\partial \alpha_6} + \cdots\right\}\\ &= m_2\frac{\partial R_{1,2}}{\partial x_1}\frac{\partial x_1}{\partial \alpha_1} + m_2\frac{\partial R_{1,2}}{\partial y_1}\frac{\partial y_1}{\partial \alpha_1} + m_2\frac{\partial R_{1,2}}{\partial z_1}\frac{\partial z_1}{\partial \alpha_1} = m_2\frac{\partial R_{1,2}}{\partial \alpha_1}. \end{aligned}\right.$$

Lagranges Klammerausdrücke $[\alpha_i, \alpha_j]$ sind definiert durch

$$(32)\quad \left\{\begin{aligned} [\alpha_i, \alpha_j] \equiv &\frac{\partial x_1}{\partial \alpha_i}\frac{\partial x_1'}{\partial \alpha_j} - \frac{\partial x_1'}{\partial \alpha_i}\frac{\partial x_1}{\partial \alpha_j} + \frac{\partial y_1}{\partial \alpha_i}\frac{\partial y_1'}{\partial \alpha_j} - \frac{\partial y_1'}{\partial \alpha_i}\frac{\partial y_1}{\partial \alpha_j}\\ &+ \frac{\partial z_1}{\partial \alpha_i}\frac{\partial z_1'}{\partial \alpha_j} - \frac{\partial z_1'}{\partial \alpha_i}\frac{\partial z_1}{\partial \alpha_j}. \end{aligned}\right.$$

Bildet man die (31) entsprechenden Gleichungen in $\alpha_2, \ldots, \alpha_6$, so lautet das resultierende Gleichungssystem

$$(33)\quad \left\{\begin{aligned} &\sum_{i=1}^{6}[\alpha_1, \alpha_i]\frac{d\alpha_i}{dt} = m_2\frac{\partial R_{1,2}}{\partial \alpha_1},\\ &\sum_{i=1}^{6}[\alpha_2, \alpha_i]\frac{d\alpha_i}{dt} = m_2\frac{\partial R_{1,2}}{\partial \alpha_2},\\ &\sum_{i=1}^{6}[\alpha_6, \alpha_i]\frac{d\alpha_i}{dt} = m_2\frac{\partial R_{1,2}}{\partial \alpha_6}. \end{aligned}\right.$$

Diese Gleichungen sind äquivalent dem System (18) und werden an seiner Stelle benutzt.

213. Eigenschaften der Lagrangeschen Klammerausdrücke. Aus den Lagrangeschen Klammerausdrücken folgt sofort, daß

$$(34)\qquad \begin{cases} [\alpha_i, \alpha_i] = 0, \\ [\alpha_i, \alpha_j] = -(\alpha_j, \alpha_i). \end{cases}$$

Eine wichtigere Eigenschaft ist die, daß sie die Zeit nicht explizite enthalten, so daß

$$(35)\qquad \frac{\partial\,[\alpha_i, \alpha_j]}{\partial t} = 0, \quad (i = 1, \ldots, 6;\ j = 1, \ldots, 6),$$

wie sofort bewiesen werden soll.

In der folgenden Diskussion treten viele komplizierte Ausdrücke auf, welche in x, y und z symmetrisch sind. Zur Abkürzung der Schreibweise soll S, vor eine Funktion von x gesetzt, bedeuten, daß dieselben Funktionen von y und z noch hinzu zu addieren sind. So z. B. soll

$$S(x_1 x_2' - x_2 x_1') \equiv (x_1 x_2' - x_2 x_1') + (y_1 y_2' - y_2 y_1') + (z_1 z_2' - z_2 z_1').$$

Ausgehend von den Definitionen der Klammerausdrücke ergeben sich unter Fortlassung der Indizes von $x, \ldots, z'$, welche in folgendem nicht gebraucht werden, die Gleichungen

$$\begin{cases} \dfrac{\partial\,[\alpha_i, \alpha_j]}{dt} = S\left\{\dfrac{\partial^2 x}{\partial \alpha_i \partial t}\dfrac{\partial x'}{\partial \alpha_j} + \dfrac{\partial x}{\partial \alpha_i}\dfrac{\partial^2 x'}{\partial \alpha_j \partial t} - \dfrac{\partial^2 x'}{\partial \alpha_i \partial t}\dfrac{\partial x}{\partial \alpha_j} - \dfrac{\partial x'}{\partial \alpha_i}\dfrac{\partial^2 x}{\partial \alpha_j \partial t}\right\} \\ \quad = \dfrac{\partial}{\partial \alpha_i} S\left\{\dfrac{\partial x}{\partial t}\dfrac{\partial x'}{\partial \alpha_j} - \dfrac{\partial x'}{\partial t}\dfrac{\partial x}{\partial \alpha_j}\right\} + S\left\{-\dfrac{\partial x}{\partial t}\dfrac{\partial^2 x'}{\partial \alpha_i \partial \alpha_j} + \dfrac{\partial x'}{\partial t}\dfrac{\partial^2 x}{\partial \alpha_i \partial \alpha_j}\right\} \\ \qquad + S\left\{\dfrac{\partial x}{\partial \alpha_i}\dfrac{\partial^2 x'}{\partial \alpha_j \partial t} - \dfrac{\partial x'}{\partial \alpha_i}\dfrac{\partial^2 x}{\partial \alpha_j \partial t}\right\} \\ \quad = \dfrac{\partial}{\partial \alpha_i} S\left\{\dfrac{\partial x}{\partial t}\dfrac{\partial x'}{\partial \alpha_j} - \dfrac{\partial x'}{\partial t}\dfrac{\partial x}{\partial \alpha_j}\right\} - \dfrac{\partial}{\partial \alpha_j} S\left\{\dfrac{\partial x}{\partial t}\dfrac{\partial x'}{\partial \alpha_i} - \dfrac{\partial x'}{\partial t}\dfrac{\partial x}{\partial \alpha_i}\right\}. \end{cases}$$

Die partiellen Ableitungen der Koordinaten nach der Zeit sind dieselben bei gestörter Bewegung, wie die totalen bei ungestörter Bewegung. Daher wird diese Gleichung in Anbetracht von (14)

$$\begin{aligned} \frac{\partial\,[\alpha_i, \alpha_j]}{\partial t} &= \frac{\partial}{\partial \alpha_i} S\left\{\frac{\partial \Omega}{\partial x}\frac{\partial x}{\partial \alpha_j} + \frac{\partial \Omega}{\partial x'}\frac{\partial x'}{\partial \alpha_j}\right\} - \frac{\partial}{\partial \alpha_j} S\left\{\frac{\partial \Omega}{\partial x}\frac{\partial x}{\partial \alpha_i} + \frac{\partial \Omega}{\partial x'}\frac{\partial x'}{\partial \alpha_i}\right\} \\ &= \frac{\partial}{\partial \alpha_i}\left(\frac{\partial \Omega}{\partial \alpha_j}\right) - \frac{\partial}{\partial \alpha_j}\left(\frac{\partial \Omega}{\partial \alpha_i}\right) = \frac{\partial^2 \Omega}{\partial \alpha_i \partial \alpha_j} - \frac{\partial^2 \Omega}{\partial \alpha_j \partial \alpha_i} = 0, \end{aligned}$$

woraus sich das Theorem ergibt, daß die Klammerausdrücke t nicht explizite enthalten. Dies war kaum vorauszusehen, da jede der Größen, welche in den Klammerausdrücken erscheinen, eine explizite Funktion von t darstellt.

Da die Klammerausdrücke die Zeit nicht explizite enthalten, so können sie für jede beliebige Epoche berechnet werden und im besonderen für $t = t_0$. Die Gleichungen werden sehr einfach, wenn die Koordinaten zur Zeit $t = t_0$ für die Elemente $\alpha_1, \ldots, \alpha_6$ genommen werden. Dies ist zulässig, da die gewöhnlichen Elemente durch diese Größen bestimmt sind und umgekehrt. Es braucht jedoch nicht angenommen zu werden, daß sie konstant sind; sie sind Größen von solcher Beschaffenheit, daß, wenn die Elemente aus ihnen berechnet werden, und aus diesen Elementen wiederum die Koordinaten für einen beliebigen Zeitpunkt t, man zu richtigen Resultaten gelangt. Da bei gestörter Bewegung die Elemente mit der Zeit sich ändern, so gilt das auch für die Koordinaten zur Zeit $t = t_0$. Oder anders ausgedrückt, wenn die oskulierenden Elemente für t benutzt, und die Koordinaten für den Zeitpunkt $t = t_0$ berechnet werden, so findet man in dem Falle gestörter Bewegung, daß die Koordinaten für $t = t_0$ sich ändern, und diese Werte der Koordinaten sind die in Frage kommenden.

Die Koordinaten für den Zeitpunkt $t = t_0$ seien $x_0, \ldots, z_0'$, dann hat $[x_0, y_0]$ den Wert

$$[x_0, y_0] = S\left\{\frac{\partial x_0}{\partial x_0}\frac{\partial x_0'}{\partial y_0} - \frac{\partial x_0'}{\partial x_0}\frac{\partial x_0}{\partial y_0}\right\},$$

welcher verschwindet, weil x_0' von y_0 und x_0 unabhängig ist. Ähnlich ist

$$(36)\quad \begin{cases} [y_0, z_0] = [z_0, x_0] = [x_0', y_0'] = [y_0', z_0'] = [z_0', x_0'] = [x_0, y_0] = 0, \\ [x_0, y_0'] = [x_0, z_0'] = [y_0, x_0'] = [y_0, z_0'] = [z_0, x_0'] = [z_0, y_0'] = 0. \end{cases}$$

Nun ist

$$(37)\quad (x_0, x_0') = (y_0, y_0') = (z_0, z_0') = 1.$$

Daher werden die Gleichungen (33) in diesem Falle

$$(38)\quad \begin{cases} \dfrac{dx_0}{dt} = m_2\dfrac{\partial R_{1,2}}{\partial x_0'}, & \dfrac{dx_0'}{dt} = -m_2\dfrac{\partial R_{1,2}}{\partial x_0}, \\ \dfrac{dy_0}{dt} = m_2\dfrac{\partial R_{1,2}}{\partial y_0'}, & \dfrac{dy_0'}{dt} = -m_2\dfrac{\partial R_{1,2}}{\partial y_0}, \\ \dfrac{dz_0}{dt} = m_2\dfrac{\partial R_{1,2}}{\partial z_0'}, & \dfrac{dz_0'}{dt} = -m_2\dfrac{\partial R_{1,2}}{\partial z_0}. \end{cases}$$

Jedes System von Differentialgleichungen der Form (38) wird als ein *kanonisches System* bezeichnet und besitzt Eigenschaften, welche es für theoretische Untersuchungen besonders wertvoll macht. Es existiert ein Theorem, daß jedes dynamische Problem, in welchem die Kräfte als partielle Ableitungen einer Potentialfunktion dargestellt werden können, sich in kanonischer Form ausdrücken läßt; und wenn es möglich ist, ein Problem auf die kanonische Form zu bringen, so kann dies in unendlich vielen Systemen von abhängigen Variablen geschehen.

Würden die Gleichungen (38) aufgelöst, so lieferten sie die Werte der Koordinaten für t_0, welche gebraucht werden müßten, um die wahren Koordinaten für den Zeitpunkt t zu erhalten, unter der Voraussetzung, daß sich der Planet während $t - t_0$ in einer ungestörten Ellipse bewegt. Wären die Variablen die elliptischen Elemente, so lieferten die Lösungen der Gleichungen die Elemente, welche zur Berechnung der Koordinaten für den Zeitpunkt t gebraucht werden müßten, falls man sie in dem Intervall $t - t_0$ als Konstante annimmt. Demgemäß betrifft, nach Bestimmung der Elemente, der übrige Teil der Rechnung eine ungestörte Bewegung.

214. Transformation auf die gewöhnlichen Elemente. Die in der Astronomie benutzten Elemente sind nicht die Koordinaten für $t = t_0$, sondern Ω, i, a, e, π und T (oder $\varepsilon = \pi - nT$), welche in den Paragraphen 86, 87 und 88 durch die Anfangsbedingungen ausgedrückt waren. Es ist daher nötig, die Gleichungen (38) auf die entsprechenden zu transformieren, welche nur die in der Astronomie gebräuchlichen Elemente enthalten.

Es bezeichne s irgendeins von den Elementen $\Omega, i, a, e, \pi, \varepsilon$ und sei symbolisch durch die Anfangsbedingungen mittels

$$s = f(x_0, y_0, z_0, x_0', y_0', z_0') \tag{39}$$

ausgedrückt. Dann gilt

$$\frac{ds}{dt} = S\left\{\frac{\partial f}{\partial x_0}\frac{dx_0}{dt} + \frac{\partial f}{\partial x_0'}\frac{dx_0'}{dt}\right\};$$

oder wegen (38)

$$\frac{ds}{dt} = m_2 S\left\{\frac{\partial f}{\partial x_0}\frac{\partial R_{1,2}}{\partial x_0'} - \frac{\partial f}{\partial x_0'}\frac{\partial R_{1,2}}{\partial x_0}\right\}. \tag{40}$$

Die partiellen Ableitungen von $R_{1,2}$ sind durch die partiellen Ableitungen nach den neuen Variablen mittels der folgenden Gleichungen ausgedrückt:

$$\tag{41} \left\{\begin{aligned} \frac{\partial R_{1,2}}{\partial x_0} &= \frac{\partial R_{1,2}}{\partial \Omega}\frac{\partial \Omega}{\partial x_0} + \frac{\partial R_{1,2}}{\partial i}\frac{\partial i}{\partial x_0} + \frac{\partial R_{1,2}}{\partial a}\frac{\partial a}{\partial x_0} + \frac{\partial R_{1,2}}{\partial e}\frac{\partial e}{\partial x_0} \\ &\quad + \frac{\partial R_{1,2}}{\partial \pi}\frac{\partial \pi}{\partial x_0} + \frac{\partial R_{1,2}}{\partial \varepsilon}\frac{\partial \varepsilon}{\partial x_0}, \\ &\ldots\ldots\ldots\ldots\ldots\ldots\ldots\ldots \\ \frac{\partial R_{1,2}}{\partial z_0'} &= \frac{\partial R_{1,2}}{\partial \Omega}\frac{\partial \Omega}{\partial z_0'} + \frac{\partial R_{1,2}}{\partial i}\frac{\partial i}{\partial z_0'} + \frac{\partial R_{1,2}}{\partial a}\frac{\partial a}{\partial z_0'} + \frac{\partial R_{1,2}}{\partial e}\frac{\partial e}{\partial z_0'} \\ &\quad + \frac{\partial R_{1,2}}{\partial \pi}\frac{\partial \pi}{\partial z_0'} + \frac{\partial R_{1,2}}{\partial \varepsilon}\frac{\partial \varepsilon}{\partial z_0'}. \end{aligned}\right.$$

Führt man die komplizierten Berechnungen von $\frac{\partial s}{\partial x_0}, \ldots, \frac{\partial s}{\partial z_0'}$ aus, mit Hilfe der in den Paragraphen 86, 87 und 88 gegebenen Gleichungen, und stellt die sämtlichen partiellen Ableitungen durch die neuen Variablen dar, so ergeben sich die partiellen Ableitungen $\frac{\partial R_{1,2}}{\partial x_0}, \ldots, \frac{\partial R_{1,2}}{\partial z_0'}$ als Funktionen der Elemente und von $\frac{\partial R_{1,2}}{\partial \Omega}, \ldots, \frac{\partial R_{1,2}}{\partial \varepsilon}$. Setzt man in (40) ein und drückt $\frac{\partial f}{\partial x_0}, \ldots, \frac{\partial f}{\partial z_0'}$ durch die Elemente aus, so ergibt sich $\frac{ds}{dt}$ als Funktion der Elemente und der Ableitungen der Störungsfunktion $R_{1,2}$ nach den Elementen.

215. Methode der direkten Berechnung der Lagrangeschen Klammerausdrücke. Die Transformationen, die in der Methode des vorhergehenden Paragraphen ausgeführt werden müssen, sind sehr mühsam, und die direkte Berechnung der Klammerausdrücke, obwohl auch sehr umständlich, ist aus praktischen Gesichtspunkten vorzuziehen. *Die sämtlichen Rechnungen bei Transformationen dieser Art ließen sich vermeiden bei Benutzung von kanonischen Variablen*; zu ihrer Anwendung wäre aber eine lange Abschweifung über die Eigenschaften des kanonischen Systems erforderlich, eine solche Diskussion liegt außerhalb des Rahmens dieses Werkes. Die Arbeit läßt sich jedoch bedeutend herabmindern, wenn man zuerst Elemente benutzt, die von den im V. Kapitel definierten etwas verschieden sind und sie dann auf die mehr im Gebrauch befindlichen transformiert. Im folgenden legen wir Tisserands Darstellung der Lagrangeschen Methode zugrunde.[1])

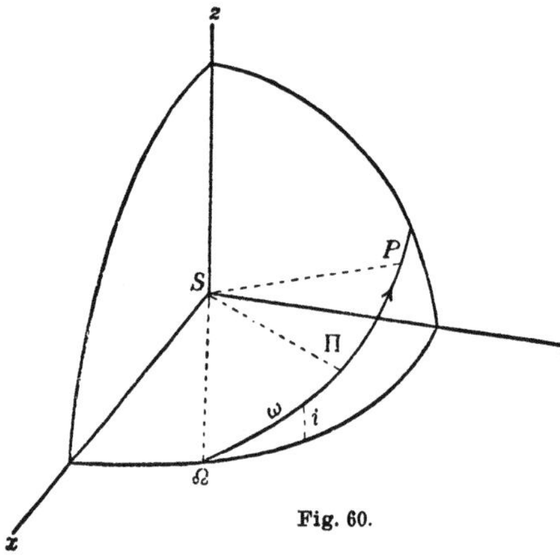

Fig. 60.

Es sei die xy-Ebene die Ebene der Ekliptik, ΩP die Projektion der Bahnkurve auf die Himmelssphäre, π die Projektion des Perihel und P die Projektion der Position des Planeten zur Zeit t. An Stelle von π und ε benutzen wir die neuen Elemente ω und σ, die definiert sind durch die Gleichungen

$$(42) \qquad \begin{cases} \omega = \pi - \Omega, \\ \sigma = -nT. \end{cases}$$

1) Tisserand, *Mécanique Céleste*, vol. I., p. 179.

Die folgenden Gleichungen sind entweder in § 98 gegeben oder werden aus Figur 60 mit Hilfe der fundamentalen Formeln der Trigonometrie erhalten:

$$(43)\quad \begin{cases} n = \dfrac{k\sqrt{S+m_1}}{a^{\frac{3}{2}}}, \\ E - e\sin E = nt + \sigma, \\ r = a(1 - e\cos E), \\ \operatorname{tg}\dfrac{v}{2} = \sqrt{\dfrac{1+e}{1-e}}\operatorname{tg}\dfrac{E}{2}, \\ \cos v = \dfrac{\cos E - e}{1 - e\cos E}, \\ \sin v = \dfrac{\sqrt{1-e^2}\sin E}{1 - e\cos E}, \\ x = r\{\cos(v+\omega)\cos\Omega - \sin(v+\omega)\sin\Omega\cos i\}, \\ y = r\{\cos(v+\omega)\sin\Omega + \sin(v+\omega)\cos\Omega\cos i\}, \\ z = r\sin(v+\omega)\sin i. \end{cases}$$

Aus diesen Gleichungen und ihren Ableitungen nach der Zeit lassen sich die partiellen Ableitungen der Koordinaten nach den Elementen berechnen. Die Elemente sind so gewählt worden, daß sie in zwei Gruppen mit verschiedenen Eigenschaften zerfallen; Ω, i und ω bestimmen die Lage der Bahnebene und die Lage der Bahnkurve in der Ebene, und a, e und σ bestimmen die Dimensionen und Gestalt der Bahnkurve und die Lage des Planeten in seiner Bahn. Daher können die Koordinaten in der Bahnkurve durch die Elemente der zweiten Gruppe allein ausgedrückt werden, und aus ihnen lassen sich die räumlichen Koordinaten mit Hilfe der ersten Gruppe allein bestimmen.

Man wähle ein neues Achsensystem mit dem Ursprung in der Sonne, die positive ξ-Achse sei nach dem Perihel hin gerichtet, die η-Achse sei in der Bahnebene um 90° vorwärts gedreht, und die ζ-Achse stehe auf der Bahnebene senkrecht. Die Richtungskosinus zwischen der x-Achse und der ξ-, η- und ζ-Achse seien α, α', α''; zwischen der y-Achse und der ξ-, η- und ζ-Achse seien β, β', β''; und zwischen der z-Achse und der ξ-, η- und ζ-Achse seien γ, γ', γ''. Dann folgt aus Figur 60

$$(44)\quad \begin{cases} \alpha = \cos\omega\cos\Omega - \sin\omega\sin\Omega\cos i, \\ \beta = \cos\omega\sin\Omega + \sin\omega\cos\Omega\, i, \\ \gamma = \sin\omega\sin i, \end{cases}$$

$$(44)\quad \begin{cases} \alpha' = -\sin\omega\sin\Omega - \cos\omega\cos\Omega\cos i,\\ \beta' = -\sin\omega\sin\Omega + \cos\omega\cos\Omega\cos i,\\ \gamma' = \cos\omega\sin i,\\ \alpha'' = \sin\Omega\sin i,\\ \beta'' = -\cos\Omega\sin i,\\ \gamma'' = \cos i. \end{cases}$$

Zwischen diesen neun Richtungskosinus bestehen, wie man leicht sieht, die Beziehungen

$$(45)\quad \begin{cases} \alpha^2+\beta^2+\gamma^2=1, & \alpha\alpha'+\beta\beta'+\gamma\gamma'=0,\\ \alpha'^2+\beta'^2+\gamma'^2=1, & \alpha'\alpha''+\beta'\beta''+\gamma'\gamma''=0,\\ \alpha''^2+\beta''^2+\gamma''^2=1, & \alpha''\alpha+\beta''\beta+\gamma''\gamma=0,\\ \alpha=\beta'\gamma''-\gamma'\beta'', \quad \alpha'=\beta''\gamma-\gamma''\beta, & \alpha''=\beta\gamma'-\gamma\beta',\\ \beta=\gamma'\alpha''-\alpha'\gamma'', \quad \beta'=\gamma''\alpha-\alpha''\gamma, & \beta''=\gamma\alpha'-\alpha\gamma',\\ \gamma=\alpha'\beta''-\beta'\alpha'', \quad \gamma'=\alpha''\beta-\beta''\alpha, & \gamma''=\alpha\beta'-\beta\alpha'. \end{cases}$$

Aus (43) und (44) und der Definition des neuen Achsensystems ergibt sich

$$(46)\quad \begin{cases} \xi = r\cos v = a(\cos E - e), \quad \eta = a\sqrt{1-e^2}\sin E,\\ \dfrac{\partial E}{\partial t} = \dfrac{n}{1-e\cos E},\\ \xi' = \dfrac{-na\sin E}{1-e\cos E} = \dfrac{-k\sqrt{S+m_1}\sin E}{\sqrt{a}(1-e\cos E)},\\ \eta' = \dfrac{na\sqrt{1-e^2}\cos E}{1-e\cos E} = \dfrac{k\sqrt{S+m_1}\sqrt{1-e^2}\cos E}{\sqrt{a}(1-e\cos E)},\\ x=\alpha\xi+\alpha'\eta, \quad y=\beta\xi+\beta'\eta, \quad z=\gamma\xi+\gamma'\eta,\\ x'=\alpha\xi'+\alpha'\eta', \quad y'=\beta\xi'+\beta'\eta', \quad z'=\gamma\xi'+\gamma'\eta', \end{cases}$$

wo die Akzente an x, y, z, ξ, η und ζ die ersten Ableitungen nach t bedeuten.

Die partiellen Ableitungen von $\alpha, \ldots, \gamma''$ nach den Elementen lassen sich ein für allemal berechnen; aus (44) erhält man für sie die Ausdrücke

$$(47)\quad \begin{cases} \dfrac{\partial\alpha}{\partial\omega}=\alpha', & \dfrac{\partial\alpha'}{\partial\omega}=-\alpha, & \dfrac{\partial\alpha''}{\partial\omega}=0,\\ \dfrac{\partial\beta}{\partial\omega}=\beta', & \dfrac{\partial\beta'}{\partial\omega}=-\beta, & \dfrac{\partial\beta''}{\partial\omega}=0,\\ \dfrac{\partial\gamma}{\partial\omega}=\gamma', & \dfrac{\partial\gamma'}{\partial\omega}=-\gamma, & \dfrac{\partial\gamma''}{\partial\omega}=0; \end{cases}$$

$$
(48)\quad \begin{cases}
\dfrac{\partial\alpha}{\partial\Omega} = -\beta, & \dfrac{\partial\alpha'}{\partial\Omega} = -\beta', & \dfrac{\partial\alpha''}{\partial\Omega} = -\beta'', \\[2mm]
\dfrac{\partial\beta}{\partial\Omega} = \alpha, & \dfrac{\partial\beta'}{\partial\Omega} = \alpha', & \dfrac{\partial\beta''}{\partial\Omega} = \alpha'', \\[2mm]
\dfrac{\partial\gamma}{\partial\Omega} = 0, & \dfrac{\partial\gamma'}{\partial\Omega} = 0, & \dfrac{\partial\gamma''}{\partial\Omega} = 0;
\end{cases}
$$

$$
(49)\quad \begin{cases}
\dfrac{\partial\alpha}{\partial i} = \alpha''\sin\omega, & \dfrac{\partial\alpha'}{\partial i} = \alpha''\cos\omega, & \dfrac{\partial\alpha''}{\partial i} = +\sin\Omega\cos i, \\[2mm]
\dfrac{\partial\beta}{\partial i} = \beta''\sin\omega, & \dfrac{\partial\beta'}{\partial i} = \beta''\cos\omega, & \dfrac{\partial\beta''}{\partial i} = -\cos\Omega\cos i, \\[2mm]
\dfrac{\partial\gamma}{\partial i} = \gamma''\sin\omega, & \dfrac{\partial\gamma'}{\partial i} = \gamma''\cos\omega, & \dfrac{\partial\gamma''}{\partial i} = -\sin i.
\end{cases}
$$

Es sind so viele Klammerausdrücke zu berechnen als die Anzahl der Kombinationen von sechs Elementen zu zwei beträgt, also $\frac{6!}{2!\,4!} = 15$. Drei von ihnen enthalten nur Elemente der ersten Gruppe, neun ein Element der ersten Gruppe und eins der zweiten, und drei nur Elemente der zweiten Gruppe. Es mögen K und L irgendwelche von den Elementen der ersten Gruppe Ω, i, ω darstellen, und P und Q irgendwelche von den Elementen der zweiten Gruppe a, e, σ. Dann lauten die Lagrangeschen Klammerausdrücke

$$
(50)\quad \begin{cases}
\text{(a)}\quad [K,\,L] = S\left\{\dfrac{\partial x}{\partial K}\dfrac{\partial x'}{\partial L} - \dfrac{\partial x'}{\partial K}\dfrac{\partial x}{\partial L}\right\}, & \text{(3 Gleichungen)}, \\[2mm]
\text{(b)}\quad [K,\,P] = S\left\{\dfrac{\partial x}{\partial K}\dfrac{\partial x'}{\partial P} - \dfrac{\partial x'}{\partial K}\dfrac{\partial x}{\partial P}\right\}, & \text{(9 Gleichungen)}, \\[2mm]
\text{(c)}\quad [P,\,Q] = S\left\{\dfrac{\partial x}{\partial P}\dfrac{\partial x'}{\partial Q} - \dfrac{\partial x'}{\partial P}\dfrac{\partial x}{\partial Q}\right\}, & \text{(3 Gleichungen)}.
\end{cases}
$$

Aus (46) findet man

$$
(51)\quad \begin{cases}
\dfrac{\partial x}{\partial K} = \xi\dfrac{\partial\alpha}{\partial K} + \eta\dfrac{\partial\alpha'}{\partial K}, & \dfrac{\partial x'}{\partial K} = \xi'\dfrac{\partial\alpha}{\partial K} + \eta'\dfrac{\partial\alpha'}{\partial K}, \\[2mm]
\dfrac{\partial x}{\partial P} = \alpha\dfrac{\partial\xi}{\partial P} + \alpha'\dfrac{\partial\eta}{\partial P}, & \dfrac{\partial x'}{\partial P} = \alpha\dfrac{\partial\xi'}{\partial P} + \alpha'\dfrac{\partial\eta'}{\partial P}
\end{cases}
$$

und ähnliche Gleichungen in y und z.

216. Berechnung von $[\omega,\,\Omega]$, $[\Omega,\,i]$, $[i,\,\omega]$. S möge andeuten, daß die Summe der Funktionen symmetrisch in α, β und γ gebildet werden soll. Dann wird die erste Gleichung (50) in Anbetracht von (51)

$$
[K,\,L] = (\xi\eta' - \eta\xi')\,S\left\{\frac{\partial\alpha}{\partial K}\frac{\partial\alpha'}{\partial L} - \frac{\partial\alpha'}{\partial K}\frac{\partial\alpha}{\partial L}\right\}.
$$

Nun liefert der Flächensatz (§ 89)

$$\xi\eta' - \eta\xi' = \xi\frac{d\eta}{dt} - \eta\frac{d\xi}{dt} = k\sqrt{(S+m_1)\,a\,(1-e^2)} = na^2\sqrt{1-e^2}.$$

Folglich ist

$$[K,\,L] = na^2\sqrt{1-e^2}\,S\left\{\frac{\partial\alpha}{\partial K}\frac{\partial\alpha'}{\partial L} - \frac{\partial\alpha'}{\partial K}\frac{\partial\alpha}{\partial L}\right\}. \tag{52}$$

Berechnet man die rechte Seite dieser Gleichung mit Hilfe von (47), (48) und (49) und reduziert mit Hilfe von (45), so erhält man für die Klammerausdrücke, welche nur die Elemente der ersten Gruppe enthalten,

$$\left\{\begin{aligned}
[\omega,\,\Omega] &= na^2\sqrt{1-e^2}\,(-\alpha\beta - \alpha'\beta' + \alpha\beta + \alpha'\beta') = 0,\\
[\Omega,\,i] &= na^2\sqrt{1-e^2}\,\{(\alpha\beta'' - \beta\alpha'')\cos\omega + (\beta'\alpha'' - \alpha'\beta'')\sin\omega\}\\
&= na^2\sqrt{1-e^2}\,(-\gamma'\cos\omega - \gamma\sin\omega)\\
&= -\,na^2\sqrt{1-e^2}\sin i,\\
[i,\,\omega] &= -\,na^2\sqrt{1-e^2}\,\{(\alpha'\alpha'' + \beta'\beta'' + \gamma'\gamma'')\cos\omega\\
&\qquad + (\alpha''\alpha + \beta''\beta + \gamma''\gamma)\sin\omega\} = 0.
\end{aligned}\right. \tag{53}$$

217. Berechnung von $[K,\,P]$. Wegen (51) werden die zweiten Gleichungen (50)

$$\begin{aligned}
[K,\,P] = S\Big\{&\Big[\xi\frac{\partial\alpha}{\partial K} + \eta\frac{\partial\alpha'}{\partial K}\Big]\Big[\alpha\frac{\partial\xi'}{\partial P} + \alpha'\frac{\partial\eta'}{\partial P}\Big]\\
&-\Big[\xi'\frac{\partial\alpha}{\partial K} + \eta'\frac{\partial\alpha'}{\partial K}\Big]\Big[\alpha\frac{\partial\xi}{\partial P} + \alpha'\frac{\partial\eta}{\partial P}\Big]\Big\}\\
= +&\Big[\alpha\frac{\partial\alpha}{\partial K} + \beta\frac{\partial\beta}{\partial K} + \gamma\frac{\partial\gamma}{\partial K}\Big]\Big[\xi\frac{\partial\xi'}{\partial P} - \xi'\frac{\partial\xi}{\partial P}\Big]\\
+&\Big[\alpha'\frac{\partial\alpha'}{\partial K} + \beta'\frac{\partial\beta'}{\partial K} + \gamma'\frac{\partial\gamma'}{\partial K}\Big]\Big[\eta\frac{\partial\eta'}{\partial P} - \eta'\frac{\partial\eta}{\partial P}\Big]\\
+&\Big[\alpha\frac{\partial\alpha'}{\partial K} + \beta\frac{\partial\beta'}{\partial K} + \gamma\frac{\partial\gamma'}{\partial K}\Big]\Big[\eta\frac{\partial\xi'}{\partial P} - \eta'\frac{\partial\xi}{\partial P}\Big]\\
+&\Big[\alpha'\frac{\partial\alpha}{\partial K} + \beta'\frac{\partial\beta}{\partial K} + \gamma'\frac{\partial\gamma}{\partial K}\Big]\Big[\xi\frac{\partial\eta'}{\partial P} - \xi'\frac{\partial\eta}{\partial P}\Big].
\end{aligned}$$

Aus den Gleichungen (45), (47), (48) und (49) folgt

$$\begin{aligned}
&\alpha\frac{\partial\alpha}{\partial K} + \beta\frac{\partial\beta}{\partial K} + \gamma\frac{\partial\gamma}{\partial K} = 0,\\
&\alpha'\frac{\partial\alpha'}{\partial K} + \beta'\frac{\partial\beta'}{\partial K} + \gamma'\frac{\partial\gamma'}{\partial K} = 0,\\
&\alpha\frac{\partial\alpha'}{\partial K} + \beta\frac{\partial\beta'}{\partial K} + \gamma\frac{\partial\gamma'}{\partial K} = -\Big[\alpha'\frac{\partial\alpha}{\partial K} + \beta'\frac{\partial\beta}{\partial K} + \gamma'\frac{\partial\gamma}{\partial K}\Big].
\end{aligned}$$

Daher

$$(54)\quad \begin{cases} [K,\ P] = \left[\alpha' \frac{\partial \alpha}{\partial K} + \beta' \frac{\partial \beta}{\partial K} + \gamma' \frac{\partial \gamma}{\partial K}\right] \\ \qquad \times \left[\xi \frac{\partial \eta'}{\partial P} + \eta' \frac{\partial \xi}{\partial P} - \xi' \frac{\partial \eta}{\partial P} - \eta \frac{\partial \xi'}{\partial P}\right] \\ = \left[\alpha' \frac{\partial \alpha}{\partial K} + \beta' \frac{\partial \beta}{\partial K} + \gamma' \frac{\partial \gamma}{\partial K}\right] \frac{\partial (\xi \eta' - \eta \xi')}{\partial P} \\ = k\sqrt{S + m_1}\left[\alpha' \frac{\partial \alpha}{\partial K} + \beta' \frac{\partial \beta}{\delta K} + \gamma' \frac{\partial \gamma}{\partial K}\right] \frac{\partial \sqrt{p}}{\partial P}. \end{cases}$$

Es sei der Reihe nach $P = a,\ e,\ \sigma$, dann ergibt sich

$$(55)\quad \begin{cases} k\sqrt{S + m_1}\,\frac{\partial \sqrt{a(1-e^2)}}{\partial a} = \frac{n a}{2}\sqrt{1-e^2}, \\ k\sqrt{S + m_1}\,\frac{\partial \sqrt{a(1-e^2)}}{\partial e} = -\frac{n a^2 e}{\sqrt{1-e^2}}, \\ k\sqrt{S + m_1}\,\frac{\partial \sqrt{a(1-e^2)}}{\partial \sigma} = 0. \end{cases}$$

Es sei nacheinander $K = \omega,\ \Omega,\ i$ in (54), dann findet man mit Rücksicht auf (55)

$$(56)\quad \begin{cases} [\omega,\ a] = \frac{n a}{2}\sqrt{1-e^2}, & [\omega,\ e] = \frac{-n a^2 e}{\sqrt{1-e^2}}, & [\omega,\ \sigma] = 0, \\ [\Omega,\ a] = \frac{n a}{2}\sqrt{1-e^2}\cos i, & [i,\ a] = 0, & [i,\ e] = 0, \\ [\Omega,\ e] = \frac{-n a^2 e}{\sqrt{1-e^2}}\cos i, & [\Omega,\ \sigma] = 0, & [i,\ \sigma] = 0. \end{cases}$$

218. Berechnung von $[a,\ e]$, $[e,\ \sigma]$, $[\sigma,\ a]$. In Anbetracht von (51) wird die dritte Gleichung (50)

$$\begin{aligned} [P, Q] = S \Big\{ & \left[\alpha \frac{\partial \xi}{\partial P} + \alpha' \frac{\partial \eta}{\partial P}\right]\left[\alpha \frac{\partial \xi'}{\partial Q} + \alpha' \frac{\partial \eta'}{\partial Q}\right] \\ & - \left[\alpha \frac{\partial \xi'}{\partial P} + \alpha' \frac{\partial \eta'}{\partial P}\right]\left[\alpha \frac{\partial \xi}{\partial Q} + \alpha' \frac{\partial \eta}{\partial Q}\right]\Big\} \\ = + & (\alpha^2 + \beta^2 + \gamma^2)\left[\frac{\partial \xi}{\partial P}\frac{\partial \xi'}{\partial Q} - \frac{\partial \xi}{\partial Q}\frac{\partial \xi'}{\partial P}\right] \\ + & (\alpha'^2 + \beta'^2 + \gamma'^2)\left[\frac{\partial \eta}{\partial P}\frac{\partial \eta'}{\partial Q} - \frac{\partial \eta}{\partial Q}\frac{\partial \eta'}{\partial P}\right] \\ + & (\alpha\alpha' + \beta\beta' + \gamma\gamma')\left[\frac{\partial \xi}{\partial P}\frac{\partial \eta'}{\partial Q} - \frac{\partial \xi}{\partial Q}\frac{\partial \eta'}{\partial P} + \frac{\partial \xi'}{\partial Q}\frac{\partial \eta}{\partial P} - \frac{\partial \xi'}{\partial P}\frac{\partial \eta}{\partial Q}\right]. \end{aligned}$$

Wegen der Gleichungen (45) reduziert sich die rechte Seite dieser Gleichung auf

$$(57)\qquad [P,\ Q] = \frac{\partial \xi}{\partial P}\frac{\partial \xi'}{\partial Q} - \frac{\partial \xi}{\partial Q}\frac{\partial \xi'}{\partial P} + \frac{\partial \eta}{\partial P}\frac{\partial \eta'}{\partial Q} - \frac{\partial \eta}{\partial Q}\frac{\partial \eta'}{\partial P}.$$

Da die Klammerausdrücke die Zeit t nicht explizite enthalten, so kann t nach Bildung der partiellen Ableitungen beliebig angenommen werden. Die partiellen Ableitungen werden am einfachsten, wenn $t = T$, der Zeit des Periheldurchgangs gesetzt wird. Für diesen Wert von t ist $E = 0, r = a(1-e)$, und man findet aus den Gleichungen (46)[1])

$$(58)\quad \begin{cases} \dfrac{\partial \xi}{\partial a} = 1 - e, & \dfrac{\partial \eta}{\partial a} = 0, \quad \dfrac{\partial \xi'}{\partial a} = 0, \quad \dfrac{\partial \eta'}{\partial a} = -\dfrac{n}{2}\sqrt{\dfrac{1+e}{1-e}}, \\ \dfrac{\partial \xi}{\partial e} = -a, & \dfrac{\partial \eta}{\partial e} = 0, \quad \dfrac{\partial \xi'}{\partial e} = 0, \quad \dfrac{\partial \eta'}{\partial e} = \dfrac{1}{1-e} \cdot \dfrac{na}{\sqrt{1-e^2}}, \\ \dfrac{\partial \xi}{\partial \sigma} = 0, & \dfrac{\partial \eta}{\partial \sigma} = a\sqrt{\dfrac{1+e}{1-e}}, \quad \dfrac{\partial \xi'}{\partial \sigma} = \dfrac{-na}{(1-e)^2}, \quad \dfrac{\partial \eta'}{\partial \sigma} = 0. \end{cases}$$

Dann liefert Gleichung (57)

$$(59)\qquad [a, e] = 0, \quad [e, \sigma] = 0, \quad [\sigma, a] = \frac{na}{2}.$$

Macht man Gebrauch von der Tatsache, daß $[a_i, a_j] = -[a_j a_i]$ und von den Gleichungen (53), (56) und (59), so werden die Gleichungen (33)

$$(60)\quad \begin{cases} \dfrac{na}{2}\sqrt{1-e^2}\dfrac{da}{dt} - \dfrac{na^2 e}{\sqrt{1-e^2}}\dfrac{de}{dt} = m_2 \dfrac{\partial R_{1,2}}{\partial \omega}, \\ -na^2\sqrt{1-e^2}\sin i\dfrac{di}{dt} + \dfrac{na}{2}\sqrt{1-e^2}\cos i\dfrac{da}{dt} \\ \qquad\qquad - \dfrac{na^2 e}{\sqrt{1-e^2}}\cos i\dfrac{de}{dt} = m_2\dfrac{\partial R_{1,2}}{\partial \Omega}, \\ na^2\sqrt{1-e^2}\sin i\dfrac{d\Omega}{dt} = m_2\dfrac{\partial R_{1,2}}{\partial i}, \\ -\dfrac{na}{2}\sqrt{1-e^2}\dfrac{d\omega}{dt} - \dfrac{na}{2}\sqrt{1-e^2}\cos i\dfrac{\partial \Omega}{\partial t} - \dfrac{na}{2}\dfrac{d\sigma}{dt} = m_2\dfrac{\partial R_{1,2}}{\partial a}, \\ \dfrac{na^2 e}{\sqrt{1-e^2}}\dfrac{d\omega}{dt} + \dfrac{na^2 e\cos i}{\sqrt{1-e^2}}\dfrac{d\Omega}{dt} = m_2\dfrac{\partial R_{1,2}}{\partial e}, \\ \dfrac{na}{2}\dfrac{da}{dt} = m_2\dfrac{\partial R_{1,2}}{d\sigma}. \end{cases}$$

Diese Gleichungen lassen sich leicht nach den Ableitungen auflösen und liefern

---

1) Es wird daran erinnert, daß a und e explizite eingehen und außerdem implizite durch E und n, denn E ist definiert durch die Gleichung

$$E - e\sin E = n(t-T) = \frac{k\sqrt{S+m_1}}{a^{\frac{3}{2}}}(t-T).$$

Somit $\quad \dfrac{\partial \xi}{\partial a} = \cos E - e - a\sin E\dfrac{\partial E}{\partial a} = 1 - e$, wenn $t = T$, etc.

$$(61)\quad \left\{\begin{aligned}
\frac{d\Omega}{dt} &= \frac{m_2}{na^2\sqrt{1-e^2}\sin i}\frac{\partial R_{1,2}}{\partial i},\\
\frac{di}{dt} &= \frac{m_2\cos i}{na^2\sqrt{1-e^2}\sin i}\frac{\partial R_{1,2}}{\partial\omega} - \frac{m_2}{na^2\sqrt{1-e^2}\sin i}\frac{\partial R_{1,2}}{\partial\Omega},\\
\frac{d\omega}{dt} &= \frac{-m_2\cos i}{na^2\sqrt{1-e^2}\sin i}\frac{\partial R_{1,2}}{\partial i} + \frac{m_2\sqrt{1-e^2}}{na^2 e}\frac{\partial R_{1,2}}{\partial e},\\
\frac{da}{dt} &= \frac{2m_2}{na}\frac{\partial R_{1,2}}{\partial\sigma},\\
\frac{de}{dt} &= \frac{m_2(1-e^2)}{na^2 e}\frac{\partial R_{1,2}}{\partial\sigma} - \frac{m_2\sqrt{1-e^2}}{na^2 e}\frac{\partial R_{1,2}}{\partial\omega},\\
\frac{d\sigma}{dt} &= -\frac{m_2(1-e^2)}{na^2 e}\frac{\partial R_{1,2}}{\partial e} - \frac{2m_2}{na}\frac{\partial R_{1,2}}{\partial a}.
\end{aligned}\right.$$

Die Störungsfunktion $R_{1,2}$ enthält das Element a explizite und auch implizite durch n, welches nur in der Kombination $nt+\sigma$ auftritt. Folglich wird die letzte Gleichung (61)

$$(62)\quad \frac{d\sigma}{dt} = -\frac{m_2(1-e^2)}{na^2 e}\frac{\partial R_{1,2}}{\partial e} - \frac{2m^2}{na}\left(\frac{\partial R_{1,2}}{\partial a}\right) - \frac{2m_2}{na}\frac{\partial R_{1,2}}{\partial n}\frac{\partial n}{\partial a},$$

wo die partielle Ableitung in der Klammer andeutet, daß die Ableitung nur soweit zu nehmen ist, als der Parameter explizite erscheint.

Aus der Kombination $nt+\sigma$ folgt

$$(63)\quad \frac{2m_2}{na}\frac{\partial R_{1,2}}{\partial n} = \frac{2m_2 t}{na}\frac{\partial R_{1,2}}{\partial\sigma} = t\frac{da}{dt}.$$

Es wird (§§ 225—227) gezeigt werden, daß $\frac{\partial R_{1,2}}{\partial\sigma}$ eine Summe von periodischen Gliedern darstellt; daher enthält σ, das durch (62) definiert, Glieder, welche die Produkte aus t und trigonometrischen Gliedern bilden. Es ist augenscheinlich, daß ein solches Element unbequem ist, wenn für t große Werte eingesetzt werden. Um diese Schwierigkeit zu vermeiden, benutzte Leverrier[1]) an Stelle von σ die mittlere Länge vom Perihel als ein Element. Sie wird definiert durch

$$(64)\quad l = \int n\,dt + \sigma,$$ woraus

$$(65)\quad \frac{dl}{dt} = n + t\frac{dn}{dt} + \frac{d\sigma}{dt}.$$

Da $$n = \frac{k\sqrt{S+m_1}}{a^{\frac{3}{2}}},$$ so folgt

$$(66)\quad \frac{\partial n}{\partial a} = -\frac{3}{2}\frac{n}{a},\quad \frac{dn}{dt} = -\frac{3n}{2a}\frac{da}{dt}.$$

1) *Annales de l'Observatoire de Paris*, vol. I., p. 255.

Folglich wird Gleichung (65), wenn man (62) berücksichtigt,

$$\frac{dl}{dt} = n - \frac{m_2(1-e^2)}{na^2e}\frac{\partial R_{1,2}}{\partial e} - \frac{2m_2}{na}\left(\frac{\partial R_{1,2}}{\partial a}\right). \tag{67}$$

Da $\frac{\partial R_{1,2}}{\partial \sigma} = \frac{\partial R_{1,2}}{\partial l}$, so behalten die vierte und fünfte Gleichung, in denen allein die partielle Ableitung von $R_{1,2}$ nach σ auftritt, ihre Form bei. Wenn daher l in (61) an Stelle von σ benutzt wird, so bleiben die Gleichungen in der Form ungeändert, und die partielle Ableitung von $R_{1,2}$ nach a ist nur soweit zu nehmen, als a explizite auftritt.

219. Übergang von ☊, ω und σ zu ☊, π und ε. Die Transformation von den Elementen ☊, ω und σ in ☊, π und ε ist leicht ausführbar, da die Beziehungen zwischen den ω und σ und den π und ε einfach sind. Aus den Definitionen der Paragraphen 214 und 215 ergibt sich

$$\left\{\begin{aligned} ☊ &= ☊, \\ \omega &= \pi - ☊, \\ \sigma &= \varepsilon - \pi, \end{aligned}\right. \tag{68}$$

woraus

$$\left\{\begin{aligned} \frac{d☊}{dt} &= \frac{d☊}{dt}, \\ \frac{d\omega}{dt} &= \frac{d\pi}{dt} - \frac{d☊}{dt}, \\ \frac{d\sigma}{dt} &= \frac{d\varepsilon}{dt} - \frac{d\pi}{dt}. \end{aligned}\right. \tag{69}$$

Löst man (68) nach ☊, π und ε auf, so folgt

$$\left\{\begin{aligned} ☊ &= ☊, \\ \pi &= \omega + ☊, \\ \varepsilon &= \sigma + \pi = \sigma + \omega + ☊. \end{aligned}\right. \tag{70}$$

Daher sind die Transformationen in den partiellen Ableitungen gegeben durch die Gleichungen

$$\left\{\begin{aligned} \frac{\partial R_{1,2}}{\partial ☊} &= \left(\frac{\partial R_{1,2}}{\partial ☊}\right)\frac{\partial ☊}{\partial ☊} + \left(\frac{\partial R_{1,2}}{\partial \pi}\right)\frac{\partial \pi}{\partial ☊} + \left(\frac{\partial R_{1,2}}{\partial \varepsilon}\right)\frac{\partial \varepsilon}{\partial ☊} \\ &= \left(\frac{\partial R_{1,2}}{\partial ☊}\right) + \left(\frac{\partial R_{1,2}}{\partial \pi}\right) + \left(\frac{\partial R_{1,2}}{\partial \varepsilon}\right), \\ \frac{\partial R_{1,2}}{\partial \omega} &= \left(\frac{\partial R_{1,2}}{\partial ☊}\right)\frac{\partial ☊}{\partial \omega} + \left(\frac{\partial R_{1,2}}{\partial \pi}\right)\frac{\partial \pi}{\partial \omega} + \left(\frac{\partial R_{1,2}}{\partial \varepsilon}\right)\frac{\partial \varepsilon}{\partial \omega} \\ &= \left(\frac{\partial R_{1,2}}{\partial \pi}\right) + \left(\frac{\partial R_{1,2}}{\partial \varepsilon}\right), \\ \frac{\partial R_{1,2}}{\partial \sigma} &= \left(\frac{\partial R_{1,2}}{\partial ☊}\right)\frac{\partial ☊}{\partial \sigma} + \left(\frac{\partial R_{1,2}}{\partial \pi}\right)\frac{\partial \pi}{\partial \sigma} + \left(\frac{\partial R_{1,2}}{\partial \varepsilon}\right)\frac{\partial \varepsilon}{\partial \sigma} \\ &= \left(\frac{\partial R_{1,2}}{\partial \varepsilon}\right). \end{aligned}\right. \tag{71}$$

Setzt man (69) und (71) in (61) ein und löst nach den Ableitungen der Elemente nach t auf, so findet man unter Fortlassung der Klammern

$$(72)\quad \begin{cases} \dfrac{d\Omega}{dt} = \dfrac{m_2}{na^2\sqrt{1-e^2}\sin i}\dfrac{\partial R_{1,2}}{\partial i}, \\[2ex] \dfrac{di}{dt} = \dfrac{-m_2}{na^2\sqrt{1-e^2}\sin i}\dfrac{\partial R_{1,2}}{\partial \Omega} - \dfrac{m_2 \operatorname{tg}\frac{i}{2}}{na^2\sqrt{1-e^2}}\left[\dfrac{\partial R_{1,2}}{\partial \pi} + \dfrac{\partial R_{1,2}}{\partial \varepsilon}\right], \\[2ex] \dfrac{d\pi}{dt} = \dfrac{m_2 \operatorname{tg}\frac{i}{2}}{na^2\sqrt{1-e^2}}\dfrac{\partial R_{1,2}}{\partial i} + \dfrac{m_2\sqrt{1-e^2}}{na^2 e}\dfrac{\partial R_{1,2}}{\partial e} \\[2ex] \dfrac{da}{dt} = \dfrac{2m_2}{na}\dfrac{\partial R_{1,2}}{\partial \varepsilon}, \\[2ex] \dfrac{de}{dt} = -m_2\sqrt{1-e^2}\,\dfrac{1-\sqrt{1-e^2}}{na^2 e}\dfrac{\partial R_{1,2}}{\partial \varepsilon} - \dfrac{m_2\sqrt{1-e^2}}{na^2 e}\dfrac{\partial R_{1,2}}{\partial \pi}, \\[2ex] \dfrac{d\varepsilon}{dt} = \dfrac{m_2 \operatorname{tg}\frac{i}{2}}{na^2\sqrt{1-e^2}}\dfrac{\partial R_{1,2}}{\partial i} + m_2\sqrt{1-e^2}\,\dfrac{1-\sqrt{1-e^2}}{na^2 e}\dfrac{\partial R_{1,2}}{\partial e} \\ \qquad\qquad - \dfrac{2m_2}{na}\dfrac{\partial R_{1,2}}{\partial a}. \end{cases}$$

Diese Gleichungen[1]), zusammen mit den entsprechenden für die Elemente des Planeten m_2, bilden ein exaktes System von Differentialgleichungen zur Bestimmung der Bewegung der Planeten m_1 und m_2 in bezug auf die Sonne, wenn keine anderen Kräfte wirken als die gegenseitigen Anziehungen der drei Körper.

Wenn $R_{1,2}$ durch die Zeit und die oskulierenden Elemente für die Epoche t_0 ausgedrückt wird, dann werden die Gleichungen (72) die expliziten Ausdrücke für die erste Hälfte des Systems (27) und bestimmen die Störungen der Elemente, welche von der ersten Ordnung in bezug auf die Massen sind.

220. Einführung von rechtwinkligen Komponenten der störenden Beschleunigung. Die Gleichungen (72) erfordern für ihre Anwendung, daß $R_{1,2}$ zuerst durch die Elemente ausgedrückt wird, worauf die partiellen Ableitungen gebildet werden müssen. In gewissen Fällen, besonders im Falle von Kometenbahnen, ist es vorteilhaft, die Änderungen der Elemente durch die drei rechtwinkligen Komponenten der störenden Beschleunigung auszudrücken.

Die störende Beschleunigung zerlegen wir nach den drei rechtwinkligen Komponenten W, S, R, wo W die Komponente der Beschleunigung

1) Der Index 1, welcher bei den Koordinaten und Elementen in § 213 fortgelassen wurde, muß wieder gesetzt werden, wenn die Gleichungen sich auf mehr als einen Planeten beziehen.

senkrecht zur Bahnebene mit der positiven Richtung nach dem Nordpol darstellt; S die Komponente in der Bahnebene, welche rechtwinklig zum Radius Vektor in der positiven Richtung wirkt, die mit der Bewegungsrichtung einen Winkel kleiner als 90° bildet; R die Komponente längs des Radius Vektor positiv in Richtung von der Sonne fort. Natürlich kann man die Komponenten des vorhergehenden Kapitels an Stelle von diesen benutzen, dann ergeben sich aber weniger einfache Gleichungen.

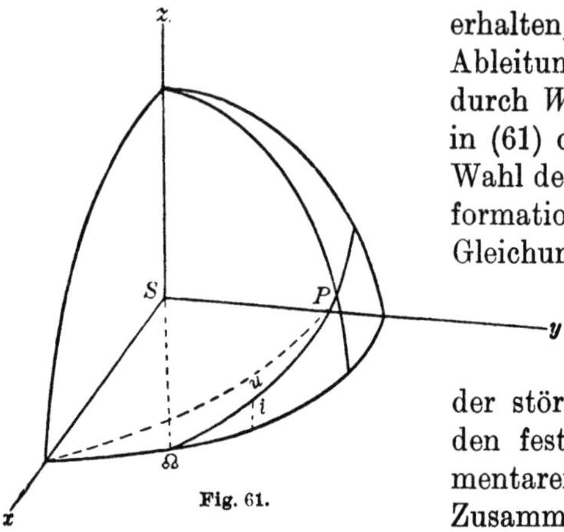

Fig. 61.

Um die gewünschten Gleichungen zu erhalten, ist es nur nötig, die partiellen Ableitungen von $R_{1,2}$ nach den Elementen durch W, S und R auszudrücken und sie in (61) oder (72) einzusetzen, je nach der Wahl der benutzten Elemente. Die Transformation soll für die Elemente in den Gleichungen (61) ausgeführt werden.

Die Größen $m_2 \frac{\partial R_{1,2}}{\partial x}$, $m_2 \frac{\partial R_{1,2}}{\partial y}$, $m_2 \frac{\partial R_{1,2}}{\partial z}$ sind die Komponenten der störenden Beschleunigung parallel zu den festen Bezugsachsen. Aus den elementaren Eigenschaften der Zerlegung und Zusammensetzung von Beschleunigungen ergibt sich, daß $m_2 \frac{\partial R_{1,2}}{\partial x}$ gleich der Summe der Projektionen von W, S und R auf die x-Achse ist, und ähnlich für die anderen.

Es sei u das Argument der Breite oder die Entfernung vom aufsteigenden Knoten bis zu dem Planeten P, Fig. 61. Dann folgt aus den fundamentalen Formen der Trigonometrie

$$(73)\quad \begin{cases} m_2 \frac{\partial R_{1,2}}{\partial x} = + R(\cos u \cos ☊ - \sin u \sin ☊ \cos i) \\ \qquad - S(\sin u \cos ☊ + \cos u \sin ☊ \cos i) \\ \qquad + W \sin ☊ \sin i, \\ m_2 \frac{\partial R_{1,2}}{\partial y} = + R(\cos u \sin ☊ + \sin u \cos ☊ \cos i) \\ \qquad - S(\sin u \sin ☊ - \cos u \cos ☊ \cos i) \\ \qquad - W \cos ☊ \sin i, \\ m_2 \frac{\partial R_{1,2}}{\partial z} = + R \sin u \sin i + S \cos u \sin i + W \cos i. \end{cases}$$

Es möge s irgendeins von den Elementen ☊, . . ., σ darstellen; dann ist

$$(74)\quad \frac{\partial R_{1,2}}{\partial s} = \frac{\partial R_{1,2}}{\partial x}\frac{\partial x}{\partial s} + \frac{\partial R_{1,2}}{\partial y}\frac{\partial y}{\partial s} + \frac{\partial R_{1,2}}{\partial z}\frac{\partial z}{\partial s}.$$

Die Ableitungen $\frac{\partial R_{1,2}}{\partial x}$, $\frac{\partial R_{1,2}}{\partial y}$, $\frac{\partial R_{1,2}}{\partial z}$ sind in (73) gegeben, und nach Bestimmung von $\frac{\partial x}{\partial s}$, $\frac{\partial y}{\partial s}$ und $\frac{\partial z}{\partial s}$ kann die Transformation sofort zu Ende geführt werden.

Aus den Gleichungen (51) folgt

$$
(75)\quad \begin{cases}
\frac{\partial x}{\partial K} = \xi \frac{\partial \alpha}{\partial K} + \eta \frac{\partial \alpha'}{\partial K}, & \frac{\partial x}{\partial P} = \alpha \frac{\partial \xi}{\partial P} + \alpha' \frac{\partial \eta}{\partial P}, \\
\frac{\partial y}{\partial K} = \xi \frac{\partial \beta}{\partial K} + \eta \frac{\partial \beta'}{\partial K}, & \frac{\partial y}{\partial P} = \beta \frac{\partial \xi}{\partial P} + \beta' \frac{\partial \eta}{\partial P}, \\
\frac{\partial z}{\partial K} = \xi \frac{\partial \gamma}{\partial K} + \eta \frac{\partial \gamma'}{\partial K}, & \frac{\partial z}{\partial P} = \gamma \frac{\partial \xi}{\partial P} + \gamma' \frac{\partial \eta}{\partial P},
\end{cases}
$$

wo K irgendeins von den Elementen ☊, i, ω und P irgendeins von den Elementen a, e, σ bedeuten. Die Größen $\alpha, \ldots, \gamma'$ sind in (44) definiert, und ihre Ableitungen sind in (47), (48) und (49) gegeben; die Ableitungen $\frac{\partial \xi}{\partial P}$ und $\frac{\partial \eta}{\partial P}$ sind aus (46) zu bestimmen.

Man findet nach einigen ziemlich langen, aber einfachen Reduktionen, daß

$$
(76)\quad \begin{cases}
m_2 \frac{\partial R_{1,2}}{\partial ☊} = S r \cos i - W r \cos u \sin i, \\
m_2 \frac{\partial R_{1,2}}{\partial i} = W r \sin u, \\
m_2 \frac{\partial R_{1,2}}{\partial \omega} = S r, \\
m_2 \frac{\partial R_{1,2}}{\partial a} = R \frac{r}{a}, \\
m_2 \frac{\partial R_{1,2}}{\partial e} = - R a \cos v + S \left[1 + \frac{r}{p}\right] a \sin v, \\
m_2 \frac{\partial R_{1,2}}{\partial \sigma} = \frac{R a e}{\sqrt{1-e^2}} \sin v + S \frac{a^2}{r} \sqrt{1-e^2}.
\end{cases}
$$

Daher werden die Gleichungen (61)

$$
(77)\quad \begin{cases}
\frac{d ☊}{dt} = \frac{r \sin u}{n a^2 \sqrt{1-e^2} \sin i} W, \\
\frac{di}{dt} = \frac{r \cos u}{u a^2 \sqrt{1-e^2}} W, \\
\frac{d\omega}{dt} = \frac{-\sqrt{1-e^2} \cos v}{n a e} R + \frac{\sqrt{1-e^2}}{n a e} \left[1 + \frac{r}{p}\right] \sin v \, S \\
\qquad\qquad - \frac{r \sin u \operatorname{ctg} i}{n a^2 \sqrt{1-e^2}} W,
\end{cases}
$$

$$(77)\quad\begin{cases}\dfrac{da}{dt}=\dfrac{2e\sin v}{n\sqrt{1-e^2}}R+\dfrac{2a\sqrt{1-e^2}}{nr}S,\\[2ex] \dfrac{de}{dt}=\dfrac{\sqrt{1-e^2}\sin v}{na}R+\dfrac{\sqrt{1-e^2}}{na^2e}\left[\dfrac{a^2(1-e^2)}{r}-r\right]S,\\[2ex] \dfrac{d\sigma}{dt}=-\dfrac{1}{na}\left[\dfrac{2r}{a}-\dfrac{1-e^2}{e}\cos v\right]R-\dfrac{(1-e^2)}{nae}\left[1+\dfrac{r}{p}\right]\sin v\,S.\end{cases}$$

XXVI. Aufgaben.

1. Man stelle die Komponenten S und R dieses Kapitels durch T und N dar, welche in Kapitel IX, § 174 benutzt wurden.

Lösung:
$$\begin{cases}S=\dfrac{(1+e\cos v)}{\sqrt{1+e^2+2e\cos v}}T+\dfrac{e\sin v}{\sqrt{1+e^2+2e\cos v}}N,\\[2ex] R=\dfrac{e\sin v}{\sqrt{1+e^2+2e\cos v}}T-\dfrac{1+e\cos v}{\sqrt{1+e^2+2e\cos v}}N.\end{cases}$$

2. Mit Hilfe der Gleichungen der Aufgabe 1 drücke man die Änderungen der Elemente $\Omega, \ldots, \sigma$ durch T und N aus und verifiziere die sämtlichen Ergebnisse der Tabelle § 182.

3. Man erkläre, warum $\dfrac{d\omega}{dt}$ ein Glied enthält, welches von W abhängt.

4. Unter der Annahme, daß der gestörte Körper sich in einem widerstehenden Mittel bewegt, finde man die Gleichungen für die Änderungen der Elemente.

Lösung:
$$\begin{cases}\dfrac{d\Omega}{dt}=0,\\[2ex] \dfrac{di}{dt}=0,\\[2ex] \dfrac{d\omega}{dt}=\dfrac{2\sqrt{1-e^2}}{nae}\,\dfrac{\sin v}{\sqrt{1+e^2+2e\cos v}}T,\\[2ex] \dfrac{da}{dt}=\dfrac{2\sqrt{1+e^2+2e\cos v}}{n\sqrt{1-e^2}}T,\\[2ex] \dfrac{de}{dt}=\dfrac{2\sqrt{1-e^2}\,(\cos v+e)}{na\sqrt{1+e^2+2e\cos v}}T,\\[2ex] \dfrac{d\sigma}{dt}=-\dfrac{2(1-e^2)(1+e^2+e\cos v)\sin v}{nae(1+e\cos v)\sqrt{1+e^2+2e\cos v}}T.\end{cases}$$

5. Man diskutiere die Art, wie die Elemente in der letzten Aufgabe sich ändern, einschließlich der Werte von v, für welche die Maxima und Minima in der Geschwindigkeit der Änderungen eintreten, (a) falls T konstant ist, (b) falls T dem Quadrat der Geschwindigkeit proportional ist.

6. Man leite die (77) entsprechenden Beziehungen für die Elemente Ω, i, π, a, e und ε ab.

$$\text{Lösung:}\quad\begin{cases}\dfrac{d\Omega}{dt}=\dfrac{r\sin u}{na^2\sqrt{1-e^2}\sin i}W,\\[2mm] \dfrac{di}{dt}=\dfrac{r\cos u}{na^2\sqrt{1-e^2}}W,\\[2mm] \dfrac{d\pi}{dt}=2\sin^2\dfrac{i}{2}\dfrac{d\Omega}{dt}+\dfrac{\sqrt{1-e^2}}{nae}\left\{-R\cos v+S\left(1+\dfrac{r}{p}\right)\sin v\right\},\\[2mm] \dfrac{da}{dt}=\dfrac{2}{n\sqrt{1-e^2}}\left(Re\sin v+S\dfrac{p}{r}\right),\\[2mm] \dfrac{de}{dt}=\dfrac{\sqrt{1-e^2}}{na}\left\{R\sin v+S\left(\dfrac{e+\cos v}{1+e\cos v}+\cos v\right)\right\},\\[2mm] \dfrac{d\varepsilon}{dt}=-\dfrac{2rR}{na^2}+\dfrac{e^2}{1+\sqrt{1-e^2}}\dfrac{d\pi}{dt}+2\sqrt{1-e^2}\sin^2\dfrac{i}{2}\dfrac{d\Omega}{dt}.\end{cases}$$

221. Entwicklung der Störungsfunktion. Um die Gleichungen (72) anzuwenden, muß die Störungsfunktion $R_{1,2}$ durch die Elemente und die Zeit explizite dargestellt werden. Von hier an sollen nur Störungen der ersten Ordnung betrachtet werden; daher sind nach den Ergebnissen des § 208 die Elemente, welche in $R_{1,2}$ auftreten, die oskulierenden Elemente für die Zeit t_0.

In der Bezeichnungsweise des § 205 lautet die Störungsfunktion

$$(78)\qquad\begin{cases}R_{1,2}=k^2\left[\dfrac{1}{r_{1,2}}-\dfrac{x_1x_2+y_1y_2+z_1z_2}{r_2^{\,3}}\right],\\[2mm] r_{1,2}=\sqrt{(x_2-x_1)^2+(y_2-y_1)^2+(z_2-z_1)^2},\\[1mm] r_2=\sqrt{x_2^{\,2}+y_2^{\,2}+z_2^{\,2}}.\end{cases}$$

Die störenden Kräfte hängen augenscheinlich von den Neigungen der Bahnkurven gegeneinander in höherem Maße ab als von ihren Neigungen im einzelnen zu der festen Bezugsebene. Es wird daher angemessen sein, $R_{1,2}$ nach den Größen der gegenseitigen Neigung zu entwickeln. Da dieser Winkel durch i_1, i_2, Ω_1 und Ω_2 ausdrückbar ist, so werden die partiellen Ableitungen von $R_{1,2}$ nach diesen Elementen zum Teil von ihrem impliziten Auftreten in diesem Winkel abhängen.

Die Entwicklung der Störungsfunktion geht in drei Schritten vor sich:[1])

a) Entwicklung von $R_{1,2}$ in eine Potenzreihe nach dem Quadrat des Sinus der halben gegenseitigen Neigung der Bahnkurven.

b) Darstellung der Koeffizienten der Potenzreihe a) als Potenzreihen in e_1 und e_2.

1) Es bestehen viele mehr oder weniger wichtige Änderungen der hier skizzierten Methode, welche auf dem Werk von Leverrier in den *Annales de l'Observatoire de Paris*, vol. I. beruht.

c) Darstellung der Koeffizienten der Potenzreihen b) als Fouriersche Reihen in den mittleren Längen der beiden Planeten und den Winkelvariablen π_1, π_2, Ω_1 und Ω_2.

Bei dem bescheidenen Umfang dieses Buches ist es nicht möglich, mehr als einen allgemeinen Umriß der Entwicklungen zu geben, welche zur vollständigen Darstellung notwendig sind. Eine ins einzelne gehende Diskussion enthält Tisserands *Mécanique Céleste*, Band I, Kapitel XII bis XVIII einschließlich.

222. a) Entwicklung von $R_{1,2}$ nach der gegenseitigen Neigung. S bezeichne den Winkel zwischen den Leitstrahlen r_1 und r_2; dann ist

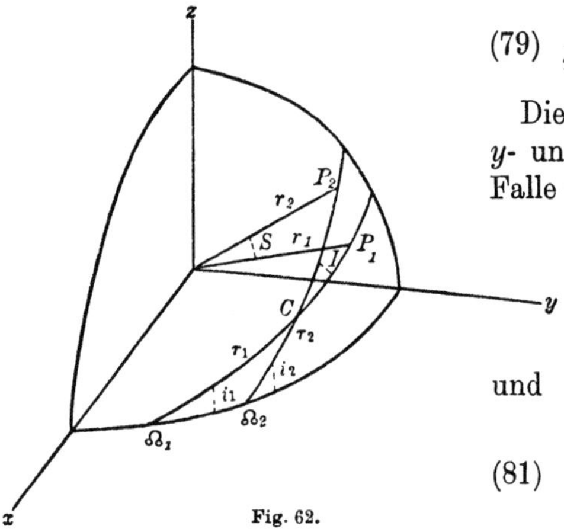

Fig. 62.

$$\frac{1}{r_{1,2}} = (r_1^2 + r_2^2 - 2r_1r_2\cos S)^{-\frac{1}{2}} \tag{79}$$

Die Winkel zwischen r_1 und der x-, y- und z-Achse seien α_1, β_1, γ_1 und im Falle von r_2, α_2, β_2, γ_2. Dann gilt

$$\left\{\begin{aligned} x_1 &= r_1 \cos\alpha_1, \\ y_1 &= r_1\cos\beta_1, \\ z_1 &= r_1\cos\gamma_1, \quad \text{etc.,} \end{aligned}\right. \tag{80}$$

und

$$\begin{aligned} &x_1x_2 + y_1y_2 + z_1z_2 \\ &= r_1r_2(\cos\alpha_1\cos\alpha_2 + \cos\beta_1\cos\beta_2 \\ &+ \cos\gamma_1\cos\gamma_2) = r_1r_2\cos S. \end{aligned} \tag{81}$$

Es bedeute I den Winkel zwischen den beiden Bahnkurven, und τ_1 und τ_2 die Abstände von den aufsteigenden Knoten bis zu ihrem Schnittpunkt, dann folgt aus dem sphärischen Dreieck P_1P_2C

$$\left\{\begin{aligned} \cos S &= \cos(u_1 - \tau_1)\cos(u_2 - \tau_2) \\ &\quad + \sin(u_1 - \tau_1)\sin(u_2 - \tau_2)\cos I, \qquad \text{oder} \\ \cos S &= \cos(u_1 - u_2 + \tau_2 - \tau_1) \\ &\quad - 2\sin(u_1 - \tau_1)\sin(u_2 - \tau_2)\sin^2\frac{I}{2}, \\ u_1 - \tau_1 &= v_1 + \pi_1 - \Omega_1 - \tau_1, \\ u_2 - \tau_2 &= v_2 + \pi_2 - \Omega_2 - \tau_2. \end{aligned}\right. \tag{82}$$

Die Größen I, τ_1 und τ_2 ergeben sich aus den Formeln von Gauß, angewandt auf das Dreieck $\Omega_1\Omega_2C$. Man findet

$$
(83)\begin{cases}
\sin I \sin \tau_1 = -\sin i_2 \sin(\Omega_1 - \Omega_2), \\
\sin I \sin \tau_2 = -\sin i_1 (\Omega_1 - \Omega_2) \\
\sin I \cos \tau_1 = \sin i_1 \cos i_2 - \cos i_1 \sin i_2 \cos(\Omega_1 - \Omega_2), \\
\sin I \cos \tau_2 = +\cos i_1 \sin i_2 - \sin i_1 \cos i_2 \cos(\Omega_1 - \Omega_2), \\
\qquad \cos I = \cos i_1 \cos i_2 + \sin i_1 \sin i_2 \cos(\Omega_1 - \Omega_2).
\end{cases}
$$

Der Einfachheit halber sollen I, τ_1 und τ_2 beibehalten werden, doch ist zu beachten, wenn die partiellen Ableitungen von $R_{1,2}$ gebildet werden, daß sie Funktionen von i_1, i_2, Ω_1 und Ω_2 sind.

Infolge von (79), (81) und (82) läßt sich die Störungsfunktion in der Form schreiben

$$
(84)\begin{cases}
\frac{R_{1,2}}{k^2} = [r_1^2 + r_2^2 - 2r_1r_2\cos(u_1 - u_2 + \tau_2 - \tau_1)]^{-\frac{1}{2}} \\
\qquad \times \left[1 + \frac{4r_1r_2\sin(u_1-\tau_1)\sin(u_2-\tau_2)\sin^2\frac{I}{2}}{r_1^2 + r_2^2 - 2r_1r_2\cos(u_1-u_2+\tau_2-\tau_1)}\right]^{-\frac{1}{2}} \\
\qquad - \frac{r_1}{r_2^2}\Big[\cos(u_1 - u_2 + \tau_2 - \tau_1) \\
\qquad\qquad - 2\sin(u_1-\tau_1)\sin(u_2-\tau_2)\sin^2\frac{I}{2}\Big].
\end{cases}
$$

Die Leitstrahlen r_1 und r_2 sind von I unabhängig. Der zweite Faktor des ersten Gliedes auf der rechten Seite dieser Gleichung läßt sich nach der Binomialformel in eine absolut konvergierende Potenzreihe nach $\sin^2\frac{I}{2}$ entwickeln, so lange als der numerische Betrag von

$$
(85)\qquad \frac{4r_1r_2\sin(u_1-\tau_1)\sin(u_2-\tau_2)\sin^2\frac{I}{2}}{r_1^2 + r_2^2 - 2r_1r_2\cos(u_1-u_2+\tau_2-\tau_1)}
$$

kleiner als eins ist. Dieser Bruch ist kleiner als, oder höchstens gleich

$$
(86)\qquad \frac{4r_1r_2\sin^2\frac{I}{2}}{(r_2-r_2)^2}.
$$

Wenn dieser Ausdruck kleiner als eins ist für alle Werte, welche r_1 und r_2 in den gegebenen Ellipsen annehmen können, dann ist die Entwicklung (84) für sämtliche Werte der Zeit gültig. Im Falle der großen Planeten ist er immer sehr klein, da der größte Wert von $2\sin^2\frac{I}{2}$ für Merkur und Mars 0.0118 beträgt. Bei den Störungen der Planetoiden durch Jupiter versagt die Methode oft, denn I ist manchmal von beträchtlicher Größe, in Anbetracht dessen, daß $r_2 - r_1$ sehr klein werden kann. Im Falle von Mars und Eros kann $r_2 - r_1$ geradezu verschwinden, so daß diese

Methode der Entwicklung vollends versagt. Es braucht nicht gesagt zu werden, daß sie auch für die Kometenbahnen nicht allgemein anwendbar ist.

In den Fällen, wo die Entwicklung (84) nicht versagt, erhält man für $R_{1,2}$ den Ausdruck

$$(87)\quad \left\{\begin{aligned} \frac{R_{1,2}}{k^2} = &+ [r_1^2 + r_2^2 - 2r_1r_2\cos(u_1 - u_2 + \tau_2 - \tau_1)]^{-\frac{1}{2}} \\ &- r_1r_2[r_1^2 + r_2^2 - 2r_1r_2\cos(u_1 - u_2 + \tau_2 - \tau_1)]^{-\frac{3}{2}} \\ &\qquad\qquad \times 2\sin(u_1 - \tau_1)\sin(u_2 - \tau_2)\sin^2\frac{I}{2} \\ &+ r_1^2r_2^2[r_1^2 + r_2^2 - 2r_1r_2\cos(u_1 - u_2 + \tau_2 - \tau_1)]^{-\frac{5}{2}} \\ &\qquad\qquad \times 6\sin^2(u_1 - \tau_1)\sin^2(u_2 - \tau_2)\sin^4\frac{I}{2} \\ &+ \cdots\cdots\cdots\cdots \\ &- \frac{r_1}{r_2^2}\cos(u_1 - u_2 + \tau_2 - \tau_1) \\ &+ \frac{2r_1}{r_2^2}\sin(u_1 - \tau_1)\sin(u_2 - \tau_2)\sin^2\frac{I}{2}. \end{aligned}\right.$$

223. b) Entwicklung der Koeffizienten in Potenzreihen von e_1 und e_2. Die Leitstrahlen r_1 und r_2 ändern sich von $a_1(1 - e_1)$ und $a_2(1 - e_2)$ bis zu $a_1(1 + e_1)$ und $a_2(1 + e_2)$. Es sei

$$(88)\quad \left\{\begin{aligned} r_1 &= a_1(1 + \varrho_1), \\ r_2 &= a_2(1 + \varrho_2). \end{aligned}\right.$$

Die Winkel u_1 und u_2 werden durch die wahren Anomalien v_1 und v_2 und die Elemente nach Gleichung (82) ausgedrückt. Die wahren Anomalien sind gleich den mittleren Anomalien plus den Mittelpunktsgleichungen, welche mit w_1 und w_2 bezeichnet werden mögen. Es seien l_1 und l_2 die mittleren Längen, gerechnet von der x-Achse (Fig. 62); dann ist

$$(89)\quad \left\{\begin{aligned} u_1 - \tau_1 &= l_1 - \Omega_1 - \tau_1 + w_1, \\ u_2 - \tau_2 &= l_2 - \Omega_2 - \tau_2 + w_2. \end{aligned}\right.$$

Aus (81) folgt, daß $R_{1,2}$ sich in der Form

$$R_{1,2} = F[a_1(1 + \varrho_1), a_2(1 + \varrho_2)],$$

schreiben läßt, wo F eine homogene Funktion in a_1 und a_2 vom Grade -1 darstellt. Daher

$$(90)\quad R_{1,2} = \frac{1}{1+\varrho^2}F\left[a_1 + a_1\frac{\varrho_1 - \varrho_2}{1+\varrho^2}, a_2\right].$$

Die rechte Seite dieser Gleichung läßt sich nach der Taylorschen Formel entwickeln und liefert

$$(91)\qquad R_{1,2} = \frac{1}{1+\varrho_2}\left\{F(a_1, a_2) + \frac{\varrho_1-\varrho_2}{1+\varrho_2}\,\frac{a_2}{1}\,\frac{\partial F(a_1, a_2)}{\partial a_1} + \left(\frac{\varrho_1-\varrho_2}{1+\varrho_2}\right)^2 \frac{a_1^2}{1\cdot 2}\,\frac{\partial\, F(a_1, a_2)}{\partial a_1^2} + \cdots\right\}.$$

Die Ausdrücke $\left(\frac{\varrho_1-\varrho_2}{1+\varrho_2}\right)^i$ können als Potenzreihen in ϱ_1 und ϱ_2 dargestellt werden. Nun ist in § 100, Gleichung (62), ϱ als eine Potenzreihe in e gegeben, deren Koeffizienten Kosinus von Vielfachen der mittleren Anomalie darstellen. Führt man also diese Entwicklungen aus und setzt sie in (91) ein, so läßt sich $R_{1,2}$ als eine Potenzreihe in e_1 und e_2 darstellen. Diese Verfahren sind an den einzelnen Gliedern (87) wirklich vorzunehmen, man erhält dann eine resultierende Reihe, die nach den Potenzen von e_1, e_2 und $\sin^2\frac{I}{2}$ fortschreitet. Die Winkel w_1 und w_2 hängen auch von e_1 und e_2 ab, doch sollen ihre Entwicklungen erst nach dem nächsten Schritt gebracht werden.

224. c) Darstellungen in Fourierschen Reihen. Das erste Glied in dem Klammerausdruck (91) erhält man, wenn man r_1 und r_2 durch a_1 und a_2 in (87) ersetzt. Die höheren Glieder enthalten die Ableitungen des ersten nach a_1. Wie aus der expliziten Reihe (87) ersichtlich ist, müssen Entwicklungen von Ausdrücken des Typus

$$(a_1 a_2)^{\frac{\nu-1}{2}}\,[a_1^2 + a_2^2 + 2\,a_1 a_2 \cos(u_1 - u_2 + \tau_2 - \tau_1)]^{-\frac{\nu}{2}},$$

wo v eine ungerade ganze Zahl ist, betrachtet werden.

Es sei $u_1 - u_2 + \tau_2 - \tau_1 = \psi$. Aus der Theorie der Fourierschen Reihen ist bekannt, daß, wenn a_1 und a_2, wie angenommen wird, ungleich sind, $[a_1^2 + a_2^2 - 2a_1a_2\cos\psi] - \pi^{-\frac{\nu}{2}}$ in eine Reihe von Kosinus der Vielfachen von ψ entwickelt werden kann, welche für alle Werte ψ konvergent ist. Dies liefert

$$(92)\qquad (a_1 a_2)^{\frac{\nu-1}{2}}\,[a_1^2 + a_2^2 - 2\,a_1 a_2 \cos\psi]^{-\frac{\nu}{2}} = \frac{1}{2}\sum_{i=-\infty}^{+\infty} B_\nu^{(i)} \cos i\,\psi,$$

wo $B_\nu^{(i)} = B_\nu^{(-i)}$.

Die Koeffizienten $B_\nu^{(i)}$ sind natürlich durch das Fouriersche Integral

$$B_\nu^{(i)} = \frac{1}{\pi}\int_0^{2\pi} (a_1 a_2)^{\frac{\nu-1}{2}}\,[a_1^2 + a_2^2 - 2\,a_1 a_2 \cos\psi]^{-\frac{\nu}{2}} \cos i\,\psi\, d\psi$$

gegeben, aber die Schwierigkeit, dieses Integral zu bestimmen, läßt es in diesem besonderen Problem ratsam erscheinen, ein anderes Verfahren einzuschlagen.

Es sei $z = e^{\sqrt{-1}\,\psi}$, wo e die Basis des natürlichen Logarithmus darstellt. Dann ist

$$2\cos\psi = z + z^{-1},\quad 2\cos i\,\psi = z^i + z^{-i}.$$

Ist $a_2 > a_1$ und $\frac{a_1}{a_2} = \alpha$, dann wird (92)

$$\frac{\alpha^{\frac{\nu-1}{2}}}{a_2}(1+\alpha^2-2\alpha\cos\psi)^{-\frac{\nu}{2}} = \frac{1}{2}\sum_{i=-\infty}^{+\infty} B_\nu^{(i)}\cos i\psi. \tag{93}$$

Setzt man

$$(1+\alpha^2-2\alpha\cos\psi)^{-\frac{\nu}{2}} = (1-\alpha z)^{-\frac{\nu}{2}}(1-\alpha z^{-1})^{-\frac{\nu}{2}} = \frac{1}{2}\sum_{i=-\infty}^{+\infty} b_\nu^{(i)} z^i,$$

so folgt

$$B_\nu^{(i)} = \frac{\alpha^{\frac{\nu-1}{2}}}{a_2} b_\nu^{(i)}. \tag{94}$$

Da die absoluten Werte von αz und αz^{-1} für alle reellen Werte ψ kleiner als eins sind, so können die Faktoren $(1-\alpha z)^{-\frac{\nu}{2}}$ (und $1-\alpha z^{-1})^{-\frac{\nu}{2}}$ nach der Binomialformel in konvergentePotenzreihen von αz und αz^{-1} entwickelt werden. Der Koeffizient von z^i in dem Produkt dieser Reihen ist $\frac{1}{2}b_\nu^{(i)}$, so daß $B_\nu^{(i)}$ aus (94) erhalten wird. Das allgemeine Glied des Produktes der Entwicklungen läßt sich leicht finden, es ist

$$\begin{aligned} \tfrac{1}{2}b_\nu^{(i)} = {} & \frac{\frac{\nu}{2}\left(\frac{\nu}{2}+1\right)\cdots\left(\frac{\nu}{2}+i-1\right)}{i!}\alpha^i\left[1+\frac{\frac{\nu}{2}}{1}\cdot\frac{\frac{\nu}{2}+i}{i+1}\alpha^2\right. \\ & \left.+\frac{\frac{\nu}{2}\left(\frac{\nu}{2}+1\right)}{1\cdot 2}\cdot\frac{\left(\frac{\nu}{2}+i\right)\left(\frac{\nu}{2}+i+1\right)}{(i+1)(i+2)}\alpha^4+\cdots\right]. \end{aligned} \tag{95}$$

In dieser Weise werden die Koeffizienten von $\varrho_1^{j_1}\varrho_2^{j_2}(\sin^2\frac{I}{2})^k$ in Fouriersche Reihen von $\cos i\,(u_1-u_2+\tau_2-\tau_1)$ entwickelt. Nun sind diese Funktionen mit den Faktoren $\sin\,(u_1-\tau_1)$ $\sin\,(u_2-\tau_2)$ multipliziert, die zu verschiedenen Potenzen erhoben sind [Gleichung (87)]. Diese Potenzen der Sinus sind auf die Sinus und Kosinus von Vielfachen der Argumente zurückzuführen; ebenso ist wieder mit den Produkten zu verfahren, die aus diesen Vielfachen und aus $\cos i\,(u_1-u_2+\tau_2-\tau_1)$ gebildet sind. Die schließlichen trigonometrischen Glieder werden die Form $\cos\,(j_1u_1+j_2u_2+k_1\tau_1+k_2\tau_2)$ besitzen, wo j_1, j_2, k_1 und k_2 ganze Zahlen sind. Wegen (89) läßt sich dieser Ausdruck entwickeln in

$$\left\{\begin{aligned} & \cos(j_1l_1+j_2l_2-j_1\Omega_1-j_2\Omega_2+k_1\tau_1+k_2\tau_2+j_1w_1+j_2w_2) \\ & = \cos\,(j_1l_1+j_2l_2-j_1\Omega_1-j_2\Omega_2+k_1\tau_1+k_2\tau_2) \\ & \qquad \times\{\cos\,(j_1w_1)\cos\,(j_2w_2)-\sin\,(j_1w_1)\sin\,(j_2w_2)\} \\ & \qquad -\sin\,(j_1l_1+j_2l_2-j_1\Omega_1-j_2\Omega_2+k_1\tau_1+k_2\tau_2) \\ & \qquad \times\{\sin\,(j_1w_1)\cos\,(j_2w_2)+\cos\,(j_1w_1)\sin\,(j_2w_2)\}. \end{aligned}\right. \tag{96}$$

Da $\quad l_1 = \Omega_1 + w_1 + n_1\,(t_0-T_1) + n_1(t-t_0) = n_1t+\varepsilon_1,$

$\qquad l_2 = \Omega_2 + w_2 + n_2\,\,(t_0-\,T_2)\,+\,n_2(t-t_0 = n_2t+\varepsilon_2,$

so sind die ersten Faktoren der Glieder auf der rechten Seite dieser Gleichung von e_1 und e_2 unabhängig. $\cos(j_1 w_1)$ usw. sind in Potenzreihen von w_1 und w_2 nach den gewöhnlichen Methoden zu entwickeln. Nun ist $w_1 = v_1 - M_1$, $w_2 = v_2 - M_2$, diese Größen waren in Potenzreihen von e_1 und e_2 [§ 100, Gleichung (64)] entwickelt, deren Koeffizienten Fouriersche Reihen mit Vielfachen der mittleren Anomalie als Argumenten waren. Setzt man diese Reihen für w_1 und w_2 in die Entwicklungen der zweiten Faktoren der Glieder auf der rechten Seite von (96) ein, führt die Potenzen der Sinus und Kosinus der mittleren Anomalie auf die Sinus und Kosinus von Vielfachen der mittleren Anomalie zurück, multipliziert mit den Faktoren

$$\cos(j_1 l_1 + j_2 l_2 - j_1 ☊_1 - j_2 ☊_2 + k_1 \tau_1 + k_2 \tau_2)$$

und

$$\sin(j_1 l_1 + j_2 l_2 - j_1 ☊_1 - j_2 ☊_2 + k_1 \tau_1 + k_2 \tau_2),$$

und führt wieder auf die Sinus und Kosinus von Vielfachen der Argumente zurück, so erhält man den Ausdruck (96) als eine Potenzreihe in e_1 und e_2, deren Koeffizienten Reihen in den Sinus und Kosinus der Summen von Vielfachen von l_1, l_2, $☊_1$, $☊_2$, τ_1, τ_2, M_1, M_2 sind. Nun ist $M_1 = l_1 - \pi_1$, $M_2 = l_2 - \pi_2$; daher sind die Argumente l_1, l_2, $☊_1$, $☊_2$, τ_1, τ_2, π_1, π_2, wo τ_1 und τ_2 Funktionen von $☊_1$, $☊_2$, i_1 und i_2 darstellen, die durch (83) definiert sind.

Wenn die verschiedenen Entwicklungen und Reduktionen, welche beschrieben wurden, sämtlich durchgeführt werden, dann ist $R_{1,2}$ als eine Potenzreihe in e_1, e_2 und $\sin^2\frac{I}{2}$ dargestellt, deren Koeffizienten Reihen der Sinus und Kosinus von Vielfachen von l_1, l_2, $☊_1$, $☊_2$, τ_1, τ_2, π_1, π_2 sind, wobei der Koeffizient eines jeden trigonometrischen Gliedes von dem Quotienten der großen Achsen abhängt. Wenn die Vorzeichen von $☊_1$, $☊_2$, π_1, π_2, τ_1, τ_2, ε_1, ε_2 und t geändert werden, so bleibt der Wert von $R_{1,2}$ nach (84) augenscheinlich ungeändert; daher enthält die in Rede stehende Entwicklung nur den Kosinus des Argumentes. Folglich ist

$$(97)\quad \begin{cases} R_{1,2} = \sum C \cos D \\ D = j_1(n_1 t_1 + \varepsilon_1) + j_2(n_2 t + \varepsilon_2) - j_1' ☊_1 - j_2' ☊_2 \\ \qquad\qquad + k_1 \tau_1 + k_2 \tau_2 + k_1' \pi_1 + k_2' \pi_2, \\ C = f\left(a_1, a_2, e_1, e_2, \sin^2\frac{I}{2}\right), \end{cases}$$

wo $j_1, \ldots, k_2'$ alle ganzzahligen, positiven und negativen Werte, einschließlich null, annehmen, und die Summation über alle diese Glieder zu erstrecken ist.

Aus dem Vorhergehenden ist klar, daß die Reihe für $R_{1,2}$ sehr kompliziert ist, und daß es sehr viel Arbeit erfordert, um sie in einem besonderen

Falle zu entwickeln. Leverrier hat die Entwicklung bis zu allen Gliedern von der siebenten Ordnung einschließlich in e_1, e_2, $\sin^2\frac{I}{2}$ im einzelnen durchgeführt, und die Arbeit war so lang, daß dreiundfünfzig Quartseiten des ersten Bandes der *Annales de l'Observatoire de Paris* erforderlich waren, um das Resultat ausführlich hinzuschreiben.

225. Periodische Änderungen. Aus den Gleichungen (72) und (97) folgt, daß die Beträge für die Änderungen der Elemente von m_1 gegeben sind durch

$$
(98)\quad \left\{
\begin{aligned}
\frac{d\Omega_1}{dt} &= \frac{m_2}{n_1 a_1^2 \sqrt{1-e_1^2}\,\sin i_1} \sum \Big\{ \frac{\partial C}{\partial i_1}\cos D \\
&\qquad - \Big[k_1 \frac{\partial \tau_1}{\partial i_1} + k_2 \frac{\partial \tau_2}{\partial i_1} \Big] C \sin D \Big\}, \\
\frac{di_1}{dt} &= \frac{-m_2}{n_1 a_1^2 \sqrt{1-e_1^2}\,\sin i_1} \sum \Big\{ j_1' - k_1 \frac{\partial \tau_1}{\partial \Omega_1} - k_2 \frac{\partial \tau_2}{\partial \Omega_1} \Big\} \cdot C \sin D \\
&\quad + \frac{m_2 \operatorname{tg}\frac{i_1}{2}}{n_1 a_1^2 \sqrt{1-e_1^2}} \sum \Big\{ k_1' + j_1 + k_1 \frac{\partial \tau_1}{\partial \pi_1} + k_2 \frac{\partial \tau_2}{\partial \pi_1} \Big\} \cdot C \sin D, \\
\frac{d\pi_1}{dt} &= \frac{m_2 \operatorname{tg}\frac{i_1}{2}}{n_1 a_1^2 \sqrt{1-e_1^2}} \sum \Big\{ \frac{\partial C}{\partial i_1}\cos D - \Big[k_1 \frac{\partial \tau_1}{\partial i_1} + k_2 \frac{\partial \tau_2}{\partial i_1} \Big] \cdot C \sin D \Big\} \\
&\qquad \times C \sin D \Big\} + \frac{m_2 \sqrt{1-e_1^2}}{n_1 a_1^2 e_1} \sum \frac{\partial C}{\partial e_1} \cos D, \\
\frac{da_1}{dt} &= \frac{-2m_2}{n_1 a_1} \sum j_1 C \sin D, \\
\frac{de_1}{dt} &= m_2 \sqrt{1-e_1^2}\, \frac{1-\sqrt{1-e_1^2}}{n_1 a_1^2 e_1} \sum j_1 C \sin D \\
&\quad + \frac{m_2 \sqrt{1-e_1^2}}{n_1 a_1^2 e_1} \sum \Big\{ k_1' + k_1 \frac{\partial \tau_1}{\partial \pi_1} + k_2 \frac{\partial \tau_1}{\partial \pi_1} \Big\} C \sin D, \\
\frac{d\varepsilon_1}{dt} &= \frac{m_2 \operatorname{tg}\frac{i_1}{2}}{n_1 a_1^2 \sqrt{1-e_1^2}} \sum \Big\{ \frac{\partial C}{\partial i_1}\cos D - \Big[k_1 \frac{\partial \tau_1}{\partial i_1} + k_2 \frac{\partial \tau_2}{\partial i_1} \Big] \\
&\quad \times C \sin D \Big\} + m_2 \sqrt{1-e_1^2}\, \frac{1-\sqrt{1-e_1^2}}{n_1 a_1^2 e_1} \sum \frac{\partial C}{\partial e_1} \cos D \\
&\quad - \frac{2m_2}{n_1 a_1} \sum \frac{\partial C}{\partial a_1} \cos D.
\end{aligned}
\right.
$$

Die Störungen der Elemente der Bahnkurve von m_1 der ersten Ordnung in bezug auf die Masse m_2 bilden die Integrale dieser Gleichungen, wenn man die Elemente auf den rechten Seiten als konstant betrachtet. Ähnliche Glieder müssen für jeden störenden Planeten hinzu addiert werden.

Es bestehen drei Klassen von Gliedern in $R_{1,2}$: a) diejenigen, in welchen $j_1 n_1 + j_2 n_2$ von null verschieden und nicht klein sind; b) diejenigen, in welchen $j_1 n_1 + j_2 n_2$ sehr klein, aber von null verschieden; und c) diejenigen, in welchen $j_1 n_1 + j_2 n_2$ gleich null sind. Wir deuten die Tatsache, daß $R_{1,2}$ diese drei Arten von Gliedern enthält, an, indem wir schreiben

$$R_{1,2} = \Sigma C_0 \cos D_0 + \Sigma C_1 \cos D_1 + \Sigma C_2 \cos D_2,$$

wo die drei Summen auf der rechten Seite diese drei Arten von Gliedern einschließen. Daher sind die Störungen der Elemente von m_1 durch m_2 der ersten Ordnung und ersten Klasse

$$(99)\quad \left\{\begin{aligned}
(\Omega_1^{(0,1)}) - (\Omega_1^{(0,1)})_{t_0} &= \frac{m_2}{n_1 a_1^2 \sqrt{1-e_1^2}\,\sin i_1} \\
&\quad\times \sum \left\{ \frac{\partial C_0}{\partial i_1} \frac{\sin D_0}{j_1 n_1 + j_2 n_2} + \left[k_1 \frac{\partial \tau_1}{\partial i_1} + k_2 \frac{\partial \tau_2}{\partial i_1} \right] \frac{C_0 \cos D_0}{j_1 n_1 + j_2 n_2} \right\}, \\
(i_1^{(0,1)}) - (i_1^{(0,1)})_{t_0} &= \frac{m_2}{n_1 a_1^2 \sqrt{1-e_1^2}\,\sin i_1} \\
&\quad\times \sum \left\{ j_1' - k_1 \frac{\partial \tau_1}{\partial \Omega_1} - k_2 \frac{\partial \tau_2}{\partial \Omega_1} \right\} \frac{C_0 \cos D_0}{j_1 n_1 + j_2 n_2} \\
&\quad - \frac{m_2 \operatorname{tg} \frac{i_1}{2}}{n_1 a_1^2 \sqrt{1-e_1^2}} \sum \left\{ k_1' + j_1 + k_1 \frac{\partial \tau_1}{\partial \pi_1} + k_2 \frac{\partial \tau_2}{\partial \pi_1} \right\} \frac{C_0 \cos D_0}{j_1 n_1 + j_2 n_2}, \\
(\pi_1^{(0,1)}) - (\pi_1^{(0,1)})_{t_0} &= \frac{m_2 \operatorname{tg} \frac{i_1}{2}}{n_1 a_1^2 \sqrt{1-e_1^2}} \sum \left\{ \frac{\partial C_0}{\partial i_1} \frac{\sin D_0}{j_1 n_1 + j_2 n_2} \right. \\
&\quad \left. + \left[k_1 \frac{\partial \tau_1}{\partial i_1} + k_2 \frac{\partial \tau_2}{\partial i_1} \right] \frac{C_0 \cos D_0}{j_1 n_1 + j_2 n_2} \right\} \\
&\quad + \frac{m_2 \sqrt{1-e_1^2}}{n_1 a_1^2 e_1} \sum \frac{\partial C_0}{\partial e_1} \frac{\sin D_0}{j_1 n_1 + j_2 n_2}, \\
(a_1^{(0,1)}) - (a_1^{(0,1)})_{t_0} &= \frac{2 m_2}{n_1 a_1} \sum j_1 \frac{C_0 \cos D_0}{j_1 n_1 + j_2 n_2}, \\
(e_1^{(0,1)}) - (e_1^{(0,1)})_{t_0} &= - m_2 \sqrt{1-e_1^2}\, \frac{1 - \sqrt{1-e_1^2}}{n_1 a_1^2 e_1} \sum j_1 \frac{C_0 \cos D_0}{j_1 n_1 + j_2 n_2} \\
&\quad - \frac{m_2 \sqrt{1-e_1^2}}{n_1 a_1^2 e_1} \sum \left\{ k_1' + k_1 \frac{\partial \tau_1}{\partial \pi_1} + k_2 \frac{\partial \tau_2}{\partial \pi_1} \right\} \frac{C_0 \cos D_0}{j_1 n_1 + j_2 n_2}, \\
(\varepsilon_1^{(0,1)}) - (\varepsilon_1^{(0,1)})_{t_0} &= \frac{m_2 \operatorname{tg} \frac{i_1}{2}}{n_1 a_1^2 \sqrt{1-e_1^2}} \sum \left\{ \frac{\partial C_0}{\partial i_1} \frac{\sin D_0}{j_1 n_1 + j_2 n_2} \right. \\
&\quad \left. + \left[k_1 \frac{\partial \tau_1}{\partial i_1} + k_2 \frac{\partial \tau_2}{\partial i_1} \right] \frac{C_0 \cos D_0}{j_1 n_1 + j_2 n_2} \right\} \\
&\quad + m_2 \sqrt{1-e_1^2}\, \frac{1 - \sqrt{1-e_1^2}}{n_1 a_1^2 e_1} \sum \frac{\partial C_0}{\partial e_1} \frac{\sin D_0}{j_1 n_1 + j_2 n_2} \\
&\quad - \frac{2 m_2}{n_1 a_1} \sum \frac{\partial C_0}{\partial a_1} \frac{\sin D_0}{j_1 n_1 + j_2 n_2}.
\end{aligned}\right.$$

Diese Glieder sind rein periodisch mit den Perioden $\frac{2\pi}{j_1 n_1 + j_2 n_2}$ und stellen die *periodischen Störungsglieder* dar. Jedes Glied ist ihnen unterworfen, da es von einer unendlich großen Anzahl von solchen Gliedern mit verschiedenen Perioden abhängt. Je größer $j_1 n_1 + j_2 n_2$ ist, um so kürzer ist die Periode des Gliedes und um so kleiner ist im allgemeinen ihr Koeffizient.

Die Methode, die Bewegung der Planeten durch eine Reihe von periodischen Gliedern darzustellen, ist in gewissem Sinne analog der epizyklischen Theorie von Ptolemäus. Denn jedes Glied allein ist äquivalent der Addition einer kleinen Kreisbewegung zu der vorhergehenden. Diese Theorie ist komplizierter als die des Ptolemäus, insofern sie Epizykloide zu Epizykloide unbegrenzt hinzuaddiert, und sie ist einfacher als die des Ptolemäus, insofern sie aus einem einfachen Prinzip, dem Gravitationsgesetz, entsteht.

226. Langperiodische Änderungen. Die Buchstaben j_1 und j_2 stellen sämtliche positive und negative ganze Zahlen, einschließlich null, dar. Daher existieren, wenn nicht gerade n_1 und n_2 inkommensurabel sind, Werte für j_1 und j_2, für welche $j_1 n_1 + j_2 n_2 = 0$ wird, wobei j_1 und j_2 von null verschieden sind. Dann ist aber D eine Konstante, und das Integral wird nicht in dieser Weise gebildet. Indessen kann man, mögen n_1 und n_2 inkommensurabel sein oder nicht, ein solches Zahlenpaar finden, so daß $j_1 n_1 + j_2 n_2$ sehr klein wird. Das entsprechende Glied wird dann groß sein, wenn nicht sein C sehr klein ist. In einer vollständigen Diskussion der Entwicklung von $R_{1,2}$ wird gezeigt, daß die Ordnung von C in e_1, e_2, $\sin^2 \frac{I}{2}$ wenigstens gleich dem numerischen Wert von $j_1 + j_2$ ist (siehe Tisserand, Méc. Cél., vol. I, p. 308). Da n_1 und n_2 beide positiv sind, muß von den Zahlen j_1 und j_2 die eine positiv und die andere negativ sein, damit die Summe $j_1 n_1 + j_2 n_2$ sehr klein sei. Je mehr j_1 und j_2 einander numerisch gleich sind, um so kleiner ist der numerische Wert von $j_1 + j_2$, und um so größer wird folglich C sein. Sind die mittleren Bewegungen der beiden Planeten so beschaffen, daß n_1 und n_2 nahezu kommensurabel sind, und der Quotient sich dabei in kleinen ganzen Zahlen ausdrücken läßt, dann treten große Störungsglieder aus der Gegenwart dieser kleinen Divisoren auf. Die Periode eines solchen Gliedes ist $\frac{2\pi}{j_1 n_1 + j_2 n_2}$, sie ist sehr groß, daher die Bezeichnung *langperiodische* Glieder. Diese Glieder sind gegeben durch Gleichungen derselben Form wie (99), aber mit der Beschränkung, daß $j_1 n_1 + j_2 n_2$ sehr klein sein soll.

Geometrisch bedeutet die Bedingung, daß die Perioden bei kleinem ganzzahligen Verhältnis nahezu kommensurabel sind, daß Konjunktionen bei nahezu gleicher Konstellation in der Bahn auftreten, mit nur einigen anderen dazwischen tretenden Konjunktionen. Der äußerste Fall ist der, in welchem keine Konjunktionen zwischen den speziellen auftreten, z. B., wenn j_1 und j_2 numerisch sich nur um eine Einheit voneinander unterscheiden.

Die mittleren Bewegungen des Jupiter und Saturn stehen nahezu in dem Verhältnis von fünf zu zwei. Folglich liefert $j_1 = 2$, $j_2 = -5$ ein langperiodisches Glied, und die Ordnung des Koeffizienten C ist der absolute Betrag von $2 - 5$ oder 3. Die Ursache der langperiodischen Ungleichheit des Jupiter und Saturn wurde 1784 von Laplace entdeckt bei der Berechnung der Störungen dritter Ordnung in e_1 und e_2. Die Länge der entsprechenden Periode im Falle dieser beiden Planeten ist ungefähr 850 Jahre.

227. Säkulare Änderungen. Der Ausdruck D ist von der Zeit unabhängig für alle diejenigen Glieder, in welchen $j_1 = j_2 = 0$ ist. Die partiellen Ableitungen von D nach den Elementen sind auch von der Zeit unabhängig; benutzt man daher diese Glieder von (98) und integriert, so ergibt sich

$$(100)\quad \begin{cases} [\Omega_1^{(0,1)}] = \dfrac{m_2}{n_1 a_1^2 \sqrt{1-e_1^2}\sin i_1} \sum \Big\{ \dfrac{\partial C_2}{\partial i_1} \cos D_2 \\ \qquad\qquad - \Big[k_1 \dfrac{\partial \tau_1}{\partial i_1} + k_2 \dfrac{\partial \tau_2}{\partial i_1}\Big] C_2 \sin D_2 \Big\} (t - t_0), \\ [i_1^{(0,1)}] = \dfrac{-m_2}{n_1 a_1^2 \sqrt{1-e_1^2}\sin i_1} \sum \Big\{ j_1' - k_1 \dfrac{\partial \tau_1}{\partial \Omega_1} \\ \qquad\qquad - k_2 \dfrac{\partial \tau_2}{\partial \Omega_1} \Big\} C_2 \sin D_2 \cdot (t - t_0) \\ \qquad + \dfrac{m_2 \operatorname{tg} \frac{i_1}{2}}{n_1 a_1^2 \sqrt{1-e_1^2}} \sum \Big\{ k_1' + k_1 \dfrac{\partial \tau_1}{\partial \pi_1} \\ \qquad\qquad + k_2 \dfrac{\partial \tau_2}{\partial \pi_1} \Big\} C_2 \sin D_2 \cdot (t - t_0), \\ [\pi_1^{(0,1)}] = \dfrac{m_2 \operatorname{tg} \frac{i_1}{2}}{n_1 a_1^2 \sqrt{1-e_1^2}} \sum \Big\{ \dfrac{\partial C_2}{\partial i_1} \cos D_2 \\ \qquad\qquad - \Big[k_1 \dfrac{\partial \tau_1}{\partial i_1} + k_2 \dfrac{\partial \tau_2}{\partial i_1}\Big] C_2 \sin D_2 \Big\} (t - t_0) \\ \qquad\qquad + \dfrac{m_2 \sqrt{1-e_1^2}}{n_1 a_1^2 e_1} \sum \dfrac{\partial C_2}{\partial e_1} \cos D_2 \cdot (t - t_0), \\ [a_1^{(0,1)}] = 0, \\ [e_1^{(0,1)}] = \dfrac{m_2 \sqrt{1-e_1^2}}{n_1 a_1^2 e_1} \sum \Big\{ k_1' + k_1 \dfrac{\partial \tau_1}{\partial \pi_1} \\ \qquad\qquad + k_2 \dfrac{\partial \tau_2}{\partial \pi_1} \Big\} C_2 \sin D_2 \cdot (t - t_0), \end{cases}$$

$$(100)\quad \begin{cases} [\varepsilon_1^{(0,1)}] = \dfrac{m_2 \operatorname{tg} \frac{i_1}{2}}{n_1 a_1^2 \sqrt{1-e_1^2}} \sum \Big\{ \dfrac{\partial C_2}{\partial i_1} \cos D_2 \\ \qquad - \left[k_1 \dfrac{\partial \tau_1}{\partial i_1} + k_2 \dfrac{\partial \tau_2}{\partial i_1}\right] C_2 \sin D_2 \Big\} (t - t_0) \\ \qquad + m_2 \sqrt{1-e_1^2}\, \dfrac{1-\sqrt{1-e_1^2}}{n_1 a_1^2 e_1} \cdot \sum \dfrac{\partial C_2}{\partial e_1} \cos D_2 \cdot (t - t_0) \\ \qquad - \dfrac{2 m_2}{n_1 a_1} \sum \dfrac{\partial C_2}{\partial a_1} \cos D_2 \cdot (t - t_0). \end{cases}$$

Es zeigt sich, daß keine säkularen Glieder von diesem Typ der ersten Ordnung in bezug auf die Massen in den Störungen von a existieren. Dies bildet das erste Theorem über die Stabilität des Sonnensystems. Es wurde 1773 von Laplace[1]), als er erst 24 Jahre alt war, bis zu den zweiten Potenzen der Exzentrizitäten bewiesen, in einer Abhandlung über die gegenseitigen Störungen von Jupiter und Saturn; 1776 wies Lagrange seine Geltung für die sämtlichen Potenzen der Exzentrizitäten nach.[2]) Poisson bewies 1809, daß keine säkularen Glieder in a in den Störungen zweiter Ordnung in bezug auf die Massen existieren, daß aber Glieder von dem Typus $t \cos D$ auftreten, wo D die Zeit enthält.[3]) Glieder dieses Typus bezeichnet man für gewöhnlich als *Poissonsche Glieder.*

Die sämtlichen Elemente außer a besitzen säkulare Glieder. Man scheint vermutet zu haben, daß die säkularen Glieder, welche augenscheinlich die unbegrenzte Änderung der Elemente verursachen, allein den Gebrauch der Gleichungen (72) zur Berechnung der Störungen für jede noch so große Zeit unmöglich machen. Viele Methoden für Störungsberechnungen wurden erdacht, um das Erscheinen von säkularen Gliedern zu vermeiden; doch ist klar, ob Glieder proportional zur Zeit auftreten oder nicht, daß die Methode nur für diejenigen Werte der Zeit streng gültig ist, für welche die Reihen (20) des § 207 konvergieren.

Säkulare Glieder können auch in anderer für gewöhnlich nicht beachteter Weise vorkommen. Wenn $j_1 n_1 + j_2 n_2 = 0$ mit $j_1 \neq 0$, $j_2 \neq 0$, ist D unabhängig von der Zeit, und die entsprechenden Glieder sind säkular. Da in diesem Falle D nicht unabhängig von ε_1 ist, so werden säkulare Glieder in den Störungen von a auftreten. Wie bemerkt, wird diese Bedingung stets für unendlich viele Werte von j_1 und j_2 erfüllt sein, wenn n_1 und n_2 nicht inkommensurabel sind. Es ist jedoch unmöglich, aus Beobachtungen zu bestimmen, ob n_1 und n_2 inkommensurabel sind oder nicht, denn Beobachtungen können immer nur bis zu einer

1) Abhandlung, vorgelegt der *Pariser Akademie der Wissenschaften.*
2) Abhandlungen der *Berliner Akademie*, 1776.
3) *Journal de l'École Polytechnique*, vol. XV.

gewissen Grenze der Genauigkeit gemacht werden, und innerhalb dieser Grenze existieren noch unendlich viele kommensurable und inkommensurable Zahlen. Um so mehr kann man daher ebenso gut sagen, daß säkulare Glieder in a von diesem Typus existieren, wie, daß sie nicht existieren. Indessen sind sie von keiner praktischen Bedeutung, weil der Quotient aus n_1 und n_2 sich nicht in kleinen ganzen Zahlen ausdrücken läßt, und die Koeffizienten dieser Glieder, wenn sie existieren, so klein sind, daß sie auf die üblichen Zeitintervalle keinen Einfluß ausüben.

228. Glieder der zweiten Ordnung in den Massen. Die Glieder der zweiten Ordnung sind definiert durch die Gleichungen (29), § 210. Die rechten Seiten dieser Gleichungen enthalten die Produkte aus den partiellen Ableitungen, nach den Elementen, der rechten Seiten, welche in den Gliedern der ersten Ordnung auftreten und aus den Störungen der ersten Ordnung der entsprechenden Elemente. So sind die Störungen zweiter Ordnung des Knotens durch die Gleichungen

$$(101)\qquad \begin{cases} \dfrac{d\Omega_1^{(0,2)}}{dt} = \dfrac{m_2}{n_1 a_1^2 \sqrt{1-e_1^2}\sin i_1} \displaystyle\sum_{s_1} \dfrac{\partial^2 R_{1,2}}{\partial i_1 \partial s_1} s_1^{(0,1)}, \\[2ex] \dfrac{d\Omega_1^{(1,1)}}{dt} = \dfrac{m_2}{n_1 a_1^2 \sqrt{1-e_1^2}\sin i_1} \displaystyle\sum_{s_2} \dfrac{\partial_2 R_{1,2}}{\partial i_1 \partial s_2} s_2^{(1,0)} \end{cases}$$

bestimmt, wo s_1 und s_2 die Elemente der Bahnkurven von m_1 und m_2 darstellen. Die partielle Ableitung $\frac{\partial^2 R_{1,2}}{\partial i_1 \partial s_1}$ ist eine Summe aus periodischen und konstanten Gliedern; $s_1^{(0,1)}$ und $s_2^{(1,0)}$ sind Summen aus periodischen Gliedern und Gliedern, welche die Zeit im ersten Grade als Faktor enthalten. Die Produkte $\frac{\partial^2 R_{1,2}}{\partial i_1 \partial s_1} s_1^{(0,1)}$ und $\frac{\partial^2 R_{1,2}}{\partial i_1 \partial s_2} s_2^{(1,0)}$ enthalten daher Glieder von vier Typen: a) $\frac{\sin}{\cos} D$, wo D die Zeit enthält; b) $t \frac{\sin}{\cos} D$; c) $\frac{\sin}{\cos} D_2$, wo D_2 von der Zeit unabhängig ist, und d) $t \frac{\sin}{\cos} D_2$. Die Integrale dieser vier Typen sind

$$(\mathrm{a})\quad \frac{-\frac{\cos}{\sin} D}{j_1 n_1 + j_2 n_2}; \qquad (\mathrm{b})\quad t\frac{-\frac{\cos}{\sin} D}{j_1 n_1 + j_2 n_2} + \frac{\frac{\sin}{\cos} D}{(j_1 n_1 + j_2 n_2)^2};$$

$$(\mathrm{c})\quad t\frac{\sin}{\cos} D_2; \qquad (\mathrm{d})\quad \frac{t^2}{2}\frac{\sin}{\cos} D_2.$$

Folglich haben die Störungen zweiter Ordnung in bezug auf die Massen rein periodische Glieder; Poissonglieder oder Glieder, in welchen die trigonometrischen Ausdrücke mit der Zeit multipliziert sind; säkulare Glieder, wo die Zeit im ersten Grade und säkulare Glieder, wo die Zeit im zweiten Grade auftritt. Dies gilt für alle Elemente außer für die große Halbachse, in derem Falle, wie Poisson zuerst bewies, die Koeffizienten der Glieder vom dritten und vierten Typ verschwinden.

In den Gliedern der dritten Ordnung in bezug auf die Massen existieren säkulare Glieder in den Störungen der sämtlichen Elemente außer a_1, welche zur dritten Potenz der Zeit proportional sind, und so fort.

229. Lagrangesche Darstellung der säkularen Änderungen. Das Auftreten der säkularen Glieder in den Ausdrücken für die Elemente scheint zu bedeuten, daß, unter der Annahme, die Reihen stellen die Elemente für alle Werte der Zeit dar, die Elemente alsdann sich unbegrenzt mit der Zeit ändern. Doch diese Schlußweise ist keinesfalls notwendig richtig. Betrachtet man zum Beispiel die Funktion

$$\sin(cmt) = cmt - \frac{c^3 m^3 t^3}{3!} + \cdots, \tag{102}$$

wo c eine Konstante ist und m ein sehr kleiner Faktor, welcher die Stelle einer Masse annehmen mag. Die Reihe auf der rechten Seite konvergiert für alle Werte von t. Diese Funktion ist für jeden Wert von t niemals größer als eins; wenn aber ihre Entwicklung in Potenzen von m gegeben wäre, und man nur die ersten Glieder ohne das Gesetz der Entwicklung wüßte, so hätte es den Anschein, als ob die Reihe eine Funktion darstellte, welche mit der Zeit unendlich zunimmt.

Indem Lagrange die Idee bis zu Ende verfolgte, daß die säkularen Glieder Entwicklungen von Funktionen sein können, welche stets endlich sind, hat er gezeigt (siehe *Gesammelte Werke*, Band V und VI) — unter gewissen Annahmen, welche nicht logisch gerechtfertigt waren —, daß die säkularen Glieder in Wirklichkeit die Entwicklungen periodischer Glieder von sehr langer Periode sind. Diese Glieder unterscheiden sich von den langperiodischen Änderungen (§ 226) darin, daß sie von den kleinen unausgeglichenen Teilen der periodischen Änderungen herrühren, anstatt direkt von besonderen Konjunktionen. In der Regel sind diese Glieder sehr klein, und ihre Perioden sind bedeutend länger als die der merklich langperiodischen Glieder. Es wird nicht möglich sein, hier mehr zu bringen, als eine sehr allgemeine Idee von der Lagrangeschen Methode.

Der erste Schritt in der Methode von Lagrange ist eine Transformation der Variablen mit Hilfe der Gleichungen

$$\left\{\begin{aligned} h_j &= e_j \sin \pi_j, \\ l_j &= e_j \cos \pi_j, \end{aligned}\right. \tag{103}$$

und

$$\left\{\begin{aligned} p_j &= \operatorname{tg} i_j \sin \Omega_j, \\ q_j &= \operatorname{tg} i_j \cos \Omega_j, \end{aligned}\right. \tag{104}$$

wo e_j, π_j usw. die Elemente der Bahnkurve von m_j sind, und l_j eine neue Variable ist, die nicht mit der mittleren Länge verwechselt werden darf. Diese Transformationen müssen simultan in den Elementen der

Bahnkurven der sämtlichen Planeten ausgeführt werden. Die Elemente a_j und ε_j werden von der Transformation nicht berührt. Unter Fortlassung der Indizes findet man aus (103) und (104)

$$
(105)\quad \left\{
\begin{aligned}
\frac{dh}{dt} &= + e\cos\pi\frac{d\pi}{dt} + \sin\pi\frac{de}{dt},\\
\frac{dl}{dt} &= - e\sin\pi\frac{d\pi}{dt} + \cos\pi\frac{de}{dt},\\
\frac{\partial R}{\partial e} &= \frac{\partial R}{\partial h}\frac{\partial h}{\partial e} + \frac{\partial R}{\partial l}\frac{\partial l}{\partial e} = \sin\pi\frac{\partial R}{\partial h} + \cos\pi\frac{\partial R}{\partial l},\\
\frac{\partial R}{\partial \pi} &= \frac{\partial R}{\partial h}\frac{\partial h}{\partial \pi} + \frac{\partial R}{\partial l}\frac{\partial l}{\partial \pi} = e\cos\pi\frac{\partial R}{\partial h} - e\sin\pi\frac{\partial R}{\partial l},\\
\frac{dp}{dt} &= + \operatorname{tg} i\cos\Omega\frac{d\Omega}{dt} + \sec^2 i\sin\Omega\frac{di}{dt},\\
\frac{dq}{dt} &= - \operatorname{tg} i\sin\Omega\frac{d\Omega}{dt} + \sec^2 i\cos\Omega\frac{di}{dt},\\
\frac{\partial R}{\partial \Omega} &= \frac{\partial R}{\partial p}\frac{\partial p}{\partial \Omega} + \frac{\partial R}{\partial q}\frac{\partial q}{\partial \Omega} = \operatorname{tg} i\cos\Omega\frac{\partial R}{\partial p} - \operatorname{tg} i\sin\Omega\frac{\partial R}{\partial q},\\
\frac{\partial R}{\partial i} &= \frac{\partial R}{\partial p}\frac{\partial p}{\partial i} + \frac{\partial R}{\partial q}\frac{\partial q}{\partial i} = \sec^2 i\sin\Omega\frac{\partial R}{\partial p} + \sec^2 i\cos\Omega\frac{\partial R}{\partial q}.
\end{aligned}
\right.
$$

Dann folgt aus (72)

$$
(106)\quad \left\{
\begin{aligned}
\frac{dh}{dt} &= \frac{m_2\sqrt{1-h^2-l^2}}{na^2}\frac{\partial R}{\partial l}\\
&\qquad - \frac{m^2\sqrt{1-h^2-l^2}}{na^2}\,\frac{h}{1+\sqrt{1-h^2-l^2}}\frac{\partial R}{\partial \varepsilon}\\
&\qquad + \frac{m_2 l\operatorname{tg}\frac{i}{2}}{na^2\sqrt{1-h^2-l^2}}\frac{\partial R}{\partial i},\\
\frac{dl}{dt} &= \frac{-m_2\sqrt{1-h^2-l^2}}{na^2}\frac{\partial R}{\partial h}\\
&\qquad - \frac{m_2\sqrt{1-h^2-l^2}}{na^2}\,\frac{l}{1+\sqrt{1-h^2-l^2}}\frac{\partial R}{\partial \varepsilon}\\
&\qquad - \frac{m_2 h\operatorname{tg}\frac{i}{2}}{na^2\sqrt{1-h^2-l^2}}\frac{\partial R}{\partial i},\\
\frac{dp}{dt} &= \frac{m_2}{na^2\sqrt{1-h^2-l^2}\cos^3 i}\frac{\partial R}{\partial q}\\
&\qquad - \frac{m_2 p}{2na^2\sqrt{1-h^2-l^2}\cos i\cos^3\frac{i}{2}}\left[\frac{\partial R}{\partial \pi} + \frac{\partial R}{\partial \varepsilon}\right],\\
\frac{dq}{dt} &= \frac{-m_2}{na^2\sqrt{1-h^2-l^2}\cos^3 i}\frac{\partial R}{\partial p}\\
&\qquad - \frac{m_2 q}{2na^2\sqrt{1-h^2-l^2}\cos i\cos^2\frac{i}{2}}\left[\frac{\partial R}{\partial \pi} + \frac{\partial R}{\partial \varepsilon}\right].
\end{aligned}
\right.
$$

Entwickelt man die rechten Seiten dieser Gleichungen und vernachlässigt alle Glieder von höheren, als dem ersten Grade[1]) in h, l, p und q, so reduzieren sich diese Gleichungen auf

$$(107)\quad \begin{cases} \dfrac{dh}{dt} = +\dfrac{m_2}{na^2}\dfrac{\partial R}{\partial l}, \\ \dfrac{dl}{dt} = -\dfrac{m_2}{na^2}\dfrac{\partial R}{\partial h}, \\ \dfrac{dp}{dt} = +\dfrac{m_2}{na^2}\dfrac{\partial R}{\partial q}, \\ \dfrac{dq}{dt} = -\dfrac{m_2}{na^2}\dfrac{\partial R}{\partial p}. \end{cases}$$

Die Glieder, welche die Ableitung von R nach ε, i und π enthalten, treten nicht in diesen Gleichungen auf, weil sie h, l, p oder q als einen Faktor enthalten. Dieser Umstand folgt aus den in § 226 gegebenen Eigenschaften von C und der Form der Gleichungen (103) und (104).

Jeder störende Planet trägt bei zu Gliedern auf den rechten Seiten der Gleichungen (107), ähnlich den angegebenen, welche von m_2 herrühren. Diese Differentialgleichungen sind nicht vollkommen exakt, da die erste Annäherung bereits unter Vernachlässigung der höheren Potenzen der Variablen hergestellt wurde.

Der zweite Schritt betrifft die Behandlungsmethode der Differentialgleichungen. Die Entwicklungen der $R_{i,j}$ enthalten gewisse Glieder, welche von der Zeit unabhängig sind, die nach der gewöhnlichen Methode zu säkularen Gliedern Veranlassung geben. $R^{(0)}{}_{i,j}$ möge diese Glieder darstellen. Lagrange behandelte die Differentialgleichungen, indem er die periodischen Glieder in $R_{i,j}$ vernachlässigte und schrieb

$$(108)\quad \begin{cases} \dfrac{dh_i}{dt} = +\sum\limits_{j=1}^{n} m_j \dfrac{\partial R^{(0)}{}_{i,j}}{\partial l_i}, \quad (i = 1, \ldots, n;\ j \neq i), \\ \dfrac{dl_i}{dt} = -\sum\limits_{j=1}^{n} m_j \dfrac{\partial R^{(0)}{}_{i,j}}{\partial h_i}, \\ \dfrac{dp_i}{dt} = +\sum\limits_{j=1}^{n} m_j \dfrac{\partial R^{(0)}{}_{i,j}}{\partial qi}, \\ \dfrac{dq_i}{dt} = -\sum\limits_{j=1}^{n} m_j \dfrac{\partial R^{(0)}{}_{i,j}}{\partial p_i}. \end{cases}$$

1) Die Glieder höherer als der ersten Ordnung werden durchweg vernachlässigt in einem späteren Schritt der Methode.

Es werden die aus den Gleichungen (108) bestimmten Werte von h_i, l_i, p_i und q_i an Stelle der säkularen Glieder benutzt, die nach der Methode des Paragraphen 227 erhalten werden. Das Verfahren, eine Differentialgleichung in dieser Weise abzubrechen, ist nicht zulässig, außer als erste Annäherung, und alle daraus gezogenen Schlußfolgerungen sind mit Vorsicht aufzunehmen. Trotz der logischen Mängel der Methode und des Umstandes, daß sie nicht allgemein angewandt werden kann, unterliegt es aber kaum einem Zweifel, daß sie in dem vorliegenden Falle eine richtige Idee von der wirklichen Art liefert, wie die Elemente sich ändern.

Die rechten Seiten der Gleichungen (108) werden nach Potenzen von h_i, l_i, p_i und q_i entwickelt, und die sämtlichen Glieder, außer die vom ersten Grade, vernachlässigt; folglich würden die Glieder, die bereits in (107) unterdrückt wurden, hier verschwinden, wenn man sie bisher beibehalten hätte. Das System wird linear, und die ins einzelne gehende Diskussion der $R_{i,j}$ zeigt, daß es homogen ist und Gleichungen von der Form

$$(109)\qquad \left\{\begin{aligned} &\frac{dh_1}{dt} - \sum_{j=1}^{n} c_{1j}\, l_j = 0, \\ &\frac{dl_1}{dt} + \sum_{j=1}^{n} c_{1j} h_j = 0, \\ &\frac{dh_2}{dt} - \sum_{j=1}^{n} c_{2j}\, l_j = 0, \\ &\frac{dl_2}{dt} + \sum_{j=1}^{n} c_{2j} h_j = 0, \\ &\quad \cdot\ \cdot\ \cdot\ \cdot\ \cdot\ \cdot\ \cdot\ \cdot \\ &\frac{dh_n}{dt} - \sum_{j=1}^{n} c_{nj}\, l_j = 0, \\ &\frac{dl_n}{dt} + \sum_{j=1}^{n} c_{nj} h_j = 0 \end{aligned}\right.$$

liefert, und ein ähnliches System von Gleichungen in den p_j und q_j.

Die Koeffizienten c_{ij} hängen nur von den großen Achsen (die ε_j treten in den säkularen Gliedern nicht auf) ab, welche als konstant betrachtet werden, da die großen Achsen keine säkularen Glieder in den Störungen der ersten und zweiten Ordnung in bezug auf die Massen besitzen. Es ist hier zu beachten, daß die Annahme der Konstanz der c_{ij} nicht genau zutrifft, weil die großen Achsen periodische Störungen erleiden, welche von beträchtlicher Größe sein können.

Wenn diese linearen Gleichungen nach der Methode des Paragraphen 160 aufgelöst werden, dann erhält man die Werte der Variablen in der Form

$$(110)\quad \begin{cases} h_i = \sum_{j=1}^{n} H_{ij} e^{\lambda_j t}, & l_i = \sum_{j=1}^{n} L_{ij} e^{\lambda_j t}, \\ p_i = \sum_{j=1}^{n} P_{ij} e^{\mu_j t}, & q_i = \sum_{j=1}^{n} Q_{ij} e^{\mu_j t}, \end{cases}$$

wo die H_{ij}, L_{ij}, P_{ij} und Q_{ij} Konstante sind, die von den Anfangsbedingungen abhängen. Eine ins einzelne gehende Diskussion zeigt, daß die λ_j und μ_j sämtlich rein imaginär mit sehr kleinen absoluten Werten sind; daher schwingen die h_i, l_i, p_i und q_i um mittlere Werte mit sehr langen Perioden. Oder, da die e_j und $\operatorname{tg} i_j$ sich als die Summen der Quadrate der h_j, l_j, p_j und q_j darstellen lassen, so folgt, daß sie auch kleine Schwingungen mit langen Perioden bilden; zum Beispiel befindet sich die Exzentrizität der Erdbahn jetzt in der Abnahme und wird noch etwa 24000 Jahre weiter abnehmen.

Die Gleichungen (109) besitzen Integrale, welche 1784 zuerst von Laplace gefunden wurden und praktisch zu demselben Theorem führen. Sie lauten

$$(111)\quad \begin{cases} \sum_{j=1}^{n} m_j n_j a_j^2 (h_j^2 + l_j^2) = \text{konstant} = C, \\ \sum_{j=1}^{n} m_j n_j a_j^2 (p_j^2 + q_j^2) = C'; \end{cases}$$

oder wegen (103) und (104)

$$(112)\quad \begin{cases} \sum_{j=1}^{n} m_j n_j a_j^2 e_j^2 = C, \\ \sum_{j=1}^{n} m_j n_j a_j^2 \operatorname{tg}^2 i_j = C', \end{cases}$$

wo n_j die mittlere Bewegung von m_j ist. Die Konstanten C und C', die durch die Anfangsbedingungen bestimmt sind, sind sehr klein, und da die linken Seiten von (112) nur aus positiven Gliedern bestehen, so kann kein e_j oder i_j jemals sehr groß werden. Eine Ausnahme kann nur eintreten, wenn die entsprechenden m_j im Vergleich zu den anderen sehr klein sind.

Die Gleichungen (112) liefern die berühmten Theoreme von Laplace, daß sich die Exzentrizitäten und Neigungen nur innerhalb sehr enger

Grenzen ändern können. Obgleich der Beweis vollkommener Strenge ermangelt, so müssen die Resultate dennoch als bemerkenswert und wesentlich angesehen werden. Die Gleichungen (112) liefern nicht die Perioden und Amplituden der Schwingungen wie die Gleichungen (110).

230. Bestimmung der Störungen durch mechanische Quadraturen. Wenn das zweite Glied des zweiten Faktors von (84) dem absoluten Betrage nach größer ist als eins, so ist die Reihe (87) nicht konvergent und kann für Störungsberechnungen nicht benutzt werden. Die Entwicklungen können versagen, weil r_1 und r_2 sehr nahe gleich sind, oder, wenn sie in einigen Fällen nicht sehr nahe gleich sind, weil I groß ist. Im letzteren Fall läßt sich manchmal eine andere Entwicklungsmethode anwenden.[1]) Es gibt aber auch Fälle, wo keine von beiden Methoden zu gültigen Resultaten führt. Beide Methoden versagen, wenn die beiden Bahnkurven, in derselben Ebene liegend, sich schneiden würden, denn in diesem Falle würde

$$r^2_{1,2} = r_1^2 + r_2^2 - 2r_1r_2 \cos(u_1 - u_2 + \tau_2 - \tau_1)$$

verschwinden, wenn die beiden Körper in einem Schnittpunkt ihrer Kurven zu gleicher Zeit anlangen. Wenn die Perioden nicht in besonderer Weise kommensurabel sind, würde dies stets zutreffen. Natürlich ist es nicht notwendig, daß $r_{1,2}$ wirklich verschwindet, damit die Entwicklung von (84) aufhört zu konvergieren.

Man kann Störungen nach der Methode der mechanischen Quadratur berechnen, ohne die Störungsfunktion explizite durch die Zeit auszudrücken. Folglich kann diese Methode zur Berechnung der störenden Wirkungen von Planeten auf Kometen oder in anderen Fällen benutzt werden, wo die Entwicklung von $R_{1,2}$ gänzlich versagt oder doch schlecht konvergiert. Ist s ein Bahnelement von m_1, so lassen sich die Gleichungen (77) in der Form

$$\frac{ds}{dt} = f_s(t)$$

schreiben, und die Störungen erster Ordnung in dem Intervall $t_n - t_0$ sind

$$s = s_0 + \int_{t_0}^{t_n} f_s(t)\,dt, \tag{113}$$

wo s_0 der Wert von s für $t = t_0$ ist.

Die einzige Schwierigkeit, Störungen zu berechnen, besteht in der Bildung der Integrale in (113). Wenn sich die Störungsfunktion nicht explizite nach t entwickeln läßt, so kann die Funktion $f_s(t)$ selber nicht

1) Tisserand, *Mécanique Céleste*, vol. I., chap. XXVIII.

gefunden werden. Doch können in jedem Falle die Werte von $f_s(t)$ für alle Werte von t ermittelt werden, und aus den Werten von $f_s(t)$ für spezielle Werte von t läßt sich das Integral näherungsweise bestimmen. Geometrisch stellt das Integral (113) die Fläche dar zwischen der t-Achse, der Kurve $f = f_s(t)$ und den Ordinaten für t_0 und t_n. Ein Näherungswert des Integrals ist

$$s = s_0 + f_s(t_0)(t_1 - t_0) + f_s(t_1)(t_2 - t_1) + \cdots + f_s(t_{n-1})(t_n - t_{n-1}).$$

Die Intervalle $t_1 - t_0$, $t_2 - t_1$, ..., $t_n - t_{n-1}$ lassen sich so klein annehmen, daß die Annäherung jeden gewünschten Grad erreicht.

Eine andere Methode, einen Näherungswert für das Integral zu erzielen, besteht darin, die Kurve $f_s(t)$, deren explizite Darstellung sich nicht in geeigneter Form erhalten läßt, durch einen Polygonzug $n$ten Grades zu ersetzen, welche mit $f_s(t)$ für die Werte $t = t_0, t_1 \ldots, t_n$ übereinstimmt. Die Gleichung dieses Polygons lautet

$$\begin{aligned} f_s = &+ \frac{(t-t_1)(t-t_2)\ldots(t-t_n)}{(t_0-t_1)(t_0-t_2)\ldots(t_0-t_n)} f_s(t_0) \\ &+ \frac{(t-t_0)(t-t_2)\ldots(t-t_n)}{(t_1-t_0)(t_1-t_2)\ldots(t_1-t_n)} f_s(t_1) \\ &\quad \cdots\cdots\cdots\cdots \\ &+ \frac{(t-t_0)(t-t_1)\ldots(t-t_{n-1})}{(t_n-t_0)(t_n-t_1)\ldots(t_n-t_{n-1})} f_s(t_n). \end{aligned}$$

Da keine Schwierigkeit besteht, das Integral eines Polygons zu bilden, so besteht auch keine Schwierigkeit, die Störung von s für das Intervall $t_n - t_0$ zu berechnen. Wenn der Wert der Funktion $f_s(t)$ sich nicht sehr rasch oder unregelmäßig ändert, so ist ihre Darstellung durch ein Polygon sehr genau, vorausgesetzt, daß die Intervalle $t_1 - t_0, \ldots, t_n - t_{n-1}$ nicht zu groß sind.

Die Fläche zwischen dem Polygon, der t-Achse und den begrenzenden Ordinaten bildet indessen nicht die beste Annäherung an den Integralwert, welcher sich aus den Werten von $f_s(t)$ für $t_0, \ldots, t_n$ ableiten läßt. Die Werte der Funktion geben Aufschluß über die Krümmung der Kurve zwischen den Ordinaten (diese sind natürlich nur richtig, weil die Funktion $f_s(t)$ eine reguläre Funktion von t ist), und Verbesserungen des Flächeninhalts, die von der Krümmung herrühren, lassen sich leicht bewerkstelligen. Für gewöhnlich würden sie die Ableitungen von $f_s(t)$ für $t_0, \ldots, t_n$ bedingen, welche eine umfangreiche Rechenarbeit erfordern; die Ableitungen lassen sich jedoch mit hinreichender Annäherung durch die aufeinanderfolgenden Differenzen der Funktion ausdrücken, und die Differenzen können direkt aus den tabellarischen Werten durch einfache Subtraktion gefunden werden. Die Ableitung der bequemsten expliziten Formeln ist langwierig und muß unterbleiben.[1])

Wir wollen annehmen, die Berechnung der Integrale aus den Werten von $f_s(t)$ für $t = t_0, \ldots, t_n$ hätten keine hinreichend genauen Resultate ergeben. Genauere Resultate ließen sich erzielen durch eine weitergehende Teilung des Intervalls $t_n - t_0$. Ein wenig Erfahrung macht es jedoch für gewöhnlich überflüssig, die zuerst gewählte Teilung zu unterteilen. Es besteht nämlich ein zweiter Grund, warum die durch mechanische Quadraturen erhaltenen Resultate nicht hinreichend genau ausfallen können. Bisher wurde angenommen, daß $f_s(t)$ eine Funktion von t allein sei, oder mit anderen Worten, daß die Elemente der Bahnen, von welchen sie abhängt, konstant sind. Dies bildet die Annahme zur Berechnung von Störungen erster Ordnung. Wenn sie nicht genau genug ist, lassen sich neue Werte von $f_s(t_1) \ldots, f_s(t_n)$ berechnen, wenn man die Werte der Elemente s benutzt, welche durch die erste Integration gefunden wurden. Aus den neuen Werten von $f_s(t_1), \ldots, f_s(t_n)$ läßt sich aber ein weiterer Näherungswert des Integrals erhalten. Wenn das Intervall $t_n - t_0$ nicht zu groß ist, konvergiert dieses Verfahren, und das Integral kann mit jedem gewünschten Grad von Annäherung gefunden werden, weil diese Methode keine andere als Picards Methode der sukzessiven Näherungen darstellt, deren Gültigkeit bewiesen ist.[2]) Bei der Anwendung ist es immer geraten, das Intervall $t_n - t_0$ so klein zu wählen, daß keine Wiederholung der Berechnung mit verbesserten Werten der Funktion für die Endpunkte der Zwischenintervalle erforderlich ist. Bei jeder neuen Stufe der Integration werden die Werte der Elemente für die Endpunkte der vorhergehenden Stufe benutzt. Es folgt, daß die soeben dargestellte Methode nicht nur erlaubt, die Störungen der ersten Ordnung zu berechnen, sondern die Störungen sämtlicher Ordnungen mit der Begrenzung, daß die Intervalle nicht unendlich klein angenommen, und die Rechnungen nicht bis auf unendlich viele Stellen durchgeführt werden können.

Das Verfahren, Störungen nach der Methode von mechanischen Quadraturen zu berechnen, hat im Vergleich mit dem, die entwickelte Form der Störungsfunktion zu benutzen, seine Vor- und Nachteile. Es ist ein Vorteil, daß bei Anwendung mechanischer Quadraturen es nicht nötig ist, die störenden Kräfte explizite durch die Elemente und die Zeit auszudrücken. Dies ist manchmal von großer Wichtigkeit, denn in Fällen, wo die Exzentrizitäten und Neigungen sehr groß sind, wie bei einigen asteroidischen Bahnkurven, besitzen diese Ausdrücke, als Reihen

1) Tisserand, *Mécanique Céleste*, vol. IV., chap. X. und XI.; und Charlier, *Mechanik des Himmels*, Band II, Kapitel I.

2) Picard, *Traité d'Analyse*, vol. II., Chap. XI., section 2.

entwickelt, eine sehr langsame Konvergenz; und im Falle von Bahnkurven, deren Exzentrizitäten 0.6627 überschreiten, oder von Bahnkurven, für welche irgendein Radius gleich einem anderen Radius ist, sind die Reihen divergent und somit unbrauchbar. Die Methode der mechanischen Quadratur ist in gleicher Weise anwendbar auf alle Arten von Bahnkurven, unter der einzigen Bedingung, daß die Intervalle genügend klein gewählt werden müssen. Sie ist die Methode, die in einer ihrer vielen Formen wirklich angewandt wird, um Störungen der Kometenbahnen zu berechnen.

Die Nachteile bestehen darin, daß man, um die Werte der Elemente für einen besonderen Zeitpunkt durch mechanische Quadraturen zu bestimmen, genötigt ist, sie für die sämtlichen Zwischenepochen zu berechnen. Als rein numerisches Verfahren wirft es keinerlei Licht auf den allgemeinen Charakter der Störungen und führt zu keinen allgemeinen Theoremen über die Stabilität eines Systems. Dies sind aber Fragen von großem Interesse, und manche der glänzendsten Entdeckungen der Himmelsmechanik wurden dadurch gemacht, daß man ihnen Beachtung schenkte.

231. Allgemeine Betrachtungen. Die Astronomie ist die älteste Wissenschaft und in gewissem Sinne die Mutter aller anderen. Die verhältnismäßig einfachen und regelmäßigen Himmelserscheinungen offenbarten dem Menschen zuerst, in den Tagen der alten Griechen, die Lehre von der systematischen Ordnung der Natur. Die Bedeutung dieser Lehre läßt sich an der Tatsache ermessen, daß sie die Grundlage für die gesamte Wissenschaft bildet. Lange Zeit gestalteten sich die Fortschritte beschwerlich und langsam. Hunderte von Beobachtungen und theoretischen Erklärungsversuchen waren notwendig, bis es Kepler schließlich gelang, die Gesetze abzuleiten, welche eine erste Annäherung für die Beschreibung der Art bilden, wie die Planeten sich bewegen. Es ist ein Wunder, daß trotz der ständigen Kämpfe und unsicheren Lebensverhältnisse sich so viele Menschen fanden, welche ihr größtes Vergnügen darin erblickten, die mühsamen Beobachtungen geduldig auszuführen, die erforderlich waren, um die Bewegungsgesetze der Himmelskörper aufzustellen. Das Werk Keplers brachte die Anfangsepoche von zweitausend oder mehr Jahren zum Abschluß, und die glänzenden Entdeckungen Newtons eröffneten eine neue. Die Erfindung der Infinitesimalrechnung durch Newton und Leibniz lieferte zum ersten Male die mathematischen Hilfsmittel, welche es überhaupt ermöglichten, an so schwierige Probleme heranzutreten, wie die störenden Wirkungen der Sonne auf die Mondbewegung, oder die gegenseitigen Störungen der Planeten. Es traf sich glücklich, daß um dieselbe Zeit das Teleskop erfunden wurde; denn sonst wäre es nicht möglich gewesen, die genauen

Beobachtungen zu machen, welche die numerischen Angaben für die mathematischen Theorien und ihre Bestätigung lieferten. Die Geschichte der Himmelsmechanik im achtzehnten Jahrhundert stellt eine ununterbrochene Folge von Triumphen dar. Auf den analytischen Grundlagen, die von Clairaut, d'Alembert und Euler geschaffen wurden, beruhten die glänzenden Schöpfungen von Lagrange und Laplace. Ihre Nachfolger im neunzehnten Jahrhundert führten, im ganzen nach denselben Methoden, die Theorien der Mond- und Planetenbewegungen bis zu höheren Ordnungen der Annäherung fort und verglichen sie mit zahlreicheren und besseren Beobachtungen. In diesem Zusammenhange müssen die Namen von Leverrier, Delauny, Hansen und Newcomb besonders erwähnt werden. Gegen Ende des neunzehnten Jahrhunderts trat eine dritte Epoche ein. Sie unterscheidet sich durch neue Gesichtspunkte und neue Methoden, welche an Tragweite und mathematischer Strenge alle bisherigen gewaltig übertreffen. Sie wurde eingeleitet von Hill mit seinen *Researches on the Lunar Theory*, doch verdankt sie am meisten den glänzenden Beiträgen Poincarés zum Dreikörperproblem.

In der Gegenwart hat die Himmelsmechanik ein Anrecht, als die vollendetste Wissenschaft angesehen zu werden und als eine der glänzendsten Schöpfungen des menschlichen Geistes. Keine andere Wissenschaft beruht auf so vielen über einen so großen Zeitraum sich erstreckenden Beobachtungen. In keiner anderen Wissenschaft ist es möglich, die Schlußfolgerungen einer so kritischen Prüfung zu unterziehen, und in keiner anderen stehen Theorie und Erfahrung in so vollkommnem Einklang. Es gibt Tausende kleiner Abweichungen von der Kegelschnittbewegung in den Bahnen der Planeten, Satelliten und Kometen, wo Theorie und Beobachtung genau übereinstimmen, während die einzigen unerklärten Unregelmäßigkeiten (wahrscheinlich von unbekannten Kräften herrührend) in sehr geringer Anzahl und Größe in der Bewegung des Mondes und der Bewegung des Perihels der Merkurbahn auftreten. Immer und immer wieder eilte die Theorie der Praxis voraus und entdeckte die Existenz von Bewegungseigentümlichkeiten, welche aus Beobachtungen noch nicht gefunden waren. Ihre Vollendung während des Zeitraumes, über den sich die Erfahrung erstreckt, flößt Vertrauen ein, ihr zu folgen in vergangene Zeiten, ehe Beobachtungen begannen, und in zukünftige Zeiten, wo sie vielleicht aufgehört haben. Wie das Teleskop in den Bereich des menschlichen Auges die Wunder eines ungeheuren Raumes, so hat die Himmelsmechanik in den Bereich der menschlichen Vernunft die nicht geringeren Wunder ungeheurer Zeiten gerückt. So ist es natürlich, daß der Mensch tiefe Befriedigung auf einem Gebiete findet, wo er in weitem Maße von den Schranken Raum und Zeit befreit ist.

XXVII. Aufgaben.

1. Man nehme an (a), daß $R_{1,2}$ groß und nahezu konstant ist; (b) daß $R_{1,2}$ groß ist und sich schnell ändert; (c) daß $R_{1,2}$ klein und nahezu konstant ist. Falls die Störungen durch mechanische Quadraturen berechnet werden, wie ist alsdann $t_n - t_0$ in den drei Fällen zu wählen, und wie verhalten sich die entsprechenden Anzahlen für die Zwischenintervalle zueinander.

2. Die Störungsfunktion enthält den reziproken Wert der Entfernung zwischen dem störenden und dem ungestörten Planeten. Dieser heißt das *Haupt*glied und bereitet die größte Schwierigkeit in der Entwicklung. Wieviele einzelne reziproke Entfernungen müssen entwickelt werden, um in einem System von einer Sonne und n Planeten zu berechnen (a) die Störungen der ersten Ordnung eines Planeten; (b) die Störungen der ersten Ordnung von zwei Planeten; (c) die Störungen der zweiten Ordnung eines Planeten; (d) die Störungen der dritten Ordnung eines Planeten?

3. Welche Vereinfachungen ergeben sich in der Entwicklung der Störungsfunktion, wenn die gegenseitigen Neigungen der Bahnkurven verschwinden, und wenn die Bahnkurven Kreise darstellen?

4. Welche Arten von Gliedern werden im allgemeinen in den Störungen der dritten Ordnung in bezug auf die Massen auftreten?

Geschichtliche Übersicht und Literatur.

Die Theorie der Störungen, wie sie in der Mondtheorie angewandt wurde, entwickelte Newton aus geometrischen Gesichtspunkten. Die Abhandlungen von Clairaut und d'Alembert (1747) enthielten wichtige Fortschritte, indem sie die Lösungen von der Integration der Differentialgleichungen in Reihen abhängig machten. Clairaut fand bald Gelegenheit, sein Integrationsverfahren auf die Störungen des Halleyschen Kometen durch die Planeten Jupiter und Saturn anzuwenden. Dieser Komet wurde 1531, 1607 und 1682 beobachtet. Wäre seine Periode konstant, so würde er das Perihel wieder um die Mitte von 1759 passieren müssen. Clairaut berechnete die Störungen, die von den Anziehungen des Jupiter und Saturn herrührten, und sagte voraus, daß der Periheldurchgang am 13. April 1759 stattfinden würde. Dabei bemerkte er, daß die Zeitangabe bis auf einen Monat wegen der Unbestimmtheiten in den Massen des Jupiter und Saturn und der Möglichkeit von Störungen durch unbekannte Planeten außer diesen beiden unsicher war. Der Komet passierte das Perihel am 13. März und gab damit einen treffenden Beweis von dem Wert der Clairautschen Methoden.

Die Theorie der Störungen der Planeten wurde von Euler begonnen, dessen Abhandlungen über die gegenseitigen Störungen von Jupiter und Saturn die Preise der französischen Akademie 1748 und 1752 erhielten. In diesen Abhandlungen wurde die erste analytische Darstellung der Methode der Parameteränderung gegeben. Die Gleichungen waren nicht ganz allgemein, da er nicht die Elemente als sämtlich gleichzeitig variabel betrachtete. Die ersten Schritte in der Entwicklung der Störungsfunktion wurden ebenfalls von Euler geliefert.

Lagrange, dessen Beiträge zur Himmelsmechanik zu den glänzendsten gehörten, schrieb seine erste Abhandlung 1766 über die Störungen des Jupiter und Saturn. In seinem Werk entwickelte er die Methode der Parametervariation weiter und hinterließ seine Endgleichungen, die indessen noch ungenau waren, weil er die großen Achsen und die Epochen der Periheldurchgänge bei der Ableitung der Gleichungen für die Änderungen als konstant betrachtete. Die Gleichungen für die Neigung, Knoten und Perihellänge, gerechnet vom Knoten aus, waren vollkommen genau. In den Ausdrücken für die mittleren Längen der Planeten fanden sich Glieder, die der ersten und zweiten Potenz der Zeit proportional waren. Diese entstammten ganz den Unvollkommenheiten der Methode, da ihre wahre Form die der langperiodischen Glieder war, wie Laplace 1784 zeigte, indem er die Glieder der dritten Ordnung in den Exzentrizitäten in Rechnung zog. Die Methode der Variation der Parameter wurde 1782 zum ersten Male vollständig von Lagrange in einer Preisabhandlung über die Störungen der Kometen entwickelt, die sich in elliptischen Bahnen bewegen. Bei weitem den ausgedehntesten Gebrauch dieser Methode machte Delauny, dessen Mondtheorie wesentlich eine lange Folge von Anwendungen des Verfahrens darstellt, wobei jeder Schritt in ihr ein Glied aus der Störungsfunktion entfernt.

1773 legte Laplace seine erste Abhandlung der französischen Akademie der Wissenschaften vor. In ihr bewies er sein berühmtes Theorem, daß bis zu den zweiten Potenzen der Exzentrizitäten die großen Achsen und folglich die mittleren Bewegungen der Planeten keine säkularen Glieder haben. Dieses Theorem wurde von Lagrange 1774 und 1776 auf alle Potenzen der Exzentrizitäten und des Sinus des Winkels der gegenseitigen Neigung, für Störungen der ersten Ordnung in bezug auf die Massen ausgedehnt. Poisson wies 1809 nach, daß die großen Achsen keine rein säkularen Glieder in den Störungen der zweiten Ordnung in bezug auf die Massen besitzen. Haretu zeigte in seiner Dissertation, Sorbonne 1878, daß in den Ausdrücken für die großen Achsen in den Gliedern von der dritten Ordnung in bezug auf die Massen säkulare Änderungen auftreten. In Band XIX der *Annales de l'Observatoire de Paris* betrachtete Eginitis Glieder noch höherer Ordnung in den Massen.

Lagrange begann 1774 das Studium der säkularen Glieder und führte die Variablen h, l, p und q ein. Die Untersuchungen wurden von Lagrange und Laplace ausgeführt, wobei jeder die Arbeit des anderen ergänzte und weiterführte, bis 1784 ihr Werk durch Laplaces Entdeckung seiner berühmten Gleichungen

$$\begin{cases} \sum_{j=1}^{n} m_j n_j a_j^2 e_j^2 = C, \\ \sum_{j=1}^{n} m_j n_j a_j^2 \operatorname{tg}^2 i_j = C' \end{cases}$$

vervollständigt wurde.

Diese Gleichungen wurden abgeleitet unter ausschließlicher Benutzung der linearen Glieder in den Differentialgleichungen. Leverrier, Hill u. a. haben die Arbeit durch Methoden sukzessiver Annäherungen bis zu Gliedern höheren Grades erweitert. Newcomb (*Smithsonian Contributions to Science*, vol. XXI, 1876) hat die weiter reichenden Ergebnisse sicher gestellt, daß es möglich ist, im Falle der Störungen der Planeten, die Elemente durch rein periodische Funktionen der Zeit darzustellen, welche den Differentialgleichungen der Bewegung formal genügen. Wenn diese Reihen konvergent sind, so ist die Stabilität des Sonnensystems sicher gestellt; doch hat Poincaré gezeigt, daß sie im allgemeinen divergieren (*Les Méthodes Nouvelles de la Mécanique Céleste*, chap. IX). Lindstedt und Gyldèn haben auch die Integration der Bewegungsgleichungen von n Körpern in periodischen Reihen, die jedoch im allgemeinen divergieren, bewerkstelligt.

Gauß, Airy, Adams, Leverrier, Hansen und viele andere lieferten wichtige Beiträge zur Theorie der Planeten in einigen von ihren vielen Betrachtungsmöglichkeiten. Adams und Leverrier sind dadurch beachtenswert, daß sie die Existenz und scheinbare Lage des Neptun aus den unerklärten Unregelmäßigkeiten in der Uranusbewegung voraussagten. Mehr in neuerer Zeit wandte Poincaré seine Aufmerksamkeit der Himmelsmechanik zu und veröffentlichte eine Preisabhandlung in den *Acta Mathematica*, Bd. XIII. Diese Abhandlung wurde erweitert und in Buchform veröffentlicht unter dem Titel *Les Méthodes Nouvelles de la Mécanique Céleste.* Poincaré verwendete für das Problem die sämtlichen Hilfsmittel der modernen Mathematik mit unerreichtem Genie. Die Untersuchung enthält einen solchen Reichtum an Ideen, und er erdachte Methoden von solch ungeheurer Tragweite, daß der Gegenstand in theoretischer Hinsicht unter seiner Hand vollkommen umgestaltet wurde. Es besteht kein Zweifel, daß für die nächsten fünfzig Jahre ein großer Teil der Arbeit darin bestehen wird, seine Verfahren zu erweitern und anzuwenden.

Für Studienzwecke empfehlen wir die folgenden Werke:

Laplace, *Mécanique Céleste,* welche praktisch alles enthält, was von der Himmelsmechanik in der Zeit, wo sie geschrieben wurde (1799 –1805), bekannt war.

Über die Variation der Parameter: *Annales de l'Observatoire de Paris,* vol. I; Tisserand, *Mécanique Céleste,* vol. I.; Brown, *Lunar Theory*; Dziobek, *Planeten-Bewegungen.*

Über die Entwicklung der Störungsfunktion: *Annales de l'Observatoire de Paris,* vol. I; Tisserand, *Mécanique Céleste,* vol. I; Hansen, *Entwicklung des Produkts einer Potenz des Radius-Vektors mit dem Sinus oder Kosinus eines Vielfachen der wahren Anomalie*; usw., *Abh. d. K. Sächs. Ges. zu Leipzig,* Bd. II; Newcomb, *Abhandlung über die allgemeinen Integrale der Planetenbewegung;* Poincaré, *Les Méthodes Nouvelles,* vol. I, chap. VI.

Über die Stabilität des Sonnensystems: Tisserand, *Mécanique Céleste,* vol. I, chaps. XI, XXV, XXVI und vol. IV, chap. XXVI; Gylden, *Traité Analytique des Orbites absolues,* vol. I; Newcomb, *Smithsonian Cont.*, vol. XXI; Poincaré, *Les Méthodes Nouvelles de la Mécanique Céleste,* vol. II, chap. X.

Über den Gegenstand der Himmelsmechanik als Ganzes kann kein Werk besser empfohlen werden, als das von Tisserand, welches im Besitz eines jeden sein sollte, der diesem Gegenstand besonderes Interesse entgegenbringt. Ein anderes beachtenswertes Werk ist Charlier, *Mechanik des Himmels,* welches, abgesehen von seinem hohem Niveau der Darstellung, durch seine besonderen Untersuchungen über periodische Lösungen des Dreikörperproblems unerreicht ist.

Index.

Grundriß der Astrophysik

Eine allgemein-verständliche Einführung in den Stand unserer Kenntnisse über die physische Beschaffenheit der Himmelskörper.

Von Prof. Dr. **K. Graff**

Observator der Hamburger Sternwarte in Bergedorf

Mit zahlreichen Tafeln und Textabbildungen. [U. d. Pr. 1927.]

Erscheint zunächst in 3 gehefteten Teilen:

I. Die wissenschaftlichen Grundlagen der astrophysikalischen Forschung. [Erscheint Juli 1927.] II. Die Weltkörper des Sonnensystems. III. Die Fixsterne, Nebelflecke und Sternhaufen.

Der Bezug des ersten Teils verpflichtet zur Abnahme des zweiten und dritten Teils.

Dieser „Grundriß der Astrophysik" tritt künftighin an die Stelle weiterer Auflagen der von Scheiner 1908 verfaßten „Populären Astrophysik" und will, wie dieses allgemein bekannte Werk, zur Verbreitung von Kenntnissen über Ziele und Aufgaben der beschreibenden Himmelskunde beitragen. In seinen drei Hauptteilen behandelt das Buch die wissenschaftlichen Grundlagen der astrophysikalischen Forschung, die Weltkörper des Sonnensystems sowie die Fixsterne, Nebelflecke und Sternhaufen. Bei aller Einfachheit der Darstellung sind die wissenschaftlichen Gesichtspunkte noch mehr als bei Scheiner überall klar herausgearbeitet, so daß ein sicherer Führer durch die neuzeitlichen astrophysikalischen Forschungsverfahren und deren Ergebnisse geboten wird. Die zahlreichen Abbildungen, Diagramme und Zahlentafeln, aber auch der sorgfältige Literaturnachweis werden jedem Benutzer willkommen sein.

Astronomie

Unter Mitarbeit hervorragender Fachgelehrter herausgegeben von

Geh. Reg.-Rat Dr. **J. Hartmann**

Professor an der Universität Göttingen

Mit 44 Abb. im Text und 8 Tafeln. [VIII u. 638 S.] Lex. 8. 1921.

(Die Kultur der Gegenwart herausgeg. von Prof. *P. Hinneberg*, Berlin. Teil III, Abt. III, Bd. 3.)

Geh. *RM* 25.—, geb. *RM* 28.—, in Halbleder *RM* 33.—

Inhalt: Die Entwicklung des astronomischen Weltbildes im Zusammenhang mit Religion und Philosophie: *F. Boll* / Die Zeitrechnung: *F. K. Ginzel* / Zeitmessung: *J. Hartmann* / Astronomische Ortsbestimmung: *L. Ambronn* / Erweiterung des Raumbegriffs: *A. v. Flotow* / Mechanische Theorie des Planetensystems: *J. von Hepperger* / Physische Erforschung des Planetensystems: *K. Graff* / Physik der Sonne: *E. Pringsheim* / Physik der Fixsterne: *P. Guthnick* / Das Sternsystem: *H. Kobold* / Die Beziehungen der Astronomie zu Kunst und Technik: *L. Ambronn* / Die Gravitation: *S. Oppenheim.*

„Ein wahrhaft großartiges Werk, das durch Zusammenarbeit einer Anzahl Spezialforscher entstanden ist. Es gibt einen Querschnitt durch die Kenntnisse der Gegenwart, so vollständig und zuverlässig, wie nur möglich, so daß jeder, der sich mit den Problemen und Ergebnissen der modernen astronomischen und astrophysikalischen Forschung befaßt, hier alles Material beisammen findet." **(Naturwissenschaftliche Monatsschrift.)**

Verlag von B. G. Teubner in Leipzig und Berlin

Astronomie. (Encyklopädie der mathematischen Wissenschaften mit Einschluß ihrer Anwendungen, Bd. VI, 2. Teil.) Redigiert von Geh. Rat Prof. Dr. *K. Schwarzschild*, weil. Direktor des astrophysikalischen Observatoriums in Potsdam und Dr. *S. Oppenheim*, Prof. an der Univ. Wien. Abt. A. (Heft 1—8.) 1905/1923. Geh. *RM* 40.40, geb. *RM* 47.40. Abt. B. (Heft 1—3) noch nicht abgeschlossen.

In einzelnen Heften:

Heft 1. 1905. *RM* 7.20. Heft 2. 1908. *RM* 5.—. Heft 3. 1910. *RM* 4.80. Heft 4. 1912. *RM* 3.60. Heft 5. 1912. *RM* 4.20. Heft 6. 1915. *RM* 5.40. Heft 7. 1920. *RM* 3.20. Heft 8. 1923. *RM* 7.—. B. Heft 1. 1922. *RM* 9.—. Heft 2. 1926. *RM* 10.80. Heft 3. [In Vorbereitung 1927.]

Astronomisches Wörterbuch. Von Dr. *J. Weber*, Leipzig. (Teubners kleine Fachwörterbücher.) [In Vorbereitung 1927.]

Enthält alles Wissenswerte aus der gesamten Astronomie: der beschreibenden Astronomie, Astrometrie, Astrophysik, der sphärischen Astronomie-Instrumentenkunde, der Chronologie, soweit sie auf der Astronomie fußt. Die bedeutendsten Astronomen aller Zeiten und Länder sind mit kurzen Angaben über ihr Leben und ihre Leistungen aufgenommen.

Stellarastronomie. Von Dr. *H. Kobold*, Prof. a. d. Univ. Kiel. [III und 133 S.] 4°. 1926. (Sonderausgabe aus der Encyklopädie der mathematischen Wissenschaften.) Geh. *RM* 5.80

Seit der Begründung stellarastronomischer Forschung durch W. Herschel ist durch das Zusammenwirken zahlreicher Mitarbeiter ein äußerst wertvolles Material entwickelt und in den letzten Jahrzehnten durch wichtige Entdeckungen wesentlich gefördert worden. Die vorliegende Arbeit gibt nach einer Darlegung der für das Eindringen in die Gesetze des Universums heute zur Verfügung stehenden Wege eine übersichtliche Zusammenstellung der Beobachtungsergebnisse und eine zusammenhängende Darstellung und Diskussion der Schlüsse und Theorien, die auf dem Material aufgebaut sind.

Astronomisches Weltbild im Wandel der Zeit. Von Dr. *S. Oppenheim*, Prof. an der Universität Wien. I. Teil: Vom Altertum bis zur Neuzeit. 3. Aufl. Mit 18 Abbildungen im Text. [136 Seiten.] 8. 1920. II. Teil: Moderne Astronomie. 2. Aufl. Mit 9 Figuren im Text und 1 Tafel. [130 S.] 8. 1920. (Aus Natur und Geisteswelt Bd. 444/45.) Geb. je *RM* 2.—

Im ersten Teile wird die Entwicklung der Vorstellungen über das astronomische Weltbild von den Anfängen astronomischer Forschung bis zur modernen Zeit dargestellt, im zweiten werden die mehr mathematischen Probleme der Astronomie (Bewegung der Planeten, Monde und Kometen, Bestimmung der Gestalt der Himmelskörper, Verteilung und Bewegung der Fixsterne) erörtert.

Weltentstehung in Sage und Wissenschaft. Von Dr. *K. Ziegler*, Prof. an der Universität Greifswald und Dr. *S. Oppenheim*, Prof. an der Universität Wien. Mit 4 Figuren im Text. [127 S.] 8. 1925. (Aus Natur und Geisteswelt Bd. 719.) Geb. *RM* 2.—

Der sagengeschichtliche Teil behandelt aus den Weltschöpfungssagen aller Völker die wichtigsten unter besonderer Berücksichtigung der Sagen unseres Kulturkreises. Bei der Betrachtung der wissenschaftlichen Deutung der Kosmogonie trennt Oppenheim streng die wissenschaftlichen Behandlungen einzelner Gebiete von den allgemeinen Hypothesen, deren weltanschauliche Bedingtheit nachgewiesen wird.

Weltuntergang in Sage und Wissenschaft. Von Dr. *K. Ziegler*, Prof. an der Univ. Greifswald u. Dr. *S. Oppenheim*, Prof. an der Univ. Wien. [122 S.] 8. 1921. (Aus Natur und Geisteswelt Bd. 720.) Geb. *RM* 2.—

Das Bändchen berichtet in seinem ersten Teil über die Weltuntergangsmythen der Völker der Erde und gibt im zweiten Teile ein Bild davon, wie weit heute die Wissenschaft die Frage nach dem „Untergang der Welt“ beantworten kann, sowohl hinsichtlich des Sonnensystems als des Fixsternsystems, zuletzt die Frage des „allgemeinen Wärmetodes“ erörternd.

Verlag von B. G. Teubner in Leipzig und Berlin

Mathematische Streifzüge durch die Geschichte der Astronomie. Von Dr. *P. Kirchberger.* Mit 22 Fig. im Text. [IV u. 54 S.] kl. 8. 1921. (Math.-Phys. Bibl. Bd. 40.) Kart. *RM* 1.20

Gibt einen kurzen Abriß der Sternkunde von den ältesten Zeiten bis zur unmittelbaren Gegenwart, indem es einzelne astronomische Probleme einer elementaren mathematischen Behandlung zugänglich macht, deren Auswahl teils nach historisch astronomischen Gesichtspunkten, teils nach mathematischen erfolgt ist.

Thermodynamik der Himmelskörper. Von Dr. *R. Emden,* Prof. an der Techn. Hochschule, München. [III u. 159 S.] 4°. 1926. (Sonderausgabe aus der Encyklopädie der mathematischen Wissenschaften.) Geh. *RM* 6.40

Bei der Bedeutung, welche der Temperatur in den Problemen der Astrophysik heute zukommt, dürfte diese zunächst für die Encyklopädie der mathematischen Wissenschaften bestimmte Abhandlung auch das Interesse weiterer Kreise finden. Die Schrift bietet eine möglichst vollständige und übersichtliche Darstellung der theoretischen Grundlagen und Anwendungsmöglichkeiten einer Thermodynamik der Himmelskörper und läßt überall die kausalen Zusammenhänge klar hervortreten.

Die Planeten. Von Dr. *B. Peter,* weil. Prof. a. d. Universität Leipzig. 2. Aufl., durchges. von Dr. *H. Naumann,* Oberservator a. d. Universitäts-Sternwarte zu Leipzig. Mit 16 Fig. im Text. [125 S.] 8. 1920. (Aus Natur und Geisteswelt Bd. 240.) Geb. *RM* 2.—

Behandelt nach den neuesten Forschungen an der Hand interessanter Abbildungen die einzelnen Körper des Planetensystems, ihre Erscheinungen für das unbewaffnete und bewaffnete Auge, ihre Bahnen, ihre physikalischen Eigenschaften sowie die sie begleitenden Trabanten.

Theorie der Planetenbewegung. Von Dr. *P. Meth,* Studienrat an der Herder-Schule in Berlin-Westend. 2., umgearb. Auflage. Mit 14 Fig. im Text. [IV u. 54 S.] kl. 8. 1921. (Math.-Phys. Bibl. Bd. 8.) Kart. *RM* 1.20

Das Bändchen bietet unter Anwendung eines vereinfachten und anschaulicheren geometrischen Verfahrens in der Neuauflage denen, die sich für Astronomie interessieren und sich speziell mit den Problemen der Planetenbewegung beschäftigen, das notwendige mathematische Rüstzeug dazu dar.

Über das System der Fixsterne. Aus populären Vorträgen. Von Geh. Rat Prof. Dr. *K. Schwarzschild,* weil. Dir. des astrophysikalischen Observatoriums zu Potsdam. 2. Aufl. Mit 13 Textfiguren. [44 S.] gr. 8. 1916. (Urania-Vorträge, Heft 1.) Geh. *RM* 1.80

„... bietet in glänzender Darstellung und überraschender Allgemeinverständlichkeit eine Darstellung der besten und wesentlichsten Fortschritte der modernen Astronomie.“ (Deutsche Warte.)

Der Bau des Weltalls. Von Dr. *J. Scheiner,* weil. Prof. am astrophysikalischen Observatorium zu Potsdam. 5. Aufl. bearb. von Dr. *P. Guthnick,* Prof. an der Universität Berlin. Mit 28 Figuren im Text. [120 S.] 8. 1920. (Aus Natur und Geisteswelt Bd. 24.) Geb. *RM* 2.—

Das Buch gibt ein anschauliches Bild des Weltalls und führt den Leser in das an Mannigfaltigkeit der Formen und räumlicher Ausdehnung ungeheure System der Fixsterne als der Gesamtheit der unseren Sinnen zugänglichen Welt ein.

Die Mechanik des Weltalls. Eine volkstümliche Darstellung der Lebensarbeit *Johannes Keplers,* besonders seiner Gesetze und Probleme. Von weil. Direktor Dr. *L. Günther,* Fürstenwalde. Mit 13 Figuren, 1 Tafel und vielen Tabellen. [XVI u. 156 S.] 8. 1909. Geb. *RM* 3.40

„Das Buch führt in ungemein anschaulicher Weise in den Geist und die Arbeitsweise Keplers ein.“ (Beiblätter zu den Annalen der Physik.)

Verlag von B. G. Teubner in Leipzig und Berlin

Mathematische Himmelskunde. Von Prof. Dr. *O. Knopf,* Direktor der Universitäts-Sternwarte zu Jena. Mit 30 Figuren im Text. [48 S.] kl. 8. 1925. (Math.-Phys. Bibl. Bd. 63.) Kart. *RM* 1.20

Das Bändchen gibt eine knappe, für die Allgemeinheit und insbesondere den Schüler bestimmte und durch Abbildungen veranschaulichte Darstellung der Erscheinungen des Sternhimmels und der für seine Beobachtungen zu berücksichtigenden zeitlichen und örtlichen Umstände, ferner der durch die scheinbare Bewegung des Himmelsgewölbes und der Sonne ermöglichten Zeiteinteilung, als schließlich auch der wichtigsten Probleme und Resultate der Himmelsmechanik.

Mathematische Theorie der astronomischen Finsternisse. Von Prof. Dr. *P. Schwahn,* weil. Dir. d. Urania in Berlin. Mit 20 Fig. [V u. 128 S.] 8. 1910. (Slg. math.-phys. Lehrbücher Bd. 8.) Kart. *RM* 3.80

„Die Darstellung ist elegant und leicht verständlich gehalten und wird durch ausführlich durchgerechnete Beispiele nicht minder wirksam unterstützt wie durch die eingestreuten überaus anschaulichen Figuren." (Archiv der Mathematik und Physik.)

Sphärische Trigonometrie zum Selbstunterricht. Von Geh. Studienrat Dr. *P. Crantz,* weil. Prof. am Askanischen Gymnasium in Berlin. Mit 27 Figuren im Text. [98 S.] 8. 1920. (Aus Natur und Geisteswelt Bd. 605.) Geb. *RM* 2.—

Behandelt die besonderen Eigenschaften des sphärischen Dreiecks, und seine Anwendungen in der Erd- und Himmelskunde an zahlreichen, ausführlich erklärten Beispielen und Aufgaben.

Sphärische Trigonometrie, Kugelgeometrie in konstruktiver Behandlung. Von *L. Balser,* Oberstudienrat an der Liebig-Oberrealschule, Darmstadt. Mit 22 Figuren. [52 S.] kl. 8. 1927. (Math.-Phys. Bibl. Bd. 69.) Kart. *RM* 1.20

An dem sehr glücklich gewählten Beispiel der Kugel als Erd- und Himmelskugel wird der Leser in die verschiedenen Verfahren der darstellenden Geometrie planmäßig eingeführt und so auf zeichnerischem Wege zu den Grundformeln der sphärischen Trigonometrie hingeleitet, die auf wichtige praktische Aufgaben angewandt werden. Den Schluß bildet die Polarecke mit Anwendungen.

Astronomie in ihrer Bedeutung für das praktische Leben. Von Dr. *A. Marcuse,* Prof. an der Universität Berlin. 2. Aufl. Mit 26 Abb. im Text. [109 S.] 8. 1919. (Aus Natur und Geisteswelt Bd. 378.) Geb. *RM* 2.—

Behandelt Wesen und Methoden der Ortsbestimmung bei Land-, See- und Luftfahrten, öffentlichen Zeitdienst und Kalenderwesen und die Beziehungen der Astronomie zu Meteorologie, Geographie, Verkehrswesen und Medizin.

Praktische Astronomie. Geographische Orts- und Zeitbestimmung. Von *V. Theimer,* Adjunkt an der Montanistischen Hochschule zu Leoben. Mit 62 Figuren. [IV und 127 S.] gr. 8. 1921. (Teubners technische Leitfäden Bd. 13.) Kart. *RM* 3.40

Bietet eine ebenso knappe wie klare Darstellung der sphärischen Astronomie, als Hilfswissenschaft eines technischen Studiums. Mit besonderer Gründlichkeit werden die Korrektionen behandelt, da ohne ihr volles Verständnis die Lösung astronomischer Aufgaben undenkbar ist.

Beobachtung des Himmels mit einfachen Instrumenten. Von *F. Rusch,* Studienrat am Gymnasium in Dillenburg. 2. Aufl. Mit 6 Abb. [II u. 51 S.] kl. 8. 1919. (Math.-Phys. Bibl. Bd. 14.) Kart. *RM* 1.20

Das Bändchen gibt nach einer Besprechung von Fernrohr, Prismenglas und photographischem Apparat, ihrer Fehler und ihrer Bedeutung für die astronomische Forschung eine Anleitung zu erfolgreichem, wissenschaftlichem Beobachten von Fixsternen, Sonne, Planeten und Mond.

Verlag von B. G. Teubner in Leipzig und Berlin

GPSR Compliance

The European Union's (EU) General Product Safety Regulation (GPSR) is a set of rules that requires consumer products to be safe and our obligations to ensure this.

If you have any concerns about our products, you can contact us on ProductSafety@springernature.com

In case Publisher is established outside the EU, the EU authorized representative is:

Springer Nature Customer Service Center GmbH
Europaplatz 3
69115 Heidelberg, Germany

Batch number: 10577878

Printed by Printforce, the Netherlands